RIECHSTOFFE
UND
PARFUMIERUNGSTECHNIK

GENESIS, CHARAKTERISTIK UND CHEMIE DER RIECHSTOFFE UNTER BESONDERER BERÜCKSICHTIGUNG IHRER PRAKTISCHEN VERWENDUNG ZUR HERSTELLUNG KOMPLEXER RIECHSTOFF-GEMISCHE

VON

DR. FRED WINTER
WIEN

MIT 5 TEXTABBILDUNGEN

WIEN
VERLAG VON JULIUS SPRINGER
1933

Softcover reprint of the hardcover 1st edition 1933

ISBN-13: 978-3-7091-5674-2 e-ISBN-13: 978-3-7091-5731-2
DOI: 10.1007/ 978-3-7091-5731-2

DEM ANDENKEN MEINES ONKELS

WEIL. GEHEIMEN MEDIZINALRATS

PROF. DR. PHILIPP BIEDERT

ZU STRASSBURG IM ELSASS

GEWIDMET

Felix qui potuit, rerum cognoscere causas.

Vorwort.

Ursprünglich hatte ich die Absicht, in der zweiten Auflage meines Handbuches der Gesamten Parfumerie und Kosmetik eine viel ausführlichere Darstellung der Chemie und Verwendungsmöglichkeit der Riechstoffe zu bringen, indes ließ es der naturgemäß nur recht beschränkte Raum für dieses Spezialkapitel im Rahmen einer Arbeit, die einer so weitverzweigten Materie gewidmet ist, nicht zu, dieses Thema in so ausführlicher Weise zu behandeln, als mir dies angebracht erschien.

Ich habe mich daher entschlossen, vorliegende Spezialarbeit zu verfassen, die als solche eine, wie ich glaube, wertvolle Ergänzung zu meinem Handbuche darstellt, anderseits ist aber vorliegende Spezialbearbeitung des Themas Riechstoffe in ihrer Art völlig unabhängig und originell aufgefaßt und soll eine vollständige, möglichst erschöpfende, methodisch-übersichtlich geordnete Darstellung dieses so interessanten Stoffes bringen und, in genetischer, chemischer und parfumerietechnischer Hinsicht, alle jene zahlreichen Momente ins rechte Licht rücken, deren Kenntnis und Berücksichtigung fachliche Routine befruchten kann.

Die wesentlichste Tendenz des vorliegenden Buches ist vor allem jene, die Charakteristik der Riechstoffe vom Standpunkte ihrer praktischen Verwendung zu beleuchten und, zu diesem Zwecke, u. a. auch die geruchliche Eigenart der zahlreichen Elementarriechstoffe so klar und zutreffend zu schildern, als dies praktisch nur möglich sein kann, da ja Geruchseindrücke, mit wenigen Ausnahmen, stets mehr oder minder auf individuellem Empfinden beruhen.

Besonders wichtig erschien es mir auch, das Formularium im II. Teil nicht nur reichlich mit interessanten Vorschriften zu versehen, die fast durchwegs neuen eigenen Arbeiten entstammen, sondern diesen reichlichen Stoff auch in rigoros methodischer Weise einzuteilen und ihn so zu entwickeln, daß jeder Abschnitt der Vorschriftensammlung durch ein ausführliches Kommentar eingeleitet wird.

Nur auf diese Weise war es möglich, den Leser sozusagen schrittweise in die Materie eindringen zu lassen, wie ich dies im Interesse zielbewußten Arbeitens für erforderlich hielt, erhält der Leser doch durch solche erläuternden Einführungen Auskunft über so manches „Warum“ und „Wie“, die sicher dazu beiträgt, seine Arbeit in die engere Bahn möglichst zweckdienlicher Maßnahmen zu lenken. Nur so ließ sich, meiner Ansicht nach, jener fast klassische *Embarras de richesse*, den reichhaltige Formularien ohne genügendes Kommentar nur zu oft hervorrufen, vermeiden, der ja nur allzu oft in eine *Richesse d'embarras* ausarten kann.

Wien, im Juli 1933.

Dr. Fred Winter.

Inhaltsverzeichnis.

Erster Teil.

Charakteristik, Chemie und geruchliche Eigenarten der Riechstoffe.

Zweiter Teil.

Wesen und Technik der Anwendung der Riechstoffe in der praktischen Parfumerie.

Theorie und Praxis der Kompositionslehre in der Parfumerie.

Erster Teil.

Charakteristik, Chemie und geruchliche Eigenarten der Riechstoffe.

Natürliche Riechstoffe.

Die weitaus größte Mehrzahl der natürlichen Riechstoffe entstammt dem Pflanzenreiche und steht uns in Form der isolierten Riechstoffe (ätherische Öle, Blütenöle und Resinoide) oder gewisser Teile der aromatischen Pflanzen (aromatische Drogen wie Vanilleschoten, Tonkabohnen usw.) bzw. gewisser balsamischer Exsudate (aromatische Harze und Balsame, wie Perubalsam, Benzoe usw.) zur Verfügung.

Alle diese Ingredienzien sind im Handel in ausgewählter Qualität anzutreffen und die Reindarstellung der aromatischen Prinzipien der Pflanzen hat einen Grad der Vollkommenheit erreicht, der wohl, durch zweckmäßige Vervollkommnung der Isolierungsverfahren und der Destillations- bzw. Extraktionsapparatur unterstützt, die Möglichkeitsgrenze in dieser Beziehung längst erreicht hat. Dabei ist man aber auch nicht müßig gewesen, gewisse aromatische Pflanzengattungen durch Kultur ganz erheblich zu veredeln und hat es so erreichen können, daß das aromatische Prinzip derselben eine Feinheit des Aromas aufweist, die jenes der weniger edlen Sorten ganz erheblich übertrifft. Ebenso konnte in gewissen Fällen auch die Ausbeute an aromatischem Prinzip durch entsprechende Modifikationen der Anbaumaßnahmen recht erheblich verbessert werden.

So ist also die Auswahl der dem modernen Parfumeur zur Verfügung stehenden pflanzlichen Riechstoffe eine sehr große und gewährt ihm die Verwendung isolierter aromatischer Prinzipien einen ganz erheblichen Vorteil gegenüber den Methoden der alten Parfumerie, die genötigt war, zahllose alkoholische Auszüge aus aromatischen Drogen zu bereiten, ein umständliches und zeitraubendes Arbeiten, das sich auch in der Exaktheit der Dosierung des gelösten aromatischen Prinzips nicht im Entferntesten mit der modernen Methode der Lösung von ätherischen oder Blütenölen, bzw. Resinoiden messen konnte.

Trotzdem ist aber, was hier in Parenthese bemerkt sei, die alkoholische Infundierung gewisser aromatischer Drogen in vielen Fällen auch heute noch eine Notwendigkeit und auch in der modernen Parfumerie nicht zu umgehen. Dies trifft in vereinzelten Fällen für pflanzliche Drogen (Vanille, Tonkabohnen usw.), in fast allen Fällen aber für die Verwendung gewisser tierischer Riechstoffe zu, die wir später anführen werden.

Pflanzenriechstoffe.

Ehe wir uns mit den einzelnen Vertretern dieser wichtigen Riechstoffklasse beschäftigen werden, erscheint es uns zweckmäßig jener Theorien zu gedenken, die auf die Bildung des Aromas in der Pflanze Bezug haben und später auch der Charakteristik der Geruchskomplexe der natürlichen Aromaten im allgemeinen einige Aufmerksamkeit zu schenken, weil diese Theorien und Betrachtungen mehr oder minder hypothetischer Art, sicher geeignet sind, ein Streiflicht auf gewisse Tatsachen zu werfen, die bei der Synthese der aromatischen Prinzipien und in der angewandten Parfumerie eine Rolle zu spielen scheinen. Solche theoretischen Betrachtungen sind, unserer Ansicht nach, immer ersprießlich, weil sie zum Nachdenken über gewisse heute noch obskure Probleme Anregungen geben und hiermit immerhin den nicht zu unterschätzenden Zweck erfüllen, Lücken unseres Wissens durch mehr oder minder plausible Auslegung gewisser Phänomene weniger fühlbar zu machen.

Theorie der Bildung des aromatischen Prinzips im Organismus der lebenden Pflanze.

Mechanismus und Chemismus der Genesis des aromatischen Prinzips in der Pflanze sind noch völlig ungeklärt. Unsere Kenntnisse in dieser Beziehung sind nur Stückwerk und die Resultate der zahlreichen Studien über dieses Thema sind meist recht problematischer Natur und wenig geeignet, Licht in das geheimnisvolle Dunkel zu bringen, das die Entstehung des aromatischen Prinzips im Organismus der Pflanze noch immer umhüllt.

Wie dem auch sei, so war es doch möglich durch gewisse Beobachtungen einzelner konstant wiederkehrender Phänomene, unter Zuhilfenahme hypothetischer Schlüsse und wissenschaftlicher Feststellungen chemischer Art, gewisse Theorien aufzustellen, die wenigstens den Anspruch auf Wahrscheinlichkeit erheben können.

Wenn nun diese Theorien auch diskutabel, ja in gewisser Beziehung auch willkürlich erscheinen müssen, so ähneln sie darin allen Theorien, die, mangels positiver Stützen, stets auf mehr oder minder kühnen Schlußfolgerungen aufgebaut sind. Nichtsdestoweniger darf man nicht leugnen, daß es Theorien gibt, die mit bewundernswerter Logik aufgefaßt sind und hierdurch eine hypothetisch-logische Erklärung solcher Vorgänge liefern, die, was besonders wichtig ist, mit der chemischen Theorie im Einklang steht und durch Beobachtungen gewisser Phänomene bestätigt zu werden scheint.

Dies trifft auch für die aufgestellte Theorie der Genesis des aromatischen Prinzips in der Pflanze zu, die wir nachstehend wiedergeben und glauben wir, daß dieselbe wenigstens gewisse Vorgänge dieser Art mit großer Wahrscheinlichkeit erklärt und daß ihr sicher das Verdienst zuerkannt werden muß, eine plausible Erklärung gewisser Möglichkeiten gegeben zu haben.

Solche Theorien sind immer interessant und ganz besonders in vorliegendem Falle, weil auch der geringfügigste Hinweis auf die Bildung des aromatischen Prinzips im Pflanzenkörper und die Umwandlungsprozesse gewisser Bestandteile durch die vitalen Funktionen des Pflanzenorganismus hier auf fruchtbaren Boden fallen und so den Horizont des Pflanzers und des Chemikers in diesem Sinne erweitern kann, also somit vielleicht Anregung zu neuen Kulturmethoden und zu neuen Wegen der chemischen Synthese zu geben imstande ist.

Es versteht sich wohl von selbst, daß die Erklärung eines so wichtigen Vorganges, wie jener der Bildung des aromatischen Prinzips der Pflanzen, zahlreiche Theorien entstehen ließ.

Wir erwähnen hier zuerst die Theorie von Mesnard & Charabot, nach der die aromatische Substanz der Pflanze aus dem Chlorophyll, also immer in den grünen Teilen der Pflanzen gebildet werden soll. Diese Theorie stützt sich auf das Vorkommen von Pyrrol oder Pyrrolderivaten (Indol) in aromatischen Prinzipien und darauf, daß der Pyrrolkern ein wichtiger Bestandteil der Chlorophyllformel ist. Diese Theorie scheint indes nicht auf sehr festen Füßen zu stehen und lassen sich hier Einwendungen mancherlei Art machen.

Vor allem ließe sich mit Recht einwenden, daß Pyrrol bzw. sein Derivat Indol nur in einzelnen Pflanzenaromen anzutreffen ist (z. B. Jasmin, Orangenblüte usw.) und sich, nach Ansicht der meisten Autoren, hier nur als Fäulnisprodukt (Fäulnis organischer Substanzen, wie Eiweißstoffe usw.) eingenistet haben soll, soweit nicht Indol bei diesen Blüten durch enzymatische Spaltung gewisser Glukoside spezieller Natur gebildet wurde. Die große Mehrzahl der Aromaten enthält aber weder Pyrrol noch Indol.

Nach neueren Forschungen erscheint es übrigens als ziemlich feststehend, daß Chlorophyll vielmehr das Ausgangsprodukt für Alkaloide darstellt. In der Tat enthalten die Alkaloide sehr häufig Pyrrolgruppen bzw. Gruppen seiner Derivate (Indol), ferner die Pyridin- und Chinolingruppe, die die nahe Verwandtschaft der Alkaloide mit dem Chlorophyll sehr wahrscheinlich machen. (Nach einer älteren Theorie nahm man die Bildung von Alkaloiden aus Eiweißkörpern an. Albuminoide enthalten aber niemals Pyrrol-, Pyridin- oder Chinolingruppen.)

Es darf also als sicher angenommen werden, daß das Chlorophyll die Muttersubstanz der Alkaloide ist und nicht die wesentliche Quelle der Aromabildung sein kann, weil zwischen Alkaloiden und Aromaten ein direkter Antagonismus besteht.

So steht es praktisch fest, daß alkaloidreiche Pflanzen niemals Aromastoffe enthalten und umgekehrt aromatische Pflanzen niemals Alkaloide. Dieser Antagonismus scheint selbstverständlich jede Gemeinschaft der beiden Körper auch dahingehend auszuschließen, als verdankten beide ihr Entstehen ein und derselben Muttersubstanz dem Chlorophyll. Anderseits darf aber nicht die Möglichkeit einer Mitbeteiligung des Chlorophylls, bzw. gewisser Abbauprodukte desselben (Phylloporphyrin, Phyllopyrrol) an der Aromabildung a priori ausgeschlossen werden.

Es besteht vielmehr die Möglichkeit, daß das Chlorophyll über sein Spaltungsprodukt Pyrrol, das häufig in aus den grünen Pflanzenteilen gewonnenen ätherischen Ölen (Petitgrainöle) angetroffen wird, gewisse Bestandteile des Aromas bildet, wozu vielleicht in erster Linie gewisse stickstoffhaltige Aroma-Anteile zu rechnen sind.

So liefert das Chlorophyll vielleicht gewisse Elemente zum Aufbau des Anthranilsäuremethylesters und des Methylanthranilsäuremethylesters (Petitgrainöl Mandarinier u. a.), vielleicht ist das Chlorophyll auch aktiv an der Bildung von Indol mitbeteiligt.

Obwohl diese Möglichkeit einer gewissen Mitbeteiligung des Chlorophylls an der Aromabildung also nicht in Abrede gestellt werden soll, muß aber erneut betont werden, daß, nach Lage der Dinge, das Chlorophyll keinesfalls etwa als wesentliche Muttersubstanz der aromatischen Prinzipien der Pflanze im allgemeinen aufgefaßt werden kann.

Nach dem Vorhergesagten dürfte sich eine solche Theorie wohl nicht aufrechterhalten lassen und als weniger wahrscheinlich zu bezeichnen sein. Dagegen kommt der

Theorie der Bildung des aromatischen Prinzips aus Tannin bzw. Elementarzuckern (Kohlehydraten)

sicher große Bedeutung zu, weshalb wir uns nachstehend mit dieser Theorie ganz eingehend beschäftigen wollen.

Zunächst soll hier die Aktivität des pflanzlichen Organismus als wesentlichster Faktor in der chemischen Synthese bzw. Umwandlung der der primitiven Elemente des Aromas kurz besprochen werden.

Die natürliche Aktivität des Organismus der lebenden Pflanze wird durch die Sonnenstrahlen unterhalten und unterstützt durch den Sauerstoff der Luft, ebenso durch die Absorption von Kohlensäure, Mineralsalzen und Wasser.

Sicherlich spielen die Mineralsalze des Bodens (Kali-, Magnesium-, Eisen- und andere Metallsalze usw.) eine bedeutende Rolle bei der Elementarsynthese der Aufbaustoffe, wobei ihnen vor allem die Rolle von Katalyten zugedacht zu sein scheint. Viele Autoren weisen besonders auf die Wichtigkeit gewisser Metallsalze in diesem Sinne hin und sollen u. a. besonders Eisenverbindungen, neben Alkalien und Erdalkalien (Kalium- und Magnesiumverbindungen), eine günstige Wirkung auf Feinheit und Fülle des aromatischen Prinzips vieler Pflanzen ausüben. Als Beispiel hierfür wird u. a. erwähnt, daß der Boden in Grasse in vieler Beziehung seinem erheblichen Gehalt an Eisenverbindungen ein gutes Teil seiner Fruchtbarkeit in dieser Hinsicht verdanke, was hier nur in Parenthese bemerkt sei.

Die transformatorische bzw. aufbauende Aktivität der Pflanze hängt also stets mehr oder weniger vom Klima und den Eigenschaften des Bodens ab und kann in vielen Fällen durch sorgfältige Kultur ganz erheblich akzentuiert werden, bzw. kann eine solche oft für die Feinheit und Fülle des Aromas direkt ausschlaggebend sein.

In gewissen, übrigens relativ häufigen Fällen, sind sorgfältige und oft jahrelang andauernde sachgemäße Pflege der Kulturen unbedingt notwendig, um überhaupt größere Mengen Aroma höherer Feinheitsgrade zu erzielen. In diesen Fällen besitzt die wildwachsende Pflanze meist nur ein wenig feines Aroma und gibt nur eine mäßige Ausbeute an solchem, während die sorgfältig kultivierte Spezies hochwertiges Aroma in größeren Mengen liefert. Das ist z. B. der Fall bei allen Pflanzen, bei denen die Blüte der Sitz des Aromas ist und die Blüten zwecks Gewinnung desselben extrahiert werden (z. B. Jasmin, Orangenblüte, Tuberose, Rose u. a.). Auch *Cananga Odorata*, bekannt als Mutterpflanze des Cananga- und Ylang-Ylangöles, treibt in wildem Zustand nur spärliche, schwachriechende Blüten, die nur kleine Mengen wenig feiner ätherischer Öle liefern, während die gleiche Spezies, nach jahrelanger sorgfältiger Kultur üppige Blüten hervorbringt, deren Aroma von ungleich größerer Feinheit ist und erst dann in namhaften Mengen gewonnen werden kann.

Bei der Genesis des Aromas in der Pflanze spielt, neben anderen Faktoren, natürlich die Wärme eine große Rolle.

Die Sonnenstrahlen regeln den Druck des in den Pflanzenzellen enthaltenen Wassers und hierdurch den Kreislauf des Saftes. Innerhalb gewisser Grenzen ist Sonnenwärme und Feuchtigkeit des Bodens der Bildung des Aromas förderlich, jedoch können übermäßige Wärme bzw. Feuchtigkeit des Bodens die Aromabildung beeinträchtigen und gewisse transformatorische Vorgänge im Innern des Pflanzenorganismus auslösen, die Störungen in der Aromabildung mit sich bringen, bzw. zu Verlusten an Aroma führen. So könnte z. B. zu große Feuchtigkeitsaufnahme zur Verseifung gewisser für das Aroma wichtiger Ester Veranlassung geben, zu große Wärmestrahlung aber die Ursache zur Verdunstung eines Teils des flüchtigen Aromas werden, obwohl, für letzteren Fall, keine absolute Regel aufzustellen ist. So können wir bei gewissen aromatischen Pflanzen gerade zur Nachtzeit eine besonders starke Duftentwicklung beobachten, woraus hervorgeht, daß nicht immer die Sonnenwärme die Ursache solcher Emanationen sein muß, obwohl, in der Mehrzahl der Fälle, deren Intensität von jener der Sonnenbestrahlung abhängig sein dürfte.

Jedenfalls ist es eine feststehende Tatsache, daß die Regionen mit gleichmäßigem, gemäßigtem Klima die besten Aromaten liefern und nur in solchen Gegenden ein immer gleichmäßiges Aroma in gleichen Mengen erhältlich ist.

Die Pflanze nimmt aus dem Boden die nötigen Nähr- und Aufbaustoffe auf, während sie aus der Luft Kohlensäure und Sauerstoff absorbiert. Die Feuchtigkeit des Bodens bzw. der Atmosphäre liefert ihr das nötige

Wasser, während der Boden noch die nötigen Mineralsalze als Katalyten beistellt, bzw. auch gleichzeitig die, neben Cellulose, zum Aufbau des Gerüstes der Stengel usw. nötige Kieselsäure liefert.

Mit Hilfe dieser chemischen Baustoffe ist der Pflanzenorganismus in der Lage, die Synthese gewisser Elementarstoffe durchzuführen, die als Nährstoffe der Pflanze oder als Aufbaustoffe für das Aroma der aromatischen Pflanzen verwertbar sind.

Je nach ihrer Bestimmung werden diese Elementarstoffe dann in Nährsubstanzen oder Aromastoffe umgewandelt.

Bei der aromatischen Pflanze scheint diese Umwandlung von Nähr- und Aromastoffen eine simultane zu sein, in dem Sinne, daß die Pflanze die gleichen Elementarstoffe zum Teil in Nährstoffe, zum Teil in Aromastoffe umwandelt und darf wohl angenommen werden, was besonders wichtig erscheint, daß gleichzeitig mit dem durch Zerfall (Hydrolyse) des das Aroma einschließenden Elementarglukosids, also mit Freiwerden des Aromakörpers, als Nebenprodukt Nährstoffe in Form von Kohlehydraten frei werden und von der Pflanze zu Nährzwecken dienstbar gemacht werden.

Vorstehende Ausführungen erhellen die große Wahrscheinlichkeit der Theorie der Bildung des Pflanzenaromas, die wir nachstehend methodisch entwickeln und besprechen wollen.

Nach dieser Theorie würde also die Pflanze zunächst die Synthese gewisser Elementarkohlehydrate aus Wasser und Kohlensäure bewerkstelligen und diese Elementarkörper alsdann, in den weiteren Phasen der Aromasynthese, chemisch so umwandeln, daß hieraus, neben Tannin bzw. Glukosiden der Gallus- und Digallussäure, gewisse Kohlenwasserstoffe verschiedenster Art entstehen, die als Aromaträger wichtig sind, bzw. die durch entsprechende Umlagerung andere aromatische Prinzipien bilden können.

Wenn wir der Pflanze diese Fähigkeiten zuerkennen wollen — und wir müssen es, um nachstehende Theorie plausibel erscheinen zu lassen —, so sind wir in der Lage, den Reaktionsmechanismus der Genesis des Aromas, wenn auch nur rein hypothetisch, so zu erfassen, daß die Logik gewisser Schlüsse, die sich auch in korrekt-chemischem Sinne verantworten und darstellen lassen, so ins Auge springt, daß, ohne von absoluten Tatsachen reden zu können, die große Wahrscheinlichkeit dieser Theorie dem Leser einleuchten muß.

Wir dürfen hier auch ruhig mit gewissen obskuren Kraftquellen der Natur rechnen und annehmen, daß das „Laboratorium" der Pflanze vielleicht spielend gewisse Synthesen zustande bringt, die für das Stückwerk menschlicher Arbeit unerreichbar sind.

Es liegen also derartige Vermutungen durchaus im Reiche der Möglichkeit und sind auch zum Teil durch beobachtete Tatsachen, die später ausführlich behandelt werden sollen, soweit bestätigt worden, daß wir glauben, in vorliegender Theorie der Wirklichkeit ziemlich nahe zu kommen.

Wir können also annehmen, daß im Verlauf der Genesis der Nähr- und Aromastoffe der Pflanze zahlreiche, oft recht komplizierte chemische

Vorgänge im Pflanzenorganismus ausgelöst werden, die sich chemisch als Hydrierung, Anhydrierung, Esterbildung, Verseifung von Estern, Oxydation, Reduktion, Polymerisation und Umlagerungen verschiedener Art, Aufnahme und Abspaltung von Kohlensäure usw. definieren lassen.

Auf diese Weise werden also die ursprünglich durch Elementarsynthese gebildeten Kohlehydrate, bzw. deren Spaltungsprodukte aliphatischen Charakters oder das hieraus entstehende Tannin, bzw. der hieraus gebildete Traubenzucker (Glukose), dessen Spaltungsprodukte oder aber die Abbauprodukte des Tannins von aromatischem Charakter entsprechend modifiziert, so daß die typischen Geruchsträger gewisser Aromen entstehen können.

Über den Mechanismus dieser Umwandlungen wissen wir so gut wie garnichts, wir können nur vermuten, daß hier u. a. Mineralsalze als Katalyten intervenieren, bzw. daß in vielen Fällen (namentlich auch bei der Spaltung der primär gebildeten Glukoside) Enzyme bestimmter Art eine nicht unerhebliche Rolle spielen.

So kann die einwandfrei feststehende Tatsache, daß die Art und Zusammensetzung des aromatischen Prinzips der gleichen botanischen Spezies, je nach dem Teil der Pflanze, der es enthält, ganz erheblich variieren kann, durch spezielle Mitwirkung gewisser Enzyme erklärt werden, die eben nur in ganz bestimmten Teilen der Pflanze vorkommen und nur dort die Genesis des charakteristischen Bestandteiles des Aromas bewerkstelligen helfen.

Wie bereits kurz erwähnt, muß auch die Mitwirkung gewisser Fermente bei der Spaltung der Glukoside im Organismus der Pflanze in Frage kommen, soweit eine solche nicht durch die sauren Anteile des Saftes bewirkt wird.

Zucker und Tannin stehen in engstem Zusammenhang mit dem pflanzlichen Aroma, wobei dem Zucker einmal die Rolle eines Nährstoffes, dann aber auch eines Aromabildners zukommt.

So haben Versuche gezeigt, daß Zuckerwasser abgeschnittene Blüten verhältnismäßig lange frisch hält und gleichzeitig eine große Zunahme in der Entwicklung von Blütenaroma mit sich bringt. Ebenso bewirkt auch Zuckerzufuhr bei der lebenden Pflanze analoge Erscheinungen.

Anderseits gehen die Zuckerarten sehr leicht in Tannin über und umgekehrt, so daß hier Wechselwirkung angenommen werden kann, wie wir später ausführlicher erläutern werden.

Die Rolle des Tannins als Aromabildner wird durch folgende Beobachtung illustriert. Die grünen Teile der aromatischen Pflanzen, die vor der Reife sehr reich an Tannin sind, sind in diesem Stadium geruchlos. Bei fortschreitender Reife können wir beobachten, daß in dem gleichen Maße wie der Tanningehalt abnimmt, Aroma gebildet wird und der schließlich stark aromatisch riechende Pflanzenteil gar kein oder nur sehr wenig Tannin mehr enthält. Wir beschränken uns hier auf die kurze dokumentarische Erwähnung dieser Tatsache, auf die wir noch wiederholt zurückzukommen haben werden.

Bevor wir uns mit den einzelnen Phasen der hypothetischen Bildung des Pflanzenaromas beschäftigen, wollen wir in kurzen Worten der chemischen Konstitution des Tannins gedenken.

Wir werden in nachstehenden Ausführungen das Tannin, entsprechend der älteren Auffassung Schiffs, als Digallussäure der Formel $C^{14}H^{10}O^{9}$ annehmen.

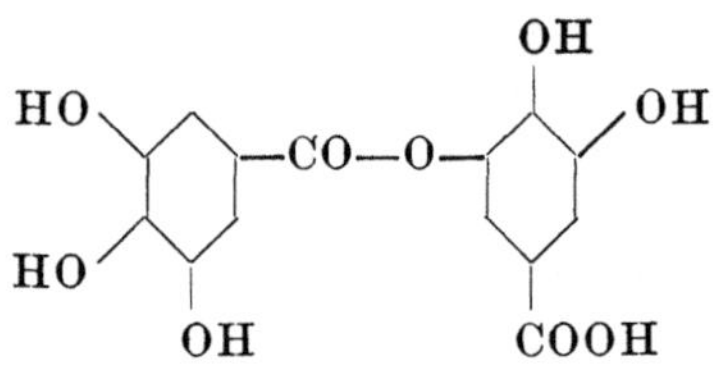

Tannin als Digallussäure

Nach neueren Forschungen ist Tannin aber kein einheitliches Produkt, sondern vielmehr ein Gemisch von Glukosiden der Gallus- und Digallussäure.

Je nach der Provenienz weisen die zahlreichen Sorten der Pflanzen-Tannine in bezug auf ihre chemische Konstitution ganz erhebliche Unterschiede auf, auf die wir hier aber nicht näher eingehen können. Fest steht jedenfalls, daß die bekannteste Sorte das Galläpfel-Tannin entweder (nach Fischer) Pentadigalloylglukose $C^{76}H^{52}O^{46}$ eine Verbindung aus 5 Molekülen Digallussäure und 1 Mol. Traubenzucker ist oder aber Glukogallussäure $C^{6}H^{11}O^{6}$—$C^{7}H^{5}O^{4}$, soweit Tannin nicht etwa aus Gemischen solcher Glukoside der Gallus- und Digallussäure besteht, was vielleicht doch anzunehmen ist.

Interessant ist, namentlich im vorliegenden Falle der Theorie der Bildung des Pflanzenaromas aus Tannin- bzw. Kohlehydraten, daß durch die glukosidische Bindung der Säuren des Tannins, dessen enge Verwandtschaft zu den Zuckerarten recht deutlich vor Augen geführt wird.

Tannin gibt auch bei der Hydrolyse etwa 10% Traubenzucker und drehen Tanninlösungen die Polarisationsebene stark nach rechts. Schimmelpilze *(Aspergillus gallomyces)* führen Tannin in Gallussäure über, ebenso Behandlung mit verdünnten Säuren.

Nach diesen kurzen Ausführungen bezüglich der Konstitution des Tannins kommen wir nunmehr zu einem kurzen Resumé der Theorie der Bildung des Pflanzenaromas mit anschließendem ausführlichen Kommentar. Nach dieser Theorie müssen wir das Tannin als wesentlichste Quelle des Aromas betrachten, bzw. die aus dem Tannin gebildete Glukose. Das Tannin wird aus den durch Elementarsynthese gebildeten Elementarzuckern durch Wasserentziehung und Kohlensäureaufnahme gebildet. Die hypothetische Genesis des Pflanzenaromas verläuft nach dieser Theorie in mehreren Phasen, nämlich:

I. Phase. Elementarsynthese der Zucker (Kohlehydrate) aus Kohlensäure und Wasser

$$\underset{\text{Wasser}}{x\,H^{2}O} + \underset{\text{Kohlensäure}}{x\,CO^{2}} = \underset{\text{Elementar-Kohlehydrate}}{x\,C^{6}H^{12}O^{6}}$$

II. Phase. a) Teilweise Spaltung der Elementarzucker in Kohlenwasserstoffe verschiedener Art, rein aliphatischen Charakters, soweit diese eine Rolle in der Synthese des Aromas zu spielen berufen sind. Diese Kohlenwasserstoffe werden alsdann entsprechend umgewandelt (z. B. durch Veresterung von Alkoholen und Säuren dieser Art).

Auf diese Weise entsteht wahrscheinlich ein großer Teil der zum Aufbau des Aromas nötigen aliphatischen Alkohole und Säuren usw., während Bildung analoger Körper wohl gleichzeitig durch Abbau der aus dem Tannin gebildeten Glukose ebenfalls angenommen werden muß.

So dürfen wir annehmen, daß aus den Elementarzuckern bzw. der Tannin-Glukose u. a. folgende Körper gebildet werden: Methyl-Äthyl-Butyl- und Amylalkohol (n-Alkohole und Isomere), ferner Ameisensäure, Essigsäure, Propionsäure, Isopropionsäure, Buttersäure, Isobuttersäure, Milchsäure, Furfurol usw.

b) Teilweise Umwandlung der Elementarzucker in polymerisierte Zuckerarten der Formel

$$(C^6H^{10}O^5)^n$$

(Stärke, Cellulose, Arabinose, Dextrine)

Diese Umwandlung verfolgt in erster Linie die Gewinnung von Nähr- und Aufbaustoffen der Pflanzenzelle, soweit eine Umwandlung in Tannin nicht in Frage kommt.

Die Cellulose ist ein Aufbaustoff für das Gerüst der Pflanze (Stengel, Zweige, Stamm) neben der aus dem Boden gezogenen Kieselsäure.

III. Phase. Umwandlung der polymerisierten Zucker in Tannin und umgekehrt (Wechselwirkung).

$$\begin{array}{rcl}
\text{Polymerisierte Zucker } 2\,C^6H^{10}O^5 & = & C^{12}H^{20}O^{10} \\
-\,5\,H^2O & = & -\,H^{10}O^5 \\
\hline
 & & C^{12}H^{10}O^5 \\
+\,2\,CO^2 & & C^2\quad O^4 \\
\hline
\text{Tannin} & = & C^{14}H^{10}O^9
\end{array}$$

und umgekehrt:

$$\begin{array}{rcl}
\text{Tannin} & & C^{14}H^{10}O^9 \\
-\,CO^2 & = & -\,C^2\quad O^4 \\
\hline
 & & C^{12}H^{10}O^5 \\
+\,5\,H^2O & = & +\,H^{10}O^5 \\
\hline
\text{Polymerisierte Zucker } 2\,C^6H^{10}O^5 & = & C^{12}H^{20}O^{10}
\end{array}$$

IV. Phase. Umwandlung des Tannins in Glukose

$$\begin{array}{rcl}
\text{Tannin} & & C^{14}H^{10}O^9 \\
-\,2\,CO^2 & = & -\,C^2\quad O^4 \\
\hline
 & & C^{12}H^{10}O^5 \\
+\,7\,H^2O & = & +\,H^{14}O^7 \\
\hline
2\text{ Glukose} & = & C^{12}H^{24}O^{12} \\
 & = & 2\,C^6H^{12}O^6
\end{array}$$

Diese Umwandlung des Tannins in Glukose findet wahrscheinlich während der Reife der Pflanzenteile statt, in deren Zellen Aroma abgelagert wird, wobei, neben der Aromabildung aus Glukose und Ablagerung der eventuell aufgespaltenen Glukoside als fertiges, freies Aroma, auch Ablagerung von Glukose zu Ernährungszwecken ermöglicht wird.

Es wird sich also das Tannin wohl (vielleicht in der Hauptsache?) zu Glukose umsetzen, um diesen Zwecken zu dienen, indes darf aber mit ziemlicher Sicherheit angenommen werden, daß eine solche Umwandlung des Tannins nur teilweise erfolgt und daß das Tannin auch direkt an der Lieferung von Aromaelementen beteiligt ist.

Es würde also wohl ein Teil der aus Tannin gebildeten Glukose, event. die ganze Menge, soweit sie nicht zu Ernährungszwecken benötigt wird, Aroma-Elemente aliphatischer Natur, analog jener, die aus den Elementarzuckern entstehen (Amylalkohol, Essigsäure usw.) liefern, anderseits aber auch das Tannin regen Anteil an der Aromabildung in direkter Weise dadurch nehmen, daß es gewisse Spaltungsprodukte der aromatischen Reihe liefert. Als solche wären beispielsweise Protocatechusäure zu nennen (ausgehend von dieser Säure kommen wir zum Protocatechualdehyd und von da zu Vanillin, Heliotropin usw), ferner Benzoesäure, Zimtsäure, Salicylsäure u. a.

Es ist hierbei immer an die zwischen Tannin und Glukose bestehende Wechselwirkung zu denken und die Fähigkeit beider Körper sich in den anderen zu verwandeln. Es darf also wohl angenommen werden, daß die Pflanze jederzeit in der Lage ist, etwa vorhandene Überschüsse an Tannin sofort in Glukose und umgekehrt Glukose in Tannin zu verwandeln, je nachdem es die Umstände erfordern.

Als V. Phase darf die Bildung von Glukosiden aus Aroma und Glukose angenommen werden, wobei aber zu bemerken ist, daß in vielen Fällen Bildung und Aufspaltung des Glukosids, also Freiwerden des Aromas fast zusammenfällt, während in anderen Fällen unfertiges Aroma in Form von Glukosiden in den Pflanzenzellen abgelagert wird und erst später dort durch Hydrolyse, bzw. in manchen Fällen durch künstlich eingeleitete Gärung, also durch Enzyme in Freiheit gesetzt wird (Vanilleschoten, Tonkabohne u. a.).

Wir können in vielen Fällen die intermediäre Bildung von Glukosiden nur als möglich, aber keineswegs als obligatorisch betrachten, in vielen anderen ist eine solche aber absolut feststehend (z. B. auch bei den Blüten mit kontinuierlicher vitaler Funktion, wie wir später noch sehen werden).

Nachstehend geben wir noch ein kurzes Kommentar zu dieser Theorie, das einige sicher beachtenswerte Hinweise auf die große Wahrscheinlichkeit der Bildung der Aromastoffe aus Tannin enthält und vor allem gewisse exakte Feststellungen anführt, die diese Annahme zu bestätigen scheinen.

Wie bereits kurz erwähnt, sind die grünen Früchte und andere unreife Teile der Pflanze, die notorische Aromaträger sind, sehr reich an Tannin, das im Verlauf des Reifeprozesses allmählich abnimmt, wobei bei vielen Pflanzen eine simultane Anreicherung der betreffenden Organe mit Zuckern stattfindet. (Analytische Feststellung.) In dieser Zwischenphase (Anhäufung von Rohmaterial zur Aromabildung bzw. Nährstoffen) sind die betreffenden Teile der Pflanze noch geruchlos und bildet sich das Aroma jetzt in den Zellen allmählich auf Kosten des Zuckers (der Zuckergehalt geht in gleichem Maße zurück). Hierbei kann entweder direkte Umwandlung der Zucker bezw. seiner Abbauprodukte bzw. der Spaltungsprodukte des Tannins angenommen werden oder eine allmähliche Zerlegung des vielleicht intermediär gebildeten Glukosids, wobei der freiwerdende Traubenzucker von der Pflanze zu Ernährungszwecken entweder in anderen Teilen aufgespeichert oder direkt resorbiert wird.

Erst wenn die transformatorischen Prozesse der Aromabildung beendet sind, wird der betreffende aromatogene Pflanzenteil einen normalen Gehalt an aromatischem Prinzip aufweisen. In vielen Fällen macht sich aber das Verschwinden des Tannins und normale Anreicherung des betreffenden Organs der Pflanze an Aroma spontan geltend und würde dieser zweite Fall entweder dafür sprechen, daß das intermediär gebildete Aromaglukosid augenblicklich zersetzt wird, oder aber, daß es zu einer solchen Glukosidbildung in diesem Falle überhaupt nicht kommt, also aus dem Tannin direkt freies Aroma gebildet wird.

Über die Rolle des Aromas im pflanzlichen Organismus wissen wir so gut wie garnichts, abgesehen von dem eigentlichen Blütenaroma, das in der Fortpflanzung der Spezies bei der Befruchtung durch Pollenübertragung durch Insekten eine bekannte Rolle spielt.

Vielleicht kann aber angenommen werden, daß das für uns so wertvolle Aroma der Pflanzen nur eine Art Nebenprodukt des pflanzlichen Stoffwechsels ist, bei dem der vitale Kreislauf in der Umwandlung von zuckerbildenden Materialien in erster Linie die laufende Ernährung bzw. Aufbau der Zellen usw. bewirken will.

Dies sei hier nur kurz als Zwischenbemerkung festgestellt. Was nun nochmals die große Wahrscheinlichkeit der Bildung von Riechstoffen aus Tannin im Organismus der Pflanze anlangt, sei an dieser Stelle noch darauf hingewiesen, daß die enge Verwandtschaft des Tannins mit den Riechstoffen auch dadurch zum Ausdrucke kommt, daß viele Riechstoffe mehr oder minder direkte Derivate von Spaltungsprodukten des Tannins sind, bzw. daß viele aromatische Prinzipien bei der Aufspaltung solche der aromatische Reihe angehörende Derivate des Tannins bilden können.

Wir erwähnen hier die Protocatechusäure, den Protocatechualdehyd (als dessen Derivate Vanillin und Heliotropin besonders wichtig sind), ferner Phloroglucin (ein Isomeres des Pyrogallols), Gallussäure usw. (Vgl. hier auch die Tafel I.)

Nachstehend bringen wir einige hypothetische Bildungsmöglichkeiten von Riechstoffkörpern aus Isomeren des n-Amylalkohols in Gestalt von Formeln. Es möge der Leser diese wissenschaftliche Spielerei insofern richtig werten, als er in der Aufstellung solcher hypothetischen Formeln weniger einen Mißbrauch der sprichwörtlichen Geduld des Papiers erblicken wolle, als vielmehr einen Versuch gewisse mögliche Phänomene im Verlauf der Genesis elementarer Bestandteile der Pflanzenriechstoffe einigermaßen anschaulich zu machen.

Es können aber vielleicht auch solche Spielereien einen gewissen Wert haben, indem sie, wie jede logisch aufgebaute Hypothese, gewisse Anregungen zum Nachdenken bringen können und ist ihnen, unserer Ansicht nach, wenigstens nicht das bescheidene Verdienst abzusprechen, daß sie dazu beitragen können, gewisse Lücken, wenn auch nicht positiven Wissens, so doch logischen Denkens auszufüllen, deren Bestehen wir so oft schmerzlich empfinden müssen.

In gleichem Sinne wolle der Leser auch im weiteren Verlauf des theoretischen Teiles unserer Arbeit angenommene schematische bzw. tabellarische Darstellungen ähnlicher Art beurteilen.

Unter allen Spaltungsprodukten aliphatischen Charakters, wie sie die Elementarzucker bzw. die aus dem Tannin gebildete Glukose als Bausteine für die Genesis des Aromas zu liefern scheinen, kommt dem n-Amylalkohol $C^5H^{11} . OH$, bzw. ganz besonders seinen zahlreichen Isomeren wohl eine recht bedeutungsvolle Rolle zu, die wir nachstehend kurz beleuchten wollen.

Soweit dieser Alkohol nicht in veresterter Form in gewissen Aromen, besonders Fruchtaromen, bzw. synthetischen Riechstoffen (Amylsalicylat usw.) eine Rolle spielt, ist er ganz besonders in Form gewisser Isomeren sicher ein hervorragend wichtiges Element zum Aufbau vieler Riechstoffkörper, wie nachstehende Ausführungen zeigen sollen.

Der n-Amylalkohol besitzt die Fähigkeit, sich außerordentlich leicht umzulagern und so zahlreiche Isomeren bzw. Derivate zu bilden. Unter den wichtigsten Isomeren dieses Alkohols seien die folgenden genannt:

Isopropyl-Äthylalkohol
(Isobuthylcarbinol)

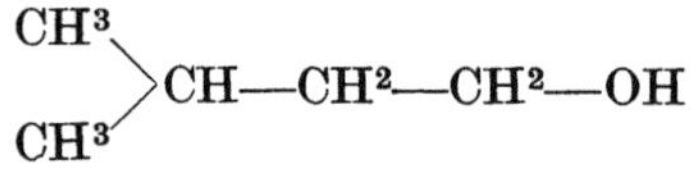

Methyl-äthyl-Äthylalkohol
(Iso-Amylalkohol)

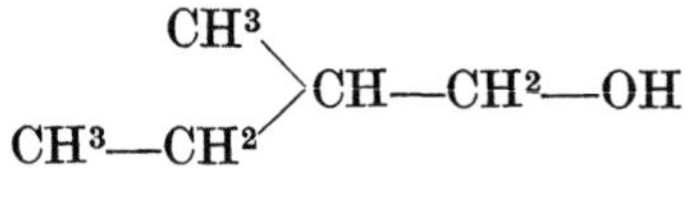

und Tertiärer Amylalkohol
(Dimethyläthylcarbinol)

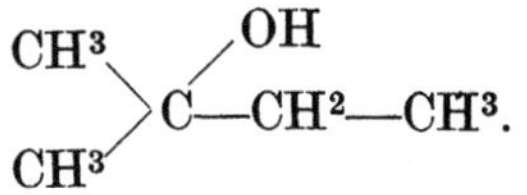

Ausgehend von diesen Isomeren des n-Amylalkohols können wir uns hypothetisch entstanden denken, z. B.:

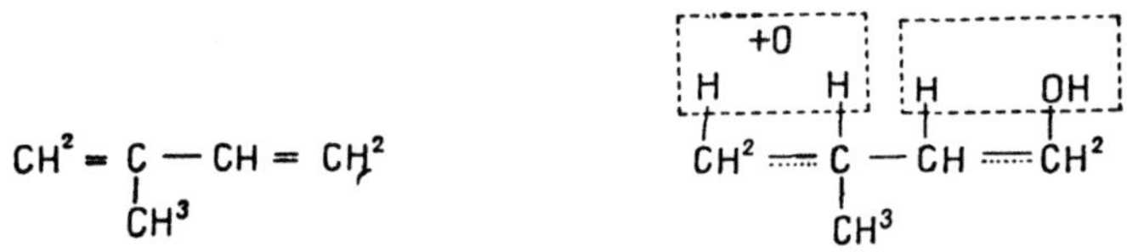

1. Isopren (Hemi-Terpen) C^5H^8 aus: Isopropyläthylalkohol.

Das Isopren geht durch Polymerisation in Terpene $C^{10}H^{16}$ über.

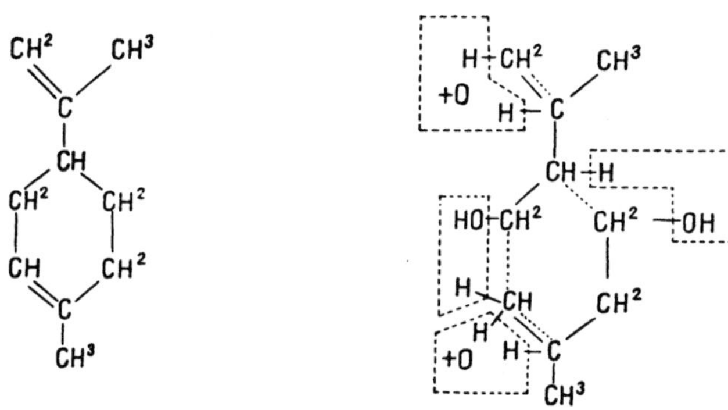

2. Limonen $C^{10}H^{16}$ aus: 2 Mol. Isopropyläthylalkohol.

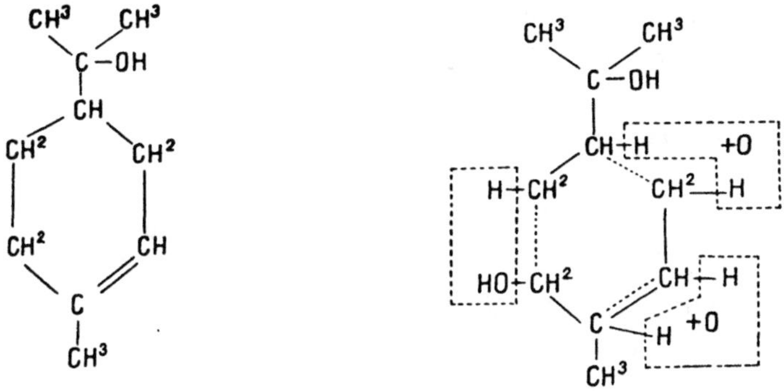

3. Terpineol $C^{10}H^{17}OH$ aus: 1 Mol. tert. Amylalkohol und 1 Mol. Methyl-Äthyl-Äthylalkohol.

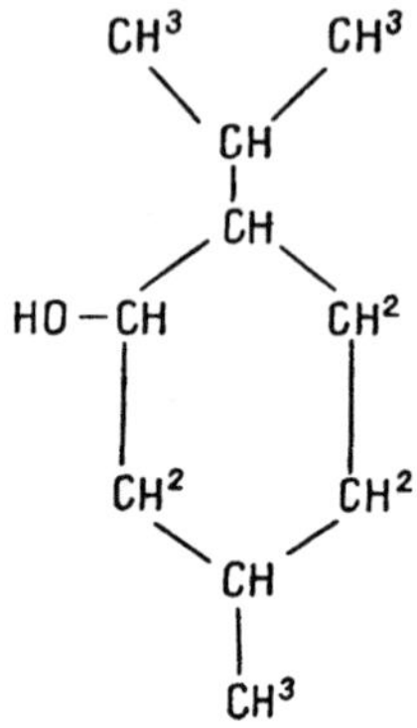

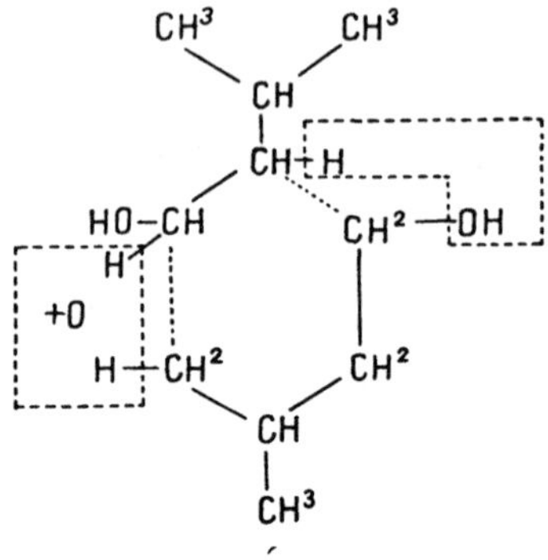

4. Menthol $C^{10}H^{19}OH$ aus: 2 Mol. Isopropyläthylalkohol.

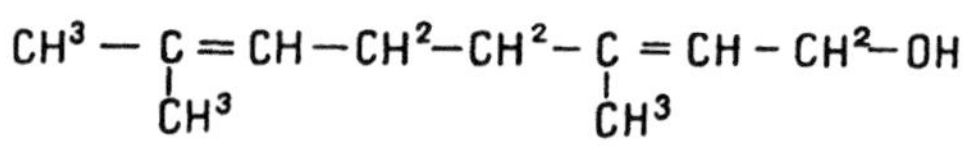

5. Geraniol $C^{10}H^{17}OH$ aus:

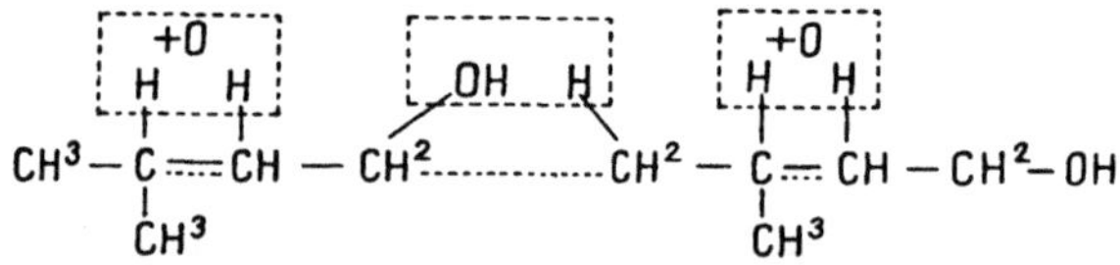

2 Mol. Isopropyläthylalkohol.

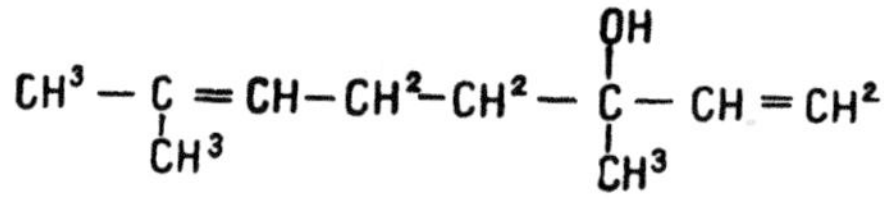

6. Linalool $C^{10}H^{17}OH$ aus:

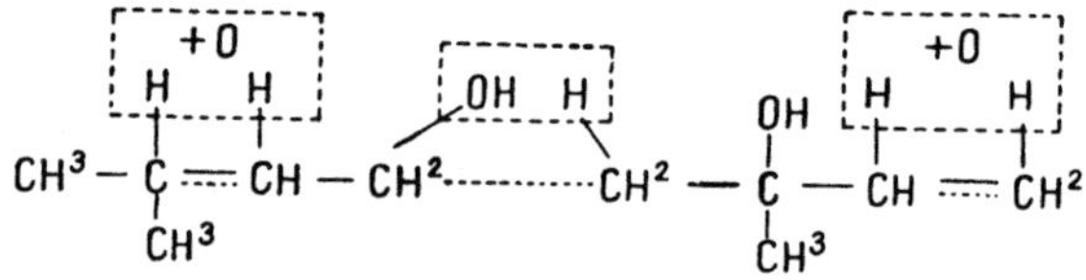

1 Mol. Isopropyläthylalkohol und 1 Mol. tert. Amylalkohol.

Anschließend folgt eine Übersichtstafel der Spaltungsprodukte des Tannins.

Tafel I.

Tabellarische Übersicht der Spaltungsprodukte des Tannins.

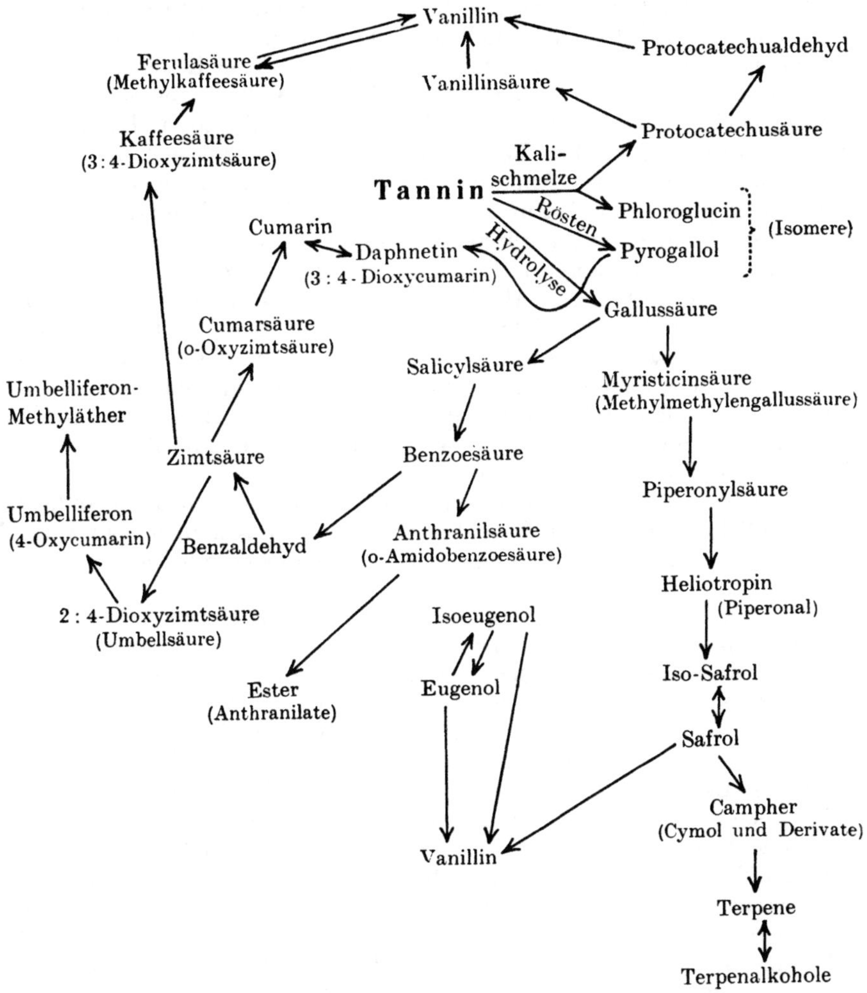

Wir beschließen diese theoretischen Betrachtungen mit einigen ergänzenden Bemerkungen betreffend den Mechanismus der Aromabildung bzw. der Anhäufung und Umsetzung des gebildeten Aromas in der Pflanzenzelle. Anschließend hieran werden wir der bekannten Glukoside ganz ausführlich gedenken.

Es ist eine allbekannte Tatsache, daß die klimatischen Verhältnisse und, in sehr zahlreichen Fällen auch sorgfältige Kulturmaßnahmen, die Feinheit des Aromas der Pflanzen ganz erheblich beeinflussen.

In ganz besonders zahlreichen Fällen ist die größere Feinheit des Aromas von einem erhöhten Gehalt an gewissen Estern abhängig und geht mit abnehmendem Estergehalt bedeutend zurück.

Nach Feststellung verschiedener Autoren (Charabot, Mesnard, Hesse u. a.) kommt es erst zur Esterbildung, wenn die Vegetation weiter fortgeschritten ist, im Anfangsstadium derselben ist der Estergehalt immer sehr gering. Der Esterbildung voran geht die Bildung der entsprechenden Alkohole, die entweder wohl als direkte hypothetische Derivate des Tannins der aromatischen Reihe angehören (Benzylalkohol u. a.) oder, viel häufiger, wohl als Abbauprodukte der Elementarzucker bzw. der Glukose aliphatischer Natur sind; in der größten Mehrzahl der Fälle handelt es sich hier also um aliphatische Alkohole (Terpen- bzw. Sesquiterpenalkohole), deren Ester mit zu den wichtigsten gehören.

Gleichzeitig mit diesen Alkoholen (nach einzelnen Autoren erst nach erfolgter Alkoholbildung) bilden sich zu Beginn der Vegetation gewisse Säuren aliphatischer Natur, speziell abgesehen von den balsamischen Exsudaten, wie Tolubalsam, Benzoe usw., wo die aromatischen Säuren allein an der Esterbildung beteiligt sind und die Hauptrolle spielen. Besonders wichtig ist die Essigsäure; es folgen dann die Ameisensäure, Buttersäure, Propionsäure, Valeriansäure usw.

Die Ester sind meist leicht verseifbar und liegt es auf der Hand, daß zu reichliche Zufuhr von Feuchtigkeit (feuchtes Klima, starke Regen) das Aroma durch Verminderung des Estergehaltes empfindlich schädigen kann.

Trotz dieser großen Wichtigkeit eines erhöhten Estergehaltes für die Feinheit gewisser Aromen darf man diesem nicht eine so ausschlaggebende Rolle zuweisen wollen, wie dies verschiedentlich geschehen ist. Dies trifft speziell beim Lavendelöl zu und gibt es hier Sorten mit relativ niedrigem Estergehalt, die sich durch große Feinheit des Aromas auszeichnen. So zeigen gewisse Lavendelöle (Piemonteser Öle) trotz relativ niedrigen Estergehaltes ein sehr feines Aroma. Diese Öle haben durchschnittlich nur 25 bis 30% Ester und enthalten entsprechend mehr freie Alkohole, wie sich denn in solchen Fällen ein niedrigerer Estergehalt stets durch höheren Gehalt an entsprechenden freien Alkoholen kompensiert.

Chiris hat daher sicher mit Recht vorgeschlagen, den Handelswert des Lavendelöles u. a. nach dem Gesamtalkoholgehalt (auch Ester als Alkohole berechnet) zu bestimmen. Anderseits ist z. B. bei Bergamottöl die Höhe des Estergehaltes direkt maßgebend für die Feinheit des Aromas, ebenso auch in anderen Fällen.

Von aromatischen Säuren sind als Esterbildner interessant die Benzoesäure, Salicylsäure, Zimtsäure, Anthranilsäure u. a.

Nach neueren Forschungen scheinen auch die Ester gewisser höherer Fettsäuren (Myristinsäure) und besonders auch jene niederer Fettsäuren (Caprylsäure, Caprinsäure, Pelargonsäure usw.) eine nicht unbedeutende Rolle im Aroma gewisser Pflanzen zu spielen. Dies gilt auch von den zugehörigen Fettalkoholen (Octylalkohol, Nonylalkohol usw.), die ebenfalls als Ester in verschiedenen aromatischen Ölen vorkommen.

Was den Gehalt an Terpenen bzw. Terpenderivaten anlangt, so ist hierzu folgendes zu bemerken.

Man nahm früher allgemein an, daß in den unreifen bzw. grün bleibenden (chlorophyllhaltigen) Teilen der Pflanze der Terpengehalt größer sei als in dem aromatischen Prinzip der reifen Teile. Dies trifft vielleicht auch in manchen Fällen zu, läßt sich aber keineswegs etwa als allgemein gültige Regel aufstellen und ist vielmehr häufig das Gegenteil der Fall (Petitgrainöle).

Wir können wohl rein hypothetisch annehmen, daß im Verlaufe der Vegetation zuerst Terpene, hieraus Terpenalkohole und dann Ester der letzteren gebildet werden, doch kommen wir der Wahrheit sicher am nächsten, wenn wir annehmen, daß Terpene, Terpenalkohole und deren Ester in Wechselbeziehung stehen, d. h. daß der Organismus der Pflanze diese Körper mutuell umwandeln kann, wie es die Naturgesetze erfordern. So wird denn auch tatsächlich ein großer Teil der Terpene schon in den ersten Stadien der Vegetation zu Terpenalkoholen und deren Ester umgewandelt, die wir als solche im aromatischen Prinzip der grünen Teile (Blätter, grüne Früchte usw.) daher auch stets in erheblicheren Mengen vorfinden, als z. B. im ätherischen Öl der reifen Fruchtschalen, bei dem die so gebildeten Terpenderivate (Alkohole und besonders Ester) meist zum größten Teil, oft gänzlich, in Terpene rückverwandelt, anzutreffen sind.

Ein sehr lehrreiches Beispiel hierfür liefern die ätherischen Öle gewisser Citrus-Arten wie z. B. Citronenöl, Orangenöl usw. So erhält man z. B. durch Auspressen der reifen Fruchtschalen Öle, die sehr reich an Terpenen sind, bei der Wasserdampfdestillation der grünen Teile des gleichen Baumes (Blätter, unreife Früchte usw.) die sog. Petitgrainöle, die wenig Terpene aber (wie z. B. beim bitteren Orangenbaum u. a.) größere Mengen Ester von Terpenalkoholen enthalten, die im Öl der reifen Fruchtschalen gar nicht oder nur in Spuren enthalten sind. In anderen Fällen wird ein Minus von Terpenen durch höheren Gehalt an freien Terpenalkoholen kompensiert, bzw. durch deren ausschließliches Vorkommen im ätherischen Öl der grünen Teile charakterisiert. Erwähnt sei an dieser Stelle auch, daß bei gewissen Pflanzen das Chlorophyll durch Anteilnahme an der Bildung besonders reichlicher Mengen stickstoffhaltiger Ester (Methylanthranilat und Methyl-Methylanthranilat) in Reaktion zu treten scheint. So enthält z. B. das Mandarinenöl nur ca. 1% Methyl-Methylanthranilat, während das Petitgrainöl Mandarinier ca. 65% dieses Esters enthält. Die Petitgrainöle enthalten auch meist unverändertes Pyrrol. Wir kommen weiter unten noch ausführlicher auf die Terpene zurück.

Von Aldehyden seien kurz die Terpenaldehyde Citral und Citronellal erwähnt, ebenso die Fettaldehyde C 6 bis C 12, die später ganz ausführlich behandelt werden sollen, und Zimtaldehyd, von anderen aromatischen Derivaten seien Phenolderivate wie Eugenol, Anethol, ferner das Cumarin als Zimtsäurederivat und viele andere, die später ausführlich besprochen werden sollen, angeführt.

Betont sei hier auch die Wichtigkeit freier Alkohole für das Aroma vieler ätherischer Öle, wobei ebenfalls den Terpenalkoholen eine erhöhte Bedeutung zukommt. Besonders die Terpenalkohole Geraniol und Citronellol (Rhodinol) im Geranium und Citronellöl, Linalool im Linaloeöl und andere spielen hier eine wichtige Rolle. Aber auch Alkoholen der aromatischen Reihe, z. B. dem Phenyläthylalkohol u. a., kommt hier große Bedeutung zu.

In nur selteneren Fällen ist das Aroma in allen Teilen der aromatogenen Pflanze enthalten, in der Mehrzahl der Fälle wird das Aroma in einem ganz bestimmten Teil der Pflanze (Blüte, Blätter, Frucht, Fruchtschale, Rinde, Wurzel) gebildet bzw. aufgespeichert. Es können aber auch verschiedene Teile einer Pflanze (z. B. Wurzel, Blätter und Frucht) aromatisch sein und etwa ein ziemlich analoges Aroma enthalten. Nur das Aroma der Blüte ist niemals mit dem eines anderen gleichzeitig aromatischen Teiles der gleichen Pflanze auch nur annähernd identisch.

In relativ zahlreichen Fällen können wir aber feststellen, daß das aus verschiedenen Teilen der gleichen Pflanzen gewonnene Aroma ganz erhebliche Unterschiede aufweist, die durch Vorkommen ganz verschiedener chemischer Individuen bedingt werden. (Siehe z. B. die wesentlichen Unterschiede bei Zimtöl aus der Zimtrinde, dem Zimtblätteröl und dem Zimtwurzelöl.)

Es scheint schwierig, für dieses Phänomen eine plausible Erklärung zu finden. Vielleicht enthalten die Zellen jener verschiedenen Pflanzenteile bestimmte, ganz verschiedene Enzymgattungen, die die primär gebildeten im Kreislauf befindlichen Glukoside in den einzelnen Organen in ganz verschiedener Weise beeinflussen. Oder aber kommen in einzelnen Organen gewisse chemische Einflüsse der Organsynthese mehr oder weniger bzw. gar nicht oder ganz verschieden zur Geltung, wodurch Umlagerung der im Kreislauf bereits gebildeten Ausgangsprodukte elementarer Natur in verschiedenem Sinne erfolgt.

Auch die bereits erwähnten Petitgrainöle liefern ein typisches Beispiel für die ganz verschiedenen Faktoren, die bei der Aromabildung in den einzelnen Pflanzenorganen an der Aromabildung beteiligt sein müssen, bzw. für die Verschiedenheit der Komponenten des in diesen Teilen enthaltenen komplexen Aromas.

Erwähnt sei hier nochmals der Unterschied z. B. zwischen Petitgrainöl Bigarade aus den grünen Teilen des Baumes (Blätter, unreife Früchte) und dem Orangenöl bigarade (bitteres Pomeranzenöl), das aus den Fruchtschalen der reifen Früchte ausgepreßt wird, während das Petitgrainöl Bigarade durch Wasserdampfdestillation gewonnen wird. Bei diesen und den entsprechenden Produkten anderer Citrus-Arten (Mandarine, Citrone usw.) sind im Petitgrainöl immer viel weniger Terpene und größere Mengen Ester von Terpenalkoholen enthalten, bzw. freie Terpenalkohole, die im Aroma der reifen Fruchtschale entweder gar nicht oder höchstens in sehr kleinen Mengen vorkommen.

Hier haben wir es also offenbar mit einer Terpenbildung aus Terpenalkoholen bzw. Estern derselben beim Reifen der Pflanze zu tun, es wäre daher bei diesen Arten die Terpenalkohol- bzw. Esterbildung als primärer Vorgang aufzufassen, bzw. muß angenommen werden, daß die primär gebildeten Terpene, in gewissen Teilen der Pflanze chemisch verändert, in den reifen Fruchtschalen aber unverändert aufgespeichert werden (vgl. auch weiter unten das Kapitel Terpene und unsere früheren diesbezüglichen Ausführungen).

Anschließend an vorstehende Ausführungen wollen wir uns nachstehend noch mit der Charakteristik der bekannten

aromatischen Glukoside

eingehender befassen. Wir verweisen zunächst ganz kurz auf unsere früheren Ausführungen die Glukoside betreffend und wiederholen, daß, wenn auch in manchen Fällen die Annahme der intermediären Bildung eines Glukosids nur ins Reich der Hypothese gehört, in vielen Fällen die Bildung von aromatischen, d. h. nach der Spaltung freie aromatische Substanzen liefernder Glukoside aber einwandfrei festgestellt ist.

In dem ersten eventuell-hypothetischen Fall muß angenommen werden, daß das Glukosid ephemerer Natur ist und seine Zersetzung ziemlich spontan durch gewisse Enzyme oder den sauren Anteil des kreisenden Saftes erfolgt. Im zweiten positiven Fall erzeugt die Pflanze überhaupt kein freies Aroma, sondern lagert Glukoside ab, die mehr oder minder unmittelbar vor der Isolierung des Aromas, bzw. vor handelsmäßiger Verpackung der aromatischen (d. h. durch die Vorbehandlung aromatisch gewordenen frischen) Droge durch entsprechende Maßnahmen (Befeuchten mit Wasser eventuell Vergärung) in freies Aroma übergeführt werden.

Coniferin $C^{16}H^{22}O^{8} + 2\,H^{2}O$ ist im Safte der Coniferen, den Spargeln und anderen enthalten. Vermutlich besteht auch das Glukosid der Vanilleschoten aus Coniferin (vgl. später).

Durch das Enzym Emulsin wird das Coniferin in Coniferylalkohol und Glukose gespalten

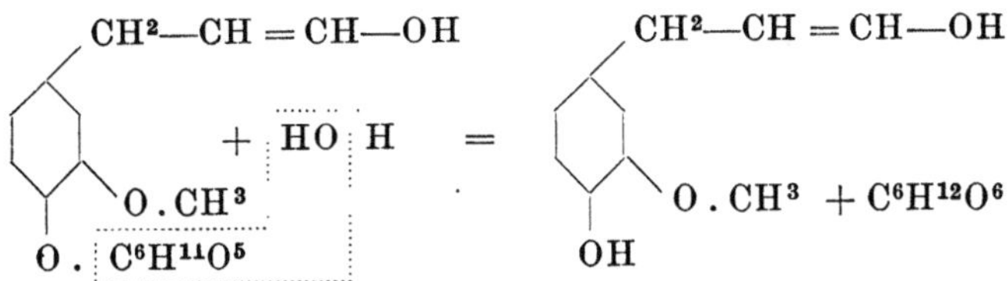

Coniferin Coniferylalkohol Glukose

Es ist wahrscheinlich, daß das Glukosid der Vanilleschoten im wesentlichen ebenfalls aus Coniferin besteht. Diese Annahme wird in gewissem Sinne dadurch bestätigt, daß die Synthese des Vanillins aus Coniferylalkohol längst gelungen ist.

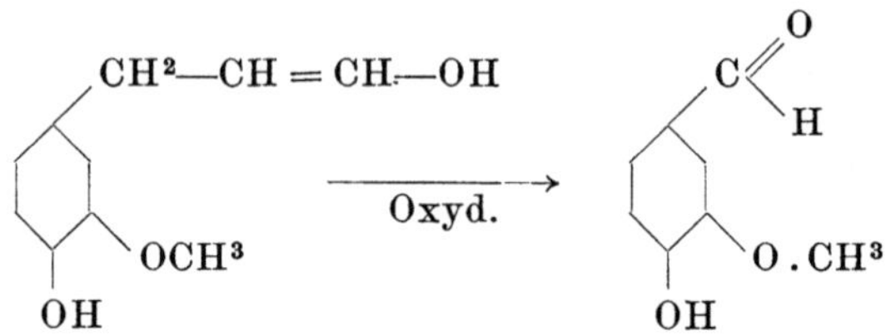

Coniferylalkohol — Vanillin

Die frischen Vanilleschoten sind geruchlos und werden erst aromatisch, wenn man sie der Gärung unterwirft (Hydrolyse und folgende Oxydation an der Luft).

Gaultherin $C^{14}H^{18}O^{8} + H^{2}O$. In der Rinde von *Betula Lenta* und allen Teilen des Krautes *Gaultheria Procumbens* enthalten. Es zerfällt durch das Enzym Gaultherase in Methylsalicylat und Glukose.

$$C^{14}H^{18}O^{8} + H^{2}O \quad C^{6}H^{4}(OH)COO.CH^{3} + C^{6}H^{12}O^{6}$$

Gaultherin — Methylsalicylat — Glukose

Populin $C^{20}H^{22}O^{8} + 2\,H^{2}O$ (Benzoyl-Salicin). In der Rinde, den Blättern und den Knospen der meisten Pappelarten, mit Ausnahme der Schwarzpappel. Findet sich z. B. in *P. Tremula* und *P. Alba.* Dieses Glukosid geht zunächst in ein anderes Glukosid, das Salicin über, wobei Benzoesäure frei wird.

$$C^{6}H^{4}{<}{}^{CH^{2}-O.CO.C^{6}H^{5}}_{O.C^{6}H^{11}O^{5}} + HO\,H = C^{6}H^{4}{<}{}^{CH^{2}-OH}_{O.C^{6}H^{11}O^{5}} + C^{6}H^{5}-COOH$$

Populin — Salicin — Benzoesäure

Das **Salicin** $C^{13}H^{18}O^{7}$ ist das Glukosid des Saligenins (o-Oxybenzylalkohol) und findet sich als solches in der Weidenrinde, den Pappelarten, die Populin enthalten und den Knospen von *Spiraeus Ulmaria.* Durch enzymatische Spaltung geht das Salicin in Saligenin und Traubenzucker über.

$$C^{6}H^{4}{<}{}^{CH^{2}-OH}_{O.C^{6}H^{11}O^{5}} + HO\,H = C^{6}H^{4}{<}{}^{CH^{2}-OH\ (1.)}_{OH\ (2.)} + C^{6}H^{12}O^{6}$$

Salicin — o-Oxybenzylalkohol (Saligenin oder Salicylalkohol) — Glukose

Durch Oxydation des o-Oxybenzylalkohols bildet sich zuerst Salicylaldehyd, dann Salicylsäure. Dieses Glukosid ist hier dadurch interessant, daß es die Salicylsäure als wichtiges Element gewisser Aromen liefert, ebenso wie das Populin, das Benzoesäure entstehen läßt.

Amygdalin $C^{20}H^{27}NO^{11} + 3\,H^{2}O$. In den bitteren Mandeln. Es zerfällt bei der enzymatischen Spaltung zuerst in das Nitril der Mandelsäure, das schließlich in Benzaldehyd übergeht.

1. Phase:

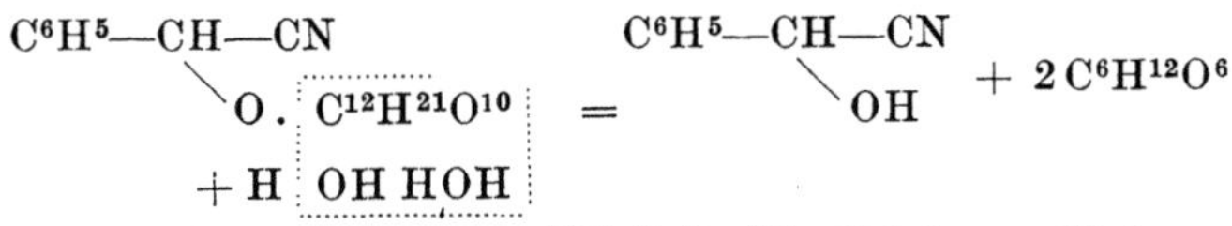

Amygdalin — Nitril der Mandelsäure — Glukose

2. Phase:

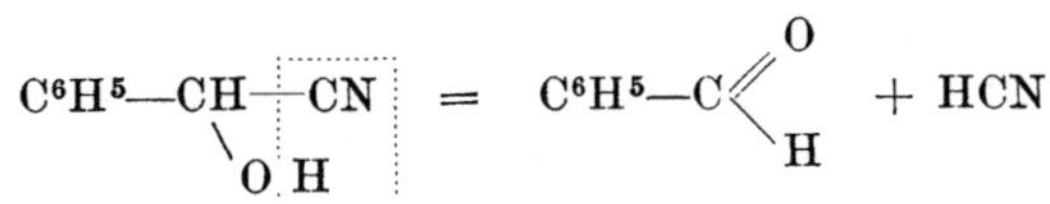

Nitril der Mandelsäure — Benzaldehyd — Blausäure

Äsculin $C^{15}H^{16}O^{9} + 1^{1}/_{2}\,H^{2}O$ ist in der Rinde des Kastanienbaumes, *Aesculus Hippocastanum,* enthalten.

Bei der Spaltung liefert es Äsculetin (4:5-Dioxycumarin)

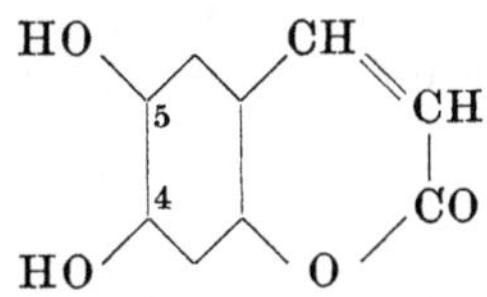

Äsculetin (4: 5-Dioxycumarin)

Daphnin $C^{15}H^{16}O^{9} + 2\,H^{2}O$, das Glukosid des Seidelbastes, *Daphne Mecereum,* liefert bei der Spaltung

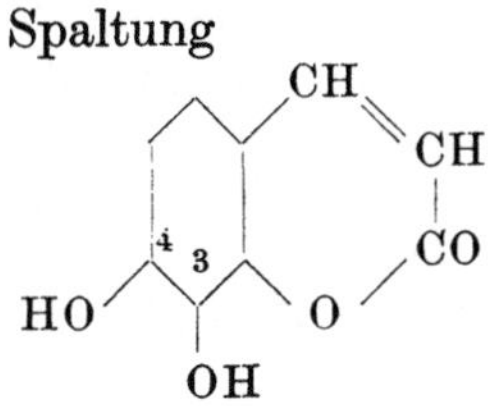

Daphnetin (3: 4-Dioxycumarin)

Daphnetin steht in naher Beziehung zum Pyrogallol 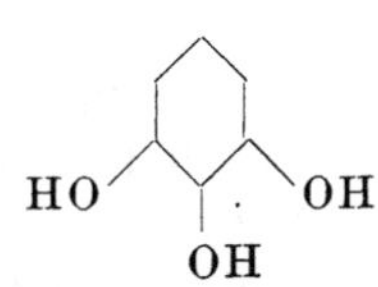 aus dem es erhalten werden kann.

Das in den Erikaceen, den Birnbaumblättern u. a. enthaltene Glukosid **Arbutin** $C^{12}H^{16}O^{7} + H^{2}O$, das Glukosid der Bärentraube *(Uva ursi),* der Birnbaum- und Quittenblätter u. a., gibt bei der Spaltung

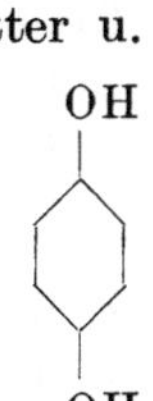

Hydrochinon

Das in den Sprossen von *Pinus Picea* enthaltene

Picein $C^{14}H^{18}O^{7} + H^{2}O$ liefert

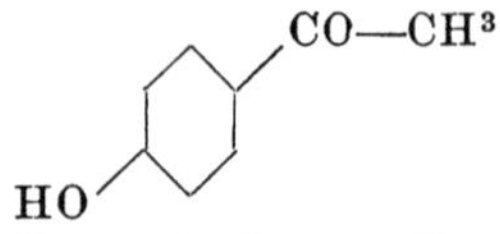

p-Oxyacetophenon (Piceol)

Die Iriswurzel enthält ein Glukosid, das

Iridin $C^{24}H^{26}O^{13}$, das sich nach der Literatur in Irigenin und Glukose spaltet, wenn man es längere Zeit mit alkoholischer Schwefelsäure behandelt. Jedenfalls schließt dieses Glukosid das eigentliche Geruchsprinzip der Iriswurzel, das Iron, ein und ist anzunehmen, daß Iridin sich in der einen oder anderen Weise in Iron und Glukose spaltet.

Was nun das in den Tonkabohnen enthaltene Cumarin anlangt, so muß angenommen werden, daß dieses ursprünglich ebenfalls in glukosidischer Bindung vorhanden ist, denn die frische Tonkabohne ist geruchlos und erhält erst im Verlauf einer Art Gärung ihren charakteristischen Geruch.

Ebenso scheint auch das im Lavendelöl vorkommende Cumarin und sein ebenfalls im Lavendelextraktöl aufgefundenes Derivat Methyl-Umbelliferon[1] (4-Methoxycumarin) ursprünglich in der Pflanze als Glukosid vorhanden zu sein. So ist Methyl-Umbelliferon im destillierten ätherischen Lavendelöl überhaupt nicht, Cumarin nur in sehr kleinen Mengen anzutreffen (0,8%), während das Extraktöl etwa 5% Methyl-Umbelliferon und ca. 3% Cumarin enthält. Diese Befunde berechtigen wohl zu der Annahme, daß das Cumaringlukosid des Lavendels während der Destillation nur zum kleinen Teil, das Methylumbelliferon-Glukosid aber überhaupt nicht gespalten wird, während im Gegenteil während der Extraktion mit Petroläther gänzliche Aufspaltung der betreffenden Glukoside erfolgt.

Es scheint auch, daß bei der Bildung des Blütenaromas, vor allem gewisser Blüten mit kontinuierlicher vitaler Funktion, nach dem Abpflücken (wie z. B. bei Jasmin und Tuberose), dieses Fortbilden von komplexem Aroma auf allmähliche Zersetzung glukosidischer Aromaverbindungen zurückzuführen ist.

Diese allmähliche Entwicklung bzw. Anreicherung mit Aroma bei der abgepflückten Blüte ist wohl gewissen, in der Blüte selbst enthaltenen Enzymen zuzuschreiben, die im Kontakt mit dem kalten Fett bei der Enfleurage weiterwirken, aber durch heißes Fett und die Temperatur des Extraktionsprozesses, bzw. durch das Extraktionsmittel unwirksam gemacht werden.

So läßt sich z. B. die Anreicherung an Indol beim Jasmin während der Enfleurage, soweit hier nicht andere Faktoren (putride Prozesse) mitspielen, durch enzymatische Aufspaltung gewisser Glukoside erklären,

[1] Wir haben hier die usuelle Bezeichnung „Methylumbelliferon" gebraucht; streng genommen ist diese Bezeichnung aber nicht ganz eindeutig, da es sich hier um Umbelliferon-Methyläther handelt.

ebenso auch die Anreicherung an Methylanthranilat, wobei wir in beiden Fällen nahe Verwandtschaft dieser stickstoffhaltigen Glukoside mit dem Chlorophyll der grünen Teile (Derivate des Phyllopyrrols) annehmen dürfen.

Diese Glukoside werden bei der direkten Extraktion nicht zersetzt und gelangt bei dieser Eliminierungsmethode nur jener Teil von Indol bzw. Methylanthranilat in das komplexe Blütenaroma, der schon vorher im freien Zustande darin enthalten war.

In analoger Weise läßt sich bei dem durch Enfleurage gewonnenen Tuberosenblütenöl eine anormale Anreicherung an Methylanthranilat und Methylsalicylat feststellen, die wohl ebenfalls ähnlichen Vorgängen ihr Bestehen verdankt.

Ebenso findet auch z. B. bei dem durch heiße Fettinfusion (Mazeration) gewonnenen Orangenblütenöl, das nicht einer Blüte mit kontinuierlicher vitaler Funktion entstammt, eine Anreicherung an Methylanthranilat und Indol statt, die meist sehr beträchtlich ist. Es enthält also das aus der heiß bereiteten Pomade gewonnene Aroma dieser Blütengattung stets mehr Methylanthranilat und Indol als der direkte Petrolätherextrakt der Blüten. Hier tritt zum Unterschied von der kalten Enfleurage der Blüten mit kontinuierlicher vitaler Funktion, wohl nicht allmählich, sondern spontan Zersetzung entsprechender Glukoside in Erscheinung.

Hierzu ist noch ganz allgemein zu bemerken, daß also sowohl bei Blüten mit kontinuierlicher Funktion, als auch bei gewissen anderen Blüten, die, nach dem Abpflücken, im kalten Fett kein Aroma nachbilden, solche Anreicherung des Aromas an ganz bestimmten Bestandteilen durch Zersetzung von Glukosiden stattfindet, bei ersteren allmählich unter gleichzeitiger Weiterbildung komplexen Aromas; bei letzteren kommt aber eine Vermehrung der Ausbeute an komplexem Aroma nicht in Frage, ebensowenig bei der Petrolätherexktraktion wie bei der Mazeration mit heißem Fett, dagegen werden aber während der Behandlung mit heißem Fett spontan gewisse Glukoside zersetzt, die bestimmte Bestandteile des Aromas (Indol, Methylanthranilat) vermehren, d. h. deren Proportion im komplexen Aroma erhöhen.

In beiden Fällen bleibt aber, sowohl was die Vermehrung an komplexem Aroma bei ersterer Gattung wie auch jene der Vermehrung gewisser Bestandteile durch enzymatische Spaltung entsprechender Glukoside anlangt, nur einer geeigneten Extraktions- bzw. Absorptionsmethode des nativen Aromas durch Fett vorbehalten, bei Petrolätherextraktion der Blüten bleibt sie aus. Speziell im erwähnten Fall der Vermehrung des Gehaltes an Methylanthranilat und Methylsalicylat dürfen wir theoretisch wohl die Bildung eines hypothetischen Glukosids des Methylanthranilats:

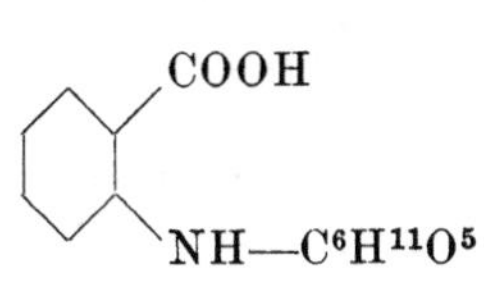

im nativen Blütenaroma annehmen, bzw. was die Anreicherung an Methylsalicylat bei der Tuberose anlangt, die Anwesenheit von Gaultherin voraussetzen.

Besonders interessant ist jedenfalls auch die von Nivières gemachte Beobachtung, daß die Ausbeute an Blütenöl bei den Blütengattungen mit kontinuierlicher Funktion im allgemeinen wesentlich erhöht wird, wenn die Blüten vor der Extraktion mit Petroläther u. dgl. mit gewissen Säuren oder Enzymen behandelt werden. Selbstverständlich würden aber derart vorbehandelte Blüten auch bei der Extraktion mit Petroläther immer Blütenöle ergeben, die, durch Zersetzung gewisser Glukoside, sehr reich an Indol bzw. Methylanthranilat oder Methylsalicylat sind.

Die Geruchskomplexe der pflanzlichen Riechstoffe.

Das pflanzliche Aroma ist ein komplexes Gemisch von organisch-chemischen Körpern bekannter und unbekannter Konstitution und von Harz- und Wachsstoffen, die mehr oder minder direkte Verbindungen mit den eigentlichen Riechstoffen bilden, bzw. den eigentlichen Riechkörpern durch ihre Anwesenheit ein ganz charakteristisches Gepräge komplexer Geruchswirkung verleihen.

In dieser innigen Zusammenwirkung aller Bestandteile eines Aromas, die sich auch auf Körper erstreckt, die nicht als eigentliche Riechstoffe aufzufassen sind, sondern in ein oder anderer Weise als Adjuvantien bzw. Kontraste bei Hervorbringung gewisser Eigenarten des typischen Geruchs des komplexen Aromas, bzw. dessen Intensität beteiligt sind, liegt die charakteristische Komplexität des Geruches der pflanzlichen Aromaten, die wir durch nachstehende Ausführungen entsprechend beleuchten wollen.

Trotz aller getätigten Fortschritte in den analytischen Methoden, die auf die chemische Untersuchung des Pflanzenaromas Bezug haben, müssen wir feststellen, daß in keinem Falle von einer restlosen Erforschung der Bestandteile dieser komplexen Gemische auch nur annähernd die Rede sein kann. In der Tat liefert die chemische Analyse eines aromatischen Öles nur Fragmente und kann alle Teile des Aromas nicht erkennen lassen, weil gewisse Bestandteile sich der analytischen Bestimmung entziehen, bzw. weil viele solcher, oft nur in Spuren anwesenden Anteile bei einer Zerlegung des Öles überhaupt nicht identifiziert werden können.

In recht zahlreichen Fällen, in denen außer dem eigentlichen Aromaträger (Geruchsprinzip im engeren Sinne) auch noch mehrere andere chemische Individuen als Begleiter desselben analytisch einwandfrei festgestellt wurden, ist es auch oft fraglich, ob diese chemische Funktion des betreffenden Körpers auch jener entspricht, die diesem Bestandteil im nativen Aroma der Pflanze zukommt (z. B. Alkohol, Säure, Aldehyd, Ester usw.).

Es ist vielmehr mit ziemlicher Sicherheit anzunehmen, daß die chemischen Methoden der Zerlegung des nativen Aromas, soweit dasselbe nicht schon durch die Isolierungsmethoden Veränderung erlitten hat, in wohl allen Fällen chemische Umwandlung gewisser Bestandteile mit sich bringen, bzw. daß durch diese Methoden nur Fragmente des Aromas in oft veränderter Form erhalten und identifiziert werden können. In jedem Falle bewirkt aber die Analyse eines komplexen Riechstoffgemenges, wie jenes der natürlichen Aromaten, eine Lockerung bzw. gänzliche Zerstörung gewisser komplexer Verbindungen, deren Vorhandensein im nativen Aroma als sicher angenommen werden darf.

Bestätigt wird diese Annahme durch die Tatsache, daß es praktisch nicht möglich ist, durch Mischen der festgestellten und isolierten Arten und Mengen der Bestandteile eines bestimmten Aromas dasselbe so aufzubauen, daß diese Nachbildung geruchlich dem natürlich-komplexen nativen Aroma vollständig — oft auch nur annähernd — gleichkommt.

Bei solchen künstlichen Nachbildungen, die aus den vorerwähnten Gründen nicht als „synthetischer" Wiederaufbau zu bezeichnen sind, weil jede Synthese restlose Erforschung der Zusammensetzung des natürlichen Modells voraussetzt, sind wir oft genötigt, Mischungen der festgestellten Grundaromastoffe in einem Verhältnisse vorzunehmen, das der durch die Analyse festgestellten Proportion der einzelnen Bestandteile durchaus nicht entspricht, bzw. sind wir oft genötigt, um nur eine möglichst große Ähnlichkeit zu erzielen, gewisse Stoffe zuzusetzen, die im natürlichen Aroma gar nicht vorkommen.

Wir sind also sehr häufig gezwungen, mangels restloser Kenntnis gewisser komplexer Verbindungen des Aromas, die erforderliche Komplexität dadurch zu erzielen bzw. vorzutäuschen, daß geeignete Zusätze in rein empirischer Weise gemacht werden müssen, wobei, fast in der Regel, viele Riechstoffe herangezogen werden müssen, die im natürlichen Modell überhaupt nicht oder im ganz anderen Verhältnis enthalten sind.

Wir müssen also auch hier der Natur das Privileg des „non facit saltus" überlassen und sind gar oft gezwungen, gewisse Sprünge zu machen, um die empfindlichen Lücken unseres Wissens durch rein empirisches Geschick auszufüllen, das hier aber Vortreffliches zu leisten im Stande ist.

Von diesen Erwägungen ausgehend, haben wir es unternommen, nachstehende Studie über die Komplexität des pflanzlichen Aromas dem Leser zugänglich zu machen und dieselbe so aufgefaßt, daß auch aus diesen theoretischen Erörterungen praktischer Nutzen insoweit gezogen werden kann, als durch das Studium solcher Probleme die Initiative des Chemikers und des praktischen Parfumeurs durch gewisse Hinweise auf die Eigenart der natürlichen Aromaten befruchtet werden kann.

Das native Aroma der Pflanzen ist sehr subtiler Natur und wird, oft schon durch klimatische Einflüsse, im Organismus der Pflanze mehr oder minder erheblich verändert, so daß in der Zusammensetzung des nativen Aromas bei verschiedenen Ernten Unterschiede festzustellen sind (vgl. unsere früheren Ausführungen).

Die große Empfindlichkeit des nativen Aromas, die in manchen Fällen besonders akzentuiert ist, bringt es mit sich, daß die Maßnahmen zur Isolierung desselben in allen Fällen gewisse Änderungen in der Zusammensetzung, also auch im Geruche bewirken.

Unter Berücksichtigung gewisser vitaler Eigenarten der Pflanze bzw. des Pflanzenteiles (Blüte usw.) und durch Auswahl besonders geeigneter Extraktionsmethoden unter Einhaltung gewisser Vorsichtsmaßregeln (Pflücken zur gegebenen Zeit, rasche Verarbeitung usw.), läßt sich diese Veränderung in vielen Fällen auf ein gewisses Minimum herabdrücken, aber praktisch niemals gänzlich verhindern.

Es wird aber immer geruchlich ein fühlbarer Unterschied bestehen zwischen dem Duft einer lebenden Pflanze, besonders jenem der lebenden Blüte, und jenem, den das isolierte Aroma wiederzugeben imstande ist, sei es auch noch so sorgfältig und sachgemäß gewonnen.

Die Komplexität der Geruchswirkung der isolierten Aromaten wird durch simultane Mitwirkung aller Bestandteile bedingt, wobei, wie bereits kurz erwähnt, auch nicht als eigentliche Riechstoffe aufzufassende Bestandteile regen Anteil nehmen können.

Außer den eigentlichen Riechstoffen spielen hier Harz- und Wachsstoffe, Paraffine, Fettsäuren höheren und niederen Grades, Terpene, Campherarten und fermentative Spaltungsprodukte bzw. Zersetzungsprodukte des organischen Stoffwechsels der Pflanze usw. eine gewisse Rolle, die sicher nicht unterschätzt werden darf.

Inwieweit zwischen den Riechstoffen und den sie begleitenden Anteilen des Aromas, die ihrer chemischen Konstitution oder anderer Eigenheiten nach befähigt sein können, gewisse Abbauprodukte bzw. Derivate solcher Verbindungen zu liefern (Fettsäuren durch Veresterung oder Aldehydbildung usw.), komplexe Verbindungen zustandekommen, entzieht sich unserer Beurteilung und sind wir auf die Annahme gewisser Möglichkeiten angewiesen, die später ausführlich dokumentiert werden sollen.

Interessant ist es, wie weiter unten noch ausführlicher besprochen werden soll, daß oft auch Bestandteile von schwachem Eigengeruch (z. B. Benzylalkohol) und solche von direkt unangenehmem Geruch (z. B. Indol) regen Anteil an der geruchlichen Eigenheit des nativen Aromas zu nehmen imstande sind.

Auch die Terpene (und Sesquiterpene) scheinen eine wichtige Rolle bei der Eigenart des Gesamtaromas gewisser ätherischer Öle (besonders der Schalenöle, wie Citronen-Bergamott-Pomeranzenöl usw.) zu spielen. Sicher geben die Terpene eine gewisse pikante Note, die z. B. den terpenfreien Ölen mangelt, und spielen hier die Rolle eines notwendigen Kontrastes. Vielleicht ist das Wesen ihrer Rolle auch mit darin zu suchen, daß sie dem flüchtigen Aromaträger größere Stabilität verleihen. Speziell den Harz- und Wachsanteilen, vor allem auch den Fettsäuren scheint, nach den neuesten Forschungen, sei es bei letzteren durch Abbau zu Aldehyden, sei es durch Veresterung oder Umlagerung in gewissen Aromen, eine nicht geringe Wichtigkeit zuzukommen, wie wir später noch sehen werden.

Aromatisches Prinzip im engeren Sinne.

Was nun die eigentlichen Aromaträger anlangt, die durch die Analyse festgestellt worden sind, so soll diesbezüglich, unter Hinweis auf unsere früheren Ausführungen, folgendes bemerkt werden:

In erster Linie kommt gewissen Estern, vor allem jenen der Terpenalkohole, große Bedeutung als eigentliche Geruchsprinzipien (Aromaträger) zu, in vielen Fällen auch den entsprechenden freien Alkoholen, mit denen diese Ester in Wechselbeziehung stehen. Außerdem finden wir häufig Phenoläther und deren Derivate (Eugenol, Safrol, Anethol, Cresoläther usw.), ferner Aldehyde (Zimtaldehyd, Vanillin, Benzaldehyd, Cuminaldehyd u. a.). Ketone sind nur relativ selten anzutreffen, zu erwähnen ist hier Methylamylketon im Nelkenöl, das dort nur in ganz geringen Mengen vorkommt, als Lacton sei das Cumarin erwähnt. In vielen Fällen spielen auch Ester aromatischer Alkohole oder aromatischer Säuren (Anthranilate, Acetate, Cinnamate usw.) eine wichtige Rolle.

Am meisten verbreitet sind die Acetate der Terpenalkohole und aromatischen Alkohole, auch die Butyrate bzw. Isobutyrate sind oft wichtig für das Aroma (z. B. Linalylbutyrat im Extraktionslavendelöl).

Mit Ausnahme der aromatischen Harze und Balsame (Benzoe, Tolubalsam usw.) ist die Anwesenheit freier Säuren nur spurenweise festzustellen und mit Ausnahme gewisser Fettsäuren (Myristinsäure im Irisöl) ist die gefundene freie Säure hier wohl stets als Zersetzungsprodukt von Estern aufzufassen.

Man bezeichnet als eigentliches Geruchsprinzip jenen Bestandteil des Aromas, der demselben die charakteristische Hauptnote gibt, ohne daß dadurch bedingt sei, daß dieser Körper auch seiner Menge nach der Hauptbestandteil des komplexen Aromagemisches sein müsse. Sicher ist letzteres in den meisten Fällen auch tatsächlich der Fall und macht dieser eigentliche Aromaträger alsdann die Hauptmenge des komplexen Aromas aus. In vielen Fällen ist aber der Gehalt an eigentlichem Geruchsprinzip wieder sehr gering.

Nachstehende Beispiele mögen diese Verschiedenheit der Proportion vor Augen führen.

Bergamottöl enthält etwa 35 bis 46% Ester (Linalylacetat),
Lavendelöl (französisch) etwa 36 bis 55% Ester (Linalyl- und Geranylacetat) und oft 35 bis 50% Terpenalkohole[1],
Nelkenöl enthält etwa 80 bis 90% Eugenol,
Zimtöl etwa 75 bis 90% Zimtaldehyd,
Linaloeöl etwa 80% Linalool,
Lemongrasöl etwa 70 bis 85% Citral,
Irisöl konkret etwa 10% Iron,

[1] Bei Lavendelöl sind also nicht nur die Ester allein, sondern auch die freien Alkohole (Linalool usw.) als Geruchsprinzipien aufzufassen, was analog auch für andere esterreiche Öle wie Bergamottöl u. a. zutrifft.

Rosenöl (ätherisches) etwa 60 bis 70% Geraniol und Citronellol,
Jasminöl etwa 60 bis 65% Benzylacetat,
Orangenblütenöl etwa 9 bis 12% Methylanthranilat,
Neroliöl etwa 1% Methylanthranilat,
Citronenöl etwa 3,5 bis 5% Citral, usw.

Wie bereits erwähnt, geben diese als eigentliche aromatische Hauptprinzipien aufzufassenden Bestandteile das komplexe Aroma der Pflanze, bzw. des daraus isolierten aromatischen Prinzips nur im Verein mit allen anderen sie darin begleitenden Bestandteilen in integraler Form wieder und können hierbei auch spurenhaft auftretende Bestandteile, auch solche von unbedeutendem oder gar unangenehmen Geruch, ganz erheblichen Anteil an der Originalität, Feinheit und Intensität des komplexen Geruches der Aromaten nehmen. In isolierter Form allein verwendet, geben diese chemischen Konstituanten nur gewisse Haupttöne des Geruches wieder.

Von den spurenhaft auftretenden Begleitbestandteilen des eigentlichen Geruchsprinzips seien hier in erster Linie gewisse Aldehyde der Fettsäuren erwähnt, wie z. B. Octyl- (Capryl-) Aldehyd, Nonyl- (Pelargon-) Aldehyd, Decyl- (Caprin-) Aldehyd u. a. In vielen Fällen kommt den entsprechenden Fettalkoholen eine analoge Rolle zu, doch kommen letztere in manchen Fällen in viel größeren Mengen in natürlichen Riechstoffkomplexen vor, als dies für die Fettaldehyde zutrifft.

Der große Einfluß, den Spuren von Aldehyden auf die komplexe Geruchswirkung des Aromas nehmen, wurde speziell in den letzten Jahren gewürdigt und hat zu einer weitgehenden Verwendung der isolierten bzw. chemisch-synthetisch erhaltenen Fettaldehyde in der angewandten Parfumerie die Ursache gegeben, wobei aber — was nicht verkannt werden darf — leider viel Mißbrauch mit diesen Aldehyden getrieben wird, indem diese in allzugroßen Mengen verwendet werden, was hier nur in Parenthese bemerkt sei.

In vielen Fällen ist das Vorkommen dieser Fettaldehyde in gewissen natürlichen Aromaten mit Sicherheit festgestellt worden, in anderen ist deren Vorkommen nicht ganz sicher. Praktisch ist aber wohl anzunehmen, daß in vielen Aromen solche Aldehyde enthalten sind, ohne daß es bisher gelungen wäre, deren Anwesenheit mit Sicherheit zu identifizieren.

Festgestellt wurden u. a.: Octylaldehyd im Lemongras- und Citronenöl, Nonylaldehyd im Lemongras-, Iris-, Ceylonzimt-, Mandarinenöl (?), vielleicht auch im Deutschen Rosenöl (?). Decylaldehyd wurde im Lemongrasöl, Irisöl, Portugalöl, bitteren Pommeranzenöl, Mandarinenöl, Neroli- und Orangenblütenöl, Cassieöl, Corianderöl und Citronenöl gefunden. Wahrscheinlich ist auch das Vorkommen von Octyl- und Decylaldehyd im bulgarischen Rosenöl.

Spurenhafte Mengen von Phenylessigsäure scheinen im aromatischen Prinzip der Orangenblüte (Neroli- und Orangenblütenöl) eine gewisse Rolle zu spielen, ebenso vielleicht auch im Rosenöl, wo Anwesenheit von Phenylessigsäure, bzw. gewisser Ester dieser Säure (vielleicht Äthylphenylacetat oder Phenyläthylphenylacetat ?) die charakteristische honigartige Unternote des Rosengeruches hervorbringt.

Das Methyl-Amylketon ist ein wesentlicher Faktor des Gewürznelkenaromas, obwohl dieser Körper nur in sehr geringen Mengen im nativen Nelkenaroma vorkommt. Das ätherische Gewürznelkenöl enthält nur ganz geringe Spuren dieses Bestandteiles, der fast zur Gänze durch die Wasserdampfdestillation eliminiert wird.

Die direkte Folge dieses Vorganges ist die, daß das ätherische Nelkenöl das Aroma der Gewürznelke nur unvollkommen wiedergibt, weil eben dieser, für das komplexe Aroma wichtige Bestandteil eliminiert wurde. Dagegen gibt das Petroläther-Extraktionsprodukt der Gewürznelken (Nelken-Resinoid) das Aroma in integraler Weise wieder, weil es alle Elemente des nativen Aromas, auch die Gesamtmenge an Methyl-Amylketon enthält.

Ähnlich liegt der Fall beim Lavendel, an dessen Geruchswirkung auch kleine Mengen Butyrate (Linalylbutyrat) intensiv beteiligt zu sein scheinen, die aber durch die Wasserdampfdestillation eliminiert bzw. zerstört werden. Lavendelextraktöl enthält auch größere Mengen von Cumarin als das ätherische Lavendelöl und Umbelliferon-Methyläther, der im ätherischen Lavendelöl überhaupt nicht vorkommt, also wohl ebenfalls durch das Destillationswasser zur Gänze eliminiert wird. Aus diesen Gründen sind die Petrolätherextrakte des Lavendels auch dem ätherischen Lavendelöl an Feinheit des Geruches bedeutend überlegen.

Wir begnügen uns mit der Angabe dieser kurzen Beispiele, weisen aber darauf hin, daß analoge Fälle bei zahlreichen anderen aromatischen Produkten ebenfalls festzustellen sind.

Was nun die Konstituanten mit unangenehmem Eigengeruch anlangt, so fallen unter diese die vorerwähnten Fettaldehyde; ganz speziell zu erwähnen als charakteristischer Vertreter dieser Klasse ist hier aber das Indol.

Indol besitzt bekanntlich einen sehr unangenehmen fäkulenten Geruch. Trotzdem spielen kleine Mengen Indol im Aroma gewisser Blüten (Jasmin, Orangenblüte, Akazie Gattung *Robinia Pseudacacia* und Narcisse) eine wichtige Rolle. Auch soll spurenhaftes Auftreten von Indol im Mandarinenöl und Portugalöl (?) beobachtet worden sein.

Von den Konstituanten mit schwachem Eigengeruch, die aber trotzdem berufen zu sein scheinen, eine erhebliche Rolle in gewissen Aromen zu spielen, sei als charakteristischer Vertreter hier der Benzylalkohol genannt.

Dieser Alkohol spielt tatsächlich im aromatischen Prinzip des Jasmins, der Cassie *(Acacia Farnesiana)*, Ylang-Ylang *(Cananga Odorata)*, der Tuberose und der Hyacinthe eine bedeutende Rolle und scheint, trotz seiner schwachen Geruchswirkung, im komplexen Aroma der betreffenden Pflanzen ein wesentlicher Faktor zu sein.

Harz- und Wachsstoffe.

Solche Stoffe begleiten stets das eigentliche Aroma in der Pflanze, soweit sie nicht als wesentliche Bestandteile des Aromas aufzufassen sind, also zu demselben gehören, was sicher in vielen Fällen zutrifft. Wahrscheinlich sind diese Harz- und Wachsstoffe als komplexe Verbindungen derselben mit gewissen Konstituanten des Aromas im nativen Aroma enthalten.

Das native Pflanzenaroma enthält also stets solche Stoffe harz- oder wachsartiger Natur und scheinen in allen Teilen der Pflanze, mit Ausnahme der Blüten, rein harzige Stoffe zu dominieren, während die Blütenöle besonders reich an Pflanzenwachsen sind.

Nur die Extraktion mit flüchtigen Lösungsmitteln, besonders Petroläther, mit ausdrücklicher Ausnahme des Alkohols, der nur gewisse Harzstoffe und Spuren Wachse lösen würde, gestattet es, das komplexe Gemisch von eigentlichem, aus flüchtigem Öl bestehendem Aroma mit allen Harz- und Wachsstoffen zu erhalten.

Das in Form der ätherischen Öle durch Wasserdampfdestillation erhaltene Aroma, bzw. der ölige Aromaanteil, der so isoliert wurde, ist frei von solchen harzig-wachsigen Bestandteilen, die in der Destillationsblase zurückbleiben (z. B. Irisöl). Nur gewisse Fettsäuren bzw. Paraffine gehen mit Wasserdampf über und sind in den betreffenden ätherischen Ölen (konkrete Öle, wie z. B. Irisöl, Moschuskörneröl, Arnikablütenöl u. a.) enthalten. Mit diesen Fettsäuren werden wir uns später als Sonderklasse der Bestandteile der pflanzlichen Aromaten noch zu beschäftigen haben.

Da hier auch anzunehmen ist, daß die Wasserdampfdestillation gewisse komplexe Verbindungen der Harz- und Wachskörper mit Bestandteilen des eigentlichen flüchtigen Aromas, die wir nachstehend besprechen wollen, prompt zerstört, wird im ätherischen Öl nur ein Teil des nativen Aromas gewonnen werden können, bzw. ein aromatisch-komplexes Gemisch, das gewisse Bestandteile entweder gar nicht mehr oder aber in veränderter Form, bzw. in Form von Fragmenten gewisser nativer Konstituantenkomplexe enthält.

Dagegen enthalten die Petrolätherauszüge der aromatischen Pflanzen, bzw. gewisser aromatophorer Pflanzenteile, die in frischem oder getrocknetem Zustande, eventuell nach erfolgter Fermentation zur Zersetzung der nativen Glukoside (Vanilleschoten, Tonkabohnen usw.) zur Extraktion gelangen, das unversehrte native Aroma mit allen seinen Bestandteilen, also auch solchen harziger und wachsartiger Natur, bzw. deren komplexe Verbindungen mit gewissen Bestandteilen des Aromas.

Die so aus allen Teilen der Pflanze, mit Ausnahme der Blüten, gewonnenen Riechstoffe sind die Resinoide des Handels, die arm an Wachsen, aber reich an Harzen sind. Die aus den Blüten gewisser Arten (Jasmin, Tuberose, Jonquille, Cassie, Orangenblüte usw.) durch Extraktion mit Petroläther gewonnenen Geruchsprinzipien der Blüten sind reich an Wachsen (konkrete Blütenöle) und enthalten nur Spuren harziger Bestandteile.

Da die Harzstoffe sicher in engerer Beziehung zu den Terpenen stehen und in vielen Fällen durch Verharzen terpenartiger Verbindungen entstehen dürften, kann uns Abwesenheit von Harzen in den Blütenextrakten nicht überraschen, da Blütenaromen stets frei von Terpenen sind, wie wir bereits kurz erwähnten und später noch sehen werden.

Es ist mit ziemlicher Bestimmtheit anzunehmen, daß, wie bereits mehrmals erwähnt, die Harz- und Wachsstoffe in vielen Fällen mit den flüchtigen Aromaanteilen gewisse komplexe chemische Verbindungen eingehen, eine Vermutung, die durch gewisse praktische Feststellungen auch durchaus gerechtfertigt zu werden scheint.

Wir gehen vielleicht nicht zu weit, wenn wir annehmen, daß diese Körper in Form von Resinaten, Estern der Harzalkohole (Resinole) oder Cerotaten bzw. Estern der Wachsalkohole wichtige Bestandteile des nativen Aromas darstellen. Es steht jedenfalls einwandfrei fest, daß die Harz- und Wachsstoffe einen großen Anteil an der Beständigkeit und Tonalität des nativen Aromas nehmen, wie wir später noch ausführlicher dokumentieren werden. Anderseits ist die Gegenwart solcher ester- bzw. ätherartiger Verbindungen in gewissen aromatischen Harzen und Balsamen (Benzoe, Tolubalsam usw.) einwandfrei erwiesen (Tschirch), was vorstehende Vermutungen betreffend Bildung solcher komplexer Verbindungen zwischen Harzkörpern und gewissen Bestandteilen des flüchtigen Aromas vollauf zu rechtfertigen scheint. Von den so identifizierten chemischen Verbindungen der aromatischen Harze möchten wir hier das Benzoresinolbenzoat in der Siambenzoe, das Benzoresinolcinnamat in der Sumatrabenzoe, sowie das Toluresinotannolcinnamat und das Toluresinotannolbenzoat im Tolubalsam als Beispiele erwähnen.

Feststehende Tatsache ist es auch, daß z. B. die konkreten Blütenöle *(Essences concrètes* oder *solides)* des Handels, das Aroma der Blüten in viel getreuerer Form wiedergeben als die entsprechenden absoluten Öle, bei denen die Wachsstoffe eliminiert wurden, auch ist das Blütenaroma weniger flüchtig als jenes der letzteren.

Vielleicht gehen beim Auswaschen der konkreten Öle gewisse Wachs-Riechstoffverbindungen, die wir als Cero-Resinate bezeichnen wollen, in den Alkohol über, die darin auch nach dem Ausfrieren noch gelöst verbleiben, während anderseits beim Aussalzen der *Absolues* aus dem alkoholischen Auszug diese komplexen Wachs-Riechstoffverbindungen sich nicht mitausscheiden, also im alkoholischen Vehikel, bzw. bei den restierenden Pflanzenwachsen verbleiben und für gewisse Details der Tonalität des komplexen Blütenaromas möglicherweise von ausschlaggebender Bedeutung sind.

Jedenfalls besitzen diese Rückstände *(Résidus d'absolues)* einen ziemlich starken Blütengeruch, der sie technisch wertvoll macht und der vielleicht gerade auf das Zurückhalten solcher komplexen Riechstoffanteile zurückzuführen ist.

Diese praktischen Beobachtungen scheinen dafür zu sprechen, daß die Annahme der Bildung komplexer Verbindungen zwischen Wachs-

bzw. Harzstoffen und anderen Bestandteilen des Blütenaromas tatsächlich gewisser Berechtigung nicht entbehren kann.

In ganz besonders deutlicher Weise tritt aber der Unterschied zwischen *Essence concrète* und *Essence absolue* in allen Fällen hervor, in denen wir in der Lage sind, die *Essence concrète* direkt zu verwenden, also nicht erst zur *Lavage* mit Alkohol mit nachfolgendem Ausfrieren schreiten müssen, wie dies bei Herstellung alkoholischer Parfums nicht zu umgehen ist. Wir meinen hier den Fall der direkten Verwendung des konkreten Blütenöls bei der Herstellung von kosmetischen Präparaten, wie Crèmes, Pomaden, und ganz besonders von Toiletteseifen.

Sicher sind also in dem in Alkohol unlöslichen Teil der Blütenwachse ebenfalls noch für das Aroma wichtige Bestandteile enthalten, denn auch der wiederholt mit Alkohol ausgewaschene Rückstand *(Résidu de concrètes)* hält immer noch Aromateile fest, die also in alkoholischer Lösung nicht nutzbar gemacht werden können.

In Parenthese sei hier nur bemerkt, daß auch die alkoholische Auswaschung von enfleurierten Pomaden, abgesehen von dem klassischen Nachteil dieser *Lavages*, Teilchen eventuell ranzigen Fettes zu enthalten, ganz besonders bei gewissen Blütenarten (vor allem Jasmin) den Blütengeruch wohl auch durch einen gewissen fetten Unterton meist viel natürlicher wiedergibt als die *Concrètes* oder *Absolues*. Wir werden im nächsten Abschnitt noch auf diesen Punkt zurückzukommen haben, wollen aber hier gleich noch folgendes bemerken:

Wir haben hier nur die Mitbeteiligung der Blütenwachse an der Tonalität des Blütenaromas mit ganz besonderem Bezug auf eine bestimmte Sorte von Blütenölen, nämlich jene, die durch direkte Petrolätherextraktion gewonnen wurden, also nicht durch Auszug enfleurierten Fettes, erwähnt. Letztere Operation, die natürlich nicht mit Petroläther vorgenommen werden kann, da dieser auch die Fette lösen würde, kann nur eine Alkoholextraktion sein und nur flüssige absolute Blütenöle ergeben, die im Handel als *Absolue d'enfleurage* oder *Concentré de pommade* bezeichnet werden, zum Unterschied von ersteren, die als *Absolues d'extraction* oder *Absolues dissolvants* im Handel anzutreffen sind. Alle *Concrètes* des Handels sind natürlich Petrolätherprodukte.

Wie wir später noch ausführlicher dokumentieren werden und bereits kurz erwähnt haben, kommt bei der Enfleurage gewisser Blüten, ganz besonders aber des Jasmins und der Tuberose, eine Anreicherung des Aromas durch Spaltung gewisser Glukoside während des Kontakts der Blüte mit dem fetten Vehikel in Frage, das z. B. bei Jasmin in der charakteristischen Anreicherung des Blütenaromas in Indol und Methylanthranilat zum Ausdruck kommt. Ganz abgesehen hiervon wird also auch in diesen durch Alkoholextraktion gewonnenen *Absolues* die charakteristische fette Note des Jasminaromas, die dem Übergang kleiner Fetteilchen aus dem Extraktionsfett in das Blütenaroma, bzw. der Einwirkung des fetten Vehikels auf die Blüten zuzuschreiben sein dürfte, bedingt (vgl. hier auch unsere Ausführungen im nächsten Abschnitt).

Die durch Enfleurage und spätere Alkoholextraktion der Pomaden gewonnenen *Absolues enfleurage* sind an Natürlichkeit des Geruches den durch Petroläther gewonnenen Blütenöles in jeder Beziehung überlegen, doch sind die Ansichten hierüber in gewisser Beziehung noch geteilt, wie denn in solchen Fragen vieles naturgemäß Ansichtssache sein muß.

Erwähnen möchten wir hier noch, daß diese fettige Unternote des natürlichen Jasminaromas vielleicht die Ursache ist, daß in künstlichen Nachbildungen desselben heute der α-Amylzimtaldehyd hierzu in großem Maßstabe Verwendung gefunden hat, weil dieser Aldehyd gerade diese fettige Note prächtig wiedergibt.

Die *Absolues enfleurage* sind also im allgemeinen an eigentlicher Geruchsstärke weniger ausgiebig als die entsprechenden *Absolues dissolvants*, aber ihr Geruch ist feiner und natürlicher. So entspricht an Intensität des Geruches z. B. bei Jasmin 1 Teil *Absolue dissolvants* etwa 2,5 bis 3 Teilen *Absolue enfleurage.*

Die Mitwirkung von Wachsteilchen bzw. komplexen Wachs-Riechstoffverbindungen kommt bei Alkoholauszügen kalt enfleurierter Pomaden (Jasmin, Tuberose) nicht in Frage, da hier das kalte Fett nur das flüchtige Blütenaroma durch Absorption aufnimmt, also keine Blütenwachse in das Fett übergehen können.

Bei Alkoholextraktionsprodukten heiß enfleurierter Pomaden dagegen (z. B. Orangenblüte) kommt aber sicher auch gewissen, in Alkohol löslichen Anteilen von Blütenwachsstoffen bzw. komplexer Riechstoff-Wachsverbindungen ebenfalls eine bestimmte Rolle in der Tonalität des Aromas zu, soweit diese nicht auch hier auf Mitwirkung alkoholischer Fetteilchen aus der Pomade oder der Anreicherung ganz bestimmter Bestandteile des komplexen Blütenaromas (Methylanthranilat, Indol) zurückzuführen ist.

Niedere und höhere Fettsäuren und Paraffine.

Es sei zunächst hier des Vorkommens dieser Körper in den natürlichen Riechstoffen im allgemeinen gedacht.

Paraffine (Heptan und Homologe).

Diese finden sich im Birkenknospenöl, Pappelknospenöl, Neroliöl (als Aurade bezeichnet), Wintergreenöl, Verbenaöl, deutschen und römischen Kamillenöl, Arnikablütenöl u. a. Ungesättigte Paraffine (Octylen und Homologe) wurden u. a. im Bergamottöl und Citronenöl aufgefunden.

Zu diesen ungesättigten Paraffinen gehört auch das Isopren C^5H^8 (Hemiterpen), das nur im Kautschuksaft mit Sicherheit nachgewiesen ist, das für uns aber theoretisch dadurch nicht ohne Interesse ist, als Isopren durch Polymerisation in Terpene $C^{10}H^{16}$ übergeht. Es entsteht auch beim Durchleiten von Terpentindämpfen durch glühende Röhren, also durch Abbau von Terpenen.

Wir können Isopren also theoretisch als Muttersubstanz der Terpene auffassen.

Zu den Paraffinen gehören auch das Stearopten des ätherischen Rosenöls, wozu zu bemerken ist, daß Stearoptenparaffine nur in dem durch Wasserdampfdestillation gewonnenen Rosenöl, nicht aber im Extraktions-Blütenöl enthalten sind, sich also wohl, ähnlich wie es bei den Terpenen festzustellen ist, erst bei der Destillation mit Wasserdampf bilden.

Niedere Fettsäuren (C. 6 bis C. 10).

Vorausgeschickt sei, daß die Feststellung dieser niederen Fettsäuren in freiem Zustande in gewissen Riechstoffkomplexen nicht so aufgefaßt werden kann, als seien diese Säuren im nativen Aroma tatsächlich in freiem Zustande vorhanden.

Wir dürfen in den meisten Fällen wohl voraussetzen, daß diese niederen Fettsäuren, im Gegensatz zu den höheren Gliedern dieser Reihe, nur als Spaltungsprodukte gewisser Ester oder als Oxydationsprodukte der korrespondierenden Fettaldehyde aufzufassen sind. Tatsächlich enthalten viele dieser Riechstoffarten, in denen, mehr oder weniger akzidentell, freie Fettsäuren niederen Grades aufgefunden wurden, die entsprechenden Aldehyde, oft auch Ester und Alkohole dieser Fettsäuren.

Immerhin könnte in vereinzelten Fällen auch die Anwesenheit freier Fettsäuren dieser Reihe im nativen Aroma als Geruchskoeffizient angenommen werden. Die ungemein wichtige Rolle der Fettaldehyde und Fettalkohole als Adjuvantien im komplexen Aroma soll später ganz ausführlich beleuchtet werden.

Es sei also, mit diesem ausdrücklichen Vorbehalte, das Vorkommen gewisser niederer Fettsäuren in natürlichen Riechstoffen nachstehend erwähnt.

Es wurden nachgewiesen:

n-Hexylsäure (Capronsäure) im Lemongrasöl, Palmarosaöl, Campheröl, Lorbeerblätteröl und Lavendelöl u. a.

n-Heptylsäure (Önanthsäure) im Spanisch-Hopfenöl und Cardamomenöl u. a.

n-Octylsäure (Caprylsäure) im Spanisch-Hopfenöl, Macisöl, Campheröl und Portugalöl u. a.

n-Nonylsäure (Pelargonsäure) im Spanisch-Hopfenöl u. a.

n-Decylsäure (Caprinsäure) im Lemongrasöl, Spanisch-Hopfenöl und Kamillenöl (deutsch und römisch) u. a.

Im Übergang von den niederen zu den höheren Fettsäuren (von C. 16 ab) sei die

Myristinsäure (Tetradecylsäure) $C^{13}H^{27}$—COOH

besprochen.

Sie kommt im Macisöl in kleinen Mengen vor, ist aber in sehr großer Menge im Iriswurzelöl enthalten. So besteht das konkrete Iriswurzelöl zu etwa 88 bis 90% aus Myristinsäure.

Es ist als sicher anzunehmen, daß die Myristinsäure, speziell im Irisöl, sei es in Form ihrer Ester, sei es als freie Säure einen nicht unerheblichen Anteil an gewissen Details des Irisgeruches nimmt.

Ganz besondere Wichtigkeit haben in letzter Zeit ihre Ester erlangt, die synthetisch hergestellt und in ausgedehntem Maße verwendet werden. Auch der Aldehyd der Myristinsäure (echter Aldehyd C. 14) wird hergestellt und mit Erfolg zu Iriskompositionen verwendet. Vielleicht kommt auch diesem Aldehyd eine Rolle bei der Tonalität des echten Irisgeruches zu.

Höhere Fettsäuren (C. 16 und Homologe).

Von diesen kommt vor allen der

Palmitinsäure (Hexadecylsäure) $C^{15}H^{31}$—COOH als Bestandteil mancher ätherischer Öle Bedeutung zu.

Palmitinsäure wurde in folgenden ätherischen Ölen nachgewiesen: Vetiveröl, Sternanisöl, Cascarillöl, Myrrhenöl, Moschuskörneröl, Pimentöl, Celerisamenöl, Petersiliensamenöl, Arnikablütenöl und Wermutöl.

Inwieweit die Palmitinsäure als solche oder eventuell in Form ihres Aldehyds (echter Aldehyd C. 16), der auch synthetisch hergestellt wird, oder ihrer Ester usw. an der Aromabildung Anteil nimmt, ist zur Zeit nicht festzustellen, obwohl dies anzunehmen ist. Jedenfalls kommt dieser Fettsäure, zugleich mit der später zu besprechenden ungesättigten höheren Fettsäure, der Ölsäure, durch die inzwischen gelungene Synthese des Muscons und Zibethons (Ruzicka) aus höheren Dicarbonsäuren der Oxalsäurereihe, wenn auch zunächst rein theoretisch, größeres Interesse zu, wie wir sogleich sehen werden.

Stearinsäure (Octodecylsäure) $C^{17}H^{35}$—COOH wurde bisher nur im Cascarillöl aufgefunden.

Ölsäure $C^{17}H^{33}$—COOH. Diese ungesättigte höhere Fettsäure wurde bisher nur im Iriswurzelöl aufgefunden, doch ist ihre Anwesenheit in vielen anderen Ölen wahrscheinlich. So dürfte Ölsäure auch wohl im Moschuskörneröl die Palmitinsäure begleiten, wie auch eine gewisse konstitutionelle Analogie des inzwischen synthetisch erhaltenen Geruchsprinzipes der Moschuskörner des Ambrettolids hierauf hinzuweisen scheint.

Auch der Aldehyd der Ölsäure wurde im Irisöl nachgewiesen, doch kommt dieser Aldehyd nur im durch Petroläther erhaltenen Irisresinoid vor.

In verschiedener Hinsicht interessant ist auch die

Ricinolsäure (Oxy-Ölsäure) $C^{17}H^{32}\!\left\langle\begin{matrix}OH\\COOH\end{matrix}\right.$, die vor allem als Ausgangsprodukt zur Darstellung gewisser synthetischer Riechstoffe, wie Heptylaldehyd, Undecyllacton (Pseudo-Aldehyd C. 14), Heptincarbonsäure und deren Ester usw. interessant ist. Wir erwähnen diese Oxysäure hier nur rein dokumentarisch, weil sie gewisse Abbauprodukte (Korksäure, Azelainsäure usw.) ergibt, die jenen des Muscons und Zibethons, mit denen wir uns wegen ihrer theoretischen Beziehungen zur Palmitin- bzw. Ölsäure nachstehend kurz beschäftigen wollen, ziemlich analog sind. Analoge Abbauprodukte werden übrigens auch aus Palmitinsäure, Stearinsäure und Ölsäure erhalten. In ätherischen Ölen wurde das Vorkommen der Ricinolsäure bisher nicht beobachtet.

Betrachten wir die Strukturformeln der synthetisch erhaltenen Geruchsprinzipien des Tonkinmoschus (Muscon), des Zibets (Zibethon) und der Moschuskörner (Ambrettolid) im Vergleich mit jenen der Ölsäure und Palmitinsäure, so können wir eine große konstitutionelle Analogie feststellen, und zwar bei Muscon mit Palmitinsäure, bei Zibethon und Ambrettolid mit Ölsäure.

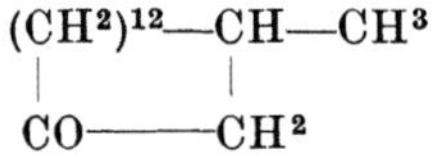

Muscon
(β-Methyl-Pentadecanon)

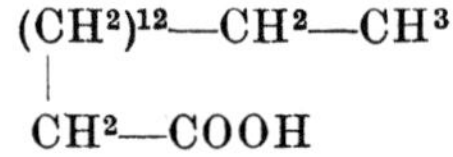

Palmitinsäure

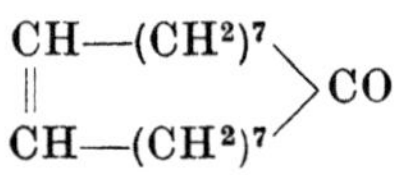

Zibethon
(Cyclo-Heptadecanon)

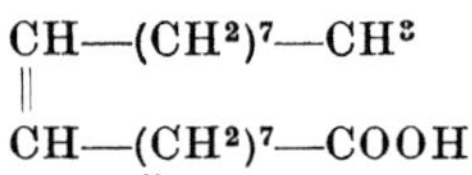

Ölsäure

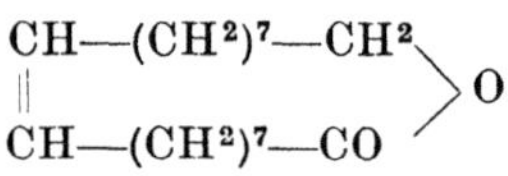

Ambrettolid

Diese Produkte werden durch Aufbau aus höheren Dicarbonsäuren erhalten.

Nun geben aber auch Fettsäuren und Paraffine bei der Oxydation Dicarbonsäuren. Auch werden, wie bereits kurz erwähnt, beim Abbau des Muscons und Zibethons gewisse Dicarbonsäuren (Korksäure, Azelainsäure, Pimelinsäure usw.) erhalten, die zum Teil in analoger Form beim Abbau der höheren Fettsäuren erhalten werden.

Alle diese Momente, die hier nur kurz in dokumentarischer Form erwähnt sein mögen, werfen ein Streiflicht auf gewisse Möglichkeiten der Rolle, die Fettsäuren im Organismus der Pflanze bzw. im tierischen Organismus bei der Riechstoffbildung zu spielen berufen sein können.

Wir können hier praktisch aus der Konstitutionsanalogie zwischen Palmitinsäure und Muscon, bzw. zwischen Ölsäure, Ambrettolid und Zibethon den Schluß ziehen, daß zwischen höheren Fettsäuren und der Bildung gewisser Körper von moschusartigem Geruch enge Beziehungen bestehen und daß die Natur diese Körper zum Aufbau solcher Substanzen heranzieht, soweit sie diese nicht zu anderen Aromen verarbeitet (Ester, Aldehyde). Nehmen wir die Anwesenheit von Ölsäure in den Moschuskörnern an oder nehmen wir an, was praktisch durchaus möglich ist, daß die in den Moschuskörnern zuerst gebildete Fettsäure Ölsäure ist, die zum Teil in Ambrettolid übergeht, zum Teil in Form von Palmitinsäure im Moschuskörneröl abgelagert wird, so finden wir eine plausible Theorie für die Genesis des Ambrettolids.

Jedenfalls sind die Synthesen des Muscons, Zibethons und Ambrettolids auch theoretisch von weittragendster Bedeutung, weil sie die große Wichtigkeit der Fettsäuren als synthetisches Aufbaumaterial im pflanzlichen und tierischen Organismus zur Bildung diverser riechender

Stoffe, vor allem solcher mit moschusartigem Geruch hervorheben und damit erneut die Aufmerksamkeit auf die Mitarbeit der höheren Fettsäuren an der Bildung einzelner Teile des komplexen Aromas, bzw. auf Möglichkeiten der Anteilnahme dieser Körper in chemisch veränderter Form (Ester, Aldehyde) an der Geruchskomplexität der natürlichen Riechstoffe hingelenkt haben.

Abgesehen von diesen Fällen spielt aber, ganz allgemein gesprochen, ein gewisser fettiger Untergeruch bei vielen Aromen eine wichtige Rolle, wie dies z. B. ganz besonders beim Jasmin der Fall ist. So geben die alkoholischen Pomadenauswaschungen, infolge kleiner Mengen im Alkohol gelösten Fettes, das aus dem fetten Extraktionsvehikel herstammt, eine ganz überraschende Naturtreue des Jasmingeruches, die jene der *Essence absolue* und auch der *concrète* erheblich übertrifft. Dies bezieht sich aber auf solche Pomaden, die mit Ausschluß jeder möglichen Ranzidität des Fettes hergestellt wurden, andernfalls kann der ranzige Geruch der gelösten Fetteilchen nur nachteilig auf die Geruchsreinheit einwirken.

Terpene und Sesquiterpene.

Die Rolle der Terpene im komplexen Aroma gewisser ätherischer Öle (Blütenöle enthalten niemals Terpene) ist sicher eine bedeutsamere als man früher annahm.

Man hatte die Terpene ursprünglich als eine Art unnützen Ballast betrachtet, bis man bei Herstellung der terpenfreien Öle die Wahrnehmung machte, daß die so gewonnenen Öle eine ganz eigenartige Ausdruckslosigkeit des Geruches aufweisen, die eben auf das Fehlen der Terpene zurückzuführen ist, weil durch Elimination dieser Elemente des komplexen Aromas die Eigenart des nativen Geruches infolge Störung der Komplexität nicht mehr integral zur Geltung kommt.

Ganz allgemein gesprochen, kommt den Terpenen die Rolle von Kontrasten zu, die den zarten Eigengeruch des Geruchsprinzips im engeren Sinne kräftig unterstützen und würzig hervortreten lassen. Die Rolle geeigneter Kontraste in der Parfumerie ist ja allgemein bekannt und wissen wir auch, daß praktisch gerade u. a. auch campherartigen Unternoten (Rosmarinöl bei *Eau de Cologne* usw.) bei frischen Hauptnoten eine gute Kontrastwirkung zukommt.

Anderseits ist auch anzunehmen, daß die Terpene das zarte Geruchsprinzip beständiger machen und länger festhalten, ein Umstand, der besonders auch bei der Parfumierung von Seifen wertvoll ist[1].

Infolge enger Verwandtschaft der Terpene und Sesquiterpene zu den eigentlichen Riechstoffen (speziell den Terpen- und Sesquiterpenalkoholen) und ihrer Eigenschaft als Hydroderivate des Para-Cymols, sind diese Körper von vielseitigem Interesse und ist es vielleicht nicht zu gewagt in gewissen Fällen anzunehmen, daß zwischen Terpenen, bzw. deren

[1] Die von verschiedenen Autoren aufgestellte Behauptung, daß terpenreiche Öle Ranzidität der Seifen begünstigen, ja direkt hervorrufen solle, ist in das Reich der Fabel zu verweisen.

direkten Derivaten und gewissen anderen Bestandteilen des Aromas im nativen Aroma der Pflanze komplexe Verbindungen besonderer Art bestehen, die großen Einfluß auf die Tonalität des Geruches nehmen können.

Nach der Theorie bilden sich die Terpene zu Anfang der Vegetation, werden aber wohl zum größten Teil rasch in Terpenalkohole bzw. deren Ester umgewandelt.

Wahrscheinlich bildet sich zuerst Isopren C^5H^8, das hypothetisch als aus Isopropyläthylalkohol entstanden zu denken ist (vgl. unsere früheren Ausführungen).

$$\underset{\text{Isopropyläthylalkohol}}{CH^2{=}\underset{\substack{|\\ CH^3}}{C}H{-}CH^2{-}CH^2{-}OH} \;(-\,H+O) = \underset{\text{Isopren}}{CH^2{=}\underset{\substack{|\\ CH^3}}{C}{-}CH{=}CH^2}$$

Durch Polymerisation des Isoprens entstehen dann Limonen, Dipenten usw.

Die Terpene werden im Kreislauf des Saftes während des Reifeprozesses besonders in den Schalen gewisser Früchte abgelagert, deren durch Expression gewonnenes Öl sehr reich an Terpenen ist. Das trifft besonders für die Früchte gewisser *Citrus*-Arten zu (Citrone, Orange usw.). Interessant ist es, wie bereits früher erwähnt, daß die Fruchtschalen der reifen Früchte dieser *Citrus*-Arten sehr terpenreiche Öle enthalten, dabei entweder gar keine oder nur spurenhafte Mengen von Estern der Terpenalkohole, während in den unreifen Früchten, wie in den Blättern und anderen grünen Teilen solcher *Citrus*-Arten, esterreiche Öle, die wenig Terpene enthalten, anzutreffen sind (Petitgrainöle).

Das ebenfalls von einer *Citrus*-Art herstammende Bergamottöl (auch italienisches Limettöl), enthält dagegen erhebliche Mengen von Estern der Terpenalkohole und auch freier Terpenalkohole, bei mittlerem Terpengehalt.

Dagegen zeigt das Petitgrainöl Bergamotte einen erheblich höheren (fast doppelt so großen) Estergehalt, enthält dafür viel weniger freie Alkohole und sehr geringe Mengen unveränderter Terpene, sowie den Terpenaldehyd Citral, der im Öl der reifen Fruchtschale nicht enthalten ist (vgl. weiter unten).

Da die Öle der reifen Fruchtschalen durch Auspressen gewonnen werden, jene der unreifen grünen Teile aber durch Wasserdampfdestillation, kann wohl angenommen werden, daß das native Aroma der grünen Teile durch die Wasserdampfdestillation in verändertem Zustande erhalten wird.

Anmerkung: Die Wasserdampfdestillation kann natürlich nicht die Ursache der ganz abweichenden Zusammensetzung der Petitgrainöle im Vergleich mit jener der korrespondierenden Expressionsöle aus reifen Schalen sein, sie wird höchstens im einen oder anderen Sinne zur Umwandlung gewisser Bestandteile beitragen (Verseifung von Estern, unter Bildung von freien Terpenalkoholen).

Die entsprechenden Schalenöle werden jedenfalls durch eine Wasserdampfdestillation chemisch nicht verändert, aber geruchlich sehr ungünstig beeinflußt.

Bei gewissen Petitgrainölen, die größere Mengen freier Terpenalkohole enthalten, darf aber wohl angenommen werden, daß diese Alkohole auf Kosten des nativen Estergehaltes durch die Wasserdampfdestillation erst gebildet wurden.

Ganz abgesehen aber von dieser möglichen Beeinflussung der Zusammensetzung der Petitgrainöle durch die Wasserdampfdestillation ist eine Tatsache unverkennbar, jene des durchwegs niedrigeren Terpengehaltes der Petitgrainöle mit gleichzeitiger meist beträchtlicher Erhöhung des Estergehaltes, bzw. auch oft des Gehaltes an freien Terpenalkoholen[1], die im korrespondierenden Öl aus reifen Schalen entweder in spurenhaften oder recht kleinen Mengen anzutreffen sind, während im Öl der reifen Schalen simultan ein erheblich höherer Terpengehalt festzustellen ist.

Wir sind also berechtigt anzunehmen, daß zu Beginn der Vegetation in den grünen Teilen aus den primär entstehenden Terpenen zunächst Terpenalkohole, dann deren Ester gebildet werden und aufgespeichert bleiben, während im Zustand der Reife diese Terpenderivate in Terpene rückverwandelt und in dem Öl der reifen Fruchtschalen aufgespeichert werden. Inwieweit die Isolierungsmethode der Petitgrainöle durch Destillation mit Wasserdampf zu gewissen chemischen Veränderungen beiträgt, läßt sich nicht feststellen, ist auch praktisch belanglos.

Notorisch bekannt ist aber die Tatsache, daß die Wasserdampfdestillation z. B. bei der Orangenblüte (Neroliöl) im destillierten Blütenöl erst die Bildung von Terpenen veranlaßt, und zwar wohl auf Kosten gewisser Terpenderivate. Aus dieser Tatsache könnte eventuell geschlossen werden, daß in den grünen Teilen ursprünglich überhaupt nur Terpenderivate (Alkohole und Ester) und gar keine Terpene enthalten sind und daß die in den Petitgrainölen vorkommenden Terpene, wenigstens zum größten Teil erst durch die Wasserdampfdestillation auf Kosten der Terpenalkohole bzw. Ester des nativen Aromas der grünen Teile gebildet werden.

Unzweifelhaft stehen Terpene und Terpenalkohole in Wechselbeziehung, d. h. praktisch wird der Organismus der Pflanze, je nach Bedarf und Eigenart, sowohl Terpene in Terpenalkohole, bzw. deren Ester, wie umgekehrt Terpenalkohole bzw. Ester in Terpene umwandeln können, wie wir bereits früher dargelegt haben.

Diese Wechselwirkung bzw. Wechselumlagerung, je nach den in den einzelnen Organen mitwirkenden Faktoren, darf wohl als sicher angenommen werden. Praktisch werden also die zu Anfang der Vegetation gebildeten Terpene in einzelnen Organen in Terpenalkohole übergeführt, bzw. diese verestert, während in anderen Organen unveränderte Terpene im Aroma der Pflanze aufgespeichert bleiben. Es liegt also hier der Fall

[1] Bei Petitgrainöl Bergamotte ist dagegen der Gehalt an freien Terpenalkoholen erheblich niedriger als der des Bergamottöls, wie weiter oben bereits erwähnt.

ziemlich analog mit jenem der konstanten Wechselwirkung zwischen Tannin und Kohlehydraten.

Vorstehende Ausführungen werden sehr deutlich illustriert, wenn wir z. B. die Zusammensetzung der aus den einzelnen Teilen von

Citrus Bigaradia

gewonnenen ätherischen Öle vergleichend betrachten.

Petitgrainöl Bigarade

Grüne Teile

(I. Stadium der Vegetation)

Mittlerer Terpengehalt	50%
Viel Ester von Terpenalkoholen	38—70%
Wenig freie Terpenalkohole	2%
Kein Phenyläthylalkohol	
Methylanthranilat nur kleinste Spuren!	
Pyrrol	Spuren

Orangenblütenöl Bigarade

Blüten

(II. Stadium der Vegetation), durch Extraktion gewonnen

Gar keine Terpene!

Wenig Ester von Terpenalkoholen	11%
Viel freie Terpenalkohole	36%
Viel Phenyläthylalkohol	35%
Methylanthranilat	5—9%
Kein Pyrrol	
Indol	0,08% und mehr

Neroliöl Bigarade

Blüten

(II. Stadium der Vegetation), durch Wasserdampfdestillation gewonnen

Terpene	35 %
Ester von Terpenalkoholen	11 %
Freie Terpenalkohole	36 %
Sehr wenig Phenyläthylalkohol	1 %
Sehr wenig Methylanthranilat	0,6—1 %
Indol	0,19%
Kein Pyrrol	

Bitteres Pomeranzenöl

(Orangenschalenöl Bigarade) aus den Schalen der reifen Früchte gepreßt

(III. Stadium der Vegetation)

Sehr viel Terpene	90 % und mehr
Decylaldehyd	1,5%
Gar keine freien Alkohole, gar keine Ester, auch kein Methylanthranilat und kein Pyrrol	

Sehr interessant ist auch ein Vergleich der Schalen- und Petitgrainöle Citrone und Bergamotte.

Citronenschalenöl

Terpene	90%
Citral	3,5—5%
Citronellal	7%
Ester (Linalylacetat, Geranylacetat)	Spuren
Keine freien Alkohole	

Petitgrain Citronnier

Terpene	55 %
Citral	13—27 %
Ester (Linalylacetat usw.)	18 %
Freie Alkohole	
Linalool	4 %
Nerol	1,5%
Geraniol	1,5%
Alkohole total	7 %
Pyrrol	Spuren

Hier stellen wir beträchtliche Verminderung des Terpengehaltes im Petitgrainöl fest mit simultanem Auftreten von größeren Mengen Ester der Terpenalkohole, die im Schalenöl nur in ganz geringen Spuren vorhanden sind, ferner enthält das Petitgrainöl Citronnier ziemliche Mengen freier Terpenalkohole und eine beträchtlich höhere Menge Citral als das Schalenöl. Es sind also im Petitgrainöl Citronnier Citral (Terpenaldehyd), Terpenalkohole und Ester wohl auf Kosten des Terpengehaltes gebildet worden, bzw. ist hier die hypothetisch angenommene Umwandlung primär vorhandener Terpenderivate in Terpene nur eine teilweise.

Bergamottöl aus Schalen

Terpene	30%
Linalylacetat	36—46%
Freie Alkohole (Linalool, Geraniol)	17—29%

Petitgrain Bergamotte

Terpene	13%
Linalylacetat	58—70%
Citral	2%
Freie Alkohole	6%
Pyrrol	Spuren
Methylanthranilat	Spuren

Auch hier finden wir beim Petitgrainöl gegenüber dem ziemlich ester- und alkoholreichen Schalenöl einen viel geringeren Terpengehalt, einen beträchtlich höheren Estergehalt, dagegen viel weniger freie Alkohole. Interessant ist hier die Anwesenheit von Citral und von Methylanthranilat in Spuren, das wohl aus dem Pyrrol entstanden ist.

Besonders interessant in dieser Beziehung, d. h. bezüglich großer Unterschiede zwischen Schalen- und Petitgrainöl im Estergehalt an stickstoffhaltigem Ester der aromatischen Reihe, nämlich an Methyl-Methylanthranilat, ist das Mandarinenöl.

So sind enthalten im:

Mandarinenöl

Terpene	90—92%
Methyl-Methylanthranilat	1%
Citral	sehr kleine Mengen

Petitgrainöl Mandarinier

Terpene	42%
Methyl-Methylanthranilat	65—71%
Methylanthranilat	1%
Terpenalkohole	2%
Pyrrol	Spuren

Wir müssen, wie bereits erwähnt, hypothetisch das Phyllopyrrol als Muttersubstanz der Anthranilate annehmen und wird auch hier wohl Bildung dieses Esters aus Pyrrolderivaten anzunehmen sein. Interessant ist jedenfalls aber die mit Vermehrung des Methyl-Methylanthranilats einhergehende Verminderung der Terpene, so daß vielleicht in irgendeinem Sinne deren Mitbeteiligung an der Bildung dieses Esters angenommen werden darf.

In den Blütenölen, die durch Enfleurage, Mazeration oder Extraktion gewonnen werden, kommen wie bereits erwähnt, Terpene niemals vor. So ist z. B. auch das Orangenblütenöl frei von Terpenen, während das durch Wasserdampfdestillation aus der gleichen Blüte erhaltene Neroliöl erhebliche Mengen Terpene enthält. In diesem Falle ist es sicher, daß die Wasserdampfdestillation erst die Bildung von Terpenen veranlaßt, die sicher wohl auf Kosten des Gehaltes an Terpenderivaten verschiedener Art vor sich geht.

Die Terpene verharzen sehr leicht und geben harzartige Verbindungen ganz verschiedenen Charakters. So ist sicher der in alten Ölen vorkommende Harzstoff des Citronen- und Bergamottöles ein Verharzungsprodukt der Terpene dieser Öle.

Besonders interessant ist, daß diese Verharzungsprodukte Citropten und Bergapten als Oxyderivate des Cumarins identifiziert wurden.

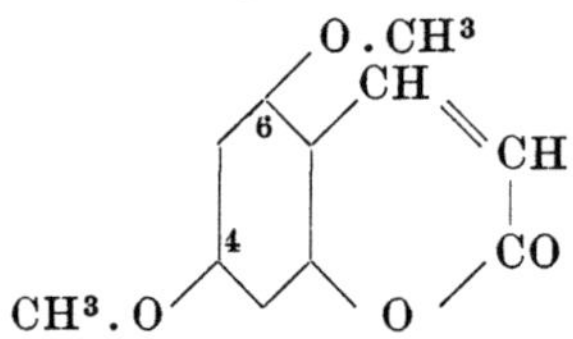

Citropten
(4:6-Dimethoxycumarin)

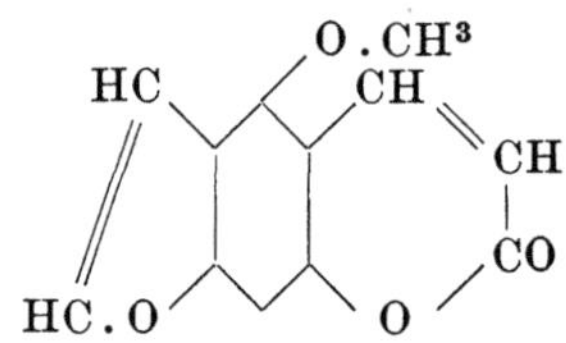

Bergapten

Das Citropten wurde synthetisch aus Phloroglucin hergestellt und liefert diese Synthese einen interessanten Beitrag zum Chemismus der Harze und gibt auch gleichzeitig eine Brücke zwischen gewissen Harzen und Tannin, die beide Phloroglucin als Spaltungsprodukt liefern (s. die Tafel III, S. 45).

Nebenstehend geben wir eine tabellarische Darstellung der hypothetischen Bildung der Terpene und Ester aus Tannin.

Aromatische Harze und Balsame (Bildungs-Theorien).

Tschirch faßt alle Harze im allgemeinen als vollständig resinifizierte ätherische Öle auf, während er die Balsame als Lösungen von Harzen in ätherischem Öl ansieht. Diese Theorie ist übrigens, was ganz speziell die Fichtenharze bzw. Terpentin anlangt, auch durchaus konform mit den Tatsachen. Wir dürfen auch bei den uns hier interessierenden aromatischen Harzen und Balsamen, wie Benzoe, Tolubalsam, Perubalsam, Styrax, Labdanum und Weihrauch, eine solche Bildung des aromatischen Prinzips aus flüssigen Bestandteilen des balsamischen Saftes annehmen, indem derselbe durch Resinifikation an der Luft in aromatische Harzsubstanz übergeht.

Die meisten und gerade die wichtigsten aromatischen Harzkörper sind pathologische Produkte, d. h. sie bilden sich nur, wenn Einschnitte in den Stamm des balsamiferen Baumes gemacht werden, also der Saft willkürlich zum Austreten gebracht wird.

Der an der Einschnittstelle austretende aromatische Saft verdickt sich durch Luftzutritt und verharzt schließlich mehr oder minder vollkommen.

Wir dürfen jedenfalls als ursprüngliche Quelle des Aromas der Harze ebenfalls das Tannin annehmen, worauf zunächst die völlige Analogie der durch Schmelzen mit Ätzkali erhaltenen Spaltungsprodukte vieler

Tafel II.

Schema der Bildung der Terpene und Ester aus Tannin (bzw. Chlorophyll).

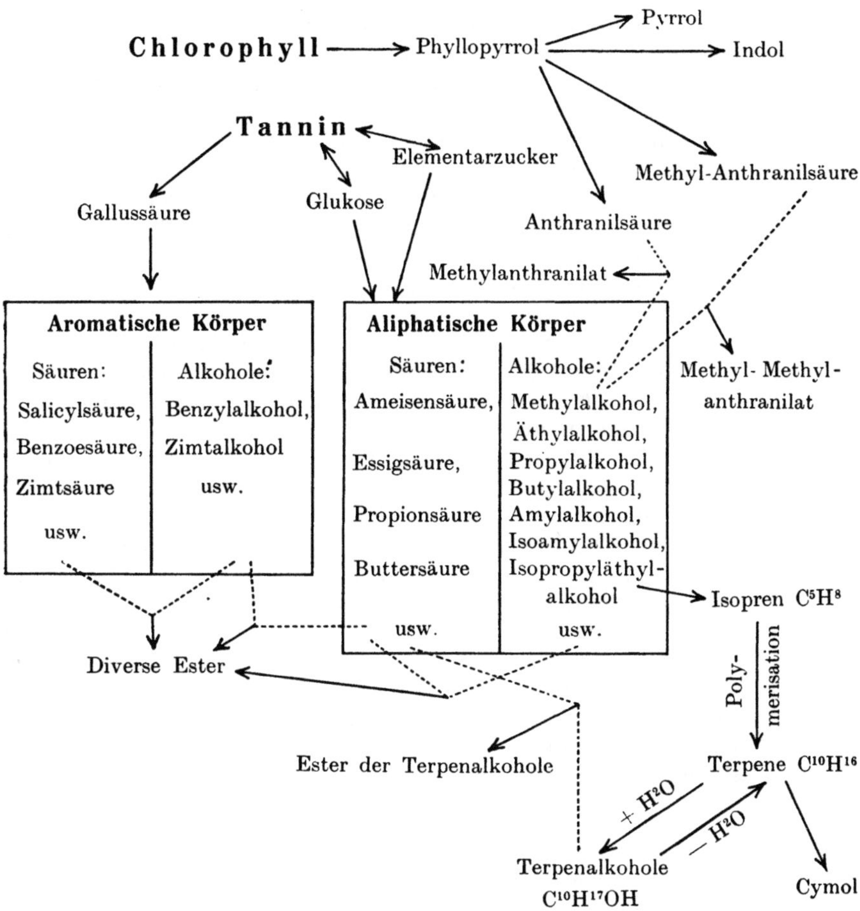

aromatischer Harze mit jenen, die durch die gleiche Behandlung aus Tannin erhalten werden, deutlich hinweist, nämlich die Bildung von Protocatechusäure und Phloroglucin (vgl. die nachstehende Tafel III, S. 45).

Nehmen wir bei dieser Hypothese die intermediäre Bildung von Protocatechualdehyd an, so haben wir die Brücke zum Vanillin, das tatsächlich häufig in solchen aromatischen Harzen (Benzoe, Tolubalsam) vorkommt, soweit wir nicht die Bildung von Vanillin durch Spaltung des Glykosids Coniferin, das vielleicht auch im balsamischen Saft der aromatogenen Bäume vorkommt, erklären wollen.

Anderseits können wir das in diesen aromatischen Harzkörpern so häufige Vorkommen von Benzoesäure und Zimtsäure frei und (meist) in veresterter Form und gleichzeitig die Harzbildung vom Tannin ausgehend über die Gallussäure erklären. Aus der Gallussäure entsteht über Salicylsäure (I. Phase) Benzoesäure, aus dieser vielleicht teilweise Benzaldehyd, der in Zimtsäure übergeführt werden kann.

Diese angenommene intermediäre Bildung von Benzaldehyd würde auch auf diesem Wege eine Möglichkeit bieten, die Harzbildung zu erklären. Wie praktische Versuche gezeigt haben, ist es ziemlich leicht möglich, durch Verharzung von Benzaldehyd zu einem künstlichen aromatischen Harz zu gelangen, das viele generelle Ähnlichkeit mit der Benzoe hat (künstliche Benzoe). Anderseits ist auch die Möglichkeit bekannt, aus gewissen Aldehyden und Ketonen Harzkörper künstlich zu erzeugen, auf dieser Möglichkeit beruht auch teilweise die Industrie der Kunstharzerzeugung für technische Zwecke.

Anderseits könnten wir auch die Möglichkeit einer Harzbildung sekundär von der Zimtsäure ausgehend über o-Oxyzimtsäure, Cumarin zum Cumaron, das sich sehr leicht verharzt (Cumaronharze), annehmen, oder aber vom Cumarin abzweigend über Cumarinharze nach Art des Citropten u. a. (als I. Phase oberflächlicher Verharzung) zu den Harzen gelangen.

Diese Cumarinharze werden aber z. B. im Citronen- und Bergamottöl durch oberflächliche Verharzung der Terpene gebildet, so daß wir auch über diese Cumarinharze (als Derivate des Cumarins nachgewiesen) von den Terpenen ausgehend die Harzbildung erklären können. Da es nun auch gelungen ist, solche Cumarinharze synthetisch aus Phloroglucin herzustellen, kann auch Harzbildung aus Phloroglucin über die Cumarinharze angenommen werden. Für alle diese möglicherweise an der Harzbildung beteiligten Produkte kommt aber immer wieder hypothetisch das Tannin als Muttersubstanz in Frage.

Nebenstehend eine kurze schematische Übersicht der Harzbildung aus Tannin.

Spezielle Charakteristik der natürlichen Riechstoffe pflanzlichen Ursprungs.

In diesem Teil unserer Arbeit sollen die wichtigsten Sorten der isolierten Geruchsprinzipien der Pflanzen eingehend besprochen werden und ganz besonders auch der Unterschiede gedacht werden, die solche Riechstoffe gleicher Handelsbezeichnung, je nach der gewählten Isolierungsmethode aufweisen können.

Im Sinne der ganz außerordentlich wichtigen Rolle der natürlichen Riechstoffe in der angewandten Parfumerie sollen diese hier so geschildert werden, daß der Praktiker sich darüber klar werden kann, daß, ganz abgesehen von den leider sehr häufigen Verfälschungen dieser Naturprodukte, die für sich allein natürlich schon erhebliche Qualitätsunterschiede bedingen, auch die Provenienz des Produktes bzw. die Her-

Tafel III.

Schema der Harzbildung aus Tannin.

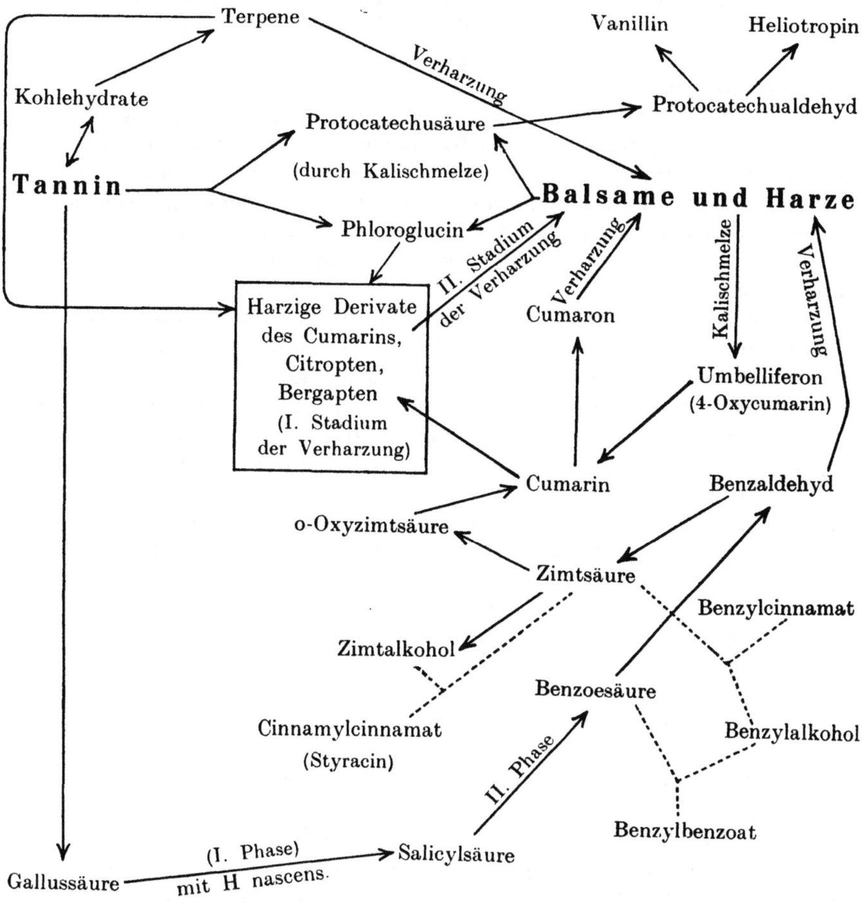

stellungsmethode desselben einen sehr beträchtlichen Einfluß auf die Feinheit und Ausgiebigkeit des Aromas ausüben kann.

Ferner waren wir bestrebt, durch Angabe der chemischen Zusammensetzung dieser Riechstoffe dem Praktiker schon hier gewisse Anhaltspunkte zu eventuellen Nachbildungen solcher Naturprodukte zu geben, wie denn der Hauptzweck unserer Arbeit darin liegen soll, den praktischen Parfumeur zu methodisch-chemischem Denken anzuregen, soweit dieses ihm helfend zur Seite stehen kann und haben wir zu diesem Zwecke auch einen längeren Ausflug ins Reich der Hypothese nicht gescheut, der unsere einleitenden Ausführungen im vorstehenden Abschnitt unserer Arbeit gewidmet sind.

Wir hoffen, den Leser davon überzeugen zu können, daß diese einleitenden Betrachtungen mehr oder minder hypothetischer Art uns gerade in nachstehendem Teil unserer Arbeit reiche Früchte tragen, ermöglichen sie es doch, den umfangreichen und komplizierten Stoff so zu gliedern und zu erläutern, daß dem Leser ein Eindringen in die Subtilität der Materie so klar vor Augen geführt wird, wie wir es für erforderlich gehalten haben.

So kann uns de facto nur die hypothetische Erklärung gewisser Möglichkeiten, die, mangels einwandfrei bekannter Tatsachen, herangezogen werden muß, um jede Lücke in der Behandlung des Stoffes zu vermeiden, in den Stand setzen, gewisse positive Tatsachen zu erklären und uns so ein zusammenhängendes Wissen anzueignen, das, ohne Mithilfe gewisser logisch-hypothetischer Schlüsse, nur aus Bruchstücken bestehen würde.

Es sei an dieser Stelle ganz besonders darauf hingewiesen, daß, ganz abgesehen von der Erklärung obskurer Phänomene der Natur, wir in unserem Spezialgebiete sehr häufig nicht in der Lage sein können, eine scharfe Grenze zwischen wissenschaftlich einwandfrei begründeten Tatsachen und hypothetischen Schlüssen dahingehend zu ziehen, daß ersteren eine absolute Präponderanz der Nützlichkeit zugesprochen werden könnte.

Es liegt, ganz im Gegenteil, in der Natur der Subtilität unserer Materie, daß sehr oft der praktische Wert rigoros festgestelter Tatsachen weit hinter jenem gewisser Möglichkeiten zurückbleibt, soweit letztere nicht durch gegenteilige Tatsachen widerlegt werden können, bzw. jener Logik entbehren, die hier in vieler Beziehung sehr oft der Logik der Tatsachen gleichzuwerten ist.

So gibt es, rein praktisch gesprochen, eine große Anzahl wissenschaftlicher Feststellungen, mit denen wir nichts oder nur wenig anzufangen wissen. Anderseits spielt persönliche Initiative und Beobachtung in so zahlreichen Fällen eine so hervorragende Rolle, daß wir der Ansicht sind, daß alles, was zur Förderung solcher Bestrebungen dienen kann, sorgfältig kultiviert werden muß.

So muß auch der Hypothese das Recht zuerkannt werden, wo erforderlich, in Betracht gezogen zu werden und, wenn man ihr nur die Rolle des bescheidenen Lämpchens zuerteilen will, das in das Dunkel gewisser Phänomene einen schwachen Lichtstrahl wirft, soll jedoch nicht verkannt werden, daß auch dieser schwache Schein für forschende Wissenschaft und gesunde Empirik gleich wertvoll sein kann.

Wir waren also auch im nachstehenden bestrebt, durch Verschmelzung von Tatsachen und hypothetischen Schlüssen jede fühlbare Lücke in der Behandlung des Stoffes nach Möglichkeit zu vermeiden und haben besonderen Wert darauf gelegt, dem Leser einen so klaren Überblick über die verschiedenen Riechstoffsorten zu geben, daß er dadurch in den Stand gesetzt wird, in voller Kenntnis der Eigenschaften der Grundmaterialien eine so sorgfältige Auswahl zu treffen, als dies die Umstände gebieterisch erfordern.

Es sei hier wiederholt auf die außerordentliche Wichtigkeit geeignet ausgewählter Riechstoffe hingewiesen und ganz besonders auf die so bedeutende Rolle, die rein natürliche Riechstoffe in der praktischen Parfumerie spielen. Wir heben diese eigentlich selbstverständliche Tatsache hier nochmals besonders hervor, wobei wir natürlich nicht einen Augenblick daran denken, die außerordentlich wichtige Rolle der Mitverwendung künstlicher Riechstoffe zu verkennen.

Wir müssen aber die Wichtigkeit der natürlichen Riechstoffe in allen Zweigen der praktischen Parfumerie, einschließlich der Parfumierung der Toiletteseifen hier immer wieder betonen, um vor gewissen Trugschlüssen zu warnen und vor allem das charlataneske Anpreisen von Kunstprodukten an den Pranger zu stellen, das sich erdreisten will, das Naturprodukt in jeder Weise vollkommen ersetzen zu können. Es ist leider eine notorisch bekannte Tatsache, daß eine solche Irreführung des Praktikers von wenig skrupulösen Lieferanten von Riechstoffen immer wieder versucht wird und ist, gerade in den letzten Krisenjahren, in dieser Beziehung sehr viel gesündigt worden.

Auch das beste Kunstprodukt kann nur Anspruch auf teilweisen Ersatz des echten Naturproduktes erheben und dies auch nur mit gewissen Einschränkungen. Gute Kunstprodukte dieser Art werden aber stets mit Verwendung echter Riechstoffe hergestellt. Man beachte auch die Tatsache, daß echte Riechstoffe immer ausgiebiger sind als Kunstprodukte und oft ganz geringe Mengen echter Riechstoffe der Komposition eine große Feinheit verleihen, die mit Kunstprodukten, namentlich solchen, die ohne Verwendung echter Riechstoffe hergestellt wurden, absolut nicht zu erzielen ist. Wer nach dem Kilopreise kauft, kauft immer schlecht, nur die Ausgiebigkeit und Feinheit eines Riechstoffes dürfen beim Ankauf entscheidend sein.

Wir beschränken uns hier auf diese allgemeinen Hinweise, werden aber später noch verschiedentlich auf den großen Wert der natürlichen Riechstoffe als unersetzliche Materialien zurückzukommen haben.

Eliminierungs-Methoden.

Diese gestatten zunächst eine Klassifizierung der natürlichen Riechstoffe in folgende Arten:

1. Blütenöle,
2. Resinoide,
3. Ätherische Öle.

Blütenöle sind aromatische Prinzipien der Blüten gewisser Arten, die entweder durch Extraktion mit Fetten primär als Blütenpomaden erhalten werden, oder aber durch Extraktion der frischen Blüten mit Petroläther u. dgl. primär als konkrete Blütenaromen *(Essences concrètes)* erhalten werden.

Bei Herstellung der Blütenöle kommen also als aromatogene Organe der Pflanze einzig und allein die Blüten in Betracht.

Resinoide sind meist Petroläther-Extraktionsprodukte (in manchen Fällen werden auch andere flüchtige Extraktionsmittel verwendet) von aromatischen Drogen bzw. frischen Pflanzen oder Pflanzenteilen (Wurzel, Blätter, Früchte, Fruchtschalen, Rinde usw.) mit Ausschluß der Blüten.

Sie enthalten das komplexe Aroma der Mutterpflanze und sind meist sehr reich an harzigen Bestandteilen.

Ätherische Öle sind, mit wenigen Ausnahmen, Wasserdampf-Destillationsprodukte aromatischer Pflanzen bzw. Drogen und werden aus der ganzen Pflanze oder bestimmten Organen derselben, bzw. auch aus natürlichen oder pathologischen Ausscheidungen (Harze, Balsame), in vereinzelten Fällen auch aus den Blüten durch Destillation mit Wasserdampf gewonnen.

Nur für eine ganz bestimmte Art von ätherischen Ölen, die zur Gattung Citrus gehören, wird das ätherische Öl der reifen Fruchtschalen durch Auspressen gewonnen (Citronen-, Bergamott-, Pomeranzenöl usw.).

Die Wasserdampfdestillation zerstört in manchen Fällen das Aroma vollständig, was z. B. bei den vorerwähnten Blüten, die zur Gewinnung der Blütenöle dienen (Jasmin, Tuberose usw.), zutrifft, eine Ausnahme bilden Orangenblüten, Rosenblüten und Resedablüten, die die Destillation mit Wasserdampf zwar ohne Zerstörung des Aromas vertragen, aber ätherische Blütenöle liefern, die chemisch und geruchlich erheblich von jenen abweichen, die durch Extraktion als Blütenöle gewonnen wurden.

So geht z. B. beim ätherischen Öl der Orangenblüte (Neroliöl) der größte Teil des Methylanthranilats und des Phenyläthylalkohols verloren, die im Destillationswasser gelöst bleiben. Beim ätherischen Rosenöl können wir analoge Vorgänge beobachten, indem hier der größte Teil des Phenyläthylalkohols durch das Destillationswasser eliminiert wird.

Aber auch in zahlreichen anderen Fällen, ja in der Regel, gestattet die Destillation mit Wasserdampf nicht das unversehrte komplexe Aroma der Mutterpflanze zu isolieren, was wir sehr leicht durch Vergleich des ätherischen Öls mit dem entsprechenden Resinoid feststellen können (z. B. Nelken-, Lavendel-, Patchouli-, Vetiveröl und die entsprechenden Resinoide).

Bei diesem Vergleich können wir deutliche Geruchsunterschiede feststellen, die auf das Fehlen gewisser Bestandteile des komplexen, nativen Aromas im ätherischen Öl zurückzuführen sind und wohl häufig auch durch das Fehlen gewisser Harzkörper bzw. komplexer Harz-Riechstoffverbindungen im ätherischen Öl verursacht werden.

Die Wasserdampfdestillation ist also eine mangelhafte Methode, die es nicht gestattet, wirklich unversehrtes komplexes Aroma der aromatogenen Pflanze zu erhalten. Sie liefert aber die meisten ätherischen Öle des Handels in gut verwendbarem Zustande, d. h. ohne Zerstörung der wichtigsten Aromaanteile.

Blütenöle *(Essences Florales)*.

Die Gewinnung dieser wichtigen Riechstoffe in Form isolierter Blütenöle bzw. fetter Extraktionsprodukte (Pomaden usw.) wird im großen Maßstabe ausschließlich in Grasse in Südfrankreich betrieben und gedeihen dort auch die Blütenkulturen besonders gut, infolge des dortigen außerordentlich günstigen Bodens und Klimas. Es hat zwar auch in anderen Orten an Versuchen nicht gefehlt eine analoge Industrie ins Leben zu rufen, doch ist Grasse das eigentliche industrielle Zentrum der Blütenölgewinnung geblieben und versorgt den Weltmarkt mit diesen Produkten.

Das in den Blüten gewisser Sorten aufgespeicherte Aroma ist ganz besonders empfindlicher Natur und wird nur durch ganz vorsichtige Extraktion frisch gepflückter Blüten in unversehrtem Zustande gewonnen, aber z. B. durch Destillation mit Wasserdampf in den meisten Fällen gänzlich zerstört, in einigen wenigen Ausnahmen (Rose, Orangenblüte und Reseda) aber in gut verwendbarem, jedoch chemisch erheblich verändertem Zustande erhalten.

Zwecks Gewinnung des unversehrten, nativen komplexen Aromas der Blüten können praktisch nur zwei Methoden in Anwendung kommen, nämlich die Extraktion mit präpariertem Fett oder die Extraktion der Blüten mit flüchtigen Lösungsmitteln, meist Petroläther.

Praktisch sind beide Methoden, ganz allgemein gesprochen, auf alle Blüten anwendbar, doch verlangt die Individualität der einzelnen Blütensorten, mit Rücksicht auf gute Ausbeute und Gewinnung besonders reinen Blütenaromas, gewisse Modifikationen in der Anwendung dieser Extraktionsmethoden.

Hier muß zunächst vorausgeschickt werden, daß wir die Blüten in 2 Klassen einzuteilen haben, nämlich in solche, deren aromatogene Funktion mit dem Augenblick des Abpflückens aussetzt *(Fleurs à fonction vitale limitée)* und solche, deren aromatogene Funktion durch das Abpflücken nicht unterbrochen wird *(Fleurs à activité fonctionnelle continue)*. Die große Mehrzahl der Blüten gehört zu ersterer Klasse und sind hier zu nennen Rose, Orangenblüte, Cassie, Jonquille, Narcisse, Veilchen, Mimosa, Gartennelke, Reseda u. a. Die Blüten, die nach dem Abpflücken noch weiter Aroma bilden, sind nur jene des Jasmins und der Tuberose, die in Anbetracht dieser Tatsache eine ganz spezielle Behandlung erforderlich machen, um das Aroma in genügender Menge und Reinheit zu erhalten.

Soll also die Fettextraktion in Frage kommen, so dürfen nur jene Blüten, die nach dem Abpflücken kein Aroma mehr bilden, mit heißem Fett behandelt werden, weil das heiße Fett bei den kontinuierlich aromatogenen Blüten (Jasmin und Tuberose) die Weiterbildung von Blütenaroma prompt verhindern würde. Anderseits muß aber bei den widerstandsfähigeren, nicht kontinuierlich aromatogenen Blüten meist gerade die heiße Mazeration mit Fett zur Anwendung kommen, um aus der Blüte das Aroma vollständig zu extrahieren.

Die fette Extraktion wird auch Enfleurage genannt und unterscheiden wir also zwischen heißer Enfleurage oder Mazeration *(Enfleurage à chaud)* und kalter Enfleurage *(Enfleurage à froid)*.

Bei der Mazeration mit heißem Fett werden die frisch gepflückten Blüten in das heiße Fett eingetaucht, bei der kalten Enfleurage aber nur in besonderen, luftdicht zu Kammern abschließenden Rahmen *(Châssis)* auf präpariertes, kaltes Fett aufgestreut, das sich hier lediglich durch Absorption mit flüchtigem Aroma anreichert. Nur letztere Methode ermöglicht das Weiterleben der kontinuierlich aromatogenen Blüten und damit die restlose Gewinnung auch der nach dem Abpflücken weiter gebildeten Aromateile. Ferner bietet bei diesen besonders empfindlichen Blüten bei der Fettextraktion nur die kalte Enfleurage absolute Gewähr für Gewinnung wirklich unversehrten Blütenaromas, weil hier das heiße Fett das komplexe Aroma dieser Blüten schädigen kann. Petrolätherextraktion schädigt das Aroma nicht, gibt aber niedrigere Ausbeuten eines von dem Enfleurageprodukt deutlich verschiedenen Blütenöls auch unterbricht diese Extraktionsmethode die Weiterbildung von Aroma (vgl. später).

Bei der heißen Enfleurage werden den Blüten, außer den flüchtigen Duftstoffen auch harz-wachsartige Anteile (einschließlich komplexer Cero-Resinate) entzogen, bei der kalten Enfleurage aber nur flüchtige Duftstoffe, dagegen keine Wachs- und Harzstoffe von dem fetten Vehikel aufgenommen. Nur in seltenen Ausnahmen wird die heiße Fettextraktion mit flüssigen fetten Ölen *(Huiles antiques)* vorgenommen, in der Regel dienen hierzu, wie auch ausschließlich für die kalte Enfleurage, konkrete, sorgfältig konservierte Fettmischungen (Rindstalg und Schweinefett).

Die so erhaltenen Blütenpomaden *(Pommades de Fleurs, Pommades enfleurées)* kommen entweder als solche in den Handel oder werden hieraus durch Alkoholextraktion und Konzentration durch Verjagen des Alkohols mehr oder minder reine aromatische Prinzipien gewonnen *(Concentrés de Pommade, Essence absolues enfleurage)*. Wir werden weiter unten auf diese Produkte ganz ausführlich zurückkommen.

Was nun die direkte Extraktion der Blüten mit Petroläther anlangt, so ist hierzu folgendes zu bemerken. Praktisch ist diese Methode auf alle Blütenarten ohne Unterschied anwendbar und wird auch für alle Blütengattungen angewendet. Zu bedenken ist aber, daß auch die relativ niedrige Siedetemperatur dieses Extraktionsmittels die kontinuierliche Aromabildung der Jasmin- und Tuberoseblüten augenblicklich unterbricht, die Petrolätherextraktion bei diesen Blüten also nur jene Aromamenge zu gewinnen gestattet, die vor dem Abpflücken in der Blüte fertig gebildet war, die Ausbeute an reinem Blütenriechstoff hier also erheblich niedriger sein wird als jene, die durch alkoholische Extraktion einer kalt enfleurierten Pomade erhalten wird. Auch sind beide Blütenöle geruchlich deutlich verschieden, wie wir später sehen werden, weil hier die direkte Extraktion der Blüten ein Blütenöl ergibt, das sich auch in chemischer Beziehung und daher auch geruchlich deutlich von jenem unterscheidet, das durch die kombinierte Methode der alkoholischen Extraktion einer kalt enfleurierten Blütenpomade erhalten wurde.

Die Schwankungen in der Ausbeute sind hier meist sehr beträchtlich. So gibt z. B. Jasmin bei alkoholischer Extraktion der kalt enfleurierten Pomade eine 3- bis 6- eventuell auch 10fache Ausbeute, Tuberose eine solche, die unter Umständen auf das 13fache jener der direkten Extraktion mit Petroläther gesteigert werden kann, weil eben bei diesen Blüten die Hauptmenge, in einzelnen Bestandteilen angereicherten Aromas, erst nach dem Abpflücken gebildet wird und weil wahrscheinlich der Kontakt mit dem kalten Enfleuragefett die Aromabildung intensiviert.

Wir begnügen uns hier mit dieser summarischen Darstellung des Wesens der Blütenölextraktion, indem wir bezüglich weiterer Details wiederholt auf unser Handbuch der gesamten Parfumerie und Kosmetik verweisen.

Nachstehend werden wir uns ganz eingehend mit den nach den verschiedenen Extraktionsmethoden gewonnenen Blütenölen, ihren chemischen Eigenschaften und ihrer Handelsnomenklatur befassen und den Stoff hier so behandeln, daß der Leser die Charakteristik dieser verschiedenen Produkte voll und ganz erfassen kann, was um so dringender notwendig erscheint, als die gebräuchliche Nomenklatur des Handels oft zu Mißverständnissen Anlaß geben kann. Tatsächlich läßt die gebräuchliche Nomenklatur in Bezug auf eindeutige Bezeichnung leider sehr zu wünschen übrig.

Spezielle Charakteristik der Blütenöle.

Ganz allgemein sei hier erwähnt, daß die Eliminierungsmethode in zahlreichen Fällen die chemische Zusammensetzung des Blütenöles, bzw. dessen geruchliche Tonalität nicht unerheblich beeinflußt. Es sind also unter der gleichen Bezeichnung oft Blütenöle im Handel, die geruchlich sehr starke Abweichungen zeigen, was ganz besonders für die Blütenöle aus Blüten mit kontinuierlicher Funktion, also Jasmin und Tuberose zutrifft, aber auch für andere Blütensorten (Orangenblüte) Geltung hat.

Bei den Blüten mit kontinuierlicher Funktion scheint der längere Kontakt mit dem kalten Fett, ganz abgesehen von der Weiterbildung komplexen Aromas, einen Einfluß dahingehend auszuüben, daß er Aufspaltung gewisser Glukoside begünstigt, die eine Anreicherung des komplexen Aromas in ganz bestimmten Bestandteilen (Indol, Methylanthranilat, Methylsalicylat) zur Folge hat. Auch bei Blüten mit nicht kontinuierlicher Funktion, wie z. B. der Orangenblüte, kann bei der heißen Mazeration eine Anreicherung an Methylanthranilat und Indol festgestellt werden, die bei der direkten Extraktion mit Petroläther ausbleibt, wobei wohl ebenfalls auf eine hier durch das heiße Fett spontan bewirkte Aufspaltung gewisser Glukoside geschlossen werden darf. (Direkte Extraktion mit Petroläther gibt ein Aroma mit ca. 5%, heiße Fettextraktion mit ca. 9% Methylanthranilat usw.)

Ferner dürften gewisse komplexe Harz-Wachsverbindungen (Cero-Resinate) eine nicht unwichtige Rolle in der Tonalität des Geruches spielen, was wir bereits früher gebührend gewürdigt haben. Diese Cero-Resinate fehlen vor allem in den *Essences absolues*, wodurch eine gewisse geruchliche Abweichung der *Absolues* gegenüber den entsprechenden *Essences concrètes* usw. erklärlich wird.

Abgesehen von den Blütenpomaden des Handels, die hier nur rein dokumentarisch erwähnt werden sollen, interessieren uns vor allem die Formen der isolierten Blütenöle.

Als solche finden wir im Handel folgende:

a) Petroläther-Extraktions-Produkte.

Essences concrètes oder *solides* sind feste Körper, die nur durch direkte Extraktion der Blüten mit Petroläther gewonnen werden können. Sie enthalten alle Wachs- und Harzstoffe der Blüten und unversehrtes komplexes Aroma, ebenso Cero-Resinate in größeren Mengen. Beim Behandeln dieser konkreten Massen mit warmem Alkohol geht der eigentliche Riechstoff einschließlich der Cero-Resinate in Lösung, auch ein Teil der Wachse wird gelöst und später durch Ausfrieren zum allergrößten Teil abgeschieden, aber nicht ganz vollständig. Diese sog. „*Lavages de concrète*“ (auch „*Infusions*“ oder „*Extraits*“ genannt) werden in dieser Form benutzt, können aber auch auf *Essence absolue* weiterverarbeitet werden.

Essence absolue extraction oder *dissolvants*. Die alkoholische Auswaschung der *Essence concrète* wird mit Kochsalz versetzt, wobei sich das absolute Blütenaroma ausscheidet, das dann als ölige Flüssigkeit erhalten und isoliert wird. Wird dieses Aussalzen nach dem Ausfrieren vorgenommen, so erhält man eine reine *Absolue*, wird es aber vor dem Ausfrieren angewendet, eine rohe *Absolue (Essence absolue brute)*. Letztere enthält also Wachsteilchen in oft größerer Menge. Die *Essences absolues* enthalten keine Cero-Resinate, weil diese durch Aussalzen ausgeschieden werden.

Essence liquide. Als solche findet man meist alkoholische Lösungen der *Essence absolue* im Handel, indem der Alkohol der Auswaschung der *Concrète* teilweise verjagt wird. Ohne Ausfrieren erhält man die *Liquides brutes*, mit Ausfrieren die *Liquides pures*. In vielen Fällen findet man aber unter dieser Bezeichnung einfache Auflösungen von *Absolues* in Phthalester oder Benzylbenzoat u. dgl. im Handel.

Wir bemerken, daß die Bezeichnung „*extraction* oder *dissolvants*“ in den Preislisten der Erzeuger nur selten zu finden ist, man sollte dieselbe aber als obligatorisch einführen, weil hierdurch viele Irrtümer (speziell bei Jasmin) vermieden werden könnten. Der Zusatz *dissolvants* oder *extraction* besagt stets, daß es sich um ein aus Petroläther gewonnenes Blütenprodukt handelt, zum Unterschied von den entsprechenden durch alkoholischen Auszug der enfleurierten Pomade erhaltenen *Essences enfleurage*. Manchmal findet man auch die Bezeichnung „*Absolue de la concrète*“.

b) Alkoholextraktionsprodukte fetter Pomaden.

Diese kommen in erster Linie für Blüten mit kontinuierlicher Funktion als Alkoholauswaschungen kalt enfleurierter Pomaden in Frage. Aber auch von heiß mazerierten Blütenpomaden werden häufig konzentrierte Auswaschungen hergestellt. Durch einfache Konzentration der alkoholischen Pomadenauswaschung erhält man die *Concentrés de pommade.*

Hierzu ist zu bemerken, daß man solche *Concentrés de pommades* auch oft unter der Bezeichnung *Essence absolue enfleurage* im Handel findet, was aber nicht berechtigt ist. Wie ungerechtfertigt die hier gewählte Bezeichnung *Absolue enfleurage* ist, geht daraus hervor, daß diese rohen *Concentrés* oft bis zu ca. 33% Fettstoffe als Verunreinigung enthalten.

Werden diese *Concentrés de pommade* aus nicht ausgefrorenen alkoholischen *Lavages* hergestellt, so erhält man die *Concentrés bruts* oder rohe Öle.

Wurde vorher ausgefroren, erhält man ungleich reinere *Concentrés purs*, die nur Spuren von Fettstoffen enthalten. Bei Lavages von heiß enfleurierten Pomaden enthalten die *Concentrés bruts* stets auch kleine Mengen löslicher Harz-Wachsstoffe und Cero-Resinate, bei kalt enfleurierten Pomaden keine Wachse und keine Cero-Resinate.

Wird diese alkoholische Auswaschung direkt ausgesalzen, so erhält man die

Essences absolues enfleurage brutes. Diese enthalten Fettstoffe, keine Cero-Resinate, bei heiß enfleurierten Pomaden auch Wachsstoffe.

Wird zuerst ausgefroren und dann ausgesalzen, so erhält man die

Essences absolues enfleurage pures, die frei von Wachsstoffen und fast ganz von Fetteilchen sind, auch keine Cero-Resinate enthalten.

Durch partielle Konzentration der alkoholischen Auswaschung erhält man die

Essences liquides enfleurage brutes, wenn vorher nicht ausgefroren wurde. Diese enthalten größere Mengen Fetteilchen, Wachse und Cero-Resinate.

Nach vorherigem Ausfrieren erhält man die

Essences liquides enfleurage pures, die keine Wachse, Spuren von Fett, aber Cero-Resinate enthalten.

Alle diese Alkoholprodukte enthalten auch kleine Teilchen von Benzoe, Vanillin usw., das aus dem konservierten Fett der Pomade herstammt, und stets Spuren von gelöstem Fett.

Bezüglich der hier oft gebrauchten Bezeichnung Cero-Resinate verweisen wir auf unsere früheren Ausführungen und verstehen darunter gewisse komplexe Geruchsanteile, die wohl durch Vereinigung von eigentlichem aromatischem Prinzip mit Harz- oder Wachsstoffen, als nicht unwichtige Bestandteile des komplexen Blütenaromas anzusehen sind und deren Fehlen z. B. bei den *Absolues* (sie werden durch Aussalzen abgeschieden) mit die Ursache für gewisse geruchliche Unterschiede zwischen diesen und beispielsweise den entsprechenden *Concrètes* zu sein scheinen.

Die Cero-Resinate sind nicht flüchtig, können also nicht durch Absorption vom kalten Fett aufgenommen werden. Daher fehlen die Cero-Resinate stets in den primär durch kalte Enfleurage gewonnenen Blütenölen.

Nachstehend eine schematische Zusammenstellung der einzelnen Produkte an Hand ihrer Isolierungsmethoden.

Tafel IV.

Petroläther-Produkte, *Essences Dissolvants. Essences Extraction.*

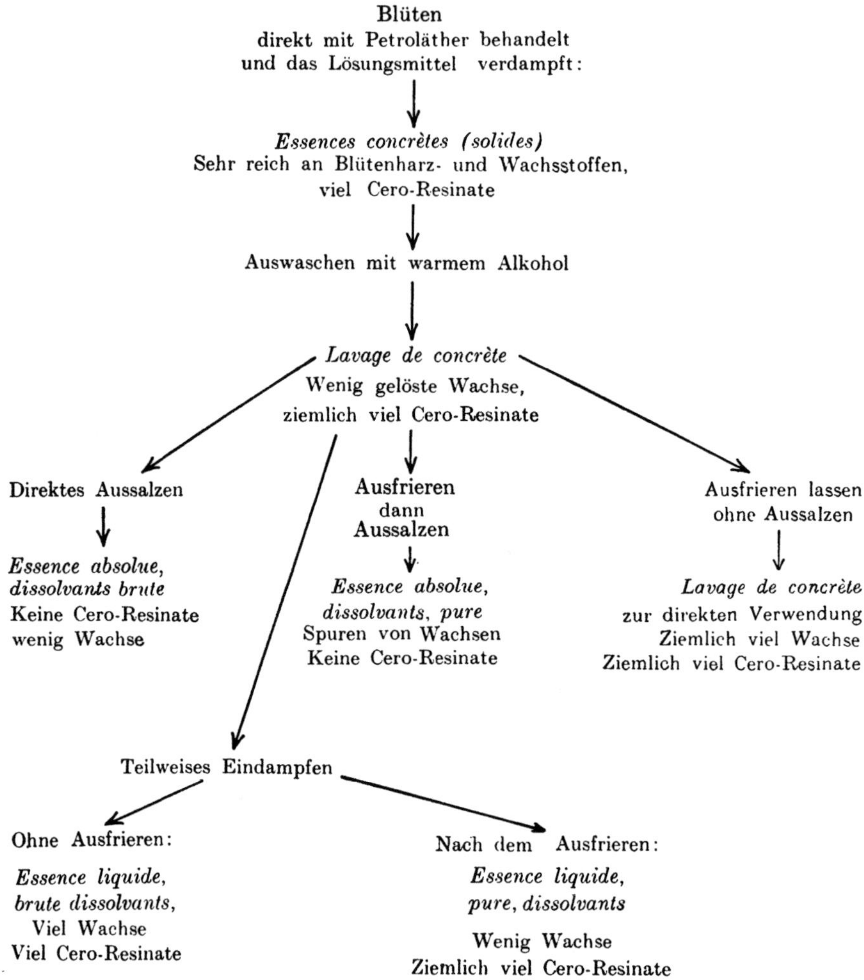

Wir weisen hier nochmals auf die generelle Wichtigkeit scharfer Unterscheidung zwischen Petrolätherprodukten *(Essences dissolvants* oder *Extraction)* und Alkoholextraktionsprodukten *(Essences enfleurage)* hin, die bei den *Absolues* von ganz besonderer Wichtigkeit ist, wie wir später nochmals zu betonen Gelegenheit haben werden.

Tafel V.

Enfleurage-Produkte.

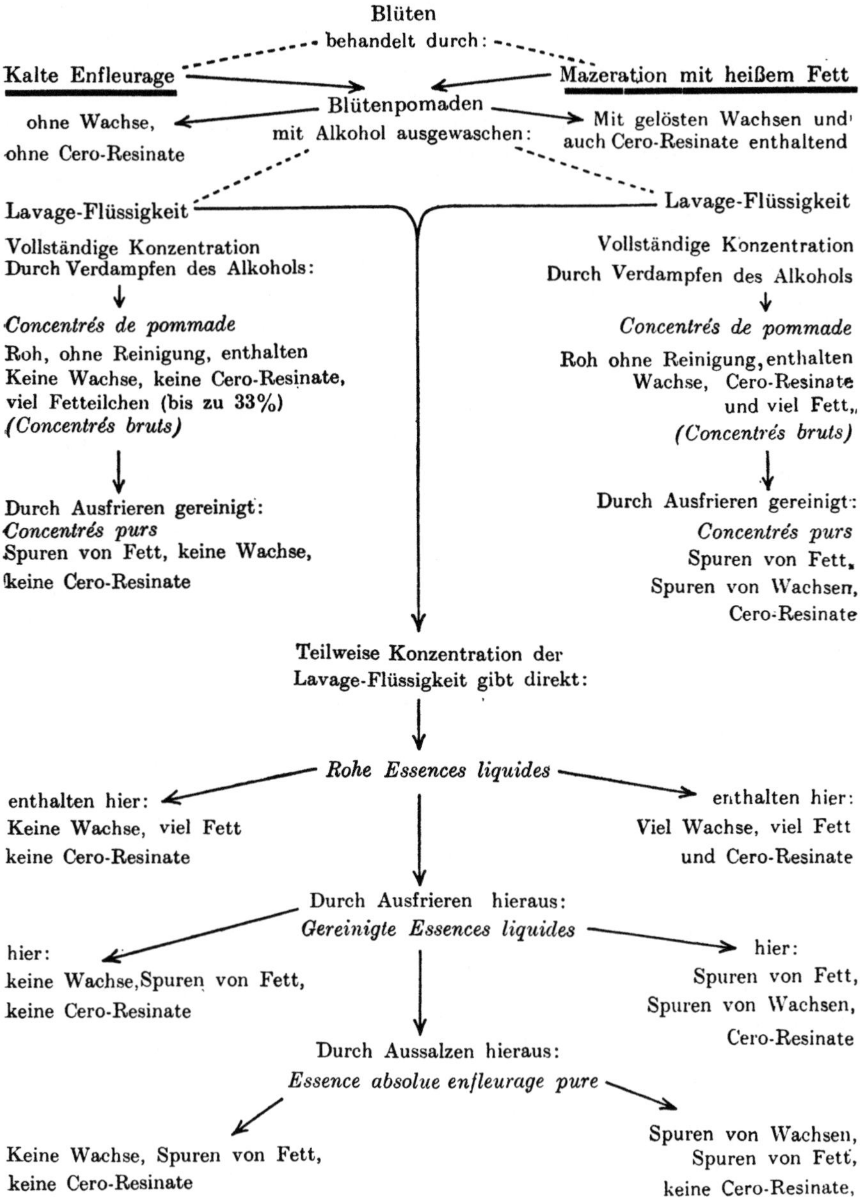

Schließlich seien hier auch die sogenannten

Essences de châssis erwähnt, die durch Petrolätherextraktion der mit Fett bereits voher kalt enfleurierten Blüten (Blütenrückstände) gewonnen werden. Sie sind besonders reich an Wachsen. Durch Elimination der Wachse können auch hieraus *Liquides* und *Absolues de châssis* hergestellt werden. Diese billigen Blütenöle eignen sich ganz vorzüglich zu verschiedenen Zwecken, namentlich auch zur Seifenparfumierung.

Alle diese Produkte enthalten auch noch Spuren von Benzoe, Vanillin usw. aus den mit Benzoe konservierten Fetten herstammend.

Wird die rohe *Essence liquide* direkt ausgesalzen, ohne Ausfrieren, so erhält man die

Absolue enfleurage brute, die in beiden Fällen mehr Fettkörper enthält, bei der heißen Fettbehandlung auch mehr Wachse. Beide Rohessenzen sind frei von Cero-Resinaten, die beim Aussalzen abgeschieden werden. Auch die reinsten Enfleurageprodukte enthalten immer noch Spuren gelösten Fettes.

c) Öle aus Blüten mit kontinuierlicher vitaler Funktion.

Charakteristisch für die Stammpflanze dieser Art von Blüten ist, daß ausschließlich nur in der Blüte Aroma gebildet wird und kein anderer Teil der Pflanze aromatophor ist.

Ferner wird bei diesen, wie bereits erwähnt, der weitaus größte Teil des Aromas erst nach dem Abpflücken gebildet und tritt hier bei der kalten Enfleurage gleichzeitig wohl durch Aufspaltung von Glukosiden Anreicherung des Aromas an ganz bestimmten Bestandteilen ein, wobei ein diese Anreicherung begünstigender Einfluß des kalten Fettes angenommen werden darf, wie dieser Kontakt denn auch die Aromabildung hier im allgemeinen begünstigen dürfte.

Jasminblütenöl aus den Blüten von *Jasminum Odoratissimum*.

Chemische Zusammensetzung:

Benzylacetat	60—65 %	Indol	2,5%
Linalylacetat	7,5%	(sehr variabel)	
Benzylalkohol	6 %	Methylanthranilat	0,5%
Linalool	15,5%		

Nach Elze sind im Jasminblütenöl ferner noch Geraniol und p-Cresol (?) enthalten.

Bei der *Absolue enfleurage* können wir einen viel größeren Gehalt an Methylanthranilat und Indol feststellen als bei der *Absolue dissolvants*, eine chemische Verschiedenheit, die auch im Geruch bzw. der Geruchsintensität beider Öle zum Ausdruck kommt. So gibt die *Essence absolue enfleurage* den Jasmingeruch viel natürlicher und voller wieder, als die *Absolue dissolvants*, letztere ist aber bedeutend stärker im Geruch, der aber in gewissen Details weniger fein zur Geltung kommt.

An effektiver Geruchsstärke entsprechen wie bereits erwähnt, etwa 2,5 bis 3 Teile *Absolue enfleurage* 1 Teil *Absolue dissolvants*, ein Wert, der natürlich großen Schwankungen unterworfen sein muß, wenn man berücksichtigt, was unter der Bezeichnung *Absolue enfleurage* alles im Handel zu finden ist und daß oft ganz rohe *Concentrés de pommade* als *Absolues* gehandelt werden. Daß bei solchen Vergleichswerten auch vieles Ansichtssache ist, versteht sich wohl von selbst.

Jedenfalls verwenden viele Parfumeure Gemische beider Sorten und sollen so die besten Resultate erzielt werden.

Sicher spielen beim Geruch der Enfleurageprodukte auch kleine Mengen gelöster Fetteilchen eine nicht unbedeutende Rolle, während die Wirkung der Cero-Resinate speziell bei den Petrolätherprodukten, besonders der *Essence concrète de Jasmin*, in den Vordergrund treten dürfte.

Daß natürlich auch die viel höheren Mengen von Methylanthranilat und Indol, die im Enfleurageprodukt enthalten sind, wesentliche Unterschiede im Geruch bedingen, liegt auf der Hand. Jedenfalls besitzen die Enfleurageprodukte auch eine typisch fette Note, die sicher mit dazu beiträgt, das Jasminaroma gut hervorzuheben, weil die Blüte einen typisch fetten Untergeruch erkennen läßt. (Siehe auch die Rolle des α-Amylzimtaldehyds bei künstlichen Nachbildungen des Jasmingeruches.)

Es ist, wie gesagt, anzunehmen, daß das kalte Fett während der Enfleurage gewisse komplexe (vielleicht glukosidische) Verbindungen einzelner Bestandteile wie Indol und Methylanthranilat spaltet, und so die Anreicherung des Jasminaromas an diesen Bestandteilen bei der Enfleurage bewirkt.

Inwieweit die Bildung des Indols aus Verwesungsprodukten in Frage kommen kann, lassen wir dahingestellt, Tatsache ist jedenfalls, daß verwelkte Jasminblüten gar kein Indol enthalten, was direkt gegen diese Annahme spricht. Auch die *Essences de châssis* sind sehr arm an Indol, was zu beweisen scheint, daß das Indol in der frischen Blüte als flüchtiger Anteil des Aromas gebildet wird und einen wesentlichen Teil desselben ausmacht. Indol kann also als flüchtiger Aromateil nicht in der durch fette Extraktionsmittel erschöpften Blüte zurückbleiben, ist also ein flüchtiger Bestandteil des Jasminaromas und wird wohl, wie das Methylanthranilat, besonders während der Enfleurage in größeren Mengen gebildet, bzw. aus einer Verbindung in Freiheit gesetzt und als flüchtiger Anteil vom kalten Fett durch Resorption mit den übrigen Aromaanteilen aufgenommen.

Inwieweit hier primär Anwesenheit von glukosidischen Verbindungen des Indols, Methylanthranilats oder anderer Bestandteile des Jasminaromas anzunehmen ist, sei dahingestellt, jedenfalls haben Versuche (Hesse u. a.) gezeigt, daß durch enzymatische Vorgänge (Vergärung durch Hefe) die Ausbeute an Aroma erheblich erhöht werden konnte, unter gleichzeitiger Anreicherung an Indol und Methylanthranilat.

So ist auch die von der lebenden Blüte hervorgebrachte Indolmenge eine viel größere als jene, die im isolierten Blütenöl enthalten ist, nach Cerighelli ist diese frei entwickelte Indolmenge etwa 3- bis 4mal größer als das beobachtete Indolmaximum des Blütenöles.

Jedenfalls bildet sich die Hauptmenge des Indols der extrahierten Jasminöle bei der Enfleurage; durch direkte Petrolätherextraktion gewonnene Öle sind relativ arm an Indol wie auch an Methylanthranilat.

Nach allen diesen Tatsachen ist Indol also als normaler und ungemein wichtiger Bestandteil des Jasminaromas aufzufassen. Interessant sind auch die Feststellungen Macés, der fand, daß der Indolgehalt des Jasminöles je nach der Lufttemperatur ganz erheblichen Schwankungen unterworfen ist, so daß also an heißen Tagen mehr Indol gebildet wird als an solchen mit gemäßigter Temperatur. So fand Macé bei Blütenölen der Septemberernte nur 2% Indol, bei der Augusternte 5%.

Indol scheint in gewisser Beziehung zum Methylanthranilat zu stehen, denn beide fehlen entweder oder vermehren sich gleichzeitig, was übrigens auch bei dem Orangenblütenöl zu beobachten ist. Die indolarmen Petrolätherprodukte des Jasmins enthalten auch nur sehr geringe Mengen Methylanthranilat, die indolreichen *Absolues enfleurage* große Mengen Methylanthranilat.

Zwischen beiden Körpern bestehen ja auch, betreffend ihrer Genesis im Organismus der Pflanze, gewisse Analogien, in dem beide als Stickstoffderivate hypothetisch aus dem Phyllopyrrol der grünen Teile (Chlorophyll) entstehen dürften.

Wir müssen also praktisch unterscheiden zwischen:

Jasmin Enfleurage	und	Jasmin Dissolvants
Viel Indol, viel Methylanthranilat.		Sehr wenig Indol, wenig Methylanthranilat.
Fetteilchen.		Keine Fetteilchen.

Die *Essence de Jasmin Châssis* wird durch Petrolätherextraktion der kalt enfleurierten Blüten gewonnen und enthält nur sehr wenig, oft gar kein Indol und sehr wenig Methylanthranilat.

Sie besitzt aber ein sehr kräftiges Aroma und kann gut verwendet werden. Als *Concrète de châssis*, enthält sie auch viel Cero-Resinate.

Das Jasminöl nimmt unter allen anderen Blütenölen einen besonders wichtigen Platz in der Parfumerie ein und ist ein fast nie fehlender Bestandteil aller besseren Parfums.

Das sog. spanische Jasminöl oder *Essence de Grandiflora* wird in Spanien durch Wasserdampfdestillation der Blüten von *J. Grandiflorum* gewonnen und hat einen ganz verschiedenen, mehr narcissenartigen Geruch.

Tuberosenblütenöl von *Polyanthes Tuberosa*. Die chemische Zusammensetzung dieses wertvollen Blütenöls ist leider auch nicht annähernd so genau erforscht wie jene des Jasminöls. Tuberosenblütenöl enthält: Methylanthranilat 3 bis 4,5%, fern Methylsalicylat, Benzylalkohol, Methylbenzoat, Benzylbenzoat u. a. Bemerkenswert ist, daß im Enfleurageöl der Gehalt an Methylanthranilat und Methylsalicylat meist recht beträchtlich zunimmt. Im Dissolvants-Blütenöl ist der Gehalt an Methylanthranilat meist unter 2,5%, steigt aber im Enfleurageöl manchmal über 5%.

Tuberosenöl ist sehr wertvoll zur Erzielung feiner Effekte in Blumenbuketts und Phantasiekompositionen. Sein außerordentlich intensiver Geruch gestattet auch bei Verwendung kleinster Mengen gute Wirkung zu erzielen.

Wir weisen wiederholt auf die große Wichtigkeit dieses Blütenöles zur Bereitung feiner Parfums hin, weil es uns scheinen will, als sei dieselbe, speziell seitens des deutschen Parfumeurs, bisher nicht genug gewürdigt worden.

d) Öle aus Blüten mit nicht kontinuierlicher Funktion.

Zu diesen gehört die große Mehrzahl der Blüten und entstammen solchen die meisten Blütenöle. Wir werden uns hier darauf beschränken, die wichtigsten Blütenöle dieser Art anzuführen.

Zunächst bemerken wir, daß die oft gebrauchte Bezeichnung *Muguet absolue* einen Mißgriff darstellt, weil es ein natürliches Maiglöckchenblütenöl überhaupt nicht gibt.

Cassieblütenöl aus den Blüten von *Acacia Farnesiana.* Ein sehr wertvolles Blütenöl von charakteristischem, auch etwas an Veilchen gemahnendem Gernche.

Chemische Zusammensetzung: Methylsalicylat (etwa $10^0/_0$), Benzylalkohol, Anisaldehyd, Cuminaldehyd, ein Keton mit Veilchengeruch (Jonon ?), ein Keton mit Pfefferminzgeruch (Menthon ?), Geraniol, Linalool, Farnesol, Benzaldehyd, Decylaldehyd, wahrscheinlich auch Eugenol und Methyleugenol (?).

Hyacinthenblütenöl. Wird als *Absolue, Concrète* und *Liquide* aus den Blüten von *Hyacinthus Orientalis* gewonnen.

Chemische Zusammensetzung: Benzylalkohol, Benzylbenzoat, Phenyläthylalkohol, Eugenol, Methyleugenol, Zimtalkohol und Ester desselben (Cinnamylacetat, vielleicht auch Cinnamylcinnamat [?]), Benzylacetat, Benzaldehyd, Zimtaldehyd, Methyl-Methylanthranilat, Dimethylhydrochinon u. a. Vielleicht auch Vanillin (?).

Jonquilleblütenöl von *Narcissus Jonquilla.* Diese Blüte besitzt keine kontinuierliche vitale Funktion, wie dies öfters behauptet worden ist.

Chemische Zusammensetzung: Unsere diesbezüglichen Kenntnisse sind leider recht mangelhaft. Anzunehmen ist die Gegenwart von Benzylbenzoat, Methylbenzoat, Methylanthranilat, Methylcinnamat, Linalool und Indol. Vielleicht sind auch Benzylacetat, Cresoläther oder gewisse Cresolester vorhanden (p-Cresylphenylacetat [?], p-Cresolacetat [?]). Das Jonquilleblütenöl spielt, speziell in der modernen Parfumerie, eine bedeutende Rolle bei Herstellung moderner Narcissenextraits, gibt aber bei Blumenbuketts und Phantasiekompositionen des verschiedensten Genres prächtig-originelle Effekte, die es sehr wertvoll machen.

Narcissenblütenöl von *Narcissus poeticus* besitzt eine dem Jonquilleöl analoge chemische Zusammensetzung. Sein Geruch ist jenem des Jonquilleöls sehr ähnlich, doch durch gewisse Unternoten deutlich verschieden. Es wird wie das Jonquilleblütenöl angewendet.

Lavendelblütenöl von *Lavandula vera.* Diesem Öl wird jetzt besondere Aufmerksamkeit zugewendet. Es wird ausschließlich aus den Lavendelblüten durch Petrolätherextraktion gewonnen und besitzt einen Geruch, der deutlich verschieden von jenem des ätherischen Lavendelöls und auch von jenem des Lavendelresinoids zur Geltung kommt. Das Lavendelblütenöl enthält außer den klassischen Bestandteilen des ätherischen Lavendelöls, mit Ausnahme der Terpene, die hier nicht vorkommen, Linalylbutyrat bzw. Isobutyrat in größeren Mengen, ebenso Cumarin, letzteres in ganz erheblich größeren Mengen (etwa 3,4%) als das ätherische Lavendelöl, das höchstens nur ca. 0,8% Cumarin enthält. Besonders charakteristisch für das Aroma des Lavendelblütenöls ist aber die Anwesenheit von besonders großen Mengen (etwa 5%) Umbelliferon-Methyläther (Methyl-Umbelliferon)

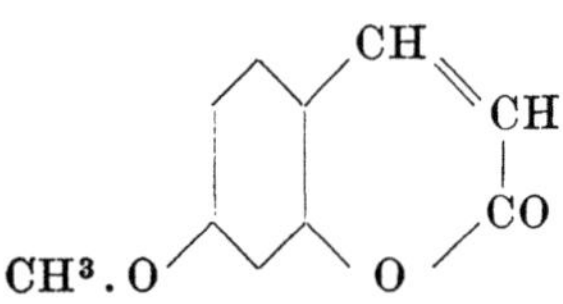

Umbelliferonmethyläther (4-Methoxy-Cumarin)

Dieser Äther ist auch im Lavendelresinoid bzw. den Extraktölen aus der ganzen Pflanze anzutreffen, das auch mehr Cumarin (etwa 2%) enthält als das ätherische Öl. Lavendelblütenöl wird in immer steigendem Maße zu Lavendelkompositionen usw. benutzt.

Gartennelkenblütenöl von *Dianthus Caryophyllus* u. a. Arten Blütenöl von feinem Gartennelkengeruch.

Chemische Zusammensetzung: Dieselbe ist fast gänzlich obskur. Vermutlich sind darin enthalten Eugenol, Isoeugenol, Vanillin, Benzylalkohol und Zimtalkohol. Mit Sicherheit ist aber kein einziger dieser Bestandteile nachgewiesen worden.

Mimosablütenöl von *Acacia Dealbata.*

Chemische Zusammensetzung: Fast gänzlich unbekannt. Benzaldehyd (?), Methylacetophenon (?). Dieses Blütenöl ist nicht von klassischer Bedeutung und ist sein Gebrauch eigentlich nur auf Mimosabuketts beschränkt, was jedoch eine allgemeinere Verwendung nicht ausschließt.

Orangenblütenöl von *Citrus Bigaradia.*

Chemische Zusammensetzung:

Methylanthranilat (i. Mittel)	5—9 %	Geranylacetat	4 %
Phenyläthylalkohol	35 %	Terpineol	2 %
Linalool	30 %	Indol	0,08 %
		eventuell mehr bis 0,2 % und mehr	
Nerol und Geraniol	4 %	Decylaldehyd	Spuren
Linalylacetat	7 %	Keine Terpene	

Auch die Gegenwart von Phenylessigsäure bzw. gewisser Ester ist wahrscheinlich.

Wir haben bereits gesehen, daß die Pomadenöle (Enfleurageöle durch heiße Mazeration) viel reicher an Methylanthranilat und Indol sind als die Blütenöle, die durch direkte Extraktion gewonnen werden.

Extraktionsöle enthalten im Mittel nur ca. 5% Methylanthranilat und nur Spuren von Indol (ca. 0,08%). Enfleurageöle im Mittel 9% Methylanthranilat und 0,2% Indol (oft auch mehr!). In manchen Fällen konnte hier ein Gehalt von 12 bis 15% Methylanthranilat in Enfleurageölen beobachtet werden. Auch hier werden wohl bei der heißen Fettbehandlung gewisse Glukoside gespalten, die die Anreicherung an Methylanthranilat und Indol bewirken. Durch Petrolätherextraktion des Destillationswassers der Orangenblüte von der Neroliölgewinnung her wird oft ein Spezialöl *(Essence de l'eau de fleurs d'oranger)* hergestellt, das ganz besonders reich an Phenyläthylalkohol und Methylanthranilat ist.

Orangenblütenöl enthält gar keine Terpene, die sich im Neroliöl in reichlicher Menge erst durch die Destillationsmethode mit Wasserdampf auf Kosten von Terpenderivaten bilden. Es sei an dieser Stelle ganz besonders auf die großen Unterschiede hingewiesen, die zwischen Orangenblütenöl und Neroliöl bestehen und die wir später im Kapitel ätherische Öle noch gebührend beleuchten werden. Orangenblütenöl ist eines der häufigst verwendeten Blütenöle und mit Jasmin- und Rosenblütenöl der klassische Bestandteil fast aller Parfummischungen.

Resedablütenöl von *Reseda odorata* besitzt praktisch nur untergeordnete Bedeutung. Seine chemische Zusammensetzung ist völlig ungeklärt.

Rosenblütenöl von *Rosa centifolia* und *Rosa damascena.*

Chemische Zusammensetzung:

Geraniol und Citronellol	30—34%	
Phenyläthylalkohol ..	46%	(bis 60%)
Nerol	5—10%	
Eugenol	1%	
Linalool und Citral ..	Spuren	

Wahrscheinlich auch Phenylessigsäure bzw. Ester derselben (Phenyläthylphenylacetat (?) und Aldehyde der Fettreihe (C. 8, C. 9 usw.). Rosenblütenöl enthält kein Stearopten, das im ätherischen Rosenöl erst bei der Destillation gebildet wird.

Auf die großen Unterschiede, die zwischen dem ätherischen Rosenöl und dem Rosenblütenöl bestehen, sei hier kurz verwiesen. Mit Jasmin- und Orangenblütenöl ist Rosenöl das wichtigste Blütenöl der praktischen Parfumerie von universeller Anwendung.

Veilchenblütenöl von *Viola odorata, (Violette de Parme, Violette Victoria, Violette Princesse de Galles.)* Ernte im Februar bis März. Mazeration und Extraktion der Blüten mit Petroläther.

Chemische Zusammensetzung: Wenig geklärt. Jonon (?), Iron (?).

Veilchenblätteröl wird durch Expression der Blätter von *Viola odorata* oder durch Extraktion derselben als grünes, dickflüssiges, flüchtiges Öl erhalten. Dieses flüchtige Öl gibt den Grüngeruch der Veilchenblätter wieder und ist von großer Ausgiebigkeit.

Anschließend sei der Verhältniszahlen für die relative Ausgiebigkeit der Blütenöle kurz gedacht. Es ist natürlich auch nicht annähernd möglich, in Anbetracht der großen Schwankungen der Ausbeuten, bei denen klimatische Verhältnisse, Kulturfragen ganz spezieller Art usw. eine große Rolle spielen, hier auch nur einigermaßen absolute Angaben zu machen.

Es lassen sich also hier nur Durchschnittszahlen ermitteln, die ein Mittel errechnen lassen, das für die Praxis des Parfumeurs als annähernde Werte genügen.

Tabelle der äquivalenten Mengen der wichtigsten Blütenöle verschiedener Form.

Sind in geruchlicher Ausgiebigkeit annähernd äquivalent:

Blütenöl	konkret	absolut
Cassie	3	1
Fleur d'oranger	2	1
Jacinthe	3	1
Jasmin	2	1
Jonquille	2,5	1
Mimosa	2,5	1
Narcisse	2,5	1
Oeillet	3	1
Réséda	2	1
Rose	1,7	1
Tubéreuse	2 —3	1
Violette	2 —2,5	1
Violette feuilles	1,8—2	1

Nach diesen Zahlen können wir das Verhältnis zwischen *Essence concrète* (oder *Essence liquide*) zu *Essence absolue* im Mittel wie 2 : 1 annehmen. Unter Zugrundelegung der Tatsache, daß 1 kg Pomade Nr. 36 etwa 20 g *Essence concrète* oder *liquide* entsprechen, entspricht also:

1 Liter Pomadenauswaschung von Nr. 36,
hergestellt aus 1 kg Pomade Nr. 36 und 1 Liter Alkohol,
im Mittel etwa 20 g *Essence concrète* (oder *liquide*) oder
10 g *Essence absolue.*

Anschließend an die Blütenöle wollen wir, als Übergang zu den Resinoiden, die

Eichenmoosextrakte

besprechen.

Diese Extrakte besitzen Resinoidcharakter, enthalten als Petrolätherextrakte aber, zum Unterschied von fast allen anderen Resinoiden, parasitische dunkelgefärbte Wachsstoffe in erheblichen Mengen, die die Verwendung erschweren und soweit möglich, entfernt werden müssen.

Abgesehen von diesen geruchsfremden, parasitischen Ballastwachsen enthält der Eichenmoosextrakt aber sehr wertvolle alkohollösliche Harzbestandteile (wahrscheinlich in Form komplexer Cero-Resinate), die also auch im absoluten Eichenmoosextrakt vorkommen, aber niemals die häßliche Dunkelfärbung der parasitischen Wachse aufweisen. Die Eichenmoosextrakte sind im gereinigten Zustande meist intensiv grün gefärbt zufolge ihres Chlorophyllgehaltes. Bei den rohen Extrakten wird diese Grünfärbung durch die schwarze Färbung der Ballastwachse verdeckt.[1]

Die konventionell als Eichenmoosextrakte bezeichneten Riechstoffe stammen von der Flechte *Evernia*, die aber nicht nur auf Eichenbäumen, sondern auf vielen anderen Baumpflanzen gedeiht, so auf Obstbäumen, besonders dem Pflaumenbaum, ferner auch auf dem Stamm der Akazie (*Robinia pseudacacia*), den Fichten u. a.

Die bekannteste und weitverbreitetste Spezies ist *Evernia prunastri*, deren Name schon ihre hauptsächlichste Provenienz als von Pflaumenbäumen stammend zum Ausdruck bringt, jedoch gedeiht die gleiche Spezies auch auf Eichenstämmen usw.

Praktisch dürfen wir aber nicht mit einer sortierten Mutterdroge der gleichen Spezies rechnen, sondern fast stets mit einem Gemisch von Moosarten, von denen außer *E. prunastri*, vor allem *Evernia furfuracea* zu erwähnen ist.

Es ist praktisch also sehr schwer, immer ein gleiches Ausgangsmaterial zur Verfügung zu haben, da Gemische dieser Art oft geruchlich nicht unbedeutend verschiedene Extrakte liefern. Oft findet man in solchen Gemischen auch die Spezies *Evernia*, die von Fichten herstammt. Letztere besitzt einen eigenartig-abweichenden Geruch, der etwas terpentinartig ist, auch weniger fein als jener der vom Pflaumenbaum, der Akazie o. a. herstammender Sorten, dessen Mitverarbeitung aber gewissen Eichenmoos-Extrakten des Handels eine sehr originelle, pikante Note erteilt.

Heute ist unbestritten das jugoslawische Eichenmoos wohl das beste und gibt die feinsten Extrakte, obwohl auch dieses Produkt niemals gleichmäßiger Zusammensetzung sein kann.

Im Handel finden wir Petrolätherextrakte unter der Bezeichnung Eichenmoosresinoid oder Eichenmoos konkret, die aber nur teilweise in Alkohol löslich sind und, wie erwähnt, große Mengen parasitischer, geruchsfremder Harz-Wachsbestandteile enthalten, die außerdem den Übelstand braunschwarzer Verfärbungen mit sich bringen.[2]

Diese Wachse sind in Alkohol unlöslich,[2] es können daher durch Alkoholextraktion absolute alkohollösliche Eichenmoosextrakte erhalten werden, die den Petrolätherprodukten in jeder Beziehung bedeutend überlegen sind. In manchen Fällen kommt auch Extraktion des Eichenmooses mit Aceton oder Toluol zur Anwendung, die ebenfalls gute Extrakte liefert. Die entfärbten Eichenmoosprodukte des Handels lassen

[1] Bei vielen Eichenmoosextraktsorten finden wir aber auch teilweise Löslichkeit der schwarzen Wachse in Alkohol, wodurch eben oft unangenehme Verfärbung der alkoholischen Auszüge (Parfums) bedingt wird. Aus dem gleichen Grunde sind daher auch absolute Eichenmoos-Alkoholextrakte oft mehr oder minder schwärzlich gefärbt, abgesehen von der natürlichen Grünfärbung.

[2] Siehe vorstehende Fußnote 1.

an Feinheit und Natürlichkeit des Aromas viel zu wünschen übrig, offenbar wird durch die Entfärbung, bzw. das die gefärbten Anteile nicht lösende Extraktionsmittel, eine gewisse Störung der nativen Komplexität des Eichenmoosaromas bewirkt. Natürlich stark grün gefärbte Extrakte dieser Art geben zu Unannehmlichkeiten keinen Anlaß, weil die naturgrüne Färbung niemals so unangenehm störend wirkt wie die schwarzbraune Farbe der Wachse.

Nach den neuesten Forschungen über die Konstitution des Eichenmoosaromas (vgl. weiter unten) scheint es auch festzustehen, daß die Alkoholextraktion das eigentliche Aroma oder wenigstens gewisse Mengen bzw. Anteile desselben durch Alkoholyse von Glukosiden, die das eigentliche Geruchsprinzip Äthyleverninat enthalten, in Freiheit setzt, wodurch Alkoholextrakte besser und feiner riechen als anders bereitete Präparate dieser Art.

Chemische Zusammensetzung: Über diese hat man erst in allerletzter Zeit einige Aufklärungen erhalten. Es steht jetzt ziemlich bestimmt fest, daß der eigentliche Aromaträger, Äthyl- bzw. Methyleverninat (nicht Everniat!!) ist, der aus einer glukosidischen Verbindung der Everniasäure durch Alkoholyse in Freiheit gesetzt wird.

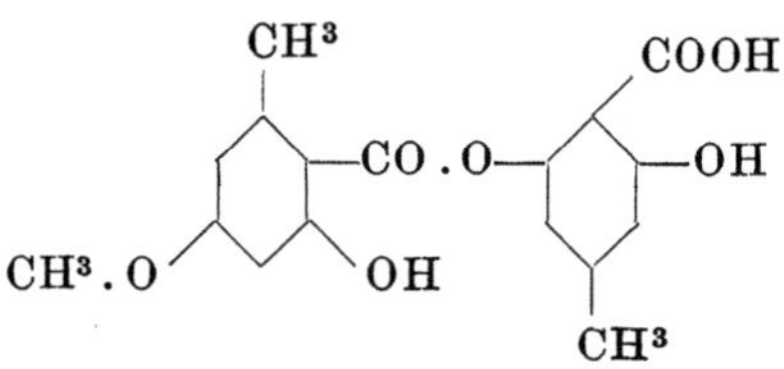

Everniasäure (-Glukosid) $C^{17}H^{16}O^{7}$

liefert mit Alkohol:

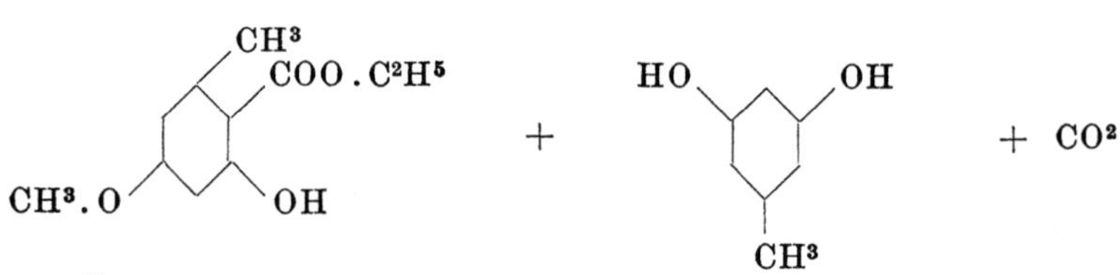

Äthyleverninat — Orcin (1:3:5-Dioxytoluol) — Kohlensäure

Mit Barytwasser gekocht, spaltet sich Everniasäure in:

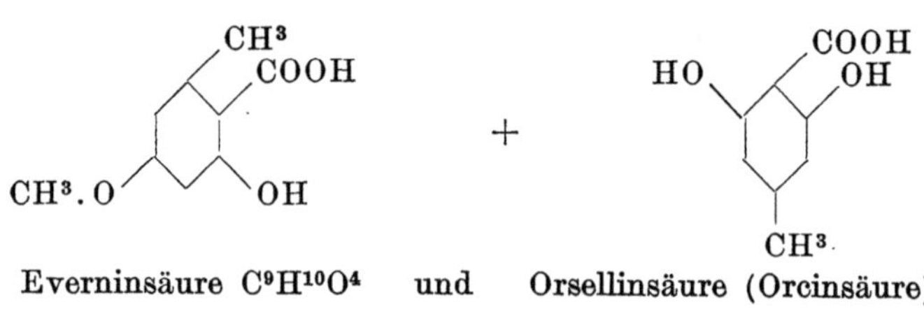

Everninsäure $C^{9}H^{10}O^{4}$ und Orsellinsäure (Orcinsäure) $C^{8}H^{8}O^{4}$

Die Orsellinsäure (Orcinsäure) entsteht aus Orcin über Orcinaldehyd und läßt sich synthetisch in Everninsäure bzw. Äthyleverninat überführen (Spaeth u. Jeschki: Ber. 1924, S. 57, 468 u. 471).

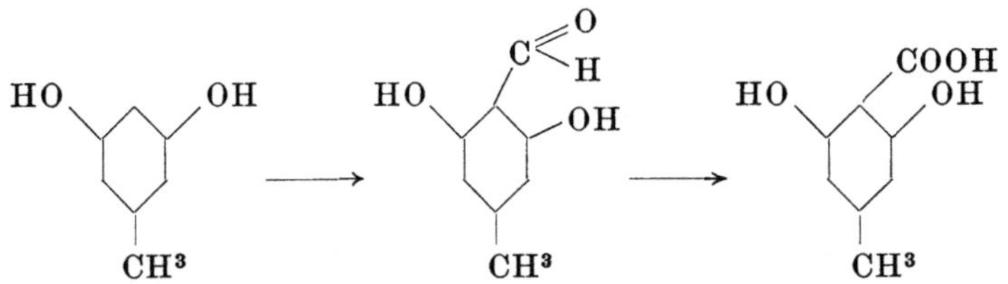

Orcin (1:3:5-Dioxytoluol) — Orcinaldehyd — Orcinsäure (Orsellinsäure)

Eichenmoos ist einer der wichtigsten Riechstoffe der modernen Parfumerie und unentbehrlich für Chypre, Fougère usw., besonders auch zu Phantasiegerüchen aller Art.

Auch Steinmoose (Felsenmoos) werden verwendet und sind in vieler Beziehung recht interessant.

Diese sog. Steinmoose sind aber in Wirklichkeit Ansiedlungen einer Algenart *Chroolepus Jolithus (Trentepholia Jolithus)* (vgl. den Artikel von Cerbelaud in „*Parfumerie Moderne*“, Januar 1927).

Dieses Steinmoos *(Mousse des Montagnes des Géants, Mousse de Saxe)* besitzt einen ziemlich ausgesprochenen veilchenartigen Geruch, verbunden mit dem typischen Moosgeruch.

In vorzitierter Arbeit gibt Cerbelaud auch einige Vorschriften, um einen künstlichen Ersatz der Extrakte der Steinmoosarten herzustellen. Nachstehend seien diese Vorschriften im Prinzip wiedergegeben.

(Eine Modifikation der Vorschriften erschien uns aus gewissen Gründen angebracht.)

1.

Violette feuilles absol.	1	g
Cardamomenöl	0,1	g
Labdanumöl (Ess. abs.)	12	g
Vetiveröl Java	5	g
Methylheptincarbonat	0,5	g
Jasmin, künstlich ...	40	g
Methyljonon . q. s. ad	100	g

2. Mousse de Saxe

Bergamottöl	50	g
Cardamomenöl	0,2	g
Labdanumöl	5	g
Neroliöl, big.	2	g
Ylang-Ylangöl	4	g
Neroliöl, künstlich	8	g
Rhodinol	2	g
Jonon .... q. s. ad.	100	g

3.

Iris 100% absol. ...	0,25	g
Bergamottöl	20	g
Labdanumöl	3	g
Vetiveröl Java	2	g
Ylang-Ylangöl Manilla	5	g
Heliotropin	5	g
Methyljonon	30	g
Opoponaxöl	5	g
Jasmin, künstlich q. s. ad	100	g

4. Mousse de Saxe ambrée

Bergamottöl	20	g
Cardamomenöl	0,5	g
Labdanumöl	5	g
Neroliöl, big.	2	g
Ylang-Ylangöl	2	g
Neroliöl, künstlich	8	g
Opoponaxöl	10	g
Jonon	30	g
Terpinylacetat .. q. s. ad	100	g

In seinem Formularium zitiert Cerbelaud auch eine Imitation des Eichenmoosgeruches durch Vermischen von Linalool und Vetiveröl, nämlich:

Linalool..........	10—20 Teile
Vetiveröl	1— 2 Teile

Das Gemisch soll, nach Zusatz von etwas Eichenmoosextrakt und Spuren von Ylang-Ylangöl einen guten Ersatz des Eichenmoosextraktes abgeben (?).

Resinoide.

Die Resinoide des Handels sind meist Petrolätherprodukte, manchmal auch Alkoholextrakte. Sie werden aus allen Teilen der Pflanze erhalten, mit Ausnahme der Blüten, auch aus ganz bestimmten Teilen oder pathologischen Produkten (Harze, Balsame) der Pflanzen.

Die Resinoide enthalten das native unversehrte Aroma der Pflanze und unterscheiden sich daher meist ganz erheblich von den entsprechenden ätherischen Ölen, bei denen das native Aroma stets durch den Wasserdampf verändert wird.

So sind z. B. die Unterschiede ganz erheblich bei der Gewürznelke, dann bei Patchuli und Vetiver. Aber auch bei anderen Resinoiden, speziell dem Lavendelresinoid lassen sich große Abweichungen im Geruch, stets zugunsten des Resinoids feststellen. Auch das Irisresinoid enthält gewisse Bestandteile des komplexen Irisaromas, die bei der Destillation verloren gehen, so z. B. Ester der Myristinsäure.

Durch Alkoholextraktion der Mutterdroge erhält man besonders leicht lösliche Resinoide, auch gestattet der Alkohol Elimination gewisser unlöslicher Harzanteile, die für den Geruch unwesentlich sind und die Löslichkeit in Alkohol beeinträchtigen.

Es versteht sich aber wohl von selbst, daß auch bei den Resinoiden gewisse Harz-Riechstoffverbindungen komplexer Art eine nicht unerhebliche Rolle als Anteile des komplexen Aromas zu spielen berufen sein können (Resinate, Resinole usw.), vielleicht sogar auch solche, die in Alkohol wenig oder nicht löslich sind.

Ein gut lösliches Vanilleresinoid muß aber mit Alkohol hergestellt sein, die Petrolätherextrakte der Vanille enthalten große Mengen unlöslicher Stoffe, die übrigens aromafremd sind.

Über die wichtigsten Resinoide dieser Art ist folgendes zu sagen:

Lavendelresinoid aus der ganzen Pflanze hergestellt, enthält größere Mengen Cumarin (etwa 2% und mehr), Linalylbutyrat und Linalylisobutyrat, die im ätherischen Lavendelöl in sehr geringen Mengen (Cumarin) bzw. in Spuren (Linalylbutyrat und Isobutyrat) vorkommen. Auch enthält das Lavendelresinoid etwa 2 bis 3% Umbelliferonmethyläther, also weniger als das Blütenöl, ist also auch geruchlich weniger fein als dieses.

Die Lavendelresinoide sind stark gefärbt und enthalten als Petrolätherprodukte viele Harzstoffe, die zu Unzuträglichkeiten führen, namentlich aber in der Seife zu häßlichen Flecken Veranlassung geben können. Man darf sie also, speziell zu Toiletteseifen nicht in so enthusiastischer

Weise empfehlen, wie dies oft geschieht, es ist kein Grund dafür vorhanden, obwohl nicht verkannt werden darf, daß das Resinoid dem ätherischen Öl an Feinheit des Geruches bedeutend überlegen ist, wenn das Resinoid nicht zu stark verunreinigt, d. h. gefärbt ist. Es sind aber sehr viel unreine Lavendelresinoide im Handel.

Irisresinoid. Das gute Extraktionsresinoid ist, zum Unterschied von den unter gleicher Bezeichnung im Handel anzutreffenden Rückständen aus der Destillationsblase, sehr fein im Geruch und enthält auch nicht unerhebliche Mengen von Estern der Myristinsäure und wohl auch andere Teile des komplexen Irisaromas, die durch die Wasserdampfdestillation zum größten Teil eliminiert bzw. zersetzt werden. Praktisch kommt der geruchliche Unterschied hier aber nicht sehr stark zur Geltung.

Patchouli- und **Vetiverresinoide** zeigen geruchlich sehr deutliche Unterschiede im Vergleich mit dem ätherischen Öl; dasselbe gilt für **Gewürznelkenresinoid.**

Die Balsamresinoide von Benzoe, Tolubalsam usw. leisten gute Dienste als Ersatz der Tinkturen, besonders aber Labdanumresinoid und Weihrauchresinoid, bei deren Verwendung das Bereiten von Tinkturen Umstände macht, weil die betreffenden aromatischen Harze nicht völlig löslich sind und eine längere Mazeration erfordern. Anderseits enthalten gerade Labdanum und Weihrauch *(Oliban)* große Mengen alkoholunlöslicher, geruchsfremder Bestandteile, so daß die Verwendung der Resinoide hier leichte Herstellung von alkoholischen Lösungen mit viel stärkerem und reinerem Geruchseffekt gestattet. Auch Castoreumresinoid bietet analoge Vorteile, in gewisser Beziehung auch der Zibetextrakt.

Vanilleresinoid wurde bereits erwähnt und hervorgehoben, daß gute Produkte dieser Art Alkoholextraktionsprodukte sein müssen, weil Petrolätherprodukte zu viel unlösliche Stoffe enthalten.

Tonkabohnenresinoid. Dieses leistet ganz vorzügliche Dienste als Ersatz der Tonkabohnentinktur, ermöglicht auch Mitverwendung des Tonkabohnengeruches in alkoholfreien Kompositionen.

Letzterer Vorteil ist selbstverständlich allen Resinoiden gemeinsam und nicht zu unterschätzen. Vanilleresinoid kann nur als Alkoholprodukt zu alkoholfreien Kompositionen nach Art der anderen Resinoide mitverwendet werden, ist aber auch als solches nur schwer in ätherischen Ölen usw. löslich. Indes ermöglicht schon ein ganz geringer Zusatz von Alkohol, bzw. vorheriges Lösen des Vanilleresinoids in wenig Alkohol, eine glatte Lösung in ätherischen Ölen usw.

Ätherische Öle.

Zur Gewinnung der ätherischen Öle kommt, mit Ausnahme gewisser Fruchtschalenöle (Orangenöl bitter und süß, Citronenöl, Bergamottöl, Mandarinenöl usw.), die durch Auspressen der Schalen der reifen Früchte gewonnen werden, stets die Destillation mit Wasserdampf in Frage.

Wir haben bereits des öfteren darauf hingewiesen, daß die Wasserdampfdestillation manche Aromen (Blütenöle) gänzlich zerstört, andere aber mehr oder minder erheblich verändert, sei es durch Elimination gewisser wasserlöslicher Bestandteile, sei es durch chemische Veränderung gewisser Aromaträger bzw. Komponenten des nativen komplexen Aromas.

Das durch Wasserdampfdestillation gewonnene ätherische Öl stellt also stets ein in gewissem Sinne verändertes Aroma der Mutterpflanze dar und können diese Veränderungen des nativen Pflanzenaromas recht weitgehende sein, also recht große geruchliche Unterschiede zwischen ätherischem Öl und dem aus der gleichen Pflanze gewonnenen Petroläther- bzw. Alkoholextraktionsprodukt (Resinoid) bestehen und bestehen auch in der Regel.

Relativ selten wird die ganze Pflanze destilliert, meist aber nur gewisse, besonders aromatophore Teile derselben (Wurzel, Rinde, Blätter, Früchte, Samen, Blüten usw.).

Von manchen aromatogenen Pflanzen werden mehrere verschiedene Teile getrennt destilliert und hier oft Öle ganz verschiedener chemischer Zusammensetzung erhalten. So enthält z. B. das aus der Rinde von *Cinnamomum ceylanicum* destillierte Ceylonzimtöl große Mengen Zimtaldehyd und kein Eugenol, während das aus den Blättern der gleichen Spezies destillierte Zimtblätteröl große Mengen Eugenol und nur sehr wenig Zimtaldehyd enthält.

Ein einziger Fall, bei dem der gleiche Teil (Blüte) der gleichen Pflanze im Vorlauf ein geruchlich bedeutend besseres Öl (Ylang-Ylangöl) als im Nachlauf (Canangaöl) ergibt, ist bei *Cananga odorata* bekannt; beide Öle sind allerdings qualitativ chemisch völlig identisch, jedoch sind zwischen Ylang-Ylang- und Canangaöl in der Proportion der Terpene und Ester bedeutende Unterschiede vorhanden, die wohl, besonders durch ein Plus an Estern und ein Minus an Terpenen beim Ylang-Ylangöl, dessen geruchliche Überlegenheit verständlich machen, soweit letztere nicht durch andere unbekannte Faktoren mitbedingt wird.

Einen besonders charakteristischen Fall der großen Verschiedenheit ätherischer Öle, die verschiedenen Teilen der gleichen Mutterpflanze entstammen, zeigen uns die ätherischen Öle des bitteren Orangenbaumes *Citrus Bigaradia.* So zeigen wie bereits ausführlich erwähnt, die aus den reifen Fruchtschalen gepreßten Öle (Orangenöl bitter), die aus den Blüten gewonnenen (Neroliöl bigarade) und die aus den grünen Teilen des Baumes wie Blätter, grüne Früchte usw. (Petitgrainöl bigarade) eine grundverschiedene chemische Zusammensetzung. Ähnlich liegt der Fall auch beim Mandarinenbaum, bei dem z. B. das Öl der reifen Fruchtschalen nur sehr geringe Mengen von Methylanthranilsäure-Methylester enthält, während das aus den grünen Teilen des Baumes destillierte Petitgrainöl sehr große Mengen dieses Esters aufweist.

Was nun die bereits besprochene chemische Veränderung gewisser Geruchsprinzipien durch die Wasserdampfdestillation anlangt, so sollen hier als Beispiele weitgehendster Veränderung das Neroliöl (Elimination von fast der gesamten Menge von Phenyläthylalkohol und Methylanthranilat) und das ätherische Rosenöl (Elimination von fast der Gesamtmenge Phenyläthylalkohol) nur kurz erwähnt werden.

Eine chemische Veränderung des Geruchsprinzips in den beiden vorerwähnten Fällen liegt auch darin, daß beim Neroliöl, auf Kosten gewisser Terpenderivate, Terpene gebildet werden, die im Orangenblütenöl überhaupt nicht vorkommen und in analoger Weise beim ätherischen Rosenöl die Wasserdampfdestillation Stearoptene bildet, die im Rosenblütenöl nicht enthalten sind.

Wir haben bereits früher gesehen, daß auch gewissen komplexen Harz-Wachs-Riechstoffverbindungen (Cero-Resinaten) im komplexen Aroma eine wohl nicht zu unterschätzende Wirkung zukommt.

Nun sind mit Wasserdampf destillierte ätherische Öle frei von Harzkörpern, die stets in der Destillationsblase zurückbleiben (Irisharz usw.). Vielleicht liegt auch in der Elimination solcher Harzkörper bzw. Harz-Riechstoffkomplexe eine chemische Veränderung des nativen Aromas, die auch geruchlich deutlich zum Ausdrucke kommt.

Beim Lavendelöl bewirkt die Wasserdampfdestillation zwar nicht Elimination großer Mengen gewisser Bestandteile wie Linalylacetat (eigentl. Geruchsprinzip), aber doch Elimination, bzw. chemische Umwandlung gewisser, nur in kleinen Mengen im nativen Aroma vorkommender, aber geruchlich wichtiger Bestandteile, wie Linalylbutyrat, Linalylisobutyrat, Cumarin und Umbelliferonmethyläther. Hierbei werden die Butyrate bzw. Isobutyrate und das Cumarin bis auf spurenhafte Mengen beim ätherischen Lavendelöl eliminiert, der Umbelliferonmethyläther aber zur Gänze.

Alle diese Tatsachen werfen ein Streiflicht auf die oft recht erheblichen Veränderungen, die die Wasserdampfdestillation mit sich bringt.

Ehe wir nachstehend die in der Parfumerie gebräuchlichsten ätherischen Öle kurz besprechen, wollen wir hier zunächst einiger solcher Öle gedenken, die zurzeit ohne praktisches Interesse sind, aber chemisch dadurch interessant sind, als sie gewisse Körper in größeren Mengen enthalten, die uns als organisch-synthetische Produkte in isoliertem Zustande bekannt sind, Produkte, die in anderen natürlichen Riechstoffen nur in Spuren oder gar nicht vorkommen. Sehr interessant in dieser Beziehung sind vor allem die ätherischen Öle aus den Früchten der verschiedenen *Heracleum*-Arten.

Bärenklauöl *(Essence de Berce)* von *Heracleum sphondylium* besteht fast zur Gänze aus einem Gemisch von Octylacetat, Octylcapronat, Octyllaurinat, Octylcaprinat und Äthylbutyrat. Die Hauptmengen dieses Öles bestehen aber aus Octylacetat.

Ätherisches Öl von *Heracleum giganteum* besteht hauptsächlich aus Octylacetat, enthält auch Hexylbutyrat (Capronylbutyrat) und Äthylbutyrat.

Ätherisches Öl von *Stirlingia latifolia* besteht fast zur Gänze aus Acetophenon, ein Körper, der nur in spurenhafter Menge bisher im Labdanumöl nachgewiesen wurde und sonst überhaupt als Bestandteil natürliche Riechstoffe völlig unbekannt ist.

Nachstehend sollen nur die besonders wichtigen ätherischen Öle, die als Riechstoffe im engeren Sinne Verwendung finden, kurz besprochen werden, mit spezieller Berücksichtigung ihrer chemischen Zusammensetzung und ihres praktischen Wertes in der Parfumerie.

Wir werden uns hier also ausführlicherer Beschreibungen, Angaben botanischer Art usw. enthalten und gestatten uns diesbezüglich auf unser Handbuch der Gesamten Parfumerie und Kosmetik zu verweisen, wo der Leser auch genügende Hinweise auf die Chemie und Charakteristik der hier nicht besprochenen[1] ätherischen Öle findet.

Bergamottöl. Enthält 36 bis 40% Linalylacetat (Maximum 46%), etwa 17 bis 29% freie Alkohole (Linalool), etwa bis 30% Terpene (Pinen usw.) und 5 bis 6% Bergamottcampher Bergapten, ferner Nerol, Terpineol und Hydrozimtalkohol.

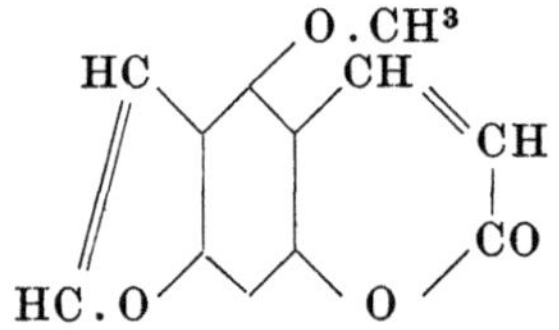

Bergapten

Bergapten ist ein Derivat eines sich vom Phloroglucin ableitenden Dioxycumarins.

Bergamottöl ist eines der wertvollsten ätherischen Öle und fast universell verwendbar, um Mischungen Frische und Weichheit zu geben, besonders auch um zu rohe Gerüche synthetischer Riechstoffe zu mildern. So finden wir dieses Öl auch in fast allen Blumen- und Phantasiekompositionen, ganz besonders bei Veilchen, Chypre, Fougère, Trèfle u. v. a. Klassisch ist seineVerwendung für *Eau de Cologne* und Essbukett.

Bergamotte-Petitgrainöl. Aus Blättern und grünen Früchten durch Wasserdampfdestillation gewonnen. Öl von hohem Estergehalt (58 bis 70%) und feinem Geruch. Enthält auch ca. 2% Citral, Spuren von Methylanthranilat und Decylaldehyd, 13% Terpene, und 6% freie Alkohole (Linalool, Geraniol, Terpineol) und Pyrrol.

Dieses Öl ist merkwürdigerweise fast ganz unbekannt. Es kann wie Bergamottöl aus Schalen verwendet werden und ist in jeder Hinsicht sehr interessant.

Birkenknospenöl. Sein Hauptbestandteil ist das Betulol der Formel $C^{15}H^{23}OH$, das zu etwa 47% in dem Öl enthalten ist. Enthält auch große Mengen Paraffine, die die Löslichkeit in Alkohol erschweren. Das native Öl enthält Paraffin in Form von Blättchen, die in dem Birkenknospenöl gleichmäßig verteilt sind und es zu einer viskosen Flüssigkeit verdicken. Nach Entfernung der Paraffine erhält man die leicht löslichen Sorten dieses Öls.

Wird zu Birkenhaarwässern und zahlreichen Kompositionen verwendet, wie *Peau d'Espagne, Fougère* usw. Beachtenswert ist seine originell-feine Geruchswirkung.

Bittermandelöl, blausäurefrei. Das echte Bittermandelöl ist sehr wertvoll zur Hervorbringung feiner bittermandelartiger Noten, die sich in

[1] Der außerordentlich knappe Raum nötigte uns gewisse wichtige ätherische Öle, die hauptsächlich als Geschmacks-Aromen Verwendung finden (Pfefferminzöl, Anisöl, Zimtöle u. a.) hier nicht aufzunehmen.

vielen Blütenölen finden, besonders bei Heliotrop. Aber auch bei Maiglöckchen, Flieder u. v. a. kommt spurenhafte Mitverwendung von Bittermandelöl in Frage. In der Seifenparfumierung ist es fast vollständig durch den synthetischen Benzaldehyd verdrängt worden.

Chemische Zusammensetzung: Benzaldehyd 75 bis 85%, und Benzylalkohol. Das native Bittermandelöl enthält 2 bis 3%, Blausäure, die ihrer Giftigkeit wegen entfernt werden muß.

Canangaöl und Ylang-Ylangöl. Qualitativ sind beide Öle identisch zusammengesetzt, quantitativ zeigen sie erhebliche Unterschiede, namentlich in bezug auf Ester- und Terpengehalt.

Chemische Zusammensetzung: Eugenol, Methyleugenol, Isoeugenol, Linalool, Geraniol, Nerol, Farnesol, Benzylalkohol, Safrol (?), Isosafrol (?), Methylbenzoat, Benzylbenzoat, Methylsalicylat, Benzylacetat, Geranylacetat, Geranylbenzoat, Linalylbenzoat, Benzylformiat, Linalylacetat, Methylanthranilat, Benzylvalerianat, Benzylsalicylat, Acetyl-p-Cresol, p-Cresolmethyläther (etwa 3%), m-Cresolmethyläther, und andere.

Von Terpenen sind Pinen zu nennen, von Sesquiterpenen Cadinen.

Canangaöl hat einen Estergehalt (Linalylacetat, Geranylacetat, Benzylacetat, Methylanthranilat usw.) von 3,5 bis maximal 12% (sehr schwankend), Ylang-Ylangöl einen viel beträchtlicheren, der bis zu 55% steigen kann. Der Terpen- und Sesquiterpengehalt des Canangaöles ist beträchtlich höher als jener des Ylang-Ylangöls.

Durch Entziehen der Terpene und Sesquiterpene aus Canangaöl erhält man zwar ein Öl, das dem Ylang-Ylangöl geruchlich näher kommt, jedoch sind zwischen dem terpen- und sesquiterpenfreien Canangaöl und dem Ylangöl noch beträchtliche Geruchsunterschiede vorhanden.

Da durch Elimination der Terpene auch der Estergehalt des Canangaöls steigt, anderseits aber diese esterreichen Canangaöle ohne Terpengehalt geruchlich bei weitem nicht an das Ylang-Ylangöl guter Sorten herankommt, ist wohl nicht ausschließlich ein Minus an Terpenen, bzw. ein Plus an Estern für die geruchliche Überlegenheit des Ylang-Ylangöls gegenüber Canangaöl maßgebend und müssen hier noch andere unbekannte Faktoren mitspielen.

Canangaöl dient zu mannigfachen Zwecken auch in der eigentlichen Parfumerie. Das Hauptgebiet seiner Verwendung liegt aber in der Parfumierung der Toiletteseifen. Canangaöl ist auch ein nie fehlender Bestandteil der künstlichen Ylang-Ylangöle, die durch Aufbukettierung guten, meist terpenfreien Canangaöles hergestellt werden.

Ylang-Ylangöl ist ein äußerst wertvolles ätherisches Öl für die Zwecke der feinen Parfumerie.

Die beste Sorte kommt ausschließlich aus Manila *(Sartorius)* u. a. Réunionöle sind, obwohl jetzt erheblich verfeinert, in vieler Beziehung minderwertig und kommen an das Manilaöl nicht heran.

Für die Zwecke der mittleren Parfumerie sind aber auch Réunion-(Bourbon-) Öle gut verwendbar (Nossi Bé u. a.).

Ylang-Ylangöl besitzt geruchlich eine große Analogie mit dem Jasminblütenöl, es ist auch ein fast nie fehlender Bestandteil guter künstlicher Jasminsorten.

Klassisch ist die Verwendung des Ylang-Ylangöls auch in den Noten Muguet und Flieder, ebenso bei der Komposition zahlreicher anderer Blumengerüche und Phantasieparfums.

Für feine Parfums sollte ausschließlich gutes Manilaöl in Anwendung kommen und ist die hervorragende Feinheit dieses Öles oft die Ursache der berückend-feinen Wirkung raffinierter Modeparfums, die auch nicht annähernd durch billige Réunionsorten zu erzielen ist. Es ist praktisch immer besser, sich für billigere Sorten selbst einen Verschnitt aus Manilaöl und gutem Java-Canangaöl herzustellen, als zweifelhafte Ylang-Ylangöle des Handels zu verwenden.

Es existieren allerdings auch sehr gute Réunionöle, die aber meist rasch vergriffen sind. Alle diese kommen aber an Feinheit des Geruches lange nicht an das Manilaöl heran, auch nicht an Ausgiebigkeit.

Es muß aber darauf hingewiesen werden, daß im Handel auch sehr gute künstliche Ylang-Ylangöle anzutreffen sind, die in gewissen Fällen recht gut verwendbar sind und oft sogenannte Réunionöle zweifelhafter Provenienz übertreffen.

Carottenöl (Möhrensamenöl, Möhrenöl), aus den Samen von *Daucus carota* gewonnen. Es enthält Pinen, Terpineol und Cineol.

Dieses ätherische Öl wird in letzterer Zeit immer häufiger in der Parfumerie verwendet. Es besitzt einen eigenartigen aromatischen Geruch, der in vieler Beziehung jenem des Muskateller Salbeiöles *(Sauge Sclarée)* ähnelt. Es dient übrigens auch zum Verfälschen des echten Muskateller Salbeiöls, sowie zu Nachbildungen desselben.

Cedernöl ist ein Gemisch verschiedener Campherderivate (Cedron, Cedren, Cedrol usw.).

Das Cedernöl ist, trotz seines schwachen Eigengeruches, ein wertvoller Riechstoff, da derselbe in geeigneten komplexen Gemischen viel kräftiger zum Ausdruck kommt.

Seines billigen Preises halber wird es in besonders ausgedehntem Maße in der Seifenindustrie verwendet. Cedernöl hilft, speziell bei Seifenparfums, gewisse zu grobe Effekte (Jonon usw.) auszugleichen und gibt dem Parfum Harmonie und Haltbarkeit. Es ist daher auch ein klassisches Verschnittmittel bzw. Lösungsmittel für künstliche Riechstoffe in Form komplexer Kompositionen usw.

Citronenöl. Licht und Luft wirken schädigend auf das Citronenöl, das sich alsdann rasch verharzt. Dieser harzige Niederschlag ist Citronencampher oder Citropten, der seiner Konstitution nach als 4:6-Dimethoxy-Cumarin aufzufassen ist.

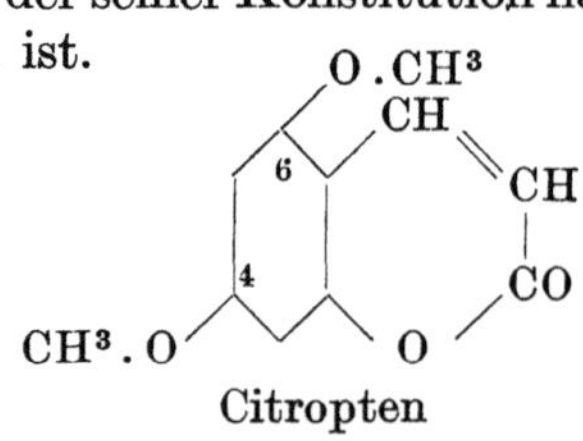

Citropten

Das Citropten wurde von Schmidt synthetisch hergestellt aus Phloroglucin:

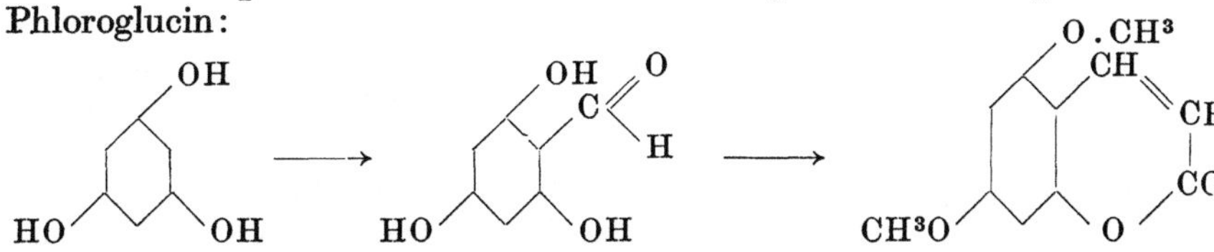

Phloroglucin Phloroglucin-Aldehyd Citropten

Chemische Zusammensetzung: Terpene 90% (Limonen), Citral 3,5 bis 5%, Citronellal 7%. Ferner spurenhafte Mengen von Geranylacetat und Linalylacetat, Bisabolen, Spuren von Aldehyden C. 8, C. 9 und C. 10 (auch von C. 12 [Laurinaldehyd]), Octylen und Citropten.

Citronenöl ist eines der wertvollsten ätherischen Öle und ausgedehntester Verwendung fähig, um gewisse charakteristisch-frische Noten zu erzielen. Klassisch ist seine Mitwirkung in der Note *Eau de Cologne*, Essbukett u. a.

Citronenöl ist, selbstverständliche Verwendung in geeigneten komplexen Mischungen (*Eau de Cologne*-Note usw.) vorausgesetzt, als sekundärer Geruchskomplex in guter Seife absolut haltbar und gibt prächtige Effekte. So ist es absolut undenkbar, gute *Eau de Cologne*-Seifen ohne Mitverwendung von Citronenöl herzustellen.

Petitgrainöl Citronnier. Ein besonders citralreiches Öl, das sich, zum Unterschied vom Citronenschalenöl, durch einen recht hohen Estergehalt auszeichnet. Es muß erstaunlich genannt werden, daß dieses wertvolle Öl so wenig bekannt ist.

Es besitzt einen prächtig-vollen Geruch und ist für mannigfache Zwecke ganz ausgezeichnet verwendbar, leistet aber besonders in der Seifenparfumierung hervorragende Dienste.

Chemische Zusammensetzung: Citral 13 bis 27% (sehr variabel). Im Mittel beträgt der Citralgehalt etwa 15%. Estergehalt (Linalylacetat, Geranylacetat usw.) maximal 18%. In vielen Fällen beträgt der Estergehalt aber nur 12%, Terpene 55%, Geraniol 1,5%, Nerol 1,5%, Linalool 4%, Sesquiterpene 2%. Spuren von Pyrrol. Die freien Säuren dieses Öles bestehen in der Hauptsache aus Geraniumsäure, die zum Teil wohl auch in Form von Estern zugegen ist (Linalylgeraniat, Nerylgeraniat usw.).

Citronellöl. Man unterscheidet im Handel zwei Sorten, nämlich:

Citronellöl Ceylon.

Chemische Zusammensetzung: Geraniol, Citronellol und ihre Ester (Gesamt-Geraniol) zusammen 35 bis 50% (auch mehr), Citronellal 24 bis 34%, Borneol 1 bis 2%, Nerol, Methyleugenol 8%, Terpene 10 bis 15%. Außerdem noch Linalool und Methylhexylenketon.

Citronellöl Java ist die feinste Sorte des Handels.

Chemische Zusammensetzung: Geraniol, Citronellol und ihre Ester (Gesamt-Geraniol) zusammen 85 bis 93% (effektiver Geraniolgehalt 27 bis 40%), Citronellal 35 bis 38%, Citral 0,2%, Methyleugenol 1%, ferner Methylhexylenketon und 10% Terpene.

Cypressenöl wird aus den Blättern des Cypressenbaumes, *Cupressus sempervirens*, durch Destillation gewonnen. Dieses Öl ist von eigenartigem, sehr feinem Geruch mit ambraartiger Unternote und kann in der Parfumerie ganz bedeutende Dienste leisten (Ambrakompositionen).

Chemische Zusammensetzung: Terpene (Pinen, Sylvestren, Camphen) 65%, Furfurol, Terpinylacetat, Terpenalkohole 8%, Cymol 1 bis 2%, Terpinyl-Valerianat, Cedrol 15% und ein Keton von labdanumartigem Geruch.

Estragonöl besitzt sehr feinen aromatischen Geruch und kann mit ganz bedeutendem Erfolge in der Komposition feiner Phantasiegerüche verwendet werden.

Chemische Zusammensetzung: Im wesentlichen ein Gemisch von Estragol (Methylchavicol) $C^{10}H^{12}O$ und Terpenen. Enthält auch Ocimen $C^{10}H^{16}$ und Methoxyzimtaldehyd.

Tatsächlich ist dem Estragonöl in vielen tonangebenden Modeparfums das originelle Cachet zuzuschreiben, das durch geeignete, stets sparsame Verwendung des Estragonöls zustande kommt.

Geraniumöl. In allen Sorten des Handels finden wir die charakteristischen Hauptbestandteile dieses Öles, Geraniol und Citronellol, wieder, die zum Teil in Form von Estern (Tiglinate, Acetate, Butyrate, Formiate usw.) darin enthalten sind. Die Geraniumöle enthalten auch kleine Mengen von Citral, Linalool, Amylalkohol, Terpene (Pinen und Phellandren) und Phenyläthylalkohol. Der Gehalt an Geranylformiat ist etwa 9 bis 13%. Im Réunionöl ist auch Links-Menthon aufgefunden worden.

Chemische Zusammensetzung:

Geraniumöl Réunion (Bourbon)

Der Gesamtalkoholgehalt (Geraniol und Citronellol) beträgt etwa	67—80%
Estergehalt (als Tiglinat berechnet)	21—33%

In diesem Öle sind Geraniol und Citronellol zu gleichen Teilen enthalten, es beträgt also der effektive Gehalt dieses Öles an:

Geraniol	etwa 40%
Citronellol	40%

Geraniumöl, spanisch

Gesamtalkohole	66—78%
Ester (Tiglinat)	27—42%

65% der Gesamtalkohole sind Geraniol und 35% Citronellol, also effektiver Gehalt an:

Geraniol	50,7%
Citronellol	27,3%

Geraniumöl, afrikanisch

Gesamtalkohole etwa	66—78 %
Ester (Tiglinat)	13—29,5%

Effektiver Gehalt an:

Geraniol (80% der Gesamtalkohole)	62,4%
Citronellol (20% der Gesamtalkohole)	15,6%

Französisches Geraniumöl

Dieses ist in seiner Zusammensetzung dem spanischen Öl sehr ähnlich.

Gesamtalkohole	etwa 70%
Ester (Tiglinat)	40%

Etwa 70% der Gesamtalkohole sind Geraniol und 30% Citronellol, also effektiver Gehalt an:

Geraniol	49%
Citronellol	21%

Geraniumöl guter Provenienz ist ein vorzüglicher Riechstoff für Rosengerüche und ein unentbehrlicher Bestandteil guter künstlicher Rosenöle. In der Seife geben Geraniumöle einen sehr reinen Rosengeruch.

Guajakholzöl. Sein Geruch ist sehr angenehm und erinnert uns gleichzeitig an Tee, Veilchen und Rose. Klassisch ist sein Geruch beim Teerosenparfum, aber auch für viele andere Gerüche läßt sich Guajakholzöl als Unterlage verwenden. Seine chemische Zusammensetzung ist wenig erforscht. Es enthält Guajol. Hervorragende Dienste als Riechstoff leistet dieser Alkohol des Guajakholzöles in Form seiner Ester. Besonders Guajylacetat und Guajylbutyrat sind wertvolle Bestandteile raffinierter Rosen- und Phantasiekompositionen.

Ingweröl wird als Zusatz zu Phantasiekompositionen empfohlen, denen es eine charakteristische Feinheit verleiht.

Irisöl wird durch Destillation der Wurzel von *Iris Florentina* als feste Masse *(Beurre d'Iris)* erhalten.

Chemische Zusammensetzung: Myristinsäure (geruchlos) 85 bis 90%, Iron $C^{13}H^{20}O$ 10 bis 15%. Irisöl enthält außerdem sehr kleine Mengen von Nonylaldehyd $C^{8}H^{17}C{\Large\langle}^{O}_{H}$, Decylaldehyd $C^{9}H^{19}C{\Large\langle}^{O}_{H}$, Furfurol $C^{5}H^{4}O^{2}$, Diacetyl $CH^{3}—CO—CO—CH^{3}$, Naphthalin $C^{10}H^{8}$ und ein Keton $C^{10}H^{18}O$. Ferner kleine Mengen von Myristaten, die im Iris-Resinoid in größerer Mengeent halten sein dürften, sowie Methyl-Nonylketon (?) und Ölsäure.

Das Irisöl ist ein äußerst wertvolles Material für die Parfumerie und kann in vielseitiger Weise Verwendung finden. Speziell für feine Veilchengerüche ist Irisöl unentbehrlich.

Man hat auch ein absolutes Irisöl dargestellt (Iris zehnfach), das durch Entfernen der Myristinsäure, aus fast reinem Iron besteht.

Lavendelöle.

Französisches Lavendelöl. Chemische Zusammensetzung: Ester (Linalylacetat, Linalylbutyrat, Geranylacetat) im Mittel 36%, Maximum 45 bis 55%, Minimum 30%, dann freie Alkohole (Linalool, Geraniol, Nerol) 35 bis 50%, ferner Terpene (Pinen, Cineol) 6%, sowie Spuren von Bornylacetat, Cumarin 0,8% (maximal meist weniger). Ferner sind im, Lavendelöl noch nachgewiesen worden: Capronsäure, Äthylamylketon und Geranylcapronat.

Das italienische (Piemonteser) Lavendelöl enthält wenig Ester, dafür aber größere Mengen freier Alkohole. Ester (Linalylacetat usw.) 18 bis 30%, freie Alkohole (Linalool, Geraniol 53 bis 75% (65% im Mittel), Terpene (Cineol usw.) 7 bis 9%.

Englisches Lavendelöl oder **Mitcham-Lavendelöl.** Chemische Zusammensetzung: Dieselbe ist von der des französischen Öles erheblich verschieden. Das Öl ist ganz besonders reich an Campherderivaten und freien Alkoholen, aber arm an Estern. Es enthält: Ester (Linalylacetat usw.) 5 bis 10%, freie Alkohole 65 bis 70% und viel Cineol.

Das sog. **Spanische Lavendelöl** ist eine Art Spiköl, das etwa 3,4% Ester (Linalylacetat) und viel Borneol enthält. Es wird häufig benutzt, besonders zur Parfumierung von Toiletteseifen.

Lemongrasöl besitzt einen angenehmen verbenaartigen Geruch.

Chemische Zusammensetzung: Citral 70 bis 85%, Myrcen 12 bis 20%, Geraniol und Linalool 1,5%, Methylheptenon 0,3%, Citronellal, Decylaldehyd.

Linaloeöl. Im Handel finden wir zwei Sorten dieses Öles, von denen das Cayenneöl den feinsten Geruch aufweist.

Linaloeöl Cayenne. Chemische Zusammensetzung: Linalool 80 % und mehr, Terpineol 5%, Geraniol 1%, Terpene 3%, ferner Methylheptenon und Nerol.

Linaloeöl mexikanisch. Chemische Zusammensetzung: Linalool 60 bis 70%, Geraniol, Nerol, Terpineol 5%, Methylheptenon.

Der Gebrauch dieser beiden Öle ist beträchtlich zurückgegangen, seit das Linalool in reinem Zustande im Handel ist. Sie werden aber noch ziemlich häufig, speziell zum Parfumieren von Seifen, benutzt.

Mandarinenöl. Chemische Zusammensetzung: Mandarinenöl besteht hauptsächlich aus Terpenen (Limonen) 90 bis 92% und wenig Citral, außerdem enthält es noch Citronellal, Linalool, Terpineol, Nonylaldehyd, Decylaldehyd und Methylanthranilsäuremethylester 1%. Es ist das einzige Öl (mit dem nachstehend erwähnten), das diesen Ester enthält. Allerdings sind die darin enthaltenen Mengen dieses, als eigentliches riechendes Prinzip aufzufassenden Esters, nur sehr gering.

Durch Destillation der grünen Früchte und grünen Teile des Mandarinenbaumes erhält man das **Petitgrainöl Mandarinier**, das dadurch besonders interessant ist, daß es etwa 65 bis 71% Methylanthranilsäuremethylester enthält (aus diesem Grunde hat dieses Öl auch eine sehr ausgesprochene blaue Fluorescenz). Es enthält auch 1% Methylanthranilat, 2% Terpenalkohol, 42% Terpene und Pyrrol. Dieses Öl gibt ganz ausgezeichnete Resultate in der Parfumerie und muß es erstaunlich genannt werden, daß dasselbe bis jetzt so wenig Beachtung gefunden hat. Es ist vorzüglich geeignet zur Herstellung von *Eau de Cologne*, besonders auch zu Phantasie-*Eaux de Cologne* wie *Eau de Cologne Russe* usw.

Moschuskörneröl. Der Geruch dieses Öles erinnert etwas an Moschus und Ambra. Es ist ein vorzügliches Fixier- und Abrundungsmittel.

Chemische Zusammensetzung: Es besteht in der Hauptsache aus Palmitinsäure.

An aromatischem Prinzip enthält das Moschuskörneröl neben Farnesol, $C^{15}H^{24}O^{2}$ ein Lakton *Ambrettolid*

$$\begin{array}{l} CH\text{—}(CH^{2})^{7}\text{—}CH^{2} \\ \| \\ CH\text{—}(CH^{2})^{7}\text{—}CO \end{array} \Big> O$$

das auch inzwischen synthetisch hergestellt wurde und der Träger des moschusartigen Geruches dieses Öles ist.

Muskatnußöl oder **Macisöl.** Chemische Zusammensetzung des Macisöles: Pinen und Camphen 80%, Dipenten 8%, Linalool 8%, Borneol, Terpineol, Geraniol, Safrol 0,6%, Eugenol und Isoeugenol 0,2%, Myristinsäure 0,3% und mehr. Das Muskatöl enthält auch noch nicht unbeträchtliche Mengen (etwa 4 bis 5%) Myristicin (Methoxy-Safrol) $C^{11}H^{12}O^{3}$ der Strukturformel:

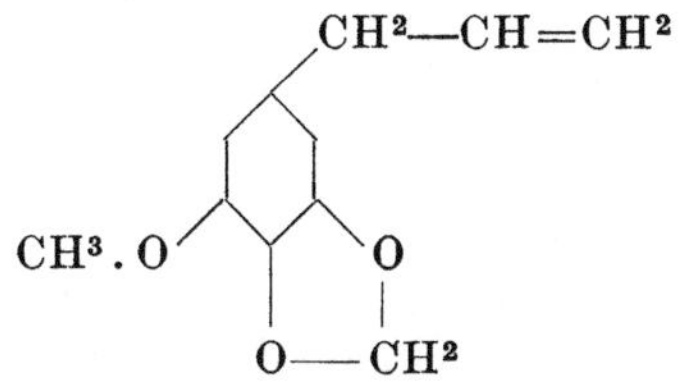

Nelkenöl. Chemische Zusammensetzung: Das Nelkenöl ist chemisch ziemlich genau untersucht worden. Es enthält:

Eugenol (eigentliches aromatisches Prinzip) 80 bis 90%,
Acetyl-Eugenol 2 bis 3%,
Methylheptylketon $CH^3—CO—C^7H^{15}$,
Sekundärer Heptylalkohol (Methyl-Amylcarbinol)
$CH^3—CH(OH)—C^5H^{11}$,
Sekundärer Nonylalkohol (Methyl-Heptylcarbinol)
$CH^3—CH(OH)—C^7H^{15}$,
Benzylalkohol $C^6H^5—CH^2—OH$,
und Methylamylketon $CH^3—CO—C^5H^{11}$,
ferner Furfurol und Terpene (Caryophyllen) $C^{15}H^{24}$ und Methylbenzoat.

Nach neueren Untersuchungen ist im nativen Aroma der Gewürznelken auch Vanillin enthalten, das auch im ätherischen Öl in Spuren nachweisbar ist. Jedenfalls wird ein großer Teil des Vanillins ebenfalls durch das Destillationswasser eliminiert bzw. zerstört.

Von ganz besonderer Bedeutung für das Nelkenaroma scheint, obwohl nur in ganz geringen Mengen im Nelkenöl enthalten (ein großer Teil desselben wird aber durch das Destillationswasser entzogen), das Methylamylketon zu sein.

Das aus den Knospenstielen destillierte Nelkenöl ist von viel weniger feinem Geruch. Es enthält etwa 99% Eugenol, kein Acetyleugenol und weniger Methylamylketon, auch Spuren von Naphthalin.

Orangenöle.

Süßes Orangenöl oder **Portugalöl.** Chemische Zusammensetzung: Sehr viele Terpene Limonen 90% und mehr, Terpineol, Linalool, Methylanthranilat (Spuren), Citral (Spuren), Decylaldehyd, Nonylalkohol und Citronellal.

Decylaldehyd ist ein wesentlicher Bestandteil des Aromas des Portugalöls. Italienisches Öl enthält maximal etwa 1 bis 1,5% Decylaldehyd, das spanische Öl etwa 2,7%. Letzteres ist aber nur seltener im Handel anzutreffen, obwohl von ausgezeichnet feinem Geruche.

Bitteres Orangenöl. Ist dem Portugalöl ziemlich analog zusammengesetzt. Festgestellt wurden viel Limonen (90%). Spuren von Citral und Citronellal, Decylaldehyd 0,8 bis 1,5%.

Neroliöl Bigarade. Chemische Zusammensetzung:

Terpene (Pinen, Limonen)	35%	Phenyläthylalkohol	1 %
Linalool	30%	Indol ... (maximal)	0,19%
Geraniol und Nerol	4%	(meist viel weniger, etwa 0,04 bis 0,08%)	
Linalylacetat	7%	Nerolidol	6 %
Geranylacetat (und Nerylacetat)	4%	Decylaldehyd	Spuren
Terpineol	2%	Phenylessigsäureester	Spuren
Methylanthranilat	1%		

Petitgrainöl Bigarade. Dieses kommt in zwei verschiedenen Qualitäten in den Handel, nämlich das in Grasse destillierte französische Petitgrainöl und die hauptsächlich in Paraguay destillierte Sorte, das amerikanische Petitgrainöl. Das französische Öl ist bedeutend feiner im Geruch als das Paraguay-Öl. Es ist aber auch letzteres Öl sehr gut verwendbar, enthält aber weniger Ester (Linalylacetat usw.).

Chemische Zusammensetzung: Ester (Linalylacetat) 38 bis 70% (im Mittel 50% für Paraguayöl französische Öle mehr bis 70%), Geraniol, Nerol 2%, Linalool, Geranylacetat, Spuren von Citral und Anthranilsäuremethylester, etwa 50% Terpene und Spuren von Pyrrol.

Palmarosaöl. Chemische Zusammensetzung: Geraniol 75 bis 95%, das zum größten Teile in freiem Zustande darin enthalten ist, in Esterform (Tiglinate, Acetate und Capronate) sind nur etwa 5 bis 6% im Palmarosaöl enthalten. Citronellol 5 bis 10%, Dipenten 1%.

Patchouliöl. Chemische Zusammensetzung: 40 bis 45% Sesquiterpene, 50% Patchoulicampher $C^{15}H^{26}O$, Benzaldehyd, Zimtaldehyd und Eugenol.

Die Patchouliöle guter Qualität haben zwar einen charakteristisch durchdringenden, aber nicht unangenehmen Geruch. Allerdings kommen im Handel so viele minderwertige Sorten dieses Öles vor, daß der jenen eigene unangenehme muffige Geruch in so vielen Präparaten der modernen Parfumerie zum Ausdruck kommt. Das beste Patchouli kommt aus Singapoor.

Ganz minderwertig ist das sog. Java- oder Dilem-Patchouliöl, das auf Java gewonnen wird.

Pfefferöl wird aus den Beeren von *Piper nigrum* gewonnen. Scharfschmeckendes, würzig riechendes Öl, das in der Parfumerie sehr gute Dienste leistet. Es enthält Phellandren und Caryophyllen.

Pimentöl besitzt einen angenehmen, nelkenartigen Geruch. Kann mit Vorteil zu Kompositionen verwendet werden.

Chemische Zusammensetzung: Eugenol 73%, Methyleugenol 10%, Cineol, Caryophyllen und Phellandren.

Ätherisches Rosenöl. Chemische Zusammensetzung des Rosenöles: Das durch Destillation hergestellte ätherische Rosenöl besteht aus zwei Teilen, einem flüssigen Teil, „Oleopten“ genannt, und einem festen Teil, den man als „Stearopten“ bezeichnet.

Im Mittel beträgt der Stearoptengehalt 17 bis 21% und bewirkt in diesen Mengen ein völliges Erstarren des ätherischen Rosenöls schon bei mittleren Temperaturen. So erstarrt Rosenöl schon bei 15° C, beginnt bei 18° C zu schmelzen und bildet erst bei 21° C ein völlig flüssiges Öl.

Nachstehend stellen wir die Bestandteile des ätherischen Rosenöles und jener des Rosenblütenöles zu Vergleichszwecken gegenüber.

	Ätherisches Rosenöl	**Rosenblütenöl**
Geraniol und Citronellol	60—70%	30—34%
Nerol	5—10%	5—10%
Phenyläthylalkohol	1%	46% (bis 60%)
Eugenol	1%	1%
Linalool und Citral	Spuren	Spuren
Stearopten	17—21%	kein Stearopten
Aldehyde (C^8, C^9)	Spuren	Spuren

Außerdem sind im Rosenöl gewisse Stoffe enthalten, die den eigenartig honigartigen Geruch bedingen. Man vermutet, daß es sich hier um Ester der Phenylessigsäure handelt.

Rosenholzöl. Was man mitunter unter diesem Namen im Handel findet, ist Linaloeöl oder ein Gemisch von Linaloeöl und Sandelholzöl, das mit etwas Rosenöl versetzt wurde. Man findet vor allem in älteren Vorschriften das Rosenholzöl häufig. Es ist wohl anzunehmen, daß hierunter überhaupt das Linaloeöl Cayenne zu verstehen ist, da man ja dieses, speziell in der französischen Parfumerie, auch heute noch unter dem Namen *Essence de Bois de Rose Mâle* oder *Femelle* bezeichnet findet.

Rosmarinöl. Nur feinstes Rosmarinöl sollte verwendet werden, vor allem französisches Öl, dessen feinste Sorte der *Romarin éperlé* ist. Ganz minderwertig ist das Dalmatiner Öl.

Chemische Zusammensetzung: Cineol $C^{10}H^{18}O$, Borneol $C^{10}H^{17}OH$ 16 bis 18%, Camphen, Pinen, Campher und Bornylacetat 5 bis 6%.

Muskateller Salbeiöl. Ganz hervorragende Dienste in der Parfumerie kann das ätherische Öl von *Salvia Sclarea, Essence de Sauge sclarée* leisten, das sich durch einen feinen ambraartigen Beigeruch auszeichnet. Dieses Öl ist auch tatsächlich seit längerer Zeit sehr stark zur Herstellung feiner Parfumeriewaren in Aufnahme gekommen, auch werden aus der Stammpflanze Resinoide hergestellt, die den feinen ambraartigen Beigeruch (wohl durch Mitwirkung der harzigen Bestandteile) viel stärker hervortreten lassen. Es enthält Linalool, Linalylacetat und Sclaréol.

Sandelöl. Als eigentliches Sandelöl ist nur das ostindische Sandelöl zu betrachten. Sehr dickflüssiges, farbloses oder schwach gelbliches Öl von feinem eigenartigen Geruch, der sehr anhaltend ist.

Chemische Zusammensetzung: Santalol (riechendes Prinzip) 90 bis 92%, Santalolester 6%.

Dieses echte Sandelöl ist von allergrößter Bedeutung in der feinen Parfumerie und verleiht seine Verwendung den Kompositionen einen ganz eigenartigen Reiz und große Feinheit. Es muß aber mit der nötigen Sachkenntnis verwendet werden, damit sein Geruch nicht zu stark hervortritt.

Das sog. **westindische Sandelöl** ist überhaupt kein Sandelöl und stammt von einer ganz anderen Spezies *Amyris balsamifera*. Sein Geruch ist wenig ausgeprägt und findet dieses Öl fast nur in der Seifenparfumierung Verwendung. Es enthält überhaupt kein Santalol, sondern Amyrol ($C^{15}H^{26}O$) und Cadinen ($C^{15}H^{24}$).

An dieser Stelle sei die Bezeichnung ,,Sandelöl" betreffend folgendes bemerkt: Es ist sicher als ein leider tolerierter Unfug zu bezeichnen andere Öle als das ostindische Sandelholzöl, die gar kein Santalol enthalten und geruchlich gar keine Analogie mit dem ostindischen Sandelholzöl aufweisen (auch von ganz anderen botanischen Individuen herstammen), als ,,Sandelöl" zu bezeichnen.

So ist auch das sog. Westindische Sandelöl kein Sandelöl, ebensowenig wie das sog. Australische (Westaustralische) Sandelöl, dessen Geruch ganz verschieden ist und das wohl auch gar kein Santalol enthält (die Frage ist zum mindesten strittig). So fehlt auch dem australischen ,,Sandelöl" das von *Fusanus spicatus* herstammt, der typische Geruchscharakter des echten ostindischen Sandelholzöles vollkommen, es ist also durchaus unstatthaft dieses in jeder Beziehung minderwertige Öl etwas als vollwertigen Ersatz des echten ostindischen Sandelholzöles zu empfehlen.

Es könnte nur ein einziges bekanntes Sandelöl, das Neukaledonische Sandelöl von *Santalum austrocaledonicum*, das etwa 96% Santalol enthält, aber zum Unterschied vom ostindischen Sandelöl intensiv gelb gefärbt ist, als wirkliches Sandelöl angesprochen werden, doch fehlt dieses Öl fast gänzlich im Handel.

Wir legen besonderen Wert auf diese Feststellung, um den Praktiker entsprechend aufzuklären und ihn vor gewissen minderwertigen ,,Sandelölen" des Handels zu warnen, die sehr oft unter Phantasie-Provenienz-Bezeichnung angeboten werden und häufig nichts anderes sind als sog. Westindisches Sandelöl mit geringem Zusatz von Santalol.

Sassafrasöl. Chemische Zusammensetzung: Safrol (Hauptbestandteil) $C^{10}H^{10}O^{2}$ 80%, Pinen und Phellandren 10%, Campher 7%, Eugenol 0,5%.

Spiköl. Öl von lavendelartigem Geruch mit stark campherartiger Beinote. Von guter Qualität sind nur die französischen Spiköle feinster Sorte, *Aspic surfine, Aspic lavandé*. Das spanische Spiköl ist durchaus minderwertig und sollte auch in der Herstellung billiger Ware nicht verwendet werden.

Das Spiköl wird in ganz bedeutendem Maße, speziell in der Seifenparfumierung verwendet, als (teilweiser) Ersatz des Lavendelöles. Aber, wie erwähnt, nur feine Sorten des Handels können befriedigende Resultate geben.

Chemische Zusammensetzung: Campher, Cineol, Borneol, Linalool (freie Alkohole 30%), Geraniol (?), Terpineol (?), Terpenylacetat und Linalylacetat (2 bis 4,5%).

Thymianöl. Thymianöl ist von braunroter Farbe und würzigem, angenehmem Geruch. Rektifiziert wird es farblos, aber sehr bald wieder rot. Das feinste Thymianöl kommt aus Frankreich.

Chemische Zusammensetzung: In der Hauptsache ein Gemisch von Thymol und Cymol. Thymolgehalt etwa 50%. Ferner sind Carvacrol $C^{10}H^{14}O$ sowie Ester des Linalools und Borneols darin enthalten.

Verbenaöl. Verbenaöl besitzt einen charakteristischen Geruch, der jenem des Lemongrasöles ähnlich, aber viel feiner ist.

Chemische Zusammensetzung: Citral 29%, Citronellol (freie Alkohole) 13,8%, Ester 2,5%.

Spanisches Verbenaöl ist weniger fein als das französische, es enthält oft keine oder nur Spuren von Estern und mehr Terpene bzw. Sesquiterpene als das französische Verbenaöl. Letzteres enthält im Mittel nur ca. 20 bis 25% Terpene usw., spanisches Öl oft 40 bis 45%.

Gutes Verbenaöl ist, was der deutsche Parfumeur weniger kennt, ein ganz vorzügliches Hilfsmittel, um in zahlreichen Kompositionen berückend frische, zarte Noten zu erzielen.

Der Ansicht, daß man Verbenaöl einfach durch Lemongrasöl oder Citral ersetzen könne, muß entschieden entgegengetreten werden.

Wir empfehlen dieses wertvolle Öl ganz besonderer Beachtung, als frischer Kontrast bei grünen Gerüchen (Chypre, Fougère, Heu, Trèfle usw.) und Phantasiebuketts hat es sich als vorzüglich bewährt, ebenso als Bestandteil von Spezial-*Eau de Cologne* (*Russes* usw.).

Vetiveröl wird als Öl von ganz eigenartigem, langanhaltendem Geruche gewonnen. Es ist außerordentlich dickflüssig und hat unter allen ätherischen Ölen die stärkste Viskosität. Als feinste Sorte gilt das Java-Vetiveröl, weniger fein, aber sehr gut verwendbar ist das Réunion-(Bourbon-) Öl.

Über die chemische Zusammensetzung des Vetiveröles wissen wir noch nichts Positives. Es enthält Vetiverol.

Vetiveröl ist eines der wertvollsten Öle der Parfumerie und zeichnet sich durch einen originell-feinen und äußerst haltbaren Geruch aus. Seine Verwendung ist klassisch bei Fougèrenoten und in zahlreichen Phantasieparfums.

In der modernen Parfumerie besonders interessant ist der isolierte Alkohol des Vetiveröls, das:

Vetiverol. Zu seiner Herstellung werden nach Cola 2 kg Vetiveröl Réunion mit einer wässerigen Lösung von KOH (56 g per Liter) 2 Stunden lang gekocht. Das ölige Produkt wird mit Wasser alkalifrei gewaschen und dann rektifiziert, wobei 50 g Vorlauf und 50 g Nachlauf gesondert aufgefangen und abgetrennt werden (Abfälle). Es resultiert etwa 1550 g reines Vetiverol.

Vetiverol wird in der modernen Parfumerie sehr häufig als Ersatz des Vetiveröls verwendet und besitzt einen sehr reinen kräftigen Vetivergeruch.

Sehr interessant ist auch sein Ester das Vetiverylacetat, das hervorragend feine Vetivernoten eigenartigen Charakters liefert, auch andere Ester des Vetiverols sind als Riechstoffe von Interesse.

Wintergreenöl (Gaultheriaöl) enthält 99% Methylsalicylat. Es wird speziell in der Seifenparfumerierung verwendet, meist aber durch das synthetisch dargestellte Methylsalicylat ersetzt.

Ylang-Ylangöl, s. Canangaöl.

Ätherische Öle aus aromatischen Harzen.

Labdanumöl, aus dem Labdanumharz. Dieses Öl hat einen sehr feinen, ambraartigen Geruch.

Es enthält Acetophenon und ein Keton $C^9H^{16}O$. Labdanumöl besitzt einen eigenartig feinen Ambrageruch, der von jenem des Resinoids deutlich verschieden ist. Es leistet hervorragende Dienste bei Ambra- und Phantasiebuketts, besonders auch bei modernen Tabak-Noten.

Myrrhenöl. Sehr dickflüssiges Öl von aromatischem Geruch (2 bis 6%). Enthält Cuminaldehyd, Eugenol, Zimtaldehyd und Terpene (Pinen, Limonen).

Olibanöl oder **Weihrauchöl.** Balsamisch riechendes Öl, das sehr gute Verwendung für feine Geruchskompositionen finden kann. Es enthält Pinen, Dipenten, Phellandren und Cadinen.

Opoponaxöl. Gelbes, rasch verharzendes Öl von feinem balsamischen Geruch.

Styraxöl, aus dem flüssigen Styrax. Gelbliches Öl von sehr angenehmem Geruch. Es findet ab und zu in der Parfumerie Verwendung.

Es enthält Styrol $C^6H^5—CH{=}CH^2$ Zimtsäurezimtester (Styracin), Zimtsäurebenzylester und Spuren von Vanillin.

Tolubalsamöl, aus dem Tolubalsam von *Myroxylon (Toluifera) Balsamum.* Angenehm, aber schwach riechendes Öl.

Es enthält Benzylbenzoat, Benzylcinnamat, Phellandren und Farnesol (?).

Aromatische Drogen pflanzlichen Ursprungs.

Die Bildungstheorien der aromatischen Harze und Balsame wurden bereits früher S. 42 besprochen.

Siambenzoe. Chemische Zusammensetzung: Benzoesäureester des Benzoresinols und Siaresinotannols machen etwa 70 bis 80% der Benzoe aus. Der Benzoresinolester überwiegt hier bedeutend (etwa 56,7% der Harzkörper) und stellt die weiße Substanz der Siambenzoe dar. Der Siaresinotannolester stellt die braune Harzsubstanz dar und beträgt nur etwa 5% des Harzgemisches. Die Siambenzoe enthält ferner freie Benzoesäure in wechselnden Mengen und sind die Angaben über die tatsächlichen Mengen der freien Benzoesäure in der Literatur sehr abweichend. — Im Mittel darf aber vielleicht ein Gehalt von etwa 10% freier Benzoesäure angenommen werden, der wohl unter Umständen etwas höher ist, oft aber auch geringer. — Auch die Gegenwart eines Benzoeesters des Coniferylalkohols ist als wahrscheinlich anzunehmen. Reinitzer nannte diesen Ester Lubanolbenzoat. Die Gegenwart von Coniferylalkohol bzw. dessen Esters läßt uns die Genese des Vanillins in der Benzoe aus Coniferin (Cambialsaft des Baumes) durch enzymatische Spaltung dieses Glukosids erklärlich werden. — Der Vanillingehalt ist sehr schwankend und steigt oft auf 1% und mehr (1,5%). Die in der Literatur oft gemachten Angaben, die einen mittleren Vanillingehalt der Siambenzoe von nur 0,15% erwähnen, sind aber entschieden zu niedrig. — Siambenzoe enthält keine Spur von Zimtsäure.

Sumatrabenzoe. Chemische Zusammensetzung: In der Hauptsache Zimtsäureester des Benzoeresinols und Resinotannols.

Benzoresinolcinnamat	etwa 5%	Stryracin (Zimtsäurezimtester)	etwa 3%
Resinotannolcinnamat	„ 60%	Vanillin	„ 1%
Freie Zimtsäure	„ 12%	Phenylpropylcinnamat	„ 1%
Freie Benzoesäure	Spuren		

Wahrscheinlich ist auch Coniferylcinnamat (Lubanolcinnamat) in der Sumatrabenzoe enthalten. Ferner kleine Mengen von Benzylcinnamat und Spuren von Benzaldehyd.

Perubalsam. Chemische Zusammensetzung: Der wesentlichste Bestandteil des Perubalsams ist das „*Cinnamein*", das in einer Menge von etwa 60% darin vorkommt. Cinnamein ist ein Gemisch wechselnder Mengen von Benzylbenzoat und Benzylcinnamat. In der Mehrzahl der Fälle enthält Cinnamein etwa 60% Benzylbenzoat und etwa 40% Benzylcinnamat.

Ein Teil der vorhandenen Säuren (Zimt- und Benzoesäure) sind als Ester des Peruresinotannols vorhanden und machen etwa 30% aus (harzige Substanz). — Ein Teil der Zimtsäure ist in freiem Zustande vorhanden (5 bis 10%) und in sehr kleinen Mengen auch als *Styracin* (Zimtsäurezimtester). Auch Spuren von Vanillin und vielleicht auch von Cumarin sind im Perubalsam enthalten.

Der künstliche Perubalsam *(Perugen)* des Handels ist ein Gemisch von Benzoe, Tolubalsam und Styrax, das etwa 69% Benzylbenzoat enthält.

Tolubalsam. Chemische Zusammensetzung:

Harzkörper (Gemenge von Benzoaten und Cinnamaten des Toluresinotannols)	75—80%
Cinnamein	8%
Freie Benzoe- und Zimtsäure zusammen	12—15%
Außerdem wenig Vanillin	etwa 0,5%

Bei der Destillation mit Wasserdampf liefert der Tolubalsam ein ätherisches Öl von hyazinthenartigem Geruch, das Farnesol und Cinnamein enthält (wohl auch Styrol) (?).

Styrax. Chemische Zusammensetzung:

Harzkörper (Zimtester der Harzalkohole, Styresin)	30%
Freie Zimtsäure	23%
Styracin (Zimtsäurezimtester)	30%
Vanillin	0,5—0,8%
Styrol	1—2%
Zimtalkohol	Spuren

Labdanum oder **Ladanum.** Über die chemische Zusammensetzung dieses für die Parfumerie so wichtigen Harzes ist nicht viel bekannt. Gefunden wurden nur Acetophenon und Trimethylhexanon.

Das Harz wird in der Parfumerie seltener in nativem Zustande verwendet, sondern meist in Form löslicher Extrakte (Resinoide usw.), oft auch unbewußt in Form der sehr verbreiteten Ambra-Imitationen. Der Geruch des Labdanum ist besonders fein, balsamisch-ambraartig, wodurch sich seine sehr ausgedehnte Verwendung in der Herstellung von Wohlgerüchen erklärt.

Mit Wasserdampf destilliert, ergibt das Labdanum ein ätherisches Öl, durch Extraktion mit flüchtigen Lösungsmitteln einen alkohollöslichen Extrakt. Das Harz selbst ist nur unvollkommen in Alkohol löslich.

Olibanum oder **Weihrauch.** Chemische Zusammensetzung: Harzkörper, Ester der Boswellinsäure $C^{32}H^{52}O^{4}$ und des Olibanoresens $C^{14}H^{22}O$ etwa 60% (inklusive vorhandener freier Boswellinsäure), Gummi etwa 30 bis 40%. Bei der Destillation mit Wasserdampf liefert der Weihrauch ein sehr wertvolles ätherisches Öl von fein-aromatischen Geruch.

Myrrhe. Chemische Zusammensetzung: Harzkörper etwa 20 bis 30%. Gummi 40 bis 60%, Bitterstoff, Enzyme. Myrrhe ist also, wie Weihrauch und Opoponax, ein Gummiharz.

Opoponax. Seine Zusammensetzung ist unbekannt. Es enthält etwa 11% Harzkörper.

Wir kommen nun zur Besprechung anderer Produkte, die als aromatische Drogen Verwendung finden.

Vanilleschoten. Chemische Zusammensetzung: Der wesentlichste Bestandteil einer guten Vanille ist das Vanillin $C^{8}H^{8}O^{3}$.

So enthalten an Vanillin (Gehalt sehr schwankend):

Mexikanische Vanille	1,3—2,7%
Bourbonvanille	0,8—3 %
Taitivanille	1,6—2,8%

Wenn wir also mit einem durchschnittlichen Maximalgehalt von 3% Vanillin rechnen, würde 1 kg Vanillin etwa 33 kg Vanilleschoten entsprechen. — Die Vanille enthält das Vanillin nicht in fertig gebildeter Form, sondern bildet es aus dem gelben Milchsaft erst während der zur Bräunung der Schoten führenden Gärung, was um so sicherer angenommen werden darf, als die frische bzw. halbreife Schote fast völlig geruch- und geschmacklos ist. Wir gehen wohl nicht fehl, wenn wir annehmen, daß der Milchsaft der halbreifen Schote ein Glukosid enthält, wahrscheinlich Coniferin, und daß unter dem Einfluß eines Enzyms eine Spaltung (Hydrolyse) des Coniferins in Traubenzucker und Coniferylalkohol eintritt. Letzterer dürfte dann unter dem Einfluß eines anderen Ferments (Oxydase) zu Vanillin oxydiert werden. — Vanille enthält außer etwa 3% Vanillin noch 5,7% Fettstoff, 8% Zucker und 0,8% ätherisches Öl (letzteres dürfte besonders an der Feinheit des komplexen Vanille-Aromas erheblichen Anteil nehmen), außerdem noch etwa 28% Wasser, vielleicht auch Anisaldehyd und Anisalkohol.

Die Taiti- und Pomponvanille sowie der Vanillon enthalten außerdem noch Heliotropin und wahrscheinlich auch Cumarin, Anisaldehyd und Anissäure.

Tonkabohnen haben einen kräftigen, angenehmen Geruch nach Cumarin, das sie in einer Menge von etwa 1,8% enthalten.

Es ist wohl ebenfalls anzunehmen, daß das Cumarin sich in den Tonkabohnen ursprünglich nicht in freiem Zustande befindet, sondern in

Form eines Glukosids, das erst während der Gärung der frischen Bohnen freies Cumarin liefert.

18 bis 20 g synthetisches Cumarin entsprechen etwa 1 kg Tonkabohnen.

Iriswurzel. Das riechende Prinzip der Iriswurzel ist das Iron.

Die frischen Wurzelstöcke sind geruchlos, es ist daher anzunehmen, daß der Geruchträger Iron sich erst während des Trockenprozesses bildet (Glukosidspaltung).

Moschuskörner. Die Samen von *Hibiscus Abelmoschus*, die, wie bereits erwähnt, ein ätherisches Öl liefern, werden auch in natura zur Herstellung von Tinkturen gebraucht, die ebenfalls in der Parfumerie Verwendung finden.

Sumbulwurzel von *Ferula Sumbul*. Diese Wurzel besitzt einen moschusartigen Geruch und wird in selteneren Fällen, besonders zur Seifenparfumierung, meist in Form der feingepulverten Droge, herangezogen. Sie enthält Umbelliferon.

Eichenmoos, *Mousse de Chêne*. Wir haben bereits konstatieren können, daß unter diesem Namen die verschiedenartigsten Moosarten im Handel anzutreffen sind. In der Mehrzahl der Fälle handelt es sich um eine Moosart *Evernia prunastri*.

Riechstoffe animalischen Ursprungs.

Graue Ambra. Sie enthält viel wachsartige Substanz, sonst weiß man so gut wie gar nichts über die Zusammensetzung der Ambra.

Tonkin-Moschus. Über die chemische Zusammensetzung des Moschus wissen wir praktisch so gut wie gar nichts. Das riechende Prinzip des Moschus ist ein Keton Muscon, das zu etwa 0,5 bis 2% darin enthalten ist. Das Muscon ist kürzlich auch von Ruzicka synthetisch dargestellt worden. Moschus ist zum größten Teil in Wasser löslich (etwa 80%), in verdünntem Alkohol sind etwa 50% löslich, konzentrierter Alkohol löst nur etwa 20%, entzieht dem Moschus aber das riechende Prinzip ziemlich vollständig (Muscon-Formel siehe S. 36).

Zibet. Butterartiges Sekret der Zibetkatze, entweder der afrikanischen Zibetkatze, *Viverra Civetta*, oder des in Indien lebenden Tieres.

Der Geruch des Zibet in natura ist urinös (Katzenurin) und äußerst unangenehm. Erst in starker Verdünnung (Tinktur) wird der Geruch angenehm. Er ist außerordentlich beständig.

Als riechendes Prinzip des Zibets dürfte das inzwischen von Ruzicka synthetisch hergestellte Zibethon (Cycloheptadecanon)

$$\left.\begin{array}{l}CH-(CH^2)^7\\ \parallel \\ CH-(CH^2)^7\end{array}\right\rangle CO$$

aufzufassen sein, daß zu dem Muscon in näherer Beziehung steht (vgl. hier unsere früheren Hinweise S. 36 und unsere späteren Ausführungen im Kapitel Chemische Riechstoffe).

Castoreum oder **Bibergeil.** Das Castoreum enthält Harze, ein ätherisches Öl, Spuren von Salicin und Phenol, eine wachsartige Substanz (Castorin) und mineralische Bestandteile.

Chemische (künstliche oder synthetische) Riechstoffe.

Diese äußerst wichtige Klasse von Riechstoffen spielt in der modernen Parfumerie eine bedeutende Rolle und hat ihre zweckentsprechende Verwendung mit der Zeit einen völligen Umschwung in der Kompositionstechnik der Gerüche hervorgebracht.

In der Tat ist es erst seit Mitverwendung der chemischen Riechstoffe möglich geworden, gewisse Nuancen des komplexen Blumenaromas in der nötigen Naturtreue und Stärke wiederzugeben, vor allem aber konnten, dank ihrer Mitwirkung, ganz neuartige Geruchseffekte erzielt und auch die in der Kompositionstechnik so eminent wichtige Kontrastwirkung in vollem Ausmaße zur Geltung gebracht werden.

Sollen aber chemisch-synthetische Riechstoffe diesen wichtigen Zweck voll und ganz erfüllen, so müssen sie vor allem absolut rein sein und ihrer Bestimmung gemäß mit dem nötigen Geschick zur Verwendung kommen.

Unreine, also verunreinigte Riechstoffe chemischer Provenienz sind absolut zu verwerfen, in erhöhtem Maße verwerflich sind natürlich gewisse Rückstände ihrer Fabrikation, die 100%ige Verunreinigungen darstellen.

Zweckmäßigkeit und Geschick in der Verwendung der chemischen Riechstoffe setzt aber immer als grundlegend Vorsicht bei der Dosierung voraus und ausschließliche Nutzbarmachung dieser wichtigen Hilfsmittel als Adjuvantien, nicht aber als substantive Riechstoffe.

So unendlich wertvoll chemische Riechstoffe für komplexe Riechstoffkompositionen sein können, so gefährlich ist jeder Mißbrauch, denn auch der reinste chemische Körper dieser Art besitzt eine gewisse Brutalität des Geruches, der nur durch geschickte Abtönung mit natürlichen Riechstoffen im komplexen Riechstoffgemisch harmonisch zur Geltung kommen kann, dies aber, namentlich auf die Dauer, nur, wenn von vorneherein jede zu massive Dosis chemischer Riechstoffe sorgfältig vermieden wurde, denn die Brutalität der „chemischen" Note hat stets die Tendenz durchzudringen, also störend zu wirken.

Wir besprechen die chemischen Riechstoffe in gruppenweiser Einteilung, bei der uns in erster Linie die chemisch-genealogische Zusammengehörigkeit, bzw. Ableitung der einzelnen Vertreter vorschwebte, im Sinne der Genealogie der Riechstoffe in unserem Handbuch der Gesamten Parfumerie und Kosmetik.

Wir haben bei dieser Einteilung mehrere neue Gruppen eingeschoben, u. a. die Fettsäuregruppe, Carbinolgruppe, Ketongruppe und Oxydgruppe, wozu wir aber bemerken, daß die von einer bestimmten chemischen Funktion hergeleitete Gruppenbezeichnung durchaus nicht besagen will, als ob etwa den in dieser Gruppe vereinigten chemischen Individuen in irgendeinem Sinne eine geruchliche Analogie zukomme, was auch praktisch nicht der Fall sein kann.

Tatsächlich ist es, entgegen den immer wieder gemachten Versuchen die geruchliche Wirkung eines chemischen Riechstoffes mit seiner chemischen Funktion (Aldehyd, Keton, Ester usw.) in mehr oder minder direkte Beziehung zu bringen oder beide gar voneinander abhängig zu machen, durchaus unmöglich, den Geruchseffekt eines chemischen Körpers von einer bestimmten chemischen Funktion bzw. Konstitutionsanalogie, Isomerie usw. abhängig zu machen, also sog. ,,Odorophore Gruppen" aufzustellen. Die Praxis hat, ganz im Gegenteil, gezeigt, daß ganz geringfügige Abweichungen in der Konstitution zweier chemischer Körper (z. B. Stellungsisomerie der Hydroxylgruppe im Benzolkern, Einführung bzw. Austausch eines Alkyls usw.), die die typische Funktion (Aldehyd, Säure, Keton, Ester usw.) nicht beeinträchtigt, absolute Verschiedenheit des Geruchseffektes bedingen können und fast stets auch verursachen.

Im Sinne dieser Tatsachen soll die von uns in einzelnen Fällen als Gruppenbezeichnung gewählte chemische Funktion nur eine äußerliche Zusammengehörigkeit gewisser Riechstoffe in rein chemischem Sinne darstellen, bzw. genealogische Beziehungen, soweit tunlich, dieser Riechstoffe als mehr oder minder direkte Derivate zum Ausdruck bringen.

Daß nicht immer eine scharfe Trennung möglich war, liegt wohl auf der Hand. Trotzdem glauben wir, daß diese Art der Einteilung eine wirklich übersichtliche Besprechung der einzelnen chemischen Riechstoffe erheblich erleichtert und auch im engeren Rahmen einer solchen Gruppe manche Unklarheiten der Nomenklatur des Handels und dadurch unvermeidliche — zum Teil leider auch wohl gewollte — Mißverständnisse und Irrtümer besser richtiggestellt werden konnten.

Es konnte natürlich, in Anbetracht der ganz ungeheuren Zahl der bekannten, teils unter ihrem ehrlichen Namen, teils unter Phantasienamen angebotenen chemischen Riechstoffe, von denen übrigens viele als definierte chemische Individuen verkleidete Phantasiegemische sind, nicht die Rede davon sein, etwa alle chemischen Riechstoffe zu besprechen.

Diese sich ständig vermehrende Zahl läßt die heute angebotenen Sorten der künstlichen Riechstoffe fast ins Unendliche steigen, wozu bemerkt werden muß, daß dieser teils wissenschaftliche, teils kommerzielle Übereifer in der Produktion bald eine heillose Verwirrung auslösen muß, bzw. bereits längst angerichtet hat, weil der Praktiker bald nicht mehr weiß, sich in diesem *Embarras de richesse* zurechtzufinden und schlechthin gar nicht in der Lage sein kann, auch nur einen Bruchteil dessen, was ihm angeboten wird, zu versuchen.

Wir haben im nachstehenden Abschnitt nur solche Riechstoffe besprochen, die gewissermaßen einen notorischen Ruf nützlicher Verwendung genießen, doch glauben wir nichtsdestoweniger, so lückenlos als dies praktisch möglich, eine ziemlich vollständige Aufzählung der gebräuchlichsten chemischen Riechstoffe gegeben zu haben. Dies geschah aber auch unter Erwähnung gewisser Riechstoffe dieser Art, deren Anwendung weniger bekannt ist, aber Nutzen zu versprechen schien, ohne indes in den Fehler zu verfallen, manch unnützen Ballast von Gemeinplätzen mit aufzunehmen und den Leser durch Aufzählung aller möglichen Derivate, oft recht problematischen Wertes, zu ermüden. Wir ließen es uns dagegen angelegen sein, wirklich interessante Riechstoffe im Zusammenhang der Gruppeneinheit ausführlich zu besprechen und auf ihre Geruchseffekte und Anwendungsmöglichkeit hinzuweisen, soweit sich hier überhaupt solche Hinweise, die stets auf rein persönlichen Eindrücken beruhen und — wie dies speziell bei Geruchseindrücken zutrifft — rein individuell empfunden werden, mit einiger Präzision geben lassen.

Praktisch kann jedenfalls auch wohl kein einziger chemischer Riechstoff einem ganz bestimmten Verwendungszweck reserviert oder nur im engeren Rahmen einer gewissen Verwendungsart zur Hervorbringung geruchlich definierter Komplexe bestimmt sein.

Wir dürfen also beispielsweise Terpineol nicht als ausschließlich für Flieder, Hydroxycitronellal für Maiglöckchen und Cyclamen, Geraniol für Rose, Heliotropin für Heliotrop, Cumarin für heu- oder waldmeisterartige Gerüche, p-Cresolacetat für Narcisse, α-Amylzimtaldehyd (Jasminaldehyd) für Jasmin, Methylanthranilat für Orangenblüte (Neroli) usw. bestimmt bezeichnen, wir können praktisch für keinen einzigen Riechstoff auch ein nur einigermaßen enger umrissenes Anwendungsgebiet festlegen; wir können nur gewisse klassische Möglichkeiten spezieller Verwendung hervorheben, müssen jedoch der persönlichen Initiative im Gebrauch weitesten Spielraum lassen, befinden wir uns doch, die Verwendung der Riechstoffe betreffend, in der Domäne der schier unbegrenzten Möglichkeiten.

I. Fettsäure- und Fettaldehyd-Gruppe.

A. Niedere aliphatische Säuren.

Ameisensäure H—COOH

und ihr Aldehyd, der Formaldehyd, kommen als solche für die Parfumerie nicht in Frage. Beide sind vielmehr Desodorantien.

In vieler Beziehung sehr interessant sind die

Ester der Ameisensäure (Formiate). Leider ist die Haltbarkeit dieser Ester in hochkonzentriertem Zustande nur eine begrenzte und tritt, namentlich bei ungenügend verschlossenen Flaschen bald Zersetzung ein. Indes ist die Zersetzbarkeit der Formiate bei weitem nicht eine so große, wie man angenommen hat und können gute, reine Produkte dieser Art in gutschließenden, dunklen und möglichst hochgefüllten Flaschen sehr lange unzersetzt aufbewahrt werden.

Von den zahlreichen Estern dieser Art sind als wichtig folgende zu nennen:

Amylformiat. Besitzt einen eigenartig-feinen Heliotropgeruch, der eine fruchtartige Beinote zeigt (Pflaume).

Es wird mit bestem Erfolg bei Phantasieparfums benutzt, kann auch bei der Wiedergabe von Blumengerüchen (Heliotrop usw.) mitherangezogen werden. Eine besondere Wichtigkeit kommt diesem Ester nicht zu.

Anisylformiat. Besitzt einen eigenartig zart-herben Geruch, der für gewisse Noten (z. B. Flieder) gut verwendbar ist.

Benzylformiat. Sein Geruch ist blumig mit Anklang an Jasminnoten, Hyacinthe und Tuberose.

Wird mit bestem Erfolg zu Nachbildungen dieser Art herangezogen. Die ziemlich komplexe Geruchsnote dieses Esters zeigt auch ein deutliches, an Aprikosen erinnerndes Fruchtaroma mit leicht mandelartigem Einschlag.

Cinnamylformiat. Balsamischer Zimtgeruch von origineller Wirkung in balsamischen Noten.

Citronellylformiat. Fruchtige Note, auch etwas an Bergamott und Gurken erinnernd.

Sehr interessant für Phantasienoten zur Erlangung frischer Töne. Auch zu Rosenkompositionen.

Decylformiat. Sehr origineller frisch-blumiger Geruch mit fruchtartigem Einschlag. Gibt ganz hervorragende Resultate bei *Chèvrefeuille*-Buketts, auch bei Nerolikompositionen usw.

Eugenolformiat. Sehr feiner Nelkengeruch mit Irisnote. Für Gartennelken- und Phantasieparfums.

Geranylformiat. Von ganz besonderer Wichtigkeit. Sein eigenartig feiner Geruch, der an Orangenblütentöne erinnert, macht es zu einem ganz besonders wertvollen Bestandteil von Nachbildungen des echten Neroliöls. So sollen etwa 2,5% dieses Esters als Zusatz zu gutem Petitgrainöl genügen, um eine gute Nachbildung des echten Neroliöles zu bekommen (?).

Praktisch wird, unseres Erachtens nach, dieser Ester allein nicht genügen, um aus Petitgrainöl ein künstliches Neroliöl zu erhalten, es kommen hier noch mehrere andere Zusätze in Frage.

Auch zu Rosenkompositionen und Phantasiegerüchen eignet sich dieser Ester ganz vorzüglich.

Heptylformiat. Ausgesprochen fruchtartiger Geruch.

Linalylformiat. Ein wichtiger Ester, der einen sehr feinen lavendelartigen Geruch besitzt, auch etwas an Bergamotte erinnernd.

Findet besonders zu Lavendelimitationen Verwendung, auch zur Herstellung künstlichen Bergamottöles und sehr oft zu Phantasiebuketts. Hier gibt dieser Ester sehr feine Unternoten.

Octylformiat. Leicht fruchtartiger Geruch mit deutlicher Irisnote, die bei der Verwendung mit Jonon usw. zusammen ganz besonders kräftig hervortritt. Dieser Ester ist unentbehrlich bei Nachbildungen des Irisgeruches und leistet bei vielen Blumengerüchen (Veilchen, Rose, Maiglöckchen usw.) und Phantasiebuketts ausgezeichnete Dienste.

Phenyläthylformiat. Rosengeruch mit wachsartiger Beinote (Eglantine). Zu Rosenbuketts und Phantasiekompositionen.

Santalylformiat. Krautiger Sandelholzgeruch, der bei Phantasiebuketts (besonders grünen Noten wie Fougère, Chypre usw.) ausgezeichnete Dienste leistet. Besonders zusammen mit Santalylacetat zu Buketts im schwülen orientalischen Genre als Unternote prächtig geeignet.

Terpinylformiat. Besitzt einen besonders feinen Lavendelgeruch, der diesen Ester zu Lavendelbuketts sehr geeignet macht.

Soll auch bei Nerolikompositionen gute Dienste leisten.

Als Derivat der Ameisensäure sei hier kurz erwähnt die

Brenztraubensäure Acetylameisensäure oder **Pyruvasäure** CH^3—CO—COOH, deren Ester vielleicht berufen sein können, in der Parfumerie eine Rolle zu spielen.

Bekannt und in der Parfumerie verwendet ist zur Zeit nur der Amylester

Amylpyruvat, der einen rumartigen Geruch besitzt. Dieser Ester soll im Gingergrasöl vorkommen.

Essigsäure CH^3—COOH.

Von Derivaten dieser Säure ist zunächst nur kurz die Acetessigsäure (Acetylessigsäure) zu erwähnen, deren Äthylester fruchtartigen Geruch besitzt.

Besonders interessant ist der

Benzyl-Acetessigester.

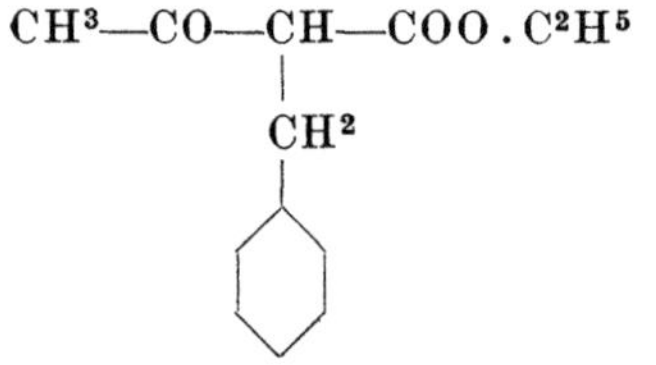

Leicht fruchtartiger Geruch mit feiner balsamischer Note, ähnlich dem Labdanum.

Sehr interessanter Körper für Phantasiekompositionen, besonders auch für Jasminbuketts.

Als besonders wichtiges Derivat der Essigsäure ist die

Phenylessigsäure C^6H^5—CH^2—COOH zu erwähnen. Die freie Säure besitzt einen kräftigen honig- und wachsartigen Geruch mit animalischer Unternote, die leicht fäkalisch ist und an Indol und Zibet erinnert. Sie wurde in Spuren im Neroliöl und wohl auch im Rosenöl (?) aufgefunden (sie kommt dort wahrscheinlich in Form gewisser Ester vor, die an dem honigartigen Geruch des Blütenöls Anteil haben).

Phenylessigsäure wird in der Parfumerie zu honigartigen Effekten (Rose usw.) sowie für künstlichen Zibet und als Fixateur vielfach verwendet. Interessant ist ihre Mitwirkung an der blumigen Note des Cyclamengeruches und vieler anderer Blütenarten (Tuberose, Jasmin usw.)

Man hat Phenylessigsäure auch als Ersatz des Indols bei Jasminkompositionen vorgeschlagen, um farblose künstliche Jasminöle zu erhalten. Es erscheint jedoch recht zweifelhaft, ob Phenylessigsäure das Indol auch nur einigermaßen ersetzen kann.

Von ganz besonderem Interesse sind aber die Ester der Phenylessigsäure (Phenylacetate), die heute zu den wichtigsten Riechstoffen der modernen Parfumerie zählen.

Allen Phenylacetaten so ziemlich gemeinsam ist eine moschusartige Note, die aber, je nach dem Alkoholradikal, ganz verschiedenartige Hauptnoten dominieren läßt. Fast alle besitzen auch die honigartige Note der Säure. Überhaupt ist die Geruchswirkung dieser Ester eine recht komplexe, so daß es in vielen Fällen schwer ist, dieselbe eindeutig zu beschreiben, weil zufolge ihrer Komplexität des Geruches eine oft recht lebhafte Oscillation zwischen verschiedenen typischen Teilnoten des Geruches stattfindet, ganz ähnlich wie wir dies später bei den Fettaldehyden und Fettalkoholen feststellen können.

Methyl-Phenylacetat. Brutaler Wachsgeruch mit honigartiger Beinote. Gewisse zartere Noten des Aromas erinnern auch an türkischen Tabak.

Äthylphenylacetat. Ähnlicher Geruch aber milder und stärker honigartig mit Unternote türkischer Tabak.

Beide Ester kommen zu Narcissenkompositionen in Anwendung, auch zu Blumenbuketts (Rose, Chèvrefeuille, Jasmin usw.), um gewisse honigwachsartige Teile des komplexen Blütenaromas wiederzugeben; der Äthylester wird zu Tabac Blond u. dgl. empfohlen.

Paracresyl-Phenylacetat. Kräftiger Narcissen- und Jonquillegeruch mit honigartigem Einschlag, der, obwohl recht brutal, doch weniger unangenehm ist als jener des p-Cresolacetats (Narceol), weil dem Phenylessigester die typische urinöse Note des p-Cresolacetats fehlt. Paracresylphenylacetat gibt die fäkal-blumige Note der Narcisse im Prinzip ganz naturgetreu wieder, erfordert aber naturgemäß große Vorsicht bei der Verwendung.

Isobutylphenylacetat. Ein sehr interessanter Ester, der zu Blumen- und Phantasiegerüchen der verschiedensten Art zu verwenden ist. Seine Hauptnote ist ein etwas weniger ausgeprägter Narcissengeruch, der aber nur gewisse Töne desselben, nicht aber auch die fäkal-blumige Note der Narcisse wiedergibt. Dieser Ester ist also lediglich ein wichtiges Komplement bei Narcissenkompositionen, dabei aber so blumig-originell, daß seine Verwendung in ganz verschiedenen Richtungen ermöglicht wird. Im Nachgeruch dieses Esters findet man wertvolle Eglantine-Jasmin- und Honig-Wachsnoten mit leicht moschusartigem Einschlag.

Metacresyl-Phenylacetat. Sein Geruch ist von dem des p-Cresylesters gänzlich verschieden. Hier kommt zunächst eine ziemlich starke Moschusnote zum Ausdruck, die bald einem blumigen Geruch nach Art des Ylang-Ylang Platz macht, aber trotzdem hartnäckig bestehen bleibt. Auch dieser Ester läßt sich für die verschiedenartigsten Kompositionen mitverwenden und gibt originelle, äußerst haltbare und nicht zu brutale Noten. Ein sehr wichtiger Riechstoff.

Phenyläthyl-Phenylacetat. Sein Eigengeruch ist nur schwach ausgeprägt. Er gibt teilweise gewisse Unternoten des Geißblatt- und Jonquillegeruches wieder, mit moschus-, honig- und wachsartiger Beinote. Sein diskreter, angenehmer Geruch gestattet auch die Verwendung größerer Mengen auch bei zarten Blumengerüchen (Rose usw.) kann seine Verwendung in kleinen Mengen in Frage kommen. Vielleicht ist Phenylessigsäure in Form dieses Esters im Rosenöl vorhanden (?).

Benzylphenylacetat. Honig- und Eglantinegeruch mit deutlicher moschusartiger Beinote, von ziemlich analogem Geruch ist das

Butylphenylacetat. Letzterer Ester leistet speziell in Rosenkompositionen hervorragende Dienste. Honigartiger Geruch mit blumigem Einschlag.

Amylphenylacetat. Besonders kräftige Moschusnote mit kakaoartigem Unterton.

Santalylphenylacetat. Schwacher Sandelholzgeruch mit sehr feiner honig- und wachsartiger Hauptnote, auch an Jonquille erinnernd.

Sehr interessanter Ester für Phantasie-, Jonquille- und Rosenkompositionen. Gibt in Phantasieparfums ganz eigenartig schwüle Noten. Wertvoll auch für Tabakgerüche nach Art des Tabac Blond.

Guajacyl-Phenylacetat. Sehr starker Honiggeruch mit phenolartiger Beinote. Wird speziell für Chèvrefeuillegerüche empfohlen. — Praktisch bis auf weiteres wohl ohne besonderes Interesse.

Eugenol-Phenylacetat. Gartennelkengeruch mit honig- und wachsartiger Beinote.

Isoeugenol-Phenylacetat. Ziemlich analoger Geruch.

Diese beiden Ester, besonders der letztere sind ganz ausgezeichnete Fixiermittel. Sie können bei Nelken- und Phantasieparfums große Dienste leisten.

Terpinylphenylacetat. Besitzt eine ganz eigenartig-blumige Note, in der Tonart Flieder, die diesen Ester sicher gut verwendbar macht.

Von der Essigsäure kommen wir, über die Mandelsäure (Phenyloxyessigsäure) $C^6H^5—CH(OH)—COOH$ zum

Phenylglycol $C^6H^5—CH(OH)—CH^2—OH$.

Dieser zweiwertige Alkohol ist interessant in Form seines Essigesters **Phenyl-Glycolacetat** (primäres Monoacetat), der im natürlichen Gardeniaöl enthalten ist und (recht wenig berechtigter Weise) als Styrolylacetat bezeichnet wird.

Dieser Ester, den wir hier nur dokumentarisch erwähnen, wird auch als „Gardeniol" bezeichnet. Der gleiche Name Styrolylacetat oder Gardeniol wird aber auch noch dem Acetat des Phenyl-Methylcarbinols gegeben.

Beide Ester werden später als Styrolylacetate ausführlich besprochen werden.

Kurz erwähnt seien hier auch das primäre Phenylglycolpropionat mit analogem aber feinerem Gardeniageruch als das Acetat.

Das sekundäre Phenylglycolacetat besitzt einen jasminartigen Geruch. Das Phenylglycol-Diacetat hat einen unbestimmt blumigen Geruch, der etwas an Maiglöckchen und Flieder erinnert.

Acetaldehyd $CH^3—C\begin{smallmatrix}/\!\!/ O \\ \diagdown H\end{smallmatrix}$.

Der Aldehyd findet nur als Zusatz bei künstlichen Fruchtäthern u. dgl. Verwendung.

Ein sehr wichtiges Derivat des Acetaldehyds ist der

Phenylacetaldehyd $C^6H^5—CH^2—C\begin{smallmatrix}/\!\!/ O \\ \diagdown H\end{smallmatrix}$.

Dieser dickflüssige Aldehyd ist in reinem Zustande nur sehr wenig haltbar, weil er durch Polymerisation bald in eine fast geruchlose Verbindung übergeht. Man muß diesen Aldehyd also am besten in 50%iger alkoholischer Lösung aufbewahren. In dieser Form ist er unbegrenzt haltbar.

Phenylacetaldehyd besitzt einen durchdringenden Hyacinthengeruch. Er wird besonders zur Wiedergabe des Hyacinthengeruches verwendet, aber auch in sehr häufigen Fällen als wertvoller Zusatz bei Blumen- und Phantasiebuketts benutzt. Infolge seines betäubenden Eigengeruches darf dieser Aldehyd nur in kleinen Mengen Verwendung finden und kann in den meisten Fällen nur durch spurenhafte Verwendung nützlich werden. Außerordentlich wichtig und wertvoll ist seine Mitwirkung bei den Noten Flieder, Narcisse, Gartennelke, Cyclamen u. a.

Zu beachten ist, daß Phenylacetaldehyd in zu großen Mengen oder z. B. zusammen mit Vanillin, Methylanthranilat u. a. verwendet, eine starke Gelbfärbung der Haut oder von Wäschestücken durch das Parfum veranlassen kann.

Methyl-Phenylacetaldehyd (nicht zu verwechseln mit p-Methyl-Phenylacetaldehyd!!) ist identisch mit dem Atropaaldehyd oder α-Phenylpropionaldehyd, der weiter unten besprochen werden soll. Wir erwähnen ihn hier nur dokumentarisch, um auf gewisse Klippen der Nomenklatur hinzuweisen, weil man Atropaaldehyd immer wieder unter dem Namen Methylphenylacetaldehyd antrifft.

p-Methyl-Phenylacetaldehyd (p-Toluyl-Acetaldehyd)[1], auch Aldehyd Syringa[2] genannt, besitzt einen eigenartig zart-herben Grüngeruch mit blumiger Beinote, der ihn bei Blumenbuketts, besonders Flieder u. dgl., sehr wertvoll macht. Er ist einer der modernsten Riechstoffe und wird sehr häufig in der modernen Parfumerie verwendet.

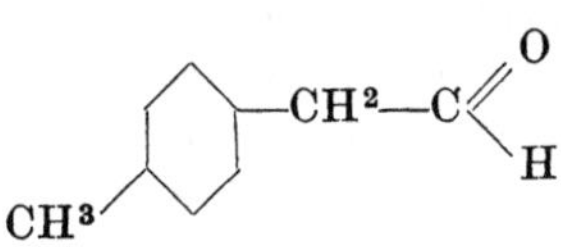

p-Methoxy-Phenylacetaldehyd (p-Anisyl-Acetaldehyd) besitzt einen ganz verschiedenen Geruch, der frischblumig ist und an Weißdorn *(Aubépine)* erinnert.

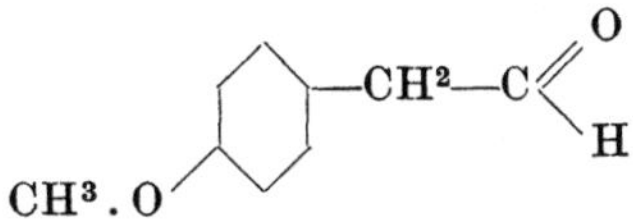

Auch dieser Aldehyd findet jetzt vielseitige Verwendung zu Blumen- und Phantasiegerüchen.

Interessant ist auch der

[1] Nicht zu verwechseln mit p-Toluylaldehyd.

[2] Ebenso nicht zu verwechseln mit dem Syringaaldehyd (Dimethyl-Gallusaldehyd, Dimethyltrioxybenzaldehyd)

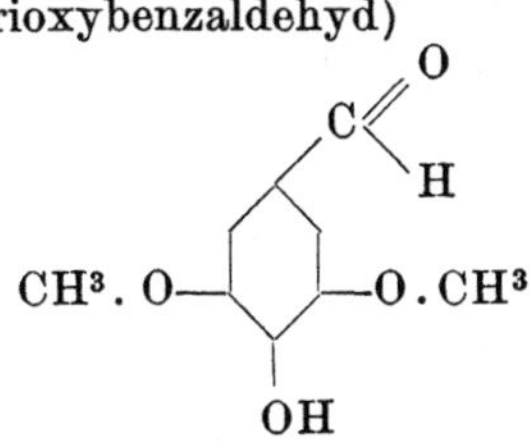

Methyl-naphtylacetaldehyd, der mit dem α-Naphtylpropionaldehyd identisch ist. (Auch hier wäre besser letztere Nomenklatur ausnahmslos zu wählen. Wir werden diesen Aldehyd daher auch später unter letzterem Namen bei den Propionsäurederivaten besprechen.

Der dem Phenylacetaldehyd entsprechende Alkohol ist der **Phenyläthylalkohol** (Benzylcarbinol) $C^6H^5—CH^2—CH^2—OH$.

Dieser Alkohol ist ein wichtiger Bestandteil des Rosenöls, des Orangenblütenöls u. a. Seine Verwendung in der Parfumerie ist eine äußerst vielseitige, in erster Linie bedient man sich dieses Alkohols bei Rosen- und Orangenblütenkompositionen. Außer diesem engeren Verwendungszweck dient er aber noch zu allen möglichen Parfumgemischen. Sehr interessant sind auch seine diversen Ester, die später an geeigneten Stellen einzeln besprochen werden sollen.

Interessant ist auch der

p-Toluyl-Äthylalkohol,

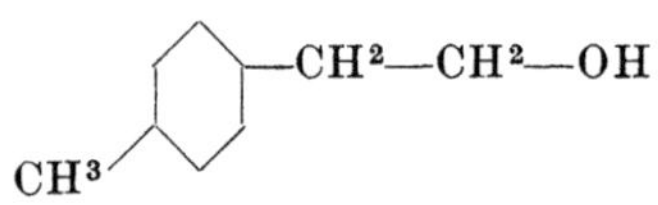

der einen resedaartigen Geruch besitzt.

Ester der Essigsäure (Acetate).

Benzylacetat. Dieser Ester kommt in zahlreichen natürlichen Riechstoffen vor und bildet einen wesentlichen Bestandteil des komplexen Aromas derselben. So kommt Benzylacetat in beträchtlichen Mengen im Jasminöl vor (etwa 60 bis 65%) und kann als wesentlicher Geruchsfaktor dieses wertvollen Blütenöles aufgefaßt werden. Aber auch in zahlreichen anderen Blüten- bzw. ätherischen Ölen ist Benzylacetat als wichtiger Bestandteil des Aromas anzutreffen, so z. B. im Ylang-Ylangöl, Gardeniaöl, Cassieblütenöl (von *Acacia Farnesiana*) u. a.

Der Geruch des Benzylacetats ist jasminartig mit deutlicher Fruchtnote (Aprikose), doch macht sich auch bei reiner Ware ein typischer, leicht kratzender Geruch geltend, der für die Zwecke der feinen Parfumerie entsprechend gemildert werden muß. Hier sind Zusätze verschiedenster Art, z. B. etwa 15% Benzylbutyrat oder -propionat zu empfehlen, ferner die klassischen Ingredienzien für Jasminnoten, wie Methylanthranilat, Benzylalkohol, Linalylacetat usw.

Benzylacetat wird in allen Zweigen der Parfumerie in beträchtlichen Mengen konsumiert und ist für die verschiedensten Geruchsnoten als auffrischender Zusatz vorzüglich verwendbar. Nur absolut chlorfreies Benzylacetat ist zu verwenden.

Statt Benzylacetat wird jetzt häufig der Monochloressigester des Benzylalkohols

Benzylmonochloracetat $CH^2(Cl)—COO—CH^2—C^6H^5$ empfohlen. Dieser Ester soll viel haltbarer sein als Benzylacetat und einen feineren Jasmingeruch besitzen.

Geranylacetat. Dieser Ester findet sich in besonders großen Mengen im ätherischen Öl von *Eucalyptus Macarturi* (etwa 60 bis 75%). In kleineren

Mengen kommt er im Palmarosaöl, Citronellöl Ceylon, Petitgrainöl, Neroliöl bigarade, Lemongrasöl, Lavendelöl und Corianderöl vor.

Sein Geruch ist schwach rosenartig (Rosenblätter), erinnert aber besonders deutlich an Bergamott- und Lavendelöl.

Er wird in immer steigendem Maße in der Parfumerie verwendet, sei es als Zusatz zu künstlichen Riechstoffgemischen als Abrundungs mittel, sei es als substantive Note für Hautcrèmes, Puder usw., wo er für zarte, unaufdringliche Noten mit Recht sehr geschätzt ist.

Cresylacetate. Der Essigsäureester des p-Cresols, auch Narceol genannt, besitzt einen ziemlich brutalen Geruch nach Narcisse. Störend wirkt hier besonders ein unangenehmer urinöser Beigeruch dieses Esters, Umstände, die eine besondere vorsichtige Verwendung desselben bedingen. Nichtsdestoweniger ist das p-Cresolacetat ein recht wertvoller Riechstoff für moderne Kompositionen verschiedenster Art, der, entsprechend abgetönt und vorsichtig verwendet, prächtige Resultate ergibt (Narcisse, Jonquille, Geißblatt, Flieder usw.).

Der Essigsäureester des m-Cresols besitzt einen Geruch, der gewisse Noten des Ylang-Ylanggeruches wiedergibt, aber ebenfalls eine deutliche Narcissennote aufweist. Man zieht diesen Ester daher auch statt des p-Cresylacetats zu Narcissekompositionen heran.

Phenyläthylacetat. Fruchtartige Note (Pfirsich) mit ausgeprägt blumigem Charakter (Rose und Gardenia).

Wertvoll für mannigfache Zwecke.

Phenylpropylacetat. Ist im Cassia-Zimtöl nachgewiesen worden. Leicht blumiger Geruch mit grüner Note. Interessant für Flieder-, Hyacinth- und Rosenkompositionen.

Butylacetat. Fruchtaroma (Banane, Himbeer und Birne).

Isobutylacetat. Fruchtaroma (Banane), besitzt aber eine interessante blumige Note. Für Maréchal Nielrose empfohlen.

Dieser Ester besitzt auch eine Teilnote des Eichenmoosgeruches und kann zu Kompositionen mit Moosgeruch gut verwendet werden.

Santalylacetat. Originelle fruchtartig-krautige Note, die bei Phantasiekompositionen und in der Note Eichenmoos gute Resultate ergibt, auch in vielen Phantasieparfums nach orientalischer Art ganz eigenartig-schwüle Effekte hervorbringt.

Bornyl- und Isobornylacetat. Geruch nach Fichtennadeln. Bornylacetat ist im Fichtennadelöl enthalten.

Linalylacetat. Wesentlicher Bestandteil des Lavendel- und Bergamottöles. Auch in zahlreichen anderen natürlichen Riechstoffen enthalten, z. B. im Petitgrainöl, Citronenöl, Neroliöl, italienischen Limettöl, Estragonöl, Gardeniaöl, Jasminöl, Ylang-Ylangöl und wahrscheinlich auch im Muskateller Salbeiöl (von *Salvia sclarea*). — Findet entsprechend vielseitige Verwendung.

Anisylacetat. Sehr feiner Weißdorngeruch *(Aubépine)*.

Cinnamylacetat. Fruchtartiger Geruch mit balsamischer und blumiger Beinote. Für Jasmin, Maiglöckchen usw.

Citronellylacetat. Rosengeruch mit eigenartiger (fruchtartiger) Beinote. Zu Rosenkompositionen usw.

Terpinylacetat. Findet sich im Cypressenöl *(Cupressus sempervirens)* und Fichtennadelöl. Besitzt einen bergamottähnlichen Geruch, der aber an Feinheit bei weitem nicht jenen des Linalylacetats erreicht. Für billige Bergamottersatzprodukte.

Nerylacetat. Sehr feiner Rosengeruch mit fruchtartiger Beinote.

Phenylbutylacetat. Rosen- und Pfirsichgeruch, auch an Gardenia erinnernd.

Guajylacetat. Teerosengeruch, auch etwas jasminartig riechend.

Eugenolacetat. Sehr feiner Geruch nach Nelkenstielen. Wurde auch im Nelkenstielöl aufgefunden.

Capryl- (Octyl-) Acetat. Kommt im Öl von *Heracleum sphondylium* vor (Bärenklauöl). Angenehmer fruchtartig-blumiger Geruch.

Nonylacetat. Eigenartig frisch-blumiger Geruch, der gleichzeitig an Tuberose, Rose, Neroli und Reseda erinnert (Oscillation).

Decylacetat. Fruchtig-blumiger, sehr frischer Geruch. Die Hauptnote ist orangenartig, gewisse Unternoten erinnern an Jasmin, Tuberose und Rose. — Wird zu vielen Kompositionen zum Auffrischen verwendet, z. B. für künstliches Neroliöl u. a.

Vetiverylacetat aus Vetiverol durch Verestern erhalten. Besitzt einen feinen Vetivergeruch und ist ein wertvoller Riechstoff für moderne Kompositionen.

Styrolylacetat. Wir hatten bereits Gelegenheit auf die Willkürlichkeit der Nomenklatur für diesen Ester hinzuweisen. Wir wiederholen, daß diese Ester durchaus keine Derivate des Styrols darstellen, sondern, daß hierunter Acetate des Phenylglycols oder des Phenylmethylcarbinols zu verstehen sind.

Styrolylacetat (Gardeniol I) (primäres Phenylglycolmonoacetat).

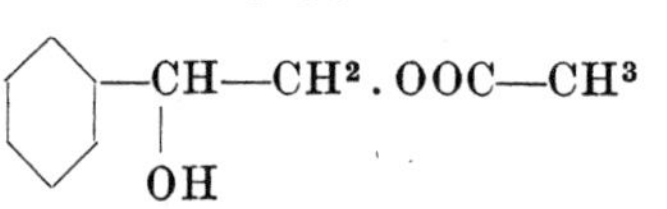

Styrolylacetat (Gardeniol II) (Phenylmethylcarbinolacetat).

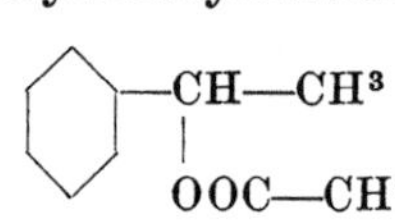

Beide Verbindungen besitzen zwar einen ziemlich analogen Geruch nach *Gardenia*, doch sind gewisse Unterschiede vorhanden.

Styrolylacetat wird in ausgedehntem Maße zu Gardeniaparfums und vielen anderen Blumengerüchen (Maiglöckchen, Flieder usw.) herangezogen, auch in Phantasiebuketts gibt es gute Resultate.

In manchen Fällen finden wir auch das Diacetat des Phenylglycols unter dem Namen Styrolylacetat oder Gardeniol im Handel. Ja einzelne Autoren haben sogar das Cinnamylacetat als Styrolylacetat bezeichnet und damit zu neuen Mißverständnissen beigetragen, die um so bedauerlicher sind, als Cinnamylacetat einen ganz verschiedenen Geruchscharakter zeigt.

Das sekundäre **Phenylglycolacetat** besitzt einen mehr jasminartigen Geruch.

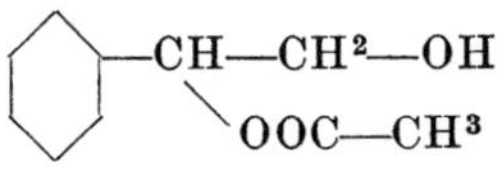

Phenylglycol-Diacetat.

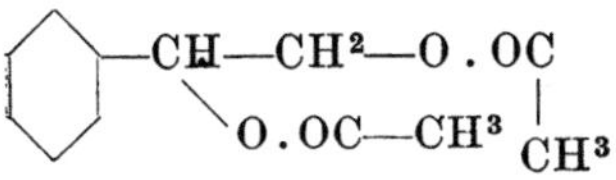

Unbestimmt blumiger Geruch in den Noten *Gardenia*, Maiglöckchen und Flieder. Findet entsprechende Anwendung.

Propionsäure $CH^3—CH^2—COOH$.

Als Derivate dieser Säure interessieren uns, abgesehen von den später zu erwähnenden Estern, folgende:

β-Phenylpropionsäure, Hydrozimtsäure $C^6H^5—CH^2—CH^2—COOH$. Diese Säure besitzt einen schwachen rosen- und hyacinthartigen Geruch und wird manchmal auch in freiem Zustande verwendet. Man schreibt ihr kräftig fixierende Wirkung zu.

Viel interessanter sind aber der Aldehyd und der Alkohol dieser Säure. Interessant ist auch u. a. ihr Methylester, der Jasmingeruch besitzt.

Hydrozimtaldehyd (β-Phenylpropionaldehyd) $C^6H^5—CH^2—CH^2—C{\lt}^{O}_{H}$. Dieser Aldehyd ist ein außerordentlich wertvoller Faktor der modernen Parfumerie-Kompositionstechnik und leistet in der Hand des erfahrenen Fachmannes hervorragende Dienste in den verschiedensten Noten.

Er ähnelt geruchlich in vieler Beziehung gewissen Fettaldehyden, mit denen er auch die charakteristische Oscillation der Einzelgeruchsnoten gemeinsam hat.

Die erste Phase seines komplexen Geruches ist eine stark fettige, grüne und zugleich holzige Note, dann lassen sich als Unternoten hyacinthenartig-blumige und balsamische Noten deutlich feststellen. Der Nachgeruch ist nicht fettig, sondern blumig-balsamisch mit holzig-grüner Note.

Der zwischendurch auftretende hyacinthenartige Geruch hat eine schwache Ähnlichkeit mit jenem des Phenylacetaldehyds; doch geht es viel zu weit, den Hydrozimtaldehyd etwa als Ersatz des Phenylacetaldehyds empfehlen zu wollen, wie dies in vereinzelten Fällen in der Literatur versucht wurde.

Wichtig ist die absolute Seifenbeständigkeit dieses Aldehyds auch in kräftig abgerichteten (alkalischen) Seifen.

Selbstverständlich verlangt auch der Gebrauch dieses wertvollen Aldehyds große Umsichtigkeit und Vermeiden zu starker Dosen. Als annäherndes Maximum in Ölmischungen wird 3 bis 5% angegeben. Ganz besondere Dienste leistet dieser Aldehyd bei Flieder (ca. 0,5 bis 1%), Chèvrefeuille (0,5%), Narcisse (0,7%) und vielen anderen Blütengerüchen, um die grüne Note (Blattgeruch) zu unterstreichen.

Ganz reizvolle Effekte gibt der Hydrozimtaldehyd in Phantasiekompositionen, besonders zusammen mit kräftigeren balsamischen Noten.

Hydrozimtaldehyd wurde im Ceylonzimtöl aufgefunden.

Hydrozimtalkohol (β-Phenylpropylalkohol) $C^6H^5—CH^2—CH^2—CH^2—OH$. Findet sich als Acetat im Ceylonzimtöl, als Cinnamat im Styrax, Benzoe (Sumatra) und Perubalsam. Er hat einen ähnlichen Geruch wie der Aldehyd, jedoch viel schwächer und weniger fettig.

Man verwendet ihn oft in größeren Mengen bei Resedakompositionen (10%), auch für Flieder, Jonquille, Narcisse usw.

Die schwache Resedanote dieses Alkohols ist charakteristisch für ihn und fehlt im Hydrozimtaldehyd vollständig. Von Estern dieses Alkohols sei das Acetat erwähnt, das einen fruchtartig variierten Ton der Grundnoten des Alkohols zeigt. Der Methyläther des Hydrozimtalkohols riecht nach Orangenblüten.

p-Methyl-Hydrozimtaldehyd.

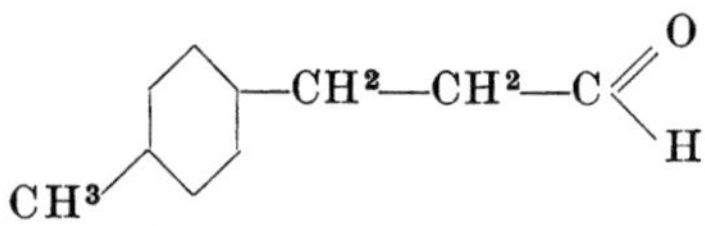

Dieses Derivat besitzt Zimtgeruch, der auch einen deutlichen Beigeruch nach Heliotrop zeigt.

α-Amyl-Hydrozimtaldehyd

$$C^6H^5—CH^2—\underset{\displaystyle C^5H^{11}}{\underset{|}{CH}}—C\begin{matrix}\nearrow O\\ \searrow H\end{matrix}$$

zeigt einen ähnlichen Geruch wie der α-Amylzimtaldehyd (Jasminaldehyd), jedoch ist sein Geruch weniger kräftig jasminartig mit mehr grün-fettiger Note.

Die **Hydratropasäure** (α-Phenylpropionsäure) sei hier nur dokumentarisch erwähnt als Muttersubstanz folgender wichtiger Derivate:

Hydratropaaldehyd (α-Phenyl-Propionaldehyd),

$$C^6H^5—\overset{\displaystyle CH^3}{\overset{|}{CH}}—C\begin{matrix}\nearrow O\\ \searrow H\end{matrix}$$

auch oft, wenig glücklich, als Methyl-Phenylacetaldehyd bezeichnet.

Sehr interessanter Riechstoff, der ähnlich wie Phenylacetaldehyd riecht, aber weniger betäubend und mit einer leicht grünen Unternote.

Dieser Aldehyd ist viel beständiger wie Phenylacetaldehyd, da er nicht polymerisiert. Sein Geruch ist ungleich feiner und kann der Phenylacetaldehyd in vielen Fällen (nicht in allen!) mit Vorteil durch Hydratropaaldehyd ersetzt werden.

Für Hyacinthe, Rote Rose, Flieder und viele andere Kompositionen.

Hydratropaalkohol (α-Phenylpropylalkohol),

$$C^6H^5—\overset{\displaystyle CH^3}{\overset{|}{CH}}—CH^2—OH$$

auch als Methyl-Phenyläthylalkohol bezeichnet. Besitzt einen ziemlich schwachen, an Phenyläthylalkohol erinnernden Rosengeruch.

α-Naphtyl-Propionaldehyd (Methyl-β-Naphtylacetaldehyd).

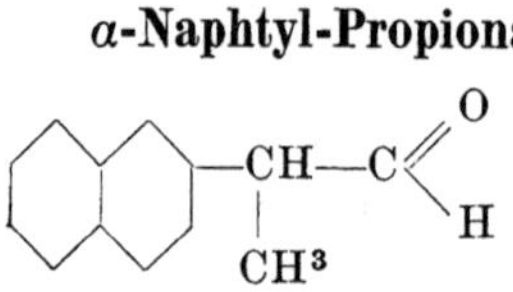

Dieser Aldehyd besitzt einen ziemlich kräftigen Geruch nach Orangenblüten.

Ester der Propionsäure (Propionate).

Die niederen Ester der Propionsäure, Methyl- und Äthylpropionat besitzen Rum- und Arrakgeruch und kommen für die Parfumerie nicht in Betracht. Ebenso der Propyl- und Butylester. Der Amylester zeigt einen himbeerartigen Geruch mit Rumunternote.

Styrolylpropionat. Als solche kommen die beiden den Acetaten analogen Verbindungen:

Phenylglycolpropionat und **Phenylmethylcarbinolpropionat.**

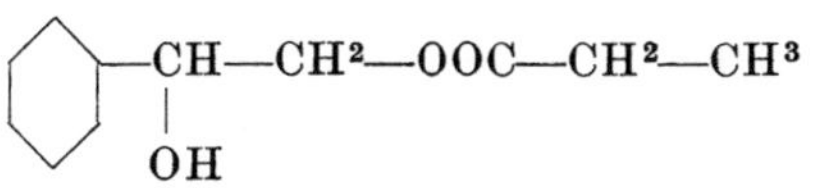

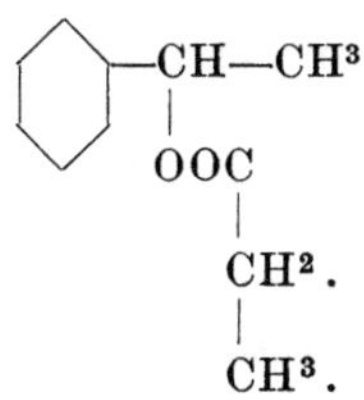

zur Verwendung.

Beide zeigen einen kräftigen Gardeniageruch mit Narcissennote und finden Verwendung für Gardeniaparfums und viele andere Blumen- und Phantasiegerüche (Narcisse usw.).

Phenyläthylpropionat. Feiner, aber schwacher Rosengeruch. Besonders zu Rosenparfums.

Benzylpropionat. Jasmingeruch feiner als jener des Benzylacetats. Dient zu Jasminkompositionen und wird bis zu 20% als Zusatz zu Benzylacetat empfohlen, um die rauhe Note des letzteren zu mildern.

Lauryl- (Duodecyl-) Propionat. Besitzt eine eigenartige Pilznote (Champignon, Trüffel), die sehr originelle Effekte in Phantasiekompositionen zu erzielen gestattet.

Geranylpropionat. Besitzt einen etwas grünen Rosengeruch, bei dem die grüne Note zu stark hervortritt als daß man von einem Rosengeruch sprechen könnte.

Kann als Nuanceur bei Spezialrosen und Phantasiebuketts beachtenswerte Dienste leisten.

Citronellylpropionat. Feiner, etwas fruchtiger Rosengeruch, der auch gewisse Untertöne des Chèvrefeuillegeruches wiedergibt. Wird besonders zu Chèvrefeuillekompositionen und Rosen, aber auch zu Phantasiebuketts gebraucht.

Linalylpropionat. Lavendel- und Bergamottgeruch. Besitzt aber eine eigenartige Note, die kein anderer Riechstoff aufweist, die der komplexen Note des Muskateller Salbeiöles (*Sauge sclarée*) sehr nahe steht. Man benutzt diesen Ester daher mit Erfolg zur Herstellung künstlichen Muskateller Salbeiöles.

Eignet sich auch vorzüglich als verfeinernder Zusatz zu künstlichen Lavendel- und Bergamottölen, auch zu *Eaux de Cologne*.

Als wichtiger Riechstoff der Beachtung empfohlen.

Terpinylpropionat. Feiner Lavendelgeruch mit stark bergamottartigem Einschlag.

Wertvoll für Bergamott- und Lavendelkompositionen, aber auch für Phantasieparfums.

Cinnamylpropionat. Krautig-balsamische Note, die auch einen weinrebenartigen Unterton besitzt.

Buttersäure und Iso-Buttersäure.

$$CH^3{-}CH^2{-}CH^2{-}COOH \qquad \begin{matrix} CH^3 \\ CH^3 \end{matrix}\!\!>\!CH{-}COOH$$

Hier interessieren uns in erster Linie die Ester dieser beiden Säuren. Ester der entsprechenden Alkohole werden bei den entsprechenden Säurederivaten besprochen, Butyl- bzw. Isobutyläther des Naphtols in der Naphtalingruppe.

Ganz allgemein gesprochen sind Butyrate und Isobutyrate sehr wertvolle Materialien für die Parfumerie, deren Wichtigkeit vielleicht noch zu oft verkannt wird.

Butyrate. In der Natur findet man solche Ester im Lavendelöl, Macisöl, Baldrianöl, Poleyöl u. a.

Geranylbutyrat. Sehr feiner Rosengeruch, der jenem des Geranylacetates an Feinheit überlegen ist.

Wird mit bestem Erfolg zu Rosenkompositionen und ganz besonders auch zu Lavendelkompositionen und Phantasiebuketts verwendet. Auch bei Jasmin spielt dieses Produkt eine wichtige Rolle, um die Härte des Benzylacetatgeruches zu mildern, ähnlich wie das Benzylbutyrat.

Seine Verwendung zu Phantasiekompositionen kann nicht genug empfohlen werden, wegen der reizvollen Effekte, die damit zu erzielen sind, besonders um frische Noten zu erhalten, auch für Lavendelkompositionen sehr zu empfehlen.

Benzylbutyrat. Für Jasmin (Zusatz von ca. 12% zum Benzylacetat, um dessen harten Ton zu mildern.

Linalylbutyrat. Wesentlicher Bestandteil des Lavendelaromas, der bei der Wasserdampfdestillation zum größten Teil verloren geht. Dieser Ester ist mit Linalylisobutyrat, Cumarin und Methylumbelliferon maßgebend für die Feinheit des komplexen Lavendelaromas und begründet die Überlegenheit von Petrolätherextrakt-Lavendelprodukten.

Wichtiger Zusatz zu künstlichen Lavendelölen und zu einer Menge anderer Kompositionen.

Citronellylbutyrat. Rosengeruch (Tee- und Moosrose) mit fruchtiger Beinote, ähnlich jenem des Geranylbutyrates.

Phenyläthylbutyrat. Rosenaroma mit erdbeer- und pfirsichartiger Beinote. — Gibt ganz ausgezeichnete Resultate bei der Parfumierung von Crèmes usw.

Amylbutyrat. Erdbeerartiger Fruchtgeruch, auch an Aprikose, Banane und Ananas erinnernd.

Cinnamylbutyrat. Fruchtartiger Geruch mit Rosennote und balsamischer Beinote. — Soll bei Phantasie-*Eaux de Cologne* gute Resultate geben.

Para-Cresylbutyrat. Ylang-Ylanggeruch, auch narcissenartige Beinote. — Für Ylang-Ylang kstl. und Narcissenkompositionen.

Santalylbutyrat. Teerosennote mit balsamischem Charakter. — Wichtig für Rosenparfums und Phantasienoten im orientalisch-schwülen Geschmack.

Terpinylbutyrat. Lavendelgeruch. — Für künstliche Lavendel- und Bergamottöle.

Heptylbutyrat. Interessanter Grüngeruch, der jenem der Heptincarbonsäureester ähnlich, aber milder ist (Veilchenblättergrün). — Sehr interessanter Körper für Veilchen- und Phantasiekompositionen.

Octylbutyrat. Rose mit Fruchtcharakter.

Decylbutyrat. Sehr feiner jasminartiger Geruch mit Fruchtnote.

Isobutyrate. Von diesen kommen einige im Zimtöl Ceylon, Lavendelöl, Arnikablütenöl u. a. vor.

Geranylisobutyrat. Geruch analog wie das Butyrat aber feiner.

Terpinylisobutyrat. Feiner Lavendelgeruch mit balsamischer Note.

Linalylisobutyrat. Besonders feiner und natürlicher Lavendelgeruch. — Für Lavendelkompositionen.

Isobutyrate des p-Cresols, des Phenyläthylalkohols und des Citronellols zeigen analogen Geruch wie die entsprechenden Butyrate, nur ist der Geruch durchwegs feiner und beständiger.

Santalylisobutyrat. Sehr feiner Teerosengeruch mit Sandelholznote, ähnlich dem Butyrat.

Valeriansäure $CH^3—CH^2—CH^2—CH^2—COOH$.

Die Valerianate sind geruchlich sehr interessante Körper, weil sie Noten besitzen, die, auch nicht annähernd, von anderen Riechstoffen wiedergegeben werden können. Im allgemeinen haben sie eine deutlich moschusartige Beinote, die aber von jener der Phenylacetate deutlich verschieden ist. Sie wurden in einzelnen natürlichen Riechstoffen beobachtet (Cypressenöl, Lavendelöl [?]).

Amylvalerianat. Fruchtgeruch (Apfel). Zu Fruchtäthern und zu *Apple Blossom*-Parfums geeignet.

Benzylvalerianat. Fruchtig-blumig rosenartig. Ist ein guter Fixateur und guter Verwendung zu mannigfachen Geruchskompositionen fähig.

Cinnamylvalerianat. Riecht teerosenartig, aber schwach.

Terpinylvalerianat. Kommt im Cypressenöl vor. Riecht cypressenartig und ist ein sehr interessanter Riechstoff.

Geranyl- und Linalylvalerianat. Geben feine Untertöne des Lavendelgeruches.

Phenyläthylvalerianat. Fruchtgeruch.

Santalylvalerianat. Würziger rosenartiger Geruch (Pfeffernote). Ist ein Komplementgeruch der Gruppe S a n t a l y l, die durch andere Ester des Santalols vertreten wird (schwüle, orientalische Noten).

Octylvalerianat. Weinhefengeruch (*Cognac*) mit orangenartiger Beinote (Mandarine).

Para-Cresylvalerianat. Ein sehr interessanter Körper mit deutlichem Zibetgeruch. Wird als Ersatz des Scatols im künstlichen Zibet benutzt.

Kurz und rein dokumentarisch sei hier auch das

Menthylvalerianat erwähnt, das als vorzügliches Mittel bei Seekrankheit verwendet wird.

Die Valerianate verdienten jedenfalls eine größere Aufmerksamkeit als ihnen bisher zu Teil geworden ist.

Auch verschiedene Ester der Iso-Valeriansäure

$$\begin{matrix} CH^3 \diagdown \\ \rangle CH—CH^2—COOH \\ CH^3 \diagup \end{matrix}$$

sind von Interesse, z. B. Terpinyl-Isovalerianat u. a.

Der zum Gliede C. 5 gehörige Alkohol, der Amylalkohol, liefert in Form seiner Ester eine ganze Serie wichtiger Riechstoffe, die am geeigneten Platz Erwähnung finden sollen.

B. Eigentliche Fettsäuren.

1. *Niedere Fettsäuren.*

Nachdem wir die niederen Glieder der aliphatischen Säuren besprochen haben, kommen wir zu den höheren Säuren dieser Reihe, die unter dem Namen „Eigentliche Fettsäuren" zusammengefaßt werden und auch die in der modernen Parfumerie hochwichtigen „Fettaldehyde" einschließen.

Niedere Fettsäuren C. 6 bis C. 13. Die niederen Fettsäuren interessieren hier, abgesehen von einigen wertvollen Estern, in erster Linie als (theoretische) Muttersubstanz der Fettaldehyde und Fettalkohole C. 6 bis C. 13.

Wie bereits allgemein bekannt, spielen besonders diese Aldehyde eine ganz hervorragende Rolle in der modernen Parfumerie, in gewisser Beziehung auch die entsprechenden Fettalkohole und soll daher zunächst eine

kurze Charakteristik der Fettaldehyde und Fettalkohole vom parfumerietechnischen Standpunkt

vorausgeschickt werden.

Nachdem die Feststellung des Vorkommens gewisser Fettaldehyde in vielen ätherischen Ölen die Aufmerksamkeit auf diese Gruppe aliphatischer Körper gelenkt hatte und besonders seitdem man diese Aldehyde, trotz der minimalen Mengen, in denen sie vorkommen, als besonders wichtige Faktoren des komplexen Gesamtaromas identifiziert hatte, hat die Verwendung der Fettaldehyde und teilweise auch der korrespondierenden Alkohole, eine so weittragende Bedeutung in der angewandten Parfumerie gewonnen, daß ein prinzipieller Umschwung in der Kompositionstechnik unter ausgiebigster Heranziehung dieser Aldehyde die Folge war.

Dies einerseits, weil die Verwendung der Fettaldehyde eine ganz unnachahmliche Originalität der Gesamttonalität der Komposition zu erreichen gestattet, deren origineller, neuartiger Reiz in sehr kurzer Zeit den Beifall der Verbraucher fand, also die eigenartig-bizarren Noten, die sich ausschließlich nur durch diese Aldehyde erzielen lassen, in den Vordergrund des allgemeinen Interesses gerückt hat.

Anderseits gestattet bei der Wiedergabe des Duftes ganz bestimmter Blütengattungen die Mitverwendung der Aldehyde bzw. Alkohole der niederen Fettsäuren Effekte von ganz überraschender Natürlichkeit zu erzielen, die Nachbildungen ohne Mitverwendung dieser wertvollen Körper weit in den Schatten stellen und jene als Nachbildungen recht primitiver Art erkennen lassen. Der große Anteil, den auch ganz unscheinbare Mengen eigenartig riechender aber sich einer gegebenen Geruchstonalität anpassenden Körper an dem komplexen Akkord des Geruches nehmen können, ist, nach dem Stande unseres, allerdings rein hypothetischen Wissens in dieser Hinsicht, eine Tatsache, die als bekannt und notorisch feststehend angenommen werden darf, durch die subtilen Effekte der Fettaldehyde aber aufs neue bestätigt wird. Wir dürfen uns aber, ohne Übertreibung, von der Mitwirkung der Fettaldehyde bzw. Alkohole sicher noch viel mehr versprechen, wenn die nötige Routine und Zielbewußtheit ihrer Verwendung, die heute noch das Privileg eines kleineren Kreises besonders geschulter und weitblickender Parfumeure ist, einmal weiteren Kreisen zugänglich geworden sein wird; ebenso auch wenn der Reinheitsgrad der im Handel befindlichen Aldehyde dieser Art im allgemeinen ein solcher sein wird, daß Mißerfolge, denen man sich durch Verwendung verunreinigter Aldehyde stets aussetzt, praktisch ausgeschlossen werden.

Wichtig ist auch eine geeignete Aufbewahrung der Fettaldehyde, die in konzentriertem Zustand sehr leicht der Autoxydation unter Bildung übelriechender Fettsäuren unterworfen sind. Man muß die Fettaldehyde also in alkoholischer Lösung vorrätig halten und sollen diese Lösungen in möglichst hochgefüllten gut verschlossenen Flaschen aus dunklem Glas, also vor Luft und Licht geschützt aufbewahrt werden.

Man empfiehlt meist 10%ige Lösungen der Fettaldehyde in Alkohol, eine Konzentration, die auch für die meisten Fälle ausreicht. Man kann indes auch viel stärkere Lösungen herstellen, ohne, bei entsprechender Vorsicht, eine Zersetzung befürchten zu müssen. So halten sich auch 50%ige alkoholische Lösungen der Fettaldehyde bei entsprechender Aufbewahrung tadellos.

Wir dürfen auch sicher noch Bedeutendes erwarten, wenn die Rolle ganz bestimmter Aldehyde dieser Klasse im natürlichen Aroma der Pflanzen durch wissenschaftliche Erforschung weiter geklärt sein wird, bzw. wenn ihre Anwesenheit in zahlreichen Naturprodukten, wie dies zum Teil schon geschehen, neuerdings einwandfrei festgestellt werden kann und damit immer neue Fingerzeige zur zweckmäßigen Heranziehung dieser unendlich wertvollen Körper gegeben worden sind.

Nach dem heutigen Stande der praktischen Verwendung der Fettaldehyde sind wir berechtigt, derart hochgespannte Erwartungen zu hegen, dies um so mehr, als schon jetzt Resultate erzielt wurden, denen ein geradezu epochaler Erfolg zuerkannt werden muß. Mögen also diese

Erfolge der Ansporn zu wissenschaftlichen und empirischen Forschungen sein, die das Wesen der Aldehydwirkung im natürlichen Pflanzenaroma und in künstlichen Nachbildungen desselben, bzw. bei Erzielung neuer origineller Noten von auserlesenem Geschmack noch weiter klären, aber auch jeder Mißbrauch sorgfältig a priori vermieden werden.

Allgemeines über den Geruch der Aldehyde. Geruchseindrücke sind, schon ganz allgemein gesprochen, rein individuell empfunden und daher nur schwer bzw. gar nicht in allgemein gültiger, sozusagen autoritativer Form zu beschreiben. Dies trifft nun in ganz besonderem Maße bei den Fettaldehyden zu, deren komplexe Gesamtgeruchswirkung infolge stark ausgeprägter Oscillation einer ganzen Serie von Einzelgerüchen verschiedener Art nur äußerst schwer definierbar ist, aber überhaupt nicht im Sinne eines einzigen bestimmten Geruchstyps festzulegen ist. Dies wolle als prinzipiell wichtig beachtet werden und erklärt auch die wesentlich abweichenden diesbezüglichen Angaben der Literatur.

Allgemeines über den Geruch der Fettalkohole. Die Alkohole C. 6 und C. 7 sind ohne geruchliches Interesse. Die höheren Glieder stehen den korrespondierenden Aldehyden im allgemeinen geruchlich nahe, obwohl hier auch recht verschiedene Geruchswirkungen festzustellen sind. Charakteristisch ist auch bei den Alkoholen die Oscillation des Geruches, die eine einheitliche Definierung unmöglich macht. Die bei Verwendung der Fettalkohole erzielten Effekte sind durchwegs milder als jene der Aldehyde, d. h. die Alkohole können in relativ größeren Mengen verwendet werden. Natürlich lassen sich, ebensowenig wie für die Aldehyde, einigermaßen genaue Angaben über die Maximalmenge machen, weil eine solche von der Art des Riechstoffgemisches abhängt.

In vielen Fällen macht diese ungleich diskretere Geruchswirkung der Fettalkohole jene besonders wertvoll bei zarten Gerüchen. Jedenfalls können unter Verwendung der Fettalkohole aber keineswegs die Originalwirkungen der Aldehyde restlos wiedergegeben werden, weil den Alkoholen anderseits wieder gewisse brutal-bizarre Noten der Aldehyde fehlen, die, entsprechende Dosierung immer vorausgesetzt, die Verwendung der Aldehyde besonders wertvoll machen.

Die größte Analogie mit seinem Aldehyd besitzt unstreitig der Laurinalkohol, aber auch er kann den Laurinaldehyd nicht annähernd ersetzen, höchstens in seinen Effekten ergänzen. Vielleicht kommen wir der Wahrheit am nächsten, wenn wir die Fettalkohole in geruchlicher Beziehung als Komplemente der Fettaldehyde ansehen.

Wir kommen nun zur Besprechung der einzelnen Glieder der niederen Fettsäuren und ihrer Abkömmlinge. Im Rahmen dieser Abhandlung sollen auch die betreffenden Ester der niederen Fettsäuren und Fettalkohole gebührend berücksichtigt werden, ebenso die sekundären Formen der Fettalkohole (Carbinole) und deren Derivate (Ketone).

Säure C. 6. (n-Hexylsäure, Capronsäure) C^5H^{11}—COOH.

Eine der niederen Fettsäuren des Schweißes. Kommt in veresterter Form im Lemongrasöl, Palmarosaöl, Campheröl, Bärenklauöl *(He racleum sphondylium)* und Lavendelöl (hier als Linalyl- und Geranylester) vor.

Ester der Capronsäure (Capronate). Besitzen einen fruchtartigen Geruch, mit wechselnder Tonalität, je nach dem Alkoholradikal. Auch eine blumige Note ist erkennbar.

Octylcapronat kommt in nicht unbeträchtlichen Mengen im Bärenklauöl *(Heracleum sphondylium)* vor.

Geranylcapronat wurde im Lavendelöl und Palmarosaöl nachgewiesen.

Amylcapronat besitzt einen blumenartigen Geruch mit fruchtartiger Note ganz origineller Wirkung.

Äthyl- und Methylcapronat besitzen ausgesprochen fruchtartigen Geruch.

Aldehyd C. 6 (n-Hexylaldehyd, Capronaldehyd) $C^5H^{11}—C\langle{}^{O}_{H}$. Sein Vorkommen im Eucalyptusöl (Globulus u. a.) konnte festgestellt werden.

Sein Geruch ist sehr originell fettig und leicht schweißartig mit fruchtartiger Note von säuerlichem Charakter.

Auch ein butterartiger Geruch macht sich geltend mit Orangen-Citronennote und schwach blumigem Charakter.

Die charakteristische Oscillation der Einzelnoten des komplexen Aldehydgeruches kommt hier etwa in folgenden Phasen zum Ausdruck:

Erster Eindruck: schwacher Schweißgeruch mit pilzartiger Note, dann blumiger Geruch etwas fruchtig, schwankend zwischen Jasmin, Orange, Citron und Rose.

Untertöne: Hefenartig, fruchtig säuerlich und butterartig (Carouben).

Nachgeruch: Säuerlich, fruchtig und butterartige Note mit deutlich blumiger Note (Jasmin, Rose, Hyacinthe).

Die Gesamtgeruchswirkung ist originell und fein, nicht zu aufdringlich.

Hexylaldehyd wird relativ selten verwendet, wäre aber sicher größeren Interesses würdig.

n-Hexylalkohol (Capronalkohol) $C^5H^{11}—CH^2—OH$ kommt in Form seiner Ester in der Natur vor, und zwar: als Hexylbutyrat (Capronbutyrat) im ätherischen Öl von *Heracleum giganteum,* als Hexylacetat im ätherischen Öl von *Heracleum sphondylium* (Bärenklauöl).

Der Alkohol selbst ist wenig interessant.

Von interessanten Derivaten sind zu erwähnen:

Phenyl-Hexylalkohol von kräftigem Rosengeruch.

Säure C. 7. (n-Heptylsäure, Oenanthylsäure) $C^6H^{13}—COOH$.

Wurde im Kalmusöl und Hopfenöl nachgewiesen.

Ester der Oenanthylsäure (Heptylsäure).

Äthylheptylat. Blumiger Geruch.

Amylheptylat. Kräftiger Blumengeruch mit fruchtartiger Note.

Heptylheptylat. Der Geruch dieses Esters zeigt viel Analogie mit jenem des Heptylaldehyds.

Aldehyd C. 7 (n-Heptylaldehyd, Oenanthylaldehyd) $C^6H^{13}—C\langle^{O}_{H}$.

Der Geruch dieses Aldehyds läßt sich etwa wie folgt definieren: Erster Eindruck starker Schweißgeruch mit fettiger Note. Dann tritt eine blumige Note auf, die zwischen Rose und Orangenblüte schwankt mit hefenartiger Unternote. Die rosenartige Note tritt bald deutlicher hervor, während die Orangennote zurückgeht, Blumennoten kommen aber mit deutlich fettiger Untertönung und mit schweißartigem Geruch gemischt zum Ausdruck. Der Nachgeruch ist deutlich blumig mit ausgeprägten Noten Rose-Orangenblüte (Neroli) auf schwach fruchtig-säuerlicher Grundlage, jedoch ohne schweißigen Nachgeruch.

Der Heptylaldehyd wird mit ganz besonderem Erfolg zu Nerolikompositionen verarbeitet, und zwar in Mengen, die zwischen 0,15 und 0,3% der Ölmischung schwanken. Aber auch bei anderen Gerüchen leistet er gute Dienste.

Durch Kondensation mit Aceton entsteht

Oenanthylidenaceton $C^6H^{13}—CH=CH—CO—CH^3$ mit kräftigem Jasmingeruch.

n-Heptylalkohol (Oenanthylalkohol) $C^6H^{13}—CH^2OH$. In primärer Form in der Natur nicht nachweisbar. Von Estern wird nur das Formiat zu Fruchtaromen verwendet. In geruchlicher Hinsicht nicht interessant.

Nicht uninteressant ist ein Derivat des Heptylalkohols, der

Phenyl-Heptylalkohol, der schönen rosenartigen Geruch besitzt.

Der sekundäre Heptylalkohol

Methyl-Amylcarbinol $CH^3—CH(OH)—C^5H^{11}$ ist im Nelkenöl nachgewiesen worden. Durch Oxydation entsteht aus dem Carbinol das entsprechende Keton:

Methylamylketon $CH^3—CO—C^5H^{11}$, das im Nelkenöl und Zimtöl Ceylon nachgewiesen wurde. Methylamylketon ist ein ganz besonders wichtiger Geruchsfaktor des Nelkenöls, der, zufolge fast gänzlicher Elimination des Methylamylketons durch das Destillationswasser, die erheblichen Unterschiede im Aroma des Petroätherextraktionsproduktes (Nelken-Resinoid) und des ätherischen Öles (Nelkenöl) durch fast gänzliches Fehlen in letzterem bedingt. Immerhin sind auch die im ätherischen Nelkenöl enthaltenen spurenhaften Mengen von Methylamylketon noch hinreichend um deutliche Unterschiede zwischen dem Aroma des Nelkenöles und jenem des Eugenols zu bedingen. Dieses Keton wird auch synthetisch hergestellt und leistet zu mannigfachen Zwecken hervorragende Dienste (künstliches Zimtöl usw.).

Säure C. 8 (n-Octylsäure, Caprylsäure) $C^7H^{15}—COOH$. Findet sich im Schweiß. Nachgewiesen im Macisöl, Campheröl, Hopfenöl und Portugalöl. Ihre Ester sind interessant für Fruchtaromen, können aber auch in der Parfumerie verwendet werden.

Caprylate. Bekannt sind u. a. Äthyl-Methyl- und Amylcaprylat, die kräftige fruchtartige Noten besitzen.

Aldehyd C. 8 (n-Octylaldehyd, Caprylaldehyd) $C^7H^{15}—C\begin{smallmatrix}\diagup O\\ \diagdown H\end{smallmatrix}$. Wurde im Lemongrasöl und im deutschen Rosenöl nachgewiesen. Sein Vorkommen im Portugalöl und Citronenöl ist wahrscheinlich.

Der Geruch dieses wertvollen Aldehyds zeigt zuerst eine stark fettige und schweißige Note, die sich bald abschwächt und der anfangs nur schwächer auftretenden rosenartigen Note mehr und mehr Platz macht. Hierbei tritt auch eine schwach fruchtartige (Jasmin-) Unternote auf. Der Hauptcharakter dieses Aldehyds ist der rosenartige Geruch, der gewisse Details des Geruches der lebenden Rose mit frappanter Naturtreue wiedergibt. Auch eine wachsartige Unternote wirkt bei Rosenkompositionen sehr glücklich. Der nur leicht fettige Geruch stört nicht.

Aldehyd C. 8 ist besonders zu Rosenkompositionen geeignet, wird jedoch auch zu einer Menge anderer Mischungen verwendet, denen er große Naturtreue, bzw. originelle Geruchseffekte verleiht.

Zu Rosenkompositionen wird er in wechselnden Mengen von ca. 0,1 bis 0,5% empfohlen. Zu Neroli sollen etwa 0,3%, zu Jasmin 0,1 bis 0,2% genommen werden, auf die Ölmischung berechnet.

n-Octylalkohol (Caprylalkohol) $C^7H^{15}—CH^2OH$. Ist geruchlich ebenfalls sehr interessant, mit wachsartiger Unternote rosen- und orangenblütenartiger Geruch, von zarter, prächtiger Wirkung in Kompositionen. Zunächst macht sich ein schwacher Rosengeruch geltend, der aber rasch von einer starken Orangennote übertönt wird. Hierbei tritt auch ein deutlich verbena-citronenartiger (Citral-) Untergeruch auf. Bald verstärkt sich die Rosennote, auch die Verbenanote tritt etwas hervor. Schließlich bleibt als Hauptnote die Gamme der blumigen Gerüche Rose, Orangenblüte mit schwach fettigem Charakter, der aber nicht aufdringlich hervortritt.

Octylalkohol wird ähnlich wie der Aldehyd verwendet, nur in relativ größeren Mengen. Zu Rosenkompositionen etwa 1%, zu Neroli etwa 0,5 bis 1,5%, zu Phantasiebuketts etwa 5% im Maximum (selten!).

In der Natur nur in Form seiner Ester nachgewiesen.

Als Acetat findet sich Octylalkohol im ätherischen Öl von *Heracleum giganteum*, als Caprinat, Capronat und Laurinat im Bärenklauöl *(Heracleum sphondylium)*. Diese Ester werden auch synthetisch hergestellt und können gute Dienste in der Parfumerie leisten.

Interessant sind noch folgende Ester, die synthetisch hergestellt werden:

Caprylformiat (Octylformiat). Irisartiger Geruch.

Caprylbutyrat (Octylbutyrat). Fruchtartiger Geruch, auch deutlich an Rose und Reseda erinnernd. Leistet gute Dienste bei künstlichen Bergamott- und Lavendelölen.

Das bereits erwähnte Caprylacetat (Octylacetat) besitzt einen sehr angenehmen Geruch, der verschiedene Nuancen zum Ausdruck bringt (Oscillation zwischen Neroli, Rose, Jasmin, Tuberose).

Der Octylalkohol existiert in 2 verschiedenen sekundären Formen, nämlich:

Methylhexylcarbinol und **Äthylamylcarbinol**
$CH^3—CH(OH)—C^6H^{13}$ $C^2H^5—CH(OH)—C^5H^{11}$

Letzteres wurde im japanischen Pfefferminzöl nachgewiesen.

Methylhexylcarbinol liefert durch Oxydation

Methylhexylketon $CH^3—CO—C^6H^{13}$, das einen kräftigen Gartennelkengeruch mit Resedanote besitzt.

Äthylamylcarbinol bildet

Äthylamylketon $C^2H^5—CO—C^5H^{11}$, das im Lavendelöl aufgefunden wurde. Sein Geruch ist lavendelartig. Wird zu Lavendelkompositionen und vielen Phantasiekompositionen mit Erfolg herangezogen.

Säure C. 9 (n-Nonylsäure, Pelargonsäure) $C^8H^{17}—COOH$.

Wurde im Wurmfarnöl und Hopfenöl aufgefunden. Ihre Ester sind geruchlich sehr interessant.

Erwähnt sei hier nur kurz

Äthylnonylat (Äthylpelargonat) von kräftigem, feinem Blumengeruch in der Note Tuberose-, Rose.

Aldehyd C. 9 (n-Nonylaldehyd, Pelargonaldehyd) $C^8H^{17}—C\langle^{O}_{H}$. Nachgewiesen im Lemongrasöl, Irisöl, Ceylonzimtöl, Mandarinenöl und deutschen Rosenöl. Sein Vorkommen im Citronenöl ist wahrscheinlich.

Sein Geruch ist relativ schwach fettig, ohne schweißartige Note. In der Hauptsache rosenartig mit schwacher Irisnote, auch schwacher Verbenanote (Citral, Melisse).

Gibt besonders prächtige Effekte bei Rosenkompositionen, aber auch sonst vielseitig verwendbar (Iris usw.).

Der Geruch dieses interessanten Aldehyds zeigt eine ungewöhnlich große Komplexität der Einzelnotenoscillation. Er unterscheidet sich von fast allen anderen Fettaldehyden dadurch, das ihm jede zu brutale Wirkung fehlt, er also eventuell auch in massiveren Dosen verwendet werden kann. Immerhin ist natürlich auch hier Mäßigung am Platze.

Die Oscillationstabelle läßt folgendes feststellen: Erster Eindruck: leicht fettig, kein Schweißgeruch, deutliche Rosen- und Irisnote. Bald verstärkt sich die Irisnote, die Rosennote tritt zurück und es macht sich eine deutliche Orangennote geltend, die aber bald schwächer wird, während der Rosengeruch dominiert. Die Rosennote kommt auf irisartiger Grundlage zum Ausdruck, während gleichzeitig eine charakteristische verbenaartige (Citral-) Note auftritt. Die Orangennote kommt schließlich nur ganz schwach mit zum Ausdruck. Im Nachgeruch, der außerordentlich anhaftend ist, dominiert Rose mit Unternoten Iris, Orangenblüte, Verbena, auch tritt hier ein schwach fettiger Geruch hervor.

Für Rose etwa 0,1 bis 0,3%, für Iris 0,2 bis 0,3%. Sehr interessant für Cassie (0,02%).

Interessant ist auch ein Isomeres des Nonylaldehyds
der Methyl-Hexylacetaldehyd.

$$C^6H^{13}—\underset{\displaystyle CH^3}{\underset{|}{CH}}—C\langle{}^{O}_{H}$$

Dieser wird ebenfalls verwendet und besitzt einen dem Nonylaldehyd ziemlich analogen Geruchscharakter.

n-Nonylalkohol $C^8H^{17}—CH^2OH$. Kommt als Caprylat im Portugalöl vor. Steht geruchlich dem Nonylaldehyd sehr nahe. Wird mit bestem Erfolg, auch in größeren Mengen, zu Rosenkompositionen verwendet. Sein Geruch ist zunächst leicht fettig mit dominierender Rosennote auf Verbenagrundlage. Die Rosennote tritt dann stärker hervor, zugleich macht sich eine deutliche Irisnote bemerkbar. Der Nachgeruch ist ausgesprochen rosenartig mit wachsartigem Beigeruch. Auch die Iris- und Verbenanote kommen, wenn auch nur schwach, im Nachgeruch zum Ausdruck, ebenso schwache orangenartige Untertöne.

Zu Rosenkompositionen etwa 1 bis 2% im Mittel, Maximum 5% (!!). Auch zu vielen anderen Kompositionen verwendbar wie Iris, Reseda, Neroli, Aubépine usw. — Auch bei Ylang-Ylangkompositionen ist seine Verwendung sehr angezeigt (3% und mehr zulässig). — Bei Reseda empfehlen viele Autoren Verwendung besonders großer Mengen (bis zu 10%).

Von seinen Estern ist zu nennen

Nonylacetat mit fruchtartigem Geruch, der eine deutliche Rosennote zeigt. Oscillation zwischen Rose, Tuberose, Neroli und Reseda.

Der **sekundäre Nonylalkohol (Methylheptylcarbinol)** $CH^3—CH(OH)—C^7H^{15}$ wurde im Nelkenöl nachgewiesen.

Durch Oxydation entsteht hieraus

Methylheptylketon $CH^3—CO—C^7H^{15}$, das ein wesentlicher Bestandteil des Rautenöles ist.

Säure C. 10 (n-Decylsäure, Caprinsäure) $C^9H^{19}—COOH$.

Im Schweiß. Wurde nachgewiesen im Lemongrasöl, Hopfenöl, Kamillenöl, Poleyöl und im Bärenklauöl *(Heracleum sphondylium)* in Form ihrer Ester. Von Estern sind zu nennen:

Octylcaprinat von fruchtartigem Geruch, ferner

Äthyl- und Methylcaprinat, die ebenfalls fruchtartig riechen.

Aldehyd C. 10 (n-Decylaldehyd, Caprinaldehyd) $C^9H^{19}—C\langle{}^{O}_{H}$.

Wurde nachgewiesen im Lemongrasöl, Irisöl, bitteren Orangenöl, Portugalöl, Mandarinenöl, Neroliöl, Cassieblütenöl *(Acacia Farnesiana)*, Corianderöl, Citronenöl und Edeltannenöl *(Abies alba)*. Sein Geruch ist schweißartig mit kräftiger Rosennote, die mit starker Citronen- und Orangennote abwechselt. Verbenaartige und wachsartige Beinote. Oscillation zwischen Rose und Orange.

Gibt prächtige Effekte bei Rosen-Orangenblüten und Phantasiekompositionen usw. Zu Rose 0,2 bis 0,3% (auch 0,5%), Neroli 0,3%, Cyclamen 0,2%, Jasmin 0,2 bis 0,3%, Cassie 0,1%, Flieder 0,05% usw.

Auch bei Herstellung künstlicher Orangenöle spielt der Decylaldehyd eine hervorragende Rolle, namentlich seit man erkannt hat, daß derselbe ein wesentlicher Bestandteil des eigentlichen Fruchtaromas der Orange (und zum Teil wohl auch der Citrone?) ist.

n-Decylalkohol (Caprinalkohol) $C^9H^{19}—CH^2—OH$. Im Moschuskörneröl *(Hibiscus Abelmoschus)* und wahrscheinlich auch im Kamillenöl und Neroliöl.

Geruch rosen-orangenartig, hat viel Ähnlichkeit mit jenem des Aldehyds nur viel diskreter.

Ist ebenfalls wertvoll zu Rosenkompositionen für Neroli usw. Der Decylalkohol ist ein ausgezeichneter Fixateur. Man verwendet ihn z. B. für Rose 1 bis 5%, Jonquille 0,5%, Neroli 1% usw.

Von Estern dieses Alkohols sind zu erwähnen:

Decylacetat mit Fruchtgeruch und Blumennote (Oscillation zwischen Tuberose, Rose, Jasmin, Orangenblüte).

Decylformiat. Orangenblütengeruch, fruchtartig. Gibt besonders Geißblattkompositionen viel Natürlichkeit.

Decylbutyrat. Jasminartiger Geruch.

Die sekundäre Form des Decylalkohols, das

Methyl-Octylcarbinol $C^8H^{17}—CH(OH)—CH^3$ liefert bei der Oxydation ein Keton, das

Methyl-Octylketon $C^8H^{17}—CO—CH^3$, das einen kräftigen, originellen Blumengeruch besitzt und zu Phantasiekompositionen verwendet werden kann.

Säure C. 11 (n-Undecylsäure) $C^{10}H^{21}—COOH$.

Interessant ist nur der Amylester dieser Säure:

Amylundecylat. Er besitzt einen rosenartigen Geruch mit stark fettig-ranziger Unternote. Gibt ganz eigenartige Effekte in Rosenkompositionen und Phantasiegerüchen.

Aldehyd C. 11 (n-Undecylaldehyd) $C^{10}H^{21}—C\begin{smallmatrix}\diagup O \\ \diagdown H\end{smallmatrix}$. Sein Geruch ist fettig mit sehr origineller blumiger Note, die eine fruchtartig-verbenaartige Unternote aufweist. Oscillation zwischen Rose, Iris und Tuberose.

Wird in der Parfumerie zu Rosen-, Tuberosen- und Veilchenkompositionen usw. verwendet. Sehr interessant auch für grüne Gerüche (Kontrast) wie Fougère (0,05 bis 0,1%), Chypre, Foin Coupé.

n-Undecylalkohol $C^{10}H^{21}—CH^2—OH$. Besitzt einen kräftigen Blumengeruch von sehr origineller Wirkung, ähnlich jener des Aldehyds. Zum Unterschied von diesem besitzt der Undecylalkohol eine deutliche grüne Note, die ihn in vielen Fällen besonders wertvoll macht.

Der sekundäre Undecylalkohol

Methylnonylcarbinol $CH^3—CH(OH)—C^9H^{19}$ liefert ein Keton,

Methylnonylketon $CH^3—CO—C^9H^{19}$, das im Rautenöl nachgewiesen wurde. Dieses Keton leistet ganz ausgezeichnete Dienste bei Phantasiekompositionen und ganz besonders in den Noten Iris und Sweet Pea (Wicke), ist aber auch bei zahlreichen anderen Blütentypen von großem Wert.

Säure C. 12 (n-Duodecylsäure, Laurinsäure) $C^{11}H^{23}—COOH$.

Kommt als Octylester im Bärenklauöl vor. — Ihre Ester sind parfumerietechnisch sehr interessant.

Amyllaurinat. Besitzt starken Pfirsichgeruch.

Äthyl- und Methyllaurinat. Blumiger Geruch der Note Tuberose von besonderer Haltbarkeit und kräftig fixierende Wirkung ausübend.

n-Aldehyd C. 12 (Laurinaldehyd, n-Duodecylaldehyd) $C^{11}H^{23}—C\begin{smallmatrix}\diagup O\\ \diagdown H\end{smallmatrix}$.

Einer der wichtigsten Aldehyde der modernen Parfumerie. Wurde im Rautenöl und Edeltannenöl *(Abies alba)* nachgewiesen. Sein Geruch besitzt eine nur schwer auch annähernd zu beschreibende Eigenart mit ausgeprägter Oscillation zwischen ganz verschiedenartigen Gerüchen, die diesen Aldehyd besonders wertvoll machen. Sein Geruch besitzt auch eine fettige Note mit krautigem Einschlag, der für diesen Aldehyd absolut charakteristisch ist.

Auch eine deutliche Blumennote (Tuberose, Iris, Veilchen) ist zu bemerken mit ganz leicht fruchtartigem Einschlag.

Gibt bemerkenswert originelle Effekte für Phantasiekompositionen, in den „grünen" Noten (Fougère, Heu usw.), die mit anderen Zusätzen nicht annähernd erreichbar sind. Die Wirkung dieses Aldehyds ist stark fixierend und gestattet in fast allen Kompositionen Erzielung reizvoller Effekte. Besonders mit Vetiveröl, mit Methyljonon u. a. sind prächtige Noten zu erzielen. Tuberose 0,4%, Veilchen 0,1 bis 0,3%. Iris 0,2%, Reseda 0,3 bis 0,5%, Cassie 0,2% usw.

Interessant ist auch der

β-Methyl-n-Duodecylaldehyd, der eine besonders stark ausgeprägte Blumennote besitzt, im übrigen aber ähnlich bizarre Effekte zu erzielen gestattet wie der Laurinaldehyd.

Laurinaldehyd gibt besonders schöne Effekte bei Veilchenblattgeruch (5 bis 10% mit Jonon zusammen).

Laurylalkohol (n-Duodecylaldehyd) $C^{11}H^{23}—CH^2—OH$. Ist geruchlich sehr interessant. Besitzt die charakteristische grüne Note des Aldehyds in schwächerem Maße, was in vielen Fällen erwünscht ist, um zartere Effekte zu erzielen. Der Geruch des Alkohols ist also zarter und blumiger. Interessant ist die Oscillationsskala dieses Alkohols. Zuerst macht sich ein krautiger, grüner Geruch geltend mit zarter blumiger und fruchtiger Unternote. Dann tritt der grüne Geruch noch stärker hervor, gleichzeitig aber auch die blumige Note (Oscillation zwischen Tuberose, Iris und Cassie). Der Nachgeruch ist originell krautig-grün, zugleich leicht balsamisch-wachsartig mit fettiger Unternote. Die blumige Note tritt auch hier deutlich mit vorerwähnter Oscillation hervor.

Laurylalkohol ist auch ein ausgezeichnetes Fixiermittel. Besonders feine Effekte lassen sich zusammen mit Vetiveröl erreichen.

Sehr interessant ist der isomere Aldehyd C. 12

Methylnonylacetaldehyd. Dieser Aldehyd ist heute sicher das wertvollste Hilfsmittel für den Parfumeur, um jene originell-bizarren Noten von unbeschreiblichem Reiz zu erhalten, die den modernen Schöpfungen der Parfumeriekunst ein so eigenartiges Gepräge verleihen.

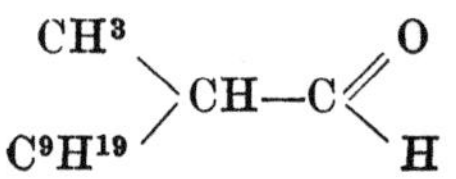

Sein Geruch zeigt eine kräftige Orangen- und Ambranote, auf fettigem Grund und einer originellen grünen Note mit blumigem Einschlag, Richtung Tuberose. Prächtige Effekte bei Eichenmoos- und Tuberosekompositionen, in vielseitigster Weise verwendbar. Orchidee 0,1%, Chèvrefeuille 0,2 bis 0,3%, Sweet Pea 0,02 bis 0,04%, Moosgerüche 0,3 bis 0,5%, Tuberose 0,4%, Flieder 0,02 bis 0,03% usw.

Säure C. 13 (n-Tredecylsäure) $C^{12}H^{25}—COOH$.

Wenig interessant. Ebenso der **Tredecylaldehyd** und

Tredecylalkohol und dessen sekundäre Form

Dihexylcarbinol $C^6H^{13}—CH(OH)—C^6H^{13}$. Letzteres liefert bei der Oxydation

Dihexylketon $C^6H^{13}—CO—C^6H^{13}$, das einen kräftigen Weißdorngeruch besitzt.

2. Höhere Fettsäuren.

Säure C. 14. Myristinsäure (n-Tetradecylsäure) $C^{13}H^{27}—COOH$.

Kommt frei in großen Mengen (ca. 85%) im Iriswurzelöl und als Glycerid in der Muskatbutter vor. Im Iriswurzelöl dürften auch kleine Mengen von Estern, eventuell auch anderen Verbindungen der Myristinsäure, eine Rolle im komplexen Aroma spielen.

Sehr interessant sind die synthetisch hergestellten Ester der Myristinsäure:

Methyl- und Äthylmyristat. Diese besitzen einen angenehmen, kräftigen Geruch in der Note Iris-Tuberose und werden entsprechend verwendet. Diesen Estern kommt auch eine sehr große fixierende Wirkung zu.

Myristinaldehyd. Echter Aldehyd C. 14 $C^{13}H^{27}—C\langle^{O}_{H}$. Zum Unterschied von dem ganz willkürlich als Aldehyd bezeichneten Undecyl-Lakton oder Pseudoaldehyd C. 14 sei die Bezeichnung „echt" als wesentlich hervorgehoben. Dieser Aldehyd ist sehr wertvoll für Iriskompositionen und Phantasiegerüche. Sein Geruch ist fettig mit deutlicher fruchtartiger Note und Irisuntertönen.

Palmitinsäure (n-Hexadecylsäure) $C^{15}H^{31}—COOH$. Wurde im Vetiveröl, Myrrhenöl, Moschuskörneröl, Cascarillöl, Celeriöl, Petersiliensamenöl, Arnikablütenöl und Wermutöl gefunden.

Palmitinaldehyd. Echter Aldehyd C. 16 $C^{15}H^{31}-C\Big\langle{}^{O}_{H}$. Nicht zu verwechseln mit dem Pseudoaldehyd C. 16 (Erdbeeraldehyd).

Der Geruch des echten Aldehyds ist fruchtartig-fettig von ganz eigenartigem Charakter. Er soll in vielen Spezialfällen recht gute Resultate liefern.

Stearinsäure (n-Octodecylsäure) $C^{17}H^{35}-COOH$

wurde im Cascarillöl gefunden.

Von den Wachssäuren sei hier die

Cerotinsäure $C^{25}H^{51}-COOH$

nur kurz erwähnt mit dem Hinweis, daß sie sehr interessante Ester zu liefern vermag. Als Bestandteil vieler Wachsarten, die auch in den pflanzlichen Aromen (Blütenölen) vorkommen, dürften gewissen Verbindungen dieser Säure im komplexen Aroma mancher Riechstoffe eine Rolle zukommen.

Im Anschluß hieran wollen wir die sogenannten Pseudoaldehyde besprechen, die ihren ganz ungerechtfertigten Namen als „Aldehyde" jener willkürlichen Nomenklatur verdanken, die des öfteren bereits geziemend gerügt worden ist.

Hier sind zu erwähnen:

Pseudoaldehyd C. 14 (Pfirsichaldehyd) ist Undecyl-Lakton.

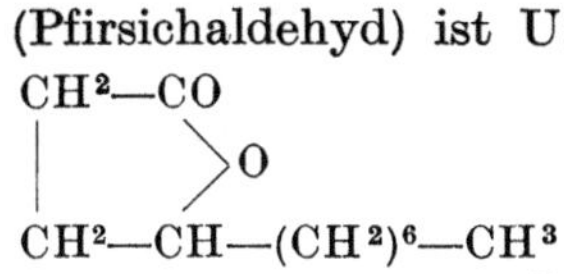

Pseudoaldehyd C. 16 (Erdbeeraldehyd) ist der Äthylester der Methyl-Phenylglycidsäure

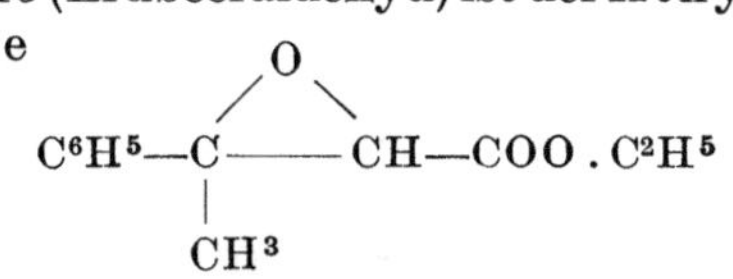

Ferner sind noch zu erwähnen

Pseudoaldehyd C. 18 (Cocosaldehyd) und

Pseudoaldehyd C. 20 (Himbeeraldehyd).

Der sog. Cocosaldehyd C. 18 (Pseudoaldehyd) ist das Lakton der Oxy-Nonylsäure.

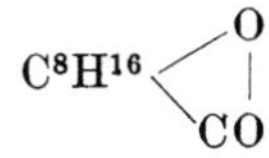

Die Konstitution des sog. Himbeeraldehyds C. 20 steht nicht fest, vielleicht kommen unter dieser Bezeichnung, wenigstens teilweise, Phantasiekompositionen in den Handel. Letzteres trifft wohl auch teilweise für Cocosaldehyd zu.

Auch die Pseudoaldehyde können in der Parfumerie gute Dienste leisten. So kommen sie zur Erzielung gewisser fruchtartiger Noten in Betracht: C. 14 eignet sich besonders zum Variieren „grüner" Noten, C. 16 für Blütenkompositionen als frische Unterlage von eigenartigem

Reiz. Auch diese Pseudoaldehyde können nur mehr oder minder spurenhafte Verwendung finden. Geschickt verwendet, eventuell in Verbindung mit den echten Fettaldehyden, lassen sich reizvolle Effekte erzielen.

C. Ungesättigte Fettsäuren bezw. Derivate derselben.

C. 6. Hexylenaldehyd $CH^2{=}CH{-}(CH^2)^3{-}C\begin{smallmatrix}\nearrow O \\ \searrow H\end{smallmatrix}$ wird durch Destillation grüner Blätter (Pappel, Weide, Birke, Eiche, Kastanien, Steinklee usw.) erhalten. Besitzt einen eigenartigen Grüngeruch mit fetter Note.

C. 11. Undecylensäure $CH^2{=}CH{-}(CH^2)^8{-}COOH$ entsteht aus Ricinolsäure. Interessant ist ihr Aldehyd, der

Undecylenaldehyd. Sehr komplexer Geruch mit Oscillation zwischen blumigem und balsamischem Geruch, jedoch ohne die charakteristisch fettige Note des Undecylaldehyds. Der Fettgeruch ist hier nur wenig ausgeprägt.

Interessant sind auch einige Ester der Undecylensäure.

Amylundecylenat. Rosengeruch mit fettiger Note, die aber nicht so stark ausgeprägt ist wie beim Undecylaldehyd, auch keinen ranzigen Untergeruch zeigt. — Interessant für Rosen- und Phantasiekompositionen.

Butylundecylenat. Geruch nach Costusöl.

Methylundecylenat. Grüngeruch mit fettiger Note, ebenso

Isobutylundecylenat. Beide sind interessant für Phantasiekompositionen.

Undecylenalkohol besitzt einen fetten Grüngeruch, ähnlich dem Laurinaldehyd.

Interessant ist

Undecylenacetat mit originellem Grüngeruch.

Ölsäure.

$$\begin{array}{l} CH{-}(CH^2)^7{-}CH^3 \\ \| \\ CH{-}(CH^2)^7{-}COOH \end{array}$$

Im Irisöl als Begleiterin der Myristinsäure. Wahrscheinlich auch neben Palmitinsäure im Moschuskörneröl. Sehr interessant ist die Konstitutionsanalogie mit Zibethon und Ambrettolid (vgl. unsere früheren Ausführungen).

Ricinolsäure (Oxy-Ölsäure) $C^{17}H^{32}(OH){-}COOH$.

Hauptbestandteil des Ricinusöles, besonders interessant als Ausgangsmaterial für wertvolle Riechstoffe. Sie wird zerlegt in

$$\begin{array}{l} C^6H^{13}{-}C \; \vdots \; H{-}CH{=}CH{-}(CH^2)^8{-}COOH \\ \qquad\quad | \\ \qquad\; OH \end{array}$$

Heptylaldehyd und Undecylensäure

$$C^6H^{13}{-}C\begin{smallmatrix}\nearrow O \\ \searrow H\end{smallmatrix} \qquad CH^2{=}CH{-}(CH^2)^8{-}COOH$$

Aus Heptylaldehyd wird zunächst Heptylidendichlorid und hieraus (über heptinsaures Natrium) Heptincarbonsäure hergestellt, die in Form ihrer Ester (Veilchengrüngeruch) wertvolle Hilfsmittel der modernen Parfumerie darstellt.

Heptincarbonsäure, Octincarbonsäure und ihre Homologen Decin- und Undecincarbonsäure sind Acetylenderivate, deren Ester sehr interessante Riechstoffe darstellen.

Heptincarbonsäuremethylester (Methylheptincarbonat)

$$CH^3—CH^2—CH^2—CH^2—CH^2—C\equiv C—COO\,.\,CH^3.$$

Geruch der Veilchenblätter. Wird zu Veilchenkompositionen und Phantasiebuketts benutzt. Namentlich aber, meist mit Laurin- oder Methylnonylacetaldehyd und Jonon bukettiert als *Vert de Violette art.* Der Äthylester riecht analog, aber etwas fruchtig.

Octincarbonsäuremethylester

$$CH^3—CH^2—CH^2—CH^2—CH^2—CH^2—C\equiv C—COO\,.\,CH^3$$

besitzt einen feineren Veilchengrüngeruch als der Heptincarbonsäuremethylester.

Decin- und Undecincarbonsäuremethylester besitzen einen eigenartigen Grüngeruch, der weniger an Veilchenblätter als an Reseda erinnert. — Beide Ester werden zu Resedakompositionen benutzt.

Von Äthylenderivaten sind noch zu nennen Tiglinsäure und Citrylidenaldehyd.

Tiglinsäure (Methylcrotonsäure) $CH^3—CH{=}C(CH^3)—COOH$, die in Form ihrer Ester (Geranyl- und Citronellylester) in den Geraniumölen nachgewiesen wurde.

Auch die synthetisch hergestellten Ester der Tiglinsäure sind interessant. Besonders die Tiglinate der Rosenalkohole Geraniol, Citronellol, Rhodinol und Phenyläthylalkohol zeichnen sich durch einen sehr feinen Rosengeruch aus.

Von anderen Tiglinaten seien genannt:

Benzyltiglinat. Heliotropgeruch mit Jasminnote.

Isobutyltiglinat. Grüngeruch mit fruchtartigem Einschlag.

Citrylidenacetaldehyd

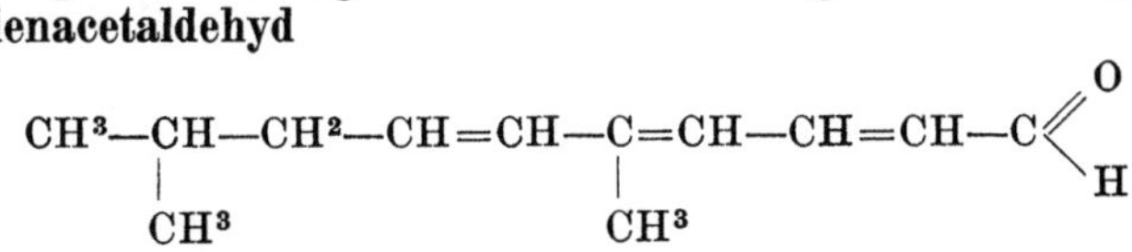

Wird durch Kondensation von Citral mit Acetaldehyd hergestellt und besitzt einen außerordentlich intensiven Citronengeruch. Ein sehr interessanter Riechstoff, der vielseitigster Anwendung fähig ist.

Als Äthylenderivate sind auch aufzufassen die

Acetale.

Diese werden aus Aldehyden mit Chloracetal hergestellt.

Das niedrigste Glied der homologen Reihe der Acetale ist das

Acetal oder Äthylidendiäthyläther

$$CH^3—CH\begin{cases} O.C^2H^5 \\ O.C^2H^5 \end{cases}$$

Statt Äthyl lassen sich auch beliebige andere Alkyle anlagern.

Es sind hier zahlreiche Acetale hergsetllt worden, von henen besonders zu erwähnen sind:

Octylaldehyd-Diäthylacetal (Octyliden-Diäthyläther).

$$C^7H^{15}—CH\begin{cases} O.C^2H^5 \\ O.C^2H^5 \end{cases}$$

Besitzt einen dem Octylaldehyd ähnlichen Geruch, der aber viel diskreter und rein blumig ist. Wird zu Phantasiekompositionen empfohlen.

Benzaldehyd-Dimethylacetal. Zarter Bittermandelgeruch, viel feiner als der des Benzaldehyds.

Phenylacetaldehyd-Dimethylacetal, auch Viridin genannt. Sehr origineller Grüngeruch mit blumiger Note. Zeigt nicht die brutale Wirkung des Phenylacetaldehyds. Wird zu grünen Noten *(Vert de Lilas)* und Phantasiekompositionen empfohlen.

Anisaldehyd-Diäthylacetal. Weißdornartiger Geruch, der viel diskreter und feiner ist als der des Anisaldehyds. Wird besonders zu Fliederkompositionen, aber auch zu Phantasiebuketts empfohlen.

Hydroxycitronellal-Dimethylacetal. Sehr feiner Blumengeruch, ähnlich jenem des Hydroxycitronellals, aber viel feiner. Wird als wertvolle Basis für Maiglöckchen-, Flieder- und zahlreiche andere Kompositionen empfohlen.

II. Carbinol-Gruppe.

Den wichtigsten Platz in dieser Gruppe nehmen die tertiären Carbinole ein, weniger wichtig sind einige sekundäre Carbinole. An primären Alkoholen seien hier der äußerst wichtige Phenyläthylalkohol (Benzyl-Carbinol) und der weniger wichtige Phenylbutylalkohol besprochen.

Benzylalkohol (Phenyl-Carbinol) wird in der Benzoesäuregruppe besprochen werden. Phenylpropylalkohol, der ein Isomeres des Dimethylphenyl-Carbinols ist, wurde bereits in der Fettsäuregruppe als Hydrozimtalkohol besprochen.

Phenylpropylalkohol und Phenylbutylalkohol sind aber theoretisch besser nicht als Carbinole aufzufassen, wie untenstehende Ausführungen zeigen sollen. Wir besprechen hier den Phenylbutylalkohol nur als nächstes Glied der homologen Reihe der Phenylalkylalkohole im Anschluß an Phenyläthylalkohol.

Wir dürfen theoretisch als primäre Carbinole nur solche primären Alkohole auffassen, bei denen diese rein theoretische Einteilung nicht zu Mißverständnissen Anlaß gibt. Praktisch hat eine solche arbiträre Bezeichnung gar keinen Wert, sie ist vielmehr zu verurteilen, weil sie sehr häufig zu unliebsamen Konfusionen Anlaß gibt, wie nachstehend erläutert werden soll. Diese Konfusionen sind an der Tagesordnung, weil man vielfach primäre Alkohole mit kombinierten Einzelalkylen mit

Doppelalkylbezeichnung wie z. B. Phenylpropylalkohol oder Phenylbutylalkohol als primäre Carbinole auffassen will.

Die Bezeichnung Phenyläthyl-Carbinol für Phenylpropylalkohol, von Phenylpropyl-Carbinol für Phenylbutylalkohol ist eine mißbräuchliche und verwirrende, weil man unwillkürlich an die entsprechenden sekundären Carbinole

$$\begin{array}{c} H \\ | \\ C^6H^5-C-C^2H^5 \\ | \\ OH \end{array} \qquad \begin{array}{c} H \\ | \\ C^6H^5-C-C^3H^7 \\ | \\ OH \end{array}$$

Phenyl-Äthylcarbinol und Phenyl-Propylcarbinol

denken muß. Zulässig dagegen ist die Unterbezeichnung Benzylcarbinol für Phenyläthylalkohol, weil das Benzylalkyl ein einheitlicher, untrennbarer chemischer Begriff (als Phenyl-Methyl-Alkyl) ist.

Auch bezüglich der Nomenklatur Phenyl-Methyl haben sich bedauerliche, geradezu groteske Irrtümer in die Fachliteratur eingeschlichen. So ist natürlich Phenyl-Methylcarbinol ein sekundäres Carbinol und nicht primäres Benzylcarbinol, das identisch mit Phenyläthylalkohol ist, nicht aber etwa ein Isomeres dieses Alkohols, wie dies eben das sekundäre Phenyl-Methylcarbinol ist. So wird in der Literatur oft ein Phenylmethylalkohol erwähnt und ein Phenylmethylacetat. Nun ist Phenylmethylalkohol identisch mit Benzylalkohol, und Phenylmethylacetat identisch mit Benzylacetat, während die betreffenden Autoren richtig meinten Phenyl-Methylcarbinol (sekundäres Carbinol und Isomeres des Phenyläthylalkohols) und Phenylmethylcarbinolacetat, auch willkürlicherweise Styrolylacetat genannt. Es wäre zu wünschen, daß mit dieser irreführenden Nomenklatur ein für allemal aufgeräumt würde.

Phenyläthylalkohol (Benzylcarbinol) $C^6H^5-CH^2-CH^2-OH$. Kommt in großen Mengen im Rosenblütenöl (ca. 40% und mehr), in kleinen Mengen im ätherischen Rosenöl (ca. 1%) vor, da die Hauptmenge dieses Alkohols durch das Destillationswasser eliminiert und gelöst wird. Auch im Orangenblütenöl in großer Menge enthalten (etwa 35%), im Neroliöl nur in ganz kleinen Mengen (ca. 1%), weil auch hier bei der Destillation des Nerolióles das Destillationswasser große Mengen Phenyläthyl alkohol löst.

Das Vorkommen von Phenyläthylalkohol in zahlreichen anderen Blütenölen ist wahrscheinlich. Farblose Flüssigkeit von rosenartigem Geruch, reine Sorten zeigen eine schwach honigartige Unternote.

Äußerst wichtiger Riechstoff, besonders zu Rosen- und Orangenblütenkompositionen. Kommt auch für zahlreiche andere Blütenölnachahmungen als wichtiger Bestandteil in Betracht, ebenso für Phantasieparfums.

Phenylbutylalkohol $C^6H^5-CH^2-CH^2-CH^2-CH^2-OH$. Besitzt ebenfalls rosenartigen Geruch mit fruchtiger Beinote, erinnert aber mehr an Gardenia.

Wird zu verschiedenen Kompositionen verwendet, ist aber weniger wichtig.

Phenyl-Methylcarbinol (besser Methyl-Phenylcarbinol), ein Isomeres des Phenyläthylalkohols. Besitzt einen gardeniaartigen Geruch, aber schwächer als der des Acetats, das auch unter dem Namen Styrolylacetat oder Gardeniol im Handel anzutreffen ist (vgl. S. 96).

$$C^6H^5\text{—}\underset{\displaystyle OH}{\underset{|}{CH}}\text{—}CH^3$$

Benzyl-Methylcarbinol (Methyl-Benzylcarbinol). Schwach blumiger Geruch, der etwas an Flieder und Hyacinthe erinnert. Hat nur wenig Bedeutung als Riechstoff.

$$C^6H^5\text{—}CH^2\text{—}\underset{\displaystyle OH}{\underset{|}{CH}}\text{—}CH^3$$

Benzyl-Amyl-Carbinol.

$$C^6H^5\text{—}CH^2\text{—}\underset{\displaystyle OH}{\underset{|}{CH}}\text{—}C^5H^{11}$$

Eigenartiger Geruch mit deutlicher Honignote.

Dimethylbenzylcarbinol. Dieser in der modernen Parfumerie äußerst wichtige Riechstoff besitzt einen ganz eigenartigen, komplexen Geruch, der schwer zu definieren ist. Zunächst kommt ein grün-holziger Geruch zur Geltung, der bald verfliegt und einer blumigen Note Platz macht. Er hat im allgemeinen einen herb-süßen blumenartigen Charakter, der besonders gewisse Töne des Fliederaromas prächtig wiedergibt, aber auch zu den verschiedensten Kompositionen wie Maiglöckchen, Jasmin, Rose usw. mit bestem Erfolg herangezogen werden kann.

$$C^6H^5\text{—}CH^2\text{—}\underset{\displaystyle OH}{\underset{|}{C}}\left\langle\begin{matrix}CH^3\\CH^3\end{matrix}\right.$$

Sein Hauptverwendungsgebiet ist aber jenes der modernen Fliederbuketts, die ohne seine Mithilfe nicht in der bekannten frappierenden Natürlichkeit erhalten werden können. Richtig angewendet rundet es den scharfen Terpineolgeruch in glücklichster Weise ab und gibt ein harmonisches Ganzes. Dimethylbenzylcarbinol ist aber, wie erwähnt, zu den verschiedensten Kompositionen verwendbar, es harmonisiert und rundet ab und gibt ein ganz eigenartiges Gepräge.

Interessant sind auch seine Ester, namentlich das Acetat, das einen sehr feinen, frischen Blumengeruch besitzt, der es bei Flieder-, Muguet- und vielen anderen Kompositionen wertvoll macht.

Dimethylphenylcarbinol.

$$C^6H^5\text{—}\underset{\displaystyle OH}{\underset{|}{C}}\left\langle\begin{matrix}CH^3\\CH^3\end{matrix}\right.$$

Besitzt einen rosenartigen Geruch, der jenem des Phenyläthylalkohols ähnlich ist.

Wird meist zu Rosenkompositionen verwendet.

Phenyläthyl-Dimethylcarbinol.

$$C^6H^5\text{—}CH^2\text{—}CH^2\text{—}\underset{\displaystyle OH}{\underset{|}{C}}\left\langle\begin{matrix}CH^3\\CH^3\end{matrix}\right.$$

Feiner blumiger Geruch in den Noten Rose, Flieder, Jasmin. Vielseitiger Anwendung fähig.

Phenyläthyl-Methyl-Äthylcarbinol. Blumiger Geruch ohne bestimmtere Nuance. Auch die Acetate dieser letztgenannten tertiären Carbinole sind interessante Riechstoffe, werden aber nur seltener verwendet.

$$C^6H^5—CH^2—CH^2—C(OH)\langle{}^{CH^3}_{C^2H^5}$$

Cinnamyliden-Methylcarbinol. Dieses sehr interessante Produkt besitzt eine kräftig blumige Note, die an Flieder und Narcisse erinnert, auch eine sehr angenehme balsamische Unternote.

$$C^6H^5—CH{=}CH—CH{=}C(OH)—CH^3$$

Wird wohl nur selten verwendet, wäre aber wohl größerer Aufmerksamkeit würdig.

Von anderen Carbinolen haben wir in der Fettsäuregruppe bereits Methyl-Amylcarbinol, Methyl-Hexylcarbinol, Äthyl-Amylcarbinol, Methyl-Heptylcarbinol, Äthyl-Hexylcarbinol, Methyl-Octylcarbinol, Methyl-Nonylcarbinol und Dihexylcarbinol dokumentarisch erwähnt.

III. Keton-Gruppe.

Einige Ketone, speziell jene, die als Derivate der Fett-Aldehyde aufzufassen sind, wurden bereits in der Fettsäuregruppe besprochen, es sind dies aber als substantive chemische Riechstoffe nur wenig interessante Körper, die dort nur dokumentarisch erwähnt wurden.

Derivate des Acetons.

Benzyl-Aceton $C^6H^5—CH^2—CH^2—CO—CH^3$. Kräftiger Jasmingeruch, der auch etwas an Sweet Pea erinnert. — Wird in letzterer Zeit viel zu Jasminkompositionen mit herangezogen auch zu Phantasiebuketts.

Benzoyl-Aceton $C^6H^5—CO—CH^2—CO—CH^3$. Vanilleartiger Geruch mit balsamischer Beinote (Opoponax). Sehr interessant für Kompositionen aller Art.

Benzyliden-Aceton (Benzal-Aceton) $C^6H^5—CH{=}CH—CO—CH^3$. Sehr interessanter Riechstoff, der oft nicht entsprechend gewürdigt wird. Sein Geruch ist kräftig blumig in der Hauptsache an Sweet-Pea erinnernd, aber mit deutlicher Lavendelnote. Klassisch für Sweet Pea-Kompositionen (5%), auch mit bestem Erfolg zu Lavendelkompositionen, speziell für Seifen zu benutzen. — Ist auch sonst vielseitiger Anwendung fähig. Benzylidenaceton reizt die Haut, es ist daher bezüglich seiner Verwendung zu Crème- und Puderparfums Vorsicht am Platze.

Piperonyl-Aceton.

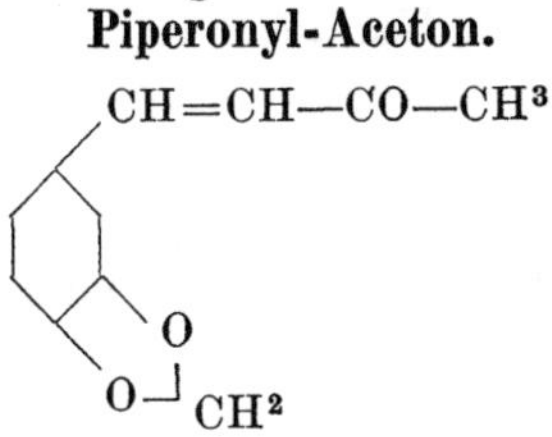

Kräftiger Heliotropgeruch, der prächtige Noten in Heliotropbuketts und Phantasienoten ergibt.

Önanthyliden-Aceton (Heptyliden-Aceton)

$$C^6H^{13}—CH{=}CH—CO—CH^3.$$

Kräftiger Jasmingeruch. Findet jetzt immer häufigere Anwendung zu Jasminbuketts und Phantasienoten.

Jonon (Veilchenketon).

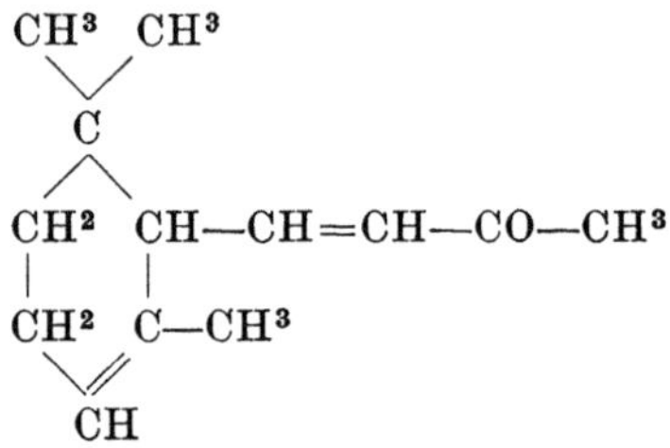

α-Jonon

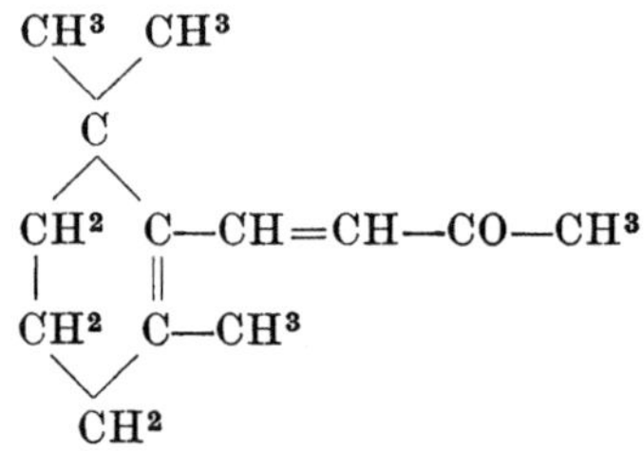

β-Jonon

Das Handelsprodukt ist ein Gemisch von α- und β-Jonon.

Dieses durch Kondensation von Citral mit Aceton zuerst als Pseudo-Jonon erhaltene Produkt (Tiemann) ist sicher einer der wichtigsten synthetischen Riechstoffe, die wir besitzen. Klassisch ist seine Verwendung zu Veilchenbuketts, die wir erst mit seiner Hilfe wirklich naturgetreu wiedergeben konnten. Ebenso klassisch ist leider der Jononmißbrauch, der vielen den Veilchengeruch verleidet hat.

Seine Verwendung ist aber eine ungemein vielseitige und spielt bei der Wiedergabe anderer Blumengerüche und in Phantasiekompositionen eine ganz bedeutende Rolle. Erwähnt sei hier die große Wichtigkeit des Jonons bei Rosen-Maiglöckchen-Flieder-Geißblatt und vielen anderen Gerüchen, bei denen das Jonon in sehr glücklicher Weise interveniert.

Sein Derivat, das

Methyl-Jonon besitzt einen mehr irisartigen Geruch und wird in vieler Beziehung wie das Jonon, also besonders zu Veilchengerüchen verwendet, auch zu anderen Blumenkompositionen usw. Ganz besondere Dienste leistet aber das Methyljonon bei Iris- und Cassiekompositionen, nicht weniger bedeutend ist aber seine Rolle bei Phantasiebuketts modernster Richtung (Origan usw.).

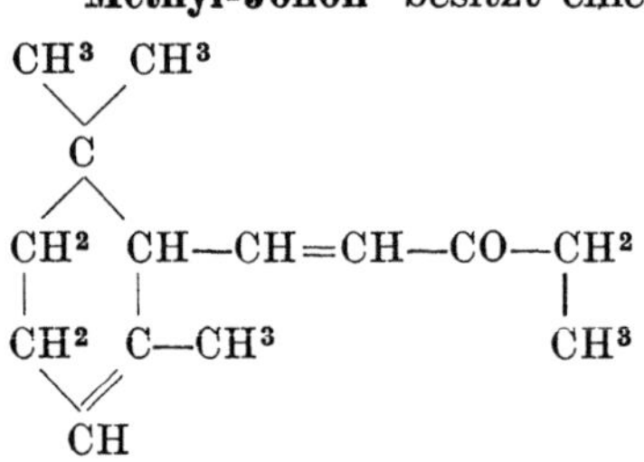

Das Methyl-Jonon kommt unter zahlreichen Phantasienamen, meist in mehr oder minder stark bukettierter Form in den Handel.

Acetophenon, sowie Derivate des Acetophenons und Diverse.

Acetophenon $C^6H^5—CO—CH^3$. In Spuren im Labdanumöl, in großen Mengen im Öl von *Stirlingia Latifolia*, das fast ganz aus Acetophenon besteht. Frischer Geruch, teilweise cumarinartig (Heu) auch blumig in der Note Mimosa.

Findet ausgedehnte Anwendung namentlich für Toiletteseifen für grüne Noten (Heu, Klee, Fougère usw.).

p-Methyl-Acetophenon (Methyl-p-Tolylketon). Frisch-blumiger Geruch nach Mimosa. Keine heuartige Note wie das Acetophenon. Sonst ähnelt sein Geruch jenem des Acetophenons.

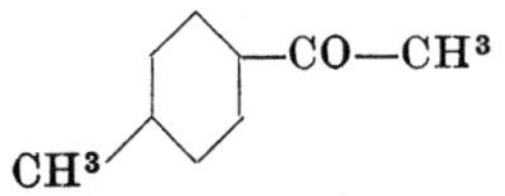

Sehr häufig für Mimosabuketts und Phantasienoten, besonders aber für Toiletteseifen.

p-Methoxy-Acetophenon (Methyl-p-Anisylketon, p-Acetyl-Anisol).

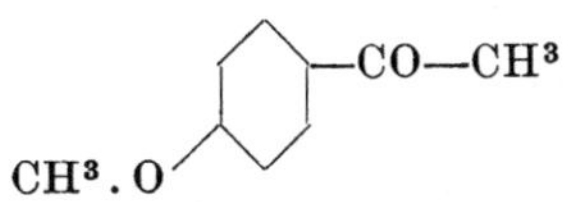

Mimosageruch ähnlich wie p-Methylacetophenon, aber mit Weißdornnote. Es wird wie dieses verwendet und finden sich beide Produkte unter der Bezeichnung Methylacetophenon im Handel. Dies ist aber unangebracht, weil zwischen beiden Produkten nicht unerhebliche Unterschiede im Geruch bestehen.

Dimethyl-Acetophenon. Geruch ähnlich jenem des Methylacetophenons, aber blumiger.

Methyl-Naphtyl-Keton (Naphtyl-Methylketon, Orangenketon). Kräftiger Orangenblütengeruch, der ungleich feiner ist als jener der Neroline (Bromelia und Yara-Yara). Wird in ausgedehntem Maßstabe als Ersatz des Neroliöles speziell in Seifen benutzt. Es gibt ganz ausgezeichnete Resultate.

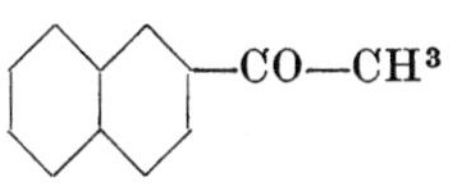

Phenylnaphtylketon.

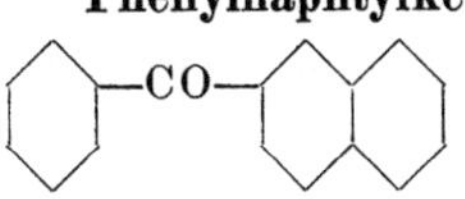

Besitzt balsamisch-ambraartigen Geruch mit blumiger Note (Orangenblüte).

p-Methyl-Benzalacetophenon.

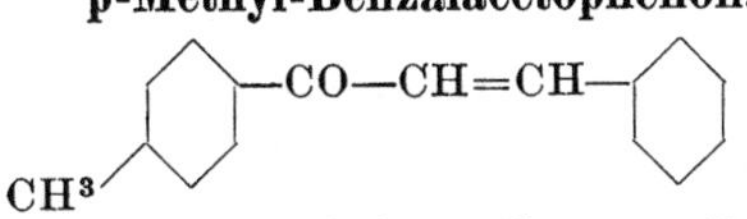

Kräftiger Tuberosengeruch, der für Tuberosen- und Phantasiekompositionen sehr wertvoll ist.

p-Isopropyl-Acetophenon. Irisartiger Geruch.

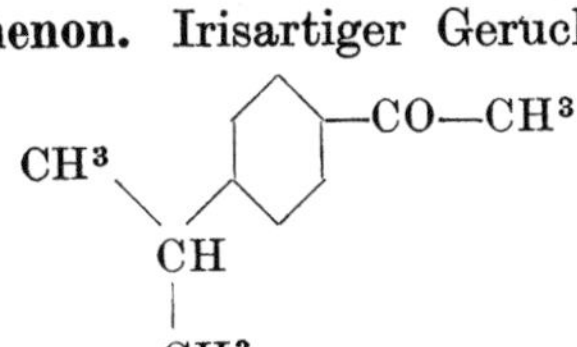

Benzophenon (Diphenylketon) C^6H^5—CO—C^6H^5. Kräftiger blumiger Geruch in den Noten Sweet Pea und Rose. Wird mit gutem Erfolg zu Sweet Peakompositionen und zahlreichen Phantasiebuketts benutzt, besonders auch für Seifen. Leistet auch bei Rosenkompositionen gute Dienste.

IV. Oxyd-Gruppe.

Streng genommen müßten in diese Gruppe auch sämtliche Äther, wie Cresoläther, Naphtoläther, ebenso Äther gewisser Phenolderivate wie Eugenolmethyläther usw., eingereiht werden, was aber aus didaktischen Gründen untunlich erschien und wir in der genealogischen Klassifizierung vor allem direkte Derivate möglichst in einer Gruppe erwähnen wollen. Auch die bereits erwähnten Acetale könnten Anspruch darauf erheben, hier angeführt zu werden usw.

Wir beschränken uns aber hier darauf, nur solche Riechstoffe anzuführen, die konventionell unter der Bezeichnung „Oxyd" im Riechstoffhandel anzutreffen sind.

Diphenyloxyd $C^6H^5—O—C^6H^5$. Penetranter Geraniumgeruch. Klassischer Bestandteil künstlicher Geraniumöle und billiger Rosenkompositionen, speziell für Seife. — Speziell in der Toiletteseifenparfumierung zu mannigfachen Zwecken verwendbar, besonders zu Rosennoten.

Phenyl-Cresyloxyd. Unter dieser Bezeichnung findet man im Handel den Phenyläther des o- und m-Cresols, besonders letzteren.

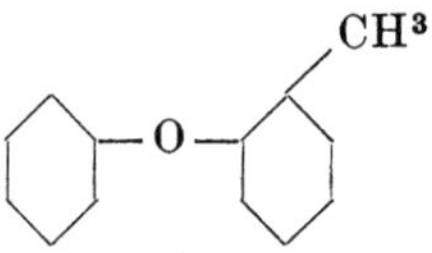

ortho

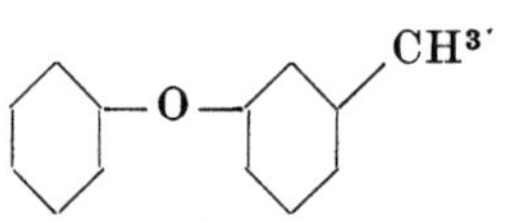

meta

Diese besitzen einen ausgesprochenen Geraniumgeruch, ähnlich jenem des Diphenyloxyds und des Diphenylmethans.

Der Benzyläther des p-Cresols

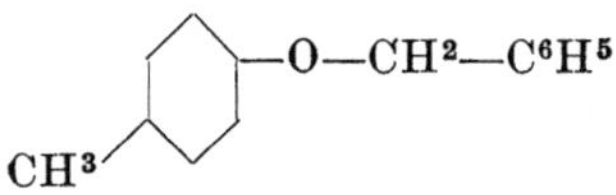

besitzt einen ganz verschiedenen Geruch, der mehr an Orangenblüten und Flieder erinnert.

(Die übrigen Äther des Cresols werden in der Toluolgruppe besprochen.)

Phenyl-Methyloxyd, Anisol, $C^6H^5—O\,.\,CH^3$ (Phenolmethyläther). Dieses besonders zur Seifenparfumierung verwendete Produkt besitzt einen strengen blumenartigen Geruch mit phenolartiger Unternote. In großer Verdünnung, besonders in Seifen tritt der Phenolgeruch weniger hervor.

Amyl-Benzyloxyd $C^5H^{11}—O—CH^2—C^6H^5$ besitzt schwachen Gardeniageruch mit kakaoartiger Beinote und findet entsprechende Verwendung, auch zu Chèvrefeuille u. a.

Benzyl-Äthyloxyd $C^6H^5—CH^2—O\,.\,C^2H^5$. Kräftiger blumiger Geruch unbestimmter Art.

Benzyl-Isoamyl-Oxyd $C^6H^5—CH^2—O—C^3H^5\Big\langle\begin{matrix}CH^3\\CH^3\end{matrix}$. Sehr kräftiger, reiner Gardeniageruch, besser verwendbar wie das Benzylamyloxyd.

Benzyl-Isobutyl-Oxyd $C^6H^5—CH^2—O—CH^2—CH\Big\langle\begin{matrix}CH^3\\CH^3\end{matrix}$. Gardenianote mit kakao- und fruchtartiger Beinote.

V. Zimtsäuregruppe.

Genealogische Tafel.

Tafel VI.

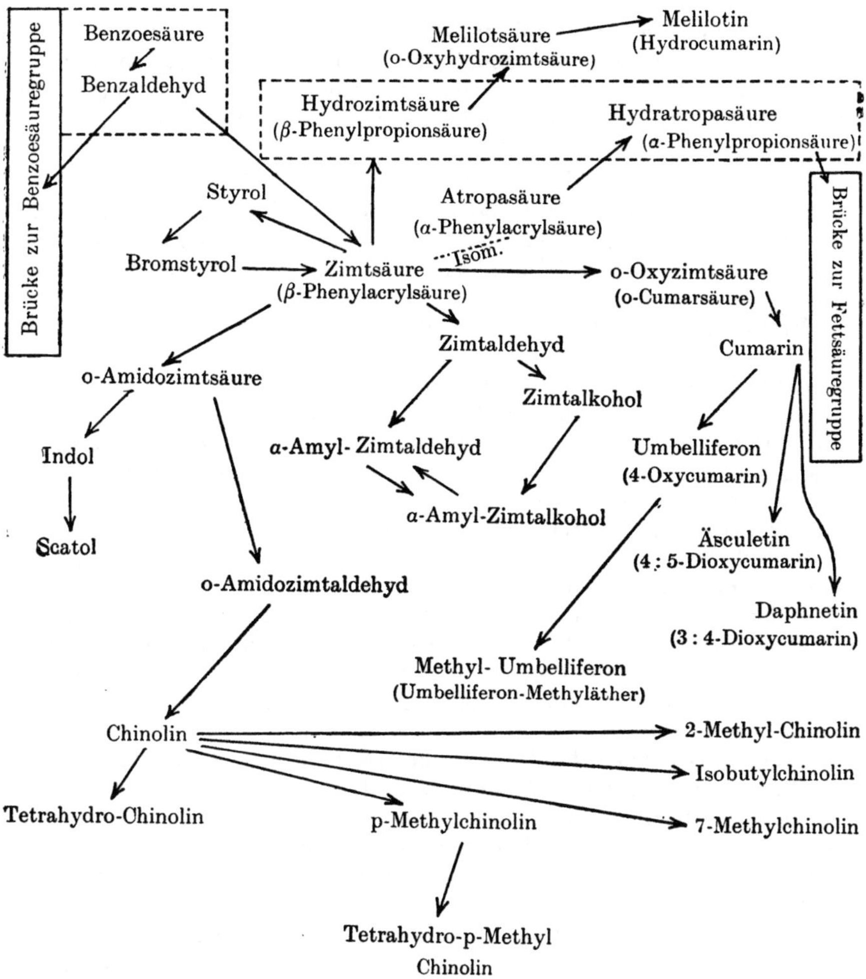

Anmerkung: Die in dieser und den folgenden Gruppen-Tafeln durch punktierte Linien umrahmten Riechstoffe bzw. Riechstoffderivate gehören im engeren Sinne nicht der tabellarisch dargestellten Gruppe an, sondern wurden als Glieder anderer Gruppen besprochen. Die Anführung solcher gruppenfremden Körper geschah hier lediglich zum Zwecke übersichtlicher Darstellung des Zusammenhanges der einzelnen Gruppen.

Zimtsäure (β-Phenylacrylsäure).

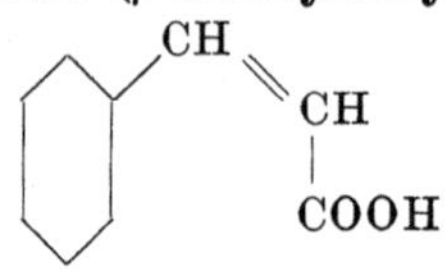

Wurde in freiem Zustande im Styraxöl, Cassia-Zimtöl, Perubalsamöl, der Sumatra-Benzoe u. a. nachgewiesen, als Ester im Styrax u. a. Die freie Säure hat als Riechstoff keine Bedeutung, dagegen sind ihre zahlreichen Ester in der Parfumerie von größter Wichtigkeit.

Zimtsäure-Ester (Cinnamate).

Cinnamyl-Cinnamat *(Styracin)*. Findet sich im Styrax, Perubalsam, der Sumatra-Benzoe. Soll auch im Hyacinthenblütenöl vorkommen. Balsamischer Geruch mit blumiger Note. Als Fixateur und Abrundungsmittel zu verwenden.

Methylcinnamat. Kommt im Galangaöl vor. Fruchtiger Geruch mit balsamischem Einschlag.

Äthylcinnamat. Fruchtig-balsamischer Geruch mit Ambranote. Kommt im Styraxöl vor. Methyl- und Äthylcinnamat besitzen einen sehr ähnlichen, äußerst haltbaren Geruch. Man hat sie als Zusätze zu Phantasiekompositionen häufig empfohlen, u. a. auch zum Haltbarmachen von *Eau de Cologne.* Hier ist jedoch größte Vorsicht am Platze und eventuell nur spurenhafte Verwendung angezeigt.

Benzyl-Cinnamat. Im Styrax, Tolubalsam und Perubalsam meist zusammen mit Benzylbenzoat als Cinnamein, das ein Gemisch von 40 Teilen Benzylcinnamat und 60 Teilen Benzylbenzoat darstellt. Man empfiehlt diesen Ester als Zusatz bei Lavendelwasser und *Eau de Cologne*, namentlich bei solchen Produkten mit Ambranote. Auch zu Phantasiekompositionen wird er herangezogen, namentlich für schwüle Buketts im orientalischen Genre.

Phenyläthylcinnamat. Balsamischer Geruch mit rosenartiger Note. — Zu Phantasiebuketts und Rosenkompositionen.

Phenylpropylcinnamat. Findet sich in der Sumatra-Benzoe. Besitzt einen besonders kräftigen balsamischen Geruch, der diesen Ester sehr wertvoll macht. — Gut verwendbar bei Ambrakompositionen und Phantasiebuketts aller Art.

Terpinylcinnamat. Blumig-balsamischer Geruch mit muskatnußartiger Note. — Ganz ausgezeichnet verwendbar, wird auch besonders zur Parfumierung von Pudern empfohlen, auch zu *Foin Coupé*-Buketts usw.

Amylcinnamat. Feiner, ambraartiger Geruch mit kakaoartiger Note. — Sehr gut verwendbar für Kompositionen aller Art, besonders für Ambraeffekte.

Isobutylcinnamat. Feiner balsamischer, an Labdanum erinnernder Geruch, daher auch „Labdanol" genannt. Besitzt auch eine kakaoartige Beinote. — Sehr wertvoller Riechstoff speziell zu Ambrakompositionen, aber auch bei Phantasiebuketts aller Art vorzüglich verwendbar.

Sein Geruch besitzt auch gewisse blumige Untertöne, die an den Geruch des Geißblattes erinnern. Man verwendet diesen Ester daher auch häufig zu Geißblattkompositionen, um gewisse charakteristische Details des Aromas dieser Blume wiederzugeben.

Linalylcinnamat. Dieser hochmolekulare Ester kommt nur in rohem Zustande in den Handel, da er bei der Rektifizierung leicht zersetzt wird. Er besitzt einen äußerst feinen, haltbaren Geruch, dessen Hauptton schwül blumig ist und den Geruch gewisser Lilienarten sehr naturgetreu wiedergibt. Besitzt auch balsamischen Charakter, auch gewisse blumige Noten, die an den Geruch des blühenden Geißblattes erinnern. — Man verwendet diesen wertvollen Ester daher auch zu Geißblatt- und Lilienkompositionen und zu vielen anderen Blumen- oder Phantasiebuketts, speziell im orientalischen Genre. In der Hand des geschickten Parfumeurs kann dieser Ester ganz hervorragende Dienste leisten und ist einer der wertvollsten modernen Riechstoffe. Gibt auch prächtige Effekte in Phantasie-*Eaux de Cologne* usw.

Phenylglycolcinnamat (Styrolylcinnamat). Besitzt einen gardeniaartigen Geruch mit stark balsamischer Note. — Sehr wertvoll für moderne Blumenbuketts und Phantasiekompositionen. Ganz ähnlich verhält sich das Phenyl-Methylcarbinolcinnamat, das ebenfalls als Styrolylcinnamat bezeichnet wird.

Zimtaldehyd $C^6H^5—CH{=}CH—C\langle{}^{O}_{H}$. Wesentlichster Bestandteil der Zimtöle (Ceylon- und Cassiazimtöl), in kleineren Mengen auch im Zimtblätteröl in Spuren im Patchouliöl u. a. Besitzt Zimtgeruch. Findet besonders ausgedehnte Verwendung in der Toiletteseifenparfumierung, auch in der Kosmetik zu Mundpflegemitteln usw.

***α*-Amylzimtaldehyd** auch Jasmin-Aldehyd genannt. Dieser Aldehyd ist heute einer der wichtigsten modernen Riechstoffe geworden. Er gibt gewisse fettige Noten des Jasmingeruches (Jasmin-Enfleurage) verblüffend naturgetreu wieder und hat auch einige Untertöne im Geruch, die deutlich fäkalartig sind, also sehr an Indol erinnern. Dabei zeigt sein Geruch große Komplexität der Wirkung und starke Oscillation zwischen fettig-fäkalartigem Geruch und frischblumigen Tönen, die ebenfalls an Jasmin erinnern. Er ähnelt in dieser Oscillation des komplexen Geruches schon sehr den Fettaldehyden, ebenso wie man dies auch der Hydrozimtaldehyd (Phenylpropionaldehyd) feststellen kann.

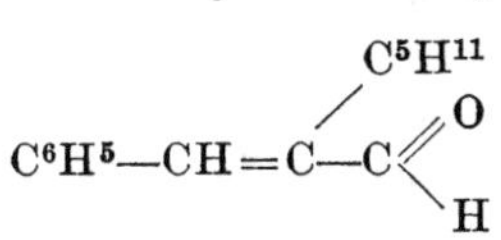

Der Jasminaldehyd ist ein ganz vorzügliches Hilfsmittel vor allem bei Jasminbuketts. Er ist aber auch sehr wertvoll für andere Blumenbuketts, wie z. B. Flieder, Tuberose, Orangenblüte, Geißblatt und viele andere, ebenso auch für Phantasiekompositionen. Selbstverständlich muß dieser wertvolle Aldehyd mit dem nötigen Verständnis verwendet werden und ist jede zu massive Dosis absolut zu vermeiden, weil sein Eigengeruch stets die Tendenz besitzt sich vorzudrängen. Wichtig ist immer längere Beobachtung des Effektes, nach erstmaligen geringen Zusätzen, da sich die Charakteristik seiner Wirkung erst nach 14 Tagen bis 3 Wochen Beobachtungszeit feststellen läßt. Immerhin wird dieser Aldehyd in ungleich größeren Dosen verwendet als etwa die Fettaldehyde.

Nur reiner Aldehyd gibt gute Resultate, leider sind im Handel viel minderwertige Sorten mit ranzigem Geruch anzutreffen, die unverwendbar sind.

Zimtalkohol, auch Styron genannt, $C^6H^5—CH{=}CH—CH^2—OH$. Nur in Form seiner Ester in natürlichen Riechstoffen bekannt, so als Acetat im Cassiazimtöl, als Cinnamat im Styrax u. a. Kräftig angenehmer blumiger Geruch (Hyacinthe und unbestimmte Noten), der in geeigneten Gemischen noch viel kräftiger hervortritt und sehr haltbar ist. — Universell verwendbar, besonders häufig bei der Toiletteseifenparfumierung gebraucht. Sein natürlich diskreter Geruch paßt sich allen anderen Gerüchen ausgezeichnet an und wirkt niemals aufdringlich.

α-**Amylzimtalkohol** riecht ähnlich wie der Aldehyd, aber viel schwächer. Kann ebenfalls wie der Aldehyd verwendet werden, nur fehlt dem Alkohol die Geruchsstärke und vor allem die stark fettige und fäkalartige Note des Aldehyds, was aber manchmal gerade erwünscht sein kann.

Styrol.

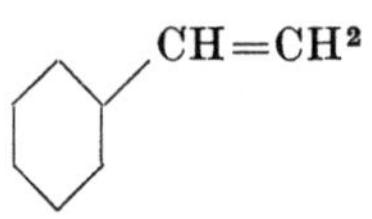

Im Styraxöl u. a. Angenehmer schwach blumiger Geruch. Hat als Riechstoff nur untergeordnetes Interesse.

Brom-Styrol.

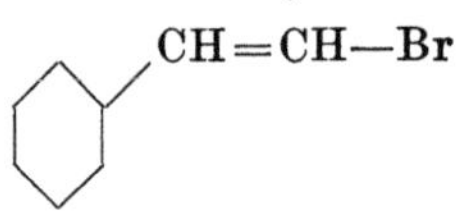

Betäubender Hyacinthengeruch. Wird entsprechend, hauptsächlich für Seifen verwendet.

Cumarin. Das riechende Prinzip der Tonkabohne, des Steinklees, des Waldmeisters und vieler anderer. Cumarin ist in der Natur ganz außerordentlich verbreitet.

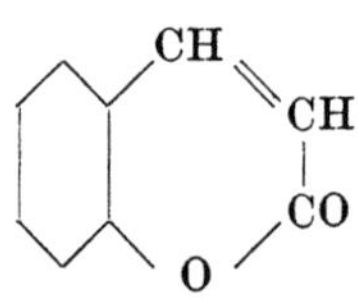

Es wird in der modernen Parfumerie vielfach als Ersatz der Tonkabohnentinktur verwendet, kann jedoch das natürliche Tonkabohnencumarin in der feinen Parfumerie keinesfalls vollständig ersetzen, wie dies öfter behauptet wird. An Geruchsintensität entsprechen ca. 18 g Cumarin etwa 1 kg Tonkabohnen.

Als Riechstoff von klassischer Bedeutung zur Erzielung heuartiger Noten *(Foin Coupé)*, unentbehrlich für viele Phantasiebuketts (*Chypre*, *Fougère*, *Trèfle* usw.), ebenso wichtig aber auch als Kontrast in Blumenkompositionen usw.

Umbelliferon (4-Oxycumarin).

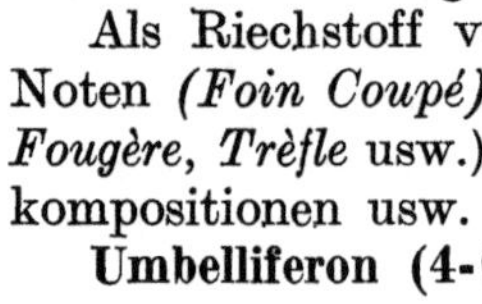

Im Galbanumharz und der Sumbulwurzel. Wurde u. a. als Methyläther im Lavendelextraktöl nachgewiesen. Heuartiger Geruch schwächer als der des Cumarins.

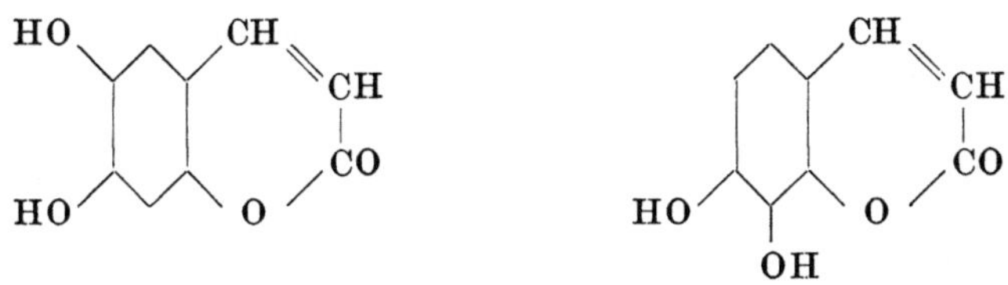

Äsculetin (4:5-Dioxycumarin) und **Daphnetin** (3:4-Dioxycumarin)

Äsculetin und Daphnetin haben als Riechstoffe kein Interesse. Rein dokumentarisch seien hier auch erwähnt:

Melilotsäure (o-Oxyhydrozimtsäure, o-Hydrocumarsäure),

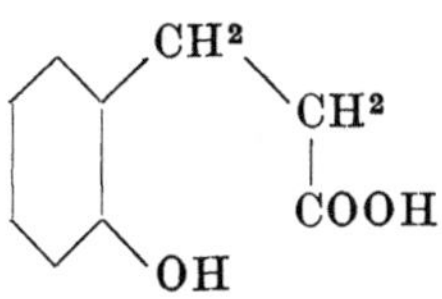

von schwach cumarinartigem Geruch und

Melilotin (Hydrocumarin),

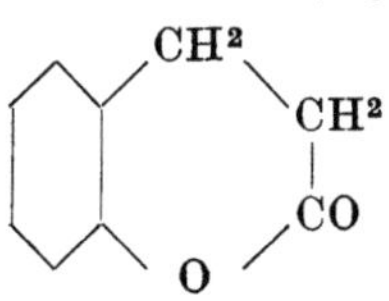

von schwächerem Geruch als das Cumarin.

Indol. Wesentlicher Bestandteil des Aromas der Jasmin- und Orangenblüten, in größeren Mengen besonders im Jasmin-Enfleurageöl. Fäkalartiger Geruch, der auch in der Parfumeriekomposition zu Jasmin- und anderen Blumengerüchen, auch zur Herstellung von künstlichem Zibet Verwendung findet. Nur sorgfältig gereinigtes Indol kann verwendet werden.

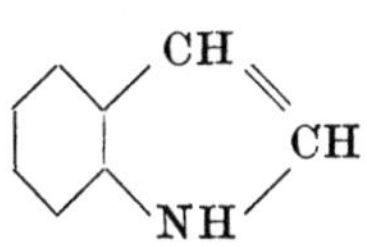

Scatol (β-Methyl-Indol).

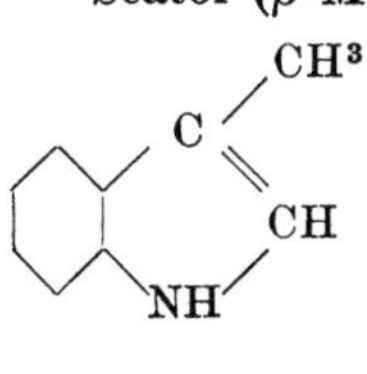

Findet sich im Zibet. Wird zur Herstellung künstlichen Zibets gebraucht.

Chinolinderivate.

Zunächst sei die Stellungsisomerie der Chinolinderivate kurz skizziert:

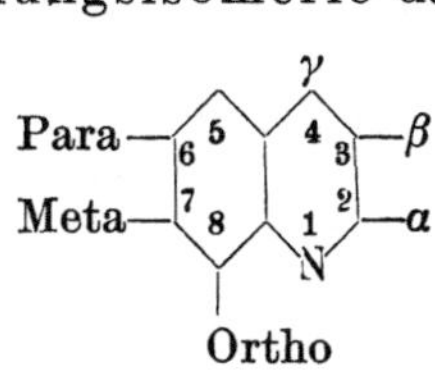

Von Chinolinderivaten sind als Riechstoffe zu nennen:

Tetrahydrochinolin.

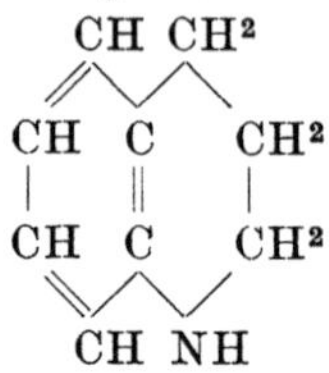

Honigartiger Geruch mit stark zibetartiger Note.

p-Methylchinolin.

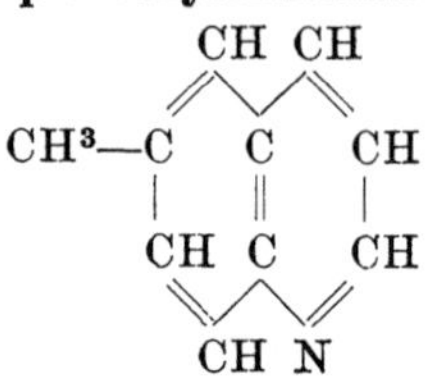

Sehr starker Honiggeruch mit Zibetnote, auch an türkischen Tabak erinnernd, ebenso fliederartige Noten (in starker Verdünnung).

Tetrahydro-p-Methyl-Chinolin
(Civettal).

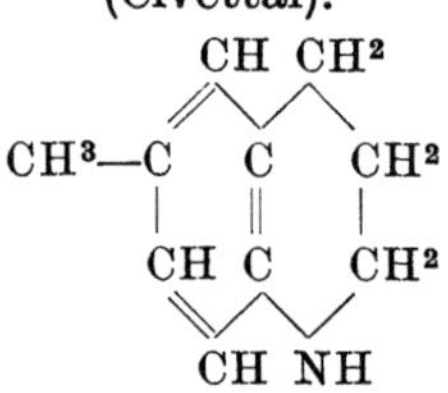

Sehr starker Zibetgeruch.

7-Methylchinolin
(Lilacin).

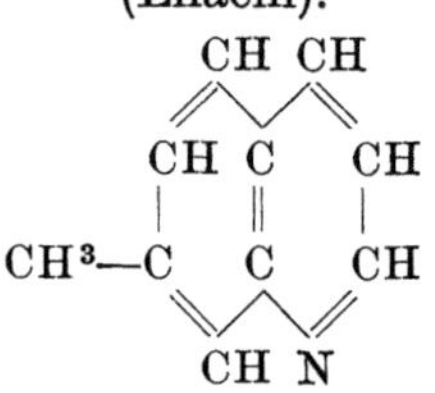

Blumiger Geruch in der Note Flieder mit honigartigem Beigeruch.

Die Angaben in der Literatur betreffend den Geruch der Chinolinderivate sind oft sehr widersprechend. So bezeichnen manche Autoren das Tetra-Hydrochinolin als Civettal und geben dem Tetrahydro-p-Methylchinolin den Charakter eines Fliederriechstoffes. Das

Tetrahydro-2-Methylchinolin
(Tetrahydro-Chinaldin)

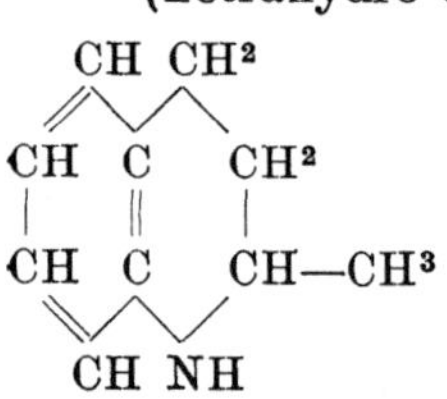

soll einen stark ausgeprägten Fliedergeruch besitzen.

2-Methyl-Chinolin
(α-Methyl-Chinolin, Chinaldin)

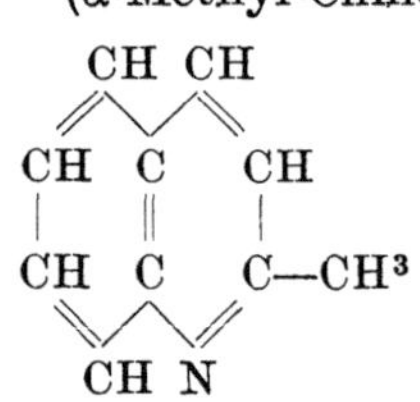

soll kräftigen Fliedergeruch aufweisen.

Isobutyl-Chinolin (2- und 6-) riecht eichenmoosartig.

Alle Chinolinderivate besitzen einen mehr oder minder ausgeprägten Zibet- und Honiggeruch, von rein blumigen Noten (Flieder) kann nur bei einzelnen Derivaten im Zustand großer Verdünnung die Rede sein und auch hier nur in gewissem Sinne.

Jedenfalls ist aber bei den beiden wichtigsten Chinolinriechstoffen, dem Tetrahydro-p-Methylchinolin und p-Methylchinolin die praktische Verwendung dahingehend festgelegt, daß Tetrahydro-p-Methylchinolin als Base für Zibeth, p-Methylchinolin als Honigaroma-Basis erprobt sind und in diesem Sinne angewandt werden.

VI. Naphtalin-Gruppe.

Genealogische Tafel.

Tafel VII.

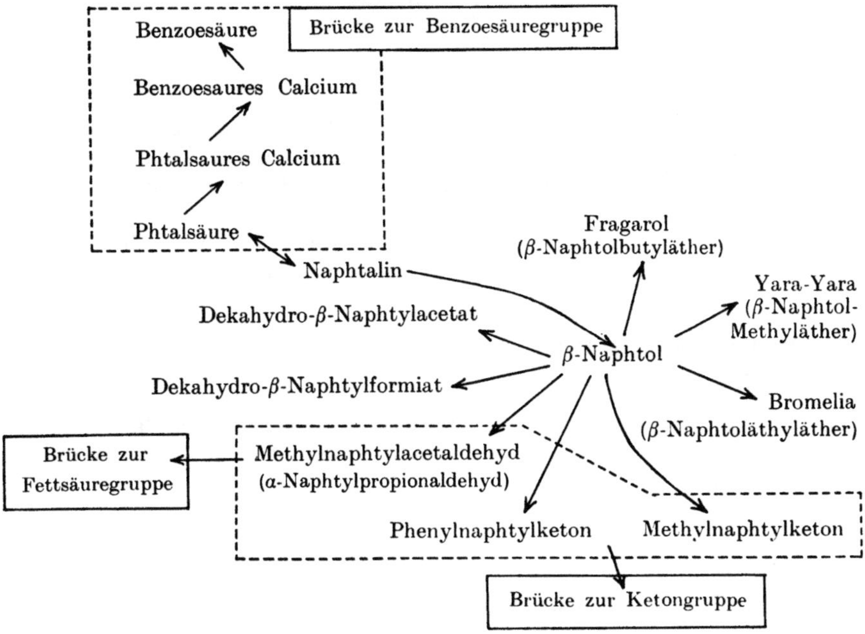

Methylnaphtylketon (Naphtylmethylketon), Phenylnaphtylketon und Methylnaphtylacetaldehyd (α-Naphtyl-Propionaldehyd) wurden bereits besprochen, die beiden ersteren in der Ketongruppe S. 121, letzterer in der Fettsäuregruppe S. 98.

β-Naphtol-Methyläther, Yara-Yara. Besitzt einen äußerst aufdringlichen Geruch nach Akazienblüten, auch an Orangenblüten erinnernd. — Nur mit größter Vorsicht und ausschließlich für billigste Seifen verwendbar.

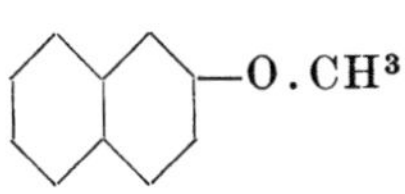

β-Naphtol-Äthyläther Bromelia. Besitzt einen etwas milderen Geruch nach Orangenblüten, ist aber ebenfalls von aufdringlicher Wirkung. Sollte ebenfalls nur für Seifen und auch da mit Maß und Ziel verwendet werden.

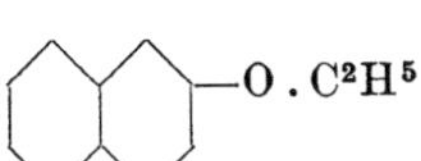

Diese beiden Naphtoläther sind sehr billige und ausgiebige Riechstoffe, besitzen aber einen kratzenden, widerlich aufdringlichen Nachgeruch, falls sie nicht äußerst vorsichtig dosiert zur Anwendung kommen. Sie sind die „Ultima ratio" des von Preisschleuderern gehetzten Fabrikanten und ein fast nie fehlender Bestandteil gewisser „billiger" und „kräftig parfumierter" Seifen des Schleuderhandels und der Warenhäuser, auch gewisser Kompositionen in „verlockend billiger" Preislage.

β-Naphtol-Butyläther

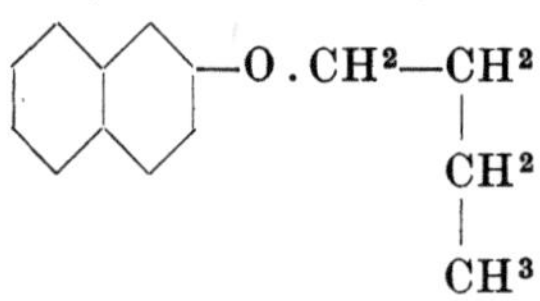

Fragarol. Geruch nach Orangenblüten, auch etwas fruchtartig, jedenfalls bedeutend angenehmer als der Geruch der beiden vorerwähnten Naphtoläther.

Immerhin empfiehlt sich auch hier Vermeidung zu massiver Dosen.

Dekahydro-β-Naphtylacetat.

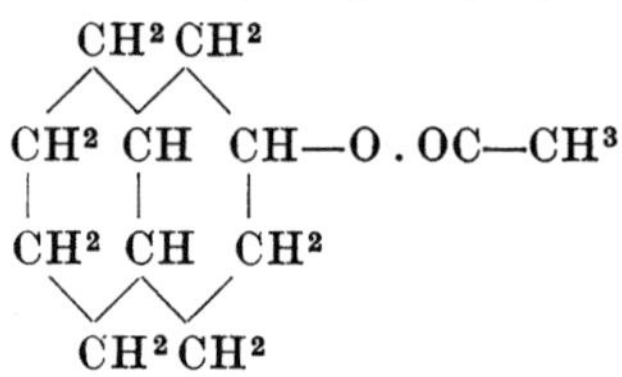

Besitzt kräftigen Jasmingeruch und wird jetzt immer häufiger zu Blumenbuketts mit herangezogen.

Dekahydro-β-Naphtylformiat.

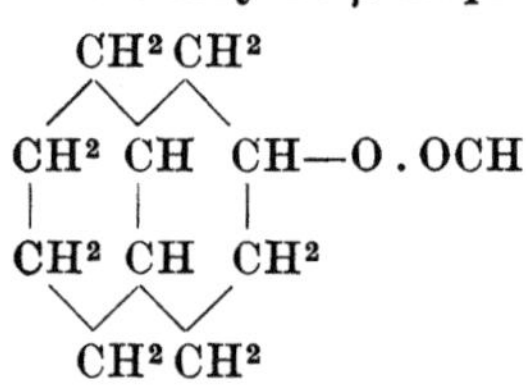

Origineller, frischer Blumengeruch unbestimmter Note, auch holziger Beigeruch etwas an Sandelholz erinnernd.

VII. Benzoesäure-Gruppe.

Genealogische Tafel.

Tafel VIII.

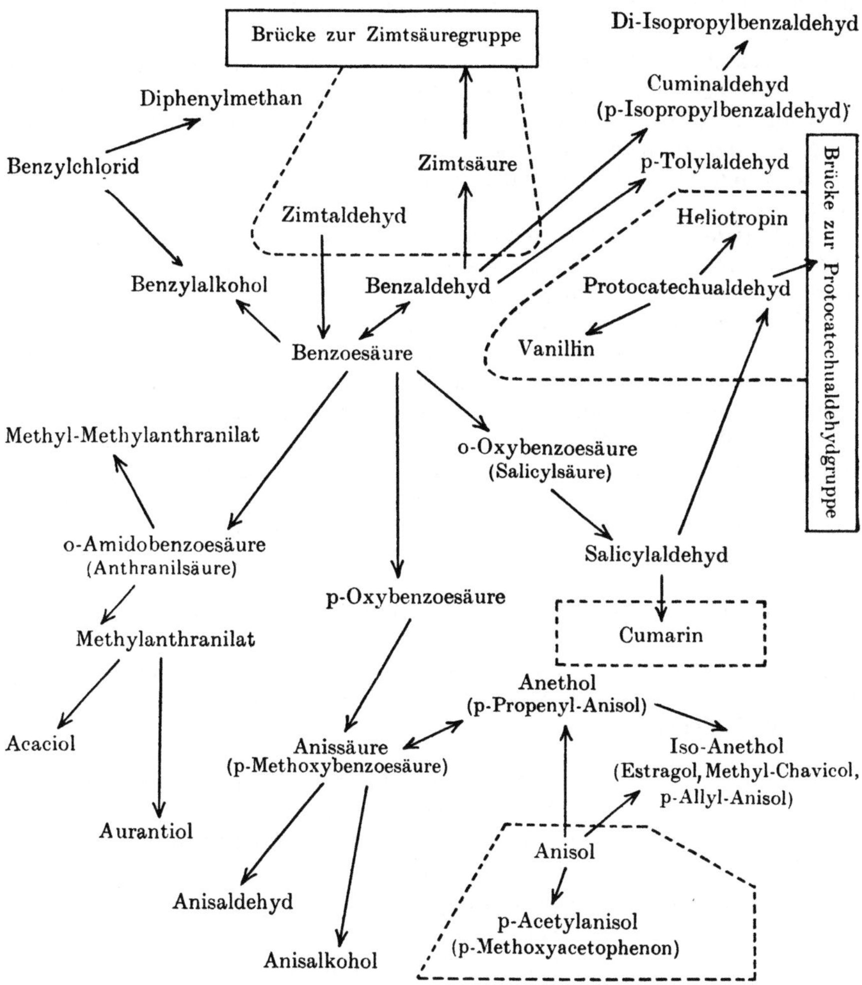

Benzoesäure C^6H^5—COOH. In freiem Zustande in der Siam- und Sumatrabenzoe, im Tolubalsam u. a., frei oder verestert im Vetiveröl, Tuberosenblütenöl, Ylang-Ylangöl, Hyacinthenblütenöl, Zimtblätteröl, Neroliöl, Tolubalsamöl, Nelkenöl u. a.

Sehr interessant sind die

Ester der Benzoesäure (Benzoate).

Benzylbenzoat. In reinem Zustande praktisch geruchlos, oft mit leichtem Mandelgeruch. — Dient als bekanntes Lösungsmittel für Kristallmoschus u. a., als Vehikel für alkoholfreie Parfums (Blütentropfen) usw.

Cinnamylbenzoat. Nicht sehr ausgeprägter balsamischer und zimtartiger Geruch, der jedoch sehr anhaftend ist und andere Gerüche kräftig fixiert.

Amylbenzoat. Leicht krautige, holzige Note beim Anriechen, macht aber bald einer kräftigen ambraartigen Note Platz, die als Hauptnote anzusprechen ist. — Dieser Ester ist sehr wertvoll für Ambrakompositionen und Phantasiebuketts.

Butylbenzoat. Balsamischer Geruch, auch etwas an Lavendel erinnernd.

Isobutylbenzoat. Ausgesprochen balsamischer Geruch (Labdanum) mit Rosen- (Eglantine-) Unternote. — Sehr interessant für Ambrakompositionen und Phantasiebuketts.

Methylbenzoat (sog. Niobeöl). Würzig bitter-aromatischer Geruch mit grünen Noten. — Sehr interessant als Kontrast besonders in Seifen.

Äthylbenzoat. Riecht analog aber zarter. Wird wie der Methylester verwendet, speziell auch zu künstlichem Ylang-Ylangöl.

Geranylbenzoat. Schwacher Geruch. Ist auch nur wenig beständig, soll kräftig fixierend wirken. — Ein wenig interessanter Riechstoff.

Linalylbenzoat. Riecht bergamottähnlich, hat aber einen eigenartigen Beigeruch, der an Lilie erinnert. — Gibt bei Phantasiekompositionen (orientalisches Genres) gute Resultate.

Benzaldehyd $C^6H^5—C\langle^{O}_{H}$. Im Bittermandelöl u. a. Geruch nach bitteren Mandeln. Sehr bekannt als künstliches Bittermandelöl. Wichtig ist, daß nur absolut chlorfreie Sorten Verwendung finden.

p-Tolylaldehyd (p-Methylbenzaldehyd).

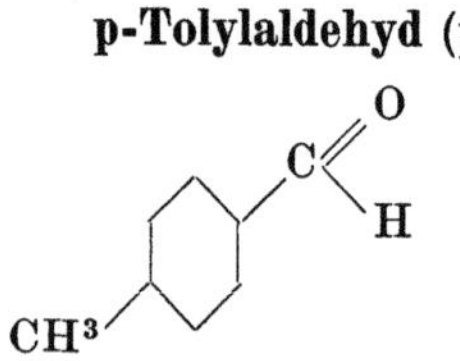

Besitzt einen kräftigen Bittermandelgeruch, der feiner ist als jener des Benzaldehyds (mit Cumarinnote). Findet zahlreiche Anwendungsmöglichkeiten in allen Zweigen der Parfumerie.

p-Isopropyl-Benzaldehyd, Cuminaldehyd. Geruchsträger des Cuminöls.

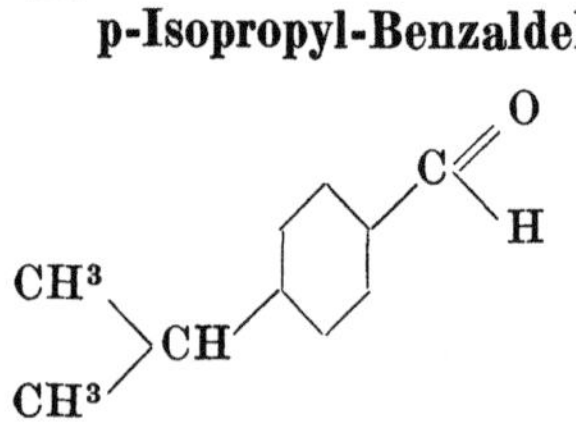

Wanzengeruch, in großer Verdünnung irisartig. Wird zu Iriseffekten mit herangezogen, natürlich ist größte Vorsicht in der Dosierung nötig. Kann auch in kleinen Mengen bei grünen Gerüchen wie *Fougère* usw. nützlich werden.

Di-Isopropyl-Benzaldehyd. Dieser neue Aldehyd besitzt einen moschusartigen Geruch, der mit jenem der Ambrettekörner (Abelmoschussamen) einige Ähnlichkeit hat.

Salicylsäure (o-Oxybenzoesäure)

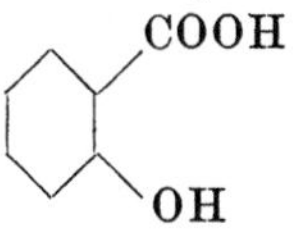

ist in freiem Zustande, bzw. als Glukosid und in veresterter Form in den Pflanzen ganz außerordentlich verbreitet, besonders in Form ihres Methylesters.

Ester der Salicylsäure (Salicylate).

Amylsalicylat. Kräftiger Kleegeruch. Dieser Ester ist wohl einer der häufigst verwendeten Riechstoffe, der auch als wichtiger Kontrast bei den zartesten Blütengerüchen Anwendung findet. Kleine Mengen heben in der Tat in sehr glücklicher Weise den reinen Blütengeruch hervor und geben ihm eine zart-herbe Note, die ihn natürlicher macht.

Außer zu Klee- und Orchideengerüchen, wo massive Dosen dieses Esters in Frage kommen, wird Amylsalicylat auch zu allen grünen Noten wie *Fougère*, *Chypre*, Heu usw. in mittleren Mengen herangezogen, ganz besonders aber zu Seifenparfums aller Art als Kontrast, und zwar stets in relativ größeren Mengen als bei der Extraitkomposition, manchmal auch nur bei Seifenkompositionen, während die Extraitkomposition kein Amylsalicylat enthält.

Hier ist ganz besonders vor der Verwendung unreiner Sorten (roher Ester) zu warnen, die sehr viel verderben können.

Isoamyl-Salicylat riecht ähnlich, aber feiner. Wird analog dem Amylester verwendet.

Isobutylsalicylat. Kleegeruch besonders blumiger Art, wird oft dem Amylsalicylat vorzuziehen sein, jedoch nicht immer, weil diesem Ester in vieler Beziehung die oft zu Kontrastwirkung erwünschte herbe Note des Amylsalicylats fehlt. Besonders zu Klee-, Fougère- und Orchideenbuketts wird der Isobutylester gerne verwendet.

Butylsalicylat riecht ähnlich, besitzt aber eine balsamisch-fruchtige Beinote.

Methylsalicylat. Kommt im Wintergreenöl, Tuberosenblütenöl, Cassieblütenöl, Ylang-Ylangöl, Rautenöl, Nelkenöl, Teeöl u. a. vor. Dieser Ester gibt in der Hauptsache den charakteristischen Geruch des Wintergreenöles wieder. Der Geruch ist eigenartig herb-aromatisch mit leicht blumigem Einschlag, seine Hauptnote ist typisch krautig.

Findet ausgedehnte Anwendung als Kontrast bei Blumengerüchen und in massiveren Dosen bei grünen Gerüchen wie *Mousse de Chêne*, *Chypre*, *Fougère* usw. Auch bei der künstlichen Nachbildung des Tuberosen- und Cassieblütenöles kommen massivere Dosen dieses Esters zur Anwendung.

Seine Kontrastwirkung ist jener des Amylsalicylats ähnlich, jedoch werden mit Methylsalicylat mehr krautige Kontrastnoten erzielt, die bei vielen zarten Blütengerüchen nicht erwünscht sind, es fehlt ihm dagegen die herb-holzige Note des Amylsalicylats. Methylsalicylat leistet ganz hervorragende Dienste bei der Seifenparfumierung und gibt in der Seife sehr originelle Effekte, die viele Blumen- und Phantasiegerüche wirkungsvoll hervorheben und verstärken. In kleinen Mengen auch zur Nachbildung des Ylang-Ylanggeruches.

Äthylsalicylat. Dieser Ester besitzt einen ähnlichen Geruch wie das Methylsalicylat, aber weniger krautiger Natur mit stärkerer blumiger Note. Wird wie der Methylester verwendet, gibt aber nur viel mildere Kontrastwirkung, die manchmal erwünscht sein kann. Leistet auch besonders wertvolle Dienste bei Tuberose und Cassie, auch bei Ylang-Ylangimitationen. Speziell in letzterem Fall leistet der Äthylester oft bessere Dienste als Methylsalicylat.

Phenyläthylsalicylat. Feiner blumiger Geruch, schwach rosenartig, auch etwas an Hyacinthe erinnernd. — Zu Blumen- (Tuberose- usw.) und Phantasiebuketts.

Benzylsalicylat. Fast geruchloses Lösungsmittel für Kristallmoschus usw. Besitzt aber kräftig fixierende Eigenschaften. Ähnlich verhält sich das **Naphtylsalicylat.**

Benzylalkohol (Phenylcarbinol) $C^6H^5—CH^2—OH$. Trotz seines nur recht schwachen Eigengeruches scheint dieser Körper ein wichtiger Bestandteil vieler Blütenöle zu sein. So wurde er u. a. im Jasminblütenöl, Tuberosenblütenöl, Cassieblütenöl, Ylang-Ylangöl, Nelkenöl, Champaccablütenöl, Hyacinthenblütenöl und Akazienblütenöl (von *Robinia pseudacacia*) nachgewiesen. Dieser Alkohol ist ein typisches Beispiel für die Mitwirkung geruchsschwacher Körper an der Komplexität der Geruchswirkung eines aromatischen Öles.

Benzylalkohol wird in ausgedehntestem Maße zu Kompositionen verschiedener Art herangezogen, klassisch ist seine Verwendung zu Jasminkompositionen, bei Tuberose usw. Benzylalkohol kommt als Ester (Zimtsäure- bzw. Benzoesäureester) im Perubalsam, Styrax u. a. vor.

Diphenylmethan $C^6H^5—CH^2—C^6H^5$ soll an dieser Stelle als Verwandter des Benzylalkohols (beide entstehen aus Benzylchlorid) erwähnt werden. Diphenylmethan besitzt einen kräftigen Geraniumgeruch, ähnlich wie das Phenyloxyd u. a., die unter der Bezeichnung „künstliches Geranium" im Handel anzutreffen sind. Es leistet wertvolle Dienste bei Rosenkompositionen speziell für Toiletteseifen und wird in sehr ausgedehntem Maße verwendet.

o-Amidobenzoesäure (Anthranilsäure).

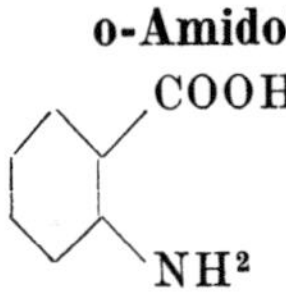

Diese Säure ist interessant als Muttersubstanz mehrerer wichtiger Ester.

Ester der Anthranilsäure (Anthranilate).

Methylanthranilat. Im Orangenblütenöl, Jasminöl, Tuberosenblütenöl u. a. nachgewiesen. Dieser Ester ist einer der wertvollsten Riechstoffe der modernen Parfumerie und wird in sehr ausgedehntem Maße verwendet, ganz besonders zu Nachbildungen des Orangenblüten- (Neroli-), Jasmin- und Tuberosengeruches, aber auch zu unzähligen anderen Blumen- und Phantasiebuketts verwendbar. Die alkoholischen Lösungen dieses Esters zeigen eine stark blaue Fluoreszenz. Er bildet

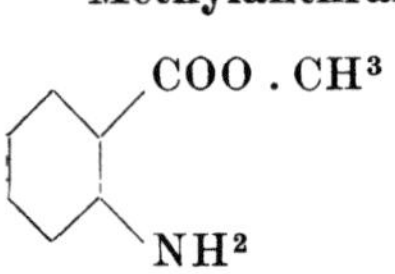

leicht zerfließende Kristalle, die leicht schmelzen. Wird Methylanthranilat wiederholt geschmolzen, so bleit es dauernd flüssig.

Interessant sind folgende Derivate des Methylanthranilats, die als Riechstoffe Verwendung finden. (Wir bemerken hierzu in Parenthese, daß wir diese hier als Derivate bzw. Kondensationsprodukte des Methylanthranilats anführen, obwohl es nicht einwandfrei feststeht, ob es sich um solche oder einfache Gemische von Methylanthranilat und Aldehyden, bzw. lockere Verbindungen beider handelt. Prinzipiell ist dies aber hier gleichgültig, diese Derivate sind als substantive Riechstoffe bekannt und vorzüglich verwendbar.)

Von solchen Derivaten des Methylanthranilats sind zu nennen:

Aurantiol (Aurantin, Bigaradin, Bigarol) aus Hydroxycitronellal und Methylanthranilat.

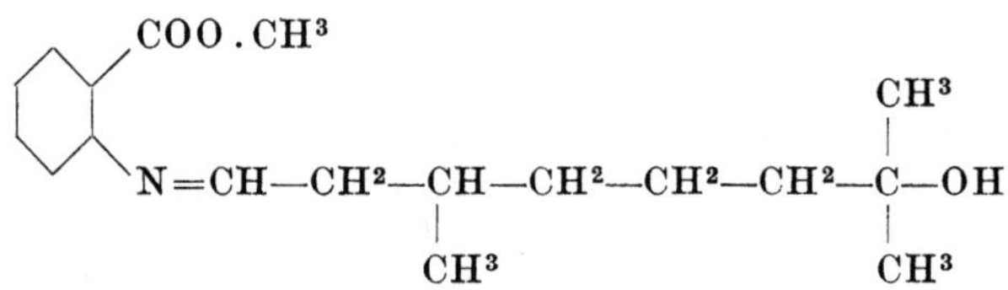

Gelbe zäh-harzige Masse von intensivem Orangenblütengeruch. Vorzüglich verwendbar zu Orangenblütenkompositionen und Phantasiebuketts, namentlich bei Seifen. Geschickt verwendet leistet dieses Produkt ganz hervorragende Dienste und zeichnet sich durch große Beständigkeit des Geruches aus. Auch ist der Geruch nicht aufdringlich und viel milder als der des Methylanthranilats oder gar jener der Naphtoläther.

Acaciol aus Anisaldehyd und Methylanthranilat.

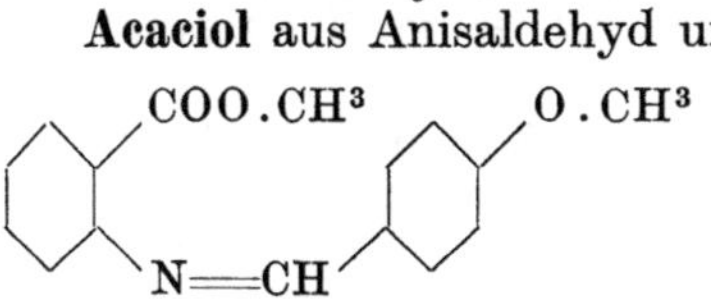

Dieses Produkt besitzt einen kräftigen blumigen Geruch, der jenen der Blüten von *Robinia pseudacacia* gut wiedergibt. Es findet vielseitige Verwendung.

Äthylanthranilat. Riecht ähnlich wie der Methylester, jedoch nur viel schwächer. Entgegen der Ansicht vieler Autoren kann dieser Ester den Methylester nicht ohne weiteres ersetzen, da seine Ausgiebigkeit weit hinter jener des Methylanthranilats zurückbleibt.

Von anderen Estern der Anthranilsäure seien noch erwähnt:

Isobutylanthranilat mit Orangenblütengeruch mit fruchtartiger Beinote.

Geranylanthranilat. Schwach orangenblütenartig-rosenartiger Geruch.

Ein sehr wichtiger Ester ist auch der Methylester der Methylanthranilsäure, das

Methyl-Methylanthranilat. Dieser Ester ist bis zu ca. 60 bis 65% und mehr

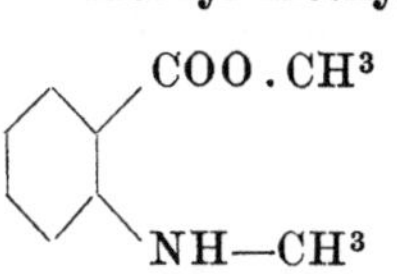

im Petitgrainöl Mandarinier enthalten, im Schalenöl der Mandarinenfrüchte kommt er nur in ganz kleinen Mengen von etwa 1% vor. Dieser Ester ist der eigentliche Aromaträger des Mandarinenöls. — Er wird sehr häufig zu mandarinenartigen Geruchsnoten, aber auch zu vielen anderen Blumen- und Phantasiebuketts benutzt.

Derivate der p-Oxybenzoesäure.

Die Ester dieser Säure sind geruchlos, kommen also als Riechstoffe nicht in Betracht. Dagegen soll an dieser Stelle auf die Sonderstellung dieser Ester als wertvolle Konservierungsmittel und Antiseptica hingewiesen werden, die bereits in der angewandten Kosmetik ganz unschätzbare Dienste leisten und denen für diesen Spezialzweck sicher eine große Zukunft vorbehalten ist. Riechstoffcharakter besitzt aber der p-Oxybenzoesäurealdehyd, der durch einen kräftig-aromatischen Geruch ausgezeichnet ist.

Anissäure (p-Methoxy-Benzoesäure). Die Anissäure ist geruchlos.

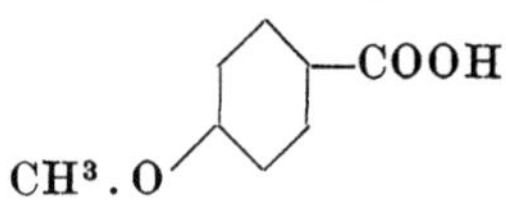

Einzelne Ester derselben werden als Riechstoffe benutzt, z. B. Äthyl- und Methylanisat, die nach Weißdorn riechen.

Wichtig ist ihr Aldehyd, der

Anisaldehyd (Aubépine). Besitzt kräftigen Weißdorngeruch und ist

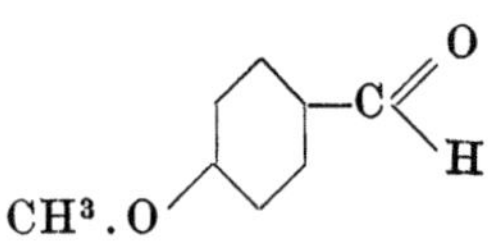

ein wichtiger Riechstoff der modernen Parfumerie. Sein Vorkommen wurde in der Taiti-Vanille im Fenchelöl, Anisöl, Sternanisöl, Cassieblütenöl und dem Öl von *Robinia pseudacacia* festgestellt. Findet ausgedehnteste Verwendung zu Blumengerüchen aller Art, besonders zu Aubépine, Flieder, Mimosa u. a. Auch zu Phantasiekompositionen benutzbar.

Anisalkohol. Kommt in der Taiti-Vanille vor. Feiner blumiger Geruch an Weißdorn erinnernd, aber unbestimmter als der Aldehyd und zarter. Wird häufig verwendet. Klassisch ist seine Verwendung in modernen Fliederkompositionen.

Geruchlich interessant sind viele Ester des Anisalkohols, besonders Anisylacetat.

Anethol (p-Propenylanisol).

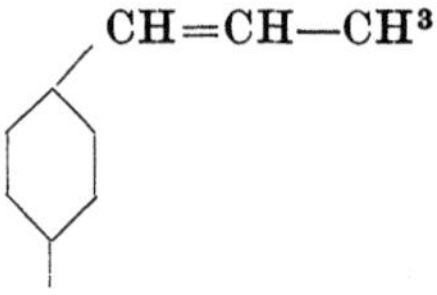

Wesentlichster aromatischer Bestandteil des Anis-, Sternanis- und Fenchelöles. Von kräftigem Anisgeruch und -geschmack.

Iso-Anethol (Estragol, Methyl-Chavicol, p-Allyl-Anisol).

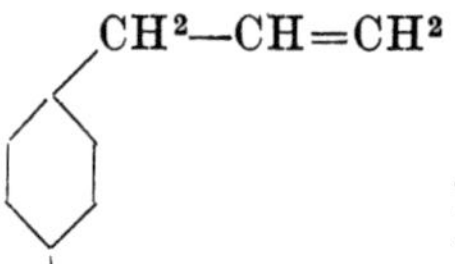

Wesentlichstes Geruchsprinzip des Estragonöls. Auch im Bayöl, Sternanisöl, Fenchelöl, Anisöl, Basilikumöl.

Anisol wurde bereits in der Oxydgruppe S. 122 erwähnt, p-Acetylanisol (p-Methoxyacetophenon) in der Ketongruppe S. 121.

VIII. Protocatechualdehyd-Gruppe.

Genealogische Tafel.

Tafel IX.

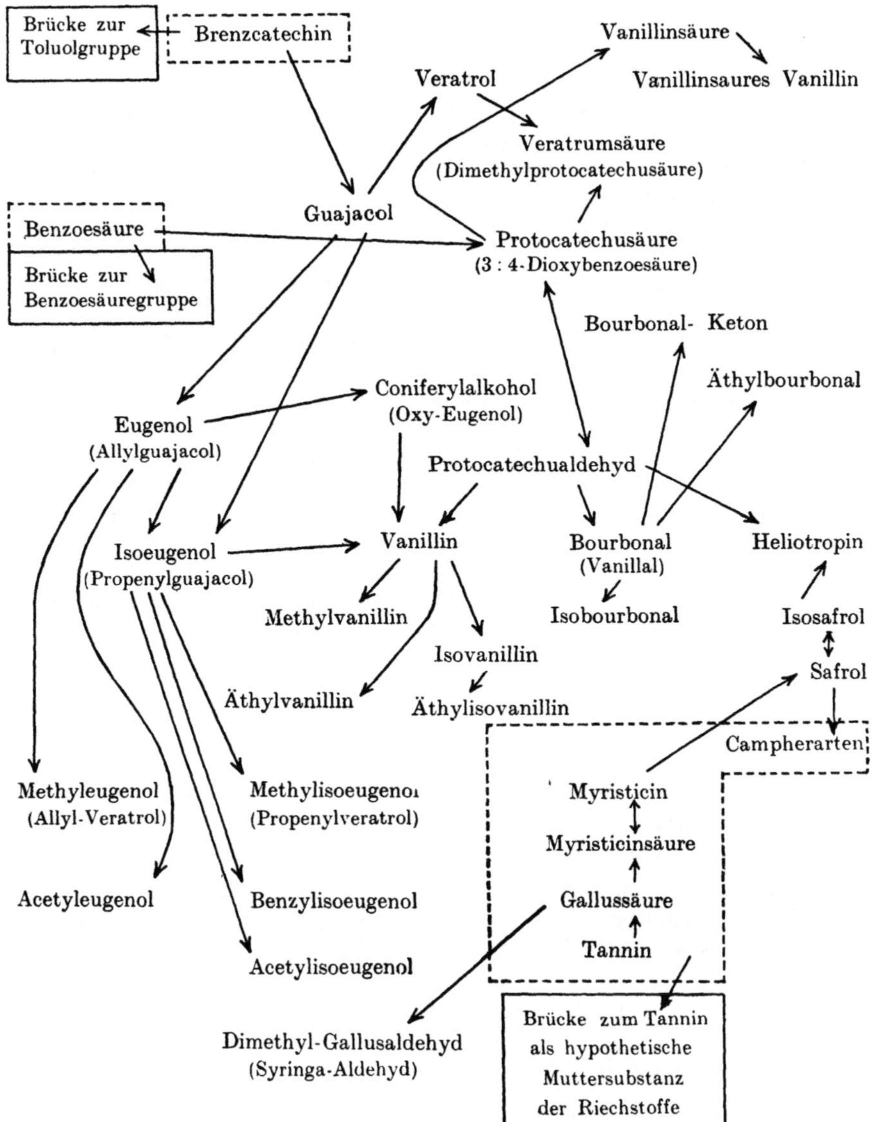

Vanillin (Protocatechualdehyd-Methyläther).

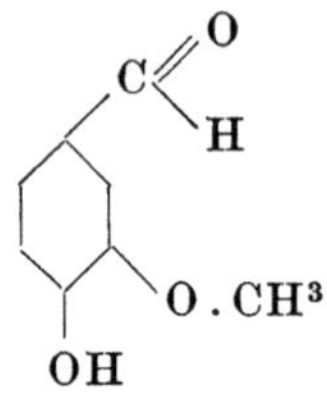

Dieser außerordentlich wichtige Riech- und Geschmacksstoff ist in der Natur sehr verbreitet und wird Vanillin meist in glukosidischer Bindung in gewissen Pflanzen angetroffen. So ist Vanillin z. B. auch in der Vanille zunächst als Glukosid (Coniferin?) enthalten und wird erst durch eine Art Gärung aus den frischen Schoten in Freiheit gesetzt.

In freiem Zustande finden wir Vanillin in sehr geringen Mengen, wohl ebenfalls als glukosidisches Spaltungsprodukt des Pflanzensaftes, in der Benzoe, im Tolubalsam u. a. Die besten Vanillesorten enthalten etwa 2 bis 2,8% Vanillin, doch sind die Mengen sehr variabel. Wir können aber im Mittel annehmen, daß etwa 25 bis 30 g Vanillin 1 kg Vanilleschoten entsprechen, doch ist hier gleich zu bemerken, daß die Vanille sich in der feinen Parfumerie nicht vollständig durch Vanillin ersetzen läßt, am besten durch Gewürznelken- (Eugenol-) Vanillin, während minderwertige Vanillinsorten des Handels (Safrol-Vanillin usw.) überhaupt nur viel entfernter die native Feinheit des Vanillegeruches bzw. Geschmackes wiedergeben können. Vanillinlösungen, namentlich solche in verdünntem Alkohol, bräunen sich rasch am Licht, Alkali begünstigt die Bräunung erheblich.

Vanillin-Synthesen. Ursprünglich wurde Vanillin aus dem Cambialsaft der Coniferen durch Umwandlung des Coniferins, bzw. des durch Fermentation hieraus entstehenden Coniferylalkohols gewonnen.

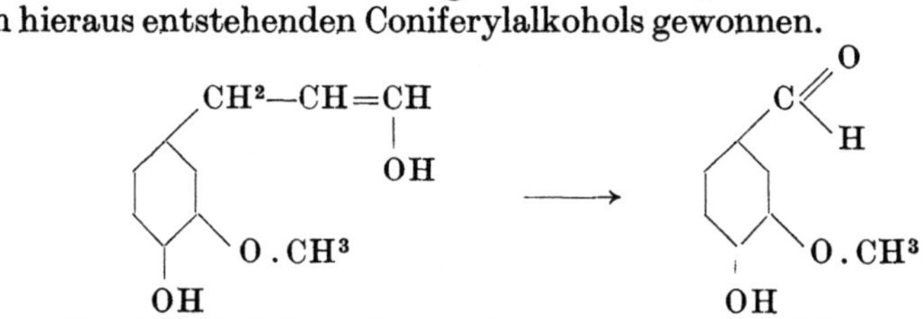

Coniferylalkohol (Oxy-Eugenol) Vanillin

Diese Methode hat aber heute nur historisches Interesse.

Eugenol-Verfahren. Das aus Gewürznelken isolierte Eugenol wird zunächst in Isoeugenol übergeführt und dieses zu Vanillin oxydiert.

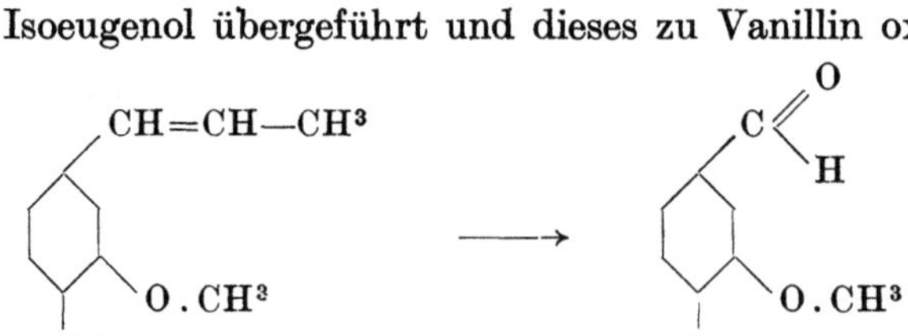

Isoeugenol Vanillin

Guajacol-Verfahren. Durch Einführung der Aldehydgruppe im Guajacol.

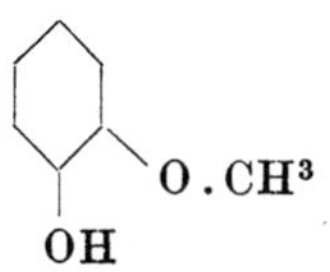

Guajacol Vanillin

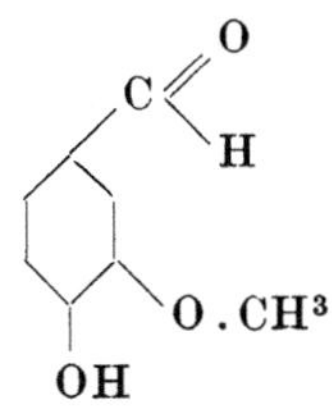

Safrol-Verfahren. Hierbei wird Safrol entweder zunächst in Protocatechualdehyd übergeführt und dieser dann methyliert oder man führt Safrol in Isoeugenol über und oxydiert dieses dann zu Vanillin, analog dem Eugenol-Verfahren. Diese Sorte Vanillin ist die billigste aber auch die minderwertigste des Handels und kommt bei weitem nicht an das Eugenol-Vanillin heran.

Iso-Vanillin.

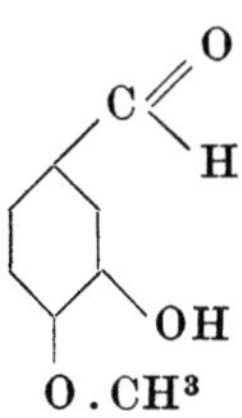

Hat als Riechstoff nur wenig Interesse. Es besitzt einen bedeutend schwächeren Geruch als Vanillin, mit anisartiger Beinote.

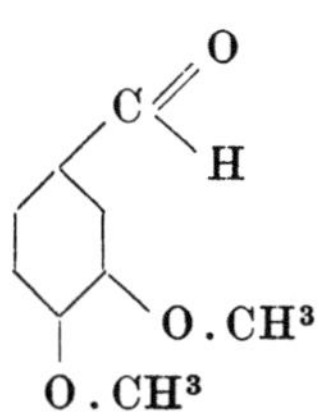

Methylvanillin

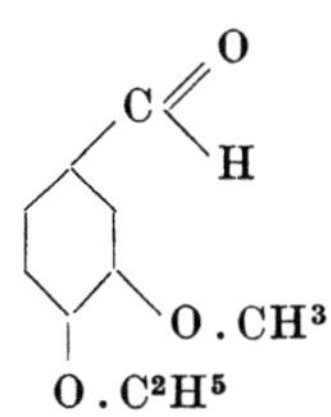

Äthylvanillin

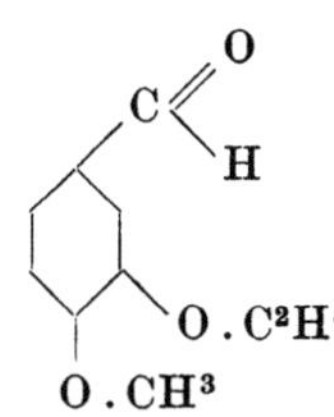

Äthylisovanillin
(Methylbourbonal)

Diese Dialkyläther des Protocatechualdehyds haben einen schwachen, aber feinen Vanillegeruch mit blumiger Beinote, der sie manchmal besonders wertvoll machen kann. Praktisch sind sie zur Zeit ohne besonderes Interesse.

Bourbonal, Vanillal, Vanirom usw. Unter solchen Phantasienamen,[1] von denen der Name Bourbonal sich als klassische Bezeichnung am meisten eingebürgert hat, wird der

[1] Ganz unzulässig ist aber die für Bourbonal willkürlich gebrauchte Bezeichnung Äthyl-Vanillin.

Äthyläther des Protocatechualdehyds im Handel angetroffen und als Ersatz des Vanillins verwendet. Dieses sehr interessante Produkt besitzt alle Vorzüge des Vanillins, dabei einen viel stärkeren Geruch, der angeblich etwa 4mal so stark ist als jener des Vanillins. Diese Ausgiebigkeit ist natürlich mehr oder minder Ansichtssache und kein absoluter Wert. Dagegen besitzt das Bourbonal einen wesentlich feineren und volleren Vanillegeruch als das Vanillin, kommt also geruchlich der Vanille viel näher.

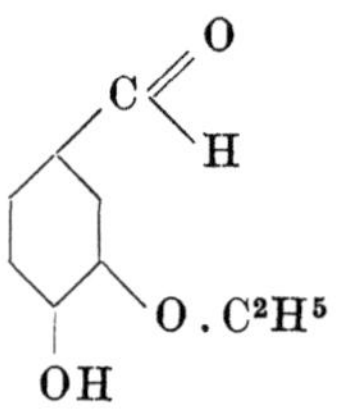

Iso-Bourbonal.

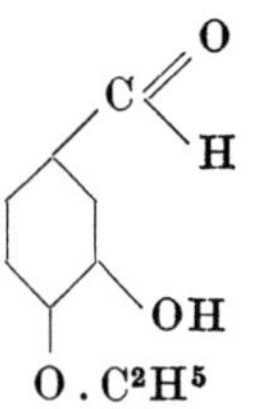

Ist als Riechstoff mit schwachem Vanillingeruch nur wenig interessant.

Ebenso das

Äthylbourbonal,

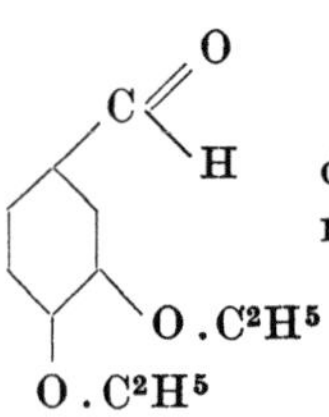

das nur schwach vanilleartig riecht und hier nur dokumentarisch erwähnt werden soll.

Wichtige Vanille-Riechstoffe sind aber noch die folgenden Derivate des Protocatechualdehyds:

Bourbonalketon und **Vanillin-Vanillat (Vanillinsaures Vanillin).**

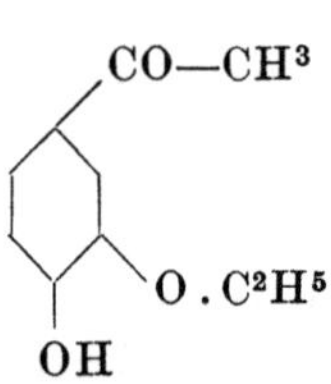

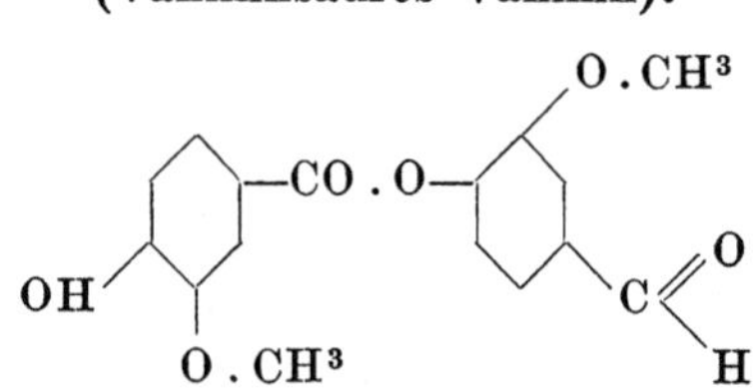

Etwa 2mal so stark als Vanillin von feinem Vanillegeruch, der sehr nahe an den der natürlichen Vanille herankommt.

Etwa $1\frac{1}{2}$mal so stark als Vanillin. Von feinem Vanillegeruch.

Man hat versucht den komplexen Geruch der Vanilleschoten, der auch durch geringe Mengen eines ätherischen Öles wenig erforschter Zusammensetzung mitbedingt wird, durch entsprechende komplexe Gemische besser wiederzugeben. Tatsächlich dürfte dieses unbekannte Vanilleöl wohl Anisalkohol und Anisaldehyd enthalten, deren Zusatz die Natürlichkeit solcher Nachbildungen des Vanillegeruches auch tatsächlich zu fördern scheint. Ebenso gewisse balsamische Zusätze usw. erhöhen die Ähnlichkeit solcher Vanillekomplexe. Nachstehend einige Ansätze dieser Art:

1. Vanillin aus Nelken	18 g
Resinoid Tolu	0,1 g
Cumarin	0,01 g
Anisalkohol	0,3 g
Anisaldehyd	0,02 g
Alkohol 96%	1 l

2. Vanillin aus Nelken	18 g
Heliotropin	0,3 g
Resinoid Tolu	0,2 g
Anisalkohol	0,4 g
Anisaldehyd	0,05 g
Isobutylcinnamat	0,02 g
Alkohol 96%	1 l

3. Bourbonal	6 g
Resinoid Tolu	0,2 g
Anisalkohol	0,5 g
Anisaldehyd	0,1 g
Isobutylcinnamat	0,02 g
Alkohol 96%	1 l

Heliotropin (Piperonal). Ist der Methylenäther des Protocatechualdehyds und wird aus Safrol bzw. Isosafrol synthetisch hergestellt. Heliotropin ist einer der wichtigsten Riechstoffe und findet ausgedehnte Anwendung in allen Zweigen der Parfumerie. Es besitzt einen kräftigen Heliotropgeruch, der sich ganz vorzüglich zur Komposition von Blumengerüchen aller Art verwenden läßt, aber auch bei Phantasieparfums und grünen Noten prächtige haltbare Kontraste liefert. Heliotropin ist daher ein klassischer Bestandteil der meisten Parfums. Es rötet sich intensiv am Licht im Kontakt mit Alkalien und blankem Eisen. Besonders stark ist die Rotfärbung am Licht und mit Alkalien in verdünntem Alkohol (Haarwässer).

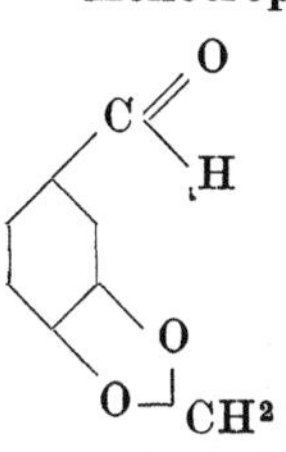

Safrol und **Iso-Safrol.**

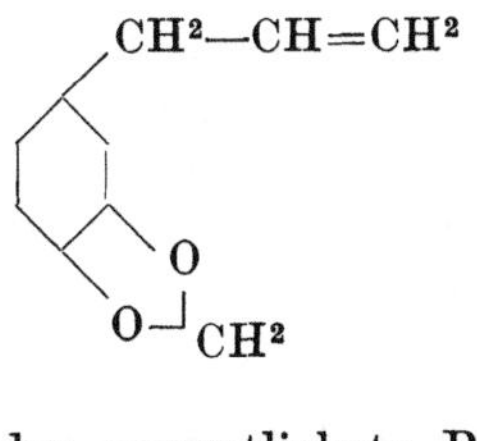

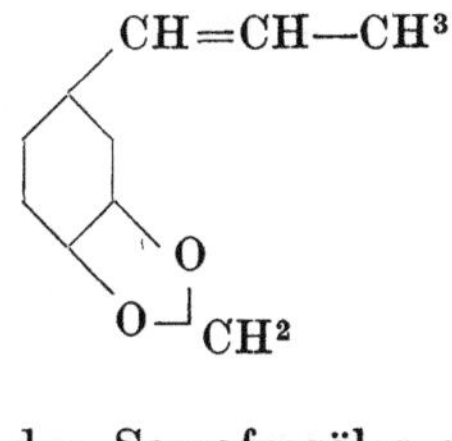

Safrol ist der wesentlichste Bestandteil des Sassafrasöles und wird hauptsächlich zur Parfumierung billiger Toiletteseifen, ganz besonders aber zur Parfumierung kaltgerührter (Cocos-) Seifen verwendet.

Safrol ist interessant als Ausgangsmaterial zur Synthese des Heliotropins.

Guajacol (Brenzcatechinmethyläther).

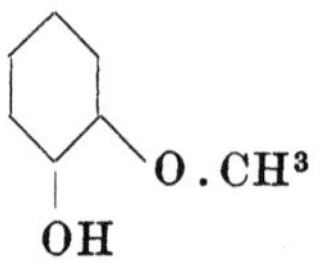

Ist nur als Ausgangsprodukt zur synthetischen Herstellung des Vanillins und seiner Verwandtschaft mit Eugenol usw. interessant. Kommt als Riechstoff nicht in Betracht. Sein Methyläther ist das

Veratrol (Brenzcatechindimethyläther)

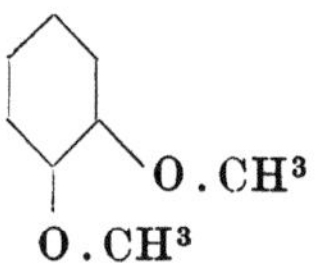

das ebenfalls als Riechstoff nicht in Betracht kommt, hier aber rein dokumentarisch erwähnt sei.

Eugenol (Allylguajacol).

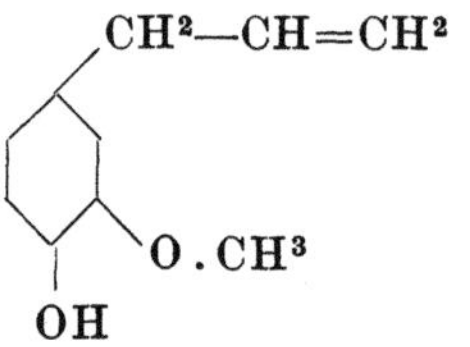

Wesentlichster Bestandteil des Gewürznelkenöles, auch in vielen anderen ätherischen Ölen enthalten. Besitzt kräftigen Nelkengeruch und findet entsprechende Verwendung.

Isoeugenol (Propenylguajacol). Isomeres des Eugenols, interessant als Ausgangsmaterial zur Synthese des Vanillins. Besitzt einen blumigen Geruch, der jenen der Gartennelke in großen Zügen wiedergibt.

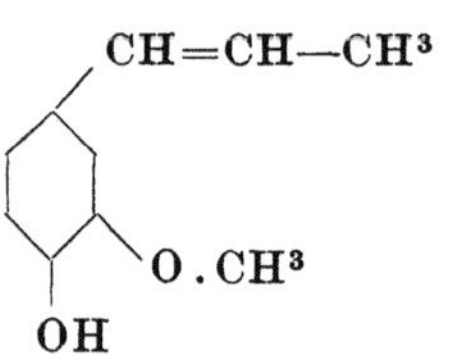

Eugenol und Isoeugenol werden zu Gartennelkengerüchen und Blumen- sowie Phantasiebuketts aller Art in großem Maßstabe verwendet. Beide sind sehr wichtige Riechstoffe.

Von Derivaten des Eugenols und Isoeugenols sind zu nennen:

Methyleugenol, Eugenolmethyläther (Allyl-Veratrol).

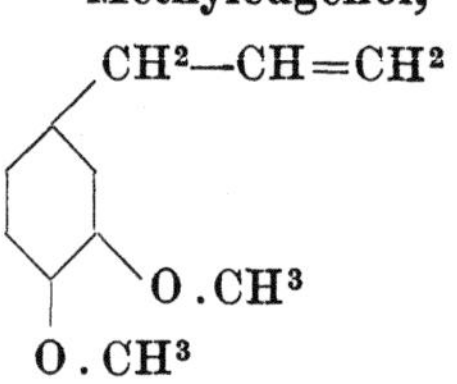

Feiner aber schwacher Gartennelkengeruch, mit origineller pfeffer- und tabakartiger Beinote, auch als Zusatz zu Nelken- und Phantasiegerüchen aller Art sehr wertvoll, ebenso zu künstlichem Ylang-Ylang usw.

Acetyleugenol. Zarter Nelkengeruch mit blumig-origineller Beinote.

Methyl-Isoeugenol (Propenyl-Veratrol) hat einen ähnlichen Geruch wie Methyleugenol.

Benzylisoeugenol. Besitzt nur einen schwachen Eigengeruch, der entfernter an Nelke erinnert, ist aber sehr wertvoll als Fixateur, weil sein

Geruch sehr anhaftend ist. In komplexer Note mit Hydroxycitronellal zusammen prächtige Effekte bei Fliederkompositionen, zu Gartennelkenkompositionen in Mengen von etwa 10% als Fixateur und Adjuvans.

Acetylisoeugenol. Riecht ähnlich wie Acetyleugenol und wird analog verwendet.

Syringa-Aldehyd (Dimethyl-Gallusaldehyd). Nicht zu verwechseln mit dem p-Methyl-Phenylacetaldehyd, der vielfach als Aldehyd Syringa bezeichnet wird.

Wird durch Methylieren der Gallussäure, Überführen der gebildeten Trimethylgallussäure in Dimethylgallussäure (Syringasäure) und Reduktion dieser letzteren zu Aldehyd gewonnen (McCord, Journ. of the American Chemical Society 53, 4181 [1931]).

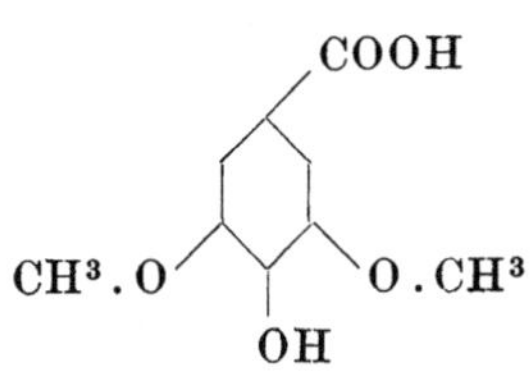

Syringasäure
(Dimethylgallussäure)

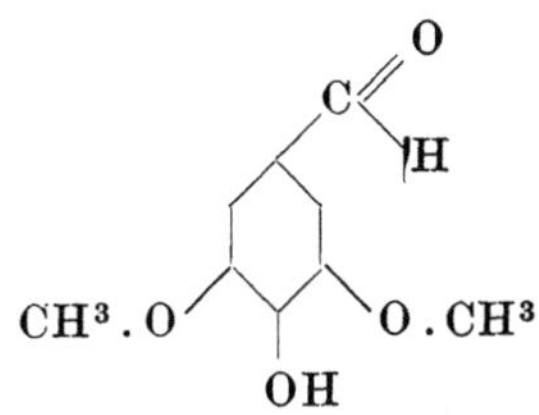

Syringaaldehyd
(Dimethylgallusaldehyd)

Nach Angaben der Literatur soll dieser Aldehyd einen kräftigen aromatisch-blumigen Geruch besitzen.

IX. Toluol-Gruppe.

Genealogische Tafel.

Tafel X.

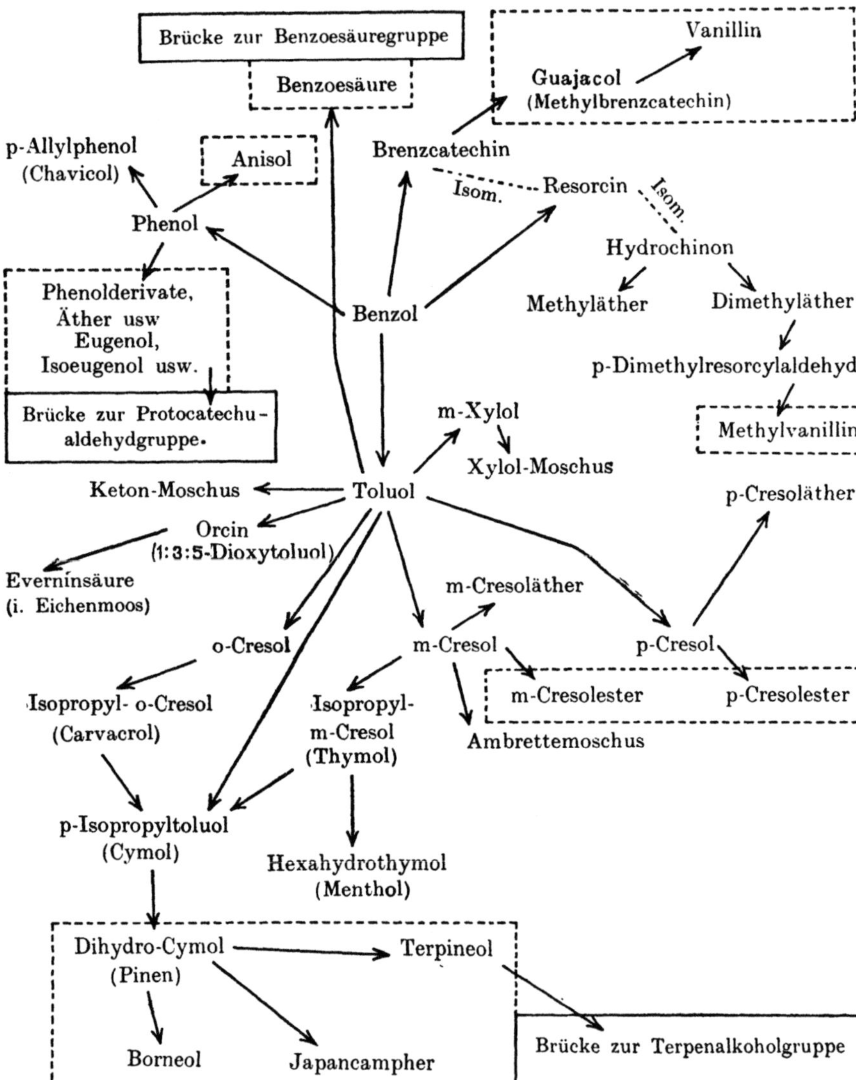

Chavicol (p-Allylphenol).

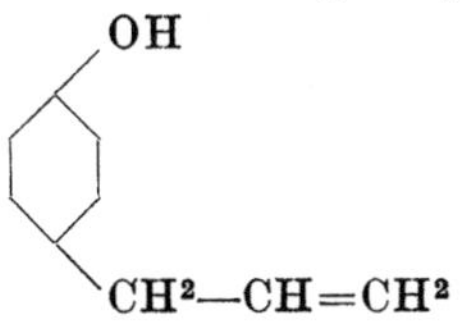

Kommt im Bayöl u. a. vor. Es besitzt aromatischen Geruch und wirkt kräftig antiseptisch. Als Riechstoff hat es kein Interesse.

Künstlicher Moschus (Kristallmoschussorten).

Die bekannten verschiedenen Sorten dieser moschusartig riechenden Verbindungen, Xylol-, Keton- und Ambrettemoschus spielen in der modernen Parfumerie eine ganz hervorragende Rolle. Der ihnen eigene Moschusgeruch, der nach der Art noch erhebliche Abweichungen aufweist, ist deutlich von jenem des echten Tonkinmoschus verschieden, obwohl, in gewissem Sinne eine annähernde Analogie in der Geruchswirkung festzustellen ist. Zum Unterschied vom echten Moschus besitzen die Kunstmoschusarten eine typische Brutalität der Effekte, die natürlich eine vorsichtige Anwendung nötig macht. Trotzdem ist bei den modernen Extraits und ganz besonders bei der Parfumierung der Toiletteseifen diese brutalere Note eine Notwendigkeit geworden, um gewisse kräftige Moschuseffekte zu erzielen, die der echte Moschus nicht geben kann.

Aber auch für feine Parfums ist der künstliche Moschus (ganz besonders Ambrette- und Ketonmoschus) nach heutigen Begriffen ein unentbehrliches Komplement geworden, weil er die natürliche Feinheit und fixierend-abrundende Wirkung des Tonkinmoschus durch kräftigere Moschusnoten erheblich unterstützt und es gestattet, so ganz eigenartige Effekte zu erhalten.

Bei der Toiletteseifenparfumierung leistet der künstliche Moschus ganz besonders hervorragende Dienste als Fixier- und Abrundungsmittel, weil der Seifenkörper die Brutalität des Geruches stark harmonisiert, ganz abgesehen von gewissen Zusätzen bzw. Anteilen des eigentlichen Parfums, die hier mildernd wirken.

Die an und für sich nicht so stark fixierende Wirkung des künstlichen Moschus kann durch gewisse Zusätze, wie z. B. balsamische Riechstoffe und so weiter, ganz erheblich verstärkt werden, sie wird auch durch selbst ganz geringe Mengen Tonkinmoschus ganz wesentlich gefördert. Jedenfalls sind die einzelnen Sorten von künstlichem Moschus äußerst wertvolle Hilfsmittel für den modernen Parfumeur und geben, stets individuell und vorsichtig verwendet, auch Resultate, die diese Wertschätzung durchaus rechtfertigen.

Dringend zu warnen ist vor Mißbrauch dieser Körper, da ihr Eigengeruch in komplexen Gemischen, namentlich bei längerem Lagern, eine starke Tendenz zum Vordringen besitzt.

Sehr wertvoll ist die Verwendung des künstlichen Moschus als Abrundungsmittel, das viele Gerüche ganz prächtig zu verschmelzen gestattet und vielen Noten (namentlich balsamischer Art) große Originalität verleiht.

Xylol-Moschus (1 : 3 : 5-Trinitro-2-Pseudobutyl-m-Xylol). Sein Geruch ist besonders brutal. Er wird daher fast ausschließlich in der Seifenparfumierung angewendet, kommt aber hin und wieder für alkoholische Parfums in Frage.

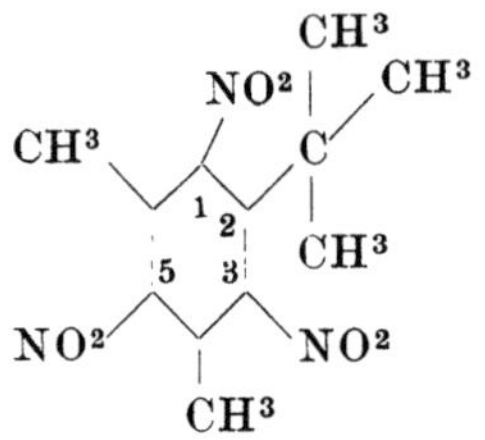

Löslichkeit:

In Alkohol 96%	7 g per Liter
In Benzylalkohol	89 g per Kilogramm
In Benzylbenzoat	280 g per Kilogramm

Ketonmoschus (3 : 6-Dinitro-2-Aceto-5-Pseudobutyltoluol). Sein Geruch ist besonders fein und zeigt die größte Ähnlichkeit mit jenem des echten Tonkinmoschus. Er wird besonders in der feinen Parfumerie verwendet.

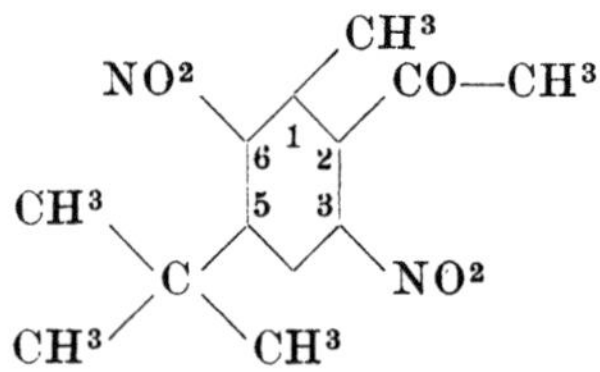

Löslichkeit:

In Alkohol 95%	15 g per Liter
In Benzylalkohol	134 g per Kilogramm
In Benzylbenzoat	205 g per Kilogramm

Ambrettemoschus (Methyläther des 1 : 3 : 5-Trinitro-2-Pseudobutyl-Metacresols). Besitzt einen charakteristischen feinen Geruch mit balsamischer Beinote, der an jenen der Moschuskörner erinnert. Wird für alle Zwecke der Parfumerie verwendet, sowohl für Seifen wie für feine Parfums.

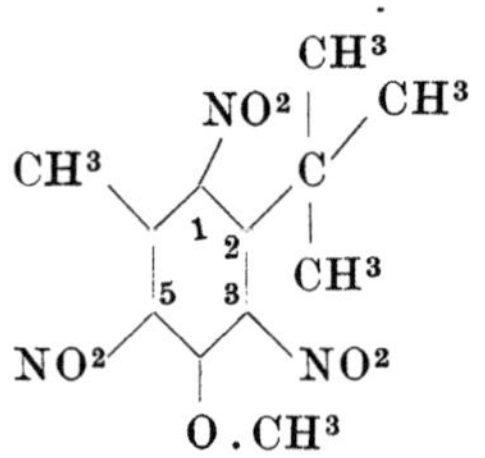

Löslichkeit:

In Alkohol 96%	20 g per Liter
In Benzylalkohol	161 g per Kilogramm
In Benzylbenzoat	450 g per Kilogramm

Die angegebenen Löslichkeitsziffern sind Maxima und praktisch gewissen Schwankungen unterworfen. Man bereitet meist von allen 3 Sorten Benzylbenzoatlösungen im Verhältnis 1 : 5, bzw. 1 : 4.

Hydrochinondimethyläther (Dimethyl-Hydrochinon). Der Geruch dieses Äthers zeigt eine gewisse Analogie mit jenem des Cumarins bzw. des Steinklees. Er zeigt aber auch honigartige und blumige Noten (Magnolia) und einen charakteristischen Beigeruch nach türkischem Tabak, der ihn speziell bei den modernen Tabaknoten wertvoll macht. — Wertvoller Riechstoff für Phantasiebuketts und besonders für grüne Noten (*Fougère* usw.).

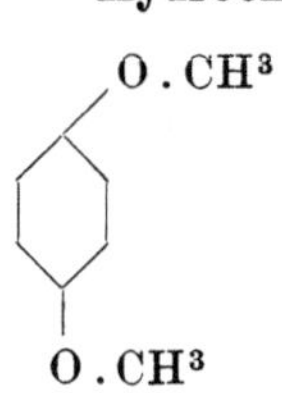

Cresoläther. (Die Ester der verschiedenen Cresole wurden bereits anderweitig besprochen.)

Die **Äther des o-Cresols** sind praktisch ohne Interesse, mit Ausnahme des bereits besprochenen Phenyl-Cresyloxyds (Phenyläther des o- und m-Cresols).

Methyl-m-Cresol.

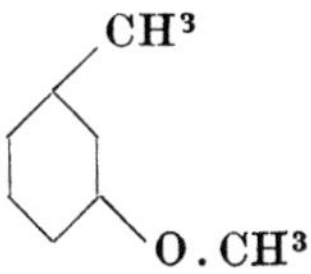

Besitzt einen Ylang-Ylang-artigen Geruch, der feiner ist als jener des p-Cresolmethyläthers.

Methyl-p-Cresol.

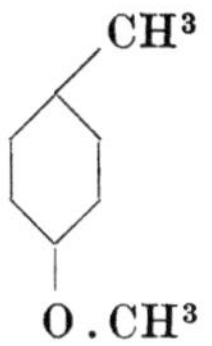

Analoger Geruch nach Ylang-Ylang, aber weniger fein, erinnert mehr an Cananga.

Diese beiden Cresoläther kommen im natürlichen Ylang-Ylang- und Canangaöl vor und werden vor allem zu Nachbildungen dieser Öle herangezogen. Aber auch zu vielen anderen Kompositionen werden diese Cresoläther verwendet (Narcisse, Tuberose, Gardenia usw.).

Auch der **p-Cresoläthyläther** besitzt analogen Geruch, der besonders fein zur Geltung kommt.

p-Cresolbutyläther. Besitzt eine besonders feine Note in der Richtung Ylang-Ylang, die auch sehr kräftig und haltbar ist. Gibt besonders in Gemischen mit den analog riechenden Cresoläthern gute Resultate für Ylang-Ylang, Narcisse, Tuberose, Gardenia u. a.

Carvacrol (Isopropyl-o-Cresol).

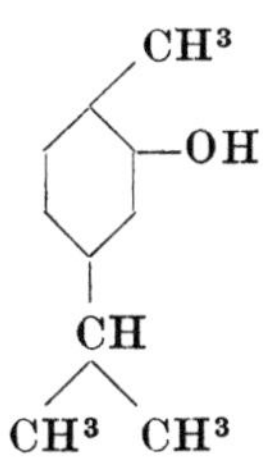

Im Campher-Thymian-Origanumöl u. a. Von campherartigem Geruch, als Riechstoff ohne Interesse.

Cymol (p-Isopropyltoluol.

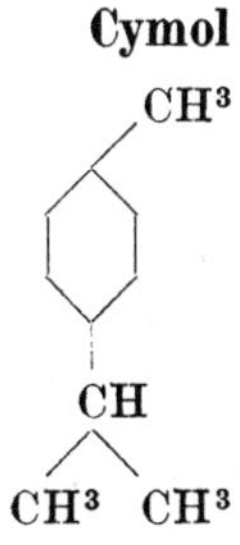

Wesentlicher Bestandteil des Campheröls u. a. Als Riechstoff ohne Interesse.

Thymol (Isopropyl-m-Cresol).

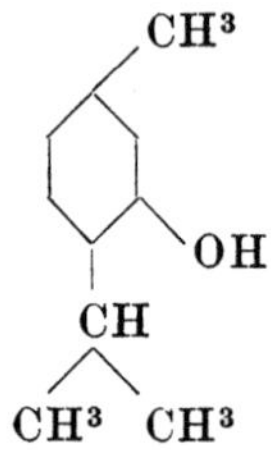

Im Thymianöl u. a. Gutes Antisepticum, als Riechstoff ohne Interesse.

Menthol (Hexa-Hydro-Thymol).

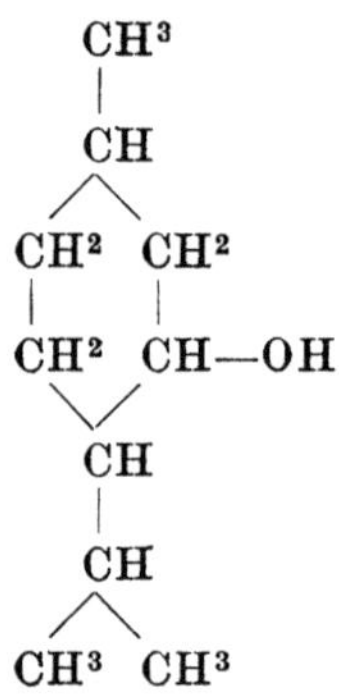

Sehr wichtiger Geschmacksstoff von antiseptischer Wirkung. Wesentlicher Bestandteil der Pfefferminzöle. Als Riechstoff ohne Interesse. Wird aber als Bestandteil gewisser Parfums zu Seifen empfohlen und soll in der Seifenmasse einen sehr angenehmen, nicht pfefferminzartigen Geruch geben (Mann).

Carvon,

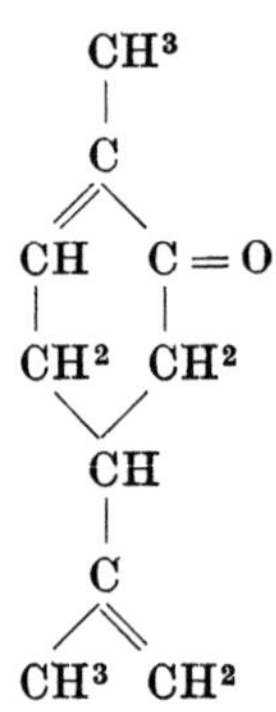

der Hauptbestandteil des Kümmelöls ist in isolierter Form als Riechstoff sehr interessant. Es wird als Zusatz zu Phantasiegerüchen und besonders bei *Fougère* und *Chypre* empfohlen (Cola).

Dihydrocarveol.

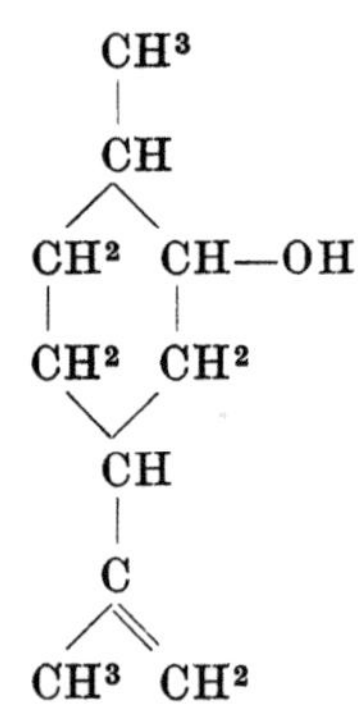

Das Reduktionsprodukt des Carvons leistet in der modernen Parfumerie sehr große Dienste bei Phantasienoten. Es besitzt einen ganz eigenartigen blumigen Geruch mit Rosentönen auf animalischer Basis, der reizvolle Effekte gibt.

In analoger Weise wird das Acetat dieses Riechstoffes

Dihydrocarveol-Acetat zu vielen modernen Kompositionen mit bestem Erfolg herangezogen. Sein Geruch besitzt gewisse Unternoten animalischen Charakters (Castoreum), die es sehr wertvoll machen.

X. Terpenalkohol-Gruppe.

Diese Gruppe umfaßt eine Anzahl ganz besonders wichtiger Riechstoffe von ausgedehntester Anwendungsmöglichkeit.

Terpenalkohole.

Terpineol $C^{10}H^{17}OH$.

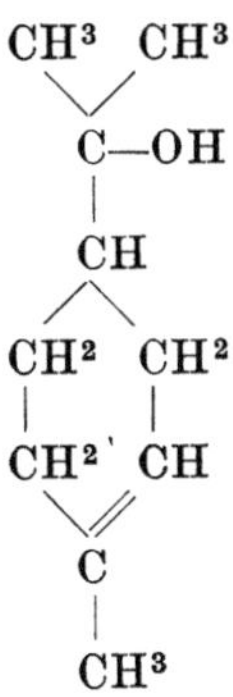

Fliedergeruch, wird als Hauptbasis für Fliederkompositionen in großem Maßstabe verwendet, aber auch für eine Unzahl anderer Kompositionen mitherangezogen. Zur Erzielung eines guten Fliedergeruches sind aber zahlreiche Zusätze nötig, von denen hier zu nennen sind Phenylacetaldehyd, Heliotropin, Isoeugenol, Dimethylbenzylcarbinol u. a. Speziell bei den Fliederkompositionen moderner Auffassung spielt das Dimethylbenzylcarbinol als Zusatz eine große Rolle, ebenso der Anisalkohol u. a.

Geraniol $C^{10}H^{17}OH$.

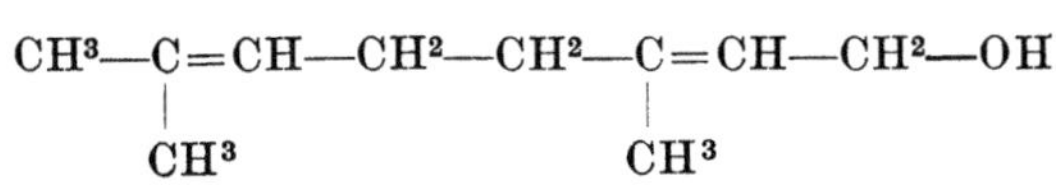

Sehr wichtiger Riechstoff, klassischer Hauptbestandteil von Rosenkompositionen. Kräftiger Rosengeruch. Ist ein wesentlicher Bestandteil des echten Rosenöles und vieler anderer ätherischer und Blütenöle.

Die einzelnen Geraniolsorten des Handels zeigen häufig eine deutliche Verschiedenheit des Geruches, die sich in erster Linie nach der Provenienz richtet. So ist Palmarosa-Geraniol erheblich feiner im Geruch als Citronell-Geraniol.

Viele Geraniolsorten des Handels sind natürliche Gemische von Geraniol und Citronellol und sind geruchlich, in gewissen Details, rosenähnlicher als z. B. chemisch reines Geraniol. Praktisch wichtig ist es also zu beachten, daß in einer kombinierten Vorschrift, insbesonders aber einer solchen für eine Rosenkomposition, z. B. die Verwendung von chemisch reinem Geraniol für Handels-Geraniol oder umgekehrt meist gewisse Modifikationen nötig macht, besonders im Citronellolgehalt des Gemisches.

Cyclo-Geraniol besitzt einen besonders feinen Rosengeruch.

Citronellol und Rhodinol $C^{10}H^{19}OH$. Der Streit um die Existenzberechtigung des Rhodinols ist immer noch nicht entschieden, da viele Autoren der Ansicht sind, daß Rhodinol mit Citronellol identisch sei. Andere Autoren wieder stehen auf dem Standpunkt, daß Rhodinol eine besondere Verbindung darstelle. Tatsächlich bestehen zwischen dem Rhodinol des Handels und Citronellol gewisse deutliche Geruchsunterschiede, soweit das Rhodinol des Handels, wie dies behauptet wird, nicht aus einem Gemisch von Citronellol und Geraniol besteht, daß durch Bukettage rosenähnlicher gemacht wurde, was im Bereiche der Möglichkeit liegt. Sicher ist, daß die einzelnen Rhodinole des Handels oft ganz außerordentliche Verschiedenheit in geruchlicher Hinsicht aufweisen.

Wie dem auch sei, so ist Rhodinol heute eine praktische Begriffsform geworden und soll hier als solche entsprechend berücksichtigt werden.

Konventionell gibt man die Limonenformel des Citronellols dem Citronellol und die Terpinolenformel dem Rhodinol

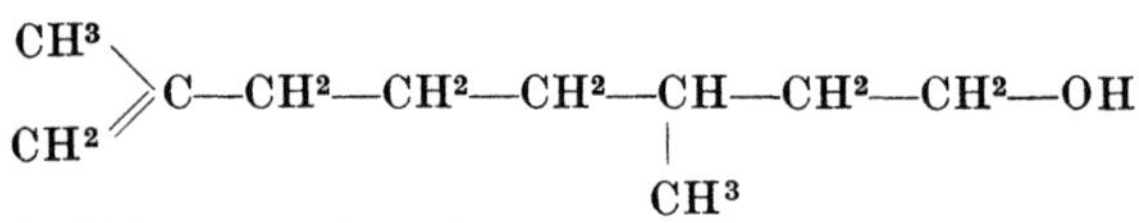

Citronellol (Limonenform).

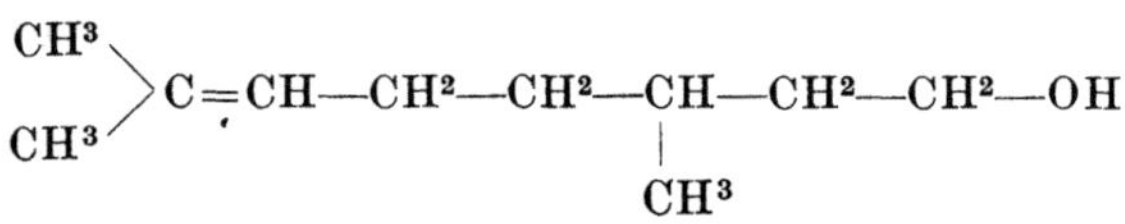

Citronellol (Terpinolenform) **Rhodinol.**

Citronellol ist als Bestandteil der verschiedenen Geraniumöle u. a. nachgewiesen worden. Es besitzt einen feinen Rosengeruch. Seine Verwendung zu Rosen- und Phantasiekompositionen, auch Blütenbuketts der verschiedensten Art ist klassisch.

Linalool
$C^{10}H^{17}OH$.

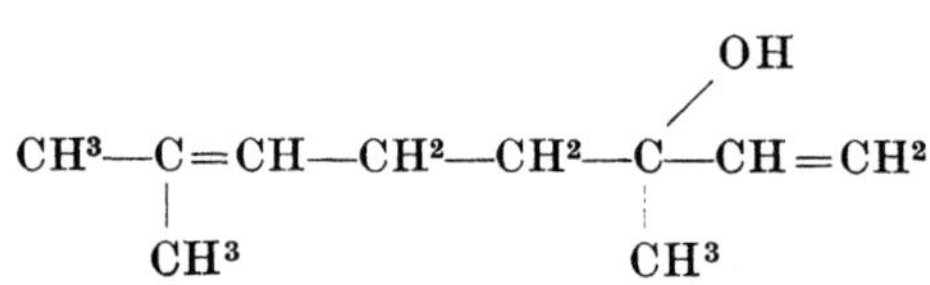

Wesentlicher Bestandteil des Linaloeöles u. a. Wird in ausgedehntem Maße besonders als wesentliche Basis für Maiglöckchenbuketts, für Jasmin, Rose usw. verwendet.

Nerol
$C^{10}H^{17}OH$.

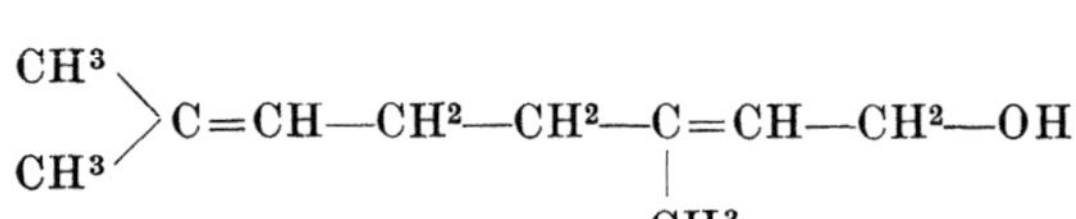

Im Rosenöl, Neroliöl (Orangenblütenöl), Petitgrainöl u. a. Besitzt einen feinen rosenartigen Geruch, der auch gewisse Noten des komplexen Orangenblütenaromas wiedergibt. Dieser Terpenalkohol zeigt also eine gewisse Oscillation zwischen den beiden Hauptnoten Rose und Orangenblüte, wobei aber der Rosengeruch fast konstant dominiert.

Hydroxycitronellol. Nicht zu verwechseln mit Hydroxycitronellal. Feiner Rosengeruch.

Dihydrocitronellol *(Pelargol)*. Besonders feiner Rosengeruch.

Terpenaldehyde.

Citral

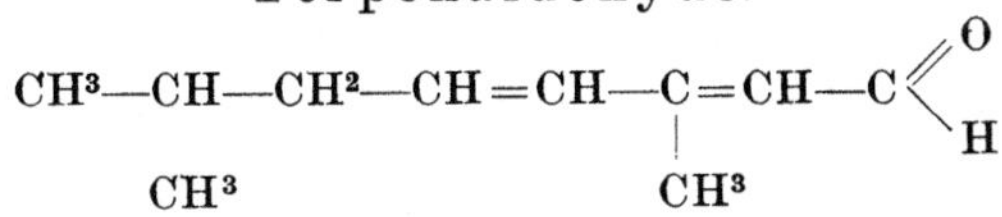

Geruchsprinzip des Citronenöles, kommt auch in anderen ätherischen Ölen vor. Starker Citronengeruch mit Verbenanote. Wird vielfach verwendet, besonders zu citronenartigen Unternoten gewisser Blütenkompositionen.

Citronellal

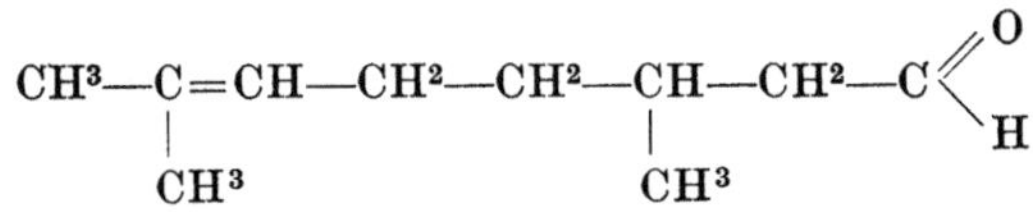

Im Melissenöl, Eukalyptusöl *Citriodora*, Citronellöl u. a. enthalten. Zu citronenartigen Gerüchen.

Hydroxycitronellal

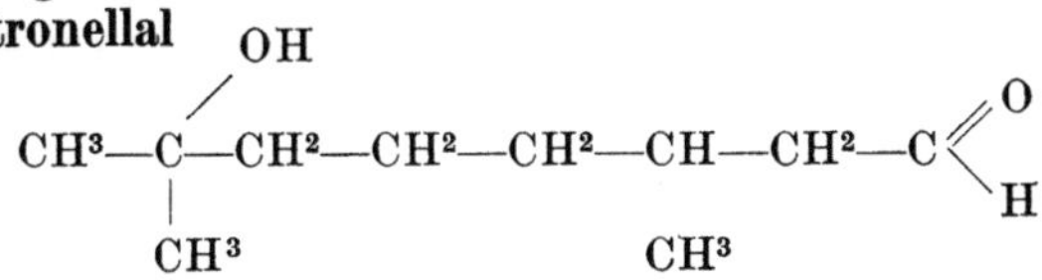

Sehr wichtiger moderner Riechstoff, der cyclamen- und maiglöckchenartig riecht. Wird in allergrößtem Maßstabe zu Blumenbuketts und Phantasiegerüchen herangezogen, ist ein klassischer Bestandteil moderner Muguets, Flieder usw., auch prächtig verwendbar als Kontrast in grünen Noten usw.

In Seifen läßt die Beständigkeit des reinen Hydroxycitronellals sehr zu wünschen übrig, weil es in vielen Fällen geruchlich im Seifenvehikel nicht zur Entwicklung kommen kann.

Technische Sorten Hydroxycitronellal sind besser verwendbar, geben aber bei weitem nicht die oft nötigen blumigen Effekte, die das reine Produkt in Alkohol usw. zu liefern vermag.

Indes ist es möglich, das reine Hydroxycitronellal mit ganz vorzüglichem Erfolge auch zur Seifenparfumierung (neutrale Seifen!) heranzuziehen, wenn man es in Form gut abgelagerter komplexer Blütenölgemische als sekundären Geruchskomplex heranzieht.

Hierbei ist zu beachten, daß solche komplexen Blütenöle in den Noten Flieder, Maiglöckchen und Lindenblüte sowie in Phantasiegerüchen überall da gute Dienste leisten, wo es möglich ist, den Effekt des Hydroxycitronellals bzw. dessen Komplexen durch gleichzeitige Mitverwendung von anderen Riechstoffen wie Terpineol, Linalool, Methylanthranilat, Cumarin, α-Amylzimtaldehyd usw. entsprechend zu stützen. Dies ist der Fall bei Flieder-, Maiglöckchen-, Lindenblüte- und vielen Phantasiegerüchen, dagegen ist die Herstellung einer guten Cyclamenseife (und anderer Geruchstypen, bei denen Hydroxycitronellal als wesentlichste Basis, nicht als Adjuvans in Frage kommt) noch immer ein Problem, das seiner Lösung harrt.

Für diese indirekte Anwendung des reinen Hydroxycitronellals in Form gut abgelagerter komplexer Gemische, wie Blütenölkompositionen und so weiter, kommt am besten die fraktionierte Methode zur Anwendung, indem man feine Blütenöle entsprechenden Genres gleichzeitig mit solchen Riechstoffgemischen verwendet, die die Geruchswirkung der Hydroxycitronellalkomplexe unterstützen sollen, und dieses Gemisch der Seife einverleibt. Keinesfalls sollen aber aus analogen Elementarbestandteilen bereitete frische Mischungen der Seife einverleibt werden, weil die Seife das Zustandekommen gewisser Geruchskomplexe stört, die eben für die Verwendungsmöglichkeit reinen Hydroxycitronellals in der Seife erforderlich und ausschlaggebend sind.

Wir dürfen also, nach dem heutigen Stande der Dinge, reines Hydroxycitronellal nicht mehr a priori als einen zur Seifenparfumierung notorisch ungeeigneten Riechstoff auffassen, sondern als einen solchen, der nur unter Beobachtung gewisser Vorsichtsmaßregeln gute Resultate zu geben im Stande ist.

Di-Hydroxycitronellal riecht ähnlich wie das vorige, aber mit deutlich verschiedenen Unternoten. Es wird bis jetzt nur selten verwendet, soll aber besonders gut verwendbar sein (?).

Sesquiterpenalkohole.

Farnesol

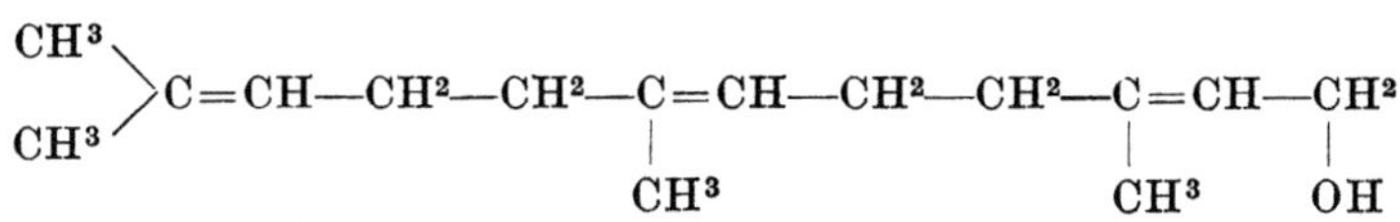

Frei und als Ester (Acetat). Im Moschuskörneröl, Palmarosaöl, Canangaöl, Rosenöl, Resedablütenöl, Tolubalsamöl, Neroliöl, Lindenblütenöl, Akazienblütenöl *(Robinia pseudacacia)*, Cassieblütenöl u. a. enthalten. Eigenartiger, nur schwacher Geruch, der aber als Bestandteil vieler komplexer Öle wertvoll zu sein scheint. Wird zu den verschiedensten Kompositionen verwendet.

Nerolidol

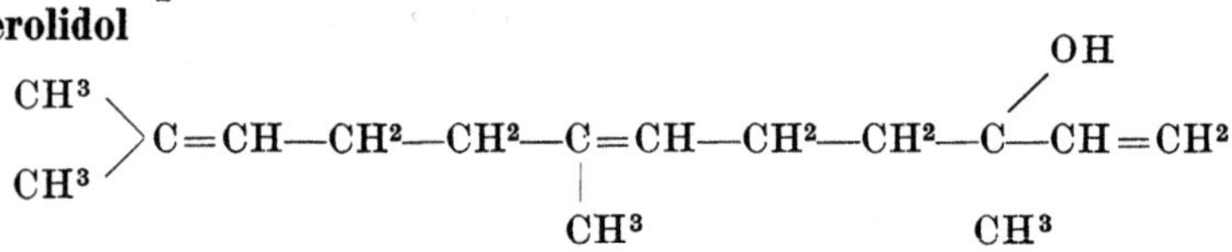

Im Neroliöl. Kommt als isolierter Riechstoff nicht in Frage.

Bicyklische Sequiterpenalkohole.

Betulol $C^{15}H^{23}OH$ und **Guajol** $C^{15}H^{25}OH$

Im Birkenrindenöl. — Im Guajakholzöl. Interessant in Form seiner Ester.

Santalol $C^{15}H^{23}OH$. Wesentlichster Bestandteil des ostindischen Sandelöls. Wird wie dieses verwendet.

Santalol liefert auch mehrere als Riechstoffe sehr wertvolle Ester, die bereits früher an geeigneter Stelle besprochen wurden.

Zweiter Teil.

Wesen und Technik der Anwendung der Riechstoffe in der praktischen Parfumerie.

Wir haben im ersten Teil die Riechstoffe ausführlich besprochen, wobei selbstverständlich nur die wichtigsten Vertreter der verschiedenen Klassen erwähnt werden konnten, von diesen ist aber, wie wir glauben, eine wirklich lückenlose und leichtfaßliche Darstellung gegeben worden, die es sowohl dem Parfumeur wie dem Chemiker ermöglichen wird, hier alles Wissenswerte zu finden.

Soweit diese Arbeit für den Chemiker bestimmt ist, und sie ist es sicher in vieler Beziehung, um ihm die Möglichkeit einer raschen Orientierung über die Art und Verwendungsmöglichkeit der Riechstoffe zu geben, wurde auf sorgfältige Formulierung bzw. Darstellung der chemischen Konstitution in Strukturformeln besonderer Wert gelegt, wie auch in allen Dingen das rein wissenschaftlich-chemische Element zu seinem Rechte gekommen ist, soweit es dazu beizutragen berufen ist, die früher rein empirisch betriebene Parfumerie zum Range einer praktischen Wissenschaft zu erheben, ohne indes auch nur einen Augenblick die natürliche Subtilität der Materie zu vergessen oder etwa daran zu denken, die gesunde empirische Initiative des schaffenden Künstlers in die Fesseln trockener, theoretischer Logik zu schlagen.

In der praktischen Parfumerie ist so vieles reine Gefühlssache, daß wir schlechthin nicht in der Lage sind, gewisse Methoden, die wir für richtig befunden haben, anderen etwa vorzuschreiben, wir können stets nur gewisse Möglichkeiten ins rechte Licht rücken, niemals aber persönliche Eindrücke zum absoluten Dogma erheben.

Wir treten jetzt jenen Methoden der praktischen Parfumerie näher, die sich einzig und allein auf intuitives, praktisches Fachwissen stützen und für die nicht wissenschaftliche Theorien, sondern ausschließlich praktisch erworbene Routine und die Kenntnis der ungeschriebenen Gesetze der Harmonie der Gerüche maßgebend sind.

Wir setzen hier gewisse grundlegende Kenntnisse betreffend den Reaktionsmechanismus der Geruchswellen und der elementaren Harmonielehre der Gerüche voraus und verweisen diesbezüglich auf die Ausführungen in unserem Handbuch der Gesamten Parfumerie und Kosmetik (Jul. Springer, Wien).

Theorie und Praxis der Kompositionslehre in der Parfumerie.

Allgemeiner Teil.

In letzter Zeit ist die Kenntnis des Reaktionsmechanismus der Duftwellen soweit fortgeschritten, daß es gewagt werden darf, gewisse Wahrscheinlichkeiten zu erwähnen, die sich inzwischen, durch konforme Beobachtungen verschiedener Autoren, zu wahrscheinlichen Tatsachen herausgebildet haben und es ermöglichen, bei Fehlen jeder rigorosen Methodik, doch wenigstens einigermaßen gewisse Phasen der Genesis harmonischer Geruchseffekte durch Assoziation geeigneter Riechstoffelemente zu erklären und so in großen Zügen das Wesen des speziellen Reaktionsmechanismus der elementaren Duftwellen nach gewissen Grundsätzen vor Augen zu führen.

Wenn es hier eine allgemeingültige Regel gibt, so ist es jene, kein Detail unbeachtet zu lassen, so geringfügig es auch erscheinen mag und alle subtilen Arbeiten der Kompositionskunst mit jener Sorgfalt durchzuführen, die der Respekt vor der Wichtigkeit der kleinsten Details allein hervorzubringen imstande ist. Mangel an solcher Sorgfalt trübt die nötige klare Beobachtung und bedingt ein oberflächliches Arbeiten und damit Resultate, die von vorneherein den Stempel banaler Mittelmäßigkeit tragen; niemals aber wird oberflächliches Arbeiten dieser Art es ermöglichen, Parfums herzustellen, die an jene, die wir in den raffinierten Meisterschöpfungen des routinierten Parfumeurs bewundern, auch nur annähernd herankommen, weil in unserer subtilen Kunst Oberflächlichkeit jene Banalität der Auffassung mit sich bringt, die auch fleißigste Arbeit zur absoluten Sterilität verurteilt.

Oft hängt auch die Harmonie des Endakkords von spurenhaften Mengen eines bestimmten Riechstoffes ab und wird derjenige, der, nach berühmtem Rezept, sich „mit solchen Nichtigkeiten nicht abgibt", diesen Akkord niemals erreichen.

Das Bemühen des schaffenden, aufgeklärten Parfumeurs unserer Zeit ist auf Erzielung raffiniert-komplexer Riechstoffgemische eingestellt und besteht das höchste Raffinement seiner Kunst darin, die elementaren Geruchsnoten nicht nur im Sinne der intuitiv empfundenen und befolgten Gesetze der Harmonie der Gerüche zu verschmelzen, hierbei möglichst zu Anfang schon alles vermeidend, was zu irreparablen Dissonanzen Veranlassung gibt, sondern bei seinen Arbeiten darauf zu sehen, daß zu monotone Wirkung des neuen Geruchskomplexes durch geschickte Anwendung von Kontrasten verhindert wird.

Wir dürfen wohl sagen, daß eine wirklich raffinierte Harmonie der Gerüche, wie wir dies auch in der Natur feststellen können, nur durch geschickte Vereinigung von Kontrastgerüchen zustande kommt, die sich in der komplexen Geruchsnote zu einem harmonischen Ganzen verschmelzen und ist in der Komplementärwirkung gewisser Kontraste jene pikante Note zu suchen, die absolut harmonischen Riechstoffgemengen mangeln kann und ihnen, bei aller Korrektheit — und vielleicht gerade deshalb — den Stempel monotoner Ausdruckslosigkeit aufdrückt. Die nötige Erfahrung in der Anwendung der Riechstoffe wird es dem geschickten Parfumeur ermöglichen, bei seinen Arbeiten, meist schon von vorneherein, solche Dissonanzen zu vermeiden, die irreparabel sind, aber der wirklich raffinierte Parfumeur wird auch darnach trachten, von vorneherein zu vermeiden, durch zu korrektes Abtönen harmonische Ausdruckslosigkeit des Gemisches hervorzurufen, er wird im Gegenteil, hie und da, leichte Dissonanzen lassen, die durch spätere Retuschen leicht zu korrigieren sind, bzw. die durch absichtliches Belassen im Parfum durch Kontrastwirkung oft raffinierte Originalität des Parfums bedingen können.

In dieser Art des Vorgehens, die auf den ersten Blick absurd erscheinen mag, aber als Raffinement nicht hoch genug einzuschätzen ist, soweit das nötige Geschick zur Verwertung solcher absichtlicher Dissonanzen vorhanden ist, besitzt der routinierte Parfumeur ein oft sichereres Mittel origineller Kontrastwirkung, als dies durch nachträgliches Einfügen von Kontrasten spezieller Art zu erreichen ist, doch ist dies natürlich relativ zu nehmen, wie hier alles, was auf eine bestimmte Methode des Arbeitens herauskommt. Es versteht sich aber von selbst, daß diese absichtlichen Fehler nur eine Lizenz für den wirklich geschickten, erfahrenen Parfumeur darstellen, nicht aber für den Anfänger, und sollen unsere Ausführungen keinesfalls etwa unüberlegtem Zusammenmischen das Wort reden, das stets zu verurteilen ist.

Geschickt ausgeführt sind diese liziten Verstöße gegen die Harmonie der Gerüche, aber ein ganz prachtvolles Mittel, die Monotonie von vorneherein zu vermeiden und, eventuell nach Einfügen weiterer Kontraste im gleichen oder gegenteiligen Sinne, originelle, pikante Wirkungen des Gemisches zu erzielen.

Prinzipiell inkompatible Riechstoffe zu verwenden ist aber ein irreparabler Fehler, der nicht wieder gut zu machen ist; ebenso ist es auch der Mißbrauch von chemischen Riechstoffen, ganz besonders aber jener unreiner Riechstoffe dieser Art, deren übler Geruch überhaupt nicht durch Retuschen zu verdecken ist.

Obwohl wir den Leser bereits auf unser Handbuch verwiesen haben, obwohl dort alles über den Elementarmechanismus der Geruchswellen klargelegt wurde, was auch hier wissenswert erscheint, hielten wir es doch für zweckmäßig, an dieser Stelle einige Thesen zu rekapitulieren, bzw. einige Stellen, der hier zu behandelnden Materie angepaßt, mit einzuflechten.

Zunächst einige Hinweise auf die Kompatibilität der Geruchswellen. Wir wissen, daß gewisse Elementargeruchsnoten kompatibel sind in dem Sinne, daß sie beim Zusammenbringen eine in jeder Beziehung harmonische Geruchswirkung hervorbringen, dies entweder sofort oder bei längerem Kontakt und ganz besonders in letzterer Hinsicht, denn jeder solche positive Akkord muß dauernd sein. Wenn diese beiden Riechstoffe sich nicht sofort, aber bei längerem Stehen als kompatibel erweisen, so ist der Akkord positiv, wenn sie dagegen sofort kompatibel erscheinen, auf die Dauer aber nicht, so ist der Akkord negativ, die beiden Riechstoffe also dauernd inkompatibel.

Es gibt also praktisch keine Kompatibilität zwischen Riechstoffen, wenn diese zwischen allen Elementen nicht eine dauernde ist, hierbei sind primäre, vorübergehende Dissonanzen bedeutungslos, oft aber auch, wenn bleibend, im Sinne vorstehender Ausführungen, eventuell nach Retuschen, auch als brauchbare originelle Kontraste zu werten.

Wir haben bereits in unserem Handbuch darauf hingewiesen, daß natürlich auch das Mengenverhältnis beider bzw. mehrerer Komponenten zueinander, bzw. die künstlich erhöhte resp. abgeschwächte native Geruchsintensität der Elementargeruchsnoten am Akkord bzw. Disakkord beteiligt ist. Auch haben wir gesehen, daß z. B. zwei inkompatible Riechstoffe durch Intervention eines dritten kompatibel werden können und einen positiven Akkord geben, ebenso, daß z. B. zwei kompatible Riechstoffe durch Hinzutreten eines dritten inkompatibel werden können, während z. B. diese durch Inkompatibilität hervorgerufene Disharmonie durch Zugabe eines vierten Riechstoffes wieder ausgeglichen werden kann usw.

Als generell wichtig sei hier folgendes hervorgehoben:

Im Sinne vorstehender Ausführungen dauernd kompatible Einzelriechstoffe (Elementarriechstoffe) gehen in geruchlicher Hinsicht untereinander mehr oder minder innige Verbindungen ein, die als sekundäre Geruchskomplexe der Geruchstonalität des Gemisches eine besondere Eigenart verleihen.

Die Innigkeit dieser Vereinigung der Elementarriechstoffe zu Riechstoffgruppen, eventuell auch gewisse Töne des komplexen Geruches eines solchen Gemisches benötigen stets einen mehr oder minder langen Kontakt aller Elementarriechstoffe untereinander, die also als Geruchselemente solcher sekundärer Geruchskomplexe in der Tonalität des Ganzen geruchlich ganz anders wirken können als etwa in isoliertem Zustand.

So kann z. B. ein in isoliertem Zustand wenig kräftig riechender Elementarriechstoff im sekundären Geruchskomplex kräftig zur Geltung kommen und umgekehrt ein Riechstoff von z. B. kräftig-aufdringlichem Geruch im sekundären Geruchskomplex nur wenig hervortreten. Anderseits kann auch, was besonders wichtig ist, ein solcher Elementarriechstoff, allein verwendet, sehr unbeständig im Geruch sein, während sein Eigengeruch, soweit er hier durch entsprechende Maßnahmen entsprechend betont wird, im sekundären Geruchskomplex in geeigneter Verbindung mit anderen Riechstoffen einen analogen durchaus haltbaren Geruch aufweisen kann. Dieser Umstand ist von größter Wichtigkeit, denn er beweist, daß wir durch geeignete Kombination kompatibler Elementarriechstoffe auch eventuell mangelnde Stabilität, wie auch mangelnde oder unerwünschte kräftige Geruchsintensität eines Elementarriechstoffes vorteilhaft ausgleichen können.

Nachstehend sollen einige Betrachtungen angestellt werden, die auf die Geruchsintensität und künstliche Hervorhebung bzw. Abschwächung des nativen Effektes bestimmter Elementargeruchsnoten Bezug haben. Der Intensitätsgrad eines Elementargeruches läßt sich, ganz abgesehen von einer vielleicht analoge Wirkung zeigenden, selbstverständlich möglichen Vermehrung der Gewichtsmenge, durch Kombination mit geeigneten Adjuvantien ganz beträchtlich steigern und ermöglicht es, diese Kombination den Eigengeruch der Elementarnote in gewünschter Fülle hervortreten zu lassen, je nachdem es die Eigenart der komplexen Note zu erheischen scheint. Wir sind also durch geschickte Auswahl von geeigneten Adjuvantien in der Lage, den Geruchston der Elementarnote so einzustellen, daß er, ohne Vermehrung der Menge, genügend stark hervortritt, auch wenn der native Eigengeruch dieser Note anfänglich nur schwach zur Geltung kam oder durch eine Inkompatibilität an der genügend starken Geruchsintensität gehindert wurde, soweit dieser Fehler nicht irreparabel ist.

Vice versa sind wir aber auch in der Lage, primitiv zu stark zur Geltung kommende Einzelgerüche analog beliebig abzuschwächen, wie denn Verstärkung und Abschwächung von Geruchsnoten laufende, oft alternative Maßnahmen der Retuschierkunst in der Parfumerie darstellen. Dies sei hier zunächst nur in Parenthese bemerkt, aber als generell wichtig vorausgeschickt und betont.

Es liegt auf der Hand, daß die relative Geruchsintensität einer Elementarnote großen Einfluß auf die Gesamttonalität der Mischung ausüben muß, es ist aber hierbei im Prinzip gleich, ob dieser Intensitätsgrad durch entsprechende Vermehrung oder Verminderung der Mengen entsprechender Riechstoffe oder durch künstliche Akzentuierung bzw. Abschwächung ihres Eigengeruches, durch Adjuvantien, also ohne jede Änderung der relativen Menge erfolgt.

Unzweifelhaft kommen wir, vielleicht auch in der Mehrzahl der Fälle, mit einer Vermehrung bzw. Verminderung der relativen Gewichtsmengen der Elementarriechstoffe aus, um analoge Wirkung zu erreichen, jedoch muß hier bemerkt werden, daß die Akzentuierung bzw. Abschwächung der nicht gewünschten bzw. mangelnden Intensität des nativen Eigengeruches durch geeignete Adjuvantien in ebenso zahlreichen Fällen intervenieren muß und so, bei dem nötigen Geschick des Praktikers, durch Kontrastwirkung viel originellere und besonders komplexe Effekte erzielt werden, die durch einfache Mengenverschiebung auch nicht annähernd zu erreichen sind. Praktisch wird man aber anderseits auch im Verlaufe der Retuschen ohne Mengenverschiebungen im Gewicht der Bestandteile wohl niemals auskommen und solche, in mehr oder weniger deutlicher Form, zur Notwendigkeit werden, es soll jedoch durch unsere Ausführungen gezeigt werden, daß die Mengenverschiebung als Korrekturmittel gewiß in Frage kommen kann, aber keinesfalls in Frage kommen muß, um Verstärkung bzw. Abschwächung gewisser Elementarnoten zu erzielen.

Das Wesen der Kontrastwirkung, das wir weiter unten ausführlich beleuchten werden, wird dem Leser hier den speziellen Mechanismus der Anwendung und Wirkung der Adjuvantien als Kontraste und Abrundungsmittel usw. so vor Augen führen, daß er hieraus ohne weiteres erkennt, daß die rudimentäre Methode der Mengenverschiebung nicht allein geübt werden darf, um Intensitätswirkung und harmonische Effekte der Elementarriechstoffe im Sinne moderner Auffassung der Harmoniebegriffe zu regulieren, ein Umstand, der größte Beachtung verdient.

Jedenfalls wirft die Tatsache der möglichen Vermehrung bzw. Verminderung der Geruchsintensität der Elementarriechstoffe durch geeignete Adjuvantien ohne jede Mengenverschiebung ein Streiflicht auf das subtile Wesen der Kompositionstechnik und die Wichtigkeit gewisser Kenntnisse spezieller Art. Ganz besonders wird hierdurch aber die Eigenart der Wirkung eines Riechstoffes in Art und Ausgiebigkeit der Effekte dahingehend gekennzeichnet, daß der Nützlichkeitsgrad eines solchen Elementarriechstoffes in hohem Grade von dessen Verwendung in geeignetem Milieu und vom persönlichen Geschick des Parfumeurs abhängt, also die olfaktive Wirkung eines Riechstoffes isoliert beobachtet praktisch wenig oder nichts besagt, weil sein tatsächlicher Effekt und Nützlichkeitsgrad erst in geeigneten komplexen Gemischen (sekundären Geruchskomplexen) so zur Geltung kommt, daß er diesbezügliche Schlüsse zuläßt.[1]

Es läßt sich hieraus der in der praktischen Parfumerie so wichtige Grundsatz ableiten, daß nur die spezielle Verwendungsart eines Riechstoffes in wirklich geeigneten komplexen Gemischen Aufschlüsse über dessen Wert geben kann.

Keinesfalls darf aber, wie dies so oft versucht wird, die native Geruchscharakteristik eines isoliert beobachteten Elementarriechstoffes als Wertmesser für dessen Eignung im allgemeinen aufgestellt werden, denn seine Eigenart kann nur in geeigneten Gemischen als sekundärer Geruchskomplex so voll zur Entfaltung kommen, als dies erforderlich ist, um seine Wirkung einigermaßen richtig einzuschätzen. Dies sei hier nur in Parenthese bemerkt, um zum Ausdruck zu bringen, daß es, im allgemeinen Sinne gleich gut verwendbare, wie auch prinzipiell unverwendbare Riechstoffe gar nicht gibt, in letzterem Falle natürlich abgesehen von verunreinigten Riechstoffen minderwertiger Qualität, die hier aber gar nicht in Betracht gezogen werden.

Zusammenfassend bemerken wir also, daß z. B. ein Parfum mit starker Eigennote, die an jene eines bekannten Elementarriechstoffes mehr oder minder deutlich erinnert, wohl größere Mengen dieses Grundriechstoffes enthalten kann, aber es auch möglich ist, daß relativ kleine Mengen dieses Bestandteiles zusammen mit geeigneten Adjuvantien (Kontrasten) verwendet, diese stark hervortretende Geruchsnote bedingen. Umgekehrt können auch relativ große Mengen eines Grundriechstoffes in solchen Gemischen nur sehr diskret zum Ausdruck kommen, wenn sie absichtlich durch komplementär-abschwächende Adjuvantien (Abrundungsmittel, Kontraste) geruchlich modifiziert worden sind.

---

[1] Vgl. hier auch die Ausführungen auf S. 180.

Die Geruchsintensität einer Mischung im angedeuteten Sinne ist also von zahlreichen Faktoren abhängig und darf nicht als von der relativen Menge eines bestimmten Riechstoffes etwa allein abhängig gewertet werden.

Charakteristik und Wesen des Akkords.

Der vollkommene Einklang der Elementargeruchsnoten in bezug auf ihre Gesamtwirkung, die durch die Umstände bedingt wird, muß in allen Teilen des Parfums und zwischen allen wesentlichen Teilen bestehen. Es muß also einmal in der komplexen Base (Gemisch von Elementarriechstoffen ohne Vehikel) erreicht sein, dann aber auch zwischen dieser und dem später anzuwendenden Vehikel, das die Eigenform des Präparates bedingt (alkoholisches Parfum, Seife, Puder usw.), soweit bestehen, daß harmonische Wirkung des Ganzen erzielt wird.

Wir schicken hier voraus, daß wir unsere nachstehenden Ausführungen in erster Linie auf die Herstellung alkoholfreier komplexer Riechstoffgemische in Substanz beziehen, bei denen der Endakkord im Sinne nachstehender Definition primärer, definitiver Natur ist.

Das Ausarbeiten des sekundären Akkords bezieht sich also nur auf Herstellung eigentlicher Parfumeriewaren und kommt bei der Herstellung komplexer Parfumbasen (künstliche Blütenöle, künstliche ätherische Öle usw.) als spezielle Maßnahme nicht in Frage und soll die Ausarbeitung des sekundären Akkords später im praktischen Teil an geeigneter Stelle gebührend gewürdigt werden.

Der Akkord aller Bestandteile eines Parfums bedingt also die Harmonie der Geruchswirkung und ist das wichtigste Ziel unseres Strebens.

Der primäre oder Grundakkord ist derjenige, den wir beim Mischen von Elementarriechstoffen in Substanz, in Form alkoholfreier künstlicher Blüten- oder ätherischer Öle als höchste Vollkommenheit erstreben können.

Die Erzielung dieses Akkords schließt alle Elementararbeiten, einschließlich der Anwendung geeigneter primärer und sekundärer Komplemente, wie Adjuvantien, Kontraste usw., und Retuschen mannigfaltiger Art ein.

In frischen Mischungen ist der erzielte Akkord zunächst stets nur ein primärer, provisorischer Akkord, der nach genügend langer Beobachtung der frischen Mischung, deren einzelne Komponenten nun bei längerem Kontakt gewisse Reaktionen eingehen, die erwünschte oder unerwünschte geruchliche Veränderungen auslösen können, erst zum definitiven, primären Akkord ausgestaltet werden muß. Im letzteren Falle — und dies ist fast die Regel — werden noch Retuschen nötig, nach deren Vornahme, nach entsprechend langer Beobachtung, die Mischung als fertiggestellt betrachtet werden kann und jetzt erst den definitiven, primären Akkord aufweist.

Wir glauben den Praktiker nicht angelegentlich genug darauf hinweisen zu müssen, daß die letzten Retuschen erst nach mindestens vierwöchentlicher Beobachtung der frischen Mischungen vorgenommen werden können.

Wir empfehlen sorgfältige Beobachtung der geruchlichen Veränderungen der frisch hergestellten Gemische und sind diese in zahlreichen Fällen recht beträchtlich, meist im günstigen Sinne, weil sorgfältig hergestellte Mischungen beim Lagern geruchlich nur gewinnen und vor allem durch Abrundung harmonischer wirken. Allerdings kommen hier auch begangene Sünden ans Tageslicht und machen sich durch Geruchsverschlechterung bemerkbar.

Der sekundäre Akkord bezieht sich nur auf fertige Parfumerieartikel, wie alkoholische Extraits, Toiletteseifen, Puder, Brillantines, Hautcrèmes usw.

Seine Erlangung bewirkt Akkord der Grundmischung von definitivprimärem Akkord mit dem Vehikel (Alkohol, Seife, Reispuder, Fetten usw.) und müssen die nötigen Sonder-Retuschen stets in dem fertigen Parfumerieprodukt, also an der durch das Vehikel verdünnten Riechstoffmischung vorgenommen werden. Wir kommen später nochmals ausführlicher hierauf zurück.

Die Erzielung des sekundären Akkords stellt also eine sekundäre Maßnahme dar, die uns hier, wo wir nur die Bereitung von Riechstoffgemischen in Substanz als Basen (komplexe Riechstoffgemenge) besprechen, zunächst nicht interessiert, sie mußte aber natürlich hier bereits zwecks Charakterisierung der Arten des Akkords mitangeführt werden.

Bei Herstellung solcher Riechstoffgemenge die als alkoholfreie Basen Verwendung finden, ist der harmonische Endakkord also stets der definitive primäre Akkord.

Dieser verlangt Einhaltung der fundamentalen Regeln der Kompositionstechnik und wird meist nur nach zahlreichen, geduldig vorgenommenen Retuschen erhalten, um vorgekommene Dissonanzen zu beseitigen. Hier spielt auch die Anwendung geeigneter Kontraste eine große Rolle, soweit nicht gewisse absichtlich gelassene oder akzidentelle Unebenheiten der komplexen Elementarnote hier als native Kontraste wirken.

Über das Wesen der Kontraste werden wir sogleich ausführlicher sprechen, bemerken hier aber vorausgreifend nur generell, daß die eigentlichen Kontraste, soweit ihnen eine enger umschriebene Funktion zuzuerkennen ist, ganz wesentlich dazu beitragen, den Parfums Cachet und Originalität zu verleihen, kurz, Leben und eine pikante Wirkung des Ganzen, die die stets zu fürchtende Monotonie und Ausdruckslosigkeit ganz korrekter und harmonischer Mischungen geeigneter Riechstoffe auszuschließen gestatten, bzw. durch sekundäre Komplementärwirkung, oft bizarrer Effekte, für Natürlichkeit oder Raffinement der Geruchswirkung ausschlaggebend sein können.

Charakteristik und Rolle der Kontraste.

Wir schicken hier gleich voraus, daß sich die Rolle der Kontraste nicht so eng umschreiben läßt, daß ihnen, abgesehen von gewissen

Spezialkontrasten, eine absolut einseitig charakteristische Wirkung zukäme. Dennoch ist das Wesen ihrer Verwendung in vieler Hinsicht charakteristisch genug, um in den Kontrasten ein wesentliches Moment der modernen Kompositionstechnik zu erblicken und ihre Eigenart und Wirkung im engeren Rahmen eines Sonderkapitels mit gebührender Gründlichkeit zu schildern.

Praktisch ist eine vollkommene Harmonie der Parfums moderner Auffassung ohne die pikante Note der Kontrastwirkung nicht denkbar, denn sie ist auf Anwendung von Gegensätzen aufgebaut, die, in geeigneten Gemischen, sich gegenseitig komplementieren, aber niemals soweit verschmelzen, daß die harmonische Wirkung des Parfums jene Eintönigkeit aufweist, die aus der Assoziation z. B. gleichartig süßer oder herber Gerüche resultieren muß.

In dieser Auffassung der Harmonie, als aus Gegensätzen aufgebaut, unterscheidet sich die moderne Parfumerie ganz erheblich von jener verflossener Zeiten und sicher nur zu ihrem Vorteil.

Tatsächlich ist auch die raffinierte Harmonie, die durch Verwendung geruchlich entgegengesetzter Elemente, die natürlich so gewählt werden müssen, daß sie geruchlich kompatibel sind im Sinne unserer vorstehenden Ausführungen, also zielbewußtes, fachkundiges Arbeiten vorausgesetzt, zustande kommt, eine ungleich vollkommenere als jene, die durch Verschmelzen eintönig harmonischer Elementarnoten überhaupt zu erzielen ist, sie ist aber auch ungleich schwerer zu erhalten, weil in der Ausgleichung von Unebenheiten der primitiven Gemische solcher Kontraste eine Schwierigkeit liegt, der nur der erfahrene Fachmann gewachsen sein kann.

Wir könnten nun, weiter ausgreifend, alle Bestandteile einer komplexen Parfummischung gegenseitig als Kontraste im weiteren Sinne auffassen, also hier auch gewisse Basen, Adjuvantien, kurz alle primären Komplemente usw. einbeziehen. Ohne diese generelle Möglichkeit der Auffassung zu bestreiten, weil wir uns ja hier im Bereiche hypothetischer Annahmen befinden, die natürlich persönlichen Ansichten weitesten Spielraum lassen, weisen wir jedoch darauf hin, daß die, wenn auch rein hypothetische Differenzierung, auf der wir hier nur fußen können, sicher einen gewissen didaktischen Wert besitzt, es also zwecks übersichtlicher Darstellung der Materie nötig erschien, die Verwendung der eigentlichen Kontraste in der Parfumerie, im Sinne einer speziellen Anwendung besonders zur Kontrastwirkung prädestinierter Elementarriechstoffe als sekundäre Komplemente, die solchen auch tatsächlich in enger umschriebenem Rahmen zukommt, zu schildern und ihrem besonderen Wesen nach verständlich zu machen.

Während wir also den Basen, Adjuvantien, Fixateuren, eventuell auch gewissen typischen Abrundungsmitteln usw. die Rolle primärer Komplemente zuerkennen, müssen wir den eigentlichen Kontrasten eine sekundär komplementäre Wirkung in dem Sinne zusprechen, daß sie den primitiven Elementarakkord, der durch primäre Komplemente oben aufgeführter Art zustande kommt, ergänzen und als sekundäre Komplemente, im Sinne des definitiven primären Akkords nach entsprechender Ablagerung, zu höchster Vollkommenheit auszugestalten gestatten, gewiß eine ungemein wichtige Rolle im Endeffekt der komplexen Geruchssymphonie.

Allgemein gesprochen unterscheiden wir zwei Arten von Kontrasten elementarer Natur, nämlich

1. Süße (blumige) Kontraste und
2. Herbe (grüne, krautige, holzige, bittere usw.) Kontraste.

Diese beiden Haupttypen der Geruchskontraste stehen in engster Wechselbeziehung zueinander in dem Sinne, daß wenn z. B. in einem komplexen Riechstoffgemisch die süß-blumige Note zu stark hervortritt, bzw. zu flach und eintönig zum Ausdruck kommt, man in diesem Falle zur Einführung herber Kontraste Zuflucht nimmt, um die gewünschte ausgleichende Wirkung zu erzielen. Im umgekehrten Sinne interveniert ein süß-blumiger (frisch wirkender) Kontrast, um zu herbe Töne auszugleichen.

Im Sinne der modernen Parfumerie sind diese Kontraste entgegengesetzter Geruchswirkung reziproke Komplemente, die es, durch zweckentsprechende Vereinigung in den erforderlichen proportionalen Verhältnissen und in geeigneter Zusammenstellung mit primären Komplementen verschiedener Art (Adjuvantien, Basen, Fixateure usw.), ermöglichen, Unebenheiten so auszugleichen, daß ein genügend kontrastiertes harmonisches Ganzes resultiert.

Im Sinne dieser summarischen Definition, bzw. im weiteren Sinne der Kontrastwirkung überhaupt, sind nicht nur einzelne Elementarriechstoffe als Kontraste aufzufassen, sondern natürlich auch Riechstoffkomplexe der einen oder anderen Geruchsart (süß oder herb), die sich also in geeigneten Mischungen bzw. Mischungsverhältnissen gegenseitig zu einer harmonischen und originellen Geruchstonalität verschmelzen.

Es handelt sich aber bei dieser Komplementärwirkung der Kontraste nicht um ein völliges Verschmelzen der Gerüche etwa im Sinne einer Art Neutralisation, d. h. gegenseitiger gänzlicher Veränderung des nativen Eigengeruches jedes einzelnen Kontrastes, sondern stets um eine Angleichung der in Reaktion tretenden Elementarkontraste beider Richtungen in geruchlicher Hinsicht, wobei z. B. der typische Eigengeruch des einen in dominierender Form zum Ausdruck kommen kann, jener des anderen aber nur schwach oder gar nicht zum Ausdruck kommt, oder in beliebigem Intensitätsverhältnis beide Geruchstypen in intermittierender Form in wechselnder Stärke in der Mischung zur Geltung kommen (Oscillation).

In der Mehrzahl der Fälle bezweckt die Intervention eines geeigneten Kontrastes, die gegenüber dem primär erhaltenen Hauptton stets nur durch Verwendung recht kleiner Mengen kontrastgebender Gegensätze gekennzeichnet ist, die Erhaltung bzw. Verstärkung oder Verleihung größerer Natürlichkeit bzw. Originalität des primär erhaltenen komplexen Hauptgeruches der Mischung.

Hierbei soll der Eigengeruch des als sekundäres Komplement fungierenden eigentlichen Kontrastes nur soweit in Erscheinung treten, daß dadurch die beabsichtigte Veränderung der Hauptnote erzielt wird, doch kann auch der Eigengeruch des Kontrastes soweit stärker zum Ausdrucke kommen, daß er leicht durchdringt, soweit dies im Sinne der Harmonie, bzw. der raffinierten Originalität des Parfums liegen kann.

Es liegt auf der Hand, daß sich bezüglich der individuellen Möglichkeiten und Variationen in dieser Hinsicht keinerlei feste Angaben machen lassen. Die skizzierten Möglichkeiten der Kontrastverwendung gestatten es aber die eigentlichen Kontraste dahingehend enger zu klassifizieren, daß sie, im einen oder anderen Sinne (süß oder herb), ganz speziell aber in letzterem (herbe Kontraste) stets nur in relativ kleinen, ja oft in spurenhaften Mengen zur Verwendung kommen.

Diese absolute Regel unterscheidet die als sekundäre Komplemente fungierenden eigentlichen Kontraste ziemlich scharf von den primären Komplementen (Base, Adjuvans, Fixateur, Abrundungsmittel usw.), die oft, ja meist in relativ großen Mengen zur Verwendung kommen und deren Wirkung schließlich im weiteren Sinne ja auch als jene einer Art von Kontrast aufgefaßt werden könnte, wie denn schließlich jede ausgleichende, harmonisierende bzw. verstärkende Wirkung der Geruchskomplemente untereinander auf Kontrastwirkung zurückgeführt werden kann. Wir könnten solche primären Komplemente also in vieler Beziehung auch als (hypothetische) primäre Kontraste ansprechen, es kann ihnen aber im engeren Sinne der Bezeichnung Kontrast nicht jene typische Wirkung eigen sein, die den eigentlichen Kontrasten als sekundären Geruchskomplementen zukommt und die weit über jene der Erzielung einer oft zu monoton wirkenden Harmonie des Geruches hinausgeht, wie eine solche dann nur allzu häufig durch die Zusammenarbeit der primären Komplemente entsteht und dann zur Behebung der Monotonie nachträgliche Einführung, eigentlicher Kontraste bzw. Verstärkung der Wirkung nativer Kontraste durch solche nötig wird.

Wir werden weiter unten nochmals auf diese hypothetische Wirkungsanalogie zurückzukommen haben, begnügen uns hier also mit obigen generellen Hinweisen.

Wichtig erschien es an dieser Stelle aber eine möglichst engumschriebene Definition für die eigentlichen Kontraste zu geben, die, was hier kurz wiederholt sei, dadurch möglich wird, daß primäre Komplemente klassischer Art stets in relativ großen Mengen intervenieren, die eigentlichen Kontraste aber ausnahmslos in sehr geringen, oft spurenhaften Mengen als sekundäre Komplemente herangezogen werden.

Diese typische Verwendungsart der eigentlichen Kontraste ist von allergrößter Bedeutung in der modernen Parfumerie, die gerade der oft spurenhaften Mitverwendung geeigneter Geruchskomponenten die Originalität und das moderne Raffinement der Geruchseffekte verdankt. In der Tat gestattet die geschickte Verwendung geeigneter Kontraste jene klassische Monotonie der Geruchseffekte zu vermeiden, die nur allzu leicht beim vollkommenen Akkord primärer Geruchskomplemente in

Erscheinung tritt und jene kontrastlose Fadheit des Geruches bedingt, die wir, nach heutigen Begriffen, nicht als harmonisch bezeichnen dürfen.

Es folgen nun einige Beispiele, die ganz kurz das Wesen der Kontrastwirkung in einigen speziellen Fällen der praktischen Parfumerie beleuchten sollen. Wenn es sich z. B. um vollkommene Natürlichkeit der Effekte eines definierten Blütengeruches handelt, so können wir folgende Beobachtungen machen:

Auch das beste, reinste natürliche Blütenöl ist eine tote Materie und gibt, auch in entsprechender Verdünnung (Alkohol usw.) verwendet, niemals das Aroma der lebenden Blüte vollkommen wieder, sondern nur gewisse charakteristische Haupttöne des komplexen Blütenaromas.

Wir sind nun in der Lage, diesen Eindruck täuschender Natürlichkeit und die native Lebendigkeit des Geruches einer gegebenen Blüte durch Einfügung geeigneter Kontraste künstlich hervorzubringen, indem wir das natürliche Blütenöl als Basis verwenden und durch kleine Mengen geeigneter Kontraste vollste Natürlichkeit des Blütengeruches erzielen können.

So können wir z. B. feststellen, welch wunderbar natürliche Effekte u. a. bei Rosengerüchen durch eine Spur Patchouliöl erzielt werden können. In anderen Fällen gibt der Zusatz kleiner Mengen Cumarin, Amylsalicylat, Eichenmoos u. dgl. überraschend natürliche Effekte. Beim Jasmin sollen als wirkungsvolle Kontraste erwähnt werden das Indol, gewisse Fettaldehyde, Jasminaldehyd (α-Amylzimtaldehyd) usw.

Speziell in den Aldehyden der Fettreihe besitzt die moderne Parfumerie prächtige Kontraste, die Natürlichkeit und Originalität des Geruches wirkungsvoll unterstützen.

Die eigentlichen Kontraste können ihrer typischen Wirkung bzw. Anwendungsart nach ziemlich scharf von den primären Geruchskomplementen unterschieden werden, allerdings nur soweit, als es die typische Komplexität und Subtilität der Materie überhaupt zulassen kann, jedem der zahlreichen Faktoren eine auch nur einigermaßen enger umschriebene Wirkungsart zuzuweisen, was nicht vergessen werden soll.

Wir haben bereits gesehen, daß die wesentliche Rolle der primären Geruchskomplemente (Base, Adjuvans, Fixateur usw.) sich auf jene der Erzielung einer gewissen fundamentalen Harmonie des Geruches beschränkt und diese Komplemente zu diesem Zwecke meist in relativ großen Mengen zur Anwendung kommen, was für eigentliche Kontraste niemals zutrifft.

Es kann also, praktisch gesprochen, den primären Geruchskomplementen eine typische Kontrastwirkung im Sinne unserer Definition nicht zuerkannt werden, dagegen können die eigentlichen Kontraste manchmal — in gewissem Sinne wohl stets — die Rolle primärer Komplemente im Sinne eines Adjuvans o. dgl. spielen, wie wir später sehen werden.

Wir wollen nun einer besonderen Art der Kontraste gedenken, die durch mehr oder minder absichtliche — oft auch nur zufällige — Belassung gewisser elementarer Unebenheiten des primär erhaltenen Gesamtgeruches entstehen und die wir als native Kontraste bezeichnen wollen.

Diese nativen Kontraste, die meist als herbe, bizarre Kontraste wirken, können eventuell die spätere Intervention analoger sekundärer Kontrastkomplemente überflüssig machen, bzw. auf ein Minimum reduzieren, weil diese nativen Kontraste dem Ganzen oft eine gewisse Originalität erteilen, die sonst nur durch Einfügung eigentlicher Kontraste zu erreichen ist. Dieser Fall ist aber relativ selten, wenigstens was gänzliche Überflüssigkeit späterer Zugabe eigentlicher Kontraste anlangt, immerhin befindet er sich im Bereiche der Möglichkeit.

Praktisch gesprochen, ist es aber unmöglich, durch absichtliche Belassung solcher nativen Kontraste jede sekundäre Kontrastwirkung überflüssig zu machen, denn im Anfangsstadium einer komplexen Geruchsmischung kann der nötige Endeffekt niemals vorausgesehen werden, also auch spätere Retuschen diverser Art, zu denen auch eigentliche Kontrastanwendung gehört, niemals a priori mit einiger Sicherheit ausgeschlossen werden.

Ganz abgesehen von der prinzipiellen Verschiedenheit der Wirkung aller primären Geruchskomplemente (Adjuvantien usw.) und jener der eigentlichen Kontraste (sekundäre Komplemente), die in der Verschiedenheit der relativ zur Anwendung kommenden Gewichtsmengen begründet ist, ist es aber nicht zu leugnen, daß, Anwendung geeigneter Mengen vorausgesetzt (kleine Mengen bei Adjuvantien usw., eventuell größere Mengen eigentlicher Kontraste, was in Ausnahmefällen zulässig erscheinen kann), die Wirkung eines Adjuvans eine Art Kontrastwirkung einschließen kann, anderseits kann aber sehr häufig ein eigentlicher Kontrast auch als Adjuvans im Sinne hervorhebender bzw. ausgleichender Wirkung aufgefaßt werden, was aber hier nur von rein hypothetischem Interesse ist und schließlich immer wieder die für die Parfumerie grundlegende Tatsache bestätigt, daß die Komplexität der Materie scharfe Abgrenzung einzelner Faktoren bezüglich enger umschriebener Wirkungsart nicht zulassen kann.

Trotzdem ist es aber, wie aus dem vorher Gesagten hervorgeht, möglich, die eigentlichen Kontraste so klar zu definieren, daß deren typische Wirkung bzw. Bestimmung so klar hervortritt, daß sie einleuchtend und charakteristisch das Wesen dieser wichtigen Faktoren beleuchtet.

Unendlich wertvoll ist schließlich die Tatsache inniger Zusammenarbeit aller hypothetischen Faktoren des Genesis harmonischer Geruchsmischungen, weil die gegenseitige ergänzende Wirkung aller Faktoren hier gestattet, den intuitiven Fähigkeiten des Parfumeurs jene Entwicklung zu geben, die freie Initiative in Auswahl und Kombination der Grundstoffe, ohne den Zwang einer starren Methode hervorzubringen imstande ist.

Die Kontrastwirkung nähert sich oft auch jener eines primären Geruchskomplements in der harmonisierenden, ausgleichenden Wirkung, absolut charakteristisch ist aber die Kontrastwirkung in allen Fällen, bei denen es sich um sekundäre Akzentuierung der Natürlichkeit bzw. der Originalität der Geruchseffekte handelt. Das was das primäre Komplement begonnen hat, unterstreicht der Kontrast und hebt es entsprechend hervor, wichtig und wesentlich ist die Wirkung beider, sie ist aber auch immer reziprok ergänzend und setzt absoluten Einklang voraus.

Ein wesentlicher prinzipieller Unterschied in der Anwendung beider liegt aber darin, daß das primäre Komplement (Adjuvans usw.) primäre Unebenheiten in geeigneter Weise auszugleichen hat, die eventuell bis zur Monotonie der Effekte gehen kann, soweit nicht native Kontraste diese schon dauernd verhindern. Der eigentliche Kontrast interveniert aber als sekundäres Komplement in dem Sinne, daß er oft gewisse Unebenheiten harmonisch hervorhebt, um eben die so wichtige Originalität bzw. Natürlichkeit der Geruchstonalität zu unterstreichen und jede Monotonie des Geruches zu beheben.

Es legt also die Intervention des eigentlichen Kontrastes immer die letzte Hand an die Vollendung des Geruches und darin liegt eben der große Wert und die eigentliche Bestimmung der Kontraste, während das primäre Komplement seine Rolle schon beendet sieht, wenn der beabsichtigte und nötige Schlußeffekt der auf harmonische Gesamtwirkung berechneten Geruchstonalität oft noch lange nicht erreicht ist.

In vielen Fällen muß der Parfumeur zur Kontrastwirkung seine Zuflucht nehmen, ist sie doch, praktisch gesprochen, die ultima ratio, die da guten Erfolg verspricht, wo primäre Geruchskomplemente versagen, bzw. durch zu monotone Wirkung des Ganzen jene Originalität bzw. Natürlichkeit des Geruches vermissen lassen, die nach modernen Begriffen aber unerläßlich ist.

Es mußte also schon aus didaktischen Gründen der möglichst eng umschriebenen Definition der Eigenart und Rolle der eigentlichen Kontraste als sekundäre Komplemente größte Aufmerksamkeit zugewendet werden, weil nur eine solche es ermöglichen kann, das innere Wesen der Kontrastwirkung so zu erfassen, daß der Praktiker mit Nutzen dieses wesentlichste Element moderner Kompositionstechnik in der Parfumerie seinen Zwecken dienstbar machen kann und es im Rahmen seiner persönlichen Methodik mit dem nötigen Verständnis zur Anwendung zu bringen in der Lage ist.

In diesem Sinne wolle der Leser unsere Ausführungen bewerten, nicht in jenem, etwa trockener Methodik in Auswahl und Anwendung geeigneter Geruchseffekte das Wort reden zu wollen.

Die von uns gewählte summarische Einteilung der hauptsächlichsten Arten der Kontraste in süß (blumige) einerseits und herbe (grüne, krautige, holzige, bittere) anderseits ist natürlich weit davon entfernt eine scharf umrissene zu sein, aber sie ist jedenfalls hinreichend präzis, um in großen Zügen die gegenseitige Wirkung der Kontraste als geruchliche Gegensatzkomplemente zu charakterisieren.

Praktisch gesprochen steht eine ganze Serie mehr oder minder klar definierbarer Gerüche auf jeder Seite oder aber hält mehr oder minder die Mitte zwischen beiden Extremen. Andere Kontraste dieser Art zeigen einen typischen Eigengeruch besonderer Tonalität, der sie alternativ befähigt, sowohl typisch süße wie herbe Noten zu komplementieren, bzw. um die Natürlichkeit oder Originalität der Geruchstonalität den

Umständen entsprechend durch Kontrastwirkung im engeren oder weiteren Sinne in irgendeiner Weise zu unterstützen.

Letztere Kontraste sollen als neutrale Kontraste bezeichnet werden.

Nachstehend werden wir versuchen, die gewählte Klassifizierung der Kontraste durch ein kurzes Kommentar etwas ausführlicher zu gestalten.

Süße Kontraste.

Hierher gehören in erster Linie ausgesprochen blumige Noten aller Art, also Blumengerüche wie natürliche Blütenöle oder entsprechende künstliche Nachbildungen wie Jasmin, Orangenblüte, Rose, Veilchen, Jonquille, Cassie usw. Dann gehören hierher die typisch frischen Noten, wie Citrone, Bergamotte, Orange, Mandarine usw., ferner Lavendel, Neroli, Petitgrain, Ylang-Ylang usw.

Rose, Jasmin und Orangenblüte nehmen hier einen besonders wichtigen Platz ein, ebenso aber auch zahlreiche andere natürliche und chemische Riechstoffe mit Blumencharakter, vom letzteren z. B. Hydroxycitronellal, Heliotropin, Geraniol, Citronellol, Aurantiol, Benzylacetat u. v. a.

Auch die komplexe *Eau de Cologne*-Note kann hier ausgezeichnete Dienste leisten, um gewisse frisch-aromatische Kontraste zu geben, ebenso Essbouquet usw.

Herbe Kontraste.

Zu diesen rechnen wir alle Riechstoffe, die eine rauhere Geruchsnote aufweisen, es gehören hierher die große Mehrzahl der chemischen Riechstoffe, mit Ausnahme derjenigen, die einen mehr ausgesprochenen blumig-süßen Geruch haben, aber auch zahlreiche natürliche Riechstoffe zählen hierzu.

Wir können hier differenzierend die herben Kontraste etwa wie folgt einteilen:

Grüne Gerüche. Hierher gehören die Riechstoffe, die in den verschiedensten Variationen den Eigengeruch der Blätter und grünen Stengel der Pflanze wiedergeben, bzw. ähnliche Effekte dieser Art aufweisen. Hier sind zu nennen Veilchenblätteröl echt und künstlich, Methylheptincarbonat, Methyloctincarbonat, p-Methylphenylacetaldehyd, Hydrozimtaldehyd (mit holzig-grüner und fettiger Note) usw.

Ebenso gehören hierher auch gewisse synthetische Riechstoffe mit fettig-grünem Geruch, wie Laurinaldehyd, Methyl-Nonylacetaldehyd u. a.

Wie z. B. beim Hydrozimtaldehyd angedeutet, besitzen viele der eigentlichen Grüngerüche auch holzig-fettige Noten.

Ein vorzüglicher grüner Kontrast mit ganz eigenartigem Charakter ist auch das Vetiveröl.

Herb-aromatische und krautige Gerüche. Hierher gehören u. a. Wintergreenöl, Fichtennadelöle, u. a. ebenso Methylsalicylat, Äthylsalicylat, Amylsalicylat, Isobutylsalicylat, Acetophenon, Methylacetophenon u. a.

Auch die campherartig-aromatischen Gerüche schließen sich den krautigen Gerüchen eng an. Hier sind zu nennen Rosmarinöl, Eucalyptusöl, Thymianöl, Origanöl, Spiköl, Cypressenöl, Patchouliöl u. a.

Bittere Gerüche. Hierher gehören in erster Linie Bittermandelnoten, die durch Bittermandelöl echt und künstlich (Benzaldehyd), Salicylaldehyd und zahlreiche andere synthetische Riechstoffe mit weniger ausgesprochenem Bittermandelgeruch erzielt werden.

Als bitter-aromatischer Geruch mit frischer Note ist hier auch das bittere Pomeranzenöl *(Orange bigarade)* zu erwähnen und eventuell auch Bitterfenchelöl.

Komplexe Basen herber Geruchsrichtung.

Hier sind zunächst zu erwähnen *Trèfle*, *Fougère*, *Chypre*, *Bruyère*, *Foin Coupé*, Moosgerüche verschiedener Art, Patchoulikomplexe, Vetiver Komplexe, Mousseline usw. Ebenso natürlich alle Buketts mit herberem Charakter, die, wenn sie stärker kontrastiert sind, also schon relativ große Mengen süßer Kontraste enthalten, auch als neutrale Kontraste in Frage kommen können.

Als grün-herben Kontrast besonderer Art erwähnen wir das Eichenmoos. Dieses gibt, als Kontrast betrachtet, blumigen Noten eine pikante grüne Unternote, wobei eine gewisse blumige Wirkung des Eichenmooses besonders glücklich mitwirkt.

Eichenmoos wirkt stets als diskreter Kontrast und kann in vieler Beziehung zu den neutralen Kontrasten gerechnet werden, weil es auch streng herbe Noten mildert und harmonischer macht. So werden z. B. zu kräftige Patchoulinoten durch Eichenmoos gemildert und harmonisiert. Es muß allerdings hier eingeschaltet werden, daß die Qualität des Eichenmooses eine große Rolle spielt und daß es z. B. auch sehr herbe Moosarten gibt, die als Eichenmoos in den Handel kommen. Diese sind absolut herbe Kontraste.

Wir kommen später nochmals auf die Kontrastwirkung des Eichenmooses zurück.

Neutrale Kontraste.

Diese sind solche, die ziemlich gleich gut zum Abtönen herber und süßer Noten verwendet werden können und sind diese eigentlich mehr als primäre Komplemente im Sinne von Adjuvantien, Abtönungsmitteln, Fixiermitteln usw. aufzufassen, dies um so mehr, als sie meist in relativ massiven Dosen zur Anwendung kommen können bzw. kommen.

Dies trifft aber eigentlich nur für einen Vertreter dieser Klasse zu, wie z. B. balsamische Kontraste, während wieder andere, und dies die Mehrzahl, absolut typische Kontrastwirkung (Einführung bizarrer Noten oder natürlicher Effekte) durch Verwendung sehr kleiner, oft spurenhafter Mengen besitzen.

Natürlich kommt auch den komplexen Basen mit balsamischem Charakter, als neutrale Kontraste aufgefaßt, mehr Wirkung eines primären Komplements zu, doch ist es für diese wie auch für die elementaren Balsamnoten durchaus nicht die Regel, daß sie etwa stets in größeren Dosen zur Anwendung kommen, denn in zahlreichen Fällen wirken auch diese in recht kleinen Mengen typisch als Kontraste.

Balsamische Kontraste. Hierzu sind auch die Vanilletöne und die Ambranoten (künstliche Ambra mit Labdanum) zu rechnen.

Den balsamischen Kontrasten kommt, sobald sie im Sinne primärer Geruchskomplemente in massiveren Dosen verwendet werden, die wichtige Rolle von Fixiermitteln zu, in kleineren Mengen verwendet, wirken sie, speziell bei herben Haupttönen, als geruchsmilderndes, abrundendes Mittel, bei blumig-süßen Noten als ein die natürliche Wirkung bzw. die Originalität unterstreichender Kontrast bzw. Adjuvans, in ganz kleinen Mengen kommt ihnen stets typische Kontrastwirkung auch in dem Sinne zu, daß sie die Originalität betonen, bzw. gewisse Details harmonisieren.

Hierher gehören z. B. Labdanum, Benzoe, Tolubalsam, Perubalsam, Styrax, Weihrauch, Opoponax u. a., ebenso Vanille, Vanillin und analoge balsamisch-ambraartige Komplexe mit mehr oder minder ausgeprägten Vanillenoten.

Gewürznoten. Diese zeigen typische Kontrastwirkung und kommen, mit wenigen Ausnahmen, in der eigentlichen Parfumerie, also natürlich als Geruchsnoten nur in sehr kleinen Mengen zur Anwendung. Hier sind zu nennen Estragonöl, Pimentöl, Ingweröl, Macisöl, Nelkenöl (in größeren Mengen nur zu Gartennelken- und gewissen anderen Parfums zulässig), Celeriöl, Petersilenöl, Angelikaöl, Zimtöl (Ceylon und Cassia), Zimtblätteröl, Bayöl u. a.

Eugenol wird hier im Sinne des Gewürznelkenöls verwendet, ebenso Zimtaldehyd im Sinne der Zimtöle.

Wir haben bereits schon früher die besondere Wichtigkeit des Estragonöls zu raffiniert-modernen Parfums erwähnt. Wir fügen hinzu, daß gewürzartige Noten solcher Art, mit dem entsprechenden Geschick und der nötigen Mäßigung verwendet, ganz prächtige Kontrastnoten geben.

Wachs- und Honiggerüche. Hier sind zu nennen Phenylessigsäure, Methyl- und Äthylphenylacetat, gewisse Chinolinderivate (p-Methylchinolin), komplexes Honig- und Wachsaroma u. a.

Die honigartigen Effekte sind bekanntlich wichtig zur Herausarbeitung der Details vieler Blütengerüche, auch bei den modernen Tabaknoten leisten sie gute Dienste, ebenso auch als Kontraste bei Phantasiebuketts aller Art.

Fäkulent-faulige Gerüche. Hier sind zu nennen Indol und Skatol, analog auch — wenigstens in gewisser Beziehung — Zibet.

Daß diese Geruchsnoten besonders vorsichtig dosiert werden müssen, bedarf keines Hinweises.

Schweißartige Gerüche. Solche Noten geben gewisse höhere Aldehyde der Fettreihe. Geschickte Anwendung gibt gesuchte bizarrmoderne Noten. Mißbrauch ist leider an der Tagesordnung, aber absolut zu verwerfen.

Fruchtartige Gerüche. Hier nehmen zahlreiche Ester einen hervorragenden Platz ein, vor allem die Butyrate und Isobutyrate, ebenso die Pseudoaldehyde C. 14 (Pfirsich), C. 16 (Erdbeer) und C. 18 (Cocos).

Fettgerüche. Größte Vorsicht ist in dieser Beziehung geboten bei Verwendung solcher ausgesprochen fettigen Noten, wie sie gewisse Fettaldehyde wiedergeben.

Auch andere Aldehyde, wie α-Amylzimtaldehyd und Hydrozimtaldehyd, besitzen eine fettige Unternote, die sie oft sehr wertvoll macht. Beide können in viel massiveren Dosen als die Fettaldehyde verwendet werden, doch ist auch dies natürlich relativ zu nehmen.

Interessant sind diese fettigen Noten, z. B. beim Jasmin, um gewisse Details des Jasmin-Enfleurage künstlich wiederzugeben.

Animalische Gerüche. Von diesen kommen dem Tonkinmoschus, Ambra, Zibet und Castoreum in erster Linie Wirkung als Fixiermittel zu. Anderseits besitzen diese Stoffe hervorragende Eigenschaften als Abrundungsmittel und zur Hervorbringung einer ganz eigenartig schwülen Tonalität.

Analog verwendet werden die einzelnen Sorten des künstlichen Moschus, von denen aber nur gröbere Effekte dieser Art verlangt werden können. Ebenso wird der künstliche Zibet analog verwendet, die künstliche Ambra (Labdanumpräparate) gibt, abgesehen von den Fällen reichlicherer Mitverwendung von Castoreum-Extrakt, keine animalischen Noten.

In gewissem Sinne gehören auch hierher Indol und vor allem Skatol, ebenso gewisse Ester der Phenylessigsäure und die Phenylessigsäure selbst wegen ihrer animalischen Unternote (Hauptgeruch honigartig!).

Holzige Gerüche. Hier sind zu nennen Guajakholzöl, Cedernholzöl, Linaloeöl, Sandelöl ostindisch und westindisch (beide ganz verschieden im Geruch), ferner Hydrozimtaldehyd, Methyljonon u. a.

Das Methyljonon betreffend, dessen Geruch veilchen- und irisartig ist, sei erwähnt, daß größere Mengen desselben, in geeigneten Gemischen, sehr originelle holzige Noten geben, was vielleicht weniger bekannt ist. In gewisser Beziehung ist auch Vetiveröl hierher zu rechnen.

Vorstehende ausführlichere Definition der einzelnen Kontrastgerüche erhebt natürlich keinerlei Anspruch darauf, etwa methodisch-erschöpfend zu sein. Sie stellt nur die Wiedergabe individueller Eindrücke dar und nur einen Versuch, dem Leser auch diesen Teil der umfangreichen Materie in einigermaßen plausibler Form vor Augen zu führen.

Es liegt auf der Hand, daß die angegebenen mehr oder minder charakteristischen Einzelgeruchstöne der Kontraste sich praktisch niemals so scharf abtrennen lassen, daß sie in vielen Fällen nicht den Charakter eines in einer anderen Klasse angegebenen Geruchskomplements hypothetischer Art annimmt, bzw. sich ihm nähert. Dies ist z. B. der Fall bei den grünen, den krautigen und campherartigen Gerüchen, die sich untereinander, infolge großer Analogie der Geruchswirkung, nicht scharf unterscheiden können.

Es ist mit dieser Klassifizierung, so wie mit allem, was wir hier rein hypothetisch differenzierend einigermaßen festzulegen versucht haben.

Eine absolute Reglementierung von Geruchsklassen, und eine allgemein gültige, sozusagen starre Beschreibung von Geruchseindrücken gibt es nicht und kann es nicht geben, weil hier individuelles Empfinden alles ist. Anderseits war für unsere Auffassung und den erwähnten Versuch einer Klassifizierung die Tatsache maßgebend, daß auch rein individuell empfundene und gebührend übersichtlich und klar dargestellte Eindrücke eines Autors, auf den aufmerksamen Leser ungemein anregend wirken können, weil sie ihn auf gewisse Möglichkeiten aufmerksam machen und, vor allem, weil logisch-hypothetische Schlüsse, rein didaktisch gesprochen, ungemein fruchtbringend wirken können, wenn sie, was hier zutrifft, eine Lücke im Fachwissen ausfüllen können, bzw. wir zu plausiblen Theorien, mangels positiven Wissens, unsere Zuflucht nehmen müssen.

In diesem Sinne wollen wir vorstehende Klassifizierung bewertet wissen.

Anschließend hieran bringen wir noch ein kurzes Kommentar über

spezielle Geruchswirkung einiger Kontrastnoten.

Wir haben zunächst summarisch Patchouli bei den campherartig-aromatischen Kontrasten erwähnt, Eichenmoos bei den grünen Kontrasten spezieller Art, Sandelöl ostindisch bei den holzigen Gerüchen und Vetiver bei den grünen Kontrasten angeführt. Es ist aber zu bedenken, daß diese 4 Elementarriechstoffe eine sehr ausgesprochene Eigenart des Geruches besitzen, der sie in vieler Beziehung sehr wertvoll macht, weil ihr Eigengeruch, ganz abgesehen von der Kontrastwirkung im gegebenen Falle, auch substantive Verwendung im Sinne von Hauptnoten (Basen), Adjuvantien usw. zuläßt, was ja übrigens in gewissem Sinne auch für viele andere Kontrastnoten zutrifft.

Nachstehend seien einige diesbezügliche Hinweise gegeben.

Patchouliöl. Die Öle guter Provenienz (Blätteröle Singapoor) besitzen einen sehr feinen Geruch, der in seiner Art durchaus originell ist. Die erwähnte campherartige Note (Patchoulicampher) hat mit dem eigentlichen Camphergeruch nur eine entfernte Analogie, trotzdem ist der campherartige Einschlag unverkennbar. Die minderen Sorten, wie Dilemöl usw., besitzen einen höchst unangenehmen aufdringlich-kratzigen Nachgeruch und oft auch Hauptgeruch, der sie für Parfumeriezwecke ungeeignet macht.

Im richtigen Verhältnis angewendet, gibt Patchouli berückend schöne Effekte und betont die Schwüle des Parfums. In kleinen Mengen kommt sein Eigengeruch gar nicht zum Durchbruch und läßt unvergleichlich raffinierte Effekte und pikante Noten erzielen. In spurenhafter Verwendung, im Sinne eines herb-grün-campherartig-aromatischen Kontrastes, gibt es zarten, zu flach wirkenden Blumengerüchen, wie z. B. Rose, Natürlichkeit und Leben. In größeren Mengen als primäres Komplement (Adjuvans usw.) verwendet, gibt es gut abrundende und heraushebende Wirkung, z. B. bei Heu-, Chypre-, Fougère-Buketts usw. In relativ zahlreichen Fällen wird Patchouliöl, so im Sinne eines Adjuvans bzw. einer Hauptnote, in massiveren Dosen verwendet, wobei natürlich stets Vorsicht am Platze ist, da Patchoulinoten beim Lagern oft stark vordringen.

Patchouliöl guter Beschaffenheit ist sicher einer der wertvollsten Riechstoffe der Parfumerie und, ganz speziell seine diskrete Anwendung im Sinne eines herb-schwülen bzw. Raffinement und Natürlichkeit verleihenden Kontrastes, ist ein außerordentlich wertvolles Hilfsmittel, um raffinierte Originalität oder pikant-originelle bzw. lebendig-natürliche Wirkung zu erhalten, wie sie, in vieler Beziehung auch durch keinen einzigen anderen Riechstoff auch nur annähernd zu erzielen ist.

Eichenmoos. Der charakteristische grüne Geruch des Eichenmooses zeigt keine ausgesprochen herbe Note, sondern einen zarten, fast blumigen Fond.

Man verwendet es hauptsächlich als typisches primäres Element in der Note *Chypré*, bei *Fougère* nur als Adjuvans in kleineren Mengen, ebenso bei *Foin Coupe* (Note *Indian Hay*) und zahllosen Phantasiekompositionen, bei denen die *Mousse de Chêne*-Note als Adjuvans verwendet wird.

Als Kontrast in kleinen Mengen kommt Eichenmoos bei gewissen Blumenbuketts (*Fleurs des Bois, Fleurs de Mousse* usw.) zur Anwendung, um die süß-blumigen Noten origineller zum Ausdruck zu bringen.

Anderseits wird Eichenmoos aber auch als mildernder Kontrast verwendet, speziell bei kräftigeren Patchoulinoten, die durch *Mousse de Chêne* viel feiner zur Geltung kommen und es durch diese Assoziation möglich wird, sehr kräftige Patchoulinoten ohne zu brutale Wirkung zur Anwendung zu bringen.

Wir dürfen also das Eichenmoos auch als neutralen Kontrast auffassen, der sowohl bei süß-blumigen Noten, wie auch bei herben Noten als ausgleichender Faktor heranzuziehen ist. Eichenmoos gibt besonders modernen Phantasiebuketts eine absolut charakteristische, eigenartig berückende Note, die ebenfalls durch keinen anderen Riechstoff auch nur annähernd zu erzielen ist.

Sandelöl ostindisch besitzt einen absolut charakteristischen Geruch, der keine scharfe Note aufweist. Als wesentliches primäres Element wird dieses Öl in Sandelholzparfums *(Sandal Wood, Bois de Santal)* besonders zu Seifen verwendet, ebenso auch bei *Chypre.*

Als Adjuvans in zahllosen Phantasie- und Blumenbuketts (vor allem Rose) angewendet, kommt diesem Öl größte Bedeutung in der Parfumerie zu.

Als Kontrast kann Sandelöl schon in spurenhaften Mengen sowohl herbe wie süße Geruchsnoten ganz außerordentlich verfeinern und abrunden, es kommt ihm hier die Rolle eines neutralen Kontrastes zu.

Es ist erstaunlich, wie sich oft durch kleine Mengen Sandelöl blumige Noten hervorheben lassen und mit welcher Frische und Natürlichkeit dieser Blumengeruch alsdann zur Geltung kommt (Verstärkung der Geruchsintensität). Anderseits werden zu scharfe herbe Gerüche durch Sandelöl prächtig abgerundet.

Vetiveröl besitzt einen absolut originellen holzig-aromatischen Geruch von ganz außerordentlicher Haltfestigkeit.

Klassisch ist seine Verwendung als primäres Element bei *Fougère*, Indische Blumen usw., als Adjuvans spielt es eine große Rolle bei *Chypre*, *Ambre* und zahllosen Phantasiebuketts.

Als Kontrast kommt es hauptsächlich für zarte Gerüche als herber Kontrast zur Verwendung, kann aber auch zu scharfe herbe Noten wunderbar harmonisieren helfen.

Praktisch gesprochen, kommt dem Vetiveröl also mehr die Rolle eines neutralen Kontrastes zu.

Chemisch-synthetische Riechstoffe als Kontraste.

Als definierte chemische Individuen leisten die chemischen Riechstoffe in beiden Richtungen also sowohl als süße wie herbe Kontraste ganz außerordentliche Dienste, ganz besonders kommt ihnen aber die Rolle zu, zu monotone Geruchsnoten zu beleben und in mannigfachster Weise zu variieren.

Die Anzahl jener chemischen Riechstoffe, die für sich allein einen mehr oder minder ausgesprochenen Blütengeruch oder sonst einen süßzarten Eigengeruch besitzen, ist relativ klein gegenüber der Anzahl jener, die brutal-herbe Geruchsnoten zum Ausdrucke bringen, mit Ausnahme der fruchtartigen Gerüche, die als typisch frische Geruchsnoten zahlreichen chemischen Individuen (besonders Estern) eigen sind.

Im allgemeinen werden also chemische Riechstoffe in der Mehrzahl als herbe Kontraste bzw. Adjuvantien verwendet, wir kennen jedoch auch eine stattliche Anzahl, die sich als süße bzw. fruchtigfrische Kontrastnoten zur Abtönung herb-strenger Gerüche verwenden lassen.

Von blumig-süßen chemischen Riechstoffen seien erwähnt Hydroxycitronellal, Geraniol, Citronellol, Methylanthranilat, Benzylacetat, Linalylacetat, Geranylacetat (mit fruchtigem Einschlag), Vanillin, Heliotropin, Cumarin, Terpineol und viele andere.

In der Hauptsache sind die chemischen Riechstoffe aber als herbe Kontraste im Sinne von Nuanceuren und Originalität verleihenden Zusätzen wertvoll, um zu eintönige Effekte der natürlichen Riechstoffe entsprechend zu korrigieren, bzw. zu originellen, modern-bizarren Noten zu verschmelzen.

Diese chemischen herben Kontraste können auch ganz außerordentlich zur natürlichen Wirkung eines Blumengeruches oder Phantasiebuketts beitragen, wobei natürlich immer wieder spurenhafte Mitverwendung dieser Kontraste bzw. Verwendung stets kleiner Mengen im Sinne einer Kontrastwirkung oder einer solchen als Adjuvans (primäres Komplement) in Frage kommt.

Im Sinne eigentlicher Kontrastwirkung, also Verwendung in sehr kleinen, ja spurenhaften Mengen kommt vor allem den herb kontrastierend wirkenden chemischen Riechstoffen Bedeutung zu, während die Vertreter süß-blumiger Noten dieser Klasse mehr als primäre Komplemente (Adjuvantien, Basen usw.) in Betracht kommen, aber, wie erwähnt, auch als Kontraste (z. B. Hydroxycitronellal bei Grüngerüchen wie *Fougère* usw.).

Nachstehend werden wir uns mit einigen besonders wichtigen chemischen Riechstoffen herber Kontrastrichtung, bzw. solcher, die zum Hervorbringen bizarrer Noten häufig gebraucht werden (Fettaldehyde usw.), kurz befassen.

Amylsalicylat. Dieser Ester kommt, ganz abgesehen von seiner Verwendung in massiveren Dosen als Adjuvans bzw. Basis bei Kleegerüchen usw., als klassischer herber Kontrast außerordentlich häufig in Frage und kann in der Hand des geschickten Parfumeurs ganz hervorragende Dienste leisten, um süßen Geruchsmischungen Originalität, Naturtreue und lebendige Wirkung zu verleihen.

Es existiert jedenfalls kaum ein zweiter chemischer Riechstoff, der, wie das Amylsalicylat, so häufig und in so unendlich vielseitiger Weise zur Anwendung kommen kann.

Methyl- und Äthylsalicylat leisten als Kontraste ebenfalls gute Dienste, wie auch viele andere chemische Riechstoffe.

In der modernen Parfumerie spielen auch die

Fettaldehyde als Kontraste eine ganz erhebliche Rolle und hat es deren zweckmäßige Verwendung in stets kleinen, oft spurenhaften Mengen ermöglicht, in modernen Kompositionen einen Natürlichkeits- bzw. Originalitätsgrad zu erzielen, der ohne diese wertvollen Körper überhaupt nicht erreicht werden kann.

Leider ist aber auch ein Mißbrauch dieser Aldehyde heute schon an der Tagesordnung und muß als Entgleisung hier gebührend verurteilt werden, denn nur vorsichtigste Verwendung der Fettaldehyde in stets kleinsten Mengen kann gute Resultate geben.

Es ist natürlich nicht möglich, auch nur einigermaßen annähernde Mengenwerte für die Verwendung der Fettaldehyde zu geben, ebenso ist es ganz unmöglich, den Gebrauch bestimmter Fettaldehyde in ganz bestimmten Geruchsnoten in einigermaßen präziser Form vorzuschreiben, weil dem intuitiven Empfinden des Praktikers hier keine Schranken gesetzt werden dürfen und es absolute Erfahrungswerte in dieser Beziehung nicht geben kann.

Immerhin lassen sich gewisse generelle Hinweise für die Verwendung der Fettaldehyde geben, besonders aber einige Vertreter dieser Riechstoffklasse als besonders wichtig und wertvoll in ganz allgemeinem Sinne hervorheben.

Die wichtigsten Aldehyde der Fettreihe sind Octylaldehyd, Nonylaldehyd, Decylaldehyd, Undecylaldehyd, n-Duodecylaldehyd oder Laurinaldehyd und sein Isomeres Methyl-Nonylacetaldehyd.

Nachstehend einige orientierende Angaben über zu verwendende Mengen nach der Literatur, die natürlich, wie erwähnt, keinen Anspruch darauf erheben können, als absolute Werte aufgefaßt zu werden. (Gewichtsmengen 100%igen Aldehyds in alkoholfreiem Parfumöl.)

Octylaldehyd

Rose	0,1—0,3% (event. 0,5%)
Neroli	0,3%
Jasmin	0,1—0,2%

Nonylaldehyd

Rose	0,1—0,3 %
Iris	0,2—0,3 % (event. 0,45%)
Cassie	0,01—0,02% (event. 0,1%)

Decylaldehyd

Rose	0,2—0,3% (Mittel 0,25%)

Manche Autoren geben 0,5%, ja 1% an, das ist aber entschieden zu viel.

Jasmin	0,2—0,3 %
Cassie	0,1 %
Flieder	0,05%
Neroli	0,15—0,3 %
Cyclamen	0,2 %

Undecylaldehyd besonders für grüne Gerüche

Fongère, Chypre, Foin Coupé ..... 0,05—0,1%

Laurinaldehyd

Tuberose	bis 0,4%
Veilchenblätter	1—2 %
Veilchenblüten	0,1—0,3%
Iris	0,2%
Cassie	0,2—0,3 %
Reseda	0,3—0,5 %
Muguet	0,05%
Fougère	0,1—0,15%

Laurinaldehyd ist ein ausgezeichneter Fixateur!

Methyl-Nonylacetaldehyd

Tuberose	0,4—0,5 %
Sweet Pea	0,02—0,04%
Chèvrefeuille	0,2—0,3 %
Orchidee	0,1 %
Flieder	0,02—0,03%
Phantasiekompositionen	0,2—0,4% (oft viel mehr, 1—1,5%!)
Moosgerüche	0,3—0,5%

Ein interessanter Aldehyd ist auch der

Undecylaldehyd

Tuberose	0,2%
Muguet	0,1%
Fougère	0,05—0,1%

Von den Pseudoaldehyden sind C. 14 *(Pêche)* und C. 16 *(Fraise)* wichtig.

Pseudoaldehyd Pfirsich C. 14 (Pêche)

Flieder	0,03—0,04%
Muguet	0,05%
Magnolia	0,1 %
Acacia	0,05%

Pseudoaldehyd Erdbeer C. 16 (Fraise)

Jasmin	0,1—0,2 %
Flieder	0,05%

Auch die entsprechenden Fettalkohole lassen sich in vieler Hinsicht in analoger Weise als Kontraste, bzw. Adjuvantien, verwenden.

Nachdem wir das Wesen und die Hauptfaktoren des primären Akkords nunmehr besprochen haben, kommen wir zur Besprechung jenes Akkords, den wir sekundärer Akkord genannt haben. Dieser Akkord stimmt die Geruchstonalität der mit primärem Akkord erhaltenen Basis mit dem Vehikel soweit ab, daß dieselbe im Vehikel die nötigen harmonischen bzw. originellen Geruchseffekte zur Geltung bringt.

Wir haben bereits die Tatsache erwähnt, daß, so vollkommen der primäre Akkord der Basis (als komplexe Mischung) auch sei, deren Verwendung in einem gegebenen Vehikel (Alkohol, Puderkörper, Fett, Seife usw.) meist gewisse Retuschen nötig macht, um Beeinflussung der Geruchstonalität der Basis durch das Vehikel zweckentsprechend auszugleichen.

Diese Retuschen können für die gleiche Basis in verschiedenem Vehikel verwendet, ganz verschiedene sein und müssen daher stets in dem aus Vehikel und Basis bestehenden Gemisch durchgeführt werden.

Der erfahrene Parfumeur richtet zwar die Art der Zusammensetzung der Basis schon mehr oder weniger nach dem eigentlichen Verwendungszweck ein, indem er z. B. eine Komposition für Seife ganz verschieden von einer solchen, die für ein alkoholisches Vehikel bestimmt ist, zusammensetzt, allein, praktisch gesprochen, sind Retuschen im Kontakt mit dem Vehikel (also in der Seife, im Extrait, im Puder usw.) fast die Regel. Allerdings ist es, reiche Erfahrung vorausgesetzt, praktisch auch möglich, Endretuschen zur Erzielung des sekundären Akkords durch geeignete Modifikation der Komponenten der Basis a priori unnötig zu machen, doch sind solche Fälle zu den Ausnahmen zu rechnen. Ebenso muß der mögliche Fall, daß ein gleiches Gemisch (Basis) in zwei verschiedenen Vehikeln gleich gut zu verwenden ist, ohne besondere der Eigenart des Vehikels angepaßte grundlegende Modifikationen in der Bereitungsart und ohne nachträgliche Retuschen im Kontakt mit dem Vehikel zu den seltenen Ausnahmen gezählt werden.

Es sei hier gleich vorausgeschickt, daß Retuschen geringfügiger Art, verursacht durch die Verschiedenheit des Vehikels unter Bezug auf eine gleich zusammengesetzte Grundbasis, nur bei Verwendung der gleichen Basen in Alkohol, Puder usw. Bezug haben, mit ausdrücklicher Ausnahme des Vehikels Seife, das schon bei Zusammensetzung der Basis zu diesem speziellen Zweck, erhebliche Änderungen primärer Natur im Ansatz der Komposition a priori nötig macht.

Es ist also praktisch beinahe ausgeschlossen, die gleiche Basis, nur mit kleinen Retuschen, ohne prinzipielle Verschiedenheit im Ansatz (z. B. Auswahl anderer Elemente mit brutalerem Geruch usw.), die für Extraits, Puder usw. bestimmt wurde, auch für Seife zu verwenden. In solchen Fällen müssen wir den nötigen sekundären Akkord in der Seife schon durch Änderungen elementarer Natur soweit vorbereiten, daß bei den ersten Versuchen im Seifenvehikel tatsächlich nur geringfügige

Retuschen zur Erzielung des definitiven sekundären Akkords in Frage kommen oder aber auf Retuschen wesentlicher Art gefaßt sein, soll z. B. eine für ein anderes Vehikel als Seife bestimmte Basis als wesentliche Grundlage eines Seifenparfums zur Verwendung kommen.

Wir müssen als praktisch stets mit solchen Retuschen rechnen, selbst wenn mit besonderen und zweckentsprechenden Mitteln der Verwendung zu einem speziellen Zweck in einem gegebenen Vehikel (Seife, Puder usw.) Rechnung getragen wurde, weil es praktisch natürlich nur möglich sein kann, den primären Akkord in großen Zügen, nicht aber in allen Details zu einem vollkommenen sekundären Akkord mit dem Vehikel durch besondere Maßnahmen von vorne herein gänzlich auszugestalten, abgesehen von seltenen Ausnahmefällen, in denen der große Meister Zufall sehr oft seine Hand im Spiele hat.

Zusammenfassend sind hier also folgende Tatsachen vorauszuschicken:

1. So vollkommen auch der primäre Akkord einer Parfumbasis sei, so kann sie doch, bei der Anwendung in einem bestimmten Vehikel stark enttäuschen.

2. Die gleiche Basis kann in einem Vehikel gute Resultate geben, in einem anderen aber viel zu wünschen übrig lassen. In der Mehrzahl der Fälle ist es relativ leicht, durch Komposition spezieller Art und Zufügen der nötigen Kontraste im primären Akkord die Wirkung in einem gegebenen Vehikel soweit vorauszusehen, daß in der Basis schon ein annähernder sekundärer Akkord erzielt werden kann, niemals lassen sich aber mit einiger Sicherheit spätere spezielle Retuschen im Kontakt mit dem Vehikel völlig vermeiden.

Es darf also als Regel aufgestellt werden, daß ohne sekundäre Retuschen im Kontakt mit dem Vehikel von einer absolut sicheren Herstellung des nötigen sekundären Akkords und damit höchster Vollendung des Geruchseffektes eines Parfumpräparates nicht die Rede sein kann.

Was ganz speziell die komplexen Parfumbasen für Extraits anlangt, so ist folgendes zu beachten:

3. So wesentlich auch deren Rolle beim Gesamteffekt eines Parfums sein mag, so können wir in einer solchen alkoholfreien Basis niemals alle Details eines raffinierten Extraits wiedergeben, weil am Gesamteffekt viele alkoholische Tinkturen (Moschus, Ambra usw.) stark beteiligt sind, deren geruchliche Prinzipien uns nicht in isolierter Form zur Verfügung stehen.

Anderseits können aber gerade solche Effekte alkoholischer Tinkturen, die abrundend, fixierend, auch für einzelne Elementarnoten direkt verändernd oder hervorhebend wirken, die Ursache gewisser sekundärer Retuschen im Kontakt mit dem Vehikel und allen anderen Bestandteilen (alkoholische Tinkturen) des Extraits werden, was ebenfalls die Wichtigkeit der Endretuschen im fertigen Parfumpräparat ins rechte Licht rücken dürfte.

Dieser Umstand wird oft übersehen und immer und immer wieder verlangt z. B. bei Nachbildungen von fertigen Extraits alle Noten des alkoholischen Parfumproduktes in einer öligen Parfumbasis festzuhalten, was aber praktisch aus vorerwähnten Gründen absolut unmöglich ist.

Man gibt sich in diesem Falle nicht genügend Rechenschaft darüber, in welch weitgehendem Maße sekundäre Geruchskomplemente, wie z. B. Ambra- und Moschustinktur, nicht nur zur Fixierung der Gerüche beitragen, sondern in wie weitgehender Weise diese Zusätze die ganze Tonalität eines Extraits beeinflussen bzw. verändern, weil diese Bestandteile viele Elementarnoten in ganz veränderter Form zum Ausdruck kommen lassen, indem sie hier harmonisieren, dort aber auch Fehler durch Mißtöne offenbar werden lassen, die also sekundäre Retuschen bestimmter Art nötig machen.

Nach Lage der Dinge ist es also wohl möglich, eine raffiniert zusammengesetzte Grundbasis auch für Luxusextraits herzustellen, die die charakteristischen Haupttöne des Extraits wiedergibt und als solche äußerst wertvoll werden kann. Dagegen kann das Cachet des Ensembles erst im Kontakt dieser Grundkomposition mit dem alkoholischen Vehikel herausgearbeitet werden, die durch die Basis gegebenen Grundtöne also nur im Extrait selbst entsprechend fixiert, verschmolzen und abgetönt werden, wobei, neben anderen Faktoren wie Kontrasten spezieller Art, wie bereits erwähnt, auch gewisse alkoholische Tinkturen, insbesonders Moschus- und Ambratinktur, neben ihrer fixierenden Wirkung, ganz hervorragenden Anteil an der Gesamtharmonie durch Abtönung und Verschmelzung gewisser Töne, nehmen.

Dies trifft natürlich für jedes andere Vehikel als Alkohol oft in gleichem Maße zu, wenn z. B. bei Puder, Crèmes usw. nur Retuschen geringfügigerer Art zu gewärtigen sind. Das Vehikel Seife nimmt eine Sonderstellung ein, wie wir bereits kurz erwähnt haben und wie in der Folge noch näher erläutert werden soll.

Wir müssen uns jedenfalls als grundlegend wichtig darüber klar werden, daß nur in seltenen Sonderfällen die gleiche Grundbasis für Alkohol, Puder, Crème, Brillantine usw. ohne Retuschen oft ganz abweichender Art Verwendung finden kann und müssen uns darüber klar sein, daß der nötige sekundäre Akkord in der Regel stets Sonderarbeiten im Kontakt mit dem betreffenden Vehikel nötig macht.

Anderseits kann auch ein anderes Vehikel als Seife (z. B. Puder, Crème usw.) grundlegende Änderungen in der Zusammensetzung der Grundbasis nötig machen, wie dies z. B. bei Seife fast stets die Regel ist. Ebenso müssen wir, was ganz besonders für mit Alkali emulgierte Crèmes (Stearate usw.) zutrifft, daran denken, daß manche Bestandteile einer für ein alkoholisches Vehikel bestimmten Grundbasis im Crèmekörper unerwünschte Verfärbungen hervorrufen können, bzw. daß ihre geruchliche Wirkung hier zu wünschen übrig läßt, sie also in Wegfall kommen müssen. Ebenso kann für weiße Puder eine durch gegenseitige Einwirkung von Elementarriechstoffen bewirkte Färbungen, die im alkoholischen Vehikel belanglos sein können oder eventuell durch Entfärbung entfernt werden können, die weiße Farbe des Puders empfindlich beeinträchtigen. Praktisch kommt diesem Falle aber heute keine allzugroße Bedeutung zu, da ganz weiße Puder (mit Ausnahme der Streupuder aus Talkum) fast gar nicht mehr gebraucht werden.

Im Anschluß an unsere Ausführungen über den sekundären Akkord im Kontakt mit dem Vehikel sei der

Komposition von Basen für Toiletteseifen

besonders gedacht, weil Seife als Vehikel in bezug auf die Herstellungsweise der Grundbasen eine Sonderstellung einnimmt. Wir haben bereits öfters darauf hingewiesen, daß in der Mehrzahl der Fälle Kompositionen für Seifen schon eine grundlegende Änderung in der Auswahl und Kombination von Riechstoffen nötig machen, wir also hier oft a priori ganz andere Wege einschlagen müssen, um in der Seife Geruchseffekte zu erzielen, die jenen durch eine gegebene Geruchsnote im alkoholischen, bzw. einem anderen Vehikel als Seife möglichst nahekommen. Dies will aber, was gleich bemerkt sei, nicht besagen, daß nicht doch in manchen Fällen, soweit es der Preis gestattet, manche Grundkomposition für Alkohol, Puder usw. nach entsprechenden Retuschen auch zur Seifenparfumierung geeignet sei.

Allerdings müssen wir auch in diesen selteneren Fällen fast stets mit weitgehenden Retuschen rechnen, die z. B. durch Intervention besonder kräftiger Kontraste zum Ausdruck kommen. In der Mehrzahl der Fälle, ja in der Regel müssen wir aber, wie bereits öfters erwähnt, grundlegende Änderungen in der Komposition für Seife eintreten lassen und manche Bestandteile der Basis für Extraits usw., die in der Seife nur unvollkommen zur Geltung kommen würden, durch geruchlich analoge aber brutaler wirkende Elemente ersetzen, ebenso müssen wir solche Riechstoffe hier ausschalten, die der auch in neutraler Seife auftretenden schwachen Alkaliwirkung nicht genügend widerstehen können, bzw. die dem Eigengeruch gewisse Fette (besonders Cocosöl) nicht genügend Widerstand entgegensetzen, also geruchlich nachteilig beeinflußt werden.

Die Tatsache, daß der brutale Geruch gewisser Riechstoffe, besonders solcher synthetischer Natur, durch den Seifenkörper erheblich gemildert wird, anderseits aber für gewisse Effekte in der Seife gerade brutal wirkende Riechstoffe nötig werden, die im alkoholischen Vehikel unmöglich wären, nötigt uns hier, meist gewollt, mit brutaleren Effekten zu arbeiten, die in gewissen Geruchstypen allein im Seifenkörper so kräftig zum Durchbruch kommen als es die Umstände erfordern, während analoge zart und fein riechende Körper im Seifenvehikel gar nicht zur Geltung kommen würden.

Wir müssen also für Seifenparfums mit relativ brutalen Effekten arbeiten und hier künstliche Riechstoffe in einem Verhältnis heranziehen, das für Extraits niemals zulässig sein könnte, wir müssen dies hier tun, um genügend kräftige Effekte zu erhalten, deren native Brutalität durch das Seifenvehikel soweit gemildert wird, daß diese gröberen Effekte kräftig genug, aber erheblich verfeinert in harmonischer Wirkung in der parfumierten Seife zum Ausdruck kommen und so den nötigen sekundären Akkord auslösen.

Diese Lizenz bzw. Notwendigkeit, betreffend reichlichere Anwendung brutaler Effekte in der Seife soll aber nicht zu jenen Mißbräuchen führen, die die ausschließliche Verwendung künstlicher Riechstoffe für Seife hervorgerufen hat, ebenso ziel- und wahllose Verwendung oft verunreinigter Riechstoffe, die absolut zu verwerfen ist.

Auch die Parfumierung von Seifen- und vielleicht ganz besonders diese — stellt große Anforderungen an die Kunst und besonders den Takt des geübten Parfumeurs, sollen hier Mißbräuche ausgeschlossen werden. Es ist jedenfalls ganz besonders schwer, hier das nötige Maß und Ziel einzuhalten, weil gerade die nötige Anwendung gröberer Effekte, die das Seifenvehikel bedingt, nur allzu leicht zu schweren Mißgriffen führen kann.

Auch diese brutalen Noten, besonders einige speziell für Seife bestimmte Kontraste, verlangen geschickte Verwendung und können nur harmonisch wirken, wenn sie in glücklicher Weise durch die anderen Bestandteile der Komposition schließlich eine durchaus angenehme Gesamttonalität des Parfums in der Seife hervorrufen und sind auch hier gewisse natürliche Riechstoffe unentbehrlich, um ausgleichend und genügend verfeinernd zu wirken.

Jedenfalls muß hier der leider nur allzuweit verbreiteten Ansicht, daß natürliche Riechstoffe zur Seifenparfumierung überflüssig seien und man nur künstliche Riechstoffe anwenden solle, aufs schärfste entgegengetreten werden. Auch hier gibt stets ein geeigneter natürlicher Riechstoff, bzw. eine Anzahl solcher dem Seifenparfum die Feinheit des Geruches, während die künstlichen Riechstoffe auch hier nur ihre klassische Rolle als kontrastgebende Komplemente erfüllen können, trotz eventuellen Überwiegens der letzteren in der Gewichtsproportion des Seifenparfums.

Bezüglich Wirkung und Haltbarkeit der Riechstoffe im neutralen Seifenkörper einwandfreier Beschaffenheit (die Parfumierung alkalischer Leimseifen interessiert uns hier nicht) sind in der Literatur zahlreiche Veröffentlichungen erschienen.

Nun sind solche Beobachtungen einzelner Autoren, die auf das Verhalten isolierter Riechstofftypen Bezug nehmen, sicher dokumentarisch interessant, dürfen aber nicht als Maßstab für die Verwendungsmöglichkeit und geruchliche Eignung solcher Riechstoffe in komplexen Gemischen angewendet werden, was ganz besondere Beachtung verdient.

Wir dürfen auch nicht vergessen, daß die Angaben der Literatur in dieser Beziehung stark voneinander abweichen, ja oft diametral entgegengesetzt sind, weil auch hier eben vieles Ansichtssache ist und vor allem der Begriff „Seife" sich keinesfalls auf ein stets gleiches Standardprodukt beziehen kann. Anderseits kommt aber praktisch niemals die Verwendung *eines einzigen* isolierten Riechstoffes zur Seifenparfumierung in Frage, sondern nur komplexe *Gemische* meist zahlreicher Riechstoffe. Unsere Kenntnisse über die Reaktionen der Duftwellen sind heute auch soweit vorgeschritten, daß wir wissen, daß Elementarriechstoffe im komplexen Gemisch in ihrer Wirkung, also auch wohl in ihren chemischen Eigenschaften, durchaus nicht identisch mit jenen des isolierten Individuums sind, weil hier *Gruppenwirkung* sekundärer Geruchskomplexe, *nicht Einzelwirkung* eines Elementarriechstoffes vorliegt und zur Geltung kommt.

Die Rolle der natürlichen Riechstoffe in der Parfumerie.

Obwohl es eigentlich selbstverständlich erscheinen sollte, daß die große Wichtigkeit natürlicher Odorantien allgemein bekannt sei und richtig gewertet würde, hat, speziell in den letzten Jahren, die Irrlehre von der Überflüssigkeit der natürlichen Riechstoffe und deren angeblich vollständigen Ersatz durch Kunstprodukte so sehr an Boden gewonnen, daß es uns nötig erschien, die traditionelle Wichtigkeit und Unentbehrlichkeit der natürlichen Riechstoffe einwandfreier Qualität hier ins rechte Licht zu rücken.

Die natürlichen Riechstoffe in Gestalt der Pomadenauszüge, isolierten Blütenöle, ätherischen Öle, Resinoide und aromatischen Drogen, bzw. deren alkoholischer Auszüge (Tinkturen) sind von jeher wertvolle Grundstoffe der Parfumerie gewesen, sie sind es, trotz immer steigender Mitverwendung künstlicher Riechstoffe, auch geblieben und stellen die natürlichen Odorantien, die wesentlichste Quelle der Feinheit einer Geruchsmischung dar. So ist ohne geeignete Verwendung natürlicher Riechstoffe an eine wirklich dezente Geruchsharmonie nicht zu denken, die ganz besonders charakteristisch im Nachgeruch einzelner Details hervortritt.

Jedenfalls darf nach Lage der Dinge nicht von einer generellen Ersatzmöglichkeit der natürlichen Riechstoffe durch komplexe Kunstprodukte gesprochen werden, es können jedoch gute Kunstprodukte dieser Art in gewissen Fällen, eventuell als teilweiser Ersatz der natürlichen Riechstoffe mit bestem Erfolg herangezogen werden.

In allen Fällen, in denen Naturprodukte eines gegebenen Geruchstyps nicht existieren, wie z. B. Cyclamen, Geißblatt, Klee, Maiglöckchen, Flieder, Orchidee usw., sind wir natürlich auf Nachbildungen angewiesen, die stets größere Mengen künstlicher Riechstoffe chemisch definierter Art enthalten. Indes enthalten gute Kompositionen dieser Art ebenfalls größere Mengen echter Riechstoffe, die hier einen erheblichen Anteil an der Feinheit des Aromas und der Natürlichkeit des Effektes nehmen. So werden zur Wiedergabe solcher Blütengerüche viele echte ätherische Öle und kleinere Mengen Blütenöle, wie z. B. echtes Rosen- und Jasminblütenöl und andere, mit bestem Erfolg zur Wiedergabe gewisser Details des komplexen Aromas verwendet und nehmen als solche hervorragenden Anteil an der Güte des komplexen Kunstproduktes.

Bezüglich Mitverwendung alkoholischer Tinkturen aromatischer Drogen sei zunächst deren große Wichtigkeit im sekundären Akkord bei der Extraitsherstellung betont.

Alle diese Tinkturen nehmen hervorragenden Anteil an der Fixierung und Abrundung des Parfums der Extraits im Sinne des sekundären Akkords. Ganz besonders wirken aber Moschus- und Ambratinktur als fixierende, abrundende und die Tonalität durch ganz eigenartig reizvolle Wirkung erheblich beeinflussende Komponenten mit, was hier erneut hervorgehoben werden soll.

Die Rolle der synthetisch-chemischen Riechstoffe in der Parfumerie.

Wir haben das Wesen der Verwendung dieser Art von Riechstoffen bereits des öfteren beleuchtet, so daß wir uns in diesem Abschnitt kurz fassen können. Generell wiederholt sei hier nur der Hinweis, daß synthetische Riechstoffe keine substantiven Riechstoffe im eigentlichen Sinne sind, sondern nur Hilfsprodukte, um natürliche Riechstoffe in einem gegebenen Sinne geruchlich zu variieren.

An dieser Stelle seien noch einige chemische Riechstoffe erwähnt, die mehr oder minder kräftig fixierende Wirkung besitzen.

Säuren. Zimtsäure, Benzoesäure, Anissäure, Hydrozimtsäure, Myristinsäure, Phenylessigsäure.

Ester. In erster Linie sind die Cinnamate als besonders kräftig fixierend zu erwähnen, alsdann die Benzoate, die ebenfalls gut fixieren. Besonders bewährt haben sich folgende:

Cinnamate	Benzoate
Methyl- und Äthyl-,	Benzyl-,
Citronellyl-,	Cinnamyl-,
Geranyl-,	Octyl-,
Linalyl-,	Linalyl-,
Phenyläthyl-,	Geranyl-,
Amyl-,	Phenyläthyl-,
Octyl-,	Citronellyl-,
Nonyl-,	Isobutyl-
Cinnamyl-,	
Isobutyl-	

Von anderen Estern sind zu erwähnen Cinnamylpropionat, Methyl-, Amyl- und Äthylmyristat, Methyl-, Äthyl- und Amyllauinat, Benzylsalicylat, Benzylvalerianat sowie viele Phenylacetate, wie Methyl-, Äthyl-, Amyl-Phenylacetat u. a.

Alkohole. Hier sind zu erwähnen vor allem Zimtalkohol, dem besonders kräftig fixierende Wirkung zukommt, dann Decylalkohol und Laurylalkohol.

Fettaldehyde. Von diesen seien hier Decyl- und Laurinaldehyd genannt.

Diverse. Als fixierend gelten auch Indol, Styrol, Dimethylhydrochinon, Acetisoeugenol, Benzylisoeugenol, Benzophenon, Cinnamyleugenol u. a.

Als Übergangskapitel zum speziellen Teil und Formularium soll nun, unter teilweiser Rekapitulation früher gemachter Beobachtungen, das folgende eingeschaltet werden.

Betrachtungen allgemeiner Art über die Herstellung komplexer Parfum-Basen.

Wir gehen hier, wie wir bereits erwähnten, unter Anwendung der fraktionierten Methode,[1] stets von der Komposition komplexer Elementarbasen aus, die wieder für weitere Kompositionen bzw. für alkoholische Extraits, Puder usw. zur Erzielung besonderer Effekte, bzw. des sekundären Akkords weiter ausgebaut werden können.

Ganz abgesehen von dem Vorteil, den diese Klassifizierung des Stoffes dem in Riechstoffabriken tätigen Parfumeur bietet, der gerade in der Herstellung solcher komplexer Basen als Bausteine für den praktischen Parfumeur seine Haupttätigkeit erblickt, wird die Herstellung solcher Elementarbasen auch heute immer häufiger durch den praktischen Parfumeur selbst getätigt. Anderseits bringt diese Art der Darstellung des Stoffes große didaktische Vorteile, weil sie gestattet, den Mechanismus der Vereinigung der Duftwellen graduell zu studieren und weil dieser Modus procedendi, wie erwähnt, auch einen wichtigen Berufszweig beleuchtet, jenen der Herstellung komplexer Parfumbasen des Handels, sei es in Form von Phantasiegerüchen oder Nachbildungen ganz bestimmter Geruchstypen, die einen wichtigen Handelsartikel darstellen und dem schaffenden Parfumeur unserer Tage als Elemente in der Kompositionstechnik der Parfums unentbehrlich geworden sind.

Wir werden also im Verlauf unserer weiteren Ausführungen auch, zunächst ganz unabhängig von einer speziellen Verwendung sekundärer Art (Extrait, Puder usw.), die Komposition komplexer Basen mit primärem Akkord besprechen, also auch Anleitungen zur Herstellung künstlicher Blütenöle (Jasmin, Orangenblüte, Flieder usw.), künstlicher ätherischer Öle (Ylang-Ylangöl, Bergamottöl, Lavendelöl usw.) oder Phantasietypen bestimmter Geruchsart (*Chypre*, *Fougère* usw.) oder undefinierbaren originellen Charakters bringen, die dann als Bausteine in der Herstellung weiterer komplexer Basen, bzw. fertiger Parfums nach der wohl allgemein adoptierten fraktionierten Methode Verwendung finden.

Die hypothetische Analyse der komplexen Parfumkomposition läßt folgende wesentlichen Bestandteile feststellen:

Die eigentliche Basis. Diese schließt die charakteristische Hauptnote der Komposition ein.

Das Adjuvans umfaßt alle Geruchseffekte komplementärer Art, die imstande sind, den primitiven Geruch der Basis im gewollten Sinne zu verstärken, abzuschwächen oder abzurunden, um durch ihre Mitwirkung das Parfum zu einem harmonischen Ganzen auszugestalten.

Die wesentlichste Wirkung des Adjuvans, bzw. der verschiedenen Adjuvantien, die zu intervenieren haben, ist die eines Nüancier- und

---

[1] Bezüglich der Elementarbegriffe der Harmonielehre wie Definition der „fraktionierten Methode des Komponierens usw." sei auf unser Handbuch der Gesamten Parfumerie und Kosmetik, 2. Aufl., Julius Springer, Wien, 1932, verwiesen. Begriffe dieser Art seien hier also als bekannt vorausgesetzt.

Abrundungsmittels *(Agent de liaison)*, insoweit dem Adjuvans nicht die Rolle einer typischen Betonung (Verstärkung) gewisser Elementarnoten der Basis als gleichzeitige oder Sonderwirkung zugedacht ist, bzw. zukommt. Abrundung im engeren Sinne ist Ausgleichung gewisser Unebenheiten des Geruches, im weiteren Sinne umfaßt die Abrundung aber auch die nötige Abschwächung und Verstärkung gewisset Noten im primären Akkord, durch entsprechende Vermehrung der Dosen kann das Abrundungsmittel aber auch substantive, eigenartige Geruchsnoten in die Mischung bringen usw.

Der Fixateur enthält fixierende Mittel, die dem komplexen Geruch der Mischung die nötige Stabilität erteilen.

Natürlich ist die Rolle dieser drei hypothetischen Elemente in keinem Falle so scharf abgegrenzt, als man es vielleicht annehmen sollte, wie wir später sehen werden.

Zunächst sei hier nochmals der eigenartigen Wirkung der Kontraste kurz gedacht und verweisen wir bezüglich deren Charakteristik auf unsere früheren Ausführungen, wollen jedoch aus didaktischen Gründen die Hauptpunkte der Charakteristik der Art und Wirkung der Kontraste hier kurz zusammenfassend rekapitulieren.

Kontrastwirkung.

Wir müssen also unterscheiden:

1. Native Kontraste,

erzielt durch elementare Dissonanzen in der Elementarmischung. In diesem Falle handelt es sich stets um herbe, bizarre, originelle Kontrast-Dissonanzen.

2. Eigentliche Kontraste,

erzielt durch spätere Zusätze spezieller Art zur vorher entsprechend retuschierten Elementarmischung bestehend aus der Basis und geeigneten Adjuvantien.

Diese Kontrastwirkung ist in vieler Beziehung mit der Rolle des Adjuvans identisch, nur werden Adjuvantien im Sinne primärer Komplemente meist in erheblich größeren Mengen als die eigentlichen Kontraste verwendet. Der eigentliche Kontrast vollendet hier als sekundäres Komplement des primären Akkords nur das, was das Adjuvans bereits vorbereitet bzw. fast vollendet hat.

Betrachten wir nun die durch hypothetische Zergliederung des komplexen Gemisches erhaltenen Elemente näher, so müssen wir zunächst als generell wichtig feststellen, daß zwischen diesen hypothetischen Gliedern eine enge Wechselbeziehung besteht, die sich in mutueller Komplementärwirkung äußert, so daß also jede einigermaßen scharfe Abgrenzung dieser Bestandteile unmöglich wird. Praktisch gesprochen, gehen also die Funktionen dieser hypothetisch angenommenen Glieder stets ineinander über, was ja auch in dem Wesen der Komplexität der

Gemische begründet ist, die auf innigste Komplementwirkung aller Elemente aufgebaut ist.

Am schärfsten läßt sich noch die Charakteristik der Basis umschreiben, der im wesentlichen der Charakter einer ziemlich rohen Mischung der Hauptgeruchselemente zukommt. Anderseits wenn es sich um Verwendung einer fertigen komplexen Basis (komplexe Komposition des Handels wie künstliches Blütenöl usw.) handelt, kommt der Basis schon ein raffinierterer Charakter zu, weil sie in Form dieser komplexen Komposition schon gewisse Komplemente auch solche sekundärer Art in Form gewisser Kontraste enthält, die die Basis weniger primitiv zur Geltung kommen lassen. Dieser Fall ist nach modernen Begriffen fast als Regel aufzufassen. Da solche komplexen Basen also schon Adjuvantien usw. enthalten, wird der Aufbau des Parfums durch ihre Verwendung als Grundlage meist außerordentlich vereinfacht.

Das Adjuvans umfaßt häufig, wenigstens in gewissem Sinne, auch die Kontrastwirkung, bzw. unterstützt diese oder bereitet sie vor.

An dieser Stelle sei der Wichtigkeit der Mitverwendung komplexer Parfumbasen, besonders solcher herben Charakters (Chypre, Fougère, Trèfle, bukettiertes Methyljonon, Phantasiegerüche usw.) gedacht, die in Form guter Spezialitäten des Handels oder als eigene Kompositionen Verwendung finden können. Solche Basen herber oder originell-bizarrer Geruchsrichtung wirken hier häufig simultan als Kontraste und Adjuvantien, außerdem treten bei diesen sekundäre Geruchskomplexe in Wirkung, die durch Elementarriechstoffe gar nicht zu erhalten sind. Es können also durch Verwendung solcher Basen, zunächst ganz abgesehen von eigentlicher Kontrast- oder Adjuvantienwirkung, ganz eigenartig-originelle substantive Effekte erzielt werden.

Daß die Mitverwendung solcher komplexer Basen herber Geruchsrichtung usw. das Arbeiten ungemein erleichtert liegt auf der Hand, weil bei Anwendung solcher Komplemente, wie dies auch für die komplexen Basen definierten Charakters (künstliche Blütenöle usw.) zutrifft, ganz abgesehen von der hierdurch ermöglichten Mitverwendung sekundärer Geruchskomplexe, das Nuancieren durch geeignete Adjuvantien, bzw. Kontraste auf ein Minimum reduziert wird, eventuell manchmal vielleicht ganz überflüssig werden kann.

Vom Standpunkt der Kontrastwirkung betrachtet, sind komplexe, gut abgerundete und abgetönte Basen in vielen Fällen äußerst wertvoll, weil sie gewisse Effekte zu erzielen gestatten, die mit primitiven Basen oder einzelnen Elementarriechstoffen überhaupt auch nicht annähernd zu erreichen sind.

Gewisse Kontraste fungieren auch als typische Abrundungsmittel im definitiven, primären und sekundären Akkord.

Die abrundende Wirkung, die von höchster Wichtigkeit ist, kann natürlich auch durch spezielle Zusätze erzielt, bzw. betont werden, die dann meist den Charakter süß-balsamischer oder neutraler Kontraste ausüben, soweit die Wirkung der Adjuvantien bzw. Fixateure hierzu nicht ausreichend war.

Auch der Fixateur beschränkt seine Rolle keineswegs auf das eigentliche Fixieren der Mischung, sondern dehnt meist seine Wirkung auf jene eines Adjuvans bzw. Abrundungsmittels aus, namentlich wenn balsamische Riechstoffe, Tonkinmoschus- oder Ambratinktur zur Anwendung kommen.

Kurz, alle diese hypothetischen Elemente stehen in engster Wechselbeziehung zueinander, und die oft verschiedene Art ihrer Auswirkung ist auf die Wechselbeziehungen im Reaktionsmechanismus der Duftwellen gegründet.

So verlangt die natürliche Komplexität der Materie hier auch eine entsprechende Wirkungskomplexität der hypothetischen Elemente und müssen wir gerade in dieser Wechselbeziehung bzw. komplexen Anpassungsfähigkeit der Elemente die wesentlichste Quelle jener mutuell-komplementären Wirkung aller Bestandteile erblicken, die die Geruchsharmonie der komplexen Mischung hervorbringt.

Diese Eigenart der hypothetischen Elemente einer komplexen Geruchsmischung weist jedem derselben ein viel weiteres Wirkungsfeld zu und ermöglicht so jene Anpassungsfähigkeit, die in der gegenseitigen Komplementärwirkung aller Bestandteile zum Ausdruck kommt und auf das Zustandekommen der harmonischen Endwirkung von größtem Einfluß ist.

Zum Schlusse dieser einleitenden Abhandlung sei noch kurz eines Phänomens gedacht, das wir unter der Bezeichnung

Oscillation der Gerüche

dem Leser vor Augen führen wollen.

Die elementaren Duftwellen eines komplexen Parfums sind labil in dem Sinne, daß das komplexe Parfum, entweder gleichzeitig oder alternativ, den Geruchssinn durch eine ganze Serie[1] von Gerüchen beeinflußt, in welcher der Eigengeruch jedes Geruchselements auf längere oder kürzere Zeit mehr oder weniger deutlich bemerkbar werden kann.

Diese Oscillation der Einzelnoten wird, je nach der relativen Geruchsintensität jedes Elementargeruches, in gewissen Momenten sich dem Geruchssinn durch einen länger anhaltenden, mehr dauernden Eindruck eines bestimmten Geruches einprägen, in anderen ist dieser Eindruck rasch vorübergehender Art und macht bald einem anderen Geruchseindruck Platz usw.

Gerade in dieser Oscillation der Einzelnoten liegt ein ganz besonderer Reiz eines geschickt komponierten komplexen Parfums, weil hierdurch

---

[1] Es handelt sich hier, wie z. B. bei einer Skala von Tönen, um mehr oder minder reich aufeinanderfolgende Geruchseindrücke, also eine Serien-Note von Gerüchen verschiedener Art.

Im Französischen wird diese Serien-Note in durchaus treffender eindeutiger Weise durch die Bezeichnung *gamme d'odeurs* wiedergegeben, leider besitzen wir im Deutschen hierfür keine ebenso eindeutige Bezeichnung wie das Wort *gamme*. Wir haben also den Ausdruck „Gamme“ als terminus technicus mit aufgenommen.

gerade die gefürchtete Monotonie der Effekte vermieden wird, die sich in primitiv aufgefaßten, rohen Mischungen nur allzu leicht einstellt.

Wir müssen hier nun noch folgende Punkte berücksichtigen. Diese intermittierende Geruchsintensität der Elementarkomponenten in komplexer Mischung, in Form der Oscillation zwischen mehreren Geruchseindrücken, bzw. mehr oder minder rascherer Unterbrechung oder Wechsel der Geruchstype, ist stets in frischen Mischungen intensiver und wird in diesem Falle das Vorherrschen einer oder mehrerer Einzelnoten deutlicher wahrnehmbar sein, als wenn der Kontakt der Elemente länger ausgedehnt wurde, wir also ein abgelagertes Gemisch riechen.

Der längere Kontakt der einzelnen Bestandteile einer komplexen Mischung kompatibler Riechstoffe bringt nun, infolge der obskuren Affinitätsbeziehungen der Duftwellen, stets olfaktorisch-transformatorische Veränderungen mit sich, so daß also gewisse, im frischen Gemisch kräftiger und länger hervortretende Einzelnoten, im abgelagerten Parfum oft viel weniger deutlich, bzw. mit einer deutlich veränderten Tonalität, und damit oft auch einer veränderten Geruchsintensität bemerkbar werden. Anderseits können auch durch das Lagern die Einzeleindrücke des frischen Gemisches soweit verändert werden, daß die Intensität der Oscillation stark verringert erscheint, wir also im abgelagerten Parfum manche Unternoten der frischen Mischung gar nicht mehr bemerken oder aber die Eindrücke gewisser Unternoten so flüchtige werden, daß sie kaum noch einzeln wahrnehmbar sind und sich fast augenblicklich in einem harmonischen Hauptgeruch verschmelzen.

Die Beachtung dieser Tatsache ist auch praktisch von allergrößter Wichtigkeit. So kann die in abgelagerten Gemischen gar nicht mehr oder nur sehr schwach vorhandene Oscillation gewisser Elementarnoten ephemeren Charakters, die in alten Mischungen also nur in meist stark veränderter Tonalität als komplexe Geruchsgruppen oscillierend in Erscheinung treten, das Arbeiten nach Modell bedeutend erschweren, weil in der frischen Mischung diese geruchlich wahrnehmbaren Unternoten sehr häufig zu falschen Retuschen Anlaß geben, wenn man zu rasch arbeitet, ohne die oft erst nach längerem Kontakt erfolgende Verschmelzung dieser Elementartöne zu neuen komplexen Geruchsgruppen abzuwarten. Daß, ganz allgemein gesprochen, dieses Phänomen auch auf den Endakkord von größtem Einfluß sein kann, versteht sich von selbst und erhellt die allgemeine Wichtigkeit längerer Pausen zwischen den Einzelretuschen. Vergessen wir also nicht, daß diese im frischen Gemisch hervortretenden Einzelnoten in bezug auf den Endeffekt sehr stark täuschen können. In manchen Fällen täuscht diese Oscillation von Elementarnoten im frischen Gemisch eine im Endeffekt nicht mehr zur Geltung kommende Harmonie bzw. Originalität der Geruchseffekte vor, in anderen einen Mangel an solcher, der sich aber beim Lagern oft ohne besondere Retuschen völlig ausgleicht, bzw. nach eingetretener Verschmelzung nur ganz geringfügige Retuschen nötig macht, die ganz anderer Art sein können, und meist sind, als jene, die im frischen Gemisch nötig erschienen. Wir können jedenfalls die zahlreichen Klippen dieses Phänomens nur vermeiden, wenn wir mit der nötigen Geduld und in entsprechenden Zeitabständen die nötigen Retuschen vornehmen, während zu hastiges Arbeiten hier nur zu Enttäuschungen Anlaß geben kann.

In Parenthese erwähnt sei hier noch, daß auch atmosphärische Einflüsse die relative Geruchsintensität von geruchlichen Einzeleindrücken dieser Art erheblich beeinflussen können und macht sich diese Tatsache häufig bei raffiniert-komplexen Mischungen dadurch geltend, daß an einem Tage der erste Eindruck des Parfums ein erheblich verschiedener sein kann als jener, den man unter anderen Witterungsverhältnissen empfindet.

Alle Gerüche sind mehr oder weniger flüchtig, je nach dem Volatilitätsgrade jedes einzelnen. Beim Verdunsten an freier Luft tritt die zu Anfang stark oscillierende Seriennote (Gamme) allmählich in eine gewisse Gleichmäßigkeit des Geruches ein, gewisse Elementargerüche verschwinden, andere bleiben längere Zeit und schließlich bleiben nur die beständigsten Gerüche zurück, die praktisch hauptsächlich durch fixierende Zusätze balsamischer Art, Moschustinktur o. dgl. vertreten sind, deren Eigengeruch hier im Nachgeruch stets dominiert.

Praktisch kann die Fixierung eines komplexen Parfums sich nur auf einzelne Geruchsnoten erstrecken, niemals gleichmäßig auf die ganze Gamme, die immer beim Verdunsten an der Luft im angedeuteten Sinne unter Oscillationserscheinungen abklingt, während schließlich nur ein mehr oder weniger definierbarer Einzelgeruch zurückbleibt, stets aber der Geruch der Fixateure hier stark mitwirkt.

Jedenfalls sind, wie bereits erwähnt, Fixateur, Adjuvans und Kontraste Elemente, die sich gegenseitig komplementieren und sich schließlich alle in der Wirkung harmonisch abtönender Agentien (Abrundungsmittel) begegnen, die dem Riechstoffgemisch Stabilität, Intensität, Originalität und harmonische Gesamtwirkung verleihen, indem so eine harmonische Oscillation der Duftwellen und ganz allgemein, ein dauernd harmonischer Akkord bis zum Schlusse der graduellen Verflüchtigung der einzelnen Noten erzielt wird, der durch Mitwirkung aller Komplemente auch in Form eines haltbaren und angenehmen Nachgeruches zur Geltung kommt.

Die Beständigkeit des Geruches, die speziell durch eigentliche Fixiermittel zu erzielen ist, ist also stets relativ und kann sich, wie wir bereits erwähnt haben, keinesfalls gleichmäßig auf die ganze Gamme erstrecken und dies deshalb, weil der Zusatz eines Fixiermittels wohl in gewissem Maße die native Flüchtigkeit gewisser Komponenten vermindern kann, aber der Fixateur wird keinesfalls die Labilität gewisser Geruchsnoten und die hierdurch bedingte Oscillation verhindern, ein Umstand, der der Eigenart der Geruchswirkung nur nützlich ist, weil in dieser Oscillation, bzw. in dem hierdurch hervorgerufenen Wechsel der Geruchseindrücke beim Abklingen des Parfums gerade ein Hauptreiz raffiniert zusammengesetzter Parfums liegt, der durch Variation und

Lebendigkeit der Effekte die gefürchtete Monotonie und Ausdruckslosigkeit komplexer Riechstoffgemische mit Sicherheit ausschließt.

Wir sind nun am Ende unserer theoretischen Betrachtungen angelangt. Man kann bezüglich des reellen Wertes solcher Ausführungen natürlich verschiedener Ansicht sein, der weniger erfahrene Parfumeur und auch jener, der die Wege banaler Mittelmäßigkeit wandelt, wird sie vielleicht auch als unnützen Ballast betrachten, während derjenige, der als Künstler tiefer in die Sublilität der Materie einzudringen vermochte, auch solche Erörterungen mit größtem Nutzen zu konsultieren weiß, weil solche Darstellungen, wenn auch rein persönliche Eindrücke und Beobachtungen, den Weitblick des Fachmannes sehr erheblich fördern können und zur Meditation anregen, ohne die wir in der Parfumerie eben nicht auskommen können, weil hier so vieles auf Beobachtung und intuitive Fähigkeiten eingestellt ist.

Spezieller Teil und Formularium.

Zunächst sei hier der

praktischen Manipulationstechnik im Versuchslaboratorium

kurz gedacht und eine sehr einfache praktische Methode beschrieben, die ein absolut genaues Arbeiten gewährleistet und keinerlei umständliche Vorbereitungen, wie Vorrätighalten der Riechstoffe in Lösung, Spezialflaschen (Tropfflaschen usw.), erfordert.

Es sei hier gleich vorausgeschickt, daß diese höchst einfache und praktische Methode keinen Anspruch darauf erhebt, als eine neue, originelle Arbeitstechnik gewertet zu werden, sie ist eben so selbstverständlich einfach, daß man, wie dies so häufig ist, am einfachen ziemlich achtlos vorüberging, um recht komplizierte Methoden mit Spezialflaschen (Tropfflaschen o. dgl.), Arbeiten mit verdünnten alkoholischen Lösungen aller Riechstoffe usw. als praktisch und notwendig zu empfehlen.

Besonders das Arbeiten mit verdünnten Lösungen ist äußerst lästig, weil man damit einmal viel Vorbereitungsarbeit hat, dann aber auch weil man hier gewisse Riechstoffmengen im Betriebe immobilisiert, was oft unerwünscht ist. Das Arbeiten mit Pipetten ist auch weniger praktisch, weil das gründliche Reinigen derselben oft große Schwierigkeiten macht und auch Materialverluste mit sich bringt.

Es ist natürlich in vielen Fällen Ansichtssache, wie man über diese oder jene Arbeitsmethode denkt und möge der Leser entscheiden, ob die nachstehend nur kurz skizzierte Arbeitsweise mit Glasstäben, wie dies unsere Ansicht ist, nicht, eben durch ihre Einfachheit und Zuverlässigkeit, bedeutende Vorteile mit sich bringt.

Abb. 1 zeigt zunächst die Gesamt-Anordnung des Arbeitstisches, deren Zweckmäßigkeit durch nachstehende Ausführungen erläutert werden soll.

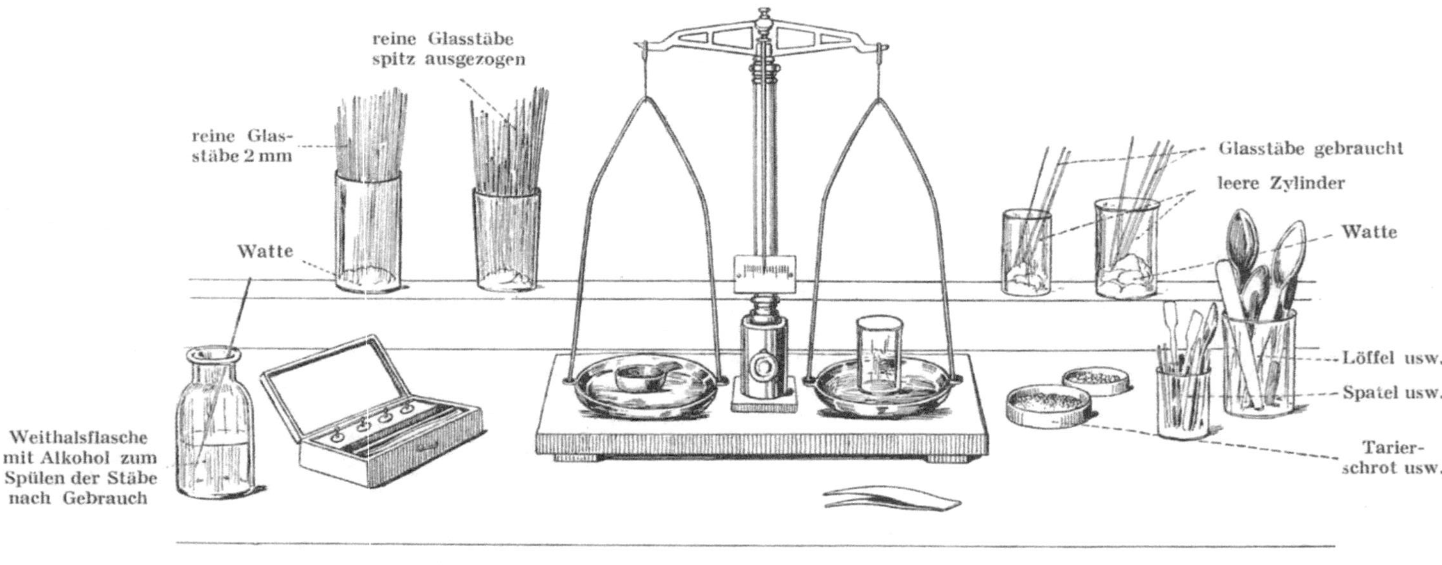

Abb. 1. Totalansicht des Arbeitstisches.

Bei dieser Methode können Standflaschen beliebiger Größe genommen werden, aus Gründen der Handlichkeit sollen aber keine größeren Flaschen als höchstens zu etwa 250 g im Laboratorium verwendet werden, am besten Flaschen von 50 bis 100 g.

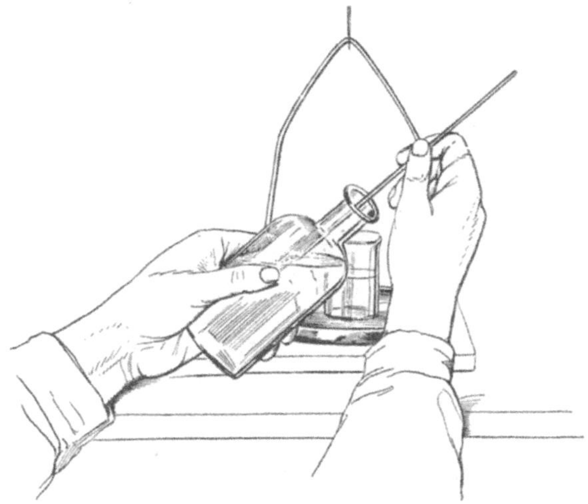

Abb. 2. Herausnehmen aus der Vorratsflasche.

Alle flüssigen Riechstoffe, auch sirupöse Resinoide usw., werden unverdünnt verwendet und mit dem Glasstab entnommen und in das Wägeglas eingeträufelt. Zu zähe Resinoide usw. werden vor Gebrauch etwas angewärmt oder eventuell in diesem einzigen Ausnahmefalle Lösungen in Alkohol etwa 1 : 1 hergestellt. Man kann aber, bei einigem Geschick, mit Hilfe eines Spatels und eines Glasstäbchens (vgl. Abb. 4) auch sehr zähflüssige Materialien in Substanz verwenden.

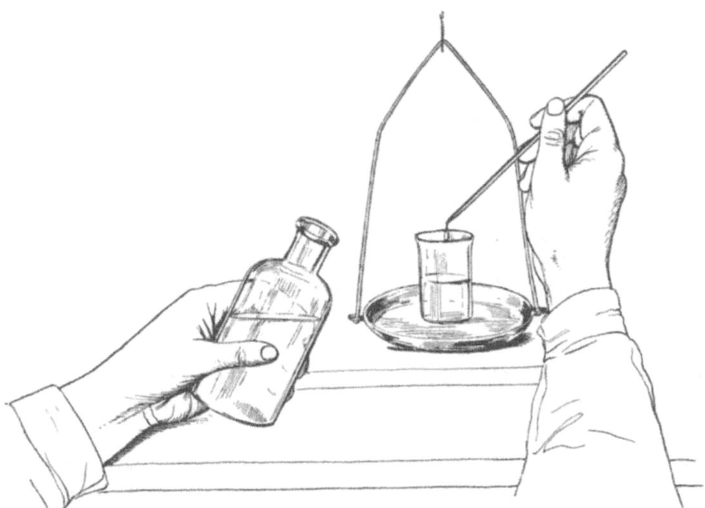

Abb. 3. Eintropfen des flüssigen Riechstoffes.

Der flüssige Riechstoff wird mit dem Glasstab bei in der linken Hand schräg gehaltener Flasche (siehe Abb. 2) entnommen und in das Wägeglas eingeträufelt (siehe Abb. 3).

Sehr zähe Resinoide usw. werden eventuell nach vorherigem Anwärmen, laut Abb. 4, wie bereits erwähnt, zunächst mit einem Spatel dem Vorratsgefäß entnommen und dann mit Hilfe eines Glasstäbchens

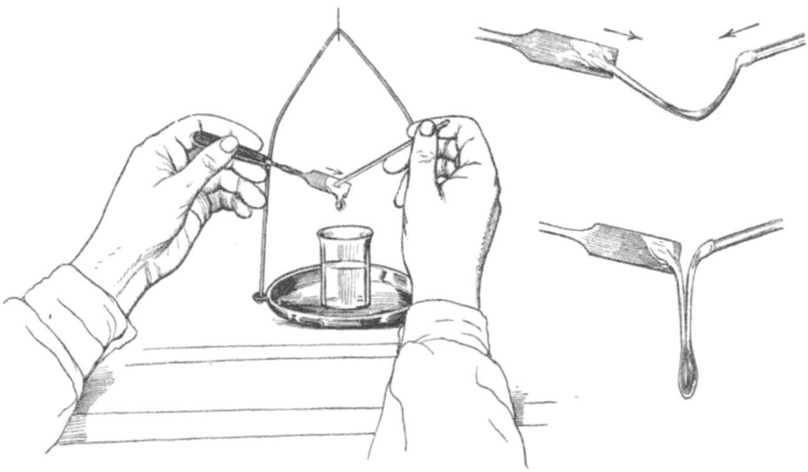

Abb. 4. Abwiegen zäher Balsame, Resinoide usw.

durch Abstreichen der mit Resinoid überzogenen Spatelschneide über dem Wägegefäß in entsprechenden Mengen in letzteres eingebracht. Hierzu gehört eine gewisse Übung, doch läßt sich, sobald diese erzielt, auch hier sehr genau wiegen.

Abb. 5. Richtig ausgezogene Spitze des Glasstabes für $^1/_{100}$ g.

Was die Stärke der Glasstäbe anlangt, so kann man solche beliebiger Dicke verwenden, für kleinere Wägungen, wie sie bei Versuchen stets in Frage kommen, sollte man aber keine stärkeren Stäbe als 2,5 bis 3 mm verwenden, am besten aber solche von 2 mm Durchmesser. Von diesen hält man stets eine größere Anzahl von etwa 20 bis 25 cm Länge fertig zum Gebrauch vorrätig.

Wägungen von einem Gramm ab können durch direktes Ausgießen aus der Vorratsflasche vorgenommen werden, wobei es sich aber z. B. beim Wägen von 1 g empfiehlt, zum Wägeglas ein Gegengewicht von 0,2 g aufzulegen und, nach Entfernen desselben, nach Einguß einer die effektive Menge von 0,8 g etwas überschreitende Menge eingetragenen Riechstoffes (Vorsicht, nicht zu rasch gießen!) die restlichen etwa 0,2 g mit dem nicht ausgezogenen Glasstab genau auszuwiegen.

Für Wägungen der Zehntelgramm werden nicht ausgezogene Glasstäbe von 2 mm Durchmesser verwendet, für Hundertstelgramm und eventuell Milligramm in eine feine, nicht zu lange Spitze ausgezogene Glasstäbe (vgl. Abb. 5).

Zweckmäßig hebt man diese beiden Sorten von Glasstäben in kurzen Glaszylindern, die (speziell für die ausgezogenen Stäbe) am Boden mit einer Watteschicht belegt sind, auf und stellt diese Behälter mit den Glasstäben handlich in nächster Nähe der Wage (siehe hier Abb. 1, Total-Ansicht des Arbeitstisches). Sorgfältige Aufbewahrung der spitz ausgezogenen Glasstäbe (Spitze stets nach unten in der Watte, nicht nach oben, um Verletzungen während des Arbeitens zu verhüten!), desgleichen entsprechende Handhabung, um Abbrechen der feinen Spitze zu vermeiden, ist selbstverständlich unerläßlich.

Seitlich von der Wage stellt man auch leere Zylinder für gebrauchte Glasstäbe auf, in welche man jeden Glasstab sofort nach Gebrauch (gebrauchte Seite nach unten) bringt, wo diese gebrauchten Stäbe bis zur Reinigung mit Alkohol nach beendigter Wägung verbleiben.

Man nimmt also für jede flüssige Riechstoffsorte während der Wägung einen neuen, peinlich gereinigten Glasstab, der nach Gebrauch in das Vorratsgefäß abgetropft und dann in den Zylinder für gebrauchte Glasstäbe eingestellt wird.

Die Vorratsgefäße für gebrauchte Stäbe sind ebenfalls am Boden mit Watte ausgelegt, um Abbrechen der Stäbe, besonders der ausgezogenen Spitzen zu vermeiden, wenn man, wie dies meist unwillkürlich geschieht, die gebrauchten Stäbe im Laufe der Wägungen in die Standzylinder fallen läßt.

Nach beendigter Wägung werden die Glasstäbe in eine Standflasche (Weithalsflasche mit Stopfen), die Alkohol enthält, eingetaucht, abgespült und schließlich durch Abreiben mit einem Lappen sorgfältig gereinigt.

Kleine Löffel, Spatel usw. müssen selbstverständlich für feste Riechstoffe in genügender Menge vorhanden sein. Spatel, die für Resinoide usw. verwendet wurden, werden ebenfalls durch Eintauchen in Alkohol und Abreiben gereinigt.

Es ist selbstverständlich wichtig, daß einmal gebrauchte Glasstäbe usw. nur in sorgfältig gereinigtem Zustande wieder verwendet werden dürfen. Jedenfalls lassen sich die einmal gebrauchten Glasstäbe tadellos leicht reinigen, wie dies z. B. bei Röhrchen (Pipetten) niemals der Fall ist. Bei Verwendung besonders stark riechender Materialien (Patchouli, Aldehyde der Fettreihe usw.) kann eine mehrmalige Spülung mit Alkohol nötig werden.

Die vorstehend skizzierte, äußerst einfache und sehr zuverlässige Methode gestattet bei einiger Übung ein rasches und sicheres Arbeiten, sie hat den besonderen Vorzug, ohne komplizierte Mittel ein ungemein sauberes (Vermeiden des Beschmutzens der Flaschen usw.) und genaues Arbeiten unter allen Umständen möglich zu machen. Auch wird, bei entsprechender, leicht zu übender Sorgfalt, der Verlust an Material bei dieser Methode auf ein Minimum reduziert, das praktisch gar nicht ins Gewicht fällt.

Im nachstehenden reichhaltigen Formularium werden wir zahlreiche Vorschriften zur Herstellung komplexer Basen, kombinierter Parfummischungen und alkoholischer Extraits bringen. Alle diese Vorschriften sind sorgfältig durchgearbeitet worden, machen aber keinerlei Anspruch darauf, in allen Fällen etwa als starre, absolute Formeln gewertet zu werden und geben nur, im Bereiche der schier unbegrenzten Möglichkeiten, einen Weg an, den man einschlagen kann, nicht jenen, den man einschlagen muß.

In diesem Sinne wird sie der praktisch genügend erfahrene Parfumeur mit bestem Erfolge seiner persönlichen Auffassung entsprechend zu verwerten wissen und sicher hieraus manche wertvolle Anregung erhalten, denn es handelt sich, wie erwähnt, um sorgfältig durchgearbeitete Vorschriften, die natürlich, wie alle Vorschriften dieser Art, immer in ihrer Form eine individuelle Auffassung des Autors zum Ausdrucke bringen, die wohl die Tendenz aufrichtigster Nützlichkeit verfolgen, jedoch keinen Anspruch darauf erheben wollen, etwa in allen Details als maßgebend aufgefaßt zu werden.

Anderseits sind wir überzeugt, daß diese durchwegs neubearbeiteten Vorschriften, die in vielen Fällen ganz neue Wege zeigen, was prinzipielle Auffassung in der Auswahl der Hauptgrundstoffe und Vollendung der Details anlangt, von großem Nutzen für den Parfumeur sein werden und besonders für jenen, dem es gegeben ist eine fremde Auffassung so seiner eigenen anzupassen, daß er diese Vorschriften nur im Sinne einer nutzbringenden Dokumentation für seine fachlichen Arbeiten heranzieht und sie nicht etwa als starre Vorschriften betrachtet, die haargenau zu kopieren wären.

In diesem Sinne aufgefaßt, werden aber unsere im Formularium methodisch geordneten Vorschriften durch ihre Reichhaltigkeit und Originalität dem Leser sicher wirklich fruchtbringende Anregung bieten, in selbständiger Arbeit gute, originelle und moderne Parfums herzustellen, die stets den Stempel persönlicher Eigenart tragen, die zu befestigen allein der Gegenstand dieser Arbeit sein will, denn es entspricht ja der hohen Auffassung unserer Kunst, nicht starre Methoden zu lehren und nicht zu mittelmäßigem Durchschnittsschaffen oder sklavischem Kopieren anzuregen, sondern in praktischen Beispielen nur Leitmotive zu skizzieren, deren Nützlichkeit insofern immer relativ zu nehmen ist, als sie vom persönlichen Geschick des Lesers abhängig ist, nicht minder aber auch von einer sicheren Auswahl guter Riechstoffe, denn auch die beste Vorschrift wird, bei Verwendung minderwertigen Materials, nur zu Enttäuschungen Anlaß geben.

Spezielle Kommentare und Formularium.

Blütengerüche.

Jasmin von *Jasminum Odoratissimum.*

Chemische Zusammensetzung des natürlichen Jasminblütenöls:

Benzylacetat	60—65 %	Indol (sehr variabel)	2,5%
Linalylacetat	7,5%	Methylanthranilat	0,5%
Benzylalkohol	6 %	Geraniol (?)	
Linalool	15,5%	p-Cresol (?)	

Obwohl uns, rein praktisch gesprochen, die Proportionswerte der Analyse des natürlichen Öles keine absolute Handhabe bei der Komposition von Kunstprodukten bieten, sind hierin immerhin einige Hinweise enthalten, die in gewisser Beziehung als Richtschnur dienen können. Wir werden also bei jeder Geruchstype die chemische Zusammensetzung des Naturproduktes, soweit bekannt, hier wiederholend vorausschicken um das störende Rückblättern zu vermeiden.

Die wesentlichste Basis für Jasmin ist das Benzylacetat, das jedoch zweckmäßig fast stets durch kleine Zusätze von Benzylpropionat und Benzylbutyrat modifiziert zur Verwendung gelangen sollte.

Als wesentliche Bestandteile des komplexen Jasminaromas sind ferner zu nennen Methylanthranilat, Indol, Linalool, Linalylacetat und Benzylalkohol, die denn auch in jedem künstlichen Jasmin in recht variablen Proportionen enthalten sind. Außerdem werden eine Menge anderer synthetischer Riechstoffe zur Wiedergabe des Jasminaromas benutzt, ja die Zahl der zu diesem Zwecke empfohlenen Riechstoffe ist Legion und tauchen immer wieder neue Riechstoffe mit jasminartigem Charakter auf, die als Adjuvantien für die Jasminbasis empfohlen werden.

Wir kommen sogleich auf einige Vertreter derselben zurück, bemerken aber gleich, daß wir nicht die Absicht haben, den Leser etwa durch Aufzählung aller derartiger Produkte zu erschrecken, eine Maßnahme, die nur schädliche Verwirrung auslösen könnte.

Dies Prinzip werden wir auch bei Besprechung der anderen Geruchstypen rigoros einhalten, denn in den meisten Fällen, abgesehen von einigen Elementarriechstoffen klassischer Art, von notorischer Bedeutung in den einzelnen Geruchstypen, ist die Verwendung bzw. Verwendungsmöglichkeit einzelner Grundriechstoffe bestimmter Art mehr oder weniger Ansichtssache, in keinem einzigen Falle läßt sich aber einem solchen Elementarriechstoff ein absolut begrenztes Anwendungsgebiet zuweisen.

Was nun den Benzylalkohol anlangt, so scheint dieser, trotz seines schwachen Eigengeruches, eine wesentliche Rolle im komplexen Aroma des Jasmins (und auch wohl anderer Blütenöle) zu spielen, was hier besonders hervorgehoben sei.

Als wertvolle Adjuvantien seien erwähnt Zimtalkohol (besonders für Seifen-Jasmine), Hydroxycitronellal, Phenyläthylalkohol, Heliotropin und viele andere.

Besonders wertvoll für die naturgetreue Wiedergabe des Jasmingeruches hat sich aber der α-Amylzimtaldehyd (Jasminaldehyd) erwiesen. In der Tat leistet dieser aromatische Aldehyd hervorragende Dienste, um ganz besonders den typischen, vollen Geruch des Jasmin Enfleurage wiederzugeben. Er gibt dem komplexen Gemisch die fettige Note des Jasmin Enfleurage und bringt in das Gemisch gleichzeitig auch eine an Indol erinnernde fäkalartige Note hinein. Daß bei der Dosierung dieses wertvollen Aldehyds eine gewisse Vorsicht am Platze ist, versteht sich von selbst, für Seifen-Jasmine kann man mit massiveren Dosen arbeiten. Beachtenswert ist die Tatsache, daß der α-Amylzimtaldehyd bei längerem Kontakt geruchlich stärker durchdringt, also längere Beobachtung vor definitiver Feststellung der nötigen Mengen immer opportun ist. Zu beachten ist auch, daß im Handel oft minderwertige Sorten dieses Aldehyds existieren, die einen häßlichen ranzigen Beigeruch aufweisen, also unverwendbar sind.

Von Fettaldehyden, die hier mit Vorteil verwendbar erscheinen, seien erwähnt C. 8, C. 9 und C. 10. Manche Autoren empfehlen auch die Pseudoaldehyde C. 14 und C. 16, von denen letzterer auch nach unseren Erfahrungen ausgezeichnet verwendbar ist.

Was nun das Indol anlangt, so spielt dieses eine eminent wichtige Rolle im komplexen Jasminaroma und ist durch kein anderes Produkt vollständig zu ersetzen, wie dies oft behauptet wurde. Für gute Nachbildungen des Jasmingeruches müssen wir also stets sehr geringe Mengen Indol mit heranziehen und hierbei die Unannehmlichkeit des Rotwerdens am Lichte mit in den Kauf nehmen. Nur bei rohen Nachbildungen (Seifenjasmin) können wir des Indols entbehren, eventuell kann in manchen Fällen der α-Amylzimtaldehyd dasselbe teilweise ersetzen, während ein Ersatz durch Phenylessigsäure, der manchmal empfohlen wurde, sich praktisch nicht bewährt hat.

Was nun gewisse natürliche Riechstoffe betrifft, die vorteilhaft in der Note Jasmin intervenieren, so sei an erster Stelle natürlich des echten Jasminblütenöls *(Essence absolue, Essence concrète* oder *liquide)* gedacht, dessen Anwesenheit in besseren Sorten unerläßlich ist. Erwähnt seien hier auch die sehr wohlfeilen Jasmin-Châssisöle, die auch bei billigeren Produkten herangezogen werden sollten. Diese letzteren Öle, meist sehr variabel in Preis und Qualität, seien auch für Seifenjasmine wärmstens empfohlen.

Wie auch in anderen Fällen, können wir besonders beim Jasmin feststellen, in welch überraschender Weise selbst ganz minimale Zusätze echten Jasminöls (etwa 5%) schon die Natürlichkeit und Feinheit des Geruches beeinflussen.

Von anderen echten Blütenölen, die vorteilhaft als Adjuvantien bei Jasmin herangezogen werden können, seien erwähnt Tuberose und Orangenblüte, seltener auch Rose, von ätherischen Ölen Neroliöl Bigarade, Bergamottöl, Orangenöl bitter und süß, Mandarinenöl, Linaloeöl, Ylang-Ylangöl, Canangaöl u. a.

Ylang-Ylangöl besitzt an und für sich geruchlich eine große Analogie mit Jasmin, in gewisser Beziehung auch Canangaöl guter Provenienz, beide Öle sind daher auch fast klassische Bestandteile guter künstlicher Jasminsorten.

Was nun die mittleren Mengenverhältnisse einzelner wichtiger Bestandteile des künstlichen Jasmins anlangt, so seien hier folgende Anhaltspunkte gegeben:

Benzylacetat, etwa	55—65 %	α-Amylzimtaldehyd	
Methylanthranilat .	5—6 %	Minimum	5%
(event. 7—8%; für Seifenjasmin mehr, etwa 10—12% und mehr!)		Maximum	10%
Indol, Minimum . . .	0,12—0,15%	α-Amylzimtaldehyd für Seifenjasmine	
Maximum . .	0,2—0,3 %	Minimum	10—12%
(seltener auch 0,4—0,5 %)		Maximum	20%
Guter Mittelwert	0,15—0,2 %	Guter Mittelwert . .	15%

Zu bemerken ist hier, daß Verwendung von α-Amylzimtaldehyd in größeren Mengen entsprechende Verwendung süßer Kontraste mit voraussetzt (Orange, Bergamotte, Cananga, Hydroxycitronellal u. a.).

Als generell wichtig seien hier auch herbe Kontraste erwähnt (Amylsalicylat u. a.), die die blumige Note wirkungsvoll unterstützen.

In großen Zügen können wir also die Zusammensetzung des künstlichen Jasminöls wie folgt skizzieren:

Benzylacetat (inkl. Benzylbutyrat, Benzylpropionat usw.)	55—60 %
Methylanthranilat (event. 7—8%)	5—6 %
Indol	0,2—0,3%
α-Amylzimtaldehyd (fakultativ, nötig nur für Enfleurage-Typ)	5—10 %
Linalool	6%
Linalylacetat (Bergamotte usw.)	4%
Bukettstoffe (Ylang-Ylang, Orange, balsamische Noten usw.)	10—12%

Die in dieser Skelettskizze angegebenen Proportionswerte sind natürlich mehr oder minder großen Schwankungen unterworfen und sollen nur als orientierende Richtlinien gewertet werden.

Dasselbe trifft logischerweise für alle in der Folge gebrachten Skizzen dieser Art zu, die aber immerhin sicher das Verdienst in Anspruch nehmen können, nicht zu unterschätzende Anhaltspunkte für die Komposition zu liefern.

Basen primitiver Art.

Basis I (Typ *Enfleurage*)

Benzylacetat	8 g
Benzylpropionat	2 g
Linalool	0,5 g
Benzylalkohol	2 g
Methylanthranilat	1 g
Indol	0,02 g
Canangaöl	0,5 g
α-Amylzimtaldehyd	0,5 g
Resinoid Benzoe	0,3 g
Jasmin Châssis	3 g

Basis II (Typ *Extraction*)

Benzylacetat	7 g
Benzylbutyrat	0,5 g
Benzylpropionat	2 g
Linalylacetat	0,5 g
Linalool	0,5 g
Benzylalkohol	2,5 g
Indol	0,03 g
Orangenöl, bitter	0,3 g
Jasmin Châssis	2 g
Resinoid Tolu	0,2 g
Canangaöl	0,3 g
Ylang-Ylangöl Bourbon[1]	0,5 g
Methylanthranilat	1,2 g

Jasmin Basis III

Benzylacetat	55 g
Benzylbutyrat	5 g
Linalylacetat	5 g
Bergamottöl Reggio	4 g
Linalool	6,5 g
Indol	0,2 g
Methylanthranilat	6,5 g
Orangenöl, bitter	0,7 g
Canangaöl Java	0,8 g
α-Amylzimtaldehyd	6 g
Benzylalkohol	8 g
Jasmin Châssis	8 g

[1] Die Provenienzbezeichnungen: „Bourbon" und „Réunion" sind synonym, also bezeichnen: Ylang-Ylangöl Bourbon oder Réunion und Geraniumöl Bourbon oder Réunion die gleiche Sorte.

Jasmin Basis IV

Benzylacetat	65 g	Jasmin Châssis	6 g
Linalylacetat	6,5 g	Perubalsam	0,2 g
Methylanthranilat	8 g	Resinoid Tolu	0,3 g
Indol	0,15 g	Resinoid Labdanum	0,1 g
Neroliöl, künstl.	1,5 g	Benzylalkohol	7 g
α-Amylzimtaldehyd	5 g	Jasmin Châssis	10 g
Canangaöl	1,5 g		

Essences Fines.

Jasmin A

Benzylacetat	180 g
Benzylbutyrat	10 g
Benzylpropionat	40 g
Phenyläthylalkohol	15 g
Methylanthranilat	40 g
α-Amylzimtaldehyd	40 g
Neroli bigar.	5 g
Cananga Java	4 g
Ylang-Ylang Bourbon	8 g
Pseudoaldehyd C. 16	0,4 g
Benzylalkohol	50 g
Indol	0,8 g
Bergamottöl Reggio	10 g
Orangenöl, bitter	4 g
Mandarinenöl	4 g
Isobutylcinnamat	15 g
Linalool	15 g
Resinoid Labdanum	5 g
Resinoid Tolu	5 g
Jasmin absol., nat.	35 g

Jasmin B

Benzylacetat	180 g
Benzylbutyrat	20 g
Linalylacetat	10 g
Bergamottöl Reggio	20 g
Linalool	20 g
Benzylalkohol	30 g
Methylanthranilat	20 g
Indol	0,7 g
Ylang-Ylang Manila	5 g
Cananga Java	5 g
α-Amylzimtaldehyd	20 g
Decylaldehyd	0,2 g
Methyljonon	0,5 g
Irisöl, konkret	0,2 g
Octylacetat	2 g
Jasmin absol., nat.	32 g
Tuberose absol., nat.	3 g
Resinoid Labdanum	3 g
Perubalsam	3 g
Orangenöl, bitter	5 g

Jasmin C

Benzylacetat	55 g	Indol	0,25 g
Benzylpropionat	5 g	Methylanthranilat	4 g
Benzylbutyrat	0,5 g	Linalool	12 g
Neroli, künstl.	1,5 g	Linalylacetat	5 g
Benzylalkohol	5 g	Jasmin absol., nat.	5 g
Zimtalkohol	2 g		

Jasmin D, Extra

Benzylacetat	40 g	Ketonmoschus	1 g
Benzylpropionat	2 g	Bergamottöl Reggio	5 g
Benzylbutyrat	0,5 g	Neroli bigar.	2 g
Benzylformiat	1 g	Phenyläthylalkohol	3 g
Benzylalkohol	15 g	Aldehyd C. 10	0,15 g
Zimtalkohol	5 g	Orangenöl, bitter	1,5 g
Methylanthranilat	5 g	Resinoid Benzoe	5 g
Indol	2 g	Resinoid Tolu	3 g
α-Amylzimtaldehyd	2 g	Perubalsam	1 g
Ylang-Ylang Bourbon	2,5 g	Jasmin absol., nat.	6 g
Hydroxycitronellal	4,5 g	Tuberose absol., nat.	1 g
Linalool	10 g		

Auch Dimethyl-Benzylcarbinol gibt in manchen Fällen gute Resultate, namentlich wenn dieser Riechstoff gleichzeitig mit Hydroxycitronellal Verwendung findet.

Jasmin Basis V

Benzylacetat	120 g	Dimethylbenzylcarbinol	2 g
Benzylbutyrat	20 g	Methylanthranilat	12 g
Benzylpropionat	20 g	Aldehyd C. 10	0,1 g
Benzylalkohol	30 g	Resinoid Benzoe	2 g
Hydroxycitronellal	25 g	Resinoid Labdanum	3 g
Ylang-Ylangöl Bourbon	8 g	α-Amylzimtaldehyd	8 g
Indol	0,8 g	Linalool	10 g
Methyljonon	3 g	Jasmin Châssis	15 g

Diese etwas derb riechende Basis gibt ausgezeichnete Resultate in feinen Toiletteseifen, ganz besonders als Zusatz zu den gebräuchlichen Seifen-Jasminölen, um sie zu verfeinern. Durch Bukettage mit etwas Neroliöl, Orangenöl bitter usw. kann diese Basis auch für Extraits Verwendung finden, namentlich nach Zusatz echten Jasminöls (3 bis 5% Jasmin absolue), bzw. auch Tuberosenblütenöls usw.

Jasmin Absolutine
(Typ *Extraction*)

Benzylacetat	22 g
Benzylbutyrat	1 g
Benzylpropionat	2 g
Linalylacetat	2 g
Bergamottöl Reggio	2 g
Linalool	2 g
Benzylalkohol	3 g
Methylanthranilat	1 g
Indol	0,1 g
Ylang-Ylangöl Bourbon	0,5 g
Canangaöl	0,5 g
Aldehyd C. 10	0,15 g
Irisöl, konkret, nat.	0,05 g
Resinoid Labdanum	0,3 g
Perubalsam	0,5 g
Octylacetat	0,3 g
Jasmin absol., nat.	1,5 g
Tuberose absol., nat.	0,3 g

Jasmin Enfleurol
(Typ *Enfleurage*)

Benzylacetat	40 g
Linalylacetat	6 g
Linalool	4 g
Benzylalkohol	6 g
Methylanthranilat	2,5 g
Indol	0,15 g
Canangaöl	0,2 g
Aldehyd C. 10	0,02 g
Octylacetat	0,5 g
Orangenöl, bitter	1 g
Resinoid Benzoe	2 g
Resinoid Labdanum	1 g
α-Amylzimtaldehyd	3,5 g
Jasmin absol., nat.	0,8 g
Jasmin Châssis	5 g

Essences Surfines für Extraits.

Jasmin de Grasse

Benzylacetat	45 g	Mandarinenöl	0,5 g
Benzylbutyrat	2 g	Octylacetat	1,5 g
Benzylpropionat	10 g	Aldehyd C. 10	0,03 g
Benzylalkohol	4 g	Neroliöl bigar.	2,5 g
Ylang-Ylang Bourbon	6 g	Portugalöl	1,5 g
α-Amylzimtaldehyd	4 g	Jasmin absol., nat.	2,5 g
Hydroxycitronellal	2 g	Tuberose absol., nat.	0,3 g
Methylanthranilat	8 g	Resinoid Labdanum	0,4 g
Indol	0,25 g	Resinoid Tonka	0,2 g
Linalool	4 g	Ketonmoschus	0,5 g
Bergamottöl Reggio	4 g	Ambrettemoschus	0,5 g
Orangenöl, bitter	2 g	Amylsalicylat	0,5 g

Jasmin d'Orient

Benzylacetat	40 g	α-Amylzimtaldehyd	2,5 g
Benzylbutyrat	1,5 g	Ylang-Ylangöl Manila	1,5 g
Benzylpropionat	2 g	Canangaöl Java	1,5 g
Methylanthranilat	6 g	Orangenöl, bitter	0,5 g
Ketonmoschus	0,6 g	Jasmin absol., nat.	3,5 g
Linaloeöl	3 g	Tuberose absol., nat.	0,7 g
Linalool	4,5 g	Orangenblüte absol., nat.	1 g
Bergamottöl Reggio	4 g	Resinoid Labdanum	0,6 g
Neroliöl, künstl.	2 g	Perubalsam	0,4 g
Hydroxycitronellal	3,5 g	Isobutylcinnamat	0,2 g
Phenyläthylalkohol	2,5 g	Linalylcinnamat	0,15 g
Benzylalkohol	6,5 g	Zimtalkohol	2 g
Indol	0,2 g	Amylsalicylat	0,3 g

Jasminkompositionen für Seifen.

Jasmin Nr. 1

Benzylacetat	30 g
Phenyläthylalkohol	2 g
Benzylalkohol	4 g
Methylanthranilat	10 g
Indol	0,04 g
Linalool	3 g
α-Amylzimtaldehyd	8 g
Xylolmoschus	0,4 g
Canangaöl Java	1,5 g
Citronenöl	0,3 g
Portugalöl	0,2 g
Amylsalicylat	0,05 g
Neroli, künstl., f. Seife	2 g

Jasmin Nr. 2

Benzylacetat	160 g
Phenyläthylalkohol	10 g
Benzylalkohol	20 g
Methylanthranilat	70 g
α-Amylzimtaldehyd	60 g
Canangaöl	15 g
Xylolmoschus	3 g
Resinoid Benzoe	4 g
Indol	0,3 g
Guajakholzöl	3 g
Amylsalicylat	0,5 g
Zimtalkohol	15 g

Jasmin Nr. 3

Benzylacetat	50 g
Linaloeöl	10 g
Methylanthranilat	9 g
Bergamottöl, künstl.	5 g
Neroli, künstl.	2 g
Canangaöl	4 g
α-Amylzimtaldehyd	8 g
Geraniol	2 g
Benzylalkohol	3 g
Indol	0,08 g
Guajakholzöl	4,5 g
Resinoid Labdanum	1,5 g
Resinoid Benzoe	4 g
Amylsalicylat	0,15 g
Jasmin Châssis	2,5 g
Xylolmoschus	1,5 g
Zimtalkohol	2,5 g

Jasmin Nr. 4

Benzylacetat	45 g
Benzylbutyrat	2 g
Ambrettemoschus	2,5 g
Canangaöl	6 g
α-Amylzimtaldehyd	8 g
Linaloeöl	10 g
Linalool	2,5 g
Benzylalkohol	4 g
Indol	0,1 g
Methylanthranilat	10 g
Neroliöl, künstl., S.	5 g
Orangenöl, bitter	1,5 g
Portugalöl	1,5 g
Guajakholzöl	5 g
Resinoid Benzoe	3 g
Perubalsam	0,5 g

Jasmin Nr. 5

Benzylacetat	55 g	α-Amylzimtaldehyd	3 g
Linaloeöl	12 g	Zimtalkohol	3 g
Linalylacetat	3 g	Benzylalkohol	5 g
Canangaöl	6 g	Resinoid Benzoe	2 g
Methylanthranilat	2 g	Guajakholzöl	3 g

Jasmin Nr. 6

Benzylacetat	50 g
Methylanthranilat	4 g
Canangaöl	6 g
Linaloeöl	13 g
Linalylacetat	5 g
Guajakholzöl	3 g
α-Amylzimtaldehyd	4,5 g
Neroli S.	1,5 g
Geraniol	2 g
Phenyläthylalkohol	2 g
Resinoid Tolu	3 g
Resinoid Benzoe	3 g
Ambrettemoschus	2 g

Jasmin Nr. 7

Benzylacetat	40 g
Zimtalkohol	3 g
Benzylalkohol	4 g
Methylanthranilat	6 g
Phenyläthylalkohol	5 g
Neroli S.	4 g
Linaloeöl	6 g
Canangaöl	4 g
Ylang-Ylang, künstl.	3 g
Linalylacetat	2 g
Heliotropin	2 g
Aurantiol	3 g
Resinoid Benzoe	5 g
Perubalsam	2 g

Jasmin Nr. 8

Benzylacetat	250 g
Jasmin, künstl., comp.	200 g
Neroliöl, künstl., S.	50 g
Methylanthranilat	70 g
Canangaöl	30 g
Ylang-Ylangöl, Bourbon	20 g
Bergamottöl, künstl.	20 g
Linaloeöl	40 g
Geraniumöl, afrik.	60 g
Heliotropin	20 g
Zimtalkohol	25 g
α-Amylzimtaldehyd	60 g
Benzylalkohol	80 g
Guajakholzöl	40 g
Resinoid Benzoe	30 g
Xylolmoschus	5 g
Amylsalicylat	2 g

Jasmin-Extraits.

Bei Herstellung derselben können wir von einer genügend ausgearbeiteten komplexen Jasmin-Basis als wesentlichem Bestandteil ausgehen und tun dies auch in der Regel, sei es nun, daß wir von einer eigenen Komposition dieser Art ausgehen, sei es, daß wir eine entsprechende komplexe Komposition des Handels zur Anwendung bringen.

Der Modus procedendi ist im Prinzip der gleiche für alle Extraits, bezüglich Retuschen usw. Aus diesem Grunde sollen nachstehende, hier auf Jasmin-Extrait bezügliche Ausführungen sinngemäß als

generelle Betrachtungen über die Herstellung von alkoholischen Parfumerien, unter besonderer Berücksichtigung der Extraits

aufgefaßt werden. Als selbstverständlich sei vorausgeschickt, daß sich im Prinzip diese Methoden auch auf *Eaux de Toilette* beziehen und in gewissem Sinne auf alkoholische Parfumerien aller Art, also auch auf Haarwässer, soweit es sich in letzterem Falle um feinste Qualitäten handelt, nicht um rudimentär parfumierte gewöhnliche Haarwässer einfacheren Charakters.

Praktisch verfährt man ja denn auch bei Herstellung von feinen *Eaux de Toilette* und *Lotions*, die mehr Parfumcharakter haben und sich in der Parfumierung an jene entsprechender konzentrierter Extraits anlehnen, einfach so, daß man sie durch geeignete Verdünnung der Originalextraits herstellt.

Bei den *Eaux de Toilette* wird diese Verdünnung mit Alkohol hohen bzw. höheren Konzentrationsgrades vorgenommen, es kommen hier also besondere Retuschen betreffend sekundären Spezialakkords nicht in Frage, abgesehen von eventuellem Zusatz von Fixateuren u. a. kleinen Retuschen, die die relativ geringere Menge von Riechstoffen in größeren Mengen alkoholischen Vehikels in geeigneter Weise zur Wirkung bringen sollen.

Bei Lotions können indes solche Retuschen in weitgehenderem Maße nötig werden, um die Wirkung der Grundkomplexe in verdünntem Alkohol entsprechend zum Ausdruck zu bringen (besondere Kontraste und so weiter). Dies sei hier in Parenthese kurz bemerkt.

Wir haben bereits festgestellt und des öfteren ausführlich erörtert, daß die Verwendung auch noch so sorgfältig komponierter alkoholfreier Parfumbasen komplexer Natur, stets mehr oder minder weitgehende Retuschen im Kontakt mit den alkoholischen Vehikeln erfordert, zwecks Erlangung des nötigen sekundären Akkords. Diese jedem erfahrenen Parfumeur bekannte Tatsache erfreut sich indessen nicht jener Notorität in weiteren, an der Parfumerie interessierten Kreisen und sind weniger erfahrene Parfumeure nur allzuoft der Ansicht, daß man Extraits allerfeinsten Genres durch einfaches Lösen einer alkoholfreien komplexen Komposition in Alkohol herstellen könne.

Dies ist aber ein Irrtum, zu dessen Aufklärung folgende Ausführungen beitragen mögen.

Wir glauben durch nachstehende Hinweise auch ganz besonders dem in Riechstoffabriken arbeitenden Spezialparfumeur insofern nützlich sein zu können, daß wir den fertige Kompositionen des Handels verarbeitenden Parfumeur, ganz besonders aber jene, die möglichst einfach arbeiten wollen, also nicht nur gewisse komplexe Basen beziehen, die sie ihrer eigenen künstlerischen Initiative entsprechend nur als Bausteine origineller Eigenkompositionen benutzen, darüber aufklären, daß man, nach Lage der Dinge, Unmögliches verlangt, wenn man glaubt in der Lage zu sein, durch eine einfache alkoholische Lösung einer alkoholfreien Komposition alle Details eines als Modell dienenden alkoholischen Marken-Extraits restlos wiedergeben zu können.

Daß in dieser Beziehung Aufklärung dringend nottut, beweist die Tatsache, daß solche unerfüllbaren Ansprüche seitens weniger erfahrener Kunden an den Parfumeur zu den Alltäglichkeiten gehören.

Nach Lage der Dinge ist es also absolut unmöglich, durch ein alkoholfreies komplexes Grundgemisch alle raffinierten Details, die an dem sekundären Akkord der Duftwellen im alkoholischen Vehikel beteiligt sein können, damit also die charakteristische Gesamtharmonie und die Originalität eines alkoholischen Parfums bedingen, so zum Ausdruck zu bringen, daß etwa eine einfache Auflösung dieser komplexen Grundbasis in Alkohol genau die gleichen geruchlichen Eigenschaften zeigte wie das Modell.

Es wird, im Gegenteil, auch die sorgfältigste, nach Modell gearbeitete

Grundbasis nur gewisse charakteristische Haupttöne des Modells zum Ausdruck bringen können und stets mehr oder weniger bedeutende Retuschen im Kontakt mit dem alkoholischen Vehikel nötig machen, außerdem können diese Retuschen nur nach längerer Beobachtung der Wirkung im Alkohol definitive Bedeutung bekommen, wozu noch kommt, daß alkoholische Tinkturen (Moschus, Ambra, Vanille usw.) an der Gesamttonalität des Extraits innigsten Anteil nehmen und Effekte hervorbringen können, die meist auch nicht annähernd vorauszusehen sind.

Wir haben bereits gesehen, daß wir, nach Vornahme geeigneter Retuschen im Kontakt mit einem gegebenen Vehikel, tatsächlich in der Lage sind, gewisse sekundäre Akkordnoten bereits in der komplexen Basis so zu berücksichtigen, daß das Parfum in diesem Vehikel möglichst vorteilhaft zur Geltung kommt. Im vorliegenden Falle trifft dies natürlich auch für den Alkohol als Vehikel zu und können wir auch solche Grundkompositionen ausarbeiten, die nach Retuschen im Alkohol, auch gewisse sekundäre Effekte berücksichtigen, doch kann auch hier niemals mit Bestimmtheit die Notwendigkeit weiterer Retuschen, namentlich solcher bei längerer Beobachtung, überflüssig gemacht werden.

Dies bezieht sich natürlich nur auf bloße Alkoholwirkung, nicht aber auf jene Veränderungen des Parfums, die durch den Einfluß alkoholischer Tinkturen bedingt werden, namentlich solcher, deren aromatische Prinzipien uns nicht in isoliertem Zustand als Resinoid usw. zur Verfügung stehen, wie dies gerade für die beiden wichtigsten Tinkturen, Tonkinmoschus- und graue Ambratinktur, zutrifft, die ja, neben ihrer fixierenden Wirkung, ganz hervorragenden Anteil an gewissen Veränderungen der Grundbasis nehmen und als harmonische Abrundungsmittel von außerordentlichem Einfluß und damit höchster Bedeutung sind.

Für jene Tinkturen, wie Vanille-, Benzoe-, Labdanum-, Gewürznelken-, Tonkabohnen-, Tolutinktur, ferner Iristinktur, Eichenmoostinktur und neuerdings auch Zibettinktur und Castoreumtinktur, deren aromatische Prinzipien in isoliertem Zustande bekannt sind, können gewisse Effekte abrundender oder anderer Art im komplexen alkoholfreien Grundgemisch als sekundäre Akkorde erzielt werden durch Beifügung entsprechender Mengen dieser Prinzipien. Aber auch diese Möglichkeit ist oft nur relativ zu nehmen, weil praktisch alkoholische Auszüge oft anders wirken als die im komplexen Gemisch der alkoholfreien Basis enthaltenen betreffenden Geruchsprinzipien, die hier gewissen Reaktionen im Kontakt mit der alkoholfreien Mischung der übrigen Bestandteile unterworfen sein können. (Siehe elementare Harmonielehre in Winter, Handbuch der Parfumerie und Kosmetik, 2. Aufl., Jul. Springer, Wien 1932.)

Wir sind also durchaus nicht in der Lage, etwa alle Effekte, die sich in kürzerer oder längerer Zeit in einem alkoholischen Extrait hervorbringen lassen, unter Berücksichtigung aller Faktoren irgendwie vorauszusehen, alles was wir in Form einer guten komplexen Basis bieten können, ist ein Gemisch von Riechstoffen, die den typischen Hauptgeruch des späteren Parfums in möglichst charakteristischer Weise wiedergeben, wobei jedoch gewisse originelle und später oft als Hauptreiz des Parfums mitempfundene originelle Noten weniger diesem Grundgemisch als gewissen Zusätzen sekundärer Art, bzw. der Mitwirkung gewisser alkoholischer Tinkturen, ganz bsonders Moschus- und Ambratinktur, zu danken sein können.

Es ist also auch hier Originalität der Wirkung der Basis, so raffiniert sie auch zusammengesetzt sei, immer ein relativer Begriff, ebenso deren Anteilnahme an gewissen Noten des Gesamteindruckes eines fertigen Parfums. Sicher muß der komplexen Basis, soweit sie in massiven Dosen, bzw. allein zur Verwendung gelangt, ein bedeutender Anteil an der Charakteristik der Geruchswirkung eines Parfums zuerkannt werden, aber sie soll und kann keinen Anspruch darauf erheben, Retuschen spezieller Art zur Erzielung eines wirklich vollkommenen sekundären Akkords und damit harmonischer Wirkung auch in den kleinsten Details überflüssig zu machen.

Was nun die sekundären Komplemente, mögen sie nun als Kontraste, Abrundungsmittel o. dgl. fungieren, anlangt, so sei kurz folgendes bemerkt. In erster Linie werden größere Mengen echter Blütenöle heranzuziehen sein, die in der Basis entweder gar nicht oder in unzureichenden Mengen enthalten sind, dann auch balsamische Noten in stärkerem Maße, künstliche Moschussorten usw.

Ferner sei hier der typischen Kontraste gedacht, die oft, selbst in allerkleinsten Mengen, überraschende Effekte an Natürlichkeit bzw. Originalität des Parfums ergeben.

Was nun die Verwendung gut abgelagerter alkoholischer Tinkturen anlangt, so haben wir das Wesen derselben bereits wiederholt beleuchtet.

Nachstehend sei eine kurze Charakteristik der einzelnen Tinkturen gegeben. Inwieweit einzelne sich durch das isolierte Geruchsprinzip in entsprechenden Mengen ersetzen lassen, ist in vieler Beziehung Ansichtssache. Jedenfalls ist es möglich, gewisse Tinkturen durch das betreffende aromatische Prinzip recht oft zu ersetzen, anderseits verteidigen auch viele erfahrene Parfumeure die These der Unersetzlichkeit aller alkoholischen Tinkturen. In allen Fällen unersetzlich sind Moschus- und Ambratinktur entsprechender Ablagerung.

Tonkinmoschustinktur. Diese interveniert als kräftiger Fixateur und beteiligt sich außerdem am Gesamtaroma in Form eines Abrundungsmittels von unvergleichlicher Wirkung, die sich auch nicht annähernd definieren oder durch einen anderen Riechstoff erreichen läßt.

Ambratinktur. Gut abgelagerte Ambratinktur (ca. 1 Jahr!!) wirkt als ausgezeichneter Fixateur und als Abrundungsmittel. Der Eigengeruch der Ambratinktur, der bekanntlich sehr zart und eigenartig diskret und fein zur Geltung kommt, niemals in so kräftiger Weise als z. B. Moschustinktur, kommt also auch bei den zartesten Gerüchen ohne jede Aufdringlichkeit zum Ausdruck und verleiht dem Ensemble eine Feinheit der Geruchswirkung, die nicht hoch genug einzuschätzen ist, dabei gleichzeitig eine ganz außerordentliche Haltfestigkeit.

Die ganz eigenartigen Vorzüge der echten Ambratinktur, die in ihrer charakteristisch undefinierbar feinen Art auch nicht annähernd durch

Kunstprodukte ersetzbar ist, richtig zu werten, ist dem wirklich erfahrenen Parfumeur vorbehalten. Der Anfänger und der banale Durchschnittsparfumeur sind sehr oft nicht in der Lage, den großen Wert der echten Ambratinktur richtig einzuschätzen, weil ihnen diese „zu schwach" vorkommt. So bezeichnete Hauer die klassischen Vorzüge der echten Ambratinktur sogar als „Märchen aus Tausendundeine Nacht" und behauptete, sie sei durchaus überflüssig und wertlos, was hier nur als Kuriosum kurz erwähnt sei, da dieses Zitat jenes „non omnibus licet", das wir betreffs richtiger Wertschätzung und Verwendung der echten Ambratinktur andeuteten, in drastischer Weise kommentiert.

Frisch bereitete Ambratinktur ist praktisch wenig wertvoll, nur genügend abgelagerte Tinkturen, die etwa 1 Jahr alt sind, gestatten volle Entwicklung des Eigengeruches der grauen Ambra im Alkohol.

Größere Mengen Ambratinktur wirken niemals irritierend, wie dies bei dem Gebrauch größerer Dosen Tonkinmoschustinktur zu beobachten ist, auch dringt der Eigengeruch der Ambratinktur niemals vor. Trotzdem nimmt die Ambratinktur aber bedeutenden Anteil an der Feinheit, Originalität und Haltbarkeit der Extraits.

Zibettinktur. Diese in konzentriertem Zustand höchst unangenehm nach Katzenurin riechende Tinktur gibt in kleinen Mengen in Extraits verwendet, gute Resultate als Fixateur und Abrundungsmittel und kann, wohl infolge ihres Skatolgehaltes, zart blumige Noten sehr wirkungsvoll hervorheben. Bei gewissen Phantasienoten (*Peau d'Espagne* usw.) unterstützt Zibet die Originalität des Parfums und gibt ihm große Haltbarkeit.

In Extraits mit ausgesprochenen Blumennoten ist Zibettinktur von ganz ausgezeichneter Wirkung, indem sie, in entsprechend kleinen Mengen, den blumigen Geruch unterstützt, fixiert und wirkungsvoll hervorhebt.

Castoreumtinktur. Diese wirkt als kräftiges Fixiermittel und gibt gleichzeitig einen originellen Unterton, der speziell in den Noten *Ambra*, *Peau d'Espagne*, *Cuir de Russie* innigen Anteil an der charakteristischen Hauptnote nimmt, aber auch bei Phantasiegerüchen verschiedenster Art (Chypre, Tabak usw.) mit Vorteil zur Geltung kommt. In vielen Fällen wird Castoreumtinktur durch Castoreumresinoid ersetzt.

Vanilletinktur. Diese wichtige und universell anwendbare Tinktur gibt viel feinere Effekte als Vanillin. Sie ist ein hervorragendes Abrundungs- und Fixiermittel.

Tonkabohnentinktur. Unentbehrlich als verfeinernder Zusatz in den Noten *Foin Coupé*, *Fougère*, *Chypre*, Klee usw., und nimmt hervorragenden Anteil an der Hauptnote heuartiger Gerüche und anderer grüner Phantasienoten. Ihre Wirkung ist unvergleichlich feiner als jene des Cumarins, sie dient auch als Abrundungsmittel für viele Phantasieextraits.

Balsamische Tinkturen, wie Tolutinktur, Benzoetinktur, Styraxtinktur, Labdanumtinktur, Weihrauchtinktur u. a., werden als klassische Fixiermittel verwendet, gleichzeitig kommt ihnen aber gut abrundende Wirkung zu und jene der Wiedergabe der so wichtigen balsamischen Noten. In den meisten Fällen werden speziell diese balsamischen Tinkturen durch die entsprechenden Resinoide in Substanz vollständig ersetzt.

Iriswurzeltinktur. Wertvoll bei Veilchen- und Iriskompositionen, überhaupt universell verwendbar zu Phantasie- und Blumenbuketts. In vielen Fällen durch das konkrete oder absolute Irisöl, eventuell auch durch gutes Irisresinoid ersetzbar.

Ambrettekörnertinktur (Moschuskörnertinktur). Gibt moschusartige Effekte. Sehr gut verwendbar bei Phantasieextraits, meist durch das konkrete Moschuskörneröl zu ersetzen.

Eichenmoostinktur. Wird heute fast stets durch das isolierte Geruchsprinzip von *Evernia prunastri* ersetzt, in Form der *Essence absolue* oder des Resinoids *Mousse de Chêne*.

Gewürznelkentinktur. Wird relativ selten verwendet und fast stets durch das Resinoid *Girofles* ersetzt.

Von den vorerwähnten wichtigsten Tinkturen sind absolut obligatorisch und unersetzlich Tonkinmoschustinktur und Ambratinktur. Inwieweit echte Zibettinktur durch künstlichen Zibet ersetzt werden kann, bleibe dahingestellt, besser wird es immer sein, echte Zibettinktur zu verwenden. Vanilletinktur und Tonkabohnentinktur können durch die betreffenden alkohollöslichen Resinoide ersetzt werden, keinesfalls aber durch Vanillin bzw. Cumarin, wie dies so häufig behauptet wird. Castoreum-, Iris-, Eichenmoos- und Gewürznelkentinktur, ebenso die balsamischen Tinkturen sind ziemlich ohne weiteres durch die entsprechenden Resinoide ersetzbar, ebenso wird Moschuskörnertinktur sehr häufig durch das konkrete ätherische Öl der Abelmoschussamen ersetzt.

Die Herstellung des Extraits erfolgt zunächst durch Lösen einer entsprechenden Menge komplexer Grundessenz (für moderne, konzentrierte Extraits etwa 120 bis 130 g per Liter Alkohol) in Alkohol unter gleichzeitigem Zusatz der nötigen Tinkturen, worauf zunächst zur Beobachtung zurückgestellt wird.

Praktisch wird man in der Mehrzahl der Fälle konstatieren können, daß auch die sorgfältigst durchgearbeitete, durchaus harmonisch riechende komplexe Basis im alkoholischen Milieu zunächst enttäuscht.

In vielen Fällen wird aber nach etwa 8tägiger Beobachtung festzustellen sein, ob und welche Retuschen anzuwenden sind, um den sekundären Akkord im alkoholischen Vehikel zu erzielen, meist sind solche, oft wiederholten Retuschen verschiedener Art erforderlich, in der Regel sind in einem Beobachtungsstadium von ca. 4 Wochen wiederholte Retuschen nötig, die sich natürlich auch auf Art und Menge der zugefügten Tinkturen erstrecken können.

Was nun zum Schlusse noch die ungefähren Proportionszahlen für echte Blütenöle und Tinkturen anlangt, so liegt es auf der Hand, daß auch nur einigermaßen genaue Angaben sich in allgemein gültiger Form nicht geben lassen.

Für Tonkinmoschustinktur kann man für zarte Noten etwa 15, für kräftigere Noten 25 bis 30 g per Liter Extrait annehmen, für Phantasienoten oft 50 g und mehr.

Für Ambratinktur gelten ungefähr die gleichen Mengen, für Zibettinktur etwa 15 bis 20 g pro Liter, für andere Tinkturen lassen sich auch ungefähre Hinweise nicht geben.

Ein feiner Extrait soll im Liter etwa 4 bis 6 g *Essence absolue* als Minimum enthalten, im Mittel 6 bis 8 g und mehr für feinste Luxusqualitäten. Bei Verwendung von *Essences liquides* (Serie A) oder *concrètes* kommt die doppelte Menge in Frage, bei Verwendung von *Lavages de pommade* 50 bis 60% solcher des zu verwendenden Alkohols (z. B. 0,6 Liter für 1 Liter Extrait).

Nach Darlegung dieser für die Herstellung der Extraits im allgemeinen gültigen Momente kommen wir nunmehr zu den speziellen Kommentaren für die einzelnen Extraitssorten und damit zunächst wieder auf die Jasmin-Extraits zurück. Als wesentlichste Basis sind echtes Jasminblütenöl und gute komplexe Jasminkompositionen (künstliche Jasminöle) zu nennen.

Von den als Adjuvantien fungierenden Riechstoffen nennen wir die folgenden: Von echten Blütenölen ist vor allem Tuberose zu nennen, die ein fast nie fehlender Bestandteil guter Jasminextraits ist, es folgen dann Orangenblüte und Rose, ab und zu werden auch Narcisse bzw. Jonquille und Cassie mitherangezogen. Von ätherischen Ölen ist hier vor allem Ylang-Ylangöl und Canangaöl zu nennen, die den Jasmingeruch in hervorragender Weise ergänzen und hervortreten lassen. Alsdann ist zu nennen Bergamottöl, das ebenfalls mit ein klassischer Bestandteil der Jasmin-Extraits ist. Wertvoll sind auch Irisöl, Sandelöl ostindisch, Linaloeöl u. a. Patchouliöl und Vetiveröl in entsprechend kleinen Dosen verwendet, geben prächtige Kontrastwirkung.

Chemische Riechstoffe können hier ebenfalls mit Erfolg als Kontraste, Adjuvantien, Abrundungsmittel usw. intervenieren.

Erwähnt seien Heliotropin, Vanillin, Cumarin, Methyljonon, Jonon, Hydroxycitronellal, Amylsalicylat (Kontrast), künstl. Moschus usw. Auch Alkohole der Fettreihe (C. 8 bis C. 12) sind wertvoll.

Was speziell die Fettaldehyde anlangt, so kommen hier besonders Decylaldehyd und eventuell auch Laurin- und Methylnonyl-Acetaldehyd in Frage, hin und wieder auch die Pseudoaldehyde C. 14 *(Pêche)* und C. 16 *(Fraise)*.

Von alkoholischen Tinkturen sind zu nennen Tonkinmoschustinktur, Ambratinktur, Zibettinktur, Vanilletinktur, Iristinktur (eventuell auch Tonkatinktur, kleine Mengen) u. a.

Extrait Jasmin de Grasse

Ess. comp. Jasmin	55 g	Ketonmoschus	2 g
Bergamottöl	8 g	Ambrettemoschus	2,5 g
Neroliöl bigar.	2 g	Amylsalicylat	0,5 g
Sandelöl, ostind.	2,5 g	Ess. absol. Jasmin	8 g
Vetiveröl Java	1,5 g	Ess. absol. Tuberose	1,5 g
Orangenöl, bitter	1,5 g	Ess. absol. Jonquille	1 g
Ylang-Ylangöl Manila	12 g	Moschustinktur	25 g
Rosenöl, bulg.	3 g	Vanilletinktur	15 g
Mandarinenöl	2 g	Iristinktur	50 g
Heliotropin	1,5 g	Alkohol	1 l

Extrait Jasmin d'Orient

Jasmin Ess. comp.	50 g	Amylsalicylat	0,4 g
Ylang-Ylangöl Bourbon	10 g	Patchouliöl	0,02 g
Bergamottöl	10 g	Vetiveröl Java	0,5 g
Sandelöl, ostind.	1,5 g	Ess. absol. Jasmin	8 g
Neroliöl bigarade	1,5 g	Ess. absol. Tuberose	1 g
Portugalöl	1 g	Moschustinktur	25 g
Cumarin	0,3 g	Ambratinktur	10 g
Citronenöl	0,5 g	Vanilletinktur	15 g
Mandarinenöl	0,5 g	Tonkatinktur	3 g
Ketonmoschus	3 g	Alkohol	1 l

Tuberose, Tubéreuse

von *Polyanthes Tuberosa.*

Chemische Zusammensetzung: Dieselbe ist nur teilweise aufgeklärt. So enthält Tuberosenblütenöl Methylsalicylat, Methylanthranilat (im Mittel etwa 3 bis 4,5%, für Extraktionsöle weniger, etwa 2,5%, für Enfleurageöle mehr, etwa 5% Methylanthranilat) als besonders geruchswichtige Bestandteile, ferner sind darin nachgewiesen worden Methylbenzoat, Benzylbenzoat und Benzylalkohol.

Diese recht mangelhafte Erforschung der Zusammensetzung des Tuberosenblütenöles liefert uns praktisch nur recht flüchtige Anhaltspunkte für die Zusammensetzung von Nachahmungen des Tuberosengeruches, immerhin gibt sie uns Hinweise auf gewisse Konstituanten, die wir auch beim künstlichen Aufbau heranziehen können.

Abgesehen von Methylsalicylat und Methylanthranilat, müssen wir aber hier zu zahlreichen Elementarriechstoffen Zuflucht nehmen, die im Tuberosenöl nicht vorkommen, aber in geeigneten Gemischen den Geruch der Tuberose prächtig wiederzugeben gestatten.

Hier sind zu nennen u. a. gewisse Ester der Laurinsäure und Pelargonsäure (Nonylsäure), ferner gewisse Fettaldehyde, wie Laurinaldehyd und Methylnonyl-Acetaldehyd.

Ferner müssen wir auch mit jasminartigen Noten arbeiten, ebenso Cumarin mitverwenden, das einen unverkennbar wichtigen Anteil am komplexen Geruch der Tuberose nimmt, obwohl Cumarin im natürlichen Blütenöl nicht nachgewiesen werden konnte.

Im Sinne unserer neuesten Arbeiten über künstliche Nachbildung des Tuberosengeruches, die weiter unten durch einzelne Vorschriften veranschaulicht werden sollen, können wir uns

das Skelett des künstlichen Tuberosenaromas

wie folgt vorstellen:

Methyl- oder Äthylsalicylat	25—30 %	Äthylnonylat (Pelargonat)	8—10 %
Methylanthranilat	7— 8 %	Laurinaldehyd und Methylnonyl-Acetaldehyd	0,3—0,4 %
Cumarin	6— 7 %	Citral	4 %
Jasminkomplex	5— 6 %	Cassiekomplex	0,8— 1 %
Methylmyristat	8 %	Balsamische Noten	8—10 %
Methyllaurinat	15—16 %		

Wenn wir die Veröffentlichungen der Fachliteratur, die Nachbildung des Tuberosenblütenöls betreffend, betrachten, so müssen wir feststellen, daß die dort angegebenen Vorschriften meist recht summarischer Art sind und oft recht widersprechend redigiert sind. Wir wollen nun in nachstehenden Vorschriften eigener Ausarbeitung dem Praktiker vielleicht ganz neue Wege weisen, um wirklich naturgetreue Nachbildungen des Tuberosenöls herzustellen.

Tuberose-Basis I

Methylsalicylat	80 g
Methylanthranilat	15 g
Methylmyristat	30 g
Methyllaurinat	60 g
Äthylnonylat	40 g
Methylnonyl-Acetaldehyd	1 g
Benzylacetat	5 g
Jasmin, künstl.	10 g
Cumarin	15 g
Perubalsam	20 g
Citral	20 g
Cassie absol., nat.	5 g
Jasmin absol., nat.	3 g
Resinoid Benzoe	40 g
α-Amylzimtaldehyd	12 g

Tuberose-Basis II

Methylsalicylat	40 g
Äthylsalicylat	35 g
Methylanthranilat	20 g
Methylmyristat	25 g
Methyllaurinat	50 g
Äthylnonylat	30 g
Methyl-Nonylacetaldehyd	0,8 g
Laurinaldehyd	0,4 g
Jasmin, künstl.	15 g
Cumarin	20 g
Citral	15 g
Resinoid Tolu	25 g
Cassie absol., nat.	3 g
Jasmin absol., nat.	2 g

Diese beiden Basen besitzen einen sehr kräftigen Tuberosengeruch und lassen sich als Grundlage für feine Kunstprodukte Genre Tuberose verwenden. Durch Zusatz kleiner Mengen echten Tuberosenblütenöls wird die Feinheit und Natürlichkeit des Geruches ganz erheblich gesteigert, ebenso durch kleine Retuschen individueller Art. Durch Ersatz der echten Blütenöle (Cassie und Jasmin), durch äquivalente Mengen künstlicher Öle erhält man gute Basen für Seife und Kosmetiken aller Art. Im allgemeinen genügt schon ein Zusatz von etwa 0,5 bis 1% echten Tuberosenöls, um merkliche Zunahme der Ähnlichkeit und Feinheit des Geruches bei diesen primitiven Basen zu erzielen.

Essence de Tubéreuse fine

Methylsalicylat	80 g
Methylanthranilat	18 g
Cumarin	18 g
Citral	15 g
Cassie absol., nat.	10 g
Cassie artif.	12 g
Perubalsam	20 g
Methylmyristat	30 g
Methyllaurinat	50 g
Äthylnonylat	40 g
Methylnonyl-Acetaldehyd	1 g
Laurinaldehyd	0,2 g
Jasmin artif.	50 g
Jasmin absol., nat.	5 g
Tuberose absol., nat.	10 g
Orangenöl, bitter	5 g
Neroliöl, bigar.	3 g
Benzylbenzoat	50 g
α-Amylzimtaldehyd	5 g

Essence de Tubéreuse surfine

Cassie absol., nat.	20 g	Äthylnonylat	40 g
Methylsalicylat	60 g	Methylnonyl-Acetaldehyd	1 g
Äthylsalicylat	20 g	Methylnonylketon	4 g
Methylanthranilat	15 g	Jasmin artif.	25 g
Cumarin	15 g	Jasmin absol., nat.	10 g
Citral	10 g	Tuberose absol., nat.	20 g
Resinoid Oliban	5 g	Orangenöl, bitter	5 g
Perubalsam	10 g	Mandarinenöl	3 g
Methylmyristat	30 g	Neroliöl bigarade	3 g
Methyllaurinat	60 g	Resinoid Tonka	3 g

Wir finden im Handel auch Phantasieprodukte mit mehr oder minder ausgesprochenem Tuberosengeruch, die durch ihre Bezeichnung wohl den Eindruck definierter chemischer Körper erwecken wollen, jedoch komplexe Kunstprodukte sind. Nachstehend seien Vorschriften für derartige Produkte angegeben.

Tuberonal

Citral	25 g	Laurinaldehyd	0,5 g
Cassie absol., nat.	15 g	Jasmin absol., nat.	60 g
Cumarin	20 g	Tuberose absol., nat.	80 g
Resinoid Tonka	20 g	Neroliöl, künstl.	40 g
Resinoid Benzoe	40 g	Jasmin, künstl.	60 g
Resinoid Labdanum	20 g	Mandarinenöl	20 g
Methylmyristat	30 g	Orangenöl, bitter	30 g
Methyllaurinat	60 g	Heliotropin	30 g
Äthylnonylat	40 g	α-Amylzimtaldehyd	50 g
Methylsalicylat	80 g	Benzylbenzoat	400 g
Methylanthranilat	25 g		
Methylnonyl-Acetaldehyd	2 g		

Tuberosen-Aldehyd

Laurinaldehyd	5 g
Decylaldehyd	2 g
Methylnonyl-Acetaldehyd	5 g
Methylanthranilat	20 g
Cumarin	20 g
Resinoid Benzoe	30 g
Methylmyristat	30 g
Methyllaurinat	60 g
Methylsalicylat	80 g
Äthylnonylat	40 g
Cassie absol., nat.	15 g
Tuberose absol., nat.	60 g
Citral	25 g
α-Amylzimtaldehyd	60 g
Octylformiat	15 g
Benzylbenzoat	500 g
Citronenöl	30 g
Acetophenon	20 g

Tuberosen-Alkohol

Cumarin	40 g
Decylalkohol	140 g
Laurylalkohol	100 g
Laurinaldehyd	10 g
Geranylformiat	10 g
Octylformiat	10 g
Decylaldehyd	2 g
Methylsalicylat	40 g
Methylanthranilat	15 g
Methylmyristat	20 g
Äthylnonylat	20 g
Methyllaurinat	30 g
Citral	10 g
Resinoid Benzoe	50 g
Jasmin, künstl.	150 g
Tuberose absol., nat.	30 g
Phenyläthylalkohol	200 g
Zimtalkohol	30 g
Benzylalkohol	500 g
α-Amylzimtaldehyd	40 g

Tuberal

Tuberose Base I	150 g
Hydroxycitronellal	50 g
Methylsalicylat	25 g
Heliotropin	15 g
Laurinaldehyd	8 g
Methylnonyl-Acetaldehyd	2 g
α-Amylzimtaldehyd	5 g
Jasmin, künstl.	5 g
Methyljonon	10 g
Methylanthranilat	15 g
Citral	5 g
Benzylbenzoat	200 g
Zimtalkohol	20 g

Tuberosenkompositionen für Seife.

Tuberose S. Nr. 1

Tuberose Base I (ohne echte Blütenöle)	350 g
Äthylsalicylat	25 g
Methylsalicylat	60 g
Cassie, künstl.	5 g
Cumarin	5 g
Methylanthranilat	25 g
Citronenöl	15 g
Bergamottöl, künstl.	120 g
Xylolmoschus	3 g
Resinoid Benzoe Sumatra	12 g
Jasmin, künstl.	100 g
Linalool	80 g
Ylang-Ylang, künstl.	30 g
Canangaöl	70 g
Benzylbenzoat	70 g
Amylsalicylat	15 g

Tuberose S. Nr. 2

Tuberose Base I (ohne echte Blütenöle)	250 g
Methylsalicylat	80 g
Cumarin	6 g
Methylanthranilat	20 g
Neroliöl, künstl.	10 g
Cassie, künstl.	5 g
Citronenöl	20 g
Portugalöl	10 g
Bergamottöl, künstl.	80 g
Xylolmoschus	3 g
Ambrettemoschus	3 g
Heliotropin	3 g
Amylsalicylat	10 g
Patchouliöl	0,1 g
Resinoid Sumatra	10 g
Resinoid Labdanum	3 g
Benzylacetat	30 g
Canangaöl	40 g
Zimtalkohol	20 g

Extrait Tubéreuse.

Bergamottöl Reggio	3 g
Portugalöl	2 g
Cumarin	0,3 g
Resinoid Tonka	0,7 g
Citronenöl	2 g
Neroliöl, künstl.	4 g
Jasmin, künstl.	4 g
Methylanthranilat	1 g
Mandarinenöl	1 g
Rosmarinöl	0,2 g
Sandelöl, ostind.	0,3 g
Ketonmoschus	2 g
Ambrettemoschus	3 g
Ess. comp. Chypre	2,5 g
Muskateller Salbeiöl (Sauge sclarée)	2 g
Tubéreuse artif.	35 g
Ess. absol. Tubéreuse	5 g
Ess. absol. Jasmin	1,5 g
Ess. absol. Orangenblüte	1,5 g
Ess. absol. Rose	2 g
Vanilletinktur	8 g
Tonkatinktur	12 g
Iristinktur	40 g
Moschustinktur	35 g
Ambratinktur	20 g
Alkohol	1,5 l

Orangenblüte, Fleur d'Oranger
von *Citrus bigaradia.*

Es sei hier zunächst daran erinnert, daß die Orangenblüte zwei verschiedene Öle liefert, das Orangenblütenöl und das ätherische Neroliöl Bigarade, die sich in ihrer chemischen Zusammensetzung ganz erheblich unterscheiden.

a) Orangenblütenöl (*Essence de Fleurs d'Oranger*).

Chemische Zusammensetzung:

Methylanthranilat im Mittel (event. Maximum 12%, selten mehr)	9%	Geranylacetat	4%
Phenyläthylalkohol	35%	Terpineol	2%
Linalool	30%	Indol	0,08—0,2%
Nerol u. Geraniol	4%	Decylaldehyd	Spuren
Linalylacetat	7%	wahrscheinlich auch spurenhafte Mengen von: Phenylessigsäure und Phenylacetaten (Phenyläthyl- oder Methylphenylacetat?)	

Als wesentlichster Geruchsträger des Orangenblütenöls ist das Methylanthranilat aufzufassen, ebenso ist der Phenyläthylalkohol ein wichtiger Geruchsbestandteil.

Besonders das Methylanthranilat spielt bei Nachbildungen des Orangenblütengeruches eine hervorragende Rolle, ebenso andere ähnlich riechende Körper, wie Methyl-Naphtylketon, Aurantiol u. a.

Auch zahlreiche andere Riechstoffe kommen zur Wiedergabe des Orangenblütengeruches in Frage. Hier sind zu nennen Linalool, Linalylacetat, Indol, Heptylaldehyd, Decylalkohol, Decylaldehyd, Hydroxycitronellal u. a., besonders aber Geranylformiat, das ganz besonders zur Abrundung und Frische der Note Orangenblüte beiträgt (3—4%).

Skelett eines künstlichen Orangenblütenöls.

Methylanthranilat	18—20%
Linalool	25—30%
Phenyläthylalkohol	15—25%
Linalylacetat (Bergamotte)	10%
Geranylformiat	4%
Indol	0,03%
Bukettstoffe: Orangenöl, bitter, Aldehyde, Balsame usw.	10%

Sehr wichtig sind manche ätherische Öle, die als Adjuvantien Verwendung finden, wie Petitgrainöl Bigarade, Orangenöl süß und bitter, Linaloeöl, Bergamottöl, Petitgrain Mandarinier u. a.

Von diesen ätherischen Ölen kommt besonders dem Petitgrainöl Bigarade eine wichtige Rolle zu, indem dieses häufig mit als wesentliche Basis guter Nachbildungen des Orangenblütenöls und Neroliöls fungiert, besonders aber bei Nachbildungen des Neroliöls in relativ großen Mengen zur Verwendung gelangt. Auch andere Petitgrainöle, besonders Petitgrain Mandarinier können hier mit Nutzen Verwendung finden.

Was den Gehalt der künstlichen Orangenblütenöle an Methylanthranilat und Phenyläthylalkohol anlangt, so ist derselbe durchwegs erheblich höher zu nehmen als jener des echten Öls (vgl. hier auch unsere späteren Ausführungen bei künstlichem Neroliöl).

Was nun den mittleren Indolgehalt der künstlichen Orangenblütenöle anlangt, so ist es anzuraten, einen solchen von 0,05% nicht erheblich zu überschreiten und sich mit einem solchen von etwa 0,025 bis 0,03% im Mittel zu begnügen, für Neroliölnachbildungen kommt ein noch wesentlich niedrigerer Indolgehalt in Frage, wie wir später sehen werden.

Fleur d'Oranger A, surfine

Bergamottöl Reggio	40 g
Decylaldehyd	0,06 g
Phenyläthylalkohol	80 g
Linalool	80 g
Methylanthranilat	60 g
Indol	0,1 g
Geranylformiat	10 g
Decylalkohol	3 g
Aurantiol	30 g
Perubalsam	5 g
Orangenöl, bitter	20 g
Orangenblütenöl absol., nat.	30 g

Fleur d'Oranger B, fine

Petitgrainöl, franz.	110 g
Decylalkohol	3 g
Decylaldehyd	2 g
Phenyläthylalkohol	150 g
Linalool	380 g
Bergamottöl	110 g
Methylanthranilat	180 g
Indol	0,3 g
Geranylformiat	40 g
Orangenöl, bitter	10 g
Perubalsam	5 g
Fleur d'Oranger absol.	20 g

Fleur d'Oranger C

Petitgrainöl, franz.	80 g
Methylanthranilat	150 g
Bergamottöl	80 g
Indol	0,3 g
Phenyläthylalkohol	100 g
Linalool	80 g
Resinoid Benzoe	20 g
Aurantiol	50 g
Orangenöl, bitter	20 g
Decylaldehyd	0,5 g
Geranylformiat	15 g
Petitgrainöl Mandarinier	50 g
Fleurs d'Oranger absol., nat.	20 g

Fleur d'Oranger D

Methylanthranilat	60 g
Phenyläthylalkohol	40 g
Geranylformiat	3,5 g
Geranylacetat	2 g
Bergamottöl	30 g
Geraniol	10 g
Indol	0,03 g
Petitgrainöl, franz.	20 g

Fleur d'Oranger E

Linalool	40 g
Methylanthranilat	20 g
Phenyläthylalkohol	25 g
Bergamottöl	10 g
Geranylformiat	3,5 g
Indol	0,03 g
Decylaldehyd	0,01 g
Petitgrainöl, franz.	10 g
Orangenöl, bitter	3 g

Fleur d'Oranger F

Linalool	40 g
Methylanthranilat	20 g
Phenyläthylalkohol	25 g
Bergamottöl	10 g
Geranylformiat	3,5 g
Indol	0,03 g
Decylaldehyd	0,02 g
Decylalkohol	1 g
Orangenöl, bitter	3 g
Petitgrainöl Mandarinier	10 g
Fleur d'Oranger absol. nat.	2,5 g

Fleur d'Oranger G

Linalool	10 g
Geraniol	40 g
Methylanthranilat	10 g
Indol	0,03 g
Methylnaphtylketon	8 g
Aurantiol	4 g
Geranylformiat	3 g
Linalylacetat	10 g
Orangenöl, bitter	2 g
Petitgrainöl, franz.	8 g
Petitgrain Mandarinier	4 g
Decylalkohol	1 g

Orangenblütenkompositionen für Seife.

1. Surfine

Petitgrainöl Paraguay	250 g
Bergamottöl, künstl.	150 g
Linalool	200 g
Linaloeöl	200 g
Phenyläthylalkohol	250 g
Methylanthranilat	250 g
Geranylformiat	30 g
Geranylacetat	30 g
Orangenöl, bitter	25 g
Mandarinenöl	10 g
Methylnaphtylketon	60 g
Benzylacetat	250 g
Resinoid Sumatra	100 g
Xylolmoschus	8 g

2. Fine

Phenyläthylalkohol	250 g
Bergamottöl, künstl.	200 g
Linaloeöl	300 g
Petitgrainöl Paraguay	150 g
Methylanthranilat	300 g
Benzylacetat	300 g
Geranylacetat	50 g
Geranylformiat	30 g
Portugalöl	20 g
Orangenöl, bitter	20 g
Methylnaphtylketon	50 g
Aurantiol	30 g
Bromelia	30 g
Resinoid Benzoe	100 g
Xylolmoschus	10 g

3. Demi fine

Petitgrainöl Paraguay	300 g
Bergamottöl, künstl.	200 g
Linaloeöl	300 g
Phenyläthylalkohol	300 g
Methylanthranilat	300 g
Geranylacetat	40 g
Aurantiol	60 g
Methylnaphtylketon	30 g
Bromelia	20 g
Benzylacetat	200 g
Resinoid Sumatra	100 g
Xylolmoschus	15 g

4. Ordinaire

Bromelia	300 g
Methylanthranilat	300 g
Benzylacetat	400 g
Xylolmoschus	30 g
Petitgrainöl Paraguay	500 g
Bergamottöl, künstl.	300 g
Terpineol	1000 g
Resinoid Sumatra	200 g

5.

Phenyläthylalkohol	350 g
Linalool	250 g
Linalylacetat	250 g
Geranylformiat	30 g
Methylanthranilat	120 g
Resinoid Benzoe	60 g
Resinoid Oliban	20 g
Resinoid Tolu	30 g
Xylolmoschus	20 g
Aurantiol	50 g

6.

Petitgrainöl, franz.	250 g
Bergamottöl, künstl.	400 g
Methylanthranilat	120 g
Linaloeöl	100 g
Phenyläthylalkohol	200 g
Geranylformiat	30 g
Methylnaphtylketon	30 g
Resinoid Sumatra	50 g
Xylolmoschus	15 g
Ambrettemoschus	10 g

b) Neroliöl.

Die Nachbildungen des echten Neroliöls Bigarade sind als künstliches Neroliöl im Handel sehr verbreitet und besitzen wir in diesen tatsächlich vollkommene Ersatzprodukte des echten Öles, die ganz besonders in den letzten Jahren phantastischer Preissteigerungen für das echte Öl, vorzügliche Dienste geleistet haben.

Chemische Zusammensetzung des Neroliöls:

Terpene (Pinen, Limonen)	35%	Indol	Spuren
Linalool	30%	(0,04—0,08%, selten mehr, bis 0,15—0,19%)	
Geraniol und Nerol	4%	Decylaldehyd	Spuren
Linalylacetat	7%	Phenylessigsäure und Phenylacetate (?)	Spuren
Terpineol	2%		
Methylanthranilat	1%		
Phenyläthylalkohol	1%		

Wie aus einer vergleichenden Betrachtung der chemischen Zusammensetzung von Orangenblütenöl ersichtlich ist und früher bereits erwähnt wurde, enthält Neroliöl Terpene, die im Blütenöl überhaupt nicht vorkommen, dagegen ist Neroliöl sehr arm an Methylanthranilat und Phenyläthylalkohol, die fast zur Gänze im Destillationswasser zurückbleiben. Auch der Indolgehalt des Neroliöls ist meist beträchtlich geringer als jener des Orangenblütenöls, es gibt aber auch Neroliöle mit relativ hohem Indolgehalt. Wie fast stets sind die chemischen Daten auch hier nur als annähernde Anhaltspunkte zu benutzen. Die Zusammensetzung der künstlichen Neroliöle betreffend ist ganz allgemein folgendes zu beachten:

Der Geruch der Terpene des Neroliöls beeinflußt den Gesamtgeruch ganz erheblich und betont den Geruchsunterschied zwischen Neroliöl und Orangenblütenöl, abgesehen von anderen Faktoren, ganz besonders. Wir müssen diesem Umstande dadurch Rechnung tragen, daß wir bei Nerolikompositionen stets relativ größere Mengen Petitgrainöl mitverwenden, das ziemlich viel Terpene enthält. Auch isolierte natürliche Terpene, besonders Terpene aus bitterem und süßem Orangenöl und Bergamottöl können hier mit Erfolg verwendet werden.

Das Petitgrainöl enthält übrigens auch gewisse Bestandteile, die im Neroliöl vorkommen, was seine Verwendung ebenfalls zweckmäßig erscheinen läßt.

In manchen Fällen kann das billigere Neroliöl Portugal Mitverwendung finden, ebenso Petitgrainöl Mandarinier, Petitgrain Portugal u. a.

Für gute Sorten künstlicher Neroliöle sollte ausschließlich Petitgrain Bigarade aus Grasse (französisches Petitgrainöl) Verwendung finden, für billigere Sorten, besonders Neroliöl für Seife, kommt das viel billigere Petitgrain Paraguay in Frage.

Den Indolgehalt der künstlichen Neroliöle betreffend, sei folgendes bemerkt: Wir haben gesehen, daß die Neroliöle im allgemeinen nur sehr wenig Indol enthalten, meist beträchtlich weniger als Orangenblütenöl, obwohl auch indolreichere Neroliöle vorkommen.

Bei Nerolikompositionen sollte man nicht wesentlich über einen Gehalt von etwa 0,015% Indol hinausgehen sollte, ein guter Mittelwert ist 0,0125 bis 0,013% Indol.

Gehalt an Methylanthranilat und Phenyläthylalkohol. Diesbezüglich bietet uns die Analyse des natürlichen Öles keinen festen Anhalt und wäre es praktisch unmöglich, mit etwa 1% Methylanthranilat gute Nachbildungen des echten Öles zu erhalten, wir sind also genötigt, erheblich höhere Mengen dieses Esters anzuwenden. Analog liegt der Fall für Phenyläthylalkohol, auch hier werden erheblich größere Mengen als 1% nötig sein (6—7%).

Im Mittel wird ein gutes künstliches Neroliöl enthalten etwa: 5 bis 6% Methylanthranilat und 6 bis 7% Phenyläthylalkohol. In manchen Fällen wird man auch mit 3,5 bis 4% Methylanthranilat auskommen können. Analog liegt ja der Fall bei Nachbildungen des Orangenblütenöls, bei denen wir ja auch erheblich größere Mengen Methylanthranilat und Phenyläthylalkohol, als im natürlichen Öl enthalten, mit heranziehen müssen.

Ein wesentlicher Bestandteil eines modernen künstlichen Neroliöls ist auch das Geranylformiat, das auch bei der Nachbildung des Orangenblütenöles eine große Rolle spielt, wie wir bereits gesehen haben.

In der Tat gibt schon ein geringer Zusatz dieses wertvollen Esters zu Petitgrainöl jenem eine ziemliche Ähnlichkeit mit Neroliöl, die durch Zusätze wie Methylanthranilat usw. bis zur täuschenden Nachbildung des Geruches gesteigert werden kann. Für Neroliöl kommt etwa 1 bis 2%, für Orangenblütenöl etwa 3 bis 4% Geranylformiat in Frage. Von weiteren Bestandteilen des künstlichen Neroliöls seien genannt Decylalkohol in kleinen Mengen, Linalool, Bergamottöl, Linalylacetat, Aldehyd C. 10 in Spuren, Orangenöl bitter und süß, Mandarinenöl usw.

Skelett eines künstlichen Neroliöls.

Methylanthranilat	4—6%	Linalylacetat (Bergamotte)	3—4%
Phenyläthylalkohol	6—7%	Bukettstoffe:	
Geranylformiat	1—2%	Orangenöl, bitter, balsamische Bestandteile usw.	6%
Petitgrainöl	50%		
Indol	0,015%		
Linalool	25%		

Gute künstliche Neroliöle sollen stets kleinere Mengen echtes Neroliöl oder Orangenblütenöl absolut enthalten, selbst geringe Mengen wie 5% und weniger geben dem Kunstprodukt große Feinheit.

Neroliöl, künstlich, A, surfine

Linalool	250 g
Petitgrainöl Grasse	250 g
Phenyläthylalkohol	60 g
Decylaldehyd	2 g
Bergamottöl	30 g
Methylanthranilat	40 g
Indol	0,05 g
Geranylformiat	15 g
Decylalkohol	10 g
Orangenöl, bitter	20 g
Neroliöl, bigarade, echt	60 g
Orangenblütenöl absol., nat.	30 g

Neroli künstlich, extra, B

Petitgrainöl Grasse	50 g
Methylanthranilat	4 g
Geranylformiat	1,5 g
Decylalkohol	0,5 g
Indol	0,01 g
Bergamottöl	3 g
Phenyläthylalkohol	6 g
Linalool	25 g
Orangenöl, bitter	1 g
Orangenblütenöl absol., nat.	2,6 g
Neroliöl Bigar., echt	15 g

Neroliöl, künstlich, C

Petitgrain Grasse	30	g
Linalylacetat	3	g
Bergamottöl	4	g
Decylaldehyd	0,15	g
Phenyläthylalkohol	8	g
Linalool	15	g
Methylanthranilat	5	g
Indol	0,01	g
Geranylformiat	1,3	g
Decylalkohol	0,5	g
Orangenöl, bitter	2	g
Mandarinenöl	0,2	g
Orangenblütenöl absol., nat.	1,5	g

Neroliöl, künstlich, D

Methylanthranilat	80	g
Phenyläthylalkohol	100	g
Petitgrainöl Grasse	350	g
Linalool	200	g
Bergamottöl	120	g
Geranylformiat	20	g
Decylaldehyd	1	g
Orangenöl, bitter	20	g
Indol	0,13	g
Decylalkohol	5	g
Neroliöl Bigar., echt	100	g

Neroliöl für Seifen.

1.

Petitgrain Paraguay	350	g
Phenyläthylalkohol	350	g
Methylanthranilat	90	g
Methylnaphtylketon	50	g
Aurantiol	40	g
Geranylformiat	25	g
Linaloeöl	200	g
Linalool	100	g
Linalylacetat	50	g
Terpineol	50	g
Benzylacetat	50	g
Resinoid Sumatra	50	g
Perubalsam	20	g
Indol	0,1	g

2.

Petitgrainöl Parag.	400	g
Phenyläthylalkohol	300	g
Methylanthranilat	100	g
Aurantiol	75	g
Geranylformiat	22	g
Linalool	300	g
Bergamottöl, künstl.	120	g
Indol	0,15	g
Methylnaphtylketon	50	g
Resinoid Benzoe	40	g
Perubalsam	20	g
Terpineol	80	g
Geranylacetat	40	g
Orangenöl, bitter	10	g

Billigste Sorten kann man auch mit Bromelia und Yara-Yara herstellen, letzteres Produkt ist aber besser zu vermeiden. Jeder Mißbrauch dieser Körper rächt sich bitter und sollten diese nur in relativ kleinen Mengen zur Verwendung kommen.

Extrait Fleurs d'Oranger.

Neroliöl bigar., echt	15	g
Orangenblüte absol., nat.	5	g
Jasmin absol., nat.	1,5	g
Tuberose absol., nat.	0,5	g
Heliotropin	0,5	g
Orangenöl, bitter	1	g
Rosenöl, echt	1,5	g
Ketonmoschus	2,5	g
Resinoid Benzoe	6	g
Hydroxycitronellal	2,5	g
Amylsalicylat	0,2	g
Orangenblüte, künstl.	40	g
Vanillin	0,5	g
Resinoid Labdanum	0,5	g
Ambra, künstl.	2	g
Patchouliöl	0,05	g
Vetiveröl	0,3	g
Moschustinktur	30	g
Vanilletinktur	60	g
Alkohol	1	l

Cassie.

Die beste Sorte stammt von *Acacia farnesiana.*

Chemische Zusammensetzung des Cassieblütenöls: Quantitativ ist dieselbe wenig geklärt, qualitativ dagegen einigermaßen.

Praktisch bietet aber die Kenntnis wohl der hauptsächlichsten, aber längst nicht aller Bestandteile dieses wertvollen Blütenöls so gut wie gar keine Anhaltspunkte für die Nachbildung.

Es wurden im Cassieblütenöl festgestellt: Methylsalicylat (etwa 10%), Benzylalkohol, Anisaldehyd, Cuminaldehyd, ein Keton mit Veilchengeruch (Jonon ?), ein Keton mit Pfefferminzgeruch (Menthon ?), Geraniol, Linalool, Farnesol, Benzaldehyd, Decylaldehyd, wahrscheinlich sind auch Eugenol und Methyleugenol darin enthalten (?).

Wie bereits erwähnt, bietet die Kenntnis dieser Bestandteile recht wenig Anhaltspunkte für gute Nachbildungen, mit Ausnahme der Gegenwart von Methylsalicylat und Anisaldehyd. Wenn wir annehmen wollen, was sehr wahrscheinlich ist, daß das nachgewiesene veilchenartig riechende Keton Jonon oder ein Jononderivat ist, eventuell auch Iron, so würde dadurch die praktische Notwendigkeit bestätigt, Jonon bzw. Methyljonon, sowie meist auch Irisöl zur Rekonstruktion des echten Öles heranziehen zu müssen, eine theoretische Erklärung finden.

Jedenfalls müssen wir, praktisch gesprochen, Jonon bzw. Methyljonon als wesentlichste Basis neben Methylsalicylat zur Nachbildung des Cassiegeruches heranziehen, wie denn auch der Geruch des Cassieblütenöls eine gewisse klassische Analogie mit jenem des Veilchenblütenöls aufweist, bzw. eine wertvolle Komplementärnote des komplexen Veilchenaromas darstellt.

Cumarin wurde im Cassieblütenöl nicht nachgewiesen, jedoch zeigt der Geruch des Cassieblütenöls eine deutlich wahrnehmbare heuartige Note, wie sie auch in wenig ausgesprochener Weise in zahlreichen Blüten- und ätherischen Ölen wahrzunehmen ist, bei denen Cumarin nicht nachgewiesen werden konnte. Praktisch gesprochen, kommen wir jedenfalls ohne Cumarinzusatz (Tonkabohnenextrakt) nicht aus, um eine gute Nachbildung zu erhalten.

Wenn wir die Publikationen der Fachliteratur betreffs Herstellung von Nachbildungen des Cassiegeruches konsultieren, so müssen wir leider feststellen, daß die dort gemachten Angaben sehr problematischer und oft ganz widersprechender Natur sind. Anderseits sind aber gerade gute Nachbildungen des Cassieblütenöls willkommene Ersatzprodukte für das ungemein teure echte Öl, dessen Preise in den letzten Jahren geradezu exorbitant zu nennen sind.

Wir haben daher ganz speziell in dieser Richtung Versuche unternommen und veröffentlichen nachstehend zum erstenmal eine Reihe neuer Vorschriften, die, von ganz neuen Prinzipien ausgehend, in vieler Beziehung ganz neue Wege zu weisen berufen sein dürften.

Als wesentlichste Basis für solche Nachbildungen dürfen wir ein Gemisch von Jonon bzw. Methyljonon, Irisöl, Anisaldehyd und Methyl- bzw. Äthylsalicylat ansprechen.

Als wichtige Adjuvantien, Elementarkomplemente, Kontraste usw. sind zu erwähnen Cumarin, Tonkaextrakt, komplexe Heunoten *(Foin Coupé composé)*, Eugenol, balsamische Noten, Veilchenkomplex, Veilchenblätteröl, eventuell Aldehyde C. 10, C. 9 und C. 12 (Laurin- und Methylnonylacetaldehyd).

In großen Zügen läßt sich die mittlere Zusammensetzung eines künstlichen Cassieblütenöls wie folgt skizzieren:

Methyl- oder Äthylsalicylat (event. Gemische beider)	10%	Note Heu (Cumarin usw.)	6%
Methyljonon	12—15%	Anisaldehyd	6%
Jonon	35—40%	Eugenol	0,8—1%
Iris	15%	Diverse Bukettstoffe	3%

Hierzu sind noch zu rechnen etwa 5 bis 10% echtes Cassieblütenöl zur wesentlichen Erhöhung der Natürlichkeit, es sei jedoch bemerkt, daß sich recht gute Nachbildungen auch ohne Zusatz echten Blütenöls herstellen lassen.

Von Bukettstoffen seien noch erwähnt Heliotropin, Methyleugenol, Octylformiat (Verstärkung der Irisnote), Äthyl- und Methylmyristat, Cuminaldehyd (Vorsicht!), Geraniol, Linalool u. a.

Cassie, künstlich, A

Eugenol	10 g
Jonon	350 g
Methyljonon	200 g
Irisöl konkret	20 g
Irisöl, künstl.	60 g
Heliotropin	35 g
Anisaldehyd	75 g
Octylformiat	15 g
Foin coupé, comp.	75 g
Äthylsalicylat	75 g
Methylsalicylat	25 g
Perubalsam	25 g
Cassie absol., nat.	75 g

Cassie, künstlich, C

Eugenol	10 g
Methyleugenol	2 g
Methyljonon	150 g
Jonon	300 g
Irisöl, konkret	20 g
Irisöl, künstl.	50 g
Iris absol., 10fach	2 g
Heliotropin	40 g
Bergamottöl	40 g
Cumarin	40 g
Resinoid Tonka	15 g
Octylformiat	15 g
Äthylsalicylat	100 g
Aldehyd C. 9	1 g
Aldehyd C. 12 (Laurinaldehyd)	0,2 g
Resinoid Tolu	30 g
Perubalsam	20 g
Anisaldehyd	75 g
Cassie absol., nat.	120 g

Cassie, künstlich, B

Eugenol	8 g
Jonon	400 g
Methyljonon	150 g
Irisöl, konkret	50 g
Iris absol., 10fach	3 g
Heliotropin	40 g
Anisaldehyd	72 g
Bergamottöl	40 g
Cumarin	40 g
Resinoid Tonka	10 g
Octylformiat	22 g
Äthylsalicylat	80 g
Methylsalicylat	20 g
Resinoid Tolu	15 g
Perubalsam	10 g
Cassie, nat., absol.	50 g

Cassie, künstlich, D.

Eugenol	12 g
Jonon	350 g
Methyljonon	200 g
Irisöl, konkret	30 g
Irisöl, künstl.	30 g
Octylformiat	20 g
Heliotropin	50 g
Anisaldehyd	70 g
Foin coupé, comp.	80 g
Resinoid Tonka	10 g
Äthylmyristat	5 g
Äthylnonylat	2 g
Äthylsalicylat	90 g
Methylsalicylat	10 g
Perubalsam	20 g
Resinoid Sumatra	40 g
Cassie absol., nat.	80 g

Sehr wichtig für gute Bukettierung der künstlichen Cassieöle ist ein kräftig balsamischer Fond.

Cassiekompositionen für Seife.

Nr. 1		Nr. 2	
Nelkenöl	10 g	Eugenol	10 g
Eugenol	5 g	Jonon	400 g
Methyleugenol	5 g	Methyljonon	200 g
Benzylalkohol	250 g	Heliotropin	50 g
Jonon	350 g	Anisaldehyd	110 g
Methyljonon	200 g	Irisöl, künstl.	60 g
Heliotropin	60 g	Octylformiat	20 g
Anisaldehyd	100 g	Cumarin	80 g
Irisöl, künstl.	50 g	Bergamottöl, künstl.	40 g
Octylformiat	15 g	Methylsalicylat	50 g
Cumarin	60 g	Äthylsalicylat	50 g
Bergamottöl, künstl.	40 g	Patchouliöl	1,5 g
Methylsalicylat	60 g	Resinoid Sumatra	50 g
Äthylsalicylat	60 g	Resinoid Tolu	25 g
Portugalöl	5 g	Perubalsam	15 g
Patchouliöl	1 g	Nelkenöl	5 g
Perubalsam	20 g	Citronenöl	5 g
Citronenöl	5 g	Geraniumöl, afrik.	20 g
Cedernöl	50 g	Benzylalkohol	200 g

Cassie-Extraits sind ohne jedes praktische Interesse.

Rose,

von *Rosa centifolia* und *Rosa damascena*, auch von anderen Rosentypen gewonnen (*Rosa gallica* u. a.).

Chemische Zusammensetzung der Rosenöle: Wiederholt sei hier nur kurz, daß die Rosenblüte durch geeignete Extraktionsmethoden das Rosenblütenöl liefert, durch Wasserdampfdestillation aber das ätherische Rosenöl. Beide Öle unterscheiden sich chemisch und geruchlich ganz erheblich.

In vergleichender Zusammenstellung ergibt die chemische Zusammensetzung der beiden Rosenölarten folgendes Bild:

Ätherisches Rosenöl	Bestandteile:	**Rosenblütenöl**
60—70%	Geraniol und Citronellol	30—34%
5—10%	Nerol	5—10%
1%	Phenyläthylalkohol	46% (und mehr, bis 60%)
1%	Eugenol	1%
Spuren	Linalool	Spuren
Spuren	Citral	Spuren
17—21%	Stearopten	keines
Spuren	Aldehyde (C^8, C^9)	Spuren

Wahrscheinlich ist auch Anwesenheit spurenhafter Mengen Phenylessigsäure, bzw. gewisser Ester derselben (Phenyläthyl-Phenylacetat, Methylphenylacetat (?), ferner von Octylaldehyd.

Zur künstlichen Nachbildung des Rosenöles bedient man sich in erster Linie der klassischen Basen· Geraniol, Citronellol, Rhodinol, Nerol und Phenyläthylalkohol, ebenso der verschiedenen Sorten Geraniumöle, von denen das spanische Öl dem Rosenöl geruchlich am nächsten kommt. Gute Nachbildungen enthalten auch stets echtes Rosenöl, das einen ganz erheblichen Anteil an der Feinheit des künstlichen Rosenöls nimmt.

Die Adjuvantien und Kontraste variieren nach dem Typus der Rosenart, soweit es sich nicht um solche allgemeinerer Art handelt, wie z. B. Jonon, Methyljonon usw.

Für Rote Rose kommen in Frage Iris, Orangenblüte, Hyacinthe, Phenylacetaldehyd, Phenyläthylpropionat u. a.;

für Weiße Rose Patchouli, Jasmin, Veilchen, Cassie, Ylang-Ylang, Orangenblüte, Tuberose, Vanille u. a.;

für Teerose Guajakholzöl, Sandelöl ostindisch, Verbenaöl, Orangenblüte, Iris, Veilchen u. a.;

für Gelbe Rose Orangenblüte, Sandelöl ostindisch, Verbenaöl, Cumarin (Tonkabohne), Tuberose, Zimtalkohol u. a.;

für Moosrose Geranylacetat, Orangenblüte, Eichenmoos und Moschustöne;

für Maréchal-Niel-Rose Guajakholzöl, Pfirsichaldehyd C. 14, Erdbeeraldehyd C. 16, Cumarin, Zimtalkohol, Gartennelkennoten (Isoeugenol, Eugenol usw.), Jasmin und Sandelöl ostindisch.

Für **Wilde Rose** *(Eglantine)* kommen folgende Adjuvantien in Frage: Anisaldehyd, Jasmin, Isobutylphenylacetat, Isobutylbenzoat, Hydroxycitronellal, Phenyläthylacetat, Phenyläthylbutyrat u. a.

Viele dieser Spezialadjuvantien kommen aber in allgemeiner Hinsicht für künstliche Rosenöle in Frage, denn die einzelnen Typen sind nicht so eng umschrieben, daß die allen gemeinsame charakteristische Rosennote nicht das Hauptmoment darstellte.

In der Mehrzahl der Fälle wird also der Parfumeur bestrebt sein, eine gute Rose von allgemeinem Typ zu komponieren und kann zu diesem Zwecke eine stattliche Anzahl von Basen und Adjuvantien mitheranziehen.

So seien als solche folgende erwähnt: Linalool, Geraniumöle, Hydroxycitronellal, Bergamottöl, Citronenöl (Citral), Sandelöl ostindisch, Nelkenöl, Ylang-Ylangöl, Zimtalkohol, Jasmin, Tuberose, Iris, Veilchen, Vetiver, Jonon, Methyljonon, Eugenol, Methyleugenol, Isoeugenol, Benzylisoeugenol, Vanillin, Heliotropin, Cumarin, Diphenyloxyd, Diphenylmethan, Benzophenon u. a. Von besonderer Wichtigkeit sind auch einzelne Fettaldehyde und die Ester des Geraniols, Citronellols, Rhodinols und Phenyläthylalkohols, wie Geranylacetat, Geranylformiat, Citronellylacetat, Citronellylformiat, Rhodinylacetat, Phenyläthylacetat, Phenyläthylbutyrat und Isobutyrat und andere. Manche Autoren bezeichnen das Phenyläthylproprionat als besonders wichtig für künstliche Rosenkompositionen.

Rolle der Fettaldehyde. Besonders Octylaldehyd, Nonylaldehyd und Decylaldehyd geben bei Rose gute Resultate, ebenso auch die entsprechenden Fettalkohole. Es liegt auf der Hand, daß nur allerkleinste Mengen dieser Aldehyde in Frage kommen, im Mittel sollte man nicht über 0,2 bis 0,3% hinausgehen. Die Fettalkohole können in erheblich größeren Dosen mit Nutzen verwendet werden.

Zweckmäßige Verwendung speziell der Fettaldehyde ermöglicht es, Rosengerüche von wunderbarer Feinheit und Natürlichkeit der Effekte zu erzielen.

Als besonders wichtig sei hier auch der

Phantasie-Rosenkompositionen

gedacht, die als Basen mit ausgesprochenem Rosengeruch zu den eigentlichen Rosenkompositionen gehören, trotzdem aber oft ganz erhebliche Mengen von Adjuvantien wie Vetiveröl, Patchouliöl, Sandelöl ostind. u. a. enthalten.

Diese Rosentypen mit schwülen Geruchsnoten sind außerordentlich interessante Basen der modernen Parfumerie, weil der schwüle Beigeruch hier oft besonders im Nachgeruch originell wirkende Rosentöne zum Ausdruck kommen läßt, die auf diesem Fond kräftig-süß wirken.

Während wir also mit der Verwendung gewisser Adjuvantien bei definierten Rosentypen meist nur auf relativ niedrige Mengen angewiesen sind, kommen zur Herstellung dieser Phantasie-Rosenkompositionen oft recht massive Dosen geeignet ausgewählter und kombinierter Adjuvantien in Frage, wobei aber betreffs Patchouliöl und anderer starker Gerüche selbstverständlich die nötige Vorsicht am Platze ist.

Wir heben diese Tatsache hier besonders hervor um dem Parfumeur darzulegen, daß die so oft bestehende Scheu zu Roseneffekten origineller und oft sehr natürlich wirkender Art Zusätze wie z. B. Sandelöl ostindisch, Vetiveröl, in gewissem Sinne auch Patchouliöl u. a. in größeren Dosen als Adjuvantien, Kontraste usw. mitheranzuziehen, durchaus unangebracht sein kann und immer ist, wenn es sich darum handeln soll Phantasie-Rosenbasen mit vertiefter, komplexer Geruchswirkung herzustellen, unter besonderer Betonung solcher schwüler Noten, die den Rosengeruch in bestimmt nuancierter Form, aber stets mehr oder minder rein und kräftig hervortreten lassen. Daß auch hier nur mit Maß und Ziel zu arbeiten ist, versteht sich wohl von selbst.

Kontraste und Adjuvantien spezieller Art.

Hier sind vor allem zu nennen:

Jonon und Methyljonon. Diese spielen bei modernen Rosenkompositionen in der Tat eine erhebliche Rolle, denn ihre Mitwirkung betont den rosenartigen Charakter der primitiven Elemente wie Geraniol und andere ganz erheblich.

Bei Rosenkompositionen vom Typ Bulgarisches Rosenöl nimmt man etwa 1,2 bis 2% (im Mittel 1,5%) Jonon oder Methyljonon, für den

Rose-Enfleuragetyp etwa 3,5 bis 7% (Mittel 5%). Für Typ Rote Rose und Phantasierosen oft erheblich größere Mengen Methyljonon oder Jonon.

Sandelöl ostindisch. Dieses ätherische Öl gibt den verschiedenen Rosentypen ein ganz besonderes Cachet und verstärkt die typisch süßen Noten des Rosengeruches in glücklicher Weise. Ähnlich verhält sich auch Guajakholzöl, das auch zugleich kräftig fixierend wirkt, jedoch erzielt man mit letzterem nicht die Feinheit und Fülle des Rosengeruches, wie sie mit Sandelöl zu erhalten ist.

Patchouliöl. Kleinste Spuren dieses wertvollen Kontrastes geben bei allen Rosenarten Würze und Feinheit des Rosengeruches, speziell bei weißer Rose kommt Patchouliöl in etwas größeren, aber immer nur sehr kleinen Mengen, als wichtiger Faktor des typischen Geruches in Frage.

Vetiveröl, Eichenmoos. In kleinsten Mengen verwendet, können diese grünen Kontraste bei Rosengerüchen sehr wertvoll sein. Ebenso können hier komplexe Gemische wie *Chypre, Foin Coupé, Fougère, Trèfle* als wirkungsvolle Kontraste herangezogen werden.

Für Phantasie-Rosenkompositionen kommen aber häufig massivere Dosen von Sandelöl ostindisch, Vetiveröl und Patchouliöl u. a. in Frage, wie bereits kurz vorher erwähnt wurde.

Andere Blumennoten als Komplemente des Rosengeruches.

Hier sind in erster Linie gewisse Blütenöle zu nennen, wie Jasmin, Tuberose, Orangenblüte, Veilchen u. a. Von ätherischen Ölen kommen Geraniumöle natürlich in erster Linie als Bestandteile der Rosenbasis in Frage, dann Citronenöl, Bergamottöl, Neroliöl, Orangenöl süß und bitter, Mandarinenöl u. a. Verbenaöl und für billigere Sorten auch Lemongrasöl gibt in Rosenkompositionen prächtig frische Effekte, wozu aber bemerkt werden muß, daß für feine Sorten nur einwandfreies französisches Verbenaöl zu verwenden ist.

Auch gewisse Gewürznoten kommen vorteilhaft als Kontraste zur Mitverwendung, so können kleinste Mengen Nelkenöl, Ingweröl, Zimtöl usw. in diesem Sinne nutzbar gemacht werden, in analoger Weise inter venieren Eugenol, Isoeugenol und ihre Derivate.

Chemische Riechstoffe als Komplemente des Rosengeruches.

Eine stattliche Anzahl solcher wird benutzt, um teils den typischen Rosengeruch zu verstärken, teils um gewisse Varianten des Geruches zu bewirken.

Wir haben die wichtigsten Riechstoffe dieser Art bereits erwähnt, erwähnen hier aber nochmals kurz die verschiedenen Ester des Geraniols, Citronellols, Rhodinols und Phenyläthylalkohols, ebenso Hydroxycitronellal, Maiglöckchenkompositionen usw. Auch Guajylacetat leistet gute Dienste für verschiedene Rosentypen, besonders Teerose.

Die honigartige Note des Rosenöls, die wahrscheinlich der Anwesenheit kleiner Mengen Phenylessigsäure, bzw. deren Estern zuzuschreiben ist, ist praktisch schwierig wiederzugeben. Es gelingt dies einigermaßen durch Verwendung von Phenylessigsäure (1 bis 2%) oder von Butyl-Phenylacetat (0,3 bis 0,5%), Methylphenylacetat (0,3%), Phenyläthyl-Phenylacetat (0,3 bis 0,4%) usw.

Wie bei allen Nachbildungen echter Öle, spielt auch beim künstlichen Rosenöl der Zusatz echten Rosenöles eine erhebliche Rolle und kann hier schon mit relativ geringen Zusätzen von echtem Rosenöl sehr viel erreicht werden. Gute Rosenölersatzprodukte sollten im Mittel nicht unter 10% echtes Rosenöl enthalten (bulgarisches oder Rose absolue). Auch ein Zusatz von 7,5% gibt sehr feine Produkte und ist ein solcher von 5% als äußerstes Minimum praktisch in Betracht zu ziehen.

Man darf also nicht, wie dies so oft geschieht, von einem einfachen Gemisch von Geraniol, Citronellol, Phenyläthylalkohol usw. wirklich feine natürliche Roseneffekte (speziell in alkoholischer Lösung) verlangen, sondern muß immer darauf bedacht sein, mit Ausnahme der Rosenkompositionen für Seife und gewisse billige Kosmetika, durch Zusatz kleiner Mengen echten Rosenöles die nötige Feinheit des Geruches zu erhalten. Die relativ geringen Mehrkosten eines Gemisches mit echtem Rosenöl werden reichlich durch die Feinheit der Effekte kompensiert. Für feinste Sorten künstlicher Rosenöle kommt oft ein Zusatz von 15 bis 20% echtes Rosenöl in Frage.

Für Zwecke der Seifenparfumierung geben einfache Gemische von synthetischen Rosenkörpern, wie Geraniol, Citronellol, Phenyläthylalkohol usw., recht gute Resultate, besonders aber wenn man nicht allzu kleine Mengen echtes Geraniumöl mit heranzieht. Wo es aber der Preis erlaubt, sollte man auch hier kleine Zusätze (1 bis 2%) echten Rosenöls machen, wenigstens für Luxusseifen. Für weniger feine Roseneffekte kann Diphenyloxyd, Diphenylmethan u. a. herangezogen werden, für feine Rosenseifen empfiehlt sich aber nur ein ganz kleiner Zusatz dieser Körper, am besten läßt man sie ganz weg.

Skelettskizze eines künstlichen Rosenöls.

Typ ätherisches Rosenöl	Bestandteile:	**Typ Rosenblütenöl**
80—85%	Geraniol	70%
3,5—5%	Phenyläthylalkohol	13—15%
2%	Jonon (Methyljonon)	3,5—5%
0,2—0,3%	Fettaldehyde (C. 9 usw.)	0,2—0,3%
0,1—0,15%	Citral	0,1—0,15%
0,1—0,15%	Eugenol	0,1—0,15%
8%	Bukettstoffe (Geranylacetat usw.)	8%

Rosenbasen primitiver Art.

1.	Citronellol	300 g
	Geraniol	150 g
	Geraniumöl, afrik. oder Réunion	75 g
	Phenyläthylalkohol	150 g

2.	Citronellol	450 g
	Geraniumöl Grasse	150 g
	Geraniol	225 g
	Phenyläthylalkohol	200 g
	Patchouliöl	1,5 g

3. Geraniol	150 g	4. Geraniol	550 g
Citronellol	180 g	Geraniumöl, afrik.	200 g
Rhodinol	200 g	Citronellol	200 g
Linalool	50 g	Linalool	30 g
Phenyläthylalkohol	200 g	Citral	1 g
Phenylacetaldehyd	2 g	Eugenol	1 g
Geraniumöl, span.	75 g	Octylaldehyd	1,5 g
		Nonylaldehyd	0,5 g

5. Rhodinol	200 g	6. Citronellol	800 g
Geraniumöl, afrik	50 g	Geraniol	400 g
Geraniumöl Grasse	50 g	Geraniumöl, afrik.	200 g
Geraniol	150 g	Phenyläthylalkohol	400 g
Phenyläthylalkohol	100 g		
Geranylacetat	20 g		

7. Geraniol	250 g	8. Geraniol	400 g
Diphenylmethan	50 g	Citronellol	300 g
Geraniumöl, afrik.	150 g	Benzophenon	25 g
Phenyläthylalkohol	100 g	Diphenyloxyd	50 g
Citronellol	150 g	Geraniumöl, afrik.	250 g
		Nelkenöl	1 g
		Geranylformiat	3 g
		Geranylacetat	10 g

Nachbildungen des bulgarischen Rosenöls.

Nr. 1. Qualité Supérieure

Geraniol Palmarosa	500 g	Eugenol	1,5 g
Geraniumöl Grasse	150 g	Geranylacetat	10 g
Citronellol	350 g	Phenyläthylbutyrat	3 g
Phenyläthylalkohol	50 g	Aldehyd C. 8	2 g
Linalool	25 g	Aldehyd C. 9	1 g
Jonon	20 g	Butylphenylacetat	1 g
Citral	1,5 g	Rosenöl, bulg., echt	200—220 g

Dieses künstliche Rosenöl ist von bemerkenswerter Feinheit und Ausgiebigkeit. Man kann die Menge echten Rosenöls eventuell auf 100 oder 75 g reduzieren, um Durchschnittsqualitäten zu erzielen. Immerhin empfiehlt es sich für feinere Sorten obige Menge beizubehalten oder dieselbe auf nicht weniger als 150 g im Ansatz zu reduzieren.

Nr. 2. Feine Sorte

Geraniol	500 g	Methyleugenol	0,5 g
Geraniumöl, afrik.	150 g	Geranylformiat	5 g
Citronellol	250 g	Geranylacetat	10 g
Phenyläthylalkohol	35 g	Phenylessigsäure	5 g
Linalool	22 g	Phenyläthylbutyrat	3 g
Jonon	20 g	Methylphenylacetat	2 g
Citral	0,5 g	Aldehyd C. 8	1,5 g
Eugenol	1 g	Aldehyd C. 9	1 g
Verbenaöl, franz.	1,5 g	Rosenöl, bulg., echt	100 g

Nr. 3. Mittlere Sorte

Geraniol	500 g	Aldehyd C. 8	1,5 g
Nerol	200 g	Aldehyd C. 9	1 g
Rhodinol	100 g	Aldehyd C. 10	0,5 g
Citronellol	100 g	Vanillin	3 g
Phenyläthylalkohol	65 g	Irisöl, konkret, nat.	1 g
Methyljonon	12 g	Geranylacetat	12 g
Linalool	25 g	Butylphenylacetat	1,5 g
Eugenol	1,5 g	Phenyläthylbutyrat	2 g
Citral	1,5 g	Rosenöl, bulg., echt	75 g

Verschiedene Rosentypen.

Rose A

Geraniol	250 g
Citronellol	175 g
Rhodinol	125 g
Phenyläthylalkohol	200 g
Geranylacetat	8 g
Phenyläthylbutyrat	2 g
Linalool	60 g
Jonon	30 g
Phenylessigsäure	10 g
Rosenöl, echt	80 g

Rose B

Geraniol	300 g
Rhodinol	800 g
Phenyläthylalkohol	300 g
Citronellol	400 g
Linalool	60 g
Jasmin, künstl.	20 g
Methyljonon	50 g
Muguet, comp.	40 g
Geraniumöl Bourbon	300 g
Aldehyd C. 8	2,5 g
Aldehyd C. 9	1,5 g
Rosenöl, echt	200 g

Rose C

Geraniol	500 g
Nerol	100 g
Citronellol	100 g
Geraniumöl Grasse	200 g
Phenyläthylalkohol	200 g
Jonon	75 g
Irisöl, konkret	1 g
Phenyläthylbutyrat	3 g
Aldehyd C. 8	1,5 g
Aldehyd C. 9	1 g
Rosenöl, echt	100 g

Rose D

Nerol	100 g
Phenyläthylalkohol	80 g
Citronellol	50 g
Geraniol	200 g
Geraniumöl Grasse	50 g
Muguet, comp.	15 g
Linalool	15 g
Jonon	60 g
Jasmin, künstl.	5 g
Irisöl, konkret	0,5 g
Aldehyd C. 8	0,6 g
Aldehyd C. 9	0,5 g
Rosenöl, echt	60 g

Rose Gloire de Dijon

Geraniol	500 g
Citronellol	250 g
Geraniumöl Grasse	150 g
Phenyläthylalkohol	150 g
Methyljonon	10 g
Aldehyd C. 8	1,5 g
Aldehyd C. 9	1 g
Hydroxycitronellal	35 g
Citronenöl	15 g
Linalool	60 g
Butylphenylacetat	3 g
Phenyläthylbutyrat	2 g
Phenylacetaldehyd	5 g
Jasmin absol., nat.	2 g
Rose absol., nat.	25 g
Rosenöl, bulg., echt	15 g

Rose Maréchal Niel

Geraniol	400 g
Nerol	75 g
Citronellol	200 g
Sandelöl, ostind.	42 g
Jasmin absol., nat.	5 g
Cumarin	12 g
Isoeugenol	15 g
Geraniumöl Grasse	75 g
Phenyläthylalkohol	75 g
Neroliöl bigar.	2 g
Rosenöl, bulg., echt	50 g
Aldehyd C. 8	0,5 g
Aldehyd C. 9	0,7 g
Resinoid Benzoe	50 g
Jonon	15 g

Rose Thé

Geraniol	150 g
Citronellol	100 g
Nerol	100 g
Rhodinol	100 g
Phenyläthylalkohol	150 g
Linalool	30 g
Cumarin	8 g
Guajakholzöl	85 g
Methyljonon	15 g
Irisöl, konkret	2,5 g
Hydroxycitronellal	8 g
Ylang-Ylangöl Manila	1 g
Sandelöl, ostind.	22 g
Verbenaöl, franz.	15 g
Nelkenöl	2 g
Citronenöl	2 g
Aldehyd C. 8	1,5 g
Rosenöl, bulg., echt	150 g
Neroliöl, bigar.	3 g

Rose Rouge

Rhodinol	300 g
Phenyläthylalkohol	200 g
Citronellol	100 g
Geraniol	200 g
Geraniumöl Grasse	120 g
Muguet, comp.	30 g
Linalool	25 g
Ylang-Ylang Manila	8 g
Jonon	75 g
Jasmin, künstl.	15 g
Phenylacetaldehyd	4 g
Vanillin	2,5 g
Irisöl, konkret	1,5 g
Jasmin absol., nat.	5 g
Rose absol., nat.	50 g
Phenyläthylpropionat	50 g
Phenylessigsäure	8 g
Aldehyd C. 8	1,5 g
Aldehyd C. 9	1 g
Rosenöl, bulg., echt	75 g

Rose Trianon

Rose absol., nat.	60 g
Rosenöl, bulg., echt	30 g
Geraniol	200 g
Citronellol	100 g
Geraniumöl, span.	150 g
Nerol	50 g
Phenyläthylalkohol	150 g
Jasmin absol., nat.	6 g
Verbenaöl, franz.	8 g
Jonon	22 g
Methyljonon	8 g
Neroliöl, bigar.	1 g
Vanillin	2 g
Cumarin	3 g
Phenyläthylbutyrat	2 g
Sandelöl, ostind.	10 g
Heliotropin	6 g

White Rose

Geraniol Palmarosa	200 g
Geraniumöl, span.	75 g
Citronellol	125 g
Phenyläthylalkohol	200 g
Patchouliöl	1,5 g
Jasmin, künstl.	25 g
Bergamottöl	50 g
Phenyläthylbutyrat	5 g
Phenyläthylacetat	10 g
Linalool	40 g
Hydroxycitronellal	10 g
Ylang-Ylangöl Manila	2 g
Rosenöl, echt	75 g

Rose de Chine

Geraniol	300 g
Citronellol	100 g
Geraniumöl Grasse	100 g
Jonon	75 g
Phenyläthylalkohol	150 g
Jasmin, künstl.	25 g
Jasmin absol., nat.	5 g
Rose absol., nat.	50 g
Phenylacetaldehyd	4 g
Phenylessigsäure	8 g
Phenyläthylacetat	10 g
Phenyläthylbutyrat	3 g
Geranylacetat	10 g
Guajylacetat	35 g
Guajakholzöl	80 g
Cumarin	5 g
Citronenöl	5 g
Ambrettemoschus	15 g
Resinoid Benzoe	50 g
Rosenöl, echt	85 g

Rose de Provence

Geraniol	300 g	Guajylacetat	25 g
Geranium Grasse	125 g	Sandelöl, ostind.	15 g
Citronellol	150 g	Vanillin	2 g
Phenyläthylalkohol	100 g	Verbenaöl, franz.	6 g
Methyljonon	65 g	Nelkenresinoid	2 g
Irisöl konkret	2 g	Phenyläthylbutyrat	3 g
Rose absol., nat.	60 g	Geranylacetat	12 g
Rosenöl, bulg., echt	120 g	Geranylformiat	8 g
Guajakholzöl	80 g		

Rosenkompositionen für Seifen.

Hier ist, wie überhaupt für Seifen, eine Verwendung von Fettaldehyden, nach Ansicht vieler Autoren, ganz zu vermeiden, da diese hier zu Enttäuschungen Anlaß geben können. Nach unseren Erfahrungen lassen sich auch für Seifen kleine Fettaldehydmengen (namentlich Decylaldehyd) mit Vorteil verwenden, wir sind aber der Ansicht, daß Vorsicht am Platze ist. Sicher kommt man auch ohne Fettaldehyd hier zum Ziel.

Für bessere Sorten sollte neben gutem Geraniol bzw. Citronellol und Rhodinol, stets Geraniumöl afrikanisch oder Réunion in größeren Mengen mitverwendet werden, auch Palmarosaöl und eventuell Gingergrasöl.

Für billige Seifen wird häufig noch Citronellöl auch für Rosentypen herangezogen, obwohl hier Vorsicht am Platze ist, weil der typische, auf die Dauer gar nicht an Rose erinnernde Citronellgeruch vielen Personen unsympathisch ist. Für billigere Sorten leistet in der modernen Parfumerie Diphenyläther oder Diphenylmethan recht gute Dienste.

Als Adjuvantien in der Seife sind zu nennen Nelkenöl (Eugenol usw.), Citronenöl, Lemongrasöl (Verbenaöl), Patchouliöl, Vetiveröl u. a.

Jonon läßt sich auch hier als Adjuvans in vielen Sorten mit Erfolg verwenden, besonders wichtig ist aber das Guajakholzöl als ausgezeichnetes Adjuvans mit gut fixierenden Eigenschaften. In vielen Fällen leistet auch Zimtalkohol hier ausgezeichnete Dienste, ebenso natürlich Sandelöl ostindisch, Linalool, Muguet comp. für Seife usw. Ester des Geraniols usw. werden in der Seife nur in vereinzelten Fällen mitherangezogen, weil sie hier keine so guten Resultate ergeben als im Alkohol.

Als Adjuvans wird von manchen Autoren (Cola u. a.) hier auch Benzophenon empfohlen.

Neben Geraniol, Geraniumölen, Citronellol und Rhodinol spielt auch hier der Phenyläthylalkohol eine bedeutende Rolle.

Rose S. Nr. 1

Geraniol	200 g	Patchouliöl	5 g
Citronellol	100 g	Guajakholzöl	75 g
Geraniumöl, afrik.	300 g	Geranylacetat	30 g
Phenyläthylalkohol	100 g	Benzylacetat	40 g
Linaloeöl	50 g	Jonon	65 g
Linalool	25 g	Xylolmoschus	6 g
Sandelöl, ostind.	35 g	Ambrettemoschus	8 g
Nelkenöl	55 g	Resinoid Benzoe	75 g

Rose S. Nr. 2

Palmarosaöl .... 100 g
Geraniumöl, afrik. .... 250 g
Geraniol .... 150 g
Citronellol .... 100 g
Phenyläthylalkohol ...... 80 g
Linaloeöl .... 80 g
Diphenyloxyd .... 50 g
Nelkenöl .... 40 g
Patchouliöl .... 10 g
Guajakholzöl .... 80 g
Sandelöl, ostind. .... 25 g
Zimtalkohol .... 25 g
Xylolmoschus .... 8 g
Resinoid Sumatra .... 70 g

Rose S. Nr. 3

Citronellol .... 300 g
Geraniol .... 150 g
Geraniumöl, afrik. .... 75 g
Phenyläthylalkohol ...... 150 g
Xylolmoschus .... 8 g
Guajakholzöl .... 50 g
Patchouliöl .... 3 g
Resinoid Benzoe .... 50 g

Rose S. Nr. 4

Geranium Réunion ..... 175 g
Geraniol .... 250 g
Citronellol .... 100 g
Phenyläthylalkohol .... 160 g
Heliotropin .... 25 g
Cumarin .... 5 g
Patchouliöl .... 1,5 g
Jonon .... 75 g
Methyljonon .... 25 g
Phenylacetaldehyd ..... 5 g
Resinoid Benzoe .... 75 g
Xylolmoschus .... 10 g
Ambrettemoschus ...... 10 g

Rose Royale S.

Geraniumöl, afrik. ...... 800 g
Phenyläthylalkohol ..... 125 g
Geraniol .... 1000 g
Muguet, comp. .... 150 g
Guajakholzöl .... 75 g
Patchouliöl .... 5 g
Nelkenöl .... 120 g
Citronenöl .... 50 g
Sandelöl, ostind. .... 50 g
Vetiveröl Bourbon ...... 25 g
Resinoid Tolu .... 25 g
Resinoid Benzoe .... 80 g
Ambrettemoschus .... 18 g
Xylolmoschus .... 5 g
Methyljonon .... 55 g

Rose de Bulgarie S.

Geraniumöl, afrik. .... 150 g
Geraniumöl Réunion ..... 250 g
Geraniol .... 300 g
Citronellol .... 200 g
Phenyläthylalkohol ...... 100 g
Jonon II .... 50 g
Citral .... 2 g
Eugenol .... 4 g
Nelkenöl .... 20 g
Linalool .... 65 g
Guajakholzöl .... 75 g
Sandelöl, ostind. .... 25 g
Geranylacetat .... 15 g
Phenylessigsäure .... 10 g
Resinoid Sumatra .... 65 g

Rose S. ordinär A.

Palmarosaöl .... 200 g
Diphenyloxyd .... 200 g
Citronellol .... 300 g
Geraniol .... 100 g
Jonon II .... 100 g
Lemongrasöl .... 30 g
Geraniumöl, afrik. .... 50 g
Geranylacetat .... 30 g
Patchouliöl .... 5 g
Nelkenöl .... 20 g
Xylolmoschus .... 8 g
Resinoid Sumatra .... 50 g

Rose S. ordinär B.

Palmarosaöl .... 200 g
Geraniumöl, afrik. .... 100 g
Diphenylmethan .... 300 g
Geraniol .... 150 g
Citronellol .... 300 g
Phenyläthylalkohol ...... 100 g
Jonon II .... 100 g
Lemongrasöl .... 20 g
Nelkenöl .... 20 g
Nerolilöl kstl. S. .... 10 g
Citronenöl .... 20 g
Xylolmoschus .... 10 g
Resinoid Tolu .... 20 g
Resinoid Benzoe .... 50 g

Rosen-Extraits.

Roses de Provence

Rose absol., nat.	75 g
Jasmin absol., nat.	10 g
Cassie absol., nat.	2 g
Rosenöl, künstl.	200 g
Rosenöl, echt, bulg.	30 g
Phenyläthylalkohol	50 g
Methyljonon	30 g
Hyacinthe, künstl.	6 g
Resinoid Myrrhe	8 g
Guajakholzöl	50 g
Sandelöl, ostind.	5 g
Patchouliöl	0,5 g
Ambrettemoschus	8 g
Iristinktur	500 g
Moschustinktur	50 g
Ambratinktur	75 g
Vanilletinktur	35 g
Alkohol	5 l

Rose Royale

Rose absol., nat.	50 g
Jasmin absol., nat.	8 g
Rosenöl, echt, bulg.	55 g
Methyljonon	90 g
Rosenöl, künstl.	145 g
Jasmin künstl.	25 g
Guajakholzöl	60 g
Ambrettemoschus	8 g
Ketonmoschus	4 g
Sandelöl, ostind.	6 g
Resinoid Myrrhe	4 g
Resinoid Tolu	6 g
Vanilletinktur	25 g
Moschustinktur	60 g
Gewürznelkentinktur	40 g
Ambratinktur	40 g
Alkohol	5 l

Narcisse von *Narcissus Poeticus* und *Narcissus Tazetta*, und **Jonquille** von *Narcissus Jonquilla.*

Diese beiden Narcissenarten sind geruchlich ziemlich analog, bis auf einige kleine Unterschiede.

Wir besprechen daher diese beiden Typen zusammen.

Chemische Zusammensetzung des Narcissen- und Jonquilleblütenöls: Dieselbe ist leider fast gänzlich ungeklärt und sind wir, was das Vorkommen gewisser chemischer Riechstoffe anlangt, hier auf gewisse Annahmen und Vermutungen angewiesen. Wahrscheinlich ist das Vorkommen von Benzylbenzoat, Methylbenzoat, Methylanthranilat, Methylcinnamat, Linalool, Indol, Benzylacetat, Cresolestern (p-Cresolphenylacetat, p-Cresolacetat ?) u. a.

Die künstliche Nachbildung des Narcissen- bzw. Jonquillegeruches stützt sich in der Hauptsache auf einige Ester des m- und p-Cresols als wichtigste, allerdings nur ganz primitive Basen. Hier sind zu nennen m- und p-Cresolacetat, m- und p-Cresolphenylacetat, p-Cresolbutyrat u. a. Als Adjuvantien, Kontraste usw. können und müssen auch stets zahlreiche natürliche und künstliche Riechstoffe herangezogen werden, z. B. Jasmin (Benzylacetat, α-Amylzimtaldehyd usw.), Orangenblüte (Methylanthranilat, Methylnaphtylketon, Aurantiol), Orangenöl bitter und süß, Mandarinenöl und Neroliöl, um die hier besonders wichtigen Jasmin- und Orangenblüten bzw. Orangennoten genügend stark zu betonen, und andererseits den brutalen Geruch der Narcissen-Basen entsprechend zu harmonisieren. Zu erwähnen ist hier auch das spanische Jasminöl (Grandifloraöl), das einen deutlichen narcissenartigen Geruch besitzt und hier mit Vorteil benutzt werden kann. Ferner kommen in Frage Nelke, Hyacinthe, Cassie, Tuberose, Veilchen (Jonon und Methyljonon), Ylang-Ylangöl, Citronenöl, Terpineol, Hydrozimtaldehyd, Hydroxycitronellal, Zimtalkohol, Indol, Heliotropin, Vanillin, Phenylacetaldehyd, ferner verschiedene andere Ester des Cresols und Phenylacetate verschiedener Art.

Von solchen Estern der Phenylessigsäure sind zu nennen Isobutylphenylacetat, Phenyläthyl-Phenylacetat, Methylphenylacetat und Äthylphenylacetat. Letztere beiden Ester werden, oft mit Phenylessigsäure zusammen, zur Hervorbringung gewisser honigartiger Noten des Narcissengeruches benutzt. Wichtig sind auch gewisse Cinnamate, vor allem Linalylcinnamat und Isobutylcinnamat, die gewisse Untertöne des Narcissenaromas wiedergeben.

Was nun den Gebrauch der erwähnten primitiven Basen, wie p-Cresolacetat, p-Cresolphenylacetat, p-Cresolbutyrat u. a., anlangt, so weisen wir hier erneut auf die absolut nötige vorsichtigste Verwendung hin und warnen ganz speziell vor Mißbrauch des p-Cresolacetats, dessen urinöser Beigeruch sehr störend wirken kann. Das Butyrat zeigt diesen Beigeruch weniger ausgeprägt, während das p-Cresolphenylacetat einen solchen störenden Beigeruch überhaupt nicht aufweist. Man findet diese wesentlichen Basen für Narcisse im Handel häufig unter der Bezeichnung Narceol, meist sind die sogenannten Narceole aber Gemische verschiedener solcher Narcissenbasen, die entsprechend aufbukettiert wurden.

Das Linalylcinnamat, dessen typischer Geruch an Lilie erinnert, leistet bei Narcissenkompositionen bemerkenswerte Dienste als Adjuvans und charakteristische Unternote, ebenso das Isobutylcinnamat und Santalyl-Phenylacetat.

Zum Auffrischen des strengen Geruchs der eigentlichen Narcissenbasen müssen wir zu kräftig frischen Effekten greifen, unter denen die Noten Jasmin und Orangenblüte bzw. Orange einen hervorragenden Platz einnehmen, ebenso blumige Noten aller Art, zu deren Hervorbringung u. a. besonders Hydroxycitronellal, Ylang-Ylang, Sandelöl ostindisches u. a. besonders geeignet sind.

Wie fast überall, läßt sich hier auch Bergamottöl zum Auffrischen vorzüglich verwenden.

Skelettskizze für künstliches Narcissenblütenöl (Jonquilleblütenöl).

p-Cresolacetat und p-Cresolphenylacetat zusammen	8—10%
Isobutylphenylacetat .	6%
Jasminkomplex	12—13%
Orangenblütenkomplex	12—15%
Indol	0,03%
Ylang-Ylangkomplex .	6%
Hydroxycitronellal ...	15%
Bukettstoffe: Orange, Mandarine, balsamische Noten usw.	40%

Narcissen-Basis.

1. p-Cresolphenylacetat	20 g	2. Hydroxycitronellal	160 g
p-Cresolacetat	15 g	p-Cresolphenylacetat	40 g
p-Cresolbutyrat	5 g	p-Cresolacetat	10 g
Isobutylphenylacetat	20 g	p-Cresolbutyrat	20 g
Octylformiat	20 g	Ylang-Ylangöl	150 g
Jasmin, künstl.	300 g	Orangenblüte, künstl.	150 g
Orangenblüte, künstl.	800 g	Jasmin, künstl.	125 g
Orangenöl, bitter	40 g	Orangenöl, bitter	50 g
Mandarinenöl	50 g	Phenylessigsäure	12 g
Hydroxycitronellal	120 g	Methylphenylacetat	3 g
Isobutylcinnamat	10 g	Bergamottöl	150 g
Linalylcinnamat	20 g	Narcisse absol., nat.	120 g
Portugalöl	100 g	Orangenblüte absol., nat.	30 g
Heliotropin	50 g	Jasmin absol., nat.	20 g
Ketonmoschus	25 g	Ketonmoschus	35 g
Perubalsam	10 g	Resinoid Tolu	50 g
Jonquille absol., nat.	100 g		
Narcisse absol., nat.	50 g		

Die Basis Nr. 1, hergestellt ohne echte Blütenöle, ist eine vorzügliche Grundlage für Seifenparfums Narcisse.

Jonquillebasis.

p-Cresolacetat	3 g	Resinoid Tolu	20 g
p-Cresolbutyrat	3 g	Jasmin, künstl.	25 g
p-Cresolphenylacetat	30 g	Neroliöl, künstl.	50 g
Isobutylphenylacetat	25 g	Methylphenylacetat	20 g
American Bouvardia, comp.	160 g	Phenylessigsäure	5 g
Indollösung 10%	1,5 g	Jonquille absol., nat.	35 g
Perubalsam	30 g	Jasmin absol., nat.	5 g

Auch diese Basis, ohne echte Blütenöle hergestellt, eignet sich vorzüglich als Grundlage für Seifenparfums Genre Narcisse oder Jonquille. Bei dieser Gelegenheit sei auf die später bei Bouvardia zu erwähnende Komposition *American Bouvardia* hingewiesen, die sich ganz vorzüglich als Komplement bei der Note Narcisse eignet.

Narcissen- und Jonquillekompositionen.

Absolutine Narcisse

p-Cresolacetat	10 g	Methylanthranilat	75 g
p-Cresolphenylacetat	60 g	Phenyläthylalkohol	25 g
Isobutylphenylacetat	45 g	Amylsalicylat	10 g
Ylang-Ylangöl Réunion	40 g	Guajakholzöl	100 g
Jasmin, künstl.	80 g	Ketonmoschus	15 g
Jasmin absol., nat.	5 g	Orangenblüte, künstl.	50 g
Jonquille absol., nat.	40 g	Orangenblüte absol., nat.	10 g
Aurantiol	25 g	Indol	0,2 g
α-Amylzimtaldehyd	5 g	Orangenöl, bitter	25 g
Benzylidenaceton	5 g	Perubalsam	30 g
Benzophenon	5 g	Resinoid Tolu	20 g

Jonquille Nr. 1

Ylang-Ylang Bourbon ..	30 g	Äthylcinnamat	5 g
Jasmin, künstl.	60 g	Isobutylacetat	5 g
Amylsalicylat	3 g	Resinoid Tolu	20 g
Resinoid Labdanum ...	15 g	Orangenblüte, künstl. ..	80 g
Methylanthranilat	50 g	Decylalkohol	5 g
Guajakholzöl	80 g	Methylphenylacetat	20 g
Neroliöl, künstl.	20 g	Mandarinenöl	20 g
p-Cresolacetat	5 g	Heliotropin	10 g
p-Cresolphenylacetat ...	30 g	Isoeugenol	5 g
Isobutylphenylacetat ...	30 g	Eugenol	5 g
Linalylcinnamat	15 g	Jonquille absol., nat....	100 g
Indol	0,1 g	Jasmin absol., nat.	20 g
Perubalsam	20 g	Orangenblüte absol., nat.	40 g
Orangenöl, bitter	30 g	Ketonmoschus	25 g

Jonquille Nr. 2

p-Cresolacetat	10 g
p-Cresolphenylacetat ...	60 g
Isobutylphenylacetat ...	40 g
Linalylcinnamat	15 g
Hydroxycitronellal	40 g
Ylang-Ylangöl Bourbon.	50 g
Jasmin, künstl.	100 g
Amylsalicylat	6 g
Methylanthranilat	100 g
Indol	0,2 g
Perubalsam	40 g
Äthylcinnamat	12 g
Resinoid Tolu	50 g
Resinoid Labdanum ...	20 g
Orangenblüte, künstl. ..	60 g
Decylalkohol	10 g
Portugalöl	20 g
Orangenöl, bitter	20 g
Mandarinenöl	20 g
Jonquille absol., nat....	80 g
Orangenblüte absol., nat.	20 g
Jasmin absol., nat.	20 g

Jonquille Nr. 3

p-Cresolphenylacetat	10 g
Methylanthranilat	20 g
Heliotropin	3 g
α-Amylzimtaldehyd	5 g
Orangenblüte, künstl. ...	10 g
Neroliöl bigar.	5 g
Jasmin, künstl.	5 g
Linalylcinnamat	2 g
Isobutylcinnamat	0,3 g
Phenylacetaldehyd	3 g
p-Cresolbutyrat	2 g
Vanillin	1 g
Orangenöl, bitter	3 g
Mandarinenöl	1 g
Ketonmoschus	1,5 g
Jonquille absol., nat.....	8 g
Jasmin absol., nat.	2 g
Orangenblüte absol., nat..	2 g
Resinoid Tolu	4 g
Santalyl-Phenylacetat ...	1,5 g

Narcisse Nr. 1

p-Cresolacetat	2 g	Methylanthranilat	50 g
p-Cresolbutyrat	1 g	Orangenblüte, künstl.	25 g
p-Cresolphenylacetat	10 g	Jasmin, künstl.	15 g
Isobutylphenylacetat	30 g	Ketonmoschus	6 g
Linalylcinnamat	3 g	Ambrettemoschus	4 g
Ylang-Ylangöl	22 g	Neroliöl bigar.	75 g
Hydroxycitronellal	25 g	Resinoid Tolu	20 g
Phenylacetaldehyd	5 g	Resinoid Labdanum	10 g
Heliotropin	12 g	Resinoid Benzoe	20 g
Cumarin	3 g	Narcisse absol., nat.	50 g
Vanillin	3 g	Jonquille absol., nat......	30 g
Linalool	75 g	Jasmin absol., nat.	15 g
Rosenöl, künstl.	120 g	Orangenblüte absol., nat...	20 g

Narcisse Nr. 2

p-Cresolphenylacetat	40 g	Orangenblüte, künstl.	25 g
Phenylacetaldehyd	4 g	Orangenöl, bitter	3 g
p-Cresolbutyrat	2 g	Mandarinenöl	1 g
Linalylcinnamat	8 g	Resinoid Tolu	5 g
Hydroxycitronellal	50 g	Resinoid Labdanum	3 g
Jasmin, künstl.	25 g	Methylanthranilat	12 g
Jasmin absol., nat.	10 g	Ketonmoschus	12 g
Heliotropin	5 g	Narcisse absol., nat.	25 g
Ylang-Ylangöl	4 g	Jonquille absol., nat.	10 g

Narcisse- und Jonquillekompositionen für Seifen.

Narcisse

Terpineol	100 g
Linalool	50 g
p-Cresolacetat	6 g
p-Cresolphenylacetat	25 g
Jasmin, künstl., S.	120 g
Benzylacetat	50 g
Phenylacetaldehyd	25 g
Zimtalkohol	75 g
Xylolmoschus	15 g
Ambrettemoschus	5 g
Benzylalkohol	100 g
Rosenöl, künstl.	30 g
Neroliöl, künstl., S.	80 g
Heliotropin	12 g
Cumarin	3 g
Amylsalicylat	5 g
Geraniol	100 g
Petitgrainöl Paraguay	60 g

Narcisse II

p-Cresolphenylacetat	25 g
p-Cresolacetat	2 g
Methylanthranilat	50 g
Petitgrainöl Paraguay	250 g
Geraniol	60 g
Canangaöl	125 g
Bergamottöl, künstl.	100 g
Phenylacetaldehyd	7 g
Terpineol	100 g
Benzylacetat	100 g
Neroli S.	80 g
Xylolmoschus	25 g
Sandelöl, ostind.	25 g
Resinoid Sumatra	75 g
Resinoid Tolu	25 g
Jonon	75 g
Jasmin S.	125 g

Narcisse de Montreux

Terpineol	75 g
Narcisse, comp.	35 g
Bergamottöl, künstl.	15 g
Methylanthranilat	2 g
Linaloeöl	8 g
p-Cresolacetat	0,5 g
p-Cresolphenylacetat	2 g
Benzylacetat	8 g
Jasmin S.	4 g
Rose S.	10 g
Neroli S.	8 g
Bromstyrol	5 g
Heliotropin	3 g
Cumarin	2 g
Styrolylacetat	10 g
Amylsalicylat	0,5 g
Xylolmoschus	2 g
Resinoid Benzoe	5 g
Resinoid Tolu	3 g
Portugalöl	4 g
Orangenöl, bitter	2 g
Petitgrainöl, Paraguay	50 g

Savon Narcéora

p-Cresolacetat	3 g
p-Cresolphenylacetat	22 g
Benzylacetat	120 g
Linaloeöl	130 g
Terpineol	200 g
Methylanthranilat	10 g
Bromstyrol	6 g
Geraniol	60 g
Neroli S.	50 g
Heliotropin	30 g
Cumarin	8 g
Zimtalkohol	40 g
Xylolmoschus	15 g
Amylsalicylat	8 g
Jasmin S.	100 g
Petitgrainöl Paraguay	100 g
Orangenöl, bitter	50 g
Jasmin, nat., Châssis	25 g
Isoeugenol	15 g
Perubalsam	25 g
Resinoid Tolu	40 g
Linalylcinnamat	15 g

Jonquille

Ylang-Ylangöl, künstl.	30 g
Canangaöl	75 g
Linaloeöl	60 g
p-Cresolacetat	5 g
p-Cresolphenylacetat	30 g
Methylanthranilat	20 g
Jasmin S.	125 g
Styrolylacetat	20 g
Geraniol	75 g
Terpineol	100 g
Xylolmoschus	25 g
Neroli S.	100 g
Bromstyrol	20 g
Heliotropin	20 g
Cumarin	5 g
Zimtalkohol	60 g
Perubalsam	25 g
Resinoid Benzoe	50 g
Methylphenylacetat	10 g
Benzylacetat	150 g
Orangenöl, bitter	30 g
Linalylcinnamat	20 g
Isobutylcinnamat	5 g

Jonquille II

p-Cresolphenylacetat	25 g
Jasmin S.	100 g
Neroli S.	75 g
Petitgrainöl Paraguay	100 g
Jonon	100 g
Terpineol	100 g
Linalool	75 g
Heliotropin	50 g
Bergamottöl, künstl.	80 g
Xylolmoschus	20 g
Methylphenylacetat	15 g
Geraniol	50 g
Phenyläthylalkohol	75 g
Methylanthranilat	15 g
Linalylcinnamat	15 g
Benzylacetat	75 g
Resinoid Labdanum	20 g
Resinoid Tolu	30 g
Cumarin	5 g
Orangenöl, bitter	25 g

Extraits Narcisse.

Nr. 1

Narcisse comp.	50 g
Jonquille absol., nat.	20 g
Tuberose absol., nat.	2 g
Cassie absol., nat.	0,5 g
Jasmin absol., nat.	3 g
Heliotropin	8 g
Rosenöl, bulg., echt	5 g
Sandelöl, ostind.	3 g
Patchouliöl	0,5 g
Vanillin	2 g
Neroliöl, bigar.	5 g
Resinoid Tolu	5 g
Vanilletinktur	77 g
Tonkinmoschustinktur	50 g
Tonkatinktur	50 g
Alkohol	2 l

Nr. 2

Narcisse comp.	25 g
Jonquille absol., nat.	10 g
Jasmin absol., nat.	8 g
Tuberose absol., nat.	3 g
Rose absol., nat.	5 g
Cassie absol., nat.	0,5 g
Neroliöl bigar.	6 g
Oeillet absol., nat.	2 g
Orangenblüte absol., nat.	3 g
Heliotropin	6 g
Vanillin	2 g
Cumarin	2 g
Jasmin, künstl.	10 g
Tonkatinktur	20 g
Vanilletinktur	40 g
Moschustinktur	30 g
Ambratinktur	15 g
Tolutinktur	50 g
Alkohol	1,5 l

Flieder, Lilas,

Syringa vulgaris und *Syringa persica.*

Die chemische Zusammensetzung des Fliederblütenaromas, das in natürlichem Zustande nicht existiert, ist gänzlich unbekannt und fehlen uns auch die geringsten Anhaltspunkte in dieser Beziehung.

Die künstlichen Fliederöle sind also reine Kunstprodukte und haben als wesentlichste Basis Terpineol, die modernen Fliederkompositionen enthalten auch Hydroxycitronellal, Dimethylbenzylcarbinol und seine Ester, neben zahlreichen Adjuvantien, dank deren Mitwirkung es gelungen ist, das köstliche Aroma des Flieders in wirklich täuschender Weise wiederzugeben.

Von Adjuvantien sind zu nennen: Jasmin, Tuberose, Jonquille, Rose, Iris, Orangenblüte, Gartennelke, Maiglöckchen, Ylang-Ylang, Hyacinthe u. a., ferner Heliotropin (klassisch), Isoeugenol, Eugenol, Anisaldehyd, Anisalkohol, Methylanthranilat, Cumarin, α-Amylzimtaldehyd, Phenylacetaldehyd (klassisch) Jonon, Methyljonon u. a.

Sehr interessant ist die Wirkung gewisser grün-holziger Kontrastnoten im komplexen Fliedergeruch und kommen als solche Kontraste vor allem Hydrozimtaldehyd und Veilchengrüngeruch (Methylheptincarbonat, natürliches Veilchenblätteröl, komplexe Nachbildungen des Veilchenblättergeruches usw.) in Frage.

Dimethylbenzylcarbinol, das als wesentlicher Teil der Basis moderner Fliederkompositionen mehr oder minder direkt beim Hervorbringen der blumigen Note mitwirkt, besitzt, außer einer typisch frischen Fliedernote, auch gewisse holzig-herbe Unternoten, die als Kontraste mitwirken.

Die modernen Fliederblütenöle sind also komplexe Gemische zahlreicher Riechstoffe, enthalten aber als wesentlichste Basis stets Gemische von Terpineol mitgrößeren Mengen Hydroxycitronellal, neben relativ kleinen Mengen Dimethylbenzylcarbinol, Heliotropin, Anisaldehyd, Isoeugenol usw., die als klassische Bestandteile moderner Fliederkompositionen anzusprechen sind. Sehr wichtig für die Frische und Natürlichkeit des Fliedergeruches ist Jasmin, der ebenfalls als klassischer Bestandteil solcher Kompositionen aufzufassen ist. Die Jasminnote wird entweder durch natürliches Jasminöl, künstliches Jasminöl oder gewisse chemische Körper, die einen jasminartigen Geruch besitzen (Benzylacetat, α-Amylzimtaldehyd, Benzylpropionat, Benzylbutyrat usw.), wiedergegeben.

Wir können also in großen Zügen die Zusammensetzung eines künstlichen Fliederblütenöls wie folgt skizzieren:

Skelettskizze für künstliches Fliederblütenöl

(annähernde Durchschnittsmengen an klassischen Bestandteilen).

Terpineol, etwa	40—50%
Hydroxycitronellal	25—30%
Anisaldehyd	5— 6%
Heliotropin	3— 5%
Isoeugenol	1,2—1,7%
Jasmin (α-Amylzimtaldehyd usw.)	1,2—1,7%
Dimethylbenzylcarbinol	8— 9% und mehr (15%)
Phenylacetaldehyd	2—2,5%
Anisalkohol	1,5—2%

Die eigentliche Bukettierung geschieht durch geeignete Riechstoffe verschiedenster Art. Hier kann z. B. auch der Muguetkomplex, ferner Tuberose und viele andere Noten gute Dienste leisten, auch Rose, Ylang-Ylangöl und viele andere.

Fliederbasen primitiver Art.

Basis A

Terpineol	50 g
Hydroxycitronellal	30 g
Heliotropin	5 g
Dimethylbenzylcarbinol	15 g
Ylang-Ylangöl Manila	3 g
Jasmin, künstl.	5 g
Jasmin Châssis absol.	2 g
Phenylacetaldehyd	1 g
α-Amylzimtaldehyd	0,8 g
Anisaldehyd	3,5 g
Hydrozimtaldehyd	0,6 g
Resinoid Tolu	3 g
Resinoid Benzoe	3 g

Basis B

Terpineol	250 g
Phenylacetaldehyd	6 g
Isoeugenol	15 g
Anisaldehyd	15 g
Heliotropin	35 g
Hydroxycitronellal	100 g
Dimethylbenzylcarbinol	25 g
Jasmin, künstl.	12 g
Ambrettemoschus	5 g
Resinoid Benzoe	60 g

Flieder Nr. 1

Terpineol	50 g
Anisaldehyd	3 g
Hydroxycitronellal	8 g
Dimethylbenzylcarbinol	5 g
Jasmin Châssis	3 g
Jasmin, künstl.	3 g
Benzylalkohol	5 g
Linalool	5 g
Hydrozimtaldehyd	0,2 g
Phenylacetaldehyd	1,2 g
α-Amylzimtaldehyd	1,5 g
Heliotropin	4 g
Rose, künstl.	6 g
Isoeugenol	1 g
Ylang-Ylang Réunion	1,5 g
Zimtalkohol	2 g
Anisalkohol	1,5 g
Octylacetat	0,15 g
Jonon	0,8 g
Vanillin	0,3 g
Ambrettemoschus	3 g
Resinoid Tolu	5 g
Resinoid Benzoe	8 g
Tuberose absol., nat.	1 g
Orangenblüte absol., nat.	0,5 g

Flieder Nr. 2

Terpineol	50 g
Hydroxycitronellal	20 g
Anisalkohol	1,5 g
Dimethylbenzylcarbinol	15 g
Anisaldehyd	5 g
Jasmin, künstl.	3 g
Jasmin absol., nat.	2 g
Tuberose absol., nat.	0,3 g
Cumarin	1,5 g
Heliotropin	5 g
Neroliöl bigar.	2 g
Ylang-Ylangöl	1,2 g
Hydrozimtaldehyd	0,5 g
Jonon	0,5 g
Benzylacetat	2 g
α-Amylzimtaldehyd	1,5 g
Isoeugenol	2 g
Rosenöl, bulg., echt	0,5 g
Ketonmoschus	1,5 g
Resinoid Benzoe	5 g
Resinoid Tolu	2 g
Vanillin	0,5 g
Phenylacetaldehyd	1,5 g

Flieder Nr. 3

Terpineol	60 g
Hydroxycitronellal	12 g
Dimethylbenzylcarbinol	12 g
Phenylacetaldehyd	1,2 g
Methylanthranilat	1 g
Rosenöl, echt	0,5 g
Benzylacetat	1,5 g
Jasmin, künstl.	2 g
Rose, künstl.	2 g
Anisaldehyd	4 g
Phenyläthylalkohol	5 g
Heliotropin	3 g
Cumarin	0,5 g
Ylang-Ylangöl	2 g
Anisalkohol	0,5 g
Linalool	2 g
Neroliöl, künstl.	1 g
Isoeugenol	0,8 g
Vanillin	1 g
α-Amylzimtaldehyd	0,3 g
Ketonmoschus	1 g
Jasmin absol., nat.	3 g
Resinoid Benzoe	8 g

Flieder Nr. 4

Terpineol	65 g
Hydroxycitronellal	15 g
Jasmin, künstl.	2,5 g
Jasmin, nat., Châssis	1 g
Ylang-Ylangöl	2 g
Heliotropin	3 g
Isoeugenol	1,5 g
Anisalkohol	0,6 g
Anisaldehyd	3 g
Phenylacetaldehyd	1,5 g
Dimethylbenzylcarbinol	6 g
α-Amylzimtaldehyd	0,8 g
Cumarin	0,8 g
Ambrettemoschus	2 g
Resinoid Tolu	5 g

Flieder Nr. 5

Terpineol	65 g
Linalool	5 g
Hydroxycitronellal	25 g
Methylanthranilat	0,8 g
α-Amylzimtaldehyd	0,5 g
Phenylacetaldehyd	1,5 g
Heliotropin	3 g
Isoeugenol	0,8 g
Anisalkohol	0,6 g
Anisaldehyd	5 g
Dimethylbenzylcarbinol	6 g
Ylang-Ylang Réunion	1,2 g
Cumarin	1,5 g
Ketonmoschus	2 g
Resinoid Benzoe	5 g

Flieder Nr. 6

Terpineol	175 g	Decylalkohol	1,5 g
Hydroxycitronellal	80 g	Benzylalkohol	35 g
Phenylacetaldehyd	10 g	Dimethylbenzylcarbinol	25 g
Anisaldehyd	12 g	Zimtalkohol	50 g
Heliotropin	50 g	Phenyläthylalkohol	150 g
Isoeugenol	6 g	Styrolylacetat	15 g
Jasmin, künstl.	10 g	Cumarin	5 g
Jasmin absol., nat.	10 g	Ketonmoschus	6 g
Linalool	30 g	Resinoid Tolu	8 g
Vanillin	3 g	Resinoid Benzoe	15 g

Fliederkompositionen für Seife.

Diese sind viel einfacherer Art und spielt bei ihnen das Terpineol die Hauptrolle. Reines Hydroxycitronellal ist hier nicht direkt zu verwenden, dafür kommen technisches Hydroxycitronellal und die sog. Hydroxycitronellal-Terpene (Rückstände) zur Verwendung.

Es muß hier aber ausdrücklich bemerkt werden, daß auch feine Fliederöle, die mit reinem Hydroxycitronellal hergestellt sind, in kleineren Mengen hier mitverwendet, also mit größeren Mengen Terpineol usw. kombiniert, sehr gute Resultate ergeben, wenn reinste, neutrale Seife parfumiert werden soll (indirekte Verwendung reinen Hydroxycitronellals in komplexen Mischungen als sekundärer Geruchskomplex).

Flieder S. Nr. 1

Terpineol	700 g	Xylolmoschus	5 g
Heliotropin	80 g	Resinoid Sumatra	40 g
Benzylacetat	20 g	Phenylacetaldehyd	25 g
Jasmin, künstl. S.	30 g	Anisaldehyd	60 g
Geraniumöl, afrik.	60 g	α-Amylzimtaldehyd	5 g
Linaloeöl	120 g	Isoeugenol	5 g
Canangaöl	55 g		

Flieder S. Nr. 2

Terpene Hydroxy-citronellal	120 g
Terpineol	430 g
Dimethylbenzylcarbinol	70 g
Benzylacetat	80 g
Heliotropin	40 g
Bromstyrol	8 g
Neroliöl S.	15 g
Linaloeöl	40 g
Geraniol	40 g
Anisaldehyd	50 g
Methyljonon	20 g
Bergamottöl, künstl.	200 g
Xylolmoschus	8 g
Resinoid Tolu	20 g
α-Amylzimtaldehyd	5 g

Flieder S. Nr. 3

Terpineol	400 g
Hydroxycitronellal, techn. II	60 g
Linalool	150 g
Canangaöl	60 g
Jasmin S.	40 g
Geraniol	30 g
Bergamottöl	70 g
Benzylacetat	20 g
Neroli S.	15 g
Anisaldehyd	20 g
Phenylacetaldehyd	3 g
Xylolmoschus	15 g
Heliotropin	50 g
Isoeugenol	10 g
Dimethylbenzylcarbinol	50 g
Hydrozimtaldehyd	5 g

Flieder S. Nr. 4

Terpineol	200 g
Bergamottöl	200 g
Geraniumöl, afrik.	20 g
Ylang-Ylangöl, künstl.	10 g
Heliotropin	20 g
Anisaldehyd	15 g
Cumarin	5 g
Phenylacetaldehyd	2 g
Xylolmoschus	2 g
Resinoid Sumatra	10 g

Flieder S. Nr. 5

Terpineol	200 g
Phenyläthylalkohol	200 g
Anisaldehyd	20 g
Heliotropin	75 g
Phenylacetaldehyd	18 g
Isoeugenol	22 g
Zimtalkohol	100 g
Benzylacetat	75 g
Linaloeöl	50 g
Canangaöl	25 g
Xylolmoschus	12 g
Ambrettemoschus	6 g
Resinoid Benzoe	50 g
Resinoid Tolu	20 g
Methylanthranilat	3 g
α-Amylzimtaldehyd	5 g

Flieder S. Nr. 6, ordinär

Terpineol	400 g
Phenylacetaldehyd	10 g
Heliotropin	50 g
Anisaldehyd	25 g
Benzylacetat	75 g
Jasmin S.	15 g
Geraniol	150 g
Phenyläthylalkohol	100 g
Canangaöl	25 g
Terpene Hydroxy-citronellal	100 g
Xylolmoschus	10 g
Resinoid Tolu	25 g

Königsfliederseife

Lilas comp.	500 g
Terpineol	500 g
Anisaldehyd	50 g
Heliotropin	200 g
Cumarin	100 g
Xylolmoschus	8 g
Resinoid Benzoe	50 g

Diese Seife wird unter Verwendung eines feinen Fliederblütenöls, das mit reinem Hydroxycitronellal hergestellt wurde, parfumiert. Dieses Fliederblütenöl gibt, kräftig mit Terpineol, Heliotropin usw. unterlegt, ganz hervorragend schöne Resultate (vgl. auch Maiglöckchenseifen).

Flieder-Extraits.

Lilas de Perse

Terpineol	18 g	Isoeugenol	1,5 g
Ylang-Ylangöl Manila	2,5 g	Resinoid Tolu	2 g
Heliotropin	1,5 g	Resinoid Benzoe	2 g
Cumarin	0,5 g	Vanilletinktur	15 g
Vanillin	0,5 g	Moschustinktur	20 g
Neroliöl bigar.	0,8 g	Iristinktur	30 g
Rosenöl, echt	2 g	Tonkatinktur	8 g
Jonon	0,75 g	Tuberose absol., nat.	3 g
Phenylacetaldehyd	0,5 g	Jasmin absol., nat.	4 g
Nelkenöl	0,2 g	Rose absol., nat.	0,5 g
Dimethylbenzylcarbinol	4 g	Bittermandelöl, echt	0,2 g
Anisaldehyd	2,5 g	Alkohol	1 l
Anisalkohol	0,5 g		

Lilas Fleuri

Lilas comp.	200 g
Rose absol., nat.	8 g
Orangenblüte absol. nat.	8 g
Tuberose absol., nat.	16 g
Hydroxycitronellal	5 g
Guajakholzöl	50 g
Irisöl, konkret	0,5 g
Ketonmoschus	5 g
Ambrettemoschus	3 g
Vanilletinktur	25 g
Tonkatinktur	20 g
Moschustinktur	20 g
Ambratinktur	20 g
Alkohol	4,6 l

Lilas Blanc

Lilas comp.	60 g
Hydroxycitronellal	10 g
Anisaldehyd	0,5 g
Anisalkohol	6 g
Phenylacetaldehyd	0,3 g
Jasmin, künstl.	6 g
Isoeugenol	0,2 g
Heliotropin	6 g
Rosenöl, künstl.	5 g
Jasmin absol., nat.	2,5 g
Tuberose absol., nat.	0,3 g
Rose absol., nat.	1,5 g
Zibettinktur	20 g
Tolutinktur	30 g
Moschustinktur	10 g
Vanilletinktur	30 g
Ambratinktur	20 g
Alkohol	1 l

Maiglöckchen, Muguet,
Convallaria majalis.

Das Geruchsprinzip des Maiglöckchens existiert nicht in natürlichem Zustande, obwohl man recht häufig im Handel eine angebliche *Essence absolue de Muguet* findet, ebenso häufig analoge Angaben in Vorschriften der Literatur.

Die chemische Zusammensetzung des Maiglöckchenblütenöles ist gänzlich unbekannt und besitzen wir diesbezüglich nicht den geringsten Anhaltspunkt.

Die Nachahmungen des Maiglöckchengeruches beschränkten sich früher auf sehr primitive Mischungen aus Linalool, Linaloeöl, Ylang-Ylangöl, Canangaöl, Terpineol usw.; erst mit der Entdeckung des Hydroxycitronellals kam die Nachbildung einen großen Schritt vorwärts und verdanken wir speziell diesem Körper die großen Fortschritte, die inzwischen in der Nachbildung des Maiglöckchengeruches zu verzeichnen sind.

Indes, so vollkommen derartige Nachbildungen in vieler Beziehung auch sein mögen, so muß festgestellt werden, daß man bis heute eine wirklich täuschende Nachahmung aller Details des Maiglöckchengeruches noch nicht zustande gebracht hat. Wir müssen uns also nach dem heutigen Stande unserer Kenntnisse, bzw. entsprechend den uns zur Verfügung stehenden Hilfsmitteln mit annähernden Nachahmungen dieses Geruches begnügen, die allerdings, in vielen Fällen, dem Original so nahe kommen, daß wir über sehr gut gelungene künstliche Maiglöckchenblütenöle verfügen, bzw. solche herstellen können.

Als wesentlichste Basis der modernen Muguets ist ein Gemisch von Linalool, Terpineol, Hydroxycitronellal und Ylang-Ylangöl aufzufassen (Grundkomplex).

Als Adjuvantien kommen in Frage Rose, Orangenblüte, Veilchen, Iris, Jasmin (besonders wichtig), Dimethylbenzylcarbinol, Heliotropin, Cumarin, Vanillin, Anisaldehyd, Anisalkohol, Bittermandelöl, Cardamomenöl, Jonon, Methyljonon u. a.

Das Jonon bzw. Methyljonon spielt hier eine sehr wichtige Rolle als Adjuvans, die jener der gleichen Adjuvantien bei Rose analog ist. So hebt Jonon bzw. Methyljonon den süß-blumigen Geruch des Maiglöckchens in glücklicher Weise hervor und rundet den etwas rauhen Geruch der chemischen Grundlagen ab.

Als Fixateur kommt vor allem Tolubalsam in Frage, dann auch andere balsamische Körper, ferner Moschus, Ambra usw.

Wir können die Zusammensetzung eines künstlichen Maiglöckchenblütenöls wie folgt in großen Zügen skizzieren:

Linalool	20—25%	Jonon (bzw. Methyljonon)	8—12%
Terpineol	6—10%	Rose	10—12%
Ylang-Ylang	8—10%	Jasmin	2— 3%
Hydroxycitronellal	30—35%		

Muguet Nr. 1

Hydroxycitronellal	120 g
Ylang-Ylangöl Réunion	30 g
Linalool	80 g
Jonon	30 g
Rosenöl, künstl.	40 g
Cardamomenöl	4 g
Bittermandelöl, echt	0,5 g
Cumarin	3 g
Jasmin, künstl.	20 g
Jasmin absol., nat.	2 g
Irisöl, konkret	2 g
Resinoid Tolu	15 g

Muguet Nr. 2

Linalool	60 g
Ylang-Ylangöl	30 g
Terpineol	20 g
Methyljonon	20 g
Citronellol	10 g
Geraniol	10 g
Geraniumöl, afrik.	10 g
Hydroxycitronellal	120 g
Resinoid Tolu	20 g
Vanillin	0,5 g

Muguet Nr. 3

Hydroxycitronellal	150 g
Rosenöl, künstl.	30 g
Rosenöl, echt	0,5 g
Ylang-Ylangöl Manila	30 g
Linalool	60 g
Terpineol	30 g
Jonon	25 g
Cardamomenöl	1,2 g
Dimethylbenzylcarbinol	10 g
Irisöl, konkret	1 g
Violette comp.	10 g
Resinoid Tolu	8 g
Ambrettemoschus	4 g

Muguet Basis Nr. 4

Hydroxycitronellal	40 g
Linalool	30 g
Terpineol	50 g
Ylang-Ylangöl	10 g
Jonon	10 g
Jasmin absol., nat.	0,5 g

Muguet Nr. 6

Hydroxycitronellal	100 g
Linalool	200 g
Ylang-Ylangöl	75 g
Terpineol	300 g
Jonon	30 g
Geraniol	50 g
Neroliöl, künstl.	20 g
Ambrettemoschus	10 g
Resinoid Tolu	50 g
Jasmin absol., nat.	20 g
Rose absol., nat.	10 g

Muguet Nr. 5

Hydroxycitronellal	270 g
Linalool	200 g
Terpineol	200 g
Ylang-Ylangöl, Réunion	40 g
Rosenöl, künstl.	50 g
Rosenöl, echt	5 g
Bergamottöl Reggio	12 g
Heliotropin	12 g
Cumarin	10 g
Vanillin	4 g
Cardamomenöl	0,8 g
Jasmin, künstl.	8 g
Ambrettemoschus	12 g
Ketonmoschus	6 g
Bittermandelöl	0,5 g
Äthylphenylacetat	2,5 g
Dimethylbenzylcarbinol	5 g
Resinoid Tolu	15 g
Jonon	35 g

Muguet Nr. 7

Linalool	230 g
Hydroxycitronellal	500 g
Ylang-Ylangöl	120 g
Jonon	100 g
Rose, künstl.	50 g
Rosenöl, echt	20 g
Cumarin	5 g
Heliotropin	15 g
Bittermandelöl, echt	3 g
Orangenblüte, künstl.	5 g
Terpineol	80 g
Jasmin, künstl.	50 g
Irisöl, konkret	5 g
Dimethylbenzylcarbinol	10 g
Resinoid Tolu	60 g
Ketonmoschus	8 g

Maiglöckchenkompositionen für Seife.

Infolge der Unbeständigkeit reinen Hydroxycitronellals in Seife können wir hier direkt nur technische Sorten und Hydroxycitronellalrückstände verwenden. Trotzdem ist hervorzuheben, daß künstliche Maiglöckchenöle, die mit reinem Hydroxycitronellal als komplexe Gemische hergestellt wurden, sich auch in guter Seife recht gut verwenden lassen, ebenso wie dies bei Fliederkompositionen zutrifft. Um gute Resultate mit solchen Kompositionen zu erzielen, ist es aber nötig, nur genügend abgelagerte komplexe Maiglöckchenkompositionen mit reinem Hydroxycitronellal in Anwendung zu bringen und diese gut mit Terpineol, Linalool usw. zu kombinieren. Ohne solche Zusätze sind mit reinem Hydroxycitronellal hergestellte Muguetöle nicht gut zu verwenden.

Zur Erläuterung dieser Tatsache seien hier gleich zu Anfang solche Vorschriften angeführt, die sich auf Verwendung feiner Muguetkompositionen in Seife beziehen.

Savon Muguet Royal

Muguet comp.	300 g
Phenyläthylalkohol	100 g
Benzylacetat	100 g
Terpineol	200 g
Methylanthranilat	50 g
Anisaldehyd	50 g
Linalool	700 g
Jonon	50 g
Geraniol	20 g
Ketonmoschus	8 g
Resinoid Tolu	30 g

Savon Muguet des Bois

Linalool .... 300 g
Terpineol .... 200 g
Canangaöl .... 150 g
Muguet comp. .... 120 g
Resinoid Tolu .... 15 g
Xylolmoschus .... 3 g
Heliotropin .... 10 g
Geraniol .... 50 g

Muguet S. Nr. 1

Terpineol .... 220 g
Muguet comp. .... 100 g
Corianderöl .... 6 g
Linalool .... 220 g
Cumarin .... 20 g
Heliotropin .... 15 g
Jonon .... 25 g
Jasmin, künstl. .... 75 g
Xylolmoschus .... 6 g
Resinoid Tolu .... 5 g
Resinoid Benzoe .... 15 g

Muguet S. Nr. 2

Jasmin, künstl. .... 50 g
Linaloeöl .... 250 g
Canangaöl .... 60 g
Ylang-Ylangöl, künstl. ... 10 g
Terpineol .... 200 g
Heliotropin .... 15 g
Cumarin .... 8 g
Benzylacetat .... 60 g
Bergamottöl .... 25 g
Xylolmoschus .... 4 g
Resinoid Tolu .... 5 g
Resinoid Sumatra .... 15 g

Muguet S. Nr. 3

Hydroxycitronellal, techn. . 125 g
Linaloeöl .... 500 g
Canangaöl .... 110 g
Terpineol .... 110 g
Bergamottöl .... 100 g
Geraniumöl, afrik. .... 35 g
Jonon .... 25 g
Cumarin .... 5 g
Heliotropin .... 8 g
Xylolmoschus .... 5 g
Resinoid Tolu .... 10 g

Muguet S. Nr. 4

Terpineol .... 120 g
Linalool .... 180 g
Corianderöl .... 4 g
Cumarin .... 20 g
Heliotropin .... 10 g
Canangaöl .... 40 g
Ylang-Ylangöl .... 10 g
Amylsalicylat .... 8 g
Hydroxycitronellal, techn. . 80 g
Xylolmoschus .... 5 g
Resinoid Tolu .... 10 g

Muguet S. Nr. 5

Linaloeöl .... 600 g
Canangaöl .... 200 g
Ylang-Ylangöl, künstl. ... 100 g
Jonon .... 200 g
Geraniol .... 200 g
Geraniumöl, afrik. .... 100 g
Hydroxycitronellal II (techn.) .... 800 g
Irisöl, künstl. .... 20 g
Cumarin .... 20 g
Heliotropin .... 40 g
Resinoid Tolu .... 15 g
Resinoid Benzoe .... 50 g
Xylolmoschus .... 8 g

Muguet S. Nr. 6

Hydroxycitronellal, techn. . 500 g
Linalool .... 300 g
Terpineol .... 200 g
Canangaöl .... 150 g
Jonon .... 100 g
Resinoid Tolu .... 60 g
Muguet comp. .... 120 g
Heliotropin .... 100 g
Cumarin .... 50 g
Rosenöl, künstl. .... 500 g
Ketonmoschus .... 8 g
Ambrettemoschus .... 6 g
Jasmin S. .... 15 g
Methylanthranilat .... 5 g

Extrait **Gentil Muguet.**

Muguet comp. .... 300 g
Violette liq., Serie A ... 25 g
Hydroxycitronellal ..... 5 g
Resinoid Oliban .... 10 g
Guajakholzöl .... 25 g
Irisöl, konkret .... 0,8 g
Heliotropin .... 5 g
Cumarin .... 3 g
Ketonmoschus .... 4 g
Ambrettemoschus ...... 6 g
Vanilletinktur .... 40 g
Tolutinktur .... 100 g
Moschustinktur .... 30 g
Moschuskörnertinktur .. 25 g
Alkohol .... 4,6 l

Cyclamen,

Cyclamen Europaeum, Cyclamen Persicum.

Die chemische Zusammensetzung des Cyclamenblütenaromas ist gänzlich unbekannt. Die zur Verwendung gelangenden Cyclamenblütenöle sind ausnahmslos künstlicher Zusammensetzung.

Als wesentlichste Basis für Cyclamen ist das Hydroxycitronellal zu betrachten. Als Adjuvantien kommen in Frage die Noten Maiglöckchen, Flieder, Jasmin, Orangenblüte, Rose, Iris, Veilchen, Tuberose u. a. als wesentliche Kontrastnoten kommen Amylsalicylat, Jonon, Methyljonon, Patchouliöl, Vetiveröl, Methylsalicylat u. a. in Betracht. Gewisse honigartige Unternoten des Cyclamengeruches werden durch Phenylessigsäure, Methyl- und Äthylphenylacetat u. a. wiedergegeben, eventuell kommen auch grüne Kontraste wie Hydrozimtaldehyd, Methylheptincarbonat u. a. in Frage, auch der Kleekomplex leistet hier als Kontrast gute Dienste.

Eine der größten Schwierigkeiten bei der natürlichen Wiedergabe des Cyclamengeruches besteht nämlich darin, daß derselbe auf gewissen eigenartig herben Kontrasten aufgebaut ist, die an der Gesamttonalität des Geruches starken Anteil nehmen. Dieser Unterton wird im allgemeinen sehr gut durch nicht zu kleine Dosen Amylsalicylat wiedergegeben, auch Vetiveröl, Spuren von Patchouliöl u. a. leisten hier gute Dienste.

Im Mittel können wir uns ein künstliches Cyclamenblütenöl wie folgt zusammengesetzt vorstellen:

Hydroxycitronellal, etwa	50%
Rose	12%
Jonon oder Methyljonon	12%
Muguet	12%
Amylsalicylat	5%
Jasmin	2,5—3%
Diverse Bukettstoffe	6%

Nach diesen Prozentsätzen ergibt sich etwa folgende

primitive Basis für Cyclamen.

Hydroxycitronellal	120 g	Jasmin, künstl.	5 g
Rosenöl, künstl.	27 g	Jasmin absol., nat.	2 g
Rosenöl, echt	3 g	Resinoid Oliban	4 g
Methyljonon	30 g	Resinoid Benzoe	6 g
Muguet comp.	30 g	Phenylessigsäure	2 g
Amylsalicylat	12 g		

Cyclamenkompositionen.

Cyclamen A

Hydroxycitronellal	125 g	Guajakholzöl	8 g
Rosenöl, künstl.	30 g	Irisöl, konkret	0,2 g
Methyljonon	30 g	Jasmin absol., nat.	5 g
Amylsalicylat	12 g	Rose absol., nat.	3 g
Muguet comp.	30 g	Resinoid Tolu	5 g
Jasmin, künstl.	5 g	Resinoid Oliban	4 g
Vetiveröl Java	0,5 g	Ketonmoschus	4 g
Patchouliöl	0,02 g		

Cyclamen B

Hydroxycitronellal	120 g
Rosenöl, künstl.	25 g
Rosenöl, echt	3 g
Methyljonon	25 g
Amylsalicylat	12 g
Methylsalicylat	0,5 g
Vetiveröl Java	0,5 g
Linalool	20 g
Ylang-Ylangöl Manila	10 g
Jasmin, künstl.	7 g
Heliotropin	3 g
Cumarin	0,5 g
Phenylessigsäure	0,8 g
Guajakholzöl	6 g
Ambrettemoschus	2 g
Resinoid Tolu	4 g
Resinoid Opoponax	3 g
Jasmin absol., nat.	3 g

Cyclamen C

Hydroxycitronellal	125 g
Rose, künstl.	25 g
Rosenöl, echt	3 g
Methyljonon	30 g
Muguet comp.	50 g
Lilas comp.	30 g
Amylsalicylat	15 g
Jasmin, künstl.	12 g
α-Amylzimtaldehyd	2 g
Guajakholzöl	10 g
Irisöl, konkret	0,3 g
Ketonmoschus	5 g
Cumarin	1,5 g
Heliotropin	2 g
Phenylessigsäure	2,5 g
Jasmin absol., nat.	3 g
Rose absol., nat.	3 g
Resinoid Tolu	5 g
Perubalsam	3 g
Resinoid Oliban	5 g

Cyclamenkompositionen für Seife.

Eine gute, haltbare Cyclamenseife von natürlichem Geruch ist heute noch ein ungelöstes Problem, weil wir, in Anbetracht der mangelhaften Beständigkeit des reinen Hydroxycitronellals in der Seife, hier die typische Cyclamenbasis nicht so ausnutzen können wie bei Extraits, Pudern und so weiter. Auch die technischen Sorten des Hydroxycitronellals geben hier auf die Dauer keine einwandsfreien Resultate, weil wir hier zu große Mengen dieser Basis anwenden müssen, um Cyclamengeruch zu erhalten, diese also nicht so stark durch Zugabe von Terpineol, Linalool, Methylanthranilat usw. stützen können wie bei Flieder und Maiglöckchen. Nachstehend eine Vorschrift, die relativ gute Resultate ergibt, aber auf die Dauer ebenfalls etwas enttäuscht.

Cyclamen für Seife

Hydroxycitronellal, techn.	125 g
Jonon	40 g
Amylsalicylat	40 g
Citronellol	30 g
Phenyläthylalkohol	20 g
Guajakholzöl	25 g
Jasmin S.	15 g
Resinoid Oliban	3 g
Resinoid Sumatra	12 g
Methylanthranilat	5 g
Xylolmoschus	3 g
Linalool	20 g
Canangaöl	20 g
Heliotropin	5 g

Extrait **Cyclamen des Alpes.**

Jasmin absol., nat.	12 g
Rose absol., nat.	6 g
Rosenöl, künstl.	30 g
Rosenöl, bulg., echt	5 g
Hydroxycitronellal	125 g
Methyljonon	30 g
Muguet comp.	30 g
Amylsalicylat	12 g
Resinoid Oliban	6 g
Resinoid Benzoe	4 g
Resinoid Tolu	6 g
Guajakholzöl	35 g
Irisöl, konkret	0,5 g
Ketonmoschus	5 g
Ambrettemoschus	5 g
Vetiveröl Réunion	2 g
Patchouliöl	0,2 g
Vanilletinktur	50 g
Moschustinktur	40 g
Ambratinktur	30 g
Zibettinktur	10 g
Alkohol	4,5 l

Veilchen, Violette,
Viola odorata.

Die chemische Zusammensetzung des Veilchenblütenöles ist gänzlich obskur, auch jene des Veilchenblätteröls. Vor der Entdeckung des Jonons wurde der Geruch der Veilchenblüten im wesentlichen durch Irisöl, in geeigneten Gemischen mit natürlichem Veilchenöl (Pomadenauswaschung), Bergamottöl u. a. wiedergegeben. Wir sind indes erst seit der Darstellung des Jonons und seiner Derivate in der Lage, den Veilchengeruch in größerer Natürlichkeit und vor allem stärkerer Intensität nachzuahmen, wobei allerdings nicht verkannt werden darf, daß die so häufig zu beobachtende mißbräuchliche Benutzung des Jonons nur zu Enttäuschungen Anlaß geben kann. Anderseits muß aber festgestellt werden, daß der moderne Konsument von Veilchenextraits u. dgl. viel kräftigere Effekte wünscht, die eben nur durch gewisse Jononmengen zu erzielen sind, während der zarte, unaufdringliche Veilchengeruch der älteren Kompositionen dem modernen Verbraucher nicht zusagt und als zu schwach abgelehnt wird.

Trotzdem muß eindrücklichst vor dem Gebrauch allzugroßer Jononmengen gewarnt werden, wie überall muß es aber auch hier dem natürlichen Takt des Parfumeurs überlassen bleiben, eventuell nötige relativ größere Jononmengen in komplexen Gemischen so zur Anwendung zu bringen, daß der strenge Eigengeruch des Jonons durch geeignete Adjuvantien genügend verdeckt wird, um in entsprechender Verdünnung den zarten Veilchengeruch möglichst natürlich wiederzugeben.[1]

Als wesentlichste Basis moderner Veilchenkompositionen kommt also Jonon oder sein Derivat Methyljonon in Frage. Methyljonon besitzt einen wesentlich zarteren Veilchengeruch, mit irisartiger Note und wird sehr häufig meist gleichzeitig mit Jonon zu Veilchenkompositionen herangezogen.

Ungemein wichtig ist auch die Mitverwendung von echtem Irisöl und natürlichem Veilchenblütenöl. Letzteres betreffend sei bemerkt, daß leider die Qualitäten des Handels außerordentlich verschieden sind. Ganz reine *Essence absolue de Violette de Parme* ist nur zu phantastischen Preisen erhältlich, die billigere *Essence de Violette Victoria* ist weniger fein, aber immerhin ziemlich gut verwendbar. Soweit man sich zu Extraits also nicht Lavages guter Veilchenpomaden (Nr. 36, oder 72) bedienen will, kann die *Essence liquide* (Serie A, Serie I usw.) gleicher Konzentration wie die *Essence concrète* oder Auswaschungen von *Essence concrète* empfohlen werden.

---

[1] Die sparsame Verwendung von Jonon, bzw. Methyljonon ist insofern relativ zu nehmen, als sie sich auf direkte Verwendung dieser Körper zu Extraits, Pudern usw. bezieht. Dagegen sind Veilchenöle stets mit erheblichen Mengen von Jonon bzw. Methyljonon hergestellt, die aber dann so ausgiebig sind, daß nur relativ geringe Mengen zum Parfumieren genügen, also auf diese Weise der Regel sparsamer Jononverwendung durch Verwendung nicht allzu großer Mengen solcher Veilchenkompositionen Rechnung getragen wird.

Als Adjuvantien sind zu nennen neben dem bereits erwähnten Irisöl, Bergamottöl (als besonders wichtig), Cassieblütenöl, Veilchenblätteröl (oder *Vert de Violette artif.*), Jasmin, Ylang-Ylang, Guajakholzöl, Tuberosenblütenöl, Rose, Vetiveröl, Sandelöl ostind. u. a.

Von chemischen Riechstoffen kommen hier u. a. in Betracht: Heliotropin, Anisaldehyd, Laurinaldehyd, Methylnonylacetaldehyd, Methyl-Nonylketon, Myristate und Laurinate. In selteneren Fällen Cumarin (Spuren), Vanillin u. a.

Für grüne Unternoten sind zu nennen Methylheptincarbonat, Methyloctincarbonat und das bereits erwähnte natürliche oder künstliche Veilchenblätteröl.

In modernen Veilchenkompositionen spielen diese grünen Noten eine wichtige Rolle und werden hier mit bestem Erfolg auch

künstliche Veilchengrüngerüche (*Vert de Violette artif.*)

mitherangezogen. Wir wollen also, bevor wir die künstlichen Veilchenblütenkompositionen besprechen, zunächst einige Vorschriften zur Komposition solcher Veilchengrüngerüche anführen.

Vert de Violette Nr. 1

Methyloctincarbonat	6 g
Laurinaldehyd	0,2 g
Methyljonon	5 g
Jonon	15 g
Violette feuilles, nat., absol.	2 g

Vert de Violette Nr. 2

Methyloctincarbonat	8 g
Laurinaldehyd	0,2 g
Methylmyristat	2 g
Irisöl, konkret	2 g
Methyljonon	4 g
Violette feuilles absol.	5 g

Vert de Violette Nr. 3

Violette feuilles absol.	10 g
Methylheptincarbonat	80 g
Methyljonon	15 g
Irisöl, konkret	3 g
Heliotropin	3 g
Anisaldehyd	1 g
Laurinaldehyd	0,1 g

Vert de Violette Nr. 4

Methylheptincarbonat	20 g
Violette feuilles absol.	2 g
Methyljonon	5 g
Laurinaldehyd	0,3 g
Irisöl, künstl.	5 g
Irisöl, konkret	1 g
Methylnonylacetaldehyd	0,05 g

Derartige Kompositionen können sehr wichtige Elemente bei der Komposition künstlicher Veilchenblütenöle werden, mit denen wir uns nachstehend ganz ausführlich beschäftigen wollen.

Skelettskizze eines künstlichen Veilchenblütenöls.

Jonon und Methyljonon, etwa	50—60%
Heliotropin	4— 6%
Anisaldehyd	8—10%
Bergamottöl	3— 5%
Irisöl	3— 5%
Violette liq. A	5—10%

Diese annähernden Werte sind nun oft erheblich schwankend und können wir z. B. Variationen des Veilchentyps mit viel weniger Jonon bzw.

Methyljonon herstellen, unter gleichzeitiger Vermehrung der Bergamottnote usw. Bei solchen kommt man mit einem mittleren Jonon- und Methyljonongehalt von 35 bis 40% aus.

In vielen Fällen kommt auch Ylang-Ylangöl als klassischer Bestandteil (etwa 8%) von Veilchenkompositionen in Frage (Typ *Vera Violetta*), manchmal kommt auch Bergamottöl in Wegfall, aber nur für gewöhnliche Sorten; im allgemeinen ist Bergamottöl ein besonders wichtiger, klassischer Bestandteil guter Veilchenparfums.

Von echten Blütenölen wird neben Violette auch Cassie sehr häufig gebraucht, allerdings in relativ viel kleineren Mengen. Jasmin und Rose kommen ebenfalls in kleinen Mengen häufig zur Verwendung.

Erwähnt sei hier auch, daß in vielen Fällen der Essbukettkomplex zum Auffrischen des Veilchengeruches beiträgt und dies oft in ganz bemerkenswerter Weise.

Nachstehend sollen zunächst einige Basen primitiverer Art erwähnt werden, sowie mehrere Vorschriften zur Herstellung von Veilchenblütenölnachbildungen diverser Art.

Veilchen-Basis A

Bergamottöl Reggio	30 g
Ylang-Ylangöl Manila	7,5 g
Jonon	25 g
Anisaldehyd	10 g
Methyljonon	10 g
Phenyläthylalkohol	10 g
Heliotropin	3,5 g
Violette liq., Ser. A	10 g
Resinoid Benzoe	3 g

Violette Nr. 1

Bergamottöl	50 g
Ylang-Ylangöl	30 g
Irisöl, konkret	50 g
Jonon	350 g
Methyljonon	150 g
Anisaldehyd	30 g
Heliotropin	60 g
Vert de violette art.	4 g
Violette feuilles absol.	2 g
Muguet comp.	5 g
Linalool	25 g
Cassie absol., nat.	6 g
Jasmin absol., nat.	10 g
Violette liq. A	100 g
Resinoid Benzoe	55 g
Ketonmoschus	5 g

Veilchen-Basis B

Jonon	60 g
Methyljonon	25 g
Heliotropin	8 g
Anisaldehyd	6 g
Irisöl, konkret	3 g
Violette feuilles absol.	0,3 g
Bergamottöl	25 g
Cassie absol., nat.	0,5 g
Violette liq. A	8 g
Resinoid Tolu	4 g

Violette Nr. 2

Jonon	50 g
Methyljonon	6 g
Irisöl absol., 10fach	2,5 g
Irisöl, konkret	5 g
Heliotropin	8 g
Ylang-Ylangöl	3 g
Vanillin	2 g
Vert de Violette art.	0,5 g
Guajakholzöl	8 g
Anisaldehyd	4 g
Violette liq. A	25 g
Rosenöl, echt	2 g
Resinoid Tolu	5 g
Cassie absol., nat.	1 g

Violette de Parme

Jonon	30 g
Methyljonon	16 g
Muguet comp.	1 g
Heliotropin	2 g
Irisöl, konkret	3 g
Violette feuilles absol.	0,2 g
Veilchenbasis A	4 g
Bergamottöl	2 g
Violette liq. A	6 g
Resinoid Benzoe	5 g

Gentille Violette

Irisöl, konkret	6 g
Methyljonon	24 g
Jonon	20 g
Anisaldehyd	6 g
Ylang-Ylang Réunion	8 g
Heliotropin	2 g
Ketonmoschus	1 g
Methylheptincarbonat	0,6 g
Violette liq. A	8 g

Bouquet de Violettes

Jonon	20 g
Methyljonon	24 g
Heliotropin	2 g
Anisaldehyd	6 g
Irisöl absol., 10fach	0,7 g
Ylang-Ylangöl Manila	8 g
Violette feuilles absol.	0,3 g
Essbouquet comp.	2 g
Violette liq. A	6 g
Ambrettemoschus	3 g
Resinoid Tolu	4 g

Violette Russe

Jasmin absol.	5 g
Violette liq. A	55 g
Cassie absol.	2 g
Irisöl, konkret	12,5 g
Violette Nr. 2	120 g
Methyljonon	25 g
Vert de violette art.	5 g
Guajakholzöl	20 g
Anisaldehyd	12 g
Bergamottöl	8 g
Citronenöl	1,5 g
Ketonmoschus	2,5 g
Resinoid Tolu	5 g
Resinoid Benzoe	10 g

Veilchenkompositionen für Seife.

Erinnert sei hier daran, daß reines Jonon und Methyljonon nur für neutrale Seifen verwendbar sind. Ferner sei betont, daß hier die Mitverwendung von echtem Irisöl, wenn auch in kleinsten Mengen, von ganz erheblichem Einfluß auf die Natürlichkeit und Haltbarkeit des Veilchengeruches in der Seife ist. Soweit das echte Irisöl als zu teuer nicht zur Anwendung kommen kann, empfiehlt es sich, stets gutes Irisresinoïd zu verwenden oder Iriswurzelpulver einzupilieren. Wichtig ist hier ebenfalls die Mitverwendung von Bergamottöl, Heliotropin und zahlreicher anderer Adjuvantien, im Sinne unserer vorstehenden Ausführungen.

Für neutrale Seifen, die hier allein in Frage kommen, können reine Jonon- und Methyljononsorten mit bestem Erfolge verwendet werden, auch technische Jonone (Sorte II für Seife), die auch in Leimseifen anwendbar sind, können ebenfalls mit herangezogen werden, dagegen geben die oft empfohlenen Jononrückstände für gute Veilchenseifen fast stets nur recht problematische Resultate.

Veilchen S. Nr. 1

Jonon	180 g
Methyljonon	20 g
Heliotropin	20 g
Irisöl, konkret	8 g
Ylang-Ylangöl, künstl.	80 g
Bergamottöl	220 g
Nelkenöl	40 g
Linaloeöl	100 g
Anisaldehyd	12 g
Neroliöl, künstl.	25 g
Rosenöl, künstl.	45 g
Cassie, künstl.	15 g
Resinoid Sumatra	25 g
Xylolmoschus	8 g
Ambrettemoschus	4 g

Veilchen S. Nr. 2

Bergamottöl	150 g
Resinoid Iris I a	125 g
Irisöl, konkret	25 g
Jonon	180 g
Methyljonon	20 g
Vert de Violette art.	8 g
Rosenöl, künstl.	50 g
Ylang-Ylangöl Réunion	50 g
Heliotropin	15 g
Anisaldehyd	10 g
Linalool	60 g
Petitgrainöl Paraguay	30 g
Neroli S.	10 g
Cedernöl	100 g
Jasmin, künstl.	20 g
Xylolmoschus	10 g
Resinoid Sumatra	75 g
Resinoid Tolu	15 g

Veilchen S. Nr. 3

Jonon	250 g
Heliotropin	15 g
Vert de Violette art.	5 g
Bergamottöl	120 g
Linaloeöl	100 g
Geraniumöl, afrik.	150 g
Resinoid Iris I a	80 g
Irisöl, konkret	8 g
Sandelöl, ostind.	25 g
Cedernöl	200 g
Petitgrainöl Paraguay	50 g
Canangaöl	25 g
Jasmin, künstl.	20 g
Xylolmoschus	12 g
Resinoid Sumatra	55 g
Resinoid Tolu	15 g

Veilchen S. Nr. 4

Bergamottöl	40 g
Canangaöl	20 g
Anisaldehyd	10 g
Phenyläthylalkohol	10 g
Jonon	30 g
Methyljonon	10 g
Xylolmoschus	1,5 g
Guajakholzöl	15 g
Cedernöl	25 g
Irisöl, konkret	2,5 g
Heliotropin	4 g
Resinoid Tolu	8 g
Resinoid Sumatra	12 g

Veilchen S. Nr. 5

Jonon	50 g
Irisöl, künstl.	2 g
Irisöl, konkret	0,5 g
Heliotropin	2,5 g
Anisaldehyd	10 g
Cassie, künstl.	2,5 g
Bergamottöl	40 g
Canangaöl	20 g
Phenyläthylalkohol	10 g
Methyljonon	10 g
Xylolmoschus	1 g
Ambrettemoschus	1 g
Resinoid Sumatra	10 g

Veilchen S. Nr. 6

Jonon II	250 g
Benzylacetat	80 g
Jasmin, künstl.	10 g
Methyljonon	25 g
Cassie, künstl.	15 g
Cedernöl	25 g
Ambrettemoschus	4 g
Heliotropin	15 g
Anisaldehyd	6 g
Resinoid Sumatra	15 g
Ylang-Ylangöl, künstl.	10 g
Iris, konkret	2 g

Veilchen S., ordinär, Nr. 7

Jonon II	240 g
Benzylacetat	90 g
Methyljonon	25 g
Cassie, künstl.	12 g
Xylolmoschus	3 g
Resinoid Benzoe	50 g
Cedernöl	18 g
Heliotropin	5 g
Anisaldehyd	6 g
Guajakholzöl	15 g
Canangaöl	8 g

Veilchen-Extraits.

Violettes de Nice

Violette liq. A	120 g	Anisaldehyd	2,5 g
Cassie absol.	5 g	Rosenöl, echt	2,5 g
Violette art. comp.	250 g	Bergamottöl	5 g
Vert de violette art.	12 g	Citronenöl	1 g
Ambra, künstl., konkret	8 g	Portugalöl	2 g
Methyljonon	30 g	Moschustinktur	45 g
Irisöl, konkret	12 g	Iristinktur	150 g
Guajakholzöl	25 g	Vanilletinktur	40 g
Ketonmoschus	3 g	Alkohol	4 l
Ambrettemoschus	2 g		

Violettes des Bois

Violette liq. A	90 g	Guajakholzöl	25 g
Violette comp.	225 g	Essbouquet comp.	10 g
Vert de Violette art.	12 g	Anisaldehyd	5 g
Ambra, künstl., konkret	12 g	Vanilletinktur	25 g
Methyljonon	28 g	Moschustinktur	30 g
Irisöl, konkret	12 g	Ambratinktur	25 g
Ketonmoschus	3 g	Alkohol	4 l

Wir weisen hier nochmals kurz auf die Mitverwendung von Essbukett zum Bukettieren der Veilchenextraits, wodurch man sehr feine blumige Effekte erzielt. Die Herstellung der Essbukettkompositionen ist später beschrieben (siehe unter Essbukett).

Gartennelke, Oeillet,

Dianthus caryophyllus, Dianthus prolifer, Dianthus plumarius u. a.

Die chemische Zusammensetzung des auch im natürlichen Zustande im Handel befindlichen Blütenöls der Gartennelke ist fast gänzlich unbekannt. Vermutlich sind darin enthalten Eugenol, Isoeugenol, Vanillin, Benzylalkohol und Zimtalkohol.

Als wichtigste Basen für die künstliche Nachbildung sind zu nennen Eugenol, Isoeugenol und *Oeillet absolue.*

Als Adjuvantien und Kontraste kommen zahlreiche Riechstoffe in Frage, z. B. Rose, Jasmin, Tuberose, Orangenblüte, Iris, Ylang-Ylang, Nelkenöl, Methyleugenol, Methylisoeugenol, Benzylisoeugenol, Acetisoeugenol, Aceteugenol, Zimtalkohol, Phenylacetaldehyd, Bromstyrol, Hydroxycitronellal, Hexylmethylketon, Hydrozimtaldehyd und andere. Bewerkenswerte Natürlichkeit erhält man durch Zusatz kleiner Mengen Isobutylphenylacetat, auch gewisse Fettaldehyde wie C. 7, C. 9 und C. 10, ebenso Pseudoaldehyd C. 16 können hier gute Dienste leisten.

Kontraste. Hier sind zu nennen Jonon, Methyljonon, Amylsalicylat (wichtig) u. a. (balsamische).

Die vanilleartige Note wird durch Vanillin (Vanille), Heliotropin, Tolubalsam, Perubalsam, Labdanum usw. wiedergegeben, ebenso eine gewisse cacaoartige Unternote, die eventuell durch alkoholische Auszüge aus Cacao verstärkt wird. Die eigenartig pfefferartige Unternote des Gartennelkengeruches wird durch Pfefferöl hervorgebracht.

Im Mittel können wir die Zusammensetzung des künstlichen Gartennelkenöls wie folgt skizzieren:

Isoeugenol, etwa	40—50%	Ylang-Ylang (Canaga)	2— 3%
Eugenol	8—10%	Phenylacetaldehyd	1— 2%
Rose	8—10%	Vanillin, balsamische Noten usw.	2— 3%
Amylsalicylat	10—12%		

Oeilletbasen primitiverer Art.

Basis I		Basis II	
Isoeugenol	47 g	Isoeugenol	30 g
Eugenol	13 g	Eugenol	3 g
Amylsalicylat	10 g	Nelkenöl Zanzibar	2 g
Nelkenöl	3 g	Jasmin, künstl.	5 g
Citronenöl	2 g	Citronellol	2 g
Perubalsam	2 g	Geraniol	3 g
Citronellol	5 g	Phenylacetaldehyd	1 g
Rosenöl, künstl.	3 g	Amylsalicylat	5 g
Ylang-Ylangöl	3 g	Jonon	4 g
Vanillin	1,5 g	Vanillin	0,3 g
Resinoid Tolu	5 g	Resinoid Tolu	3 g
Phenylacetaldehyd	1,5 g	Resinoid Girofles	1,5 g

Gartennelkenblütenöle *(Essences fines)*.

Oeillet Blanc		Oeillet de France	
Isoeugenol	50 g	Oeillet absol., nat.	75 g
Eugenol	15 g	Jasmin absol., nat.	12 g
Canangaöl	1 g	Tuberose absol., nat.	5 g
Ylang-Ylangöl Manila	2 g	Isoeugenol	60 g
Phenylacetaldehyd	1,5 g	Eugenol	12 g
Rose, künstl.	5 g	Resinoid Girofles	6 g
Geraniol	3 g	Vanillin	2,5 g
Phenyläthylalkohol	3 g	Heliotropin	2 g
Resinoid Tolu	5 g	Ylang-Ylangöl Manila	3 g
Amylsalicylat	12 g	Ylang-Ylangöl Réunion	2 g
Benzylisoeugenol	5 g	Methyljonon	8 g
Methylisoeugenol	6 g	Amylsalicylat	12 g
Methyleugenol	3 g	Vetiveröl Java	2 g
Vanillin	2,5 g	Phenylacetaldehyd	3 g
Resinoid Sumatra	6 g	Rosenöl, künstl.	50 g
Pfefferöl	1,5 g	Rosenöl, bulg., echt	30 g
Ketonmoschus	2,5 g	Phenyläthylalkohol	30 g
Oeillet absol., nat.	25 g	Methyleugenol	5 g
Jasmin absol., nat.	3 g	Resinoid Tolu	8 g
		Resinoid Labdanum	3 g
		Ketonmoschus	5 g
		Neroliöl bigar.	4 g

Oeillet Rouge

Isoeugenol	50 g	Isobutylcinnamat	0,3 g
Eugenol	10 g	Isobutylphenylacetat	1,5 g
Amylsalicylat	8 g	Linalylcinnamat	0,3 g
Ylang-Ylangöl	3 g	Resinoid Labdanum	1 g
Rosenöl, echt	5 g	Oeillet absol., nat.	6 g
Phenylacetaldehyd	0,8 g	Jasmin absol., nat.	1,5 g
Hydroxycitronellal	2 g	Resinoid Girofles	2,5 g
Resinoid Tolu	3 g	Pfefferöl	1,5 g
Vanillin	2 g		

Oeillet Royal

Isoeugenol	55 g	Pfefferöl	1,5 g
Eugenol	10 g	Resinoid Girofles	2,5 g
Rosenöl, künstl.	8 g	Methyljonon	5 g
Rosenöl, echt	2 g	Oeillet absol., nat.	12 g
Amylsalicylat	12 g	Jasmin absol., nat.	3 g
Ylang-Ylangöl Manila	3 g	Isobutylphenylacetat	0,8 g
Phenylacetaldehyd	1,2 g	Ketonmoschus	2 g
Vanillin	2 g	Vetiveröl Java	1,5 g
Resinoid Tolu	5 g		

Oeilletkompositionen für Seife.

Oeillet S. Nr. 1

Oeillet-Basis I	600 g	Resinoid Tolu	25 g
Phenyläthylalkohol	100 g	Resinoid Sumatra	35 g
Amylsalicylat	100 g	Pfefferöl	15 g
Canangaöl	50 g	Zimtalkohol	25 g
Xylolmoschus	10 g	Petitgrainöl Paraguay	10 g
Ambrettemoschus	10 g		

Oeillet S. Nr. 2

Isoeugenol	250 g
Nelkenöl	60 g
Canangaöl	50 g
Heliotropin	20 g
Ambrettemoschus	30 g
Amylsalicylat	100 g
Petitgrainöl Paraguay	55 g
Phenylacetaldehyd	22 g
Geraniumöl, afrik.	130 g
Linaloeöl	65 g
Benzylisoeugenol	30 g
Methyleugenol	20 g
Phenyläthylalkohol	100 g
Citronellol	50 g
Resinoid Tolu	35 g
Resinoid Sumatra	40 g
Xylolmoschus	15 g

Oeillet S. Nr. 3

Isoeugenol	500 g
Eugenol	100 g
Resinoid Girofles	75 g
Guajakholzöl	55 g
Canangaöl	40 g
Amylsalicylat	100 g
Vanillin	8 g
Heliotropin	35 g
Citronellol	25 g
Geraniol	35 g
Phenyläthylalkohol	20 g
Phenylacetaldehyd	20 g
Benzylisoeugenol	20 g
Methyleugenol	15 g
Xylolmoschus	15 g
Ambrettemoschus	10 g
Resinoid Tolu	65 g
Resinoid Sumatra	45 g
Zimtalkohol	25 g

Oeillet S. Nr. 4

Isoeugenol	400 g
Eugenol	50 g
Nelkenöl	50 g
Amylsalicylat	100 g
Phenyläthylalkohol	120 g
Vanillin	5 g
Heliotropin	25 g
Citronellol	100 g
Terpineol	80 g
Resinoid Tolu	40 g
Resinoid Sumatra	50 g
Xylolmoschus	12 g

Oeillet S. Nr. 5

Oeillet-Basis I	200 g
Geraniumöl Réunion	80 g
Rosenöl, künstl., S.	20 g
Xylolmoschus	15 g
Nelkenöl	250 g
Amylsalicylat	30 g
Phenyläthylalkohol	50 g
Canangaöl	65 g
Vanillin	5 g
Resinoid Tolu	40 g
Resinoid Benzoe	75 g
Phenylpropylalkohol	75 g
Isobutylphenylacetat	5 g
Benzylacetat	25 g

Oeillet S. Nr. 6

Oeillet-Basis I	700 g	Heliotropin	25 g
Zimtalkohol	35 g	Rose S.	50 g
Phenyläthylalkohol	120 g	Jasmin S.	25 g
Amylsalicylat	100 g	Xylolmoschus	10 g
Vanillin	5 g	Ambrettemoschus	15 g
Resinoid Sumatra	40 g	Neroli S.	20 g
Resinoid Tolu	25 g		

Gartennelken-Extraits.

Oeillet du Roy

Isoeugenol	30 g	Cassie absol., nat.	0,5 g
Eugenol	8 g	Oeillet absol., nat.	5 g
Resinoid Girofles	2 g	Jasmin absol., nat.	1,5 g
Ylang-Ylangöl Manila	3 g	Vanilletinktur	75 g
Rosenöl, bulg., echt	2 g	Moschustinktur	20 g
Phenylacetaldehyd	1,5 g	Ambrettemoschus	4 g
Amylsalicylat	6 g	Ketonmoschus	2 g
Phenyläthylalkohol	20 g	Resinoid Tolu	8 g
Geraniol	3 g	Alkohol	1 l
Pfefferöl	1,5 g		

Oeillet de Provence

Isoeugenol	10 g	Vanillin	0,5 g
Nelkenöl	5 g	Resinoid Tolu	5 g
Ylang-Ylangöl Manila	10 g	Guajakholzöl	2,5 g
Rosenöl, echt	5 g	Rose absol., nat.	2 g
Bergamottöl	5 g	Oeillet absol., nat.	4 g
Hydroxycitronellal	4 g	Jasmin absol., nat.	0,5 g
Rosenöl, künstl.	5 g	Orangenblüte, absol., nat.	1 g
Cumarin	1 g	Cassie absol., nat.	0,3 g
Heliotropin	2,5 g	Vanilletinktur	75 g
Benzylisoeugenol	2 g	Tonkatinktur	25 g
Amylsalicylat	1,5 g	Moschustinktur	25 g
Phenylacetaldehyd	0,2 g	Ambratinktur	15 g
Zimtalkohol	0,8 g	Alkohol	1,2 l

Heliotrop, Héliotrope,

Heliotropium Peruvianum.

Über die chemische Zusammensetzung des Geruchsprinzips der Heliotropblüte wissen wir gar nichts.

Für die künstlichen Nachbildungen des Heliotropgeruches kommt als wesentlichste Basis das Heliotropin in Frage, bzw. gewisse rudimentäre Mischungen von Heliotropin, mit geeigneten Adjuvantien primärer Natur, wie Cumarin, Vanillin, Bittermandelöl usw., die eine komplexe primitive Heliotropbasis liefern.

Diese primitive Basis wird dann durch sekundäre Adjuvantien, wie Rose, Jasmin, Orangenblüte, Ylang-Ylang, Bergamotte, Tuberose, Cassie, Anisaldehyd, Zimtalkohol, Hydroxycitronellal usw., entsprechend bukettiert.

Sehr wesentlich für das Hervorbringen eines natürlich wirkenden Heliotropgeruches ist auch ein stark balsamischer Fond der Mischung mit kräftigen Vanillenoten, der durch entsprechende Mengen Vanillin, Vanilleresinoïd, Perubalsam, Tolubalsam, Labdanum (künstliche Ambrasorten) usw. erreichbar ist, auch können in dieser Hinsicht Muskateller-Salbeiöl, Isobutylcinnamat u. a. gute Dienste leisten.

Abgesehen von der typischen Heliotropinnote, die im primitiven Gemisch mit Vanillin und Cumarin gut zum Ausdruck kommt, ist das Vorhandensein einer zwar deutlich wahrnehmbaren, aber nicht zu stark in Erscheinung tretenden Bittermandelnote, von größter Wichtigkeit für die Feinheit und Charakteristik des Heliotropgeruches. Gerade im Verein mit kräftigen Vanillenoten stellt die Bittermandelnote eine der wesentlichsten Unternoten des Heliotropgeruches dar.

Bezüglich der effektiv nötigen Menge Bittermandelöl ist es schwer, genauere feststehende Angaben zu machen, da dieselben, je nach den angewandten Adjuvantien usw., erheblichen Schwankungen unterworfen sein kann. Nach neueren Feststellungen läßt sich aber als gutes Mittel für Kompositionen eine Menge von 0,6 bis 0,8% Bittermandelöl annehmen, was einer Menge von etwa 0,6 bis 0,8 g Bittermandelöl für 1 Liter Extrait entspricht.[1]

Auch bezüglich des Gehaltes an anderen Bestandteilen lassen sich nur schwer auch nur einigermaßen fixe Angaben machen, trotzdem lassen sich aber gewisse orientierende Richtlinien in dieser Beziehung aufstellen. In diesem Sinne bringen wir nachstehend eine orientierende

Skelettskizze eines künstlichen Heliotropblütenöls.

Heliotropin (auch 60% und mehr)	50 %
Vanillin	8—12 %
Cumarin	6—10 %
Bittermandelöl (eventuell 1%)	0,6—0,8%
Rose	10 %
Bukettstoffe (Bergamotte usw.)	8—10 %
Balsamische Zusätze	10—12 %

Hierzu ist zu bemerken, daß z. B. für Seifenkompositionen der Gehalt an Bittermandelöl (hier Benzaldehyd chlorfrei zu nehmen) oft auf etwa 3 bis 5% erhöht werden muß.

Von wichtigen Bukettstoffen sind noch zu nennen Orangenblüte und Ylang-Ylang, deren Gebrauch fast klassisch zu nennen ist. Wichtig ist jedenfalls, daß auch die Rosennote genügend stark betont wird.

[1] Hiermit sind die in Winter, Handbuch der Gesamten Parfumerie und Kosmetik, 2. Aufl. (J. Springer, Wien, 1932), S. 430, gemachten diesbezüglichen Angaben (etwa 0,4 g Bittermandelöl per Liter Extrait usw.) durch neuere Versuche als überholt zu betrachten, wie dies auch für andere Fälle zutrifft, was hier ein für allemal Erwähnung finden mag.

Basen primitiver Art.

1. Vanillin ... 1,5 g
   Cumarin ... 30 g
   Heliotropin ... 160 g
   Bittermandelöl ... 2 g

2. Heliotropin ... 0,7 g
   Vanillin ... 20 g
   Cumarin ... 10 g
   Bittermandelöl ... 1 g

3. Heliotropin ... 20 g
   Bittermandelöl ... 0,4 g
   Ylang-Ylangöl ... 10 g
   Neroliöl ... 5 g
   Anisaldehyd ... 9 g
   Vanillin ... 5 g
   Bergamottöl ... 5 g
   Cumarin ... 5 g

4. Heliotropin ... 30 g
   Cumarin ... 4 g
   Vanillin ... 6 g
   Ylang-Ylangöl ... 0,2 g
   Jasmin absol., nat. ... 3 g
   Bittermandelöl ... 0,3 g
   Rosenöl, künstl. ... 4 g
   Orangenblütenöl absol., nat. ... 4 g

5. Heliotropin ... 10 g
   Cumarin ... 2 g
   Vanillin ... 8 g
   Perubalsam ... 2 g
   Bittermandelöl ... 0,2 g
   Ketonmoschus ... 0,5 g

6. Heliotropin ... 35 g
   Cumarin ... 4 g
   Vanillin ... 10 g
   Rosenöl, künstl. ... 12 g
   Perubalsam ... 3 g
   Ketonmoschus ... 1,5 g
   Bittermandelöl ... 0,4 g

7. Heliotropin ... 40 g
   Cumarin ... 8 g
   Vanillin ... 5 g
   Bergamottöl ... 12 g
   Ylang-Ylangöl ... 2 g
   Rosenöl, künstl. ... 8 g
   Rosenöl, echt ... 2 g
   Irisöl, konkret ... 1,5 g
   Neroliöl ... 10 g
   Petitgrainöl ... 10 g
   Bittermandelöl ... 0,6 g
   Perubalsam ... 2,5 g
   Resinoid Tolu ... 1,5 g
   Ketonmoschus ... 1,5 g
   Ambrettemoschus ... 1,5 g

8. Heliotropin ... 35 g
   Vanillin ... 20 g
   Cumarin ... 15 g
   Jasmin, künstl. ... 2 g
   Hydroxycitronellal ... 2 g
   Bergamottöl ... 8 g
   Bittermandelöl ... 1 g
   Rosenöl, künstl. ... 10 g
   Geraniol ... 6 g
   Phenyläthylalkohol ... 4 g
   Ketonmoschus ... 1 g
   Ambrettemoschus ... 2 g
   Perubalsam ... 2 g
   Resinoid Tolu ... 2 g
   Zimtalkohol ... 2 g
   Ambra, künstl. ... 1,5 g

9. Heliotropin ... 25 g
   Cumarin ... 3 g
   Vanillin ... 8 g
   Phenyläthylalkohol ... 10 g
   Linalool ... 4 g
   Bittermandelöl ... 0,4 g
   Jasmin, künstl. ... 1,5 g
   Neroliöl ... 1 g
   Perubalsam ... 1,5 g
   Ketonmoschus ... 1,5 g

10. Heliotropin ... 35 g
    Vanillin ... 2,5 g
    Cumarin ... 1,5 g
    Bittermandelöl ... 0,6 g
    Jasmin, künstl. ... 4 g
    Jasmin Châssis ... 2 g
    Hydroxycitronellal ... 1,5 g
    Flieder comp. ... 4 g
    Bergamottöl ... 15 g
    Ylang-Ylangöl ... 8 g
    Rosenöl, künstl. ... 12 g
    Resinoid Tolu ... 3 g
    Ambrettemoschus ... 2,5 g

Heliotropblütenöle *(Essences fines)*.

Heliotrop A

Heliotropin	40 g
Cumarin	5 g
Vanillin	10 g
Bittermandelöl	1 g
Rosenöl, echt	2 g
Perubalsam	4 g
Resinoid Tolu	4 g
Resinoid Benzoe	2 g
Hydroxycitronellal	3 g
Ylang-Ylangöl Manila	10 g
Anisaldehyd	6 g
Bergamottöl	5 g
Rosenöl, künstl.	10 g
Neroliöl bigar.	5 g
Jasmin absol., nat.	3 g
Tuberose absol., nat.	2,5 g
Orangenblüte absol., nat.	1,5 g
Ketonmoschus	2,5 g
Ambrettemoschus	1,5 g

Heliotrop C

Heliotropin	18 g
Cumarin	3 g
Vanillin	5 g
Ketonmoschus	1,5 g
Bergamottöl	2 g
Jasmin, künstl.	2 g
Rosenöl, künstl.	2 g
Perubalsam	1,5 g
Bittermandelöl	0,3 g
Zimtalkohol	1 g
Jasmin absol., nat.	3 g
Tuberose absol., nat.	1 g
Hydroxycitronellal	1,5 g
Ylang-Ylangöl	2,5 g
Resinoid Tolu	2 g

Heliotrop E

Heliotropin	32 g
Vanillin	5 g
Cumarin	2,5 g
Resinoid Tolu	5 g
Resinoid Benzoe	3 g
Resinoid Labdanum	2 g
Bittermandelöl	0,8 g
Ketonmoschus	2 g
Bergamottöl	12 g
Ylang-Ylangöl Manila	5 g
Neroliöl bigar.	12 g
Jasmin absol., nat.	3 g
Rose absol., nat.	3 g
Tuberose absol., nat.	1,5 g
Hydroxycitronellal	1,5 g
Anisaldehyd	2,5 g

Heliotrop B

Heliotropin	22 g
Cumarin	2 g
Resinoid Tonka	0,5 g
Vanillin	5 g
Ylang-Ylangöl Manila	8 g
Bittermandelöl	0,8 g
Anisaldehyd	6 g
Bergamottöl	5 g
Rosenöl, künstl.	16 g
Neroliöl bigar.	12 g
Jasmin, künstl.	5 g
Flieder, künstl.	5 g
p-Methylacetophenon	1,5 g
Oeillet comp.	4 g
Isoeugenol	5 g
Perubalsam	3 g
Ambra, künstl., konkret	2 g
Isobutylcinnamat	0,5 g
Ketonmoschus	1,5 g
Tuberose absol., nat.	2 g
Jasmin absol., nat.	3 g
Rose absol., nat.	2 g

Heliotrop D

Tuberose absol., nat.	2 g
Jasmin absol., nat.	1,5 g
Heliotropin	22 g
Cumarin	5 g
Vanillin	5 g
Rosenöl, künstl.	6 g
Jasmin, künstl.	12 g
Bergamottöl	6 g
Ketonmoschus	2,5 g
Bittermandelöl	0,5 g
Perubalsam	2 g
Resinoid Tolu	1,5 g

Heliotrop F

Heliotropin	25 g
Cumarin	2,5 g
Vanillin	5 g
Anisaldehyd	2 g
Bittermandelöl	0,3 g
Bergamottöl	3 g
Ylang-Ylangöl	2,5 g
Rosenöl, künstl.	5 g
Orangenblüte absol., nat.	2 g
Rose absol., nat.	1,5 g
Tuberose absol., nat.	0,5 g
Jasmin absol., nat.	1,5 g
Cassie absol., nat.	0,3 g
Resinoid Tonka	0,4 g
Resinoid Tolu	3 g
Perubalsam	1,5 g
Ketonmoschus	5 g
Resinoid Labdanum	2 g

Heliotropkompositionen für Seife.

1.

Heliotropin	400 g
Cumarin	80 g
Vanillin	120 g
Benzaldehyd	80 g
Neroli S.	200 g
Perubalsam	20 g
Xylolmoschus	25 g
Methylanthranilat	10 g
Linalool	20 g
Resinoid Tolu	40 g
Resinoid Benzoe	50 g
Bergamottöl	20 g
Anisaldehyd	20 g
p-Methylacetophenon	5 g
Benzylalkohol	200 g
Jonon	5 g
Geraniol	55 g
Jasmin S.	20 g
Canangaöl	30 g

2.

Heliotropin	230 g
Cumarin	30 g
Vanillin	30 g
Benzaldehyd	5 g
Neroli S.	80 g
Perubalsam	20 g
Resinoid Tolu	20 g
Xylolmoschus	20 g
Ambrettemoschus	10 g
Benzylalkohol	500 g

3.

Heliotropin	550 g
Cumarin	50 g
Vanillin	60 g
Benzaldehyd	60 g
Bergamottöl	150 g
Sandelöl, ostind.	30 g
Phenyläthylalkohol	60 g
Ylang-Ylangöl Réunion	50 g
Ambrettemoschus	30 g
Xylolmoschus	20 g
Jasmin S.	50 g
Resinoid Sumatra	55 g
Resinoid Tolu	30 g

4.

Heliotropin	450 g
Cumarin	120 g
Vanillin	120 g
Jasmin S.	100 g
Xylolmoschus	25 g
Perubalsam	35 g
Resinoid Tolu	25 g
Petitgrainöl Paraguay	75 g
Geraniumöl Réunion	100 g
Canangaöl	50 g
Benzaldehyd	75 g
Anisaldehyd	25 g
Linaloeöl	100 g
Resinoid Sumatra	75 g
Resinoid Labdanum	25 g
Neroli S.	25 g

Heliotrop-Extraits.

Héliotrope du Pérou

Orangenblüte, absol., nat.	10 g
Cassie absol., nat.	2,5 g
Bittermandelöl	5 g
Cumarin	15 g
Heliotropin	200 g
Vanillin	15 g
Bergamottöl	15 g
Anisaldehyd	10 g
Resinoid Myrrhe	25 g
Irisöl, konkret	0,8 g
Vanilletinktur	1250 g
Tonkatinktur	750 g
Ambrettemoschus	15 g
Ketonmoschus	10 g
Alkohol	3000 g
Moschustinktur	60 g

Héliotrope Blanc

Vanilletinktur	100 g	Resinoid Tolu	5 g
Moschustinktur	35 g	Ambra, künstl., konkret	3 g
Tonkatinktur	50 g	Jasmin, künstl.	10 g
Heliotropin	75 g	Rose, künstl.	10 g
Vanillin	15 g	Rose absol., nat.	2 g
Cumarin	8 g	Jasmin absol., nat.	2,5 g
Anisaldehyd	5 g	Tuberose absol., nat.	1 g
Bittermandelöl	1 g	Cassie absol., nat.	0,5 g
Bergamottöl	5 g	Orangenblüte absol., nat.	1,5 g
Ketonmoschus	8 g	Alkohol	1 l
Perubalsam	3 g		

Héliotrope Fleurs extra

Heliotrop comp.	85 g	Ketonmoschus	5 g
Bittermandelöl	0,8 g	Ambrettemoschus	4 g
Resinoid Vanille	4 g	Hydroxycitronellal	2 g
Resinoid Labdanum	3 g	Zimtalkohol	2 g
Resinoid Tonka	2 g	Ylang-Ylangöl Manila	3 g
Resinoid Tolu	6 g	Neroliöl bigar.	3 g
Ambra, künstl., konkret	4 g	Heliotropin	15 g
Isobutylcinnamat	1 g	Vanillin	5 g
Flieder, künstl.	15 g	Cumarin	3 g
Jasmin, künstl.	10 g	Orangenöl, bitter	1,2 g
Rose, künstl.	8 g	Mandarinenöl	0,8 g
Bergamottöl	6 g	Vanilletinktur	75 g
Jasmin absol., nat.	2 g	Moschustinktur	25 g
Rose absol., nat.	2 g	Tonkatinktur	25 g
Tuberose absol., nat.	1 g	Ambratinktur	15 g
Perubalsam	3 g	Alkohol	1 l

Geißblatt, Chèvrefeuille,

Lonicera caprifolium und *Variationen (Lonicera fragrantissima, Lonicera sempervirens, Lonicera brachypoda* [gelbe Blüten] u. a.).

Die chemische Zusammensetzung des Geißblattblütenaromas ist gänzlich obskur. Wir sind also diesbezüglich nur auf gewisse Vermutungen angewiesen. Das Aroma der Blüte von *L. caprifolium* u. a. läßt deutlich eine Orangenblüten- und Jasminnote erkennen, die durch wechselnde, eigenartig berauschende Untertöne unbestimmt blumiger Art unterstützt zur Geltung kommen. Auch eine mehr oder minder deutliche Narcissennote macht sich hier geltend.

Vielleicht darf angenommen werden, daß das Blütenaroma des Geißblattes u. a. folgende Bestandteile enthält: Methylanthranilat, Benzylacetat, p-Cresolphenylacetat (p-Cresolacetat u. a. Cresolester [?]) usw.

Die geruchliche Analyse des Gesamtgeruches läßt außer den erwähnten Orangenblüten-, Jasmin- und Narcissennoten auch deutlich eine kräftige honigartige Unternote erkennen, ebenso aber vor allem gewisse Tonungen, die an die Gammen Flieder, Maiglöckchen und Cyclamen erinnern, schließlich auch vanilleartige und kräftig balsamische Noten feststellen.

Bei der künstlichen Nachbildung des Geißblattgeruches kommen als wesentlichste Basen Orangenblüten-, Jasmin- und Narcissenkomplexe bzw. Geruchselemente dieser Noten, wie Methylanthranilat, Benzylacetat,

Cresolester usw. Von Cresolestern kommen als wesentlich vor allem p-Cresolphenylacetat (eventuell p-Cresolacetat und Butyrat), von Estern der Phenylessigsäure, Phenyläthylphenylacetat, Isobutylphenylacetat u. a. in Frage. Auch Linalylcinnamat (Lilienbasis) und Isobutylcinnamat können wichtige Bestandteile der Basis sein, bzw. als Adjuvantien mit herangezogen werden.

Von Adjuvantien sind zu nennen Tuberose, Rose, Flieder, Cyclamen, Muguet, Ylang-Ylang, Jonon, Methyljonon, Veilchen, Iris, Bergamotte, Orangenöl bitter und süß, Mandarinenöl, Heliotropin, Vanillin, Cumarin, Hydroxycitronellal, Linalool, Isoeugenol, Eugenol, Phenylacetaldehyd u. a.

Die honigartige Note wird durch Phenylessigsäure, Methyl- und Äthylphenylacetat u. a. wiedergegeben, die balsamischen Töne durch Tolubalsam, Perubalsam, Labdanum, Oliban, künstliche Ambra u. a.

Von Fettaldehyden können manchmal C. 9, C. 10 und C. 12 (Laurin- und Methylnonylacetaldehyd) Verwendung finden, eventuell auch Pseudoaldehyde (C. 14 und C. 16).

Praktisch gesprochen, müssen wir bei Geißblattkompositionen stets eine kräftig wirkende Unterlage in der Note Maiglöckchen-Cyclamen vorsehen, die im Ansatz durch entsprechende Mengen Hydroxycitronellal, Linalool, Ylang-Ylang und Jonon gegeben wird.

Skelettskizze eines künstlichen Geißblattblütenöls.

Hydroxycitronellal ..	20 %	Linalool............	15—20 %
p-Cresolphenylacetat (Narcisse)	0,4—0,5%	Ylang-Ylang........	5— 6 %
Phenyläthylphenylacetat	3— 4 %	Jonon	5 %
Orangenblüte	18 %	Bukettage (honigart. und balsamische Noten usw.)......	10—12 %
Jasmin	15 %		

Diese orientierende Zusammenstellung ergibt natürlich nur ein ziemlich rohes Skelett der Komposition. Nachstehend bringen wir Vorschriften für

Chèvrefeuillekompositionen für Extraits usw.

Chèvrefeuille A

p-Cresolphenylacetat	0,8 g	Linalool................	25 g
Orangenblüte comp.	20 g	Ylang-Ylangöl Manila ...	15 g
Jasmin, künstl..........	25 g	Phenyläthylphenylacetat .	8 g
Hydroxycitronellal	50 g	Isobutylphenylacetat	4 g
Linalylcinnamat	5 g	Cumarin	7 g
Isobutylcinnamat	5 g	Heliotropin	5 g
Phenylessigsäure	2,5 g	Ambrettemoschus	6 g
Amylsalicylat	1,5 g	Phenylacetaldehyd	2,5 g
Mandarinenöl...........	3 g	Methylnaphtylketon	5 g
Sandelöl, ostind.........	2 g	Resinoid Tolu	15 g
α-Amylzimtaldehyd	3 g	Jonquille absol., nat.....	3 g
Bergamottöl............	10 g	Jasmin absol., nat.	5 g
Portugalöl..............	5 g	Orangenblüte absol., nat.	5 g
Jonon	28 g	Vanillin...............	2 g
Rosenöl, künstl.	15 g		

Chèvrefeuille B

p-Cresolphenylacetat	0,4 g	Tuberose absol., nat.	2 g
Hydroxycitronellal	30 g	Jasmin absol., nat.	3 g
Linalool	5 g	Orangenblüte absol., nat.	3 g
Ylang-Ylangöl Manila	3 g	Jonquille absol., nat.	0,5 g
Rosenöl, künstl.	5 g	Isobutylcinnamat	2 g
Orangenblüte, künstl.	15 g	Linalylcinnamat	2 g
Jasmin, künstl.	10 g	Petitgrainöl Paraguay	8 g
Anisaldehyd	1,5 g	Methylanthranilat	2 g
Phenylacetaldehyd	0,5 g	Phenyläthylphenylacetat	3,5 g
Heliotropin	2 g	Mandarinenöl	0,3 g
Cumarin	2 g	Zimtalkohol	10 g
Vanillin	1,5 g	Resinoid Labdanum	5 g
Portugalöl	2,5 g	Ketonmoschus	6 g
Orangenöl, bitter	1,5 g	Resinoid Tolu	15 g
Bergamottöl	8 g		

Chèvrefeuille d'Italie

Hydroxycitronellal	220 g	Linalylcinnamat	2 g
Heliotropin	45 g	p-Cresolphenylacetat	5 g
Cumarin	20 g	Phenyläthylphenylacetat	30 g
Vanillin	30 g	Narcisse comp.	5 g
Ketonmoschus	5 g	Sandelöl, ostind.	2 g
Ambrettemoschus	10 g	Isoeugenol	3 g
Linalool	250 g	Eugenol	0,3 g
Ylang-Ylangöl Réunion	25 g	Bergamottöl	15 g
Rosenöl, künstl.	175 g	Phenylacetaldehyd	5 g
Rosenöl, echt	20 g	Resinoid Tolu	45 g
Jonon	55 g	Resinoid Benzoe	40 g
Jasmin, künstl.	110 g	Phenylessigsäure	6 g
Orangenblüte, künstl.	125 g	Jonquille absol., nat.	15 g
Neroliöl bigar.	30 g	Jasmin absol., nat.	60 g
Isobutylcinnamat	8 g	Orangenblüte absol., nat.	50 g
Isobutylbenzoat	4 g	Tuberose absol., nat.	30 g

Chèvrefeuillekompositionen für Seife.

1.

Methylanthranilat	50 g
p-Cresolphenylacetat	25 g
p-Cresolbutyrat	5 g
Perubalsam	20 g
Resinoid Sumatra	100 g
Jasmin S.	120 g
Neroli S.	100 g
Geraniol	50 g
Methylnaphtylketon	20 g
Jonon	25 g
Hydroxycitronellal, techn.	75 g
Bergamottöl	75 g
Linaloeöl	300 g
Heliotropin	20 g
Cumarin	15 g
Vanillin	25 g
Phenyläthylalkohol	50 g
Xylolmoschus	35 g
Zimtalkohol	55 g
Phenylacetaldehyd	10 g

2.

Hydroxycitronellal techn.	100 g
Neroli S.	75 g
Jasmin S.	155 g
p-Cresolphenylacetat	6 g
Heliotropin	100 g
Cumarin	30 g
Vanillin	40 g
Methylnaphtylketon	25 g
Linaloeöl	340 g
Geraniol	200 g
Jonon	75 g
Methylanthranilat	25 g
Resinoid Tolu	50 g
Resinoid Sumatra	75 g
Xylolmoschus	25 g
Bergamottöl	50 g
Canangaöl	50 g
Linalylcinnamat	10 g
Zimtalkohol	55 g

3. Extra

p-Cresolphenylacetat	5 g	Hydroxycitronellal, techn.	75 g
Petitgrainöl Paraguay	125 g	Anisaldehyd	25 g
Neroli S.	75 g	Zimtalkohol	100 g
Jasmin S.	100 g	Geraniumöl, afrik.	100 g
Linalool	100 g	Resinoid Tolu	55 g
Methylnaphtylketon	75 g	Resinoid Labdanum	25 g
Sandelöl, ostind.	75 g	Resinoid Benzoe	50 g
Amylsalicylat	15 g	Xylolmoschus	20 g
Canangaöl	100 g	Methylanthranilat	25 g
Heliotropin	50 g	Isobutylcinnamat	10 g
Cumarin	25 g	Vetiveröl Réunion	50 g
Patchouliöl	25 g	Jonon	60 g
Phenylacetaldehyd	10 g		

Extrait Chèvrefeuille.

Jasmin absol., nat.	2,5 g	Heliotropin	5 g
Jonquille absol., nat.	1 g	Moschustinktur	20 g
Orangenblüte absol., nat.	2,5 g	Tonkatinktur	50 g
Chèvrefeuille comp.	90 g	Ambratinktur	20 g
Resinoid Vanille	1,5 g	Alkohol	1 l

Reseda, Réséda

(Mignonette), *Reseda odorata.*

Die chemische Zusammensetzung des in isoliertem Zustande bekannten ätherischen Resedaöls und Resedablütenöls ist völlig ungeklärt.

Zur künstlichen Wiedergabe des Resedageruches können zahlreiche Riechstoffe Verwendung finden.

Als Basen sind zu nennen das natürliche ätherische Resedaöl, Resedablütenöl, Resedageraniol (über Resedablüten destilliertes Geraniol), Nonylalkohol, Hexylmethylketon, Decylalkohol und Äthyl- und Methylcarbonate (Heptin-, Octin- und Decin-) bzw. Veilchenblätteröl. Von den Methyl- und Äthylcarbonaten besitzen besonders Methyl- und Äthyl-Decincarbonat resedaartigen Geruch.

An Adjuvantien sind zu nennen Ylang-Ylang, Sandelöl ostind., Jasmin, Veilchen, Rose, Iris, Jonon, Methyljonon, Cumarin, Hydroxycitronellal, Benzylacetat, Phenyläthylacetat, Methylnonylketon, Phenylpropylalkohol (Hydrozimtalkohol), Laurylalkohol, Laurinaldehyd, Pseudoaldehyd C. 16 u. a.

Praktisch gesprochen, können wir auf recht mannigfaltigen, oft auch prinzipiell ganz verschiedenen Wegen zu künstlichen Nachbildungen des Resedageruches gelangen, es ist daher ganz unmöglich, eine auch nur annähernde Norm für die Komposition aufzustellen.

In großen Zügen gibt nachstehende Vorschrift einen gangbaren Weg an, der auf von uns durchgeführten ganz neuen Versuchen beruht.

Primitive Resedabasis.

Nonylalkohol	4,5 g	Decylalkohol	0,5 g
Phenylpropylalkohol	1,5 g	Methylheptincarbonat	0,2 g
Cumarin	0,6 g	Methylnonylketon	0,5 g
Methyljonon	7,4 g		

Diese primitive Basis leistet bei Resedakompositionen sehr große Dienste und gibt mit echtem Resedaöl u. a. entsprechend aufbukettiert, ganz vorzügliche Resedablütenöle.

Wie bereits kurz erwähnt, zeigt diese Skizze einer primitiven Resedabasis ganz neue Wege zur Nachbildung des Resedageruches. Nachstehend einige Vorschriften, die den Ausbau der Basis zu feinen Blütenölen veranschaulichen.

Resedablütenöl A

Nonylalkohol	7 g
Phenylpropylalkohol	2 g
Cumarin	0,5 g
Methyljonon	9 g
Methylheptincarbonat	0,5 g
Methylnonylketon	1 g
Laurylalkohol	2 g
Decylalkohol	2 g
Octylformiat	1 g
Resinoid Labdanum	1 g
Resinoid Tolu	1 g
Pseudoaldehyd C. 16	0,2 g
Phenyläthylacetat	6 g
Octylacetat	1,5 g
Laurinaldehyd	0,05 g
Bergamottöl	3 g
Reseda absol., nat.	12 g
Jasmin absol., nat.	3 g
Violette feuilles, absol.	1,5 g
Rose absol., nat.	3 g
Ketonmoschus	1,5 g
Ambra, künstl., flüssig	1,5 g

Resedablütenöl B

Methyljonon	27 g
Hexylmethylketon	8 g
Methylheptincarbonat	1,5 g
Jasmin, künstl.	2 g
Irisöl, konkret	0,5 g
Violette feuilles, absol.	0,5 g
Ylang-Ylangöl Manila	0,5 g
Laurinaldehyd	0,2 g
Geraniol (Reseda)	8 g
Nonylalkohol	21 g
Phenylpropylalkohol	6 g
Cumarin	1,5 g
Methylnonylketon	3 g
Laurylalkohol	6 g
Decylalkohol	6 g
Octylformiat	3 g
Pseudoaldehyd C. 16	0,5 g
Phenyläthylacetat	12 g
Octylacetat	4 g
Resinoid Labdanum	5 g
Resinoid Tolu	3 g
Bergamottöl	10 g
Reseda absol., nat.	12 g
Jasmin absol., nat.	4 g

Resedablütenöl C

Methyljonon	90 g
Cumarin	5 g
Vanillin	5 g
Irisöl, konkret	30 g
Nonylalkohol	70 g
Phenylpropylalkohol	20 g
Äthyldecincarbonat	20 g
Methylheptincarbonat	5 g
Methylnonylketon	10 g
Laurylalkohol	20 g
Decylalkohol	20 g
Resinoid Labdanum	40 g
Resinoid Tolu	20 g
Rosenöl, künstl.	75 g
Laurinaldehyd	0,5 g
Phenyläthylalkohol	25 g
Reseda-Geraniol	25 g
Ylang-Ylang Réunion	40 g
Ambrettemoschus	6 g
Ketonmoschus	2 g
Sandelöl, ostind.	20 g
Moschuskörneröl, konkr.	3 g
Octylformiat	10 g
Bergamottöl	75 g
Phenyläthylacetat	25 g
Octylacetat	10 g
Violette feuilles, absol.	2 g
Reseda absol., nat.	100 g
Jasmin absol., nat.	120 g
Rose absol., nat.	50 g
Cassie absol., nat.	25 g
Veilchen liq., Ser. A	50 g
Ambra, künstl., konkret	10 g

Resedakompositionen für Seife.

1.		2.	
Reseda, primitive Basis	225 g	Nonylalkohol	70 g
Vanillin	5 g	Phenylpropylalkohol	20 g
Cumarin	10 g	Cumarin	8 g
Methyljonon	120 g	Methyljonon	100 g
Jonon	30 g	Jonon	25 g
Methylheptincarbonat	7 g	Methylheptincarbonat	8 g
Canangaöl	80 g	Methylnonylketon	10 g
Neroli S.	60 g	Laurylalkohol	25 g
Benzylacetat	30 g	Decylalkohol	20 g
Geraniol	75 g	Phenyläthylacetat	60 g
Jasmin, künstl.	60 g	Octylacetat	20 g
Rosenöl, künstl.	100 g	Resinoid Labdanum	25 g
Resinoid Labdanum	35 g	Resinoid Tolu	35 g
Ambrettemoschus	25 g	Xylolmoschus	15 g
Xylolmoschus	10 g	Ambrettemoschus	10 g
Sandelöl, ostind.	50 g	Resinoid Sumatra	75 g
Irisöl, künstl.	50 g	Ylang-Ylangöl, künstl.	25 g
Irisöl, konkret, nat.	5 g	Canangaöl	50 g
Linalool	50 g	Benzylacetat	75 g
Cedernöl	150 g	Heliotropin	15 g
Petitgrainöl Paraguay	200 g	Vanillin	5 g
Bergamottöl	150 g	Geraniol	100 g
Geraniumöl Réunion	150 g	Cedernöl	75 g
Lavendelöl	75 g	Patchouliöl	3 g
Nelkenöl	25 g	Neroliöl, künstl.	25 g
Resinoid Tolu	25 g	Bergamottöl	75 g
Resinoid Benzoe	75 g		

Extrait Réséda.

Reseda absol., nat.	5 g	Resinoid Labdanum	3 g
Jasmin absol.	2 g	Resinoid Tonka	2 g
Reseda comp.	95 g	Ambra, künstl., konkret	5 g
Vanillin	1,5 g	Vanilletinktur	100 g
Heliotropin	4 g	Iristinktur	200 g
Rosenöl, echt	3 g	Moschustinktur	20 g
Ketonmoschus	5 g	Alkohol	1 l

Lilie, Lys,
Lilium candidum.

Die chemische Zusammensetzung des Blütenaromas der verschiedenen Lilienarten ist gänzlich obskur.

Künstlich wird der Liliengeruch durch eine ganze Reihe von Riechstoffen im Gemisch annähernd wiedergegeben, wir kennen aber nur einen einzigen Riechstoff, der die charakteristische Liliennote wiedergibt, das Linalylcinnamat.

Moderne Lilienkompositionen werden also stets unter Verwendung dieses Riechstoffes hergestellt.

Als Adjuvantien sind zu nennen Jasmin, Rose, Ylang-Ylang, Jonon, Methyljonon, Hydroxycitronellal, Orangenblüte, Orangenschalenöle, Terpineol, Vanillin, Cumarin, Heliotropin u. a. Auch kräftige balsamische Noten sind erforderlich.

Nachstehend eine Vorschrift für eine

primitive Lilienbasis.

Linalylcinnamat	80 g	Cumarin	1 g
Hydroxycitronellal	25 g	Resinoid Tolu	5 g
Methyljonon	4 g	Resinoid Labdanum	5 g
Ylang-Ylangöl	20 g	Resinoid Benzoe	10 g
Neroliöl bigar.	10 g	Jasmin, künstl.	10 g
Jasmin absol., nat.	3 g	Methylanthranilat	3 g
Rosenöl, echt	2 g	Bergamottöl	5 g
Vanillin	2 g	Ketonmoschus	2 g

Mit Hilfe dieser Skizze wird sich der Parfumeur leicht raffiniertere Lilienkompositionen für verschiedene Zwecke herstellen können. Wir beschränken uns hier also auf diese kurzen, summarischen Angaben.

Lindenblüte, Tilleul,

Tilia Europaea und Var.: *Tilia grandiflora, T. parviflora* und *T. argentea* (orientalische Linde).

Über die chemische Zusammensetzung des Lindenblütenaromas wissen wir gar nichts.

Künstlich geben wir den Lindenblütengeruch durch geeignete Gemische von Hydroxycitronellal und Terpineol mit anderen Riechstoffen wieder.

Von solchen Adjuvantien sind zu nennen vor allem das blaue Kamillenöl, dessen Anwesenheit der Komposition große Natürlichkeit des Geruches verleiht, dann Ylang-Ylang, Rose, Citron, Jasmin, Jonquille, Orangenblüte, Tuberose, Phenylacetaldehyd, Bergamottöl, Petitgrainöl, Jonon, Methyljonon, Iris u. a. Als Kontraste sind speziell zu nennen Patchouliöl, Vetiveröl und Amylsalicylat. Ferner kommen noch als wesentlich in Betracht Cumarin, Vanillin, Heliotropin, Nelkenöl bzw. Eugenol und Isoeugenol.

Lindenblütenbasis.

Hydroxycitronellal	100 g	Cumarin	10 g
Terpineol	100 g	Heliotropin	10 g
Petitgrainöl, franz.	100 g	Vanillin	5 g
Citronenöl	50 g	Ketonmoschus	2,5 g
Geraniumöl, afrik	25 g	Resinoid Benzoe	27 g
Nelkenöl	15 g	Resinoid Labdanum	3 g
Kamillenöl, blau	5 g		

Lindenblütenöle *(Essences fines)*.

1. Heliotropin	20 g	Ketonmoschus	5 g
Cumarin	20 g	Ambrettemoschus	5 g
Terpineol	200 g	Resinoid Tolu	20 g
Kamillenöl, blau	10 g	Resinoid Tonka	5 g
Vanillin	10 g	Resinoid Labdanum	5 g
Petitgrainöl, franz.	200 g	Resinoid Oliban	5 g
Hydroxycitronellal	300 g	Resinoid Benzoe	20 g
Citronenöl	100 g	Jasmin absol., nat.	12 g
Rosenöl, künstl.	50 g	Jonquille absol., nat.	2 g
Nelkenöl	30 g	Tuberose absol., nat.	2 g

2. Heliotropin	20 g	Linalool	40 g
Cumarin	20 g	Jonon	12 g
Vanillin	10 g	Methyljonon	4 g
Terpineol	180 g	Kamillenöl, blau	8,5 g
Petitgrainöl, franz.	180 g	Neroliöl bigar.	5 g
Ketonmoschus	8 g	Geranylformiat	12 g
Ambrettemoschus	2 g	Patchouliöl	2 g
Guajakholzöl	12 g	Anisaldehyd	6 g
Citronenöl	100 g	Jasmin absol., nat.	25 g
Geraniumöl, afrik.	55 g	Tuberose absol., nat.	5 g
Geraniol	50 g	Cassie absol., nat.	3 g
Hydroxycitronellal	200 g	Rose absol., nat.	10 g
Nelkenöl	30 g	Resinoid Tolu	25 g
Bergamottöl	25 g	Resinoid Benzoe	40 g
Jasmin, künstl.	40 g		

Tilleul d'Orient

Hydroxycitronellal	650 g	Jasmin, künstl.	100 g
Heliotropin	25 g	Neroliöl, künstl.	35 g
Cumarin	20 g	Ylang-Ylangöl Manila	25 g
Vanillin	10 g	p-Methylacetophenon	0,8 g
Kamillenöl, blau	10 g	Patchouliöl	1 g
Citronenöl	100 g	Ketonmoschus	16 g
Nelkenöl	30 g	Ambrettemoschus	5 g
Rosenöl, künstl.	150 g	Jasmin absol., nat.	25 g
Petitgrainöl, franz.	150 g	Jonquille absol., nat.	10 g
Resinoid Tolu	45 g	Rose absol., nat.	25 g
Terpineol	50 g	Tuberose absol., nat.	5 g
Jonon	20 g	Cassie absol., nat.	2 g

Lindenblütenkompositionen für Seife.

Diese werden meist unter Zuhilfenahme von Hydroxycitronellal technisch hergestellt, es muß aber darauf hingewiesen werden, daß komplexe Lindenblütenöle mit reinem Hydroxycitronellal hergestellt, ebenfalls ganz vorzüglich verwendbar sind, ähnlich wie dies auch bei Muguet und Flieder für Seife zutrifft.

Es können hier also auch feine Lindenblütenöle als Basen zum Parfumieren von Toiletteseifen verwendet werden.

Lindenblüte S. I

Terpineol	100 g	Vanillin	5 g
Petitgrain Paraguay	100 g	Hydroxycitronellal, techn.	250 g
Citronenöl	80 g	Xylolmoschus	4 g
Geraniumöl, afrik.	25 g	Resinoid Sumatra	35 g
Geraniol	25 g	Patchouliöl	3 g
Nelkenöl	15 g	Amylsalicylat	10 g
Cumarin	10 g	Jasmin, künstl.	10 g
Heliotropin	10 g	Zimtalkohol	15 g
Kamillenöl, blau	5 g		

Lindenblüte S. II

Hydroxycitronellal, techn.	400 g
Heliotropin	75 g
Terpineol	250 g
Ambrettemoschus	10 g
Xylolmoschus	5 g
Jonon	50 g
Canangaöl	30 g
Ylang-Ylangöl, künstl.	15 g
Bergamottöl	50 g
Jasmin, künstl.	15 g
Anisaldehyd	50 g
Rosenöl, künstl.	15 g
Neroliöl, künstl.	5 g
Patchouliöl	5 g
p-Methylacetophenon	1,5 g
Citronenöl	40 g
Cumarin	15 g
Nelkenöl	10 g
Vanillin	5 g
Resinoid Sumatra	30 g
Kamillenöl, blau	6 g

Lindenblütenöl S. III

Hydroxycitronellal, techn.	400 g
Terpineol	200 g
Heliotropin	60 g
Cumarin	25 g
Vanillin	10 g
Canangaöl	25 g
Bergamottöl	75 g
Jonon	50 g
Anisaldehyd	50 g
Ambrettemoschus	20 g
Xylolmoschus	10 g
Neroli, künstl.	25 g
Kamillenöl, blau	15 g
Citronenöl	150 g
Nelkenöl	50 g
Petitgrainöl Paraguay	160 g
Resinoid Tolu	35 g
Resinoid Sumatra	40 g
Tilleul comp.	250 g
Muguet comp.	100 g
Jasmin Châssis	50 g

Extrait **Tilleul d'Orient.**

Tilleul comp.	95 g
Hydroxycitronellal	10 g
Bergamottöl	3 g
Heliotropin	5 g
Ylang-Ylangöl Manila	2 g
Mandarinenöl	0,5 g
Sauge sclaréeöl	2 g
Kamillenöl, blau	0,5 g
Jasmin absol., nat.	3,5 g
Jonquille absol., nat.	1 g
Tuberose absol., nat.	0,5 g
Orangenblüte absol., nat.	1 g
Moschuskörneröl, konkret	0,3 g
Ambra, künstl., konkret	2 g
Vanilletinktur	30 g
Moschustinktur	20 g
Alkohol	1 l

Klee, Trèfle,

Trifolium incarnatum.

Von Variationen sind zu nennen *T. odoratum*, der italienische Klee, dessen Geruch eine eigenartige Honignote aufweist.

Über die chemische Zusammensetzung des Aromas der Kleeblüte wissen wir gar nichts.

Als klassische Basis für Kleegerüche besitzen wir Amyl- und Isobutylsalicylat, die auch sonst in der Parfumerie in weitgehendstem Maße Verwendung finden.

Von Adjuvantien sind zu nennen Cumarin, Ylang-Ylang, Bergamotte, Heliotropin, Vanillin, Patchouli, Orangenblüte, Rose, Jasmin, Jonquille (Narcisse), Vetiveröl, Lavendel, Iris, Eichenmoos und viele andre.

Primitive Basen.

1. Amylsalicylat	55 g	2. Amylsalicylat	40 g
Ylang-Ylangöl Manila	6 g	Isobutylsalicylat	10 g
Jasmin, künstl.	1,5 g	Ylang-Ylangöl	7,5 g
Patchouliöl	1,5 g	Canangaöl	2,5 g
Cumarin	5 g	Bergamottöl	12 g
Bergamottöl	8 g	Resinoid Eichenmoos	2,5 g
Neroliöl bigar.	0,5 g	Patchouliöl	1 g
Lavendelöl	2 g	Lavendelöl	3 g
Rosenöl, künstl.	3 g	Rosenöl, künstl.	2 g
Rosenöl, echt	0,5 g	Jasmin, künstl.	3 g
Resinoid Eichenmoos	0,7 g	Ketonmoschus	1,5 g
Ketonmoschus	1,5 g	Jasmin Châssis	2 g
Resinoid Tolu	3 g		

3. Amylsalicylat	40 g	4. Amylsalicylat	25 g
Patchouliöl	1,5 g	Cumarin	6 g
Cumarin	8 g	Patchouliöl	1 g
Ketonmoschus	2 g	Zimtaldehyd	2 g
p-Methylacetophenon	2 g	Ylang-Ylangöl	2,5 g
Canangaöl	3 g	Ketonmoschus	1,5 g
Ylang-Ylangöl	2 g	Resinoid Tolu	2 g
Jasmin, künstl.	3 g	Bergamottöl	2 g
Jasmin Châssis	1 g	Citronenöl	0,3 g
Bergamottöl	6 g	Jasmin, künstl.	1 g
Geraniumöl, afrik.	4 g	Rose, künstl.	2 g
Patchouliöl	0,5 g		
Lavendelöl	2 g		
Resinoid Tonka	1 g		

---

5. Amylsalicylat	100 g	Vetiveröl	20 g
Linalool	50 g	Patchouliöl	3 g
Cumarin	20 g	Ketonmoschus	2 g
Resinoid Tonka	5 g	Resinoid Sumatra	15 g
Heliotropin	5 g	Resinoid Tolu	10 g
Neroliöl bigar.	10 g	Jasmin Châssis	3 g
Bergamottöl	50 g	Lavendelöl	5 g
Resinoid Eichenmoos	2 g	p-Methylacetophenon	2,5 g
Ylang-Ylangöl	10 g	Citronenöl	1 g
Canangaöl	5 g	Anisaldehyd	3 g

Kleeblütenöle (*Essences fines*).

Die vorerwähnten Basen können durch entsprechendes Aufbuketieren mit diversen Blütenölen usw. in feine Kleeblütenöle übergeführt werden. Anderseits können solche Kleeblütenöle auch nach folgenden Vorschriften zusammengesetzt werden.

Trèfle Incarnat

Amylsalicylat	225 g	Cumarin	60 g
Isobutylsalicylat	200 g	Resinoid Tonka	12 g
Vetiveröl Java	40 g	Jasmin Châssis	12 g
Heliotropin	15 g	Rose absol.	10 g
Bergamottöl	120 g	Neroliöl bigar.	3 g
Lavendelöl	30 g	Ylang-Ylangöl Manila	2 g
Ketonmoschus	20 g	Resinoid Tolu	35 g
Ambrettemoschus	15 g	Patchouliöl	3 g
Resinoid Eichenmoos	20 g		

Trèfle Blanc

Amylsalicylat	400 g	Citronenöl	1 g
Eichenmoos absol.	18 g	Sauge sclaréeöl	2 g
Bergamottöl	200 g	Ketonmoschus	20 g
Lavendelöl	50 g	Ambrettemoschus	15 g
Ylang-Ylangöl	50 g	Resinoid Tolu	30 g
Vetiveröl Java	65 g	Resinoid Oliban	10 g
Rosenöl, künstl.	75 g	Styrax liq.	10 g
Jasmin absol., nat.	10 g	Cumarin	75 g
Neroliöl bigar.	3 g	Patchouliöl	3 g
Isoeugenol	20 g		

Trèfle d'Italie

Amylsalicylat	100 g	Rose, künstl.	8 g
Isobutylsalicylat	25 g	Ketonmoschus	5 g
Heliotropin	20 g	Ambrettemoschus	5 g
Cumarin	10 g	Lavendelöl	15 g
Resinoid Tonka	3 g	Phenylessigsäure	3 g
Resinoid Eichenmoos	10 g	Methylphenylacetat	1,5 g
Nelkenöl	8 g	Resinoid Benzoe	15 g
Citronenöl	10 g	Resinoid Tolu	25 g
Bergamottöl	50 g	Resinoid Labdanum	3 g
Ylang-Ylangöl Manila	25 g	Jasmin absol., nat.	4 g
Vetiveröl Réunion	5 g	Orangenblüte absol., nat.	0,5 g
Patchouliöl	2,5 g	Cassie absol., nat.	1,5 g
Jasmin, künstl.	12 g	Tuberose absol., nat.	3 g

Trèfle Fleuri

Amylsalicylat	600 g	Rosenöl, echt	20 g
Patchouliöl	15 g	Anisaldehyd	15 g
Cumarin	50 g	Resinoid Tolu	15 g
Resinoid Tonka	15 g	Resinoid Sumatra	25 g
Bergamottöl	80 g	Ketonmoschus	25 g
Lavendelöl	15 g	Ambrettemoschus	15 g
Neroliöl bigar.	8 g	Jasmin absol., nat.	15 g
Resinoid Eichenmoos	10 g	Jonquille absol., nat.	5 g
Jasmin, künstl.	12 g	Rose absol., nat.	10 g
Ylang-Ylangöl Manila	40 g	Orangenblüte abol.,s nat.	3 g

Trèfle Pourpre

Amylsalicylat	400 g	Lavendelöl	50 g
Cumarin	55 g	Jasmin, künstl.	25 g
Resinoid Tonka	15 g	p-Methylacetophenon	2 g
Heliotropin	10 g	Patchouliöl	8 g
Bergamottöl	65 g	Neroliöl bigar.	50 g
Ketonmoschus	8 g	Vanillin	8 g
Ambrettemoschus	4 g	Resinoid Tolu	25 g
Vetiveröl Java	8 g	Resinoid Labdanum	5 g
Anisaldehyd	75 g	Jasmin absol., nat.	25 g
Sandelöl, ostind.	3 g	Jonquille absol., nat.	5 g
Rosenöl, echt	15 g	Tuberose absol., nat.	5 g
Eichenmoos, absol.	8 g	Citronenöl	5 g
Ylang-Ylangöl Manila	30 g	Nelkenöl	3 g

Kleekompositionen für Seife.

Trèfle S. I

Amylsalicylat	400 g
Bergamottöl	170 g
Cumarin	50 g
Vetiveröl Réunion	65 g
Heliotropin	65 g
Resinoid Eichenmoos	25 g
Ambrettemoschus	40 g
Xylolmoschus	15 g
Ylang-Ylangöl Réunion	120 g
Patchouliöl	15 g
Jasmin, künstl.	50 g
Neroli, künstl.	25 g
Rosenöl, künstl.	50 g
Resinoid Sumatra	75 g

Trèfle S. II

Amylsalicylat	420 g
Canangaöl	110 g
Bergamottöl	180 g
Cumarin	45 g
Heliotropin	50 g
Patchouliöl	12 g
Resinoid Eichenmoos	15 g
Vetiveröl Réunion	35 g
Jasmin, künstl.	70 g
Xylolmoschus	25 g
Geraniol	120 g
Resinoid Tolu	40 g

Trèfle S. III

Amylsalicylat	50 g
Cumarin	10 g
Patchouliöl	1,5 g
Vetiveröl Réunion	1 g
Xylolmoschus	1,5 g
Ambrettemoschus	1,5 g
Resinoid Tolu	2 g
Jasmin, künstl.	5 g
Citronenöl	1,5 g
Orangenöl, bitter	1,5 g
p-Methylacetophenon	2 g
Heliotropin	2 g
Neroliöl, künstl.	3 g
Canangaöl	12 g
Lavendelöl	13 g
Bergamottöl	25 g

Trèfle S. IV

Amylsalicylat	350 g
Cumarin	75 g
Ambrettemoschus	25 g
Xylolmoschus	10 g
Geraniumöl, afrik.	75 g
Rosenöl, künstl.	100 g
Ylang-Ylangöl, künstl.	50 g
Jasmin, künstl.	50 g
Irisöl, konkret	6 g
Resinoid Eichenmoos	10 g
Patchouliöl	15 g
p-Methylacetophenon	3 g
Citronenöl	12 g
Sandelöl, ostind.	5 g
Resinoid Tolu	15 g
Resinoid Sumatra	25 g
Neroliöl, künstl.	15 g

Trèfle S. V

Amylsalicylat	350 g
Canangaöl	150 g
Ylang-Ylang Réunion	50 g
Geraniol	75 g
Citronellol	35 g
Bergamottöl	125 g
Neroliöl, künstl.	40 g
Cumarin	70 g
Patchouliöl	10 g
Xylolmoschus	15 g
Resinoid Sumatra	35 g
Jasmin, künstl.	15 g
Resinoid Eichenmoos	10 g

Trèfle S. VI

Amylsalicylat	350 g
Cumarin	75 g
Patchouliöl	22 g
Xylolmoschus	15 g
Ambrettemoschus	15 g
Geraniumöl, afrik.	100 g
Rosenöl, künstl.	100 g
Jasmin, künstl.	50 g
Ylang-Ylangöl Réunion	50 g
Canangaöl	50 g
Resinoid Eichenmoos	10 g
Irisöl, konkret	4 g
p-Methylacetophenon	6 g
Resinoid Tolu	25 g
Resinoid Labdanum	15 g
Perubalsam	10 g

Trèfle S. VII

Amylsalicylat	400 g	Nelkenöl	5 g
Cumarin	85 g	Vetiveröl Réunion	15 g
Patchouliöl	12 g	Sandelöl, ostind.	8 g
Bergamottöl	200 g	Resinoid Eichenmoos	15 g
Ylang-Ylangöl Réunion	100 g	Resinoid Tolu	35 g
Canangaöl	100 g	Resinoid Labdanum	25 g
Neroliöl, künstl.	55 g	Jasmin, künstl.	35 g
Xylolmoschus	15 g	Citronenöl	5 g
Ambrettemoschus	15 g	Jonon	7 g

Extrait **Trèfle Incarnat.**

Trèfle comp.	85 g	Vanilletinktur	50 g
Jasmin absol., nat.	3 g	Moschustinktur	25 g
Orangenblüte absol., nat.	1 g	Ambratinktur	15 g
Ketonmoschus	5 g	Castoreumtinktur	5 g
Rosenöl, echt	3 g	Sandelöl, ostind.	2 g
Irisöl, konkret	1 g	Eichenmoos absol.	1,5 g
Tonkatinktur	100 g	Alkohol	1 l

Orchidée.

Zahlreiche Variationen der Spezies *Orchidea.*

Die chemische Zusammensetzung des Orchideenaromas ist gänzlich obskur.

Bei künstlichen Nachbildungen dieses Geruches bedienen wir uns als wesentlichster Basis ebenfalls des Amylsalicylats bzw. Isobutylsalicylats, die hier aber viel schwächer geruchlich zum Ausdruck kommen dürfen, als beim Klee. Wir müssen hier also viel kräftigere blumige Noten anwenden.

An Adjuvantien sind zu nennen: Ylang-Ylang, Jasmin, Rose, Tuberose, Orangenblüte, Jonquille (Narcisse), Hydroxycitronellal, Cumarin, Vanillin, Heliotropin, Bergamotte, Anisaldehyd, Terpineol, Phenylacetaldehyd, Jonon, Methyljonon, Isoeugenol (Oeillet) u. a.

Primitive Basis.

Amylsalicylat	30 g	Oeillet comp.	10 g
Bergamottöl	10 g	p-Cresolphenylacetat	0,8 g
Ylang-Ylangöl	10 g	Geraniol	12 g
Heliotropin	8 g	Ketonmoschus	3 g
Jonon	8 g		

Orchideenblütenöle *(Essences fines).*

1. Amylsalicylat	100 g	Neroliöl bigar.	25 g
Cumarin	25 g	Portugalöl	15 g
Resinoid Tonka	6 g	Citronenöl	5 g
Heliotropin	40 g	Bergamottöl	75 g
Vanillin	5 g	Patchouliöl	2 g
Ambrettemoschus	20 g	Vetiveröl Java	5 g
Flieder, künstl.	200 g	Resinoid Eichenmoos	15 g
Jasmin, künstl.	75 g	Resinoid Tolu	40 g
Geraniumöl, afrik.	75 g	Jasmin absol., nat.	12 g
Phenylacetaldehyd	15 g	Orangenblüte absol., nat.	5 g
Ylang-Ylangöl Manila	75 g	Tuberose absol., nat.	3 g
Anisaldehyd	25 g	Hydroxycitronellal	15 g

2. Amylsalicylat	275 g	Bergamottöl	15 g
Ylang-Ylangöl Manila	150 g	Ambrettemoschus	12 g
Ylang-Ylangöl, künstl.	50 g	Resinoid Eichenmoos	8 g
Neroliöl bigar.	75 g	Patchouliöl	2 g
Linalool	75 g	Vetiveröl Java	3 g
Rosenöl, künstl.	75 g	Heliotropin	10 g
Jasmin, künstl.	75 g	Resinoid Tolu	35 g
Hydroxycitronellal	40 g	Resinoid Labdanum	10 g
Methyljonon	30 g	Methylanthranilat	5 g
Cumarin	15 g	Jasmin absol., nat.	25 g
Vanillin	8 g	Tuberose absol., nat.	5 g
Phenylacetaldehyd	10 g	Orangenblüte absol., nat.	8 g

Japanische Orchidee

Amylsalicylat	150 g	Hydroxycitronellal	30 g
Anisaldehyd	60 g	Heliotropin	60 g
Ylang-Ylangöl Réunion	600 g	Irisöl, konkret	5 g
Hyacinthe, künstl.	30 g	Jasmin absol., nat.	75 g
Citronenöl	300 g	Orangenblüte absol., nat.	30 g
Jasmin, künstl.	300 g	Resinoid Tolu	75 g
Terpineol	600 g	Ambrettemoschus	45 g

Dieses Orchideenblütenöl besitzt eine besondere Note von großer Zartheit, die von jener der übrigen Orchideenkompositionen erheblich abweicht.

Orchideenkompositionen für Seife.

1. Amylsalicylat	150 g	2. Amylsalicylat	200 g
Terpineol	350 g	Cumarin	50 g
Heliotropin	60 g	Heliotropin	80 g
Jasmin, künstl.	125 g	Xylolmoschus	25 g
Benzylacetat	50 g	Terpineol	500 g
Canangaöl	125 g	Jasmin, künstl.	150 g
Cumarin	40 g	Canangaöl	150 g
Patchouliöl	2 g	Geraniumöl, afrik.	150 g
Geraniumöl Réunion	125 g	Phenylacetaldehyd	35 g
Anisaldehyd	35 g	Anisaldehyd	75 g
Xylolmoschus	25 g	Neroli, künstl.	50 g
Phenylacetaldehyd	30 g	Citronenöl	15 g
Neroliöl, künstl.	15 g	Nelkenöl	15 g
Resinoid Tolu	25 g	Patchouliöl	5 g
Resinoid Benzoe	45 g	Vetiveröl Réunion	12 g
Resinoid Eichenmoos	12 g	Resinoid Eichenmoos	25 g
Sandelöl, ostind.	10 g	Resinoid Tolu	50 g
Cedernöl	100 g	Methylanthranilat	15 g

Extrait Orchidée.

Orchidée comp.	100 g	Moschustinktur	15 g
Jasmin absol., nat.	4 g	Ambratinktur	15 g
Rose absol., nat.	1 g	Iristinktur	100 g
Oeillet absol., nat.	1,5 g	Ambra, künstl., flüssig	3 g
Oeillet, künstl.	5 g	Ketonmoschus	4 g
Vanilletinktur	45 g	Alkohol	1,2 l
Tonkatinktur	50 g		

Glycine,
Wistaria sinensis.

Über die chemische Zusammensetzung dieses Blütenaromas ist gar nichts bekannt.

Die Hauptnoten des Glycinengeruches sind Orangenblüte und Geißblatt, ferner können wir deutliche rosen-, flieder- und maiglöckchenartige Töne feststellen, auch honigartige Effekte treten ziemlich kräftig hervor. Im Unterton Narcissengeruch.

Als Basis kommen in Frage Hydroxycitronellal, Aurantiol, Methylanthranilat und Orangenblütenkompositionen, bzw. andere Elemente des Orangenblütengeruches, wie Methylnaphtylketon u. a. Ferner Phenyläthylacetat, Chèvrefeuillekompositionen u. a.

Von Adjuvantien sind zu nennen Jasmin, Rose, Jonquille (Narcisse), Iris, Tuberose, Ylang-Ylang, Cassie, Bergamotte, Mimosa (Methylacetophenon), Heliotropin, Vanillin, Jonon, Methyljonon, Cumarin, Phenylacetaldehyd, α-Amylzimtaldehyd, Isobutyl- und Methylphenylacetat, Gardenia (Styrolylacetat) u. a.

Glycine A

Methylanthranilat	12 g
Phenyläthylphenylacetat	110 g
Styrolylacetat	10 g
Vanillin	6 g
Cumarin	12 g
Jasmin, künstl.	120 g
Orangenblüte, künstl.	150 g
Rose, künstl.	100 g
Linalool	150 g
Terpineol	150 g
Bergamottöl	45 g
p-Methylacetophenon	10 g
Hydrozimtalkohol	25 g
Narcisse, künstl.	4 g
α-Amylzimtaldehyd	10 g
Zimtalkohol	20 g
Hydroxycitronellal	75 g
Resinoid Benzoe	25 g
Resinoid Tolu	15 g
Mimosa absol., nat.	6 g
Jonquille absol., nat.	8 g
Orangenblüte absol., nat.	15 g
Tuberose absol., nat.	4 g
Jasmin absol., nat.	8 g
Ambrettemoschus	12 g
Ketonmoschus	5 g

Glycine B

Methylanthranilat	10 g
Phenyläthylphenylacetat	90 g
Zimtalkohol	25 g
Cumarin	10 g
Vanillin	4 g
Styrolylacetat	12 g
Hydroxycitronellal	105 g
Ketonmoschus	10 g
Irisöl, konkret	4 g
Jonon	20 g
Terpineol	200 g
Linalool	150 g
Linaloeöl	125 g
Neroliöl, künstl.	120 g
Resinoid Tolu	20 g
Resinoid Labdanum	8 g
Resinoid Benzoe	25 g
p-Methylacetophenon	8 g
Jasmin, künstl.	75 g
Aldehyd C. 8	0,2 g
Aldehyd C. 9	0,2 g
Aurantiol	25 g
Jasmin absol., nat.	10 g
Orangenblüte absol., nat.	15 g
Jonquille absol., nat.	10 g
Tuberose absol., nat.	5 g
Rose absol., nat.	20 g

Glycine C

Hydroxycitronellal	145 g	Neroliöl, künstl.	80 g
Methylanthranilat	12 g	Jasmin, künstl.	75 g
Phenyläthylphenylacetat	75 g	Aurantiol	25 g
Styrolylacetat	15 g	α-Amylzimtaldehyd	15 g
Ambrettemoschus	20 g	Narcisse, künstl.	5 g
Linalool	175 g	Orangenöl, bitter	5 g
Bergamottöl	125 g	Mandarinenöl	3 g
Ylang-Ylangöl Manila	60 g	p-Methylacetophenon	5 g
Jonon	15 g	Resinoid Labdanum	8 g
Terpineol	150 g	Resinoid Tolu	15 g
Flieder comp.	50 g	Resinoid Benzoe	40 g
Vanillin	6 g	Orangenblüte absol., nat.	15 g
Cumarin	5 g	Jasmin absol., nat.	8 g
Rosenöl, echt	25 g	Jonquille absol., nat.	8 g
Rosenöl, künstl.	15 g	Rose absol., nat.	10 g
Irisöl, konkret	6 g	Mimosa absol., nat.	5 g
Zimtalkohol	50 g	Tuberose absol., nat.	5 g

Glycine D

Orangenblüte absol., nat.	15 g	Neroliöl, künstl.	75 g
Jasmin absol., nat.	10 g	Resinoid Tolu	30 g
Mimosa absol., nat.	15 g	Resinoid Benzoe	50 g
Hydroxycitronellal	130 g	Ketonmoschus	10 g
Aurantiol	20 g	Ambrettemoschus	10 g
Methylnaphtylketon	40 g	Vanillin	6 g
Jasmin, künstl.	50 g	Heliotropin	40 g
Ylang-Ylangöl Manila	50 g	Cumarin	4 g
Phenylacetaldehyd	5 g	Methylphenylacetat	6 g
Phenyläthylphenylacetat	50 g	Phenylessigsäure	7 g
Isobutylphenylacetat	20 g	Chèvrefeuille comp.	75 g
Rosenöl, künstl.	150 g	Ambra, künstl., flüssig	10 g

Glycinekompositionen für Seife.

1. Terpineol	125 g	2. Terpineol	175 g
Geraniumöl, afrik.	75 g	Methylanthranilat	15 g
Petitgrainöl Paraguay	100 g	Phenyläthylphenylacetat	50 g
Neroliöl, künstl.	75 g	Linaloeöl	125 g
Canangaöl	75 g	Bergamottöl	225 g
Linaloeöl	125 g	Canangaöl	75 g
Heliotropin	60 g	Ylang-Ylangöl Réunion	35 g
α-Amylzimtaldehyd	30 g	Neroli, künstl.	100 g
Xylolmoschus	25 g	Jasmin, künstl.	100 g
Ambrettemoschus	10 g	Irisöl, konkret	10 g
Phenyläthylalkohol	50 g	Methyljonon	30 g
Geraniol	50 g	Jonon	25 g
Zimtalkohol	30 g	Hydroxycitronellal II	150 g
Cinnamylacetat	15 g	Styrolylacetat	30 g
Jasmin, künstl.	55 g	Zimtalkohol	50 g
Benzylacetat	65 g	Xylolmoschus	10 g
Methylanthranilat	20 g	Ambrettemoschus	15 g
Hydroxycitronellal II	100 g	Resinoid Sumatra	100 g
p-Methylacetophenon	45 g	Amylsalicylat	15 g
Resinoid Sumatra	100 g	Aurantiol	35 g

3. Terpineol	150 g	Cumarin	10 g
Linaloeöl	150 g	Heliotropin	10 g
Bergamottöl	275 g	Irisöl, konkret	15 g
Methylanthranilat	15 g	Methyljonon	20 g
Phenyläthylphenylacetat	75 g	Jonon	8 g
Styrolylacetat	40 g	Octylformiat	15 g
Hydroxycitronellal II	125 g	Xylolmoschus	12 g
Neroli, künstl.	125 g	Ambrettemoschus	15 g
Methylnaphtylketon	50 g	Aurantiol	35 g
Jasmin, künstl.	75 g	Jonquille, künstl.	25 g
Canangaöl	100 g	Tuberose, künstl.	10 g
Ylang-Ylangöl Réunion	30 g	α-Amylzimtaldehyd	25 g
Rosenöl, künstl.	50 g	Cinnamylacetat	15 g
Zimtalkohol	50 g	Resinoid Sumatra	100 g
		Resinoid Tolu	35 g

Extrait Glycine.

Rose absol., nat.	2 g	Ketonmoschus	5 g
Jonquille absol., nat.	1 g	Resinoid Tolu	8 g
Tuberose absol., nat.	2 g	Ambra, künstl., konkret	4 g
Glycine comp.	85 g	Moschustinktur	25 g
Bergamottöl	3 g	Vanilletinktur	35 g
Rosenöl, echt	2 g	Iristinktur	50 g
Orangenblüte absol., nat.	3 g	Alkohol	1,2 l
Neroliöl bigar.	3 g		

Gardenia, Gardénia,

Gardenia coronaria, G. grandiflora.

Chemische Zusammensetzung des Gardeniablütenaromas: Im natürlichen Aroma festgestellt wurden: Styrolylacetat (Methylphenylcarbinolacetat bzw. Phenylglycolacetat), ferner Methylanthranilat, Linalool, Linalylacetat und Terpineol.

Für künstliche Nachbildungen des Gardeniageruches kommt als wesentlichste Basis Styrolylacetat in Frage.

Von Adjuvantien sind zu nennen Phenyläthylacetat, Hydroxycitronellal, Rose, Jasmin, Orangenblüte, Tuberose, Veilchen, Iris, Ylang-Ylang, Sandelöl ostind., Linalool, Terpineol, Bergamotte, Orangenöl bitter und süß, Vanillin, Heliotropin, Eugenol, Isoeugenol, Cumarin, Phenylacetaldehyd u. a.

In Form einer primitiven Basis läßt sich die Zusammensetzung eines künstlichen Gardeniablütenöls wie folgt veranschaulichen:

Styrolylacetat	20 g	Neroli (Orangenblüte)	7,5 g
Hydroxycitronellal	27,5 g	Methylanthranilat	0,6 g
Jasmin	12,5 g	Cumarin	1 g
Rose	7,5 g	Vanillin	0,3 g
Ylang-Ylang	7,5 g		

Eine Variation dieser Gardeniabasis wird nach folgendem Ansatz erhalten:

Styrolylacetat	30 g	Terpineol	12 g
Hydroxycitronellal	17,5 g	Cumarin	2,5 g
Bergamottöl	12,5 g	Vanillin	0,5 g
Jasmin, künstl.	17,5 g	Rosenöl, künstl.	7,5 g
Neroliöl	12,5 g	Resinoid Tolu	3,5 g
Linalool	10 g	Ketonmoschus	1 g
Methylanthranilat	0,5 g	Ambrettemoschus	1,5 g
Phenyläthylacetat	0,8 g	Ylang-Ylangöl	6 g

Gardeniablütenöle (*Essences fines*).

1.	Bergamottöl	150 g	Linalool	15 g
	Styrolylacetat	60 g	Methylanthranilat	12 g
	Citronenöl	40 g	Mandarinenöl	3 g
	Portugalöl	20 g	Hydroxycitronellal	75 g
	Ylang-Ylangöl Manila	10 g	Jasmin absol., nat.	15 g
	Rosenöl, echt	5 g	Orangenblüte absol., nat.	15 g
	Neroliöl bigar.	18 g	Tuberose absol., nat.	8 g
	Sandelöl, ostind.	3 g	Ketonmoschus	10 g
	Jasmin, künstl.	100 g	Ambrettemoschus	15 g
	Jasmin Châssis	20 g	Resinoid Tolu	8 g
	α-Amylzimtaldehyd	8 g	Resinoid Oliban	5 g
	Terpineol	120 g	Resinoid Myrrhe	5 g
	Vanillin	10 g	Resinoid Tonka	6 g
	Heliotropin	15 g	Resinoid Vanille, lösl.	4 g
	Cumarin	4 g		

2.	Bergamottöl	150 g	Citronenöl	10 g
	Styrolylacetat	75 g	Phenyläthylacetat	15 g
	Jasmin, künstl.	150 g	Ylang-Ylang Manila	12 g
	Jasmin Châssis	10 g	Ketonmoschus	12 g
	Rosenöl, künstl.	125 g	Neroliöl bigar.	10 g
	Rosenöl, echt	25 g	Resinoid Tolu	15 g
	Cumarin	8 g	Resinoid Benzoe	45 g
	Vanillin	4 g	Resinoid Tonka	8 g
	Methylanthranilat	8 g	Linalool	75 g
	Sandelöl, ostind.	5 g	Jasmin absol., nat.	15 g
	Hydroxycitronellal	65 g	Orangenblüte, absol., nat.	10 g
	Terpineol	100 g	Tuberose absol., nat.	5 g
	Portugalöl	15 g		

Gardeniakompositionen für Seife.

1.	Hydroxycitronellal II	275 g	2.	Geraniumöl, afrik.	100 g
	Benzylacetat	75 g		Hydroxycitronellal II	280 g
	Jasmin, künstl.	75 g		Methylanthranilat	20 g
	Styrolylacetat	185 g		Canangaöl	80 g
	Geraniumöl, afrik.	75 g		Styrolylacetat	160 g
	Methylanthranilat	8 g		Phenylacetaldehyd	25 g
	Xylolmoschus	15 g		Jasmin, künstl.	80 g
	Ambrettemoschus	5 g		Benzylacetat	35 g
	Resinoid Sumatra	75 g		Rosenöl, künstl.	60 g
	Resinoid Tolu	30 g		Cumarin	12 g
	Cumarin	10 g		Petitgrainöl Paraguay	50 g
	Heliotropin	10 g		Neroliöl, künstl.	25 g
	Citronenöl	10 g		Heliotropin	12 g
	Bergamottöl	25 g		Xylolmoschus	15 g
	Linalool	75 g		Resinoid Sumatra	75 g
	Terpineol	125 g			

3. Styrolylacetat	75 g	4. Jasmin, künstl.	250 g
Bergamottöl	100 g	Hydroxycitronellal II	160 g
Hydroxycitronellal II	120 g	Styrolylacetat	110 g
Geraniumöl, afrik.	75 g	Methylanthranilat	40 g
Benzylacetat	65 g	Neroli, künstl.	35 g
Jasmin, künstl.	50 g	Ylang-Ylangöl Réunion	50 g
Cumarin	30 g	Canangaöl	50 g
Heliotropin	60 g	Heliotropin	30 g
Petitgrain Paraguay	125 g	Xylolmoschus	10 g
Linaloeöl	100 g	Ambrettemoschus	15 g
Phenyläthylalkohol	100 g	Geraniumöl Réunion	180 g
Ylang-Ylangöl Réunion	30 g	Rosenöl, künstl.	25 g
Canangaöl	75 g	Methyljonon	12 g
Terpineol	110 g	Irisöl, konkret	6 g
Phenylacetaldehyd	8 g	Phenylacetaldehyd	15 g
Zimtalkohol	75 g	Resinoid Tolu	30 g
Xylolmoschus	15 g	Resinoid Sumatra	60 g
Ambrettemoschus	10 g		
Resinoid Sumatra	100 g		

Extrait Gardenia.

Ess. comp. Gardenia	95 g	Resinoid Oliban	1,5 g
Jasmin absol., nat.	2,5 g	Resinoid Tolu	2 g
Orangenblüte absol., nat.	1,5 g	Vanilletinktur	50 g
Tuberose absol., nat.	0,5 g	Moschustinktur	30 g
Ketonmoschus	4 g	Ambratinktur	15 g
Ambra, künstl., konkret	3 g	Zibettinktur	10 g
Rosenöl, echt	3 g	Alkohol	1,2 l
Resinoid Myrrhe	1 g		

Ginster, Genêt,

Genista scoparia oder *Spartium pinceum* (spanischer Ginster).

Die Ginsterblüten liefern bei der Extraktion mit Petroläther ein Blütenöl, das aber nicht die komplexe Note des Ginsterblütengeruches aufweist, sondern einen eigenartig honigartigen Geruch besitzt.

Zur naturgetreuen Nachbildung des Ginstergeruches sind wir also auf künstliche Nachbildungen angewiesen.

Die chemische Zusammensetzung des Ginsterblütenaromas ist gänzlich obskur.

Als wesentlichste Basis zur Nachbildung des Ginstergeruches ist das Methyl-p-Cresol zu betrachten, das in entsprechenden Gemischen die charakteristische Note des Ginsterblütengeruches wiedergibt.

An Adjuvantien sind zu nennen: Linalool, Anisaldehyd, Acetophenon, p-Methylacetophenon, Terpineol, Amylsalicylat, Methylsalicylat, Cumarin, Heliotropin, Jonon, Methyljonon, Rose, Jasmin, Orangenblüte, Tuberose, Jonquille (Narcisse), Iris, Ylang-Ylang u. a.

Die honigartigen Töne des Ginsterblütenaromas werden durch Gemische von Rhodinylbutyrat, Geranylbutyrat, Methylphenylacetat, Äthylphenylacetat, Phenyläthylbutyrat, Phenylessigsäure usw. wiedergegeben.

Essence Genêt d'Espagne.

Methyl-p-Cresol	15 g	Jonon	75 g
Ylang-Ylangöl Manila	8 g	Resinoid Labdanum	35 g
Neroli, künstl.	60 g	Resinoid Styrax	20 g
Jasmin, künstl.	30 g	Methylsalicylat	75 g
Citronenöl	3 g	Anisaldehyd	50 g
Citral	2 g	p-Methylacetophenon	8 g
Ketonmoschus	10 g	Äthylphenylacetat	30 g
Ambrettemoschus	15 g	Amylsalicylat	12 g
Rosenöl, echt	25 g	Geranylbutyrat	8 g
Cumarin	25 g	Phenyläthylbutyrat	4 g
Benzylalkohol	60 g	Phenylessigsäure	5 g
Geraniumöl, afrik.	40 g	Vanillin	5 g
Zimtalkohol	20 g	Jasmin absol., nat.	25 g
Terpineol	45 g	Jonquille absol., nat.	15 g
Irisöl, konkret	15 g	Orangenblüte absol., nat.	5 g
Rosenöl, künstl.	150 g	Ginster absol., nat.	125 g

Ginsterblütenöl

Methyl-p-Cresol	25 g
Cumarin	1 g
Petitgrainöl, franz.	175 g
Neroliöl bigar.	30 g
Linalool	175 g
Bergamottöl	175 g
Verbenaöl, franz.	25 g
Geraniumöl, afrik.	125 g
Resinoid Labdanum	30 g
Äthylphenylacetat	8 g
Geranylbutyrat	4 g
Jasmin, künstl.	50 g
Ambrettemoschus	12 g
p-Methylacetophenon	6 g
Anisaldehyd	45 g
Amylsalicylat	5 g
Ylang-Ylangöl Réunion	8 g
Jonquille absol., nat.	10 g
Jasmin Châssis	15 g
Orangenblüte absol., nat.	10 g
Resinoid Tolu	35 g
Resinoid Eichenmoos	10 g

Ginsteröl für Seife

Methyl-p-Cresol	50 g
Cumarin	5 g
Resinoid Labdanum	75 g
Terpineol	200 g
Anisaldehyd	125 g
p-Methylacetophenon	75 g
Citronenöl	25 g
Orangenöl, bitter	15 g
Methylphenylacetat	5 g
Geranylbutyrat	6 g
Linaloeöl	75 g
Canangaöl	25 g
Methylsalicylat	25 g
Amylsalicylat	50 g
Petitgrainöl Paraguay	75 g
Neroliöl, künstl.	45 g
Jasmin, künstl.	75 g
Xylolmoschus	12 g
Ambrettemoschus	10 g
Resinoid Sumatra	100 g
Zimtalkohol	50 g
Isobutylcinnamat	15 g
Narcisse, künstl.	25 g
Jasmin Châssis	15 g

Stechginster, Ajonc,
Ulex Europaeus.

Die Blumen dieser Pflanze besitzen einen eigenartig-schwülen Geruch, der nur eine entfernte Analogie mit jenem der Ginsterblüten aufweist, in den Haupttönen dagegen eine ausgesprochene Narcissennote erkennen läßt.

Die chemische Zusammensetzung des Stechginsteraromas ist gänzlich obskur.

Zur künstlichen Nachbildung dieses Geruches kommen als wesentlichste Basis Narcissen- bzw. Jonquilleblütenöl in Frage (natürliche und künstliche Blütenöle dieser Art), ebenso gewisse Elemente des Narcissengeruches, wie p-Cresolphenylacetat, p-Cresolacetat u. a. Auch Hydroxycitronellal spielt als Komponent der Ajoncbasis eine wichtige Rolle.

Von Adjuvantien sind zu nennen: Jasmin, Orangenblüte, Rose, Tuberose, Cassie, Veilchen (Jonon, Methyljonon), Cumarin, Heliotropin, Vanillin, Ylang-Ylang, Dimethylhydrochinon, Anisaldehyd, Amylsalicylat u. a.

Blütenöl Ajonc.

Isobutylphenylacetat	60 g	Amylsalicylat	6 g
p-Cresolphenylacetat	3 g	Neroliöl, künstl.	42 g
p-Cresolacetat	0,5 g	Narcisse, künstl.	25 g
Hydroxycitronellal	175 g	Portugalöl	5 g
Cumarin	40 g	Orangenöl, bitter	5 g
Vanillin	5 g	Ketonmoschus	15 g
Heliotropin	50 g	Ambrettemoschus	10 g
Resinoid Labdanum	75 g	Resinoid Tolu	25 g
Jasmin, künstl.	120 g	Resinoid Oliban	10 g
Geranylformiat	25 g	Sauge sclaréeöl	10 g
Äthylphenylacetat	15 g	Labdanumharzöl, dest.	8 g
Rose, künstl.	50 g	Jasmin absol., nat.	4 g
Dimethylhydrochinon	35 g	Tuberose absol., nat.	2 g
Phenyläthylacetat	10 g	Jonquille absol., nat.	8 g
Ylang-Ylangöl Manila	12 g	Rose absol., nat.	3 g

Goldlack, Giroflée,
Cheiranthus cheiri.

Die chemische Zusammensetzung des Goldlackblütenaromas ist gänzlich obskur.

Der Geruch besitzt nelken- und veilchenartige Haupttöne. So ist denn auch als wesentlichste Basis ein Gemisch von Gartennelkenöl, Isoeugenol, Eugenol mit Veilchennoten (Veilchenöl, Jonon, Methyljonon, Iris usw.) aufzufassen.

Als Adjuvantien sind zu nennen: Jasmin, Tuberose, Heliotropin, Terpineol, Phenylacetaldehyd u. a.

Nachstehend einige Vorschriften für Girofléebasen primitiverer Art.

1. Isoeugenol	10 g	2. Isoeugenol	10 g
Eugenol	2 g	Eugenol	30 g
Heliotropin	1 g	Heliotropin	5 g
Vanillin	1 g	Linalool	8 g
Jasmin, künstl.	1 g	Jonon	1,5 g
Neroli, künstl.	1,5 g	Methyljonon	1 g
Jonon	0,8 g	Irisöl, konkret	0,3 g
Ketonmoschus	0,5 g	Phenylacetaldehyd	1,5 g
Resinoid Tolu	1 g	Rosenöl, künstl.	2 g
		Terpineol	3 g
		Ambrettemoschus	3 g
		Resinoid Benzoe	5 g

3.

Eugenol	40 g	Bergamottöl	3 g
Isoeugenol	20 g	Ylang-Ylangöl	6 g
Amylsalicylat	3 g	Jonon	3 g
Zimtalkohol	8 g	Irisöl, konkret	0,5 g
Phenylacetaldehyd	2,5 g	Jasmin, künstl.	2,5 g
Geranylacetat	4 g	Ketonmoschus	2 g
Nelkenöl	3 g	Resinoid Tolu	5 g

4.

Oeillet comp.	60 g	Jonon	3 g
Oeillet absol., nat.	10 g	Methyljonon	2 g
Jasmin absol., nat.	10 g	Irisöl, konkret	1 g
Vanillin	3 g	Ylang-Ylangöl Manila	2 g
Heliotropin	7 g	Jasmin, künstl.	3 g
Nelkenöl	3 g	Ketonmoschus	2 g
Eugenol	10 g	Phenylacetaldehyd	1,5 g
Isoeugenol	3 g	Amylsalicylat	1,5 g
Veilchen comp.	7 g	Resinoid Tolu	12 g

Hyacinthe, Jacinthe.

Hyacinthus Orientalis.

Das Hyacinthenblütenöl ist in letzter Zeit etwas genauer erforscht worden, obwohl die Angaben über die chemische Zusammensetzung desselben uns nur wenig Anhaltspunkte für die künstliche Nachbildung liefern. Über die quantitative Zusammensetzung des Hyacinthenblütenöles ist überhaupt nichts bekannt.

Chemische Zusammensetzung: Es konnten hier festgestellt werden: Benzylalkohol, Benzylbenzoat, Zimtalkohol und Ester desselben (Cinnamylacetat, Cinnamylcinnamat [?]), Phenyläthylalkohol, Eugenol, Methyleugenol, Benzylacetat, Benzaldehyd, Methyl-Methylanthranilat (Methylanthranilat [?]), Dimethylhydrochinon, Vanillin (?) u. a.

Die wesentlichste Basis für künstliche Nachbildungen des Hyacinthengeruches ist der Phenylacetaldehyd, eventuell auch Bromstyrol (letzteres besonders für Seifen), sowie echtes Hyacinthenblütenöl.

An Adjuvantien sind zu nennen: Zimtalkohol, Styrolylacetat, Hydrozimtalkohol, Cinnamylacetat, Benzylalkohol und andere Ester des Zimtalkohols, Rose, Orangenblüte, Jasmin, Ylang-Ylang, Jonon, Methyljonon, Methylanthranilat, Methyl-Methylanthranilat (Petitgrainöl Mandarinier, Mandarinenöl), Heliotropin, Vanillin, Cumarin u. a.

Hyacinthenblütenöle *(Essences fines).*

1.

Zimtalkohol	250 g	Heliotropin	40 g
Benzylalkohol	50 g	Vanillin	10 g
Phenylacetaldehyd	200 g	Cumarin	12 g
Petitgrainöl Mandarinier	50 g	Resinoid Tolu	25 g
Jasmin, künstl.	75 g	Resinoid Benzoe	25 g
Linalool	75 g	Resinoid Labdanum	5 g
Ylang-Ylang Réunion	25 g	Ambrettemoschus	15 g
Rosenöl, echt	15 g	Jacinthe absol., nat.	25 g
Rosenöl, künstl.	50 g	Tuberose absol., nat.	8 g
Neroliöl, künstl.	25 g	Jasmin absol., nat.	6 g

2. Terpineol	75 g	Geraniumöl, afrik.	75 g
Phenylacetaldehyd	300 g	Ketonmoschus	12 g
Zimtalkohol	200 g	Ambrettemoschus	12 g
Bergamottöl	75 g	Ylang-Ylangöl	10 g
Jasmin, künstl.	75 g	Rosenöl, künstl.	75 g
Neroli, künstl.	25 g	Resinoid Tolu	35 g
Hydroxycitronellal	25 g	Resinoid Labdanum	5 g
Jonon	25 g	Jacinthe absol., nat.	25 g
Cumarin	25 g	Jasmin absol., nat.	5 g
Heliotropin	20 g	Tuberose absol., nat.	5 g
Vanillin	8 g		

Hyacinthenkompositionen für Seife.

1. Phenylacetaldehyd	55 g	2. Bromstyrol	8 g
Methylanthranilat	10 g	Phenylacetaldehyd	45 g
Benzylalkohol	50 g	Zimtalkohol	60 g
Zimtalkohol	75 g	Methylanthranilat	8 g
Jonon	50 g	Benzylalkohol	50 g
Geraniumöl Réunion	125 g	Neroliöl, künstl.	15 g
Benzylacetat	75 g	Jonon	40 g
Jasmin, künstl.	50 g	Jasmin, künstl.	75 g
Neroli, künstl.	25 g	Geraniumöl, afrik.	125 g
Cumarin	75 g	Cumarin	60 g
Resinoid Tolu	25 g	Heliotropin	25 g
Resinoid Sumatra	30 g	Xylolmoschus	8 g
Heliotropin	10 g	Resinoid Tolu	15 g
Xylolmoschus	15 g	Resinoid Sumatra	25 g

Bouvardia.

Die Blüten von *Bouvardia Jasminflora* besitzen einen Geruch, der gleichzeitig an Jasmin, Rose, Maiglöckchen und Veilchen erinnert.

Was wir unter der Bezeichnung Bouvardia in der Parfumerie antreffen, sind aber weniger exakte Nachbildungen dieses Geruches, sondern mehr Phantasiekompositionen, die oft grundverschiedener Art sind.

Bei beiden kommt aber der Grundgedanke der Nachahmung des Geruches der Blüten von *Bouvardia Jasminflora* in allerdings oft recht verschiedener Auffassung zum Ausdruck.

Französischer Bouvardiatyp

1. Phenyläthylalkohol	20 g	2. Rhodinol	30 g
Rhodinol	50 g	Phenyläthylalkohol	30 g
Citronellol	5 g	Citronellol	10 g
Geraniol	20 g	Geraniol	20 g
Linalool	2 g	Rosenöl, echt	2 g
Jonon	2 g	Jonon	3 g
Methyljonon	3 g	Methyljonon	3 g
Jasmin, künstl.	1,5 g	Jasmin, künstl.	2 g
Jasmin absol., nat.	0,5 g	Jasmin Châssis	1,5 g
Phenylacetaldehyd	0,2 g		

3. Rhodinol	150 g	4. Rhodinol	160 g
Phenyläthylalkohol	35 g	Phenyläthylalkohol	50 g
Methyljonon	175 g	Methyljonon	220 g
Jasmin, künstl.	70 g	Jonon	200 g
Jasmin absol., nat.	5 g	Benzylacetat	75 g
Linalool	125 g	Linalool	125 g
Zimtalkohol	75 g	Ylang-Ylangöl Manila	10 g
Rosenöl, echt	5 g	Zimtalkohol	100 g
		Methylheptincarbonat	3 g
		Neroli, künstl.	5 g

Amerikanischer Bouvardiatyp

Methylanthranilat	25 g	Amylsalicylat	10 g
Ylang-Ylangöl Manila	15 g	Zibet, künstl.	1 g
Jasmin, künstl.	30 g	Ambra, künstl., konkret	2 g
Jasmin absol., nat.	3 g	Ketonmoschus	6 g
Orangenblüte absol., nat.	4 g	Irisöl, konkret	0,6 g
Sweet Pea comp.	18 g	Resinoid Oliban	3 g
Phenyläthylalkohol	6 g	Resinoid Tolu	5 g
Rosenöl, echt	5 g		

Bouvardia für Seife (amerikanischer Typ).

Benzylacetat	20 g	Methylanthranilat	12 g
Pseudoaldehyd C. 14	0,1 g	Zibet, künstl.	1,5 g
Pseudoaldehyd C. 16	0,3 g	Xylolmoschus	5 g
Ylang-Ylangöl Réunion	10 g	Ambrettemoschus	5 g
Sweet Pea comp.	6 g	Phenyläthylacetat	5 g
Citronellol	20 g	Jasmin, künstl.	35 g
Neroliöl, künstl.	30 g	Resinoid Tolu	8 g
Bergamottöl	30 g	Resinoid Sumatra	12 g
Amylsalicylat	14 g	Resinoid Labdanum	5 g
Phenyläthylalkohol	25 g		

Die Bouvardiakompositionen sind vorzügliche Basen für Phantasieextraits. Speziell der amerikanische Typ leistet auch hervorragende Dienste bei modernen Narcissenkompositionen usw.

Extrait Bouvardia (amerikanisch).

Bouvardia amerik. comp.	330 g	Iristinktur	200 g
Jasmin absol., nat.	10 g	Moschustinktur	60 g
Orangenblüte absol., nat.	15 g	Vanilletinktur	75 g
Jonquille absol., nat.	3 g	Zibettinktur	15 g
Ambra, künstl., konkret	8 g	Tolutinktur	75 g
Amylsalicylat	2 g	Alkohol	3,5 l

Wicke, Pois de Senteur, Sweet Pea,

Lathyrus Tuberosus Odoratus.

Über die chemische Zusammensetzung des Wickenaromas wissen wir gar nichts.

Bei der Wicke läßt sich eine ganze Anzahl definierter Blumengerüche, wie Orangenblüten, Jasmin, Tuberose, Rose u. a., erkennen, von denen Orangenblüte und Jasmin wesentliche Hauptnoten darstellen.

Als Basis müssen wir also im wesentlichen Gemische von Orangenblüte und Jasmin verwenden, mit Zusatz geeigneter Mengen Benzylidenaceton und Benzophenon, die, was ganz speziell für Benzylidenaceton zutrifft, die eigentliche charakteristische Note des Sweet-Peageruches hervorbringen helfen. Benzylidenaceton und Benzophenon sind also als wesentliche Basen des Sweet-Peageruches im engeren, primitiveren Sinne aufzufassen.

Von Adjuvantien sind zu nennen: Rose, Tuberose, Vanillin, Cumarin, Heliotropin, Bergamotte, Phenylacetaldehyd, Hydroxycitronellal, Ylang-Ylang, Methylanthranilat, Phenyläthylacetat, Eugenol, Isoeugenol (bzw. Oeillet comp.), Äthylphenylacetat, Methylphenylacetat, Isobutylphenylacetat, Phenyläthylphenylacetat u. a.

In Form einer primitiven Basis können wir die Zusammensetzung einer Sweet-Peakomposition wie folgt skizzieren:

Benzylidenaceton	50 g	Vanillin	10 g
Benzophenon	50 g	Hydroxycitronellal	25 g
Orangenblüte	150 g	Ylang-Ylang	10 g
Methylanthranilat	30 g	Tuberose	15 g
Jasmin	120 g	Rose	25 g
Bergamotte	100 g	Balsamische Note	50 g
Heliotropin	50 g		

Sweet-Peablütenöle *(Essences fines)*.

1. Benzylidenaceton	60 g
Benzophenon	35 g
Methylanthranilat	25 g
Jasmin, künstl.	75 g
Orangenblüte, künstl.	75 g
Bergamottöl	125 g
α-Amylzimtaldehyd	5 g
Heliotropin	50 g
Vanillin	10 g
Hydroxycitronellal	20 g
Canangaöl	10 g
Phenyläthylacetat	8 g
Rosenöl, künstl.	35 g
Isobutylphenylacetat	6 g
Phenyläthylphenylacetat	5 g
Cumarin	2 g
Ambrettemoschus	8 g
Resinoid Tolu	20 g
Resinoid Labdanum	5 g
Isoeugenol	5 g
Jasmin absol., nat.	15 g
Orangenblüte absol., nat.	10 g
Tuberose absol., nat.	5 g

2. Benzylidenaceton	100 g
Benzophenon	40 g
Neroli, künstl.	140 g
Methylanthranilat	45 g
Heliotropin	75 g
Vanillin	12 g
Bergamottöl	100 g
Rosenöl, echt	5 g
Jasmin, künstl.	120 g
α-Amylzimtaldehyd	30 g
Hydroxycitronellal	35 g
Ylang-Ylangöl Manila	20 g
Isoeugenol	6 g
Oeillet comp.	6 g
Phenylacetaldehyd	30 g
Isobutylphenylacetat	25 g
Äthylphenylacetat	8 g
Phenyläthylacetat	8 g
Ketonmoschus	12 g
Resinoid Tolu	25 g
Resinoid Benzoe	15 g
Jasmin absol., nat.	10 g
Orangenblüte absol., nat.	8 g
Tuberose absol., nat.	6 g

3.

Jasmin absol., nat.	10 g
Orangenblüte absol., nat.	20 g
Tuberose absol., nat.	5 g
Jonquille absol., nat.	4 g
Neroliöl bigar.	35 g
Neroli, künstl.	140 g
Heliotropin	75 g
Vanillin	12 g
Bergamottöl	100 g
Methylanthranilat	50 g
Hydroxycitronellal	40 g
Benzylidenaceton	100 g
Benzophenon	40 g
Jasmin, künstl.	125 g
α-Amylzimtaldehyd	30 g
Guajakholzöl	50 g
Phenylacetaldehyd	40 g
Ylang-Ylangöl Manila	25 g
Isoeugenol	4 g
Eugenol	2 g
Phenyläthylacetat	15 g
Isobutylphenylacetat	30 g
Phenyläthylphenylacetat	10 g
Ambrettemoschus	25 g
Ketonmoschus	8 g
Resinoid Tolu	35 g

4.

Benzylidenaceton	60 g
Benzophenon	15 g
Heliotropin	40 g
Vanillin	8 g
Terpineol	250 g
Phenylacetaldehyd	75 g
Hydroxycitronellal	60 g
Isobutylphenylacetat	35 g
Äthylphenylacetat	5 g
Bergamottöl	120 g
Jasmin, künstl.	100 g
Neroli, künstl.	120 g
α-Amylzimtaldehyd	25 g
Ylang-Ylang Manila	20 g
Phenyläthylacetat	12 g
Nelkenöl	3 g
Methylnonylketon	2 g
Tuberose, künstl.	5 g
Ketonmoschus	12 g
Resinoid Tolu	40 g
Resinoid Labdanum	5 g
Orangenblüte absol., nat.	40 g
Jasmin absol., nat.	20 g
Tuberose absol., nat.	10 g

Sweet-Peakompositionen für Seife.

1.

Benzylidenaceton	75 g
Benzophenon	15 g
Isoeugenol	75 g
Nelkenöl	25 g
Canangaöl	125 g
Ylang-Ylang, künstl.	35 g
Heliotropin	25 g
Vanillin	15 g
Terpineol	75 g
Jasmin, künstl.	80 g
Neroli, künstl.	145 g
Benzylacetat	50 g
α-Amylzimtaldehyd	10 g
Jonon	50 g
Amylsalicylat	120 g
Isobutylphenylacetat	40 g
Äthylphenylacetat	15 g
Geraniol	75 g
Geraniumöl, afrik.	125 g
Zimtalkohol	50 g
Methylanthranilat	40 g
Guajakholzöl	50 g
Citronenöl	20 g
Xylolmoschus	15 g
Narcisse comp.	10 g
Resinoid Sumatra	75 g

2.

Benzylidenaceton	75 g
Canangaöl	100 g
Terpineol	125 g
Geraniumöl Réunion	100 g
Nelkenöl	125 g
Isoeugenol	25 g
Zimtblätteröl	30 g
Petitgrainöl Paraguay	125 g
Portugalöl	25 g
Citronenöl	10 g
Benzylacetat	75 g
α-Amylzimtaldehyd	15 g
Heliotropin	25 g
Vanillin	5 g
Cumarin	15 g
Phenylacetaldehyd	20 g
Jasmin, künstl.	75 g
Neroli, künstl.	150 g
Guajakholzöl	75 g
Isobutylphenylacetat	30 g
Äthylphenylacetat	5 g
Narcisse comp.	10 g
Hydroxycitronellal II	30 g
Xylolmoschus	15 g
Resinoid Tolu	30 g
Resinoid Sumatra	75 g

Extrait Sweet-Pea.

Sweet-Pea comp.	90 g
Rosenöl, echt	2 g
Jasmin absol., nat.	2 g
Orangenblüte absol., nat.	5 g
Ambra, künstl., konkret	5 g
Vanilletinktur	50 g
Moschustinktur	20 g
Alkohol	1 l

Die Sweet-Peaparfums sind besonders in England beliebt, hatten jedoch auch zeitweise in anderen Ländern guten Zuspruch. Jedenfalls ist diese Note für den praktischen Parfumeur auch als Teilnote zu Phantasiekompositionen recht wertvoll.

Seerose, Wasserrose, Nénuphar,

Lys aquatique (Lotosblume), *Nymphea alba.*

Die chemische Zusammensetzung des Aromas der Wasserrose ist gänzlich obskur.

Der eigenartig zarte Geruch dieser Blume wird auf künstliche Weise wiedergegeben.

Als wesentlichste Basis müssen wir ein Gemisch von Hydroxycitronellal, Ylang-Ylang und Jasmin betrachten.

Von Adjuvantien sind zu nennen: Heliotropin, Terpineol, Rose, Iris, Orangenblüte, Bergamotte u. a. Als Kontraste sind u. a. Vetiver und Patchouli wertvoll.

Essences de Nénuphar.

1.

Hydroxycitronellal	250 g	Patchouliöl	20 g
Heliotropin	12 g	Ambra, künstl., konkret	8 g
Vanillin	3 g	Resinoid Labdanum	12 g
Ylang-Ylangöl Manila	140 g	Resinoid Tolu	50 g
Jasmin, künstl.	250 g	Resinoid Sumatra	25 g
Geraniol	75 g	Ketonmoschus	15 g
Jonon	40 g	Ambrettemoschus	15 g
Anisaldehyd	8 g	Jasmin absol., nat.	20 g
Rosenöl, künstl.	60 g	Rose absol., nat.	8 g
Linalool	30 g	Tuberose absol., nat.	8 g
Terpineol	50 g	Orangenblüte absol., nat.	5 g
Vetiveröl Java	7 g	Pseudoaldehyd C. 16	3 g

2.

Hydroxycitronellal	150 g	Vetiveröl Réunion	10 g
Heliotropin	8 g	Patchouliöl	15 g
Vanillin	2 g	Ambrettemoschus	20 g
Ylang-Ylangöl Réunion	120 g	Resinoid Labdanum	6 g
Canangaöl	175 g	Ambra, künstl., konkret	5 g
Jasmin, künstl.	60 g	Resinoid Tolu	15 g
Neroliöl bigar.	15 g	Methylanthranilat	4 g
Geraniumöl, afrik.	150 g	Aurantiol	16 g
Linaloeöl	200 g	Jasmin absol., nat.	15 g
Benzylacetat	50 g	Orangenblüte absol., nat.	6 g

3.

Hydroxycitronellal	150 g
Patchouliöl	7 g
Vetiveröl Java	3 g
Ylang-Ylangöl Manila	120 g
Canangaöl	300 g
Petitgrain Grasse	40 g
Bergamottöl	30 g
Portugalöl	20 g
Citronenöl	40 g
Geraniumöl, afrik.	60 g
Linaloeöl	150 g
Jasmin, künstl.	55 g
Neroliöl, künstl.	15 g
Methylanthranilat	6 g
Irisöl, konkret	3 g
Ketonmoschus	10 g
Resinoid Tolu	25 g
Resinoid Labdanum	5 g
Perubalsam	20 g
Jasmin absol., nat.	15 g
Tuberose absol., nat.	5 g
Rose absol., nat.	10 g

4.

Hydroxycitronellal	160 g
Heliotropin	20 g
Vanillin	5 g
Jasmin, künstl.	60 g
Rose, künstl.	25 g
Ylang-Ylangöl Réunion	150 g
Methylanthranilat	8 g
Bergamottöl	200 g
Geraniumöl, afrik.	250 g
Linaloeöl	100 g
Irisöl, konkret	5 g
Patchouliöl	5 g
Vetiveröl Java	5 g
Ketonmoschus	10 g
Ambrettemoschus	10 g
Resinoid Labdanum	10 g
Resinoid Tolu	30 g
Ambra, künstl., konkret	12 g
Citronenöl	25 g
Orangenöl, bitter	10 g
Mandarinenöl	5 g
Jasmin absol., nat.	20 g
Tuberose absol., nat.	8 g
Orangenblüte absol., nat.	5 g

5.

Hydroxycitronellal	125 g
Heliotropin	75 g
Vanillin	25 g
Terpineol	100 g
Ylang-Ylangöl Réunion	75 g
Anisaldehyd	30 g
Jonon	20 g
Irisöl, konkret	8 g
Jasmin, künstl.	50 g
Patchouliöl	3 g
Vetiveröl Réunion	5 g
Ketonmoschus	12 g
Ambrettemoschus	15 g
Neroliöl bigar.	10 g
Citronenöl	5 g
Portugalöl	5 g
Methylanthranilat	5 g
Bergamottöl	20 g
Resinoid Labdanum	6 g
Resinoid Tolu	15 g
Resinoid Oliban	5 g
Resinoid Myrrhe	5 g
Jasmin absol., nat.	6 g
Tuberose absol., nat.	3 g
Rose absol., nat.	3 g

Die Note Nénuphar ist für die moderne Parfumerie sehr interessant, besonders für Phantasiebuketts.

Pfeifenstrauch, Wilder Jasmin, Séringat,
Philadelphus coronarius.

Die chemische Zusammensetzung dieses Aromas ist gänzlich obskur.

Geruchlich läßt sich beim Pfeifenstrauch eine gewisse Analogie mit dem echten Jasmin *(Jasminum odoratissimum)* feststellen, doch sind die Abweichungen sehr große.

Als Basis kommen in Frage Gemische von Jasmin, Orangenblüte, Ylang-Ylang u. a.

Adjuvantien sind: Hydroxycitronellal, Heliotropin, Bergamotte, Methylanthranilat, Jonquille (Narcisse), Rose u. a.

Séringatblütenöle.

1. Hydroxycitronellal	100 g	Linalool	45 g
Methylanthranilat	75 g	Zimtalkohol	60 g
Neroliöl bigar.	75 g	Jasmin, künstl.	200 g
Heliotropin	50 g	Ketonmoschus	10 g
Cumarin	50 g	Ambrettemoschus	15 g
Vanillin	20 g	Resinoid Tolu	30 g
Ylang-Ylangöl Manila	25 g	α-Amylzimtaldehyd	15 g
Bergamottöl	25 g	Jasmin absol., nat.	30 g
Terpineol	250 g	Jonquille absol., nat.	10 g
Rosenöl, künstl.	125 g	Orangenblüte absol., nat.	15 g
Phenylacetaldehyd	6 g		
Jonon	6 g		

2. Für Seife

Hydroxycitronellal II	150 g	Geranylacetat	20 g
Terpineol	250 g	Geraniol	75 g
Heliotropin	25 g	Jonon	20 g
Cumarin	8 g	Narcisse, künstl.	20 g
Linaloeöl	100 g	Xylolmoschus	15 g
Canangaöl	25 g	Resinoid Sumatra	75 g
Jasmin, künstl.	300 g	Resinoid Tolu	25 g
Neroli, künstl.	250 g	Methylanthranilat	12 g
Rose, künstl.	100 g	Amylsalicylat	10 g

Akazie, Acacia,
Robinia pseudacacia.

Chemische Zusammensetzung des Akazienblütenaromas: Unsere diesbezüglichen Kenntnisse sind sehr mangelhaft. Festgestellt wurden Methylanthranilat (etwa 9%), Indol, Benzylalkohol, Nerol, Terpineol, Linalool und Heliotropin (?).

Als Basis kommt im wesentlichen ein Gemisch von Jasmin und Orangenblüte in Frage, eventuell können auch mit der nötigen Vorsicht Yara-Yara oder Bromelia verwendet werden (speziell für Seifen).

Als Adjuvantien kommen in erster Linie Methylanthranilat, dann Anisaldehyd, Hydroxycitronellal, p-Methylacetophenon, Heliotropin, Phenylacetaldehyd, Ylang-Ylang, Vanillin, Rose, Cumarin, Tuberose, Isobutylbenzoat, Pseudoaldehyde C. 14 und C. 16 u. a. in Frage.

Akazienblütenöle primitiverer Art.

1. Neroliöl, künstl.	250 g	Bergamottöl	50 g
Jasmin, künstl.	150 g	Vanillin	10 g
Methylanthranilat	75 g	Geraniol	75 g
Tuberose, künstl.	100 g	Ylang-Ylangöl Réunion	40 g
Anisaldehyd	120 g	Hydroxycitronellal	75 g
Heliotropin	45 g	Ketonmoschus	25 g
Cumarin	40 g	Resinoid Tolu	40 g
Benzylacetat	200 g	Resinoid Benzoe	50 g
Linalool	175 g		

2. Methylanthranilat	95 g	Linalool	85 g
Jasmin, künstl.	175 g	Ylang-Ylang Manila	30 g
Neroli, künstl.	225 g	Isobutylbenzoat	45 g
Anisaldehyd	150 g	Ketonmoschus	15 g
Geraniumöl, afrik.	75 g	Resinoid Tolu	30 g
Rosenöl, künstl.	75 g	Cumarin	5 g
Phenylacetaldehyd	25 g	Heliotropin	40 g

Akazienblütenöle (*Essences fines*).

1. Neroli, künstl.	150 g	2. Methylanthranilat	40 g
Jasmin, künstl.	200 g	Phenylacetaldehyd	35 g
Benzylacetat	100 g	Heliotropin	55 g
Methylanthranilat	180 g	Neroli, künstl.	75 g
Linalool	110 g	Jasmin, künstl.	125 g
Ylang-Ylang Manila	25 g	Cumarin	12 g
Heliotropin	40 g	p-Methylacetophenon	40 g
Vanillin	6 g	Anisaldehyd	320 g
Phenylacetaldehyd	20 g	Linalool	40 g
Bergamottöl	35 g	Rosenöl, künstl.	50 g
Anisaldehyd	35 g	Resinoid Tolu	35 g
Hydroxycitronellal	40 g	Resinoid Tonka	5 g
Rosenöl, künstl.	75 g	Resinoid Labdanum	5 g
Ambrettemoschus	25 g	Resinoid Benzoe	25 g
Phenylessigsäure	6 g	Ylang-Ylang Réunion	12 g
Resinoid Tolu	35 g	Ketonmoschus	15 g
Resinoid Labdanum	8 g	Jasmin absol., nat.	10 g
Tuberose absol., nat.	5 g	Tuberose absol., nat.	4 g
Jasmin absol., nat.	20 g	Orangenblüte absol., nat.	8 g
Rose absol., nat.	10 g	Rose absol., nat.	6 g
Orangenblüte absol., nat.	10 g		

Akazienkompositionen für Seife.

1. Methylanthranilat	75 g	2. Methylanthranilat	70 g
Cumarin	12 g	Cumarin	8 g
Anisaldehyd	20 g	Neroli, künstl.	150 g
Benzylacetat	175 g	Jasmin, künstl.	75 g
Jasmin, künstl.	75 g	Benzylacetat	150 g
Neroli, künstl.	50 g	Heliotropin	15 g
Rose, künstl.	40 g	Yara-Yara	5 g
Heliotropin	35 g	Bergamottöl	40 g
Petitgrain Paraguay	300 g	Petitgrainöl Paraguay	300 g
Bergamottöl	75 g	Anisaldehyd	30 g
Nelkenöl	70 g	Linalool	75 g
p-Methylacetophenon	10 g	Terpineol	75 g
Methylnaphtylketon	25 g	Nelkenöl	50 g
Yara-Yara	5 g	Rose, künstl.	50 g
Xylolmoschus	15 g	Citronenöl	15 g
Resinoid Sumatra	75 g	Ambrettemoschus	15 g
Aurantiol	55 g	Xylolmoschus	10 g
Hydroxycitronellal II	55 g	Resinoid Tolu	20 g
		Resinoid Sumatra	45 g
		Zimtalkohol	20 g

Eine geruchlich sehr interessante Abart der Spezies *Acacia* ist der

Goldregen, Cytise,

Pluie d'or, Cytisus laburnum.

Nachstehend geben wir eine Vorschrift zur Komposition einer

Essence Cytise.

Methylanthranilat	50 g	Orangenöl, bitter	10 g
Heliotropin	25 g	Mandarinenöl	15 g
Aurantiol	25 g	Portugalöl	75 g
Cumarin	6 g	Rosenöl, künstl.	100 g
Vanillin	6 g	Vetiveröl Java	7 g
Hydroxycitronellal	75 g	Patchouliöl	3 g
Phenylacetaldehyd	5 g	Amylsalicylat	5 g
Jasmin, künstl.	250 g	Resinoid Tolu	45 g
Narcisse comp.	12 g	Resinoid Styrax	20 g
Zimtalkohol	25 g	Resinoid Oliban	20 g
p-Cresolphenylacetat	2 g	Resinoid Labdanum	15 g
Isobutylphenylacetat	5 g	Resinoid Tonka	5 g
Phenyläthylphenylacetat	75 g	Resinoid Eichenmoos	3 g
Zimtöl Ceylon	1 g	Irisöl, konkret	6 g
Cassiaöl	12 g	Cassie, künstl.	75 g
Styrolylacetat	25 g	Cassie absol., nat.	15 g
Ambrettemoschus	30 g	Jasmin absol., nat.	25 g
Neroliöl bigar.	50 g	Orangenblüte absol., nat.	10 g
Bergamottöl	100 g	Tuberose absol., nat.	5 g
Citronenöl	15 g	Jonquille absol., nat.	6 g

Mimosa,

Acacia dealbata.

Die chemische Zusammensetzung des in isoliertem Zustande bekannten Mimosablütenöls ist gänzlich obskur.

Die im Handel befindliche *Essence florale (absolue, liquide, concrète)* zeigt indes wenig geruchliche Analogie mit dem Duft der Mimosablüte und besitzt vielmehr einen honig-blumigen Geruch, der aber immerhin bei Nachbildungen des Mimosaaromas wertvolle Dienste leisten kann.

Als wesentlichste Basen für künstliche Nachbildungen des Mimosablütenöls sind, neben dem natürlichen Öl zu nennen p-Methylacetophenon und p-Methoxyacetophenon.

An Adjuvantien sind zu nennen: Jasmin, Rose, Iris, Cassie, Ylang-Ylang, Anisaldehyd, Citronenöl, Bergamottöl, Bittermandelöl, Heliotrop comp., Hydroxycitronellal, Phenylacetaldehyd, Jonon (Veilchen), Cumarin, Heliotropin, Vanillin u. a.

Sehr wichtig sind gewisse heliotrop- und bittermandelartige Noten.

Primitive Basen.

1. p-Methoxyacetophenon	100 g	Bergamottöl	75 g
p-Methylacetophenon	75 g	Jonon	45 g
Heliotrop comp.	175 g	Linalool	100 g
Ylang-Ylang Réunion	75 g	Anisaldehyd	75 g
Canangaöl	25 g	Irisöl, konkret	5 g
Cumarin	45 g	Bittermandelöl	4 g
Heliotropin	25 g	Ketonmoschus	12 g
Sandelöl, ostind.	10 g	Resinoid Tolu	25 g
Citronenöl	8 g	Vanillin	4 g
Phenylacetaldehyd	12 g		

2. p-Methylacetophenon	60 g	Geraniumöl, afrik.	12 g
Cumarin	25 g	Patchouliöl	3 g
Citronenöl	14 g	Ketonmoschus	10 g
Terpineol	60 g	Resinoid Tolu	20 g
Ylang-Ylangöl	15 g	Perubalsam	5 g
Bittermandelöl	5 g	Vanillin	5 g
Bergamottöl	35 g	Heliotropin	25 g
Rosenöl, künstl.	6 g		

Essences fines.

1. p-Methylacetophenon	20 g	2. p-Methylacetophenon	200 g
Heliotropin	3 g	Heliotropin	55 g
Anisaldehyd	12 g	Ylang-Ylang Manila	36 g
Hydroxycitronellal	6 g	Rosenöl, echt	15 g
Ylang-Ylang Manila	55 g	Rosenöl, künstl.	75 g
Geraniol	50 g	Heliotrop comp.	50 g
Terpineol	40 g	Geraniol	35 g
Rosenöl, echt	10 g	Terpineol	50 g
Rosenöl, künstl.	75 g	Phenylacetaldehyd	3 g
Bittermandelöl	1,5 g	Irisöl, konkret	1,5 g
Bergamottöl	85 g	Vanillin	5 g
Jasmin, künstl.	25 g	Anisaldehyd	28 g
Irisöl, konkret	3 g	Jonon	85 g
Resinoid Tolu	25 g	Bergamottöl	125 g
Resinoid Benzoe	15 g	Hydroxycitronellal	80 g
Resinoid Labdanum	5 g	Zimtalkohol	55 g
Resinoid Tonka	4 g	Citronenöl	12 g
Citronenöl	6 g	Bittermandelöl	5 g
Ketonmoschus	4 g	Cumarin	5 g
Jasmin absol., nat.	12 g	Ketonmoschus	12 g
Mimosa absol., nat.	30 g	Resinoid Tolu	20 g
Jonquille absol., nat.	7 g	Resinoid Labdanum	8 g
Orangenblüte absol., nat.	3 g	Resinoid Oliban	12 g
Cassie absol., nat.	5 g	Mimosa absol., nat.	150 g
Vanillin	4 g	Jasmin absol., nat.	30 g
		Jonquille absol., nat.	4 g

Mimosakompositionen für Seife.

1. p-Methylacetophenon	85 g	Patchouliöl	8 g
Heliotropin	45 g	Anisaldehyd	65 g
Cumarin	35 g	Jonon	50 g
Bergamottöl	100 g	Benzaldehyd	25 g
Citronenöl	30 g	Jasmin, künstl.	25 g
Linaloeöl	110 g	Neroliöl, künstl.	15 g
Canangaöl	100 g	Xylolmoschus	12 g
Terpineol	300 g	Resinoid Sumatra	75 g
Rosenöl, künstl.	60 g		

---

2. p-Methylacetophenon	110 g	Heliotrop comp. S.	100 g
Acetophenon	20 g	Xylolmoschus	8 g
Terpineol	150 g	Ambrettemoschus	20 g
Benzylacetat	200 g	Resinoid Sumatra	35 g
Jasmin, künstl.	75 g	Perubalsam	50 g
Neroli, künstl.	50 g	Amylsalicylat	12 g
Canangaöl	60 g	Benzaldehyd	35 g
Bergamottöl	60 g	Heliotropin	65 g
Citronenöl	20 g	Cumarin	25 g
Anisaldehyd	110 g	Jasmin Châssis	15 g
Rosenöl, künstl.	65 g	Mimosa, nat., concrète	25 g

3. p-Methylacetophenon	120 g	Anisaldehyd	120 g
Heliotropin	80 g	Canangaöl	120 g
Cumarin	40 g	Citronenöl	35 g
Sandelöl, ostind.	30 g	Xylolmoschus	12 g
Bergamottöl	75 g	Ambrettemoschus	15 g
Linaloeöl	110 g	Perubalsam	75 g
Terpineol	80 g	Resinoid Tolu	35 g
Rosenöl, künstl.	50 g	Resinoid Styrax	25 g
Jasmin, künstl.	15 g	Amylsalicylat	12 g
Neroli, künstl.	15 g	Hydroxycitronellal II	85 g
Phenylacetaldehyd	12 g	Jasmin Châssis	20 g
Benzaldehyd	35 g	Mimosa concrète, nat.	50 g
Benzylalkohol	110 g	Zimtalkohol	60 g
Jonon	60 g		

Extrait Mimosa de Nice.

p-Methylacetophenon	25 g	Ambrettemoschus	6 g
Ylang-Ylang Manila	6 g	Ketonmoschus	4 g
Bittermandelöl	0,6 g	Mimosa absol., nat.	6 g
Bergamottöl	10 g	Jasmin absol., nat.	2 g
Rosenöl, echt	4,5 g	Jonquille absol., nat.	1 g
Heliotropin	16 g	Rose absol., nat.	1 g
Cumarin	1,5 g	Moschustinktur	40 g
Anisaldehyd	1,5 g	Ambratinktur	20 g
Hydroxycitronellal	1,5 g	Vanilletinktur	60 g
Citronenöl	0,8 g	Tonkatinktur	20 g
Jasmin, künstl.	2,5 g	Iristinktur	100 g
Neroli bigar.	1,2 g	Ambra, künstl., konkret	8 g
Heliotrop comp.	4,5 g	Amylsalicylat	2 g
Flieder comp.	7 g	Patchouliöl	0,5 g
Vanillin	2,5 g	Portugalöl	4 g
Resinoid Tolu	5 g	Mandarinenöl	1 g
Resinoid Oliban	5 g	Alkohol	1,5 l
Resinoid Labdanum	3 g		

Amaryllis,
Amaryllis Hippocastrum.

Die chemische Zusammensetzung dieses Aromas ist ganz obskur. Die Amaryllisblüten besitzen einen zart blumigen Geruch mit deutlich citronenartigem Einschlag (Eau de Cologne-Komplex).

Amaryllis, primitive Basis.

Bergamottöl	750 g
Portugalöl	50 g
Citronenöl	150 g
Neroliöl bigar.	25 g
Rose, künstl.	50 g
Petitgrain Grasse	50 g
Jasmin, künstl.	25 g
Jasmin absol. Châssis	10 g
Resinoid Tolu	45 g
Ketonmoschus	20 g

Amaryllis Essence fine.

Bergamottöl	300 g	Ketonmoschus	15 g
Citronenöl	75 g	Resinoid Styrax	12 g
Portugalöl	125 g	Resinoid Tolu	15 g
Linalool	25 g	Methylanthranilat	6 g
Lavendelöl Barrème	20 g	Rosmarinöl, franz.	2 g
Mandarinenöl	5 g	Petitgrainöl Grasse	25 g
Rosenöl, echt	20 g	Jasmin absol., nat.	10 g
Jasmin, künstl.	35 g	Orangenblüte absol., nat.	8 g
Neroliöl bigar.	25 g	Tuberose absol., nat.	2 g
Irisöl, konkret	3 g		

Weißdorn, Aubépine,

Crataegus oxycantha.

Die chemische Zusammensetzung des Weißdornblütenaromas ist gänzlich unbekannt.

Als wesentlichste Basis für Nachbildungen dieses Geruches ist der Anisaldehyd zu nennen, auch p-Methoxyacetophenon gibt gewisse Hauptnoten dieses Aromas wieder.

Von Adjuvantien sind zu nennen: Jasmin, Rose, Orangenblüte, Tuberose, Cassie, Jonquille, Ylang-Ylang, Bergamotte, Cumarin, Vanillin, Heliotropin, Bittermandelöl, Veilchen, Iris u. a.

Basen primitiver Art.

1. Anisaldehyd	125 g	2. Anisaldehyd	450 g
Neroli, künstl.	25 g	p-Methoxyacetophenon	25 g
Rose, künstl.	15 g	Jasmin, künstl.	75 g
Heliotropin	5 g	Neroli, künstl.	175 g
Vanillin	3 g	Heliotropin	75 g
Bittermandelöl	0,5 g	Vanillin	40 g
Jasmin, künstl.	50 g	Bittermandelöl	5 g
Ketonmoschus	4 g	Rosenöl, künstl.	50 g
Resinoid Tolu	15 g	Ambrettemoschus	12 g
		Resinoid Tolu	10 g

3. Anisaldehyd	225 g	p-Methoxyacetophenon	25 g
Rose, künstl.	200 g	Linalool	50 g
Neroli, künstl.	100 g	Bittermandelöl	2 g
Jasmin, künstl.	200 g	Vanillin	4 g
Geranylacetat	15 g	Heliotropin	30 g
Flieder comp.	25 g	Resinoid Benzoe	25 g
Ketonmoschus	6 g		

Essences fines.

1. Anisaldehyd	450 g	Bittermandelöl	1,5 g
Heliotropin	25 g	Bergamottöl	50 g
Cumarin	25 g	Irisöl, konkret	2,5 g
Vanillin	6 g	Ketonmoschus	7 g
Jasmin, künstl.	175 g	Ambrettemoschus	12 g
Neroli, künstl.	100 g	Resinoid Benzoe	35 g
Rosenöl, echt	25 g	Resinoid Tolu	25 g
Rose, künstl.	175 g	Jasmin absol., nat.	30 g
p-Methoxyacetophenon	6 g	Cassie absol., nat.	5 g
Petitgrainöl Grasse	75 g	Orangenblüte absol., nat.	15 g
Heliotrop comp.	75 g		

2.

Anisaldehyd	100 g	Rosenöl, künstl.	25 g
Heliotropin	45 g	Resinoid Tolu	20 g
Cumarin	6 g	Resinoid Benjoin	35 g
Tuberose, künstl.	6 g	Vanillin	4 g
Jasmin, künstl.	15 g	Ketonmoschus	8 g
Neroliöl bigar.	5 g	Ambrettemoschus	8 g
Ylang-Ylang Manila	25 g	Jasmin absol., nat.	20 g
Narcisse comp.	1,5 g	Orangenblüte absol., nat.	15 g
Cassie, künstl.	2 g	Cassie absol., nat.	3 g
Bittermandelöl	2 g	Jonquille absol., nat.	2 g
Rosenöl, echt	8 g		

Weißdornkompositionen für Seife.

1.

Anisaldehyd	350 g	Jasmin, künstl.	75 g
Canangaöl	65 g	Neroli, künstl.	70 g
Geraniol	75 g	Benzaldehyd	15 g
Terpineol	250 g	Xylolmoschus	8 g
Heliotropin	40 g	Resinoid Sumatra	35 g
Cumarin	5 g	Acetophenon	25 g
Linaloeöl	150 g	Zimtalkohol	40 g
p-Methoxyacetophenon	6 g		

2.

Anisaldehyd	375 g	Geraniumöl, afrik.	75 g
Linaloeöl	175 g	Jasmin, künstl.	55 g
Linalool	25 g	Neroli, künstl.	35 g
Heliotropin	25 g	Bergamottöl	85 g
Cumarin	18 g	Benzylacetat	35 g
Vanillin	5 g	Acetophenon	20 g
Canangaöl	75 g	Zimtalkohol	40 g
Terpineol	110 g	Perubalsam	15 g
Xylolmoschus	8 g	Bittermandelöl, künstl.	3 g
Ambrettemoschus	8 g	Resinoid Tolu	30 g
Geraniol	75 g		

Weißdornextraits sind praktisch ohne Interesse. Sie können leicht durch Verwendung einer guten *Essence composée* hergestellt werden.

Corylopsis,

Corylopsis spicata.

Die chemische Zusammensetzung des Aromas ist gänzlich obskur.

Der Geruch dieser Blüte zeigt kräftige Citronennote, gleichzeitig an Jasmin, Orangenblüte und Ylang-Ylang erinnernd, auch krautige Untertöne, die etwas an Patchouli erinnern, sind festzustellen.

Als Basis dürfen wir im wesentlichen ein geeignetes Gemenge von Bergamottöl, Citronenöl, Ylang-Ylangöl, Jasmin, Orangenblüte annehmen, mit entsprechender Verwendung von Patchouli- und Vetivernoten.

Als Adjuvantien sind zu nennen: Hydroxycitronellal, Heliotropin, Cumarin, Vanillin, Rose, Vetiver, Iris u. a.

Essences fines.

1. Bergamottöl	200 g	2. Bergamottöl	75 g
Citronenöl	200 g	Citronenöl	75 g
Jasmin, künstl.	50 g	Portugalöl	15 g
Rosenöl, künstl.	75 g	Mandarinenöl	3 g
Rosenöl, echt	15 g	Orangenöl, bitter	5 g
Cumarin	15 g	Heliotropin	15 g
Heliotropin	10 g	Jasmin, künstl.	200 g
Patchouliöl	25 g	Ylang-Ylang Réunion	175 g
Ambrettemoschus	15 g	Neroli, künstl.	25 g
Ketonmoschus	8 g	Neroli bigar., echt	10 g
Irisöl, konkret	3 g	Patchouliöl	30 g
Vetiveröl Java	2 g	Vetiveröl Java	5 g
Ylang-Ylang Manila	75 g	Rosenöl, künstl.	150 g
Neroliöl bigar.	25 g	Hydroxycitronellal	75 g
Resinoid Tolu	55 g	Ketonmoschus	15 g
Resinoid Benzoe	65 g	Resinoid Benzoe	35 g
Jasmin absol., nat.	25 g	Resinoid Tolu	15 g
		Jasmin absol., nat.	15 g
		Orangenblüte absol., nat.	5 g

Corylopsis für Seife.

Benzylacetat	100 g	Nelkenöl	25 g
Jasmin, künstl.	75 g	Hydroxycitronellal II.	75 g
Neroli, künstl.	200 g	Patchouliöl	25 g
Petitgrainöl Paraguay	100 g	Vetiveröl Réunion	6 g
Canangaöl	75 g	Xylolmoschus	12 g
Rose, künstl.	100 g	Ambrettemoschus	8 g
Cumarin	10 g	Resinoid Sumatra	75 g
Heliotropin	75 g	Perubalsam	8 g
Vanillin	25 g	Zimtalkohol	80 g
Bergamottöl	115 g	Guajakholzöl	50 g
Citronenöl	60 g	Portugalöl	25 g

Poppy.

Unter dieser Bezeichnung wird in der Parfumerie ein Phantasieparfum verstanden, das konventionell das Parfum einer imaginären, duftenden Mohnblüte wiedergeben soll. Tatsächlich ist aber die Mohnblüte gänzlich geruchlos.

Derartige Kompositionen nähern sich geruchlich sehr den Klee- und besonders den Orchideegerüchen.

Als wesentlichste Basis ist daher auch hier das Amylsalicylat bzw. Trèfle comp. aufzufassen.

Von Adjuvantien sind zu nennen: Jasmin, Ylang-Ylang, Rose, Orangenblüte, Gartennelke, Cumarin, Heliotropin, Vanillin, Eichenmoos, Iris u. a.

Nachstehend zwei Vorschriften für

Poppyöle

1.		2.	
Amylsalicylat	175 g	Amylsalicylat	180 g
Oeillet comp.	22 g	Ylang-Ylangöl Manila	25 g
Ylang-Ylang Manila	22 g	Oeillet comp.	25 g
Rosenöl, echt	10 g	Rosenöl, echt	5 g
Rosenöl, künstl.	25 g	Neroliöl bigar.	35 g
Jasmin, künstl.	15 g	Jasmin, künstl.	25 g
Neroli bigar.	10 g	Heliotropin	20 g
Resinoid Eichenmoos	5 g	Cumarin	6 g
Resinoid Tonka	5 g	Vanillin	4 g
Resinoid Girofles	3 g	Resinoid Eichenmoos	4 g
Resinoid Tolu	10 g	Resinoid Tonka	10 g
Ambrettemoschus	4 g	Resinoid Tolu	45 g
Ketonmoschus	6 g	Ketonmoschus	10 g
Irisöl, konkret	0,5 g	Ambrettemoschus	10 g
Heliotropin	20 g	Jasmin absol., nat.	8 g
Cumarin	5 g	Orangenblüte absol., nat.	12 g
Jasmin absol., nat.	5 g	Rose absol., nat.	8 g
Orangenblüte absol., nat.	5 g		
Rose absol., nat.	10 g		

Daphne oder **Seidelbast, Daphné,**

Daphne mezereum.

Die Blüten des Seidelbastes strömen einen eigenartig angenehmen Duft aus.

Über die chemische Zusammensetzung des Seidelbastblütenaromas ist nichts bekannt.

Als wesentlichste Basis für künstliche Nachbildungen dieses Geruches sind Gemische von Amylsalicylat, Ylang-Ylangöl, Rose, Heliotropin und Cumarin aufzufassen.

Als Adjuvantien kommen in Frage: Jasmin, Tuberose, Vanillin, Hydroxycitronellal, p-Methylacetophenon, Jonon, Bittermandelöl, Eichenmoos u. a.

Daphné, Essence fine.

Amylsalicylat	85 g	Ylang-Ylang Réunion	60 g
Rosenöl, echt	15 g	p-Methylacetophenon	2 g
Heliotropin	175 g	Eichenmoos absol.	1,5 g
Cumarin	25 g	Linalool	25 g
Vanillin	15 g	Neroliöl bigar.	25 g
Methyljonon	15 g	Phenylacetaldehyd	8 g
Bittermandelöl	1 g	Resinoid Tolu	45 g
Hydroxycitronellal	30 g	Resinoid Benzoe	25 g
Ketonmoschus	10 g	Jasmin absol., nat.	8 g
Ambrettemoschus	10 g	Tuberose absol., nat.	15 g
Jasmin, künstl.	40 g	Rose absol., nat.	8 g
Rose, künstl.	150 g	Orangenblüte absol., nat.	5 g
Zimtalkohol	15 g		
Ylang-Ylang Manila	100 g		

Daphné für Seifen.

Canangaöl	200 g	Linaloeöl	50 g
Amylsalicylat	120 g	Geraniol	150 g
Cumarin	30 g	Vanillin	8 g
Heliotropin	125 g	Neroli, künstl.	50 g
Benzaldehyd	15 g	Phenylacetaldehyd	12 g
Hydroxycitronellal II	50 g	Methylanthranilat	10 g
Xylolmoschus	15 g	Petitgrainöl Paraguay	50 g
Jasmin, künstl.	50 g	Phenyläthylalkohol	50 g
Benzylacetat	100 g	Resinoid Sumatra	100 g
p-Methylacetophenon	10 g		

Azalee, Azalée,

Azalea pontica.

Die chemische Zusammensetzung des Azaleenaromas ist gänzlich obskur. Für Nachbildungen dieses Geruches kommt folgende

Basis primitiver Art

als Skizze in Frage:

Jasmin, künstl.	175 g	Amylsalicylat	5 g
Heliotropin	20 g	Ylang-Ylangöl	10 g
Vanillin	15 g	Neroliöl bigar.	10 g
Methyljonon	40 g	Hydroxycitronellal	15 g
Rose, künstl.	175 g	Jasmin Châssis	10 g
Rosenöl, echt	10 g	Ambrettemoschus	15 g
Geraniol	200 g	Ketonmoschus	10 g
Phenyläthylalkohol	35 g	Resinoid Labdanum	8 g
Bergamottöl	25 g	Resinoid Tolu	22 g
Orangenöl, bitter	5 g	Citronenöl	2 g
Methylanthranilat	5 g	Phenyläthylbutyrat	1,5 g

Magnolia,

Magnolia grandiflora.

Die chemische Zusammensetzung des Aromas der Magnoliablüte ist gänzlich obskur.

Bei künstlichen Nachbildungen dieses Geruches kommt als wesentlichste Basis ein Gemisch von Orangenblüte, Rose, Tuberose, Iris, Ylang-Ylang und Jasmin in Frage, ferner besitzt der Geruch der Magnoliablüte deutlich citronenartige Töne, die wir durch Zusätze von Citronenöl, Bergamottöl, Verbenaöl u. a. wiedergeben.

Von Adjuvantien sind zu nennen: Cassie, Veilchen, Jonon usw., Hydroxycitronellal, Heliotropin, Vanillin, Cumarin, Linalool, Eugenol, Isoeugenol u. a.

Essences fines.

1. Ylang-Ylang Manila	200 g	2. Ylang-Ylang Bourbon	90 g
Rosenöl, künstl.	300 g	Neroliöl bigar.	150 g
Rosenöl, echt	15 g	Rosenöl, künstl.	200 g
Neroli bigar.	80 g	Rosenöl, echt	20 g
Tuberose absol., nat.	25 g	Citronenöl	50 g
Tuberose, künstl.	50 g	Citral	5 g
Citronenöl	30 g	Verbenaöl, franz.	10 g
Verbenaöl, franz.	10 g	Linalool	150 g
Hydroxycitronellal	40 g	Bergamottöl	25 g
Linalool	120 g	Hydroxycitronellal	75 g
Jasmin, künstl.	25 g	Heliotropin	15 g
Jasmin absol., nat.	10 g	Vanillin	5 g
Isoeugenol	5 g	Cumarin	5 g
Eugenol	2 g	Terpineol	50 g
Bergamottöl	55 g	Lilas comp.	25 g
Methylanthranilat	8 g	Irisöl, konkret	5 g
Cumarin	10 g	Bittermandelöl	2 g
Heliotropin	15 g	Labdanumharzöl	5 g
Vanillin	5 g	Ambrettemoschus	20 g
Geraniumöl, afrik.	25 g	Resinoid Tolu	30 g
Ketonmoschus	12 g	Resinoid Benzoe	30 g
Ambrettemoschus	8 g	Jasmin, künstl.	20 g
Resinoid Tolu	35 g	Jasmin absol., nat.	10 g
Resinoid Benzoe	30 g	Tuberose absol., nat.	25 g
Terpineol	25 g	Tuberose, künstl.	25 g
Resinoid Labdanum	10 g		

---

3. Ylang-Ylangöl Manila	110 g	Methylanthranilat	10 g
Bergamottöl	90 g	Jasmin absol., nat.	22 g
Citronenöl	55 g	Tuberose absol., nat.	8 g
Citral	10 g	Isoeugenol	18 g
Verbenaöl, franz.	25 g	Eugenol	2 g
Hydroxycitronellal	275 g	Amylsalicylat	2 g
Jasmin, künstl.	75 g	Resinoid Labdanum	10 g
Vanillin	12 g	Resinoid Tolu	40 g
Heliotropin	25 g	Resinoid Oliban	15 g
Zimtalkohol	110 g	Labdanumharzöl	5 g
Rose, künstl.	200 g	Ketonmoschus	20 g
Neroliöl bigar.	55 g	Ambrettemoschus	10 g
α-Amylzimtaldehyd	55 g		

Magnoliakompositionen für Seife.

1. Methylanthranilat	30 g	Linaloeöl	175 g
Citronenöl	50 g	Geraniumöl, afrik.	210 g
Canangaöl	110 g	Phenyläthylalkohol	75 g
Neroli, künstl.	35 g	Petitgrainöl, Paraguay	75 g
Rosenöl, künstl.	55 g	Geranylformiat	5 g
Hydroxycitronellal II	125 g	Geranylacetat	25 g
Nelkenöl	60 g	Jasmin, künstl.	20 g
Sandelöl, ostind.	22 g	Isoeugenol	10 g
Patchouliöl	8 g	Lemongrasöl	15 g
Jonon	15 g	Xylolmoschus	12 g
Methyljonon	12 g	Resinoid Labdanum	10 g
Terpineol	185 g	Resinoid Tolu	40 g
Heliotropin	25 g	Resinoid Sumatra	60 g
Cumarin	8 g	Bergamottöl	75 g

2. Methylanthranilat	20 g	Portugalöl	15 g
Bergamottöl	50 g	Orangenöl, bitter	20 g
Citronenöl	50 g	Phenyläthylalkohol	50 g
Canangaöl	75 g	Jasmin, künstl.	35 g
Ylang-Ylangöl, künstl.	25 g	Neroli, künstl.	25 g
Terpineol	165 g	Cumarin	5 g
Heliotropin	15 g	Patchouliöl	5 g
Linaloeöl	210 g	α-Amylzimtaldehyd	15 g
Xylolmoschus	10 g	Resinoid Sumatra	75 g
Ambrettemoschus	20 g	Resinoid Labdanum	15 g
Geraniumöl Réunion	285 g	Petitgrainöl	50 g
Nelkenöl	30 g	Lemongrasöl	25 g
Isoeugenol	15 g	Lavendelöl	25 g
Hydroxycitronellal II	155 g	Perubalsam	15 g
Rosenöl, künstl.	75 g		

Frisch-aromatische Gerüche.

Während wir bisher unsere Aufmerksamkeit ausschließlich der Nachbildung definierter Blumengerüche zugewendet haben, wollen wir nunmehr ganz kurz einiger frisch-aromatischer Noten gedenken, die ebenfalls als solche oder als Elemente für die Komposition Verwendung finden können.

Hierher gehören die Noten *Eau de Cologne*, Verveine, Essbukett, Lavendel, auch fruchtartige Gerüche usw.

Wir werden uns darauf beschränken, nur ganz kurz die wichtigsten Noten dieser Art zu streifen, deren Komposition ja dem Praktiker längst geläufig ist. Im übrigen erlauben wir uns, den Leser auf Winter, Handbuch der Gesamten Parfumerie und Kosmetik, 2. Aufl. (J. Springer, Wien 1932) zu verweisen.

Verbena-Bouquets.

Der deutsche Parfumeur schätzt im allgemeinen die Verbenanote viel zu wenig und kennt nur selten die prächtig-weichen und frischen Effekte, die mit gutem französischem Verbenaöl, bzw. mit Verbenabuketts zu erreichen sind. Spanisches Verbenaöl ist viel weniger fein im Geruch, noch gröbere Effekte gibt Lemongrasöl, das sog. indische Verbenaöl. Es lassen sich jedoch auch spanisches Verbenaöl wie Lemongrasöl vorteilhaft zu Verbenabuketts mitverwenden, für feinste Buketts dieser Art sollte aber ausschließlich bestes französisches Verbenaöl gebraucht werden.

Nachstehend einige Vorschriften.

1. Verbenaöl, franz.	320 g	2. Verbenaöl, franz.	250 g
Portugalöl	80 g	Citronenöl	50 g
Citronenöl	20 g	Bergamottöl	100 g
Bergamottöl	180 g	Lavendelöl	50 g
		Lemongrasöl	100 g

3. Verbenaöl, franz.	150 g	4. Citronenöl	55 g
Portugalöl	25 g	Verbenaöl, franz.	250 g
Petitgrainöl Grasse	50 g	Bergamottöl	75 g
Bergamottöl	50 g	Citral	5 g
Neroliöl bigar.	15 g	Portugalöl	15 g
		Labdanumharzöl	3 g

5. Verbenaöl, franz. 250 g	6. Verbenaöl, franz. 300 g
Bergamottöl 75 g	Citronenöl 75 g
Neroliöl 25 g	Bergamottöl 75 g
Lavendelöl 25 g	Portugalöl 25 g
Portugalöl 25 g	Rosmarinöl 2 g
Mandarinenöl 5 g	Lavendelöl 5 g
Rosmarinöl 2 g	Neroliöl 25 g
Lemongrasöl 50 g	Petitgrainöl 50 g
	Geranylformiat 5 g
	Cumarin 1 g

Eau de Cologne.

1. Bergamottöl 120 g	2. Bergamottöl 100 g
Citronenöl 60 g	Citronenöl 50 g
Portugalöl 60 g	Portugalöl 50 g
Rosmarinöl 30 g	Rosmarinöl 10 g
Lavendelöl 30 g	Lavendelöl 20 g
Neroliöl, bigar. 50 g	Neroliöl bigar. 70 g
Petitgrainöl, franz. 20 g	Petitgrainöl Grasse 30 g

3. Bergamottöl 100 g	4. Bergamottöl 120 g
Citronenöl 60 g	Neroli bigar. 50 g
Rosmarinöl 30 g	Citronenöl 60 g
Lavendelöl 30 g	Portugalöl 40 g
Portugalöl 40 g	Mandarinenöl 5 g
Neroliöl bigar. 25 g	Rosmarinöl 20 g
Petitgrainöl 30 g	Lavendelöl 30 g
Methylanthranilat 2 g	Petitgrainöl Grasse 30 g
	Irisöl, konkret 0,1 g
	Patchouliöl 0,1 g
	Jasmin absol., nat. 0,2 g

5. Eau de Cologne Ambrée

Bergamottöl 120 g	Lavendelöl 30 g
Citronenöl 50 g	Vanillin 20 g
Portugalöl 50 g	Ambrettemoschus 60 g
Mandarinenöl 15 g	Ambra, künstl., konkret 50 g
Neroliöl bigar. 30 g	Resinoid Castoreum 1 g
Petitgrainöl, franz. 20 g	Resinoid Tolu 15 g
Rosmarinöl 20 g	

6. Eau de Cologne Russe

Bergamottöl 250 g	Ambrettemoschus 25 g
Citronenöl 130 g	Ketonmoschus 25 g
Portugalöl 100 g	Isoeugenol 45 g
Mandarinenöl 20 g	Eugenol 5 g
Rosmarinöl 30 g	Jonon 40 g
Lavendelöl 60 g	Methyljonon 40 g
Vanillin 45 g	Resinoid Tolu 50 g
Cumarin 12 g	Resinoid Castoreum 1,5 g
Heliotropin 40 g	Ambra, künstl., konkret 55 g
Neroliöl bigar. 25 g	

7. Eau de Cologne Russe II

Bergamottöl	100 g
Citronenöl	60 g
Mandarinenöl	5 g
Orangenöl, bitter	10 g
Lavendelöl	30 g
Neroliöl bigar.	15 g
Rosmarinöl	5 g
Verbenaöl, franz.	5 g
Methyleugenol	2 g
Isoeugenol	2 g
Methyljonon	3 g
Ambrettemoschus	20 g
Vanillin	10 g
Cumarin	3 g
Nelkenöl	2 g
Moschuskörneröl	0,5 g
Resinoid Tolu	15 g
Resinoid Tonka	5 g
Resinoid Castoreum	0,5 g
Resinoid Eichenmoos	2 g

8. Eau de Cologne Impériale Russe

Bergamottöl	120 g
Citronenöl	80 g
Portugalöl	40 g
Mandarinenöl	15 g
Lavendelöl	40 g
Rosmarinöl	5 g
Neroliöl, bigar.	25 g
Petitgrainöl, franz.	25 g
Verbenaöl, franz.	15 g
Nelkenöl	5 g
Cumarin	8 g
Methyljonon	5 g
Vanillin	15 g
Resinoid Tonka	5 g
Resinoid Tolu	25 g
Resinoid Castoreum	1 g
Ambrettemoschus	35 g
Ketonmoschus	20 g
Eichenmoos absol.	5 g
Isoeugenol	3 g

Essbouquet.

1.

Bergamottöl	320 g
Citronenöl	65 g
Portugalöl	120 g
Lavendelöl	20 g
Linalool	25 g
Rosenöl, echt	25 g
Rosenöl, künstl.	25 g
Jasmin, künstl.	10 g
Jasmin absol., nat.	3 g
Rose absol., nat.	6 g
Citronellol	5 g
Ketonmoschus	5 g
Resinoid Styrax	50 g
Irisöl, konkret	2,5 g
Resinoid Castoreum	0,2 g
Zibet, künstl.	1 g

2.

Bergamottöl	400 g
Citronenöl	75 g
Portugalöl	150 g
Lavendelöl	35 g
Rosmarinöl	2 g
Linalool	35 g
Orangenöl, bitter	20 g
Neroliöl bigar.	20 g
Rosenöl, echt	20 g
Rosenöl, künstl.	30 g
Jasmin, künstl.	20 g
Jasmin absol., nat.	5 g
Rose absol., nat.	5 g
Orangenblüte absol., nat.	3 g
Ketonmoschus	8 g
Ambrettemoschus	5 g
Irisöl, konkret	3 g
Verbenaöl, franz.	5 g
Resinoid Castoreum	0,4 g
Resinoid Tolu	30 g
Resinoid Labdanum	10 g

Lavendel-Bouquets.

1.

Lavendelöl	500 g
Cumarin	50 g
Rosenöl, künstl.	30 g
Rosenöl, echt	10 g
Portugalöl	75 g
Citronenöl	75 g
Verbenaöl, franz.	15 g
Rosmarinöl	25 g
Sandelöl, ostind.	5 g

2.

Lavendelöl	150 g
Bergamottöl	50 g
Patchouliöl	2 g
Geraniumöl, afrik.	25 g
Citronenöl	5 g
Verbenaöl, franz.	10 g
Cumarin	10 g
Ambrettemoschus	5 g

3.

Lavendelöl	300 g
Bergamottöl	150 g
Sandelöl, ostind.	50 g
Patchouliöl	5 g
Geraniumöl Grasse	50 g
Cumarin	30 g
Rosenöl, echt	20 g
Vetiveröl Java	25 g
Linalylbutyrat	5 g
Geranylacetat	15 g

4.

Lavendelöl	200 g
Sauge sclaréeöl	15 g
Bergamottöl	60 g
Neroliöl bigar.	10 g
Patchouliöl	3 g
Amylsalicylat	3 g
Sandelöl, ostind.	40 g
Cumarin	40 g
Vanillin	4 g
Estragonöl	2 g

5.

Lavendelöl	300 g
Bergamottöl	60 g
Cumarin	25 g
Lemongrasöl	15 g
Geranylacetat	15 g
Linalylbutyrat	10 g
Rosenöl, künstl.	75 g
Rosenöl, echt	10 g
Ambrettemoschus	10 g

6.

Lavendelöl	400 g
Bergamottöl	150 g
Geraniumöl Grasse	125 g
Verbenaöl, franz.	50 g
Cumarin	50 g
Citronenöl	50 g
Vanillin	5 g
Resinoid Tolu	50 g
Sauge sclaréeöl	25 g
Resinoid Labdanum	15 g
Ambrettemoschus	20 g

Spezial-Bouquets.

In diesem ganz besonders wichtigen und interessanten Kapitel unserer Arbeit werden wir uns mit Kompositionen spezieller Geruchstypen zu beschäftigen haben, die schon sehr nahe an die Phantasiegerüche herankommen, bzw. schon zum Teil mehr oder minder reine Phantasiegerüche sind, bei denen die offizielle Bezeichnung mehr konventioneller Art ist, ohne daß durch dieselbe ein einigermaßen enger umschriebener Geruchstyp festgelegt würde.

Dieses Kapitel bildet also schon den Übergang zu den reinen Phantasiekompositionen, bzw. wird in demselben der Komposition gewisser Geruchstypen gedacht werden, die entweder an und für sich schon Phantasiegerüche darstellen, oder aber als ganz außerordentlich wichtige Elemente zur Herstellung reiner Phantasiebuketts dienen können. Dies trifft ganz besonders zu für die Typen *Fougère* (Farnkraut), *Chypre* und *Foin Coupé* (Heu), aber auch für zahlreiche andere der hier besprochenen Typen, wie *Peau d'Espagne*, *Mousse Fleurie* (Moosgerüche) u. a. Es sollen also diese Typen ihrer großen Wichtigkeit gemäß, ganz besonders ausführliche Besprechung finden, namentlich was die so außerordentlich wichtigen Noten *Fougère*, *Chypre* und *Foin Coupé* anlangt.

Fougère (Farnkraut).

Da das Farnkraut keinen eigenartigen Wohlgeruch besitzt, ist die in der Parfumerie allgemein eingebürgerte Bezeichnung „*Fougère*“ als konventioneller Name eines Phantasiegeruches zu betrachten. Der Geruch des Farnkrautes ist erdig und schwach moosartig und nicht angenehm.

Es existieren mehr als 4000 Farnkrautarten, von denen keine einzige wohl Anspruch darauf erheben darf, zu den aromatischen Pflanzen im engeren Sinne gerechnet zu werden, weil ihnen keinerlei aromatisch-angenehmer Geruch eigen ist, es fehlt ihnen auch jede Charakteristik im Geruche, die es ermöglichen würde, den Geruch des Farnkrautes in einigermaßen engerem Sinne zu definieren.

Eine der meistbekannten Arten ist *Osmunda regalis*, der Königsfarn, dessen Name wir auch in der so häufig gebrauchten Bezeichnung *Fougère Royale* oder *Royal Fern* wiederfinden.

Es besagt also weder die Bezeichnung *Fougère* noch jene als *Fougère Royale* usw., daß eine so benannte Komposition den Geruch des Farnkrautes wiedergibt, sondern daß sie geruchlich einen mehr oder minder eng, meist aber gar nicht umschriebenen Geruchskomplex darstellt, den man konventionell als *Fougère* zu bezeichnen gewohnt ist, wobei der persönlichen Initiative und Phantasie des Herstellers meist ein außerordentlich weiter Spielraum gelassen ist, wir also, abgesehen von gewissen fundamentalen Geruchsnoten, oft ganz verschiedenartig riechende Riechstoffkompositionen unter der Bezeichnung *Fougère* bzw. *Fougère Royale* u. dgl. im Gebrauche finden.

Es ist natürlich aus diesem Grunde außerordentlich schwer, auch nur einigermaßen gültige Regeln zur Komposition der Fougèrenote aufzustellen, ebenso auch den geruchlichen Charakter des Fougèretyps auch in nur einigermaßen umschriebenen Grenzen zu definieren, wie denn die Fougèregerüche in ihrer Tonalität und Eigenart stets individuell empfundene Kompositionen darstellen und ganz besonders auch der jeweiligen Mode unterworfen sind, die heute das verwirft, was gestern noch als tonangebend galt.

Indes gestattet die Kenntnis der bekanntesten Sorten Fougèreparfums des Handels und besonders jene der Technik in der Herstellung grüner Noten, zu denen auch unzweifelhaft *Fougère* gehört, gewisse Analogien fundamentaler Art herauszulesen, die es wenigstens einigermaßen gestatten, die charakteristische Grundnote des Fougèretyps zu identifizieren.

Von diesem Standpunkte ausgehend, wollen wir im Nachstehenden versuchen, die Charakteristik des Fougèretyps dem Leser vor Augen zu führen und es zu unternehmen, eine systematische Studie dieses in der modernen Parfumerie so eminent wichtigen Geruchstyps in allen voraussehbaren Einzelheiten und Eventualitäten dem Leser zugänglich zu machen.

Allgemeine Charakteristik der Note Fougère.

Die charakteristische Grundtonalität dieses Geruches ist eine herbgrüne und steht dadurch *Fougère* den anderen typischen Grüngerüchen, wie *Chypre* und *Foin Coupé*, in gewisser Beziehung nahe, und bei einzelnen Spezialtypen, besonders bei Seifenparfums, nähert sich *Fougère* auch dem Kleegeruch.

Als wichtigste Bestandteile der eigentlichen grünen Fougèrebasis sind zu nennen: Cumarin, Eichenmoos, Patchouli, Vetiver, Lavendel, Birkenknospenöl, Bergamotte, Estragon u. a.

Als Adjuvantien kommen besonders blumige Kontraste in Frage, von denen in erster Linie zu nennen sind: Rose, Orangenblüte, Jasmin, Cassie, Tuberose, Iris, Veilchen, Muguet comp., Narcisse (Jonquille) u. a.

In *Fougères* modernster Art geben Hydroxycitronellal, Cyclamen comp., Lilas comp. besonders originelle blumige Noten. Bemerkenswerte Feinheit erzielt man auch durch *Sauge sclarée*, durch Ambranoten (Labdanum) usw.

In vielen Fällen benötigt man zur Betonung der herben Unternoten herbe Kontraste, wie Amylsalicylat, Methylsalicylat u. a. Auch größere Dosen Vetiver unterstreichen die herben Kontraste, ebenfalls größere Dosen Patchouli usw.

Der zeitweiligen Mode entsprechend waren bis vor kurzer Zeit *Fougères* mit starkem Einschlag von Klee beliebt, sind es aber heute weniger. Viele moderne Fougèrekompositionen zeigen starke Annäherung an *Chypre* durch Verwendung massiverer Dosen Eichenmoos und Sandelöl ostindisch, als sie normalerweise für *Fougère* in Frage kommen, ebenso sind heute stärkere blumige Effekte beliebt.

Praktisch gesprochen, gibt es wohl kaum, neben den Noten *Chypre* und *Foin Coupé*, einen Geruchstyp, der so allgemeiner Verwendung zur Herstellung von reinen Phantasiemischungen fähig wäre, wie der Typ *Fougère*. In der Tat stellt *Fougère* eine besonders wichtige Basis für solche Phantasiekompositionen dar, wie wir später sehen werden.

So glauben wir uns keiner Übertreibung schuldig zu machen, wenn wir behaupten, daß die Note *Fougère* mit den Noten *Chypre*, *Foin Coupé* und so weiter in der Mehrzahl der raffiniertesten Markenparfums enthalten ist und mit deren wichtigste Grundlage bietet. So finden wir, was schon hier vorausgreifend bemerkt sei, *Fougère* mit Chyprecharakter, *Fougère* mit ausgesprochenem Foin- Coupé-Charakter, *Fougère-Trèfle*, Blumengerüche mit Fougèrebasis usw. als Phantasiekompositionen im Handel.

Nach diesen generellen Vorbemerkungen wollen wir uns nunmehr der

speziellen Charakteristik der Note *Fougère*

zuwenden und zunächst die Komposition primitiver Fougèrebasen näher ins Auge fassen.

Wir haben bereits erwähnt, daß die eigentliche Basis für *Fougère* aus Gemischen von Cumarin, Eichenmoos, Patchouli, Lavendel, Birkenknospenöl, Vetiveröl, Bergamottöl usw. besteht, ebenso sei auch besonders darauf hingewiesen, daß hier eventuell auch Estragonöl als Zusatz sehr originelle Effekte zu erzielen gestattet. Kräftige Lavendeleffekte sind hier absolut obligatorisch, ebenso gibt ein Zusatz von Birkenknospenöl, obwohl nur fakultativ, den *Fougères* ein typisches Gepräge, ist also stets zu empfehlen.

Wir haben ebenfalls bereits erwähnt, daß in gewissen Fällen kleeartige Noten (Amylsalicylat, *Trèfle comp.* usw.) als verstärkende Kontraste bzw. Unternoten in Frage kommen können, um primitive Fougèrebasen zu komponieren.

Auch für diese Basen primitiverer Art kommen natürlich schon blumige Kontraste zur Anwendung, die dann später bei den raffiniert-komplexen *Fougères* entsprechend verstärkt bzw. modifiziert werden. Dasselbe gilt auch von Vanille, Ambra-, Moschus- und balsamischen Noten, die entsprechend akzentuiert werden müssen, je nachdem es erforderlich erscheint.

Nachstehend seien zunächst einige Vorschriften für

Fougèrebasen primitiverer Art

gegeben.

1.

Lavendelöl	180 g	Rosenöl, künstl.	75 g
Bergamottöl	60 g	Hydroxycitronellal	50 g
Patchouliöl	40 g	Birkenknospenöl	12 g
Resinoid Eichenmoos	60 g	Estragonöl	2,5 g
Vetiveröl Java	70 g	Ketonmoschus	12 g
Cumarin	150 g	Resinoid Benzoe	40 g
Jasmin, künstl.	75 g	Resinoid Tolu	15 g
Neroli, künstl.	40 g	Resinoid Labdanum	10 g
Sauge sclaréeöl	33 g		

2.

Bergamottöl	100 g	Amylsalicylat	15 g
Vetiveröl Réunion	50 g	Geranylacetat	20 g
Patchouliöl	30 g	Sandelöl, ostind.	15 g
Lavendelöl	120 g	Ambra, künstl., konkret	15 g
Cedernöl	100 g	Hydroxycitronellal	35 g
Eichenmoos absol.	15 g	Resinoid Tolu	40 g
Cumarin	100 g	Resinoid Tonka	10 g
Heliotropin	25 g	Narcisse, künstl.	5 g
Vanillin	15 g	Jasmin, künstl.	50 g
Ketonmoschus	12 g	Neroli bigar.	30 g
Ambrettemoschus	25 g	Rosenöl, künstl.	75 g

3.

Lavendelöl	230 g
Bergamottöl	75 g
Patchouliöl	45 g
Cumarin	165 g
Vetiveröl Java	50 g
Cedernöl	50 g
Resinoid Eichenmoos	60 g
Ambrettemoschus	20 g
Resinoid Benzoe	40 g
Rose, künstl.	50 g
Neroli, künstl.	20 g
Narcisse, künstl.	8 g
Hydroxycitronellal	50 g
Heliotropin	25 g
Vanillin	6 g
Birkenknospenöl	12 g
Ambra, künstl., konkret	10 g

4.

Lavendelöl	75 g
Cumarin	20 g
Resinoid Tonka	5 g
Jasmin, künstl.	8 g
Neroli bigar.	5 g
Rosenöl, künstl.	12 g
Rosenöl, echt	5 g
Eichenmoos absol.	8 g
Bergamottöl	15 g
Patchouliöl	10 g
Hydroxycitronellal	15 g
Heliotropin	8 g
Vanillin	4 g
Ambrettemoschus	10 g
Resinoid Tolu	20 g
Resinoid Labdanum	10 g

5. Lavendelöl	220 g	
Cumarin	100 g	
Patchouliöl	55 g	
Bergamottöl	180 g	
Sandelöl, ostind.	35 g	
Resinoid Eichenmoos	35 g	
Amylsalicylat	75 g	
Heliotropin	75 g	
Rosenöl, künstl.	75 g	
Vetiveröl Java	50 g	
Ketonmoschus	15 g	
Resinoid Tolu	40 g	
Jasmin, künstl.	15 g	

6. Lavendelöl	350 g
Cumarin	65 g
Patchouliöl	25 g
Vetiveröl Réunion	45 g
Bergamottöl	230 g
Sandelöl, ostind.	25 g
Eichenmoos absol.	22 g
Ketonmoschus	15 g
Ambrettemoschus	10 g
Methyljonon	50 g
Rosenöl, echt	20 g
Resinoid Tolu	25 g
Jasmin Châssis	15 g
Birkenknospenöl	15 g

Vorstehende Fougèrebasen sind nicht ganz roher Art, sondern schon oberflächlich bukettiert, sie können also in dieser Form ohne weiteres für Durchschnittsparfumierungen Verwendung finden, auch als Hauptbasis für feine Extraits und Phantasiekompositionen.

Nachstehend sollen nun einige Hinweise genereller Art zur raffinierteren Bukettierung der Fougèrekompositionen gegeben werden und diese Angaben alsdann durch zahlreiche Beispiele erläutert werden.

In ihrer primitivsten Form können wir die Fougère**basis** in großen Zügen etwa wie folgt skizzieren:

Lavendelöl	20—22 g
Cumarin	10—15 g
Resinoid Eichenmoos	5— 6 g
Patchouliöl	4— 5 g
Vetiveröl	6— 7 g
Bergamottöl (auch mehr)	6— 8 g
Amylsalicylat (eventuell 5 g)	2—3 g
Birkenknospenöl	1—1,5 g
Resinoid Benzoe	3—5 g
Ketonmoschus	2—3 g

Zum Aufbukettieren solcher primitiver Basen kommen, wie bereits kurz erwähnt, zahlreiche Adjuvantien bzw. Kontraste in Frage.

Blumige und frische Kontrastnoten. Hier nehmen die Noten Orangenblüte und Orange (Portugal, Orangenöl bitter und Mandarinenöl) eine wichtige Stelle ein, alsdann die Noten Rose, Jasmin und Tuberose für gewisse elementare blumige Effekte. Viel Frische gibt auch Ylang-Ylang, ebenso kleine Mengen Citronen- oder Verbenaöl, eventuell läßt sich mangelnde Frische sehr gut durch entsprechende Vermehrung der Bergamottölmenge der Basis beheben. Abgesehen von diesen Bukettstoffen mehr elementarer Natur, sind, zur Erzielung gewisser raffinierter Einzelheiten zu nennen Oeillet comp., Nelkenöl, Eugenol, Isoeugenol, Methyleugenol, Methylisoeugenol und speziell für ultra-moderne *Fougères* die Noten Gardenia, Cyclamen, Flieder, Maiglöckchen (Hydroxycitronellal), Lindenblüte u. a.

Wie bei allen grünen Noten ist auch hier Cassieblütenöl von großem Nutzen, ebenso können Iris, Veilchen (Jonon, Methyljonon) und *Violette feuilles* (Methylheptincarbonat usw.) prächtige Details hervorbringen.

In allerletzter Zeit hat sich auch die Note Jonquille-Narcisse zum Bukettieren der Fougèrekompositionen sehr bewährt (natürliche und künstliche Blütenöle, p-Cresolacetat, p-Cresolphenylacetat, Isobutylphenylacetat, Phenyläthylphenylacetat u. a.). Neuerdings wird auch speziell Santalylphenylacetat, ein Riechstoff von Jonquillegeruch mit stark honigartiger Beinote, zum Bukettieren von Fougèrekompositionen empfohlen.

Es versteht sich wohl von selbst, daß die Dosierung der Note Narcisse-Jonquille mit größter Vorsicht zu erfolgen hat und praktisch nur sehr kleine Mengen in Frage kommen. Auch Geißblattkompositionen gestatten es in modernen *Fougères* ganz reizvolle Effekte zu erzielen.

Heliotropin ist ein wichtiges Adjuvans, das die blumige Note des ganzen, in allgemeiner Hinsicht stark betont, ebenso Vanillin in kleineren Mengen, um gewisse vanilleartige Töne des komplexen Aromas wiederzugeben und gleichzeitig die balsamischen Noten zu betonen (ebenso um Ambranoten zu stützen). Auch komplexe Heliotropkompositionen können hier nennenswerte Dienste leisten.

Tonkaresinoid bzw. Tonkatinktur unterstützt die Cumarinwirkung zur Hervorbringung heuartiger Töne (Foin Coupénote).

Als nützlich sei hier auch Anisaldehyd erwähnt, ebenso die Note Mimosa (echte und künstliche Blütenöle, p-Methylacetophenon usw.), die ebenfalls von Nutzen sein kann.

In vielen Fällen interveniert hier auch die Note *Trèfle* (Klee) in Form von *Trèfle comp.* oder Amylsalicylat mit Erfolg, in kleinen Mengen sind Klee-Effekte fast obligatorisch, in größeren Mengen nur bei *Fougères* spezieller Tonalität, absolut obligatorisch sind massive Dosen von Amylsalicylat bzw. *Trèfle comp.* bei Fougèrekompositionen für Seife.

Adjuvantien spezieller Art. Die Noten *Chypre*, *Foin Coupé*, *Bruyère*, Indische Blumen, *Mousseline*, Vetiverbuketts, *Peau d'Espagne*, Sandelbuketts u. a. spielen hier beim Bukettieren von *Fougères* oft eine bedeutende Rolle, namentlich bei reinen Phantasiekompositionen, die den Fougèretyp als Grundlage aufweisen. Ebenso wichtig sind Ambranoten, in Form von künstlicher Ambra oder Ambrabuketts (*Ambre Royal* usw.) zur Erzielung raffinierter Effekte, desgleichen geschickte Verwendung von Fettaldehyden, wie Laurinaldehyd, Methyl-Nonylacetaldehyd u. a.

Wichtig sind in analoger Weise rein balsamische Noten, die durch Balsamresinoide (Tolu, Benzoe, Oliban usw.) erhalten werden, wodurch gleichzeitig kräftig fixierende Wirkung des Ganzen erzielt wird, die durch kräftige Moschuseffekte (Tonkinmoschus und künstliche Moschusarten) erheblich gefördert wird.

In sehr kleinen Dosen können auch Fichtennadelöle verwendet werden, um gewisse Coniferennoten zu erhalten. Vorsichtigste Dosierung ist selbstverständlich am Platze, um terpentinartigen Nachgeruch des Ganzen zu verhindern.

Thymianöl verstärkt in glücklicher Weise die krautige Note, Estragonöl und Pfefferöl geben gewürzhafte Töne feinster Wirkung. Zu ähnlichem

Zweck wird auch Ingweröl und Angelikaöl empfohlen. Sauge sclaréeöl (Muskateller Salbeiöl) gibt, wie bereits erwähnt, reizvoll-originelle, sehr feine Effekte, die jene des Lavendelöls besonders unterstützen und dem Ganzen ein eigenartiges Gepräge verleihen.

Essences surfines.

Fougère A

Lavendelöl	150 g
Cumarin	100 g
Rosenöl, künstl.	220 g
Anisaldehyd	25 g
Heliotropin	25 g
Vanillin	15 g
Bergamottöl	75 g
Eichenmoos absol.	12 g
Geraniumöl, franz.	20 g
Patchouliöl	20 g
Vetiveröl Java	25 g
Citronenöl	10 g
Mandarinenöl	5 g
Thymianöl	15 g
Petitgrainöl	15 g
Estragonöl	6 g
Rosenöl, echt	8 g
Jasmin absol., nat.	13 g
Jonquille absol., nat.	5 g
Hydroxycitronellal	35 g
Narcisse, künstl.	5 g
Ambra, künstl., konkret	12 g
Sandelöl, ostind.	25 g
Santalylphenylacetat	10 g
Cedernöl	35 g
Resinoid Tulo	25 g
Resinoid Benzoe	55 g
Resinoid Tonka	15 g
Ketomoschus	20 g
Ambrettemoschus	10 g
Birkenknospenöl	15 g

Fougère B

Lavendelöl	75 g
Cumarin	50 g
Bergamottöl	40 g
Jasmin, künstl.	10 g
Ketonmoschus	8 g
Neroli, künstl.	10 g
Estragonöl	0,5 g
Patchouliöl	10 g
Vetiveröl Réunion	15 g
Birkenknospenöl	7 g
Sauge sclaréeöl	13 g
Eichenmoos absol.	8 g
Ylang-Ylang Manila	8 g
Resinoid Benzoe	20 g
Resinoid Labdanum	5 g
Resinoid Opoponax	5 g
Rosenöl, echt	10 g
Amylsalicylat	8 g
Rosenöl, künstl.	40 g
Heliotropin	15 g
Vanillin	4 g
Sandelöl, ostind.	10 g
Hydroxycitronellal	10 g
Narcisse, künstl.	1,5 g
Oeillet comp.	15 g
Citronenöl	5 g
Mandarinenöl	3 g
Santalylphenylacetat	2,5 g
Jasmin absol., nat.	10 g
Jonquille absol., nat.	2 g
Orangenblüte absol., nat.	1 g
Cassie absol., nat.	2 g

Fougère C

Lavendelöl	180 g
Cumarin	140 g
Thymianöl	25 g
Bergamottöl	75 g
Resinoid Tonka	20 g
Patchouliöl	40 g
Sauge sclarée	25 g
Vetiveröl Java	65 g
Rosenöl, echt	25 g
Rose, künstl.	75 g
Neroli bigar.	20 g
Hydroxycitronellal	55 g
Ylang-Ylang Manila	15 g
Heliotropin	25 g
Vanillin	6 g
Ambrettemoschus	15 g
Ketonmoschus	8 g
Jasmin, künstl.	75 g
Jasmin absol., nat.	25 g
Jonquille absol., nat.	5 g
Resinoid Eichenmoos	75 g
Resinoid Benzoe	35 g
Resinoid Tolu	20 g
Resinoid Labdanum	30 g

Fougère D

Lavendelöl	250 g	Sandelöl, ostind.	50 g
Resinoid Lavendel	125 g	Irisöl, konkret	3 g
Bergamottöl	225 g	Rosenöl, künstl.	50 g
Cumarin	75 g	Methyljonon	35 g
Resinoid Tonka	15 g	Jonon	10 g
Patchouliöl	35 g	Amylsalicylat	15 g
Eichenmoos absol.	15 g	Resinoid Tolu	25 g
Vetiveröl Java	60 g	Resinoid Opoponax	10 g
Rosenöl, echt	15 g	Resinoid Labdanum	10 g
Jasmin absol., nat.	12 g	Heliotropin	25 g
Orangenblüte absol., nat.	3 g	Vanillin	5 g
Ketonmoschus	25 g		

Fougère E

Lavendelöl	100 g	Geranylacetat	15 g
Bergamottöl	35 g	Geranylbutyrat	5 g
Thymianöl	15 g	Linalylbutyrat	5 g
Cumarin	150 g	Vanillin	8 g
Resinoid Tonka	30 g	Resinoid Eichenmoos	55 g
Neroli, künstl.	30 g	Jasmin, künstl.	25 g
Patchouliöl	27 g	Ambrettemoschus	15 g
Estragonöl	4 g	Narcisse, künstl.	3 g
Birkenknospenöl	35 g	Santalylphenylacetat	5 g
Ylang-Ylangöl Manila	15 g	Ambra, künstl., konkret	15 g
Sauge sclaréeöl	20 g	Resinoid Tolu	25 g
Vetiveröl Java	18 g	Resinoid Opoponax	8 g
Rosenöl, echt	12 g	Isobutylcinnamat	4 g
Rose, künstl.	75 g	Oeillet comp.	6 g
Heliotropin	30 g		

Fougère F

Lavendelöl	110 g	Resinoid Eichenmoos	75 g
Resinoid Lavendel	40 g	Rosenöl, echt	15 g
Cumarin	100 g	Rose, künstl.	75 g
Resinoid Tonka	25 g	Estragonöl	5 g
Heliotropin	25 g	Sauge sclaréeöl	15 g
Vanillin	6 g	Neroliöl bigar.	15 g
Ketonmoschus	20 g	Jasmin, künstl.	50 g
Ambrettemoschus	10 g	Resinoid Tolu	35 g
Bergamottöl	120 g	Resinoid Labdanum	10 g
Vetiveröl Réunion	45 g	Citronenöl	5 g
Cedernöl	100 g	Nelkenöl	5 g
Patchouliöl	35 g	Mandarinenöl	3 g
Sandelöl, ostind.	32 g	Heliotrop comp.	25 g
Birkenknospenöl	20 g	Verbenaöl, franz.	5 g
Amylsalicylat	15 g	Jasmin absol., nat.	12 g
Hydroxycitronellal	32 g	Jonquille absol., nat.	5 g
Oeillet comp.	18 g	Cassie absol., nat.	3 g

Fougère Royale

Lavendelöl	325 g	Amylsalicylat	45 g
Resinoid Lavendel	30 g	Jasmin absol., nat.	15 g
Sauge sclaréeöl	20 g	Tuberose absol., nat.	5 g
Cumarin	125 g	Jonquille absol., nat.	5 g
Resinoid Tonka	25 g	Resinoid Tolu	50 g
Vetiveröl Java	65 g	Resinoid Opoponax	10 g
Angelikaöl (Wurzel)	15 g	Resinoid Labdanum	10 g
Patchouliöl	45 g	Jasmin, künstl.	25 g
Eichenmoos absol.	40 g	Hydroxycitronellal	15 g
Ketonmoschus	25 g	Geißblatt, künstl.	10 g
Ambrettemoschus	20 g	Santalylphenylacetat	5 g
Bergamottöl	250 g	Heliotropin	30 g
Methyljonon	75 g	Vanillin	6 g
Sandelöl, ostind.	50 g	Santalylacetat	10 g
Rosenöl, echt	20 g	Resinoid Castoreum	1 g
Estragonöl	12 g	Ambra, künstl., konkret	15 g

Fougèrekompositionen für Seife.

1. Lavendelöl	120 g	2. Lavendelöl	175 g
Spiköl	30 g	Spiköl	35 g
Patchouliöl	50 g	Resinoid Eichenmoos	45 g
Cumarin	80 g	Cumarin	60 g
Heliotropin	15 g	Sandelöl, ostind.	35 g
Xylolmoschus	10 g	Bergamottöl	125 g
Ambrettemoschus	5 g	Patchouliöl	35 g
Geraniumöl, afrik.	25 g	Amylsalicylat	75 g
Terpineol	220 g	Vetiveröl	25 g
Cedernöl	75 g	Cedernöl	225 g
Vetiveröl Réunion	60 g	Geraniol	125 g
Rosenöl, künstl.	125 g	Xylolmoschus	25 g
p-Methylacetophenon	25 g	Geranium Réunion	100 g
Bergamottöl	75 g	Heliotropin	25 g
Amylsalicylat	50 g	Methylanthranilat	5 g
Resinoid Sumatra	45 g	Resinoid Sumatra	65 g
Resinoid Eichenmoos	40 g		
Resinoid Labdanum	10 g		

3. Lavendelöl	150 g	4. Bergamottöl	50 g
Spiköl	50 g	Lavendelöl	150 g
Thymianöl	20 g	Spiköl	50 g
Geraniumöl, afrik.	75 g	Cumarin	75 g
Cumarin	50 g	Heliotropin	20 g
Geraniol	75 g	Xylolmoschus	10 g
Resinoid Eichenmoos	30 g	Ambrettemoschus	10 g
Patchouliöl	22 g	Cedernöl	75 g
Xylolmoschus	20 g	Linaloeöl	80 g
Bergamottöl	145 g	Petitgrainöl Paraguay	80 g
Cedernöl	200 g	Methylanthranilat	2 g
Amylsalicylat	125 g	Sandelöl, ostind.	25 g
Vetiveröl Réunion	30 g	Vetiveröl Réunion	50 g
Terpineol	75 g	Resinoid Eichenmoos	80 g
Heliotropin	25 g	Patchouliöl	32 g
Resinoid Sumatra	60 g	Geraniumöl, afrik.	50 g
Oeillet S. comp.	15 g	Rosenöl, künstl.	50 g
Sandelöl, ostind.	15 g	Jasmin, künstl.	30 g
Citronenöl	10 g	Neroli, künstl.	15 g
		Resinoid Sumatra	30 g
		Resinoid Tolu	20 g
		Resinoid Labdanum	10 g
		Amylsalicylat	75 g

5. Bergamottöl .... 50 g
Lavendelöl............ 200 g
Spiköl................ 50 g
Thymianöl .... 25 g
Resinoid Eichenmoos .. 60 g
Patchouliöl .... 45 g
Vetiveröl .... 75 g
Cumarin .... 75 g
Heliotropin .... 15 g
Cedernöl.............. 80 g
Rosenöl, künstl. ...... 60 g
Neroli, künstl. .... 50 g
Amylsalicylat .... 75 g
Xylolmoschus .... 10 g
Ambrettemoschus ..... 10 g
Resinoid Sumatra ..... 55 g
Resinoid Tolu......... 20 g
Hydroxycitronellal II .. 35 g
Narcisse, künstl. ...... 5 g
Citronenöl .... 15 g
Nelkenöl .... 15 g
Portugalöl .... 10 g

6. Lavendelöl............ 180 g
Spiköl................ 40 g
Thymianöl .... 25 g
Cumarin .... 120 g
Patchouliöl .... 45 g
Bergamottöl .... 60 g
Vetiveröl .... 75 g
Birkenknospenöl....... 30 g
Linaloeöl .... 75 g
Resinoid Eichenmoos .. 75 g
Cedernöl.............. 50 g
Jasmin, künstl. .... 120 g
Neroli, künstl. .... 40 g
p-Methylacetophenon .. 15 g
Hydroxycitronellal II .. 25 g
Heliotropin .... 25 g
Santalylphenylacetat... 15 g
Vanillin .... 5 g
Xylolmoschus .... 15 g
Resinoid Tolu......... 20 g
Resinoid Sumatra ..... 40 g
Resinoid Labdanum ... 10 g
Sandelöl, ostind. ...... 15 g
Amylsalicylat .... 60 g

7. Cumarin .... 90 g
Patchouliöl .... 42 g
Vetiveröl .... 30 g
Heliotropin .... 25 g
Vanillin .... 5 g
Bergamottöl .... 80 g
Lavendelöl............ 200 g
Resinoid Eichenmoos .. 75 g
Cedernöl.............. 100 g
Sandelöl, westind...... 150 g
Sandelöl, ostind. ...... 25 g
Birkenknospenöl....... 20 g
Geraniumöl, afrik. .... 50 g
Jasmin, künstl. .... 50 g
Neroli, künstl. .... 25 g
Rose, künstl. .... 75 g
Amylsalicylat .... 50 g
Citronenöl .... 25 g
Nelkenöl .... 15 g
Orangenöl, bitter...... 10 g
Resinoid Labdanum ... 15 g
Resinoid Sumatra ..... 60 g
Xylolmoschus .... 12 g
Ambrettemoschus ..... 10 g

8. Lavendelöl............ 100 g
Spiköl................ 35 g
Resinoid Eichenmoos .. 35 g
Bergamottöl .... 65 g
Estragonöl .... 2 g
Geraniol .... 50 g
Birkenknospenöl....... 8 g
Vetiveröl .... 75 g
Cumarin .... 75 g
Patchouliöl .... 25 g
Amylsalicylat .... 25 g
Heliotropin .... 20 g
Linaloeöl .... 30 g
Vanillin .... 5 g
Xylolmoschus .... 12 g
Nelkenöl .... 10 g
Citronenöl .... 10 g
Resinoid Sumatra ..... 40 g
Resinoid Labdanum ... 15 g
Lemongrasöl .... 10 g
Phenyläthylalkohol .... 30 g
Jasmin, künstl. .... 25 g
Neroli, künstl. .... 15 g

9. Resinoid Eichenmoos .. 30 g
Cedernöl.............. 250 g
Vetiveröl .... 25 g
Patchouliöl .... 30 g
Lavendelöl............ 75 g
Spiköl................ 25 g
Cumarin .... 100 g
Heliotropin .... 50 g
Amylsalicylat .... 60 g
Rosenöl, künstl. ...... 50 g
Jasmin, künstl............ 40 g
Neroli, künstl............ 20 g
Hydroxycitronellal II ..... 25 g
Oeillet comp............. 15 g
Narcisse, künstl.......... 5 g
Xylolmoschus .... 12 g
Resinoid Sumatra......... 50 g
Resinoid Labdanum ...... 10 g
Sandelöl, ostind........... 15 g

Fougère-Extraits.

Fougère Royale

Eichenmoos absol.	12 g	Vanillin	4 g
Cumarin	35 g	Ambrettemoschus	8 g
Rosenöl, echt	8 g	Ketonmoschus	8 g
Bergamottöl	22 g	Ambra, künstl., konkret	12 g
Lavendelöl	30 g	Narcisse comp.	1,5 g
Sandelöl, ostind.	20 g	Jasmin absol., nat.	6 g
Estragonöl	4 g	Orangenblüte absol., nat.	2 g
Birkenknospenöl	6 g	Jonquille absol., nat.	3 g
Patchouliöl	20 g	Moschustinktur	50 g
Neroli bigar.	5 g	Ambratinktur	20 g
Vetiveröl Java	32 g	Zibettinktur	15 g
Mandarinenöl	2 g	Vanilletinktur	60 g
Citronenöl	5 g	Tonkatinktur	100 g
Oeillet comp.	5 g	Resinoid Tolu	20 g
Cyclamen comp.	6 g	Resinoid Opoponax	5 g
Chèvrefeuille comp.	7 g	Alkohol	2 l
Heliotropin	10 g		

Fougère des Bois

Eichenmoos absol.	10 g	Ambrettemoschus	15 g
Amylsalicylat	8 g	Ketonmoschus	8 g
Cumarin	40 g	Resinoid Tolu	25 g
Resinoid Tonka	10 g	Sandelöl, ostind.	10 g
Rosenöl, echt	7 g	Jasmin absol., nat.	5 g
Heliotropin	10 g	Rose absol., nat.	6 g
Vanillin	4 g	Jonquille absol., nat.	3 g
Estragonöl	4 g	Cassie absol., nat.	2 g
Vetiveröl Java	30 g	Moschustinktur	60 g
Patchouliöl	12 g	Ambratinktur	15 g
Lavendelöl	60 g	Vanilletinktur	50 g
Bergamottöl	40 g	Tonkatinktur	100 g
Neroli bigar.	15 g	Resinoid Labdanum	8 g
Mandarinenöl	2 g	Alkohol	2 l

Fougère d'Espagne

Eichenmoos absol.	6 g	Resinoid Tolu	15 g
Lavendelöl	25 g	Resinoid Labdanum	5 g
Bergamottöl	15 g	Ambra, künstl., konkret	8 g
Patchouliöl	5 g	Jasmin absol., nat.	3 g
Amylsalicylat	6 g	Rose absol., nat.	4 g
Vetiveröl Java	4 g	Jonquille absol., nat.	2 g
Resinoid Tonka	5 g	Orangenblüte absol., nat.	2 g
Cumarin	30 g	Cassie absol., nat.	2 g
Heliotropin	8 g	Tonkatinktur	150 g
Vanillin	3 g	Vanilletinktur	50 g
Ketonmoschus	5 g	Moschustinktur	1,5 g
Neroli bigar.	5 g	Santalylphenylacetat	3 g
Rosenöl, echt	4 g	Labdanumharzöl	2 g
Birkenknospenöl	3 g	Oeillet comp.	6 g
Estragonöl	2 g	Alkohol	1,5 l
Sauge sclaréeöl	6 g		

Fougère des Landes

Eichenmoos absol.	12 g
Bergamottöl	60 g
Lavendelöl	100 g
Vetiveröl Réunion	32 g
Estragonöl	5 g
Patchouliöl	16 g
Birkenknospenöl	6 g
Neroli bigar.	8 g
Sandelöl, ostind.	15 g
Cumarin	35 g
Heliotropin	8 g
Vanillin	3 g
Rosenöl, echt	6 g
Oeillet comp.	6 g
Hydroxycitronellal	5 g
Citronenöl	5 g
Mandarinenöl	2 g
Ketonmoschus	8 g
Ambra, künstl., konkret	10 g
p-Methylacetophenon	3 g
Amylsalicylat	6 g
Ylang-Ylangöl Manila	4 g
Jasmin, künstl.	5 g
Sauge sclaréeöl	8 g
Jasmin absol., nat.	3 g
Orangenblüte absol., nat.	2 g
Jonquille absol., nat.	3 g
Rose absol., nat.	5 g
Cassie absol., nat.	2 g
Moschustinktur	50 g
Vanilletinktur	60 g
Tonkatinktur	100 g
Alhkool	2 l

Fougère

Eichenmoos absol.	6 g
Amylsalicylat	12 g
Anisaldehyd	4 g
Verbenaöl, franz.	0,6 g
Vetiveröl Java	3 g
Patchouliöl	8 g
Lavendelöl	12 g
Bergamottöl	8 g
Cumarin	12 g
Citronenöl	2 g
Orangenöl, bitter	2 g
Thymianöl	0,5 g
Methylsalicylat	0,5 g
Santalylphenylacetat	1 g
Heliotropin	6 g
Vanillin	2 g
Neroli bigar.	2 g
Ketonmoschus	4 g
Ambrettemoschus	4 g
Jasmin absol., nat.	2 g
Orangenblüte absol., nat.	2 g
Tuberose absol., nat.	1 g
Jonquille absol., nat.	1,5 g
Rose absol., nat.	3 g
Moschustinktur	30 g
Ambratinktur	15 g
Tonkatinktur	150 g
Vanilletinktur	60 g
Resinoid Tolu	8 g
Resinoid Opoponax	3 g
Resinoid Styrax	3 g
Sandelöl, ostind.	4 g
Estragonöl	0,5 g
Sauge sclaréeöl	5 g
Alkohol	1,2 l

Chypre.

Diese in der modernen Parfumerie eminent wichtige Note besitzt, obwohl in gewisser Beziehung enger umschrieben, ausgesprochenen Phantasiecharakter und läßt deren Komposition der persönlichen Initiative des Fachmannes weitesten Spielraum. Ebenso wie *Fougère* und andere Noten dieser Art ist auch Chypre in seiner Auffassung der Mode unterworfen und haben sich in heutiger Zeit jene generellen Unterschiede, die man früher zwischen Chypre französischer und englischer Auffassung in gewisser Beziehung zu machen berechtigt war, so gut wie ganz verwischt.

Die modernen Chypres sind kunstvoll komponierte Parfums, oft recht verschiedenen Charakters, deren Grundton mit jenem der *Fougères* eine gewisse Analogie aufweist und eo ipso auch mit anderen grünen Noten dieser Art.

So kommen auch bei Chypre, wie bei *Fougère*, z. B. Eichenmoosnoten in Betracht, die bei Chypre aber viel stärker hervorzuheben sind. Ebenso tritt bei Chypre als für das Ensemble wesentlich die Sandelölnote, die bei *Fougère* nur schwach zur Anwendung gelangt, viel stärker hervor, well bei Chypre die Sandelnote eine wesentliche Note der Gesamttonalität, also in genügender Intensität absolut obligatorisch ist, während Sandelöl bei *Fougère* nur fakultativ zur Anwendung kommen kann und, wie erwähnt, niemals in den Vordergrund treten darf. Bei Chypre fehlen die kräftigen Lavendeleffekte, die für *Fougère* obligatorisch sind, vollkommen, ebenso treten bei Chypre Vetivereffekte in den Hintergrund, die bei *Fougère* wieder eine wesentlichere Rolle spielen. Wie oben bereits erwähnt, ist Eichenmoos eine der absolut charakteristischen Hauptnoten bei Chypre, während der Eichenmoosgeruch bei *Fougère* viel mehr in den Hintergrund zu treten hat. Patchouli- und Cumarinnoten sind hier ebenfalls obligatorisch und kommen in wechselnder Intensität zur Anwendung. Sehr wichtig ist auch, selbst bei primitiven Chyprebasen, die Mitverwendung größerer Mengen Bergamottöls.

Ebenso wie die Fougèrenote wird Chypre als mehr oder minder wesentlichste Basis von Phantasieparfums ganz außerordentlich häufig herangezogen, es soll also auch diese wertvolle Note als wichtiger, vielleicht wichtigster Faktor bei Herstellung modernster Phantasiekompositionen entsprechend ausführliche Besprechung erfahren.

Wie bereits kurz erwähnt, bildet die Hauptnote für Chypre ein Gemisch von Eichenmoos, Sandelöl ostindisch, Patchouliöl, Cumarin und Vetiveröl, das durch größere Mengen Bergamottöl abgerundet, als primitivste Form eines Chypre anzusehen ist.

Skelett der Note Chypre.

Cumarin	30 g
Sandelöl, ostind.	15 g
Patchouliöl	15 g
Eichenmoos absol.	15 g
Vetiveröl	10 g
Bergamottöl	60 g

In zwei weiteren Modifikationen läßt sich dieses Skelett der Note Chypre auch wie folgt darstellen:

1.

Cumarin	20 g
Resinoid Eichenmoos	30 g
Sandelöl, ostind.	15 g
Patchouliöl	15 g
Vetiveröl	10 g
Bergamottöl	50 g
Estragonöl	2 g
Resinoid Labdanum	3 g

2.

Bergamottöl	30 g
Eichenmoos absol.	5 g
Patchouliöl	3 g
Sandelöl, ostind.	10 g
Vetiveröl	10 g
Cumarin	10 g

Eine solche Chypre**basis** primitivster Art wird alsdann durch geeignete Adjuvantien bzw. Kontraste entsprechend bukettiert. Von blumigen Bukettstoffen ist in allererster Linie **Rose** zu nennen, und werden fast stets **sehr kräftige** Roseneffekte nötig. Es folgen alsdann Jasmin, Orangenblüte, Iris, Veilchen (Jonon, Methyljonon) u. a.

Sehr originelle Tönungen erreicht man durch Zusatz von Estragon, *Sauge sclarée* u. a., kräftige balsamische Noten (Labdanum, künstl. Ambra, Tolu usw.) sind wichtig und nötig, ebenso diskrete Vanillenoten.

Auch besonders kräftige Moschustöne sind bei Chypres beliebt. Zu beachten ist hier, daß speziell das Eichenmoos, wie auch andere Bestandteile der komplexen Gamme Chypre, den Moschusgeruch stark hervorheben. Dies bezieht sich ganz besonders auf Tonkinmoschus, aber auch in gewisser Beziehung auch auf die künstlichen Moschusarten. Castoreum in Form von Tinktur oder Resinoid gibt den Chypres ein ganz besonderes Cachet, namentlich bei gleichzeitiger Mitverwendung ambraartiger (balsamischer) Effekte wie insbesonders künstliche Ambrasorten des Handels *(Chypre ambré)*.

Auch frische Noten, wie Orange, Citron, Verbena, Mandarine, Essbukett, *Eau de Cologne* usw., geben schöne, originelle Wirkungen, abgesehen von dem schon in primitiven Chyprebasen zur Verwendung kommenden Bergamottöl.

Von anderen Adjuvantien seien erwähnt: Heliotropin, Isoeugenol, Vanillin, Ylang-Ylang, Macisöl, Lavendelöl, Santalylacetat, Santalylphenylacetat, Hydroxycitronellal (sehr kleine Mengen!), Linalool, Lilas comp., Muguet comp., Oeillet comp., Chèvrefeuille comp., Narcisse comp. und andere, besonders wichtig sind aber, wie bereits erwähnt, kräftige Rosennoten.

Amylsalicylat wird ebenfalls fast regelmäßig bei Chypres mitherangezogen, doch geht seine Verwendung nicht über jene eines Kontrastes in kleinen Mengen hinaus, mit Ausnahme der Seifenchypres, bei denen fast stets kräftigere Amylsalicylateffekte nötig werden.

Unter Zugrundelegung unserer vorstehenden Ausführungen können wir also den primitiven Ausbau des Chypreskeletts wie folgt skizzieren:

Skizze einer Chyprebasis.

Cumarin	30 g	Rosenöl, echt	5 g
Sandelöl, ostind.	15 g	Jasmin, künstl.	10 g
Eichenmoos absol.	15 g	Ambrettemoschus	15 g
Patchouliöl	15 g	Ketonmoschus	5 g
Vetiveröl	10 g	Resinoid Tolu	20 g
Bergamottöl	60 g	Resinoid Labdanum	10 g
Rosenöl, künstl.	25 g	Vanillin	3 g

Diese Skizze gibt gute Mittelwerte orientierender Art. Nachstehend bringen wir eine Reihe von Vorschriften für

Chyprebasen.

1.	Bergamottöl	80 g	Heliotropin	6 g
	Cumarin	20 g	Rosenöl, künstl.	18 g
	Resinoid Tonka	12 g	Rosenöl, echt	1 g
	Resinoid Eichenmoos	25 g	Neroli bigar.	3 g
	Patchouliöl	12 g	Ambrettemoschus	10 g
	Cedernöl	60 g	Ketonmoschus	4 g
	Sandelöl, ostind.	20 g	Resinoid Labdanum	5 g
	Vetiveröl Réunion	10 g	Resinoid Tolu	25 g
	Vanillin	5 g	Irisöl, konkret	0,8 g

2.	Eichenmoos absol.	50 g
	Ambrettemoschus	25 g
	Ketonmoschus	10 g
	Patchouliöl	22 g
	Vetiveröl Java	12 g
	Bergamottöl	600 g
	Sandelöl, ostind.	72 g
	Rosenöl, echt	8 g
	Rosenöl, künstl.	100 g
	Orangenöl, bitter	3 g
	Portugalöl	3 g
	Irisöl, konkret	2 g
	Cumarin	75 g
	Vanillin	10 g
	Sauge scláréeöl	15 g
	Estragonöl	2 g
	Ambra, künstl., konkret	15 g

3.	Eichenmoos, absol.	40 g
	Cumarin	40 g
	Heliotropin	20 g
	Vanillin	8 g
	Linaloeöl	175 g
	Bergamottöl	110 g
	Rosenöl, künstl.	50 g
	Rosenöl, echt	15 g
	Sandelöl, ostind.	85 g
	Cedernöl	75 g
	Patchouliöl	22 g
	Vetiveröl Réunion	50 g
	Amylsalicylat	10 g
	Moschuskörneröl	15 g
	Ambrettemoschus	25 g
	Ketonmoschus	10 g
	Resinoid Labdanum	15 g
	Resinoid Tolu	25 g

4.	Cumarin	30 g
	Eichenmoos absol.	15 g
	Patchouliöl	15 g
	Vetiveröl Java	12 g
	Sandelöl, ostind.	16 g
	Bergamottöl	60 g
	Sandelöl, westind.	80 g
	Cedernöl	80 g
	Vanillin	10 g
	Ambrettemoschus	12 g
	Ketonmoschus	8 g
	Rosenöl, künstl.	25 g
	Rosenöl, echt	5 g
	Ambra, künstl., konkr.	8 g
	Resinoid Tonka	5 g
	Resinoid Tolu	15 g
	Resinoid Labdanum	8 g
	Resinoid Castoreum	0,3 g

5.	Eichenmoos absol.	50 g
	Amylsalicylat	8 g
	Lavendelöl	15 g
	Bergamottöl	175 g
	Sauge scláréeöl	15 g
	Cumarin	60 g
	Heliotropin	30 g
	Vanillin	15 g
	Patchouliöl	65 g
	Resinoid Labdanum	15 g
	Orangenöl, bitter	10 g
	Portugal	50 g
	Rosenöl, künstl.	85 g
	Rosenöl, echt	5 g
	Neroli bigar.	50 g
	Jasmin, künstl.	80 g
	Estragonöl	1 g
	Sandelöl, ostind.	55 g
	Ambrettemoschus	25 g
	Ketonmoschus	10 g
	Resinoid Tolu	25 g

Essences fines.

1.	Eichenmoos absol.	18 g
	Cumarin	31 g
	Cedernöl	40 g
	Vanillin	12 g
	Sandelöl, ostind.	18 g
	Patchouliöl	16 g
	Vetiveröl Java	10 g
	Bergamottöl	60 g
	Rosenöl, echt	5 g
	Rosenöl, künstl.	25 g
	Ketonmoschus	8 g
	Ambrettemoschus	12 g
	Heliotropin	10 g
	Portugalöl	5 g
	Mandarinenöl	2 g
	Neroli, künstl.	12 g
	Jasmin, künstl.	22 g
	Moschuskörneröl	5 g
	Thymianöl	5 g
	Estragonöl	0,5 g
	Jasmin absol., nat.	2 g
	Rose absol., nat.	2 g
	Tuberose absol., nat.	3 g
	Cassie absol., nat.	0,5 g
	Resinoid Tonka	5 g
	Resinoid Tolu	15 g
	Resinoid Labdanum	6 g
	Resinoid Castoreum	0,3 g
	Sauge scláréeöl	12 g
	Irisöl, konkret	2,5 g
	Resinoid Opoponax	5 g
	Labdanumharzöl	3 g

2.

Eichenmoos absol., nat.	20 g	Jasmin, künstl.	25 g
Cumarin	30 g	Portugalöl	10 g
Resinoid Tonka	5 g	Resinoid Tolu	20 g
Vanillin	10 g	Resinoid Labdanum	8 g
Patchouliöl	15 g	Ambra, künstl., konkret	12 g
Sandelöl, ostind.	20 g	Amylsalicylat	8 g
Vetiveröl Réunion	12 g	Sauge sclaréeöl	25 g
Bergamottöl	75 g	Oeillet comp.	15 g
Heliotropin	15 g	Jasmin absol., nat.	5 g
Ambrettemoschus	20 g	Rose absol., nat.	10 g
Ketonmoschus	5 g	Tuberose absol., nat.	3 g
Sandelöl, westind.	35 g	Orangenblüte, absol., nat.	3 g
Rosenöl, echt	5 g	Jonquille absol., nat.	1 g
Rosenöl, künstl.	20 g		

3.

Bergamottöl	140 g	Vanillin	5 g
Jasmin, künstl.	20 g	Heliotropin	10 g
Rose, künstl.	50 g	Nelkenöl	7 g
Rosenöl, echt	10 g	Ketonmoschus	12 g
Irisöl, konkret	0,8 g	Resinoid Opoponax	20 g
Sandelöl, ostind.	28 g	Resinoid Labdanum	5 g
Ambra, künstl., flüss.	18 g	Vetiveröl Java	15 g
Patchouliöl	8 g	Amylsalicylat	10 g
Resinoid Eichenmoos	25 g	Jasmin, künstl.	15 g
Cumarin	15 g	Estragonöl	1,5 g

Chypre

Eichenmoos absol.	45 g
Bergamottöl	245 g
Sandelöl, ostind.	80 g
Vetiveröl Java	50 g
Cumarin	80 g
Rosenöl, echt	10 g
Resinoid Tonka	8 g
Resinoid Castoreum	1,5 g
Resinoid Labdanum	25 g
Labdanumharzöl	5 g
Estragonöl	10 g
Ketonmoschus	25 g
Ambrettemoschus	20 g
Heliotropin	35 g
Vanillin	15 g
Sauge sclaréeöl	25 g
Neroli bigar.	12 g
Resinoid Lavendel	12 g
Patchouliöl	25 g
Resinoid Patchouli	6 g
Jasmin absol., nat.	20 g
Jasmin, künstl.	20 g
Rosenöl, künstl.	30 g
Oeillet comp.	30 g
Amylsalicylat	12 g
Methyljonon	55 g
Linalool	40 g
Resinoid Girofles	5 g

Chypre Royal

Eichenmoos absol.	65 g
Cumarin	100 g
Resinoid Tonka	10 g
Sandelöl, ostind.	75 g
Patchouliöl	25 g
Bergamottöl	250 g
Vetiveröl Java	50 g
Rosenöl, echt	15 g
Rosenöl, künstl.	55 g
Estragonöl	15 g
Jasmin, künstl.	45 g
Jasmin absol., nat.	20 g
Sauge sclaréeöl	25 g
Ambrettemoschus	20 g
Ketonmoschus	20 g
Resinoid Lavendel	10 g
Angelikaöl (Wurzel)	3 g
Resinoid Labdanum	15 g
Labdanumharzöl	8 g
Amylsalicylat	10 g
Methyljonon	45 g
Heliotropin	30 g
Vanillin	12 g
Resinoid Tolu	40 g
Ylang-Ylangöl Manila	15 g
Ingweröl	3 g
Muguet comp.	12 g
Oeillet comp.	15 g

Chyprekompositionen für Seife.

1. Bergamottöl	200 g	2. Amylsalicylat	150 g
Patchouliöl	65 g	Cumarin	75 g
Sandelöl, ostind.	90 g	Patchouliöl	35 g
Vetiveröl Réunion	65 g	Sandelöl, ostind.	50 g
Resinoid Eichenmoos	110 g	Heliotropin	80 g
Cumarin	100 g	Resinoid Eichenmoos	60 g
Geraniumöl, afrik.	85 g	Bergamottöl	200 g
Linaloeöl	80 g	Vetiveröl Réunion	50 g
Petitgrainöl	50 g	Geraniumöl, afrik.	75 g
Amylsalicylat	50 g	Rosenöl, künstl.	50 g
Heliotropin	80 g	Lavendelöl	50 g
Xylolmoschus	25 g	Neroliöl, künstl.	25 g
Ambrettemoschus	20 g	Thymianöl	20 g
Canangaöl	75 g	Resinoid Sumatra	80 g
Ylang-Ylangöl Réunion	20 g	Cedernöl	150 g
Resinoid Lavendel	25 g	Xylolmoschus	30 g
Nelkenöl	25 g	Ambrettemoschus	15 g
Resinoid Sumatra	75 g	Resinoid Labdanum	15 g
Resinoid Labdanum	15 g	Jasmin, künstl.	25 g
		Nelkenöl	15 g

---

3. Bergamottöl	135 g	Terpineol	150 g
Cedernöl	250 g	Lavendelöl	25 g
Cumarin	75 g	Spiköl	25 g
Patchouliöl	25 g	Resinoid Sumatra	80 g
Sandelöl, ostind.	30 g	Resinoid Labdanum	10 g
Vetiveröl Réunion	35 g	Nelkenöl	15 g
Resinoid Eichenmoos	40 g	Xylolmoschus	25 g
Amylsalicylat	155 g	Heliotropin	50 g

4. Bergamottöl	150 g	5. Bergamottöl	120 g
Spiköl	50 g	Resinoid Eichenmoos	60 g
Cedernöl	50 g	Patchouliöl	50 g
Thymianöl	10 g	Sandelöl, ostind.	100 g
Resinoid Eichenmoos	25 g	Vetiveröl Réunion	100 g
Sandelöl, ostind.	60 g	Phenyläthylalkohol	200 g
Cumarin	100 g	Citronellol	200 g
Patchouliöl	50 g	Methylanthranilat	8 g
Amylsalicylat	75 g	Xylolmoschus	25 g
Xylolmoschus	12 g	Ambrettemoschus	15 g
Resinoid Sumatra	40 g	Cumarin	75 g
Vetiveröl Réunion	25 g	Resinoid Sumatra	100 g
		Heliotropin	50 g

---

6. Cumarin	65 g	Terpineol	75 g
Cedernöl	100 g	Sandelöl, westind.	125 g
Resinoid Eichenmoos	30 g	Amylsalicylat	15 g
Patchouliöl	30 g	Methylsalicylat	5 g
Sandelöl, ostind.	30 g	Resinoid Labdanum	8 g
Vanillin	6 g	Resinoid Sumatra	25 g
Vetiveröl Réunion	20 g	Resinoid Tolu	15 g
Bergamottöl	125 g	Nelkenöl	10 g

7. Bergamottöl .... 120 g
Resinoid Lavendel..... 25 g
Cumarin .... 100 g
Patchouliöl .... 50 g
Vetiveröl Réunion ..... 15 g
Sandelöl, ostind. ...... 65 g
Resinoid Eichenmoos .. 75 g
Portugalöl .... 50 g
Jasmin, künstl. .... 75 g
Neroli, künstl. .... 25 g
Geraniumöl, afrik...... 75 g
Amylsalicylat .... 25 g
Resinoid Labdanum ... 25 g
Resinoid Sumatra ..... 50 g
Xylolmoschus .... 15 g

9. Resinoid Eichenmoos .. 75 g
Bergamottöl .... 150 g
Resinoid Lavendel..... 30 g
Cumarin .... 80 g
Vanillin .... 15 g
Heliotropin .... 30 g
Sandelöl, ostind. ...... 100 g
Patchouliöl .... 55 g
Vetiveröl Réunion ..... 75 g
Cedernöl............. 75 g
Geraniumöl, afrik. .... 150 g
Methylanthranilat ..... 15 g
Neroli, künstl. .... 20 g
Ambrettemoschus ..... 20 g
Xylolmoschus .... 10 g
Rose, künstl. .... 75 g
Irisöl, konkret .... 5 g
Methyljonon .... 10 g
Jasmin, künstl. .... 30 g
Portugalöl .... 15 g
Terpineol .... 50 g
Resinoid Sumatra ..... 80 g
Resinoid Labdanum ... 15 g
Resinoid Tolu......... 25 g

8. Resinoid Eichenmoos .. 55 g
Patchouliöl .... 50 g
Vetiveröl Réunion ..... 50 g
Sandelöl, ostind. ...... 100 g
Cumarin .... 75 g
Vanillin .... 15 g
Geraniumöl Réunion... 180 g
Bergamottöl .... 200 g
Ambrettemoschus ..... 35 g
Xylolmoschus .... 10 g
Cedernöl............. 75 g
Methylanthranilat ..... 10 g
Nelkenöl .... 25 g
Citronenöl .... 5 g
Jasmin, künstl. .... 30 g
Neroli, künstl. .... 20 g
Rose, künstl. .... 75 g
Irisöl, konkret .... 5 g
Resinoid Labdanum ... 15 g
Resinoid Sumatra ..... 50 g

10. Resinoid Eichenmoos . 80 g
Cumarin .... 200 g
Geraniumöl, afrik. ... 200 g
Patchouliöl .... 100 g
Sandelöl, ostind. ..... 100 g
Bergamottöl .... 300 g
Amylsalicylat .... 80 g
Vetiveröl Réunion .... 75 g
Cedernöl............ 250 g
Sandelöl, westind. .... 150 g
Vanillin .... 35 g
Heliotropin .... 60 g
Xylolmoschus .... 30 g
Ambrettemoschus .... 35 g
Resinoid Sumatra .... 75 g
Resinoid Tolu........ 40 g
Resinoid Labdanum .. 20 g
Perubalsam .... 15 g
Rose, künstl. .... 50 g
Neroli, künstl. .... 20 g
Jasmin, künstl. ...... 25 g

Extraits Chypre.

Chypre Royal

Jasmin absol., nat. ...	20 g
Rose absol., nat.	18 g
Tuberose absol., nat...	6 g
Rosenöl, echt.........	25 g
Sandelöl, ostind.......	35 g
Bergamottöl	140 g
Patchouliöl...........	12 g
Vetiveröl Java	8 g
Cumarin	15 g
Heliotropin	5 g
Eichenmoos absol.	22 g
Jasmin, künstl........	20 g
Neroli bigar.	10 g
Mandarinenöl.........	4 g
Portugalöl...........	6 g
Vanillin.............	10 g
Nelkenöl	5 g
Ambra, künstl., konkr.	25 g
Ketonmoschus	25 g
Ambrettemoschus	20 g
Irisöl, konkret	1,5 g
Vanilletinktur	1100 g
Castoreumtinktur	160 g
Gewürznelkentinktur ..	200 g
Tonkatinktur	200 g
Moschustinktur	175 g
Ambratinktur	75 g
Alkohol	4000 g

Chypre Mondain

Eichenmoos absol.	40 g	Ambra, künstl., konkret	40 g
Cumarin	60 g	Resinoid Tonka	10 g
Vanillin	20 g	Resinoid Labdanum	10 g
Patchouliöl	22 g	Resinoid Opoponax	20 g
Vetiveröl Java	20 g	Resinoid Tolu	15 g
Sandelöl, ostind.	60 g	Jasmin absol., nat.	35 g
Bergamottöl	125 g	Rose absol., nat.	40 g
Ketonmoschus	15 g	Tuberose absol., nat.	8 g
Ambrettemoschus	25 g	Jonquille absol., nat.	4 g
Cedernöl	50 g	Vanilletinktur	1000 g
Heliotropin	15 g	Castoreumtinktur	150 g
Rosenöl, künstl.	75 g	Tonkatinktur	150 g
Rosenöl, echt	25 g	Moschustinktur	150 g
Jasmin, künstl.	50 g	Ambratinktur	50 g
Orangenöl, bitter	10 g	Iristinktur	500 g
Mandarinenöl	5 g	Alkohol	7000 g
Neroliöl bigar.	20 g		

Foin Coupé
(Heugeruch).

Der köstliche Geruch des Heus, der im wesentlichen auf cumarinhaltige Pflanzenteile zurückzuführen ist, diente schon seit langer Zeit als Vorbild für Parfums und ist es gelungen, den Heugeruch künstlich in sehr vollkommener Weise wiederzugeben. Nun sind die modernen Heugerüche, abgesehen von der typischen Cumarinnote und gewisser klassischer Geruchskomplemente, die als komplexes Gemisch den Heugeruch im engeren Sinne wiederzugeben bestimmt sind, in vieler Hinsicht ebenfalls Phantasieprodukte, namentlich was gewisse eigenartig schwüle Effekte anlangt, die die herrschende Mode verlangt. Indes ist es bei der Note *Foin Coupé* stets die wesentlichste Aufgabe des Parfumeurs, den eigentlichen Heugeruch so in den Vordergrund treten zu lassen, daß Modeeffekte schwüler Richtung usw. nicht die eigentliche Heunote übertönen können, worin praktisch eine nicht unbedeutende Schwierigkeit liegt.

Der eigentliche Heugeruch ist natürlich praktisch nicht in engen Grenzen festzulegen, weil das Heu, je nach Art und Herkunft und ganz besonders je nach der Menge verschiedener aromatisch riechender Beimischungen (Kleeblüten, Wiesenblumen aller Art, eventuell auch zufälliger Beimischungen definierter aromatischer Pflanzen, wie Rosmarin, Pfefferminze, Thymian usw.) in Form mitgemähter Pflanzenteile, ganz verschiedenartig riechen kann. Im engsten Sinne wird der typische Heugeruch durch Cumarin bedingt, das ja in den Pflanzen ganz außerordentlich verbreitet ist. Cumarin ist also als eigentliche Basis des Heugeruches aufzufassen, ebenso natürlich auch (als ganz besonders wichtig) Auszüge aus stark cumarinhaltigen Pflanzen, wie Tonkabohne, Melilot (Steinklee), *Liatris odoratissima* (Vanilla Root), Waldmeister *(Asperula odorata)* u. a.

Die Mitverwendung solcher natürliches Cumarin enthaltender Auszüge ist von wesentlicher Bedeutung für die Feinheit und Natürlichkeit der Heu-Effekte und ist es zu begrüßen, daß uns heute, abgesehen von den klassischen Tinkturen, auch Extraktionsprodukte cumarinhaltiger Pflanzen, insbesondere der Tonkabohne zu Kompositionszwecken zur Verfügung stehen.

In der Hauptsache werden solche Auszüge in konzentriertem Zustand (Resinoid) aus der Tonkabohne bereitet und verwendet, es sei jedoch besonders auch auf Auszüge aus Waldmeister hingewiesen, die ganz hervorragend feine Effekte zu erzielen gestatten, auch Steinklee-Extrakte bewähren sich bestens. Auch Extrakte aus frischem Heu sind bekannt und verwendbar.

Zur Nachbildung des komplexen Heu-Aromas sind zahlreiche Adjuvantien erforderlich, die nachstehend systematische Besprechung nach Gruppen finden sollen.

Als generell wichtiges, klassisches Adjuvans sei hier vorweg das Bergamottöl erwähnt, ein nie fehlender Bestandteil der Heuparfums, hier stets in massiven Dosen zu verwenden.

Das Bergamottöl gibt dem Ganzen Abrundung und Frische, in gewissem Sinne trägt es auch zur Betonung gewisser citronenartiger Untertöne mit bei (vgl. weiter unten). Ebenso ist Lavendelöl ein fast nie fehlender Bestandteil von Foin Coupé-Kompositionen, da die Lavendelnote, ähnlich wie bei Fougère, auch hier gewisse Teile des Heugeruches wiedergibt, bzw. hervorhebt.

Von weiteren Adjuvantien sind von grundlegender Bedeutung die Rosennote (Rosen-Geraniumnote), die Orangennote und die Citronennote.

Rosennote. Die rein rosenartigen Töne werden durch echtes Rosenöl (bulgarisches oder Blütenöl), bzw. durch künstliche Rosenöle wiedergegeben, ebenso durch die Konstituanten Geraniol, Rhodinol, Citronellol und Phenyläthylalkohol.

Auch die Geraniumöle intervenieren als rosenartige Effekte, aber in vieler Beziehung als Träger der herberen Geraniumnote, die simultan rosenartig-krautig wirkt (besonders Réunion-Geraniumöl).

Analog kommen hier auch Diphenylmethan, Diphenyläther u. a. in Frage. Ebenso auch zahlreiche Ester der Rosenalkohole (Geranylacetat, Geranylformiat, Phenyläthylacetat usw.).

Orangennote. Hier sind zu nennen Orangenöl bitter und süß (Portugalöl) und Mandarinenöl, für die

Citronennote Citronenöl, Citral, Verbenaöl franz., Lemongrasöl, Citronellal und Citronellöl (speziell für Seifen).

Blumige Töne verschiedener Art. Hier seien in erster Linie Orangenblüte (Neroli) und Jasmin erwähnt, bzw. chemische Riechstoffe analogen Geruches, wie Methylanthranilat, Methylnaphtylketon, Aurantiol für Orangenblüte, Benzylacetat, α-Amylzimtaledehyd usw. für Jasmin.

Orangenblüte unterstreicht die Orangennote und rundet das Ganze entsprechend ab. Jasmin gibt Frische und Leben der Komposition. Nützlich kann hier auch Petitgrainöl verwendet werden, dessen Estergehalt hier die Orangenblütennote generell unterstützen kann, namentlich bei gleichzeitiger Mitverwendung von Methylanthranilat (künstliche Neroliöle).

Wichtig ist auch Cassie, die als mit der Iris- und Veilchennote verwandt, gewisse Untertöne des Heugeruches unterstreicht. Iris ist ebenfalls ein fast klassischer Bestandteil der Foin Coupéparfums, analog geben Veilchennoten (Jonon, Methyljonon) gute Hilfsnoten ab.

Zu erwähnen sind hier noch Tuberose, Oeillet (Eugenol, Nelkenöl, Isoeugenol und Derivate), Jonquille und Narcisse, die ebenfalls nützlich werden können.

Prächtige Effekte erhält man in modernen Heugerüchen durch Lindenblütenkompositionen, was hier besonders hervorgehoben sei. Auch das z. B. in Lindenblütenölen in reichlicher Menge enthaltene Hydroxycitronellal gibt, allein verwendet, bei Heugerüchen moderner Richtung vorzügliche Resultate.

Sehr gute Wirkung erzielt man auch durch spurenhafte Mitverwendung von Kamillenöl blau, das ja häufig ebenfalls in kleinen Mengen in künstlichen Lindenblütenölen enthalten ist (vgl. dort).

In allgemeiner Hinsicht gibt auch Heliotropin vorzügliche blumige Effekte bei Heugerüchen. Ebenso blumig riechende Kompositionen verschiedener Art (Maiglöckchen, Flieder usw.).

Diverse aromatische Hilfsnoten. Hier sind zu nennen außer dem bereits erwähnten Lavendelöl, noch Spiköl, Sauge sclaréeöl, Nelkenöl, Linaloeöl, Vetiveröl, Sandelöl ostind. u. a.

Krautartig-würzige Noten (Kontraste). Hier ist in erster Linie zu nennen Patchouliöl, dessen Mitwirkung klassisch zu nennen ist. Es gibt dem Ensemble eine eigenartig bestechende Natürlichkeit und Schwüle der Wirkung, dabei Haltfestigkeit des Geruches mit bedingend.

Aromatisch würzige Noten geben hier auch Rosmarinöl, Thymianöl, Estragonöl, Pfefferminzöl, Macisöl, Ingweröl, Angelikaöl u. a.

Als herbe Kontraste sind hier speziell auch zu nennen: Amylsalicylat, Isobutylsalicylat, Methylsalicylat, Äthylsalicylat u. a.

Spezielle Effekte. Guajakholzöl gibt einen guten Fond und macht die Komposition haltbar.

Anisaldehyd, sehr beliebt in modernen *Foin Coupés*, wirkt abrundend und verstärkt die blumige Note des Ganzen in bestimmter Richtung. Eichenmoos wird speziell für das sogenannte *Indian Hay* herangezogen, gibt aber, ganz allgemein, viel Natürlichkeit, da es die Komplexität der Mischung vertieft und originelle Feinheit des Ganzen bedingt.

Analog können Zusätze von Chypre comp., *Fougère* usw. prächtige, originelle Effekte ergeben, ebenso *Trèfle comp.*, *Bruyère comp.* u. a.

In vielen Fällen sind auch Zusätze von Dimethylhydrochinon, Acetophenon u. a. angebracht, um die cumarinartigen Töne zu unterstreichen. Wichtig sind auch kräftige vanilleartige Noten, die teils durch gewisse Balsame, in der Hauptsache aber durch Vanille bzw. Vanillin oder Vanillal (Bourbonal) erhalten werden.

Balsamische Noten. Kräftigere Noten dieser Art sind sehr wichtig für das Ganze, klassisch ist die Verwendung von Styrax (Styrax und

Irisnoten zusammen geben eine bestimmte Tonalität der Wirkung, die speziell bei den älteren klassischen Heuparfums eine große Rolle spielte), ferner sind zu nennen: Tolu, Labdanum, Myrrhe, Opoponax, Benzoe, Perubalsam und Weihrauch (Oliban).

Die balsamische Note wirkt abrundend und fixierend, sie wird in den meisten Fällen durch kräftigere Moschusnoten (Tonkinmoschus, künstl. Moschus), auch Castoreum und Ambra wirkungsvoll unterstützt. Auch ätherische Harzöle (Labdanum, Oliban, Styrax usw. finden hier entsprechende Verwendung.

Unter wesentlicher Berücksichtigung des Vorhergesagten können wir die Note *Foin Coupé* in ihren Haupttönen wie folgt skizzieren:

Bergamottöl	25 g	Jasmin absol., nat.	5 g
Patchouliöl	3 g	Rose absol., nat.	8 g
Cumarin	35 g	Orangenblüte absol., nat.	3 g
Styraxöl	8 g	Rosenöl, künstl.	40 g
Guajakholzöl	50 g	Resinoid Benzoe	15 g
Resinoid Tonka	8 g	Ambrettemoschus	10 g
Cassie absol., nat.	5 g	Lavendelöl	12 g

Foin Coupé-Basen primitiver Art.

1. Bergamottöl	35 g	2. Cumarin	50 g
Cumarin	40 g	Heliotropin	10 g
Resinoid Tonka	10 g	Patchouliöl	5 g
Patchouliöl	4 g	Amylsalicylat	5 g
Lavendelöl	8 g	Bergamottöl	30 g
Rosenöl, künstl.	25 g	Lavendelöl	10 g
Amylsalicylat	12 g	Rosenöl, künstl.	50 g
Irisöl, konkret	1 g	Orangenöl, bitter	5 g
Orangenöl, bitter	2 g	Vanillin	3 g
Neroliöl bigar.	1,5 g	Irisöl, konkret	2 g
Sandelöl, ostind.	1 g	Anisaldehyd	2 g
Anisaldehyd	2 g	Ambrettemoschus	12 g
Eichenmoos absol.	1,5 g	Resinoid Labdanum	3 g
Jonon	0,5 g	Resinoid Styrax	12 g
Ketonmoschus	5 g		
Resinoid Styrax	10 g		

Essences fines.

1. Cumarin	400 g	Amylsalicylat	15 g
Resinoid Tonka	75 g	Bergamottöl	120 g
Vanillin	15 g	Lavendelöl	35 g
Anisaldehyd	75 g	Verbenaöl, franz.	10 g
Patchouliöl	30 g	Resinoid Styrax	20 g
Rose, künstl.	250 g	Resinoid Labdanum	8 g
Neroli bigar.	95 g	Iris, konkret	4 g
Jasmin, künstl.	75 g	Heliotropin	10 g
Geraniumöl, span.	75 g	Lindenblüte comp.	60 g
Rosenöl, echt	10 g	Jasmin absol., nat.	10 g
Ambrettemoschus	22 g	Cassie absol., nat.	2 g
Orangenöl, bitter	5 g	Orangenblüte absol., nat.	3 g
Portugal	10 g		

2.

Bergamottöl	250 g
Cumarin	165 g
Resinoid Tonka	50 g
Patchouliöl	22 g
Vetiveröl Java	5 g
Kamillenöl, blau	3 g
Rosenöl, künstl.	260 g
Neroli bigar.	50 g
Jasmin, künstl.	75 g
Jasmin absol., nat.	8 g
Rose absol., nat.	10 g
Amylsalicylat	45 g
Methylsalicylat	5 g
Resinoid Labdanum	35 g
Ketonmoschus	20 g
Ambrettemoschus	15 g
Orangenöl, bitter	25 g
Anisaldehyd	20 g
Irisöl, konkret	8 g
Methyljonon	12 g
Labdanumharzöl	5 g
Resinoid Tolu	15 g
Resinoid Styrax	15 g
Acetophenon	10 g
Ylang-Ylang Réunion	10 g
Vanillin	6 g
Heliotropin	20 g

3.

Cumarin	150 g
Resinoid Tonka	45 g
Bergamottöl	120 g
Anisaldehyd	30 g
Geraniumöl, span.	175 g
Rosenöl, echt	20 g
Rosenöl, künstl.	125 g
Amylsalicylat	50 g
Methylsalicylat	10 g
Orangenöl, bitter	15 g
Mandarinenöl	5 g
Portugalöl	15 g
Patchouliöl	20 g
Vanillin	12 g
Dimethylhydrochinon	10 g
Irisöl, konkret	15 g
Jasmin, künstl.	65 g
Neroli bigar.	25 g
Eichenmoos absol.	10 g
Guajakholzöl	40 g
Resinoid Labdanum	15 g
Resinoid Tolu	25 g
Resinoid Styrax	25 g
Heliotropin	25 g
Ketonmoschus	22 g
Ambrettemoschus	10 g
Jasmin absol., nat.	15 g
Orangenblüte absol., nat.	8 g
Tuberose absol., nat.	3 g
Cassie absol., nat.	1 g

4.

Cumarin	220 g
Resinoid Tonka	30 g
Anisaldehyd	62 g
Bergamottöl	200 g
Amylsalicylat	75 g
Ylang-Ylang Manila	40 g
Geraniumöl Grasse	75 g
Portugalöl	15 g
Jasmin, künstl.	60 g
Neroli bigar.	25 g
Violette comp.	30 g
Sauge sclaréeöl	12 g
Patchouliöl	25 g
Diphenylmethan	12 g
Kamillenöl, blau	2 g
Hydroxycitronellal	25 g
Resinoid Labdanum	20 g
Resinoid Tolu	20 g
Ambra, künstl., konkret	15 g
Weihrauchöl	10 g
Rosenöl, künstl.	120 g
Rosenöl, echt	15 g
Ketonmoschus	20 g
Pfefferminzöl	2 g
Rosmarinöl	3 g
Estragonöl	2 g
Jasmin Châssis	20 g
Rose absol., nat.	10 g
Cassie absol., nat.	3 g

5. New Mown Hay

Cumarin	75 g	Hydroxycitronellal	30 g
Resinoid Tonka	100 g	Anisaldehyd	25 g
Heliotropin	20 g	Methyljonon	10 g
Vanillin	12 g	Irisöl, konkret	5 g
Ketonmoschus	25 g	Linalool	20 g
Sandelöl, ostind.	8 g	Rosenöl, künstl.	75 g
Patchouliöl	12 g	Rosenöl, echt	5 g
Vetiveröl Réunion	10 g	Jasmin, künstl.	35 g
Lavendelöl	75 g	Resinoid Styrax	20 g
Bergamottöl	135 g	Resinoid Labdanum	25 g
Verbenaöl, franz.	7 g	Resinoid Tolu	15 g
Citronenöl	3 g	Rose absol., nat.	15 g
Orangenöl, bitter	5 g	Jasmin absol., nat.	6 g
Amylsalicylat	18 g	Orangenblüte absol. nat.	4 g
Kamillenöl, blau	2,5 g	Tuberose absol., nat.	3 g

6. Indian Hay

Eichenmoos absol.	7,5 g	Pfefferminzöl	1,5 g
Cumarin	100 g	Rosmarinöl	0,5 g
Resinoid Tonka	50 g	Lindenblüte comp.	15 g
Patchouliöl	15 g	Ambra, künstl., konkret	10 g
Bergamottöl	45 g	Resinoid Styrax	20 g
Neroliöl bigar.	12 g	Resinoid Tolu	15 g
Heliotropin	12 g	Jasmin, künstl.	25 g
Vanillin	4 g	Rosenöl, künstl.	75 g
Lavendelöl	15 g	Jasmin absol., nat.	8 g
Sauge sclaréeöl	8 g	Cassie absol., nat.	2 g
Ketonmoschus	22 g	Rose absol., nat.	12 g

7.

Cumarin	90 g
Resinoid Tonka	20 g
Vanillin	10 g
Heliotropin	15 g
Geraniumöl Grasse	28 g
Patchouliöl	12 g
Bergamottöl	100 g
Lavendelöl	60 g
Violette comp.	8 g
Anisaldehyd	10 g
Jasmin, künstl.	15 g
Neroli bigar.	5 g
Orangenöl, bitter	5 g
Portugalöl	3 g
Mandarinenöl	1 g
Ketonmoschus	8 g
Ambrettemoschus	12 g
Resinoid Labdanum	5 g
Resinoid Styrax	15 g
Rosenöl, künstl.	60 g
Rose absol., nat.	12 g
Jasmin absol., nat.	10 g
Orangenblüte absol., nat.	6 g
Cassie absol., nat.	2 g
Bergamottöl	75 g
Lavendelöl	25 g

8.

Anisaldehyd	15 g
Geraniumöl, span.	35 g
Rosenöl, echt	5 g
Resinoid Tonka	50 g
Cumarin	120 g
Vanillin	7 g
Heliotropin	25 g
Patchouliöl	25 g
Vetiveröl Java	8 g
Bergamottöl	200 g
Lavendelöl	75 g
Rosenöl, künstl.	150 g
Ketonmoschus	15 g
Ambrettemoschus	15 g
Resinoid Labdanum	25 g
Resinoid Styrax	20 g
Kamillenöl, blau	1,5 g
Hydroxycitronellal	23 g
Jasmin, künstl.	25 g
Jasmin absol., nat.	5 g
Orangenblüte absol., nat.	5 g
Neroli bigar.	10 g
Portugalöl	5 g
Sandelöl, ostind.	10 g
Dimethylhydrochinon	10 g
Amylsalicylat	8 g
Pfefferminzöl	1 g
Sauge sclaréeöl	5 g

9. Foin de Chypre

Rosenöl, künstl.	250 g	Ketonmoschus	25 g
Bergamottöl	320 g	Jasmin, künstl.	20 g
Lavendelöl	120 g	Jasmin absol., nat.	5 g
Cumarin	200 g	Eichenmoos absol.	5 g
Resinoid Tonka	60 g	Sandelöl, ostind.	20 g
Violette comp.	12 g	Vetiveröl Java	15 g
Resinoid Styrax	20 g	Anisaldehyd	30 g
Resinoid Labdanum	25 g	Kamillenöl, blau	2,5 g
Amylsalicylat	75 g	Hydroxycitronellal	45 g
Ambra, künstl., konkret	20 g	Ylang-Ylangöl Manila	10 g
Patchouliöl	30 g	Vanillin	6 g
Irisöl, konkret	10 g	Heliotropin	15 g
Orangenöl, bitter	15 g	Chypre comp.	65 g
Neroliöl bigar.	10 g	Ambrettemoschus	10 g

10. Foin Royal

Cumarin	150 g	Resinoid Labdanum	25 g
Resinoid Tonka	50 g	Resinoid Styrax	30 g
Patchouliöl	15 g	Iris, konkret	5 g
Bergamottöl	225 g	Resinoid Oliban	15 g
Lavendelöl	200 g	Trèfle comp.	20 g
Sauge sclaréeöl	15 g	Oeillet comp.	12 g
Vetiveröl Java	10 g	Orangenöl, bitter	15 g
Eichenmoos absol.	10 g	Portugalöl	10 g
Amylsalicylat	35 g	Mandarinenöl	5 g
Methylsalicylat	10 g	Verbenaöl, franz.	10 g
Dimethylhydrochinon	25 g	Citronenöl	3 g
Acetophenon	15 g	Pfefferminzöl	1 g
Ylang-Ylang Manila	50 g	Rosenöl, künstl.	125 g
Linalool	40 g	Diphenyläther	8 g
Vanillin	15 g	Ambra, künstl., konkret	15 g
Heliotropin	25 g	Sandelöl, ostind.	15 g
Ketonmoschus	20 g	Jasmin absol., nat.	25 g
Ambrettemoschus	10 g	Orangenblüte absol., nat.	10 g
Jasmin, künstl.	30 g	Tuberose absol., nat.	6 g
Neroli bigar.	15 g	Cassie absol., nat.	4 g
Kamillenöl, blau	3 g	Rosenöl, bulg.	10 g
Hydroxycitronellal	150 g	Labdanumharzöl	3 g
Anisaldehyd	45 g	Weihrauchöl	5 g

Foin Coupékompositionen für Seifen.

1.	Cumarin	280 g
	Portugalöl	50 g
	Geraniumöl Réunion	150 g
	Rose, künstl.	50 g
	Patchouliöl	20 g
	Amylsalicylat	50 g
	Lavendelöl	50 g
	Xylolmoschus	12 g
	Ambrettemoschus	10 g
	Resinoid Styrax	25 g
	Resinoid Sumatra	25 g
	Methyljonon	5 g
	Guajakholzöl	50 g
	Bergamottöl	100 g

2. Foin de Chypre

Resinoid Eichenmoos	50 g
Vetiveröl Réunion	20 g
Cumarin	180 g
Patchouliöl	30 g
Sandelöl, ostind.	25 g
Heliotropin	15 g
Isoeugenol	3 g
Eugenol	5 g
Lavendelöl	50 g
Bergamottöl	100 g
Anisaldehyd	10 g
Geraniumöl Réunion	100 g
Xylolmoschus	10 g
Ambrettemoschus	10 g
Resinoid Styrax	30 g
Resinoid Sumatra	50 g
Amylsalicylat	50 g
Chypre comp. S.	100 g
Jasmin, künstl.	15 g

3.

Cumarin	350 g
Resinoid Tonka	50 g
Geraniumöl, afrik.	300 g
Bergamottöl	125 g
Lavendelöl	60 g
Patchouliöl	50 g
Xylolmoschus	15 g
Ambrettemoschus	10 g
Neroli, künstl.	75 g
Jasmin, künstl.	35 g
Cedernöl	125 g
Portugalöl	15 g
Anisaldehyd	35 g
Jonon	15 g
Resinoid Styrax	35 g
Resinoid Labdanum	25 g
Resinoid Sumatra	25 g

4.

Cumarin	240 g
Patchouliöl	30 g
Geraniumöl Réunion	350 g
Bergamottöl	100 g
Lavendelöl	50 g
Rosenöl, künstl.	50 g
Guajakholzöl	75 g
Xylolmoschus	15 g
Cedernöl	150 g
Amylsalicylat	50 g
Jonon	20 g
Anisaldehyd	35 g
Jasmin, künstl.	25 g
Neroli, künstl.	15 g
Resinoid Styrax	35 g
Resinoid Labdanum	20 g
Heliotropin	30 g

Extrait Foin Coupé.

Anisaldehyd	16 g
Geraniumöl, span.	25 g
Bergamottöl	75 g
Lavendelöl	35 g
Rosenöl, künstl.	15 g
Rosenöl, echt	5 g
Cumarin	110 g
Resinoid Tonka	50 g
Patchouliöl	12 g
Amylsalicylat	8 g
Orangenöl, bitter	4 g
Neroli bigar.	10 g
Jasmin, künstl.	20 g
Vanillin	5 g
Ketonmoschus	20 g
Ambra, künstl., konkret	25 g
Resinoid Styrax	20 g
Resinoid Labdanum	10 g
Resinoid Tolu	10 g
Resinoid Oliban	10 g
Eichenmoos absol.	4 g
Hydroxycitronellal	8 g
Rose absol., nat.	15 g
Jasmin absol., nat.	10 g
Cassie absol., nat.	3 g
Orangenblüte absol., nat.	8 g
Tonkatinktur	1000 g
Vanilletinktur	200 g
Iristinktur	500 g
Moschustinktur	150 g
Ambratinktur	75 g
Alkohol	5 l

Moosgerüche, Mousse Fleurie.

Bei diesen dem Chypre nahestehenden Kompositionen ist der Phantasie des Praktikers weitester Spielraum gelassen. Einige kurze Beispiele mögen die Charakteristik solcher Kompositionen erläutern.

Mousse d'Orient

Santalylacetat	50 g
Resinoid Styrax	100 g
Patchouliöl	25 g
Irisöl, konkret	15 g
Eichenmoos absol.	110 g
Estragonöl	20 g
Sandelöl, ostind.	70 g
Cumarin	75 g
Resinoid Tonka	25 g
Rosenöl, echt	15 g
Vetiveröl Java	50 g
Ketonmoschus	50 g
Bergamottöl	75 g
Cypressenöl	5 g
Linalool	50 g
Orangenöl, bitter	10 g
Resinoid Vanille	5 g
Resinoid Oliban	50 g
Resinoid Tolu	25 g
Resinoid Myrrhe	25 g
Ambra, künstl., konkret	15 g

Mousse Fleurie

Eichenmoos absol.	100 g
Sandelöl, ostind.	75 g
Rosenöl, echt	15 g
Rosenöl, künstl.	75 g
Cumarin	80 g
Resinoid Tonka	25 g
Vanillin	40 g
Ylang-Ylangöl Manila	50 g
Jasmin, künstl.	25 g
Jasmin absol., nat.	15 g
Hydroxycitronellal	25 g
Patchouliöl	22 g
Bergamottöl	250 g
Resinoid Vetiver	60 g
Resinoid Styrax	60 g
Resinoid Labdanum	20 g
Ambrettemoschus	40 g
Estragonöl	5 g
Sauge sclaréeöl	25 g
Ambra, künstl., konkret	20 g
Resinoid Vanille	12 g

Mousse Ambrée

Eichenmoos absol.	175 g
Cumarin	75 g
Resinoid Tonka	25 g
Vetiveröl Java	75 g
Vanillin	80 g
Ambrettemoschus	50 g
Ketonmoschus	25 g
Bergamottöl	175 g
Methyljonon	55 g
Methylnonylketon	5 g
Hydroxycitronellal	5 g
Ylang-Ylang Manila	5 g
Neroliöl bigar.	5 g
Estragonöl	5 g
Cypressenöl	8 g
Jasmin, künstl.	8 g
Resinoid Labdanum	50 g
Resinoid Vanille	25 g
Patchouliöl	5 g
Resinoid Tolu	75 g
Santalylacetat	50 g
Santalylphenylacetat	10 g
Sandelöl, ostind.	15 g
Amylsalicylat	5 g
Ambra, künstl., konkret	100 g
Resinoid Castoreum	5 g
Jasmin absol., nat.	10 g

Mousse de Chypre

Eichenmoos absol.	80 g
Cumarin	50 g
Resinoid Tonka	10 g
Bergamottöl	125 g
Resinoid Vetiver	75 g
Vanillin	20 g
Resinoid Vanille	10 g
Ketonmoschus	35 g
Amylsalicylat	8 g
Sandelöl, ostind.	75 g
Patchouliöl	22 g
Estragonöl	7 g
Heliotropin	60 g
Resinoid Labdanum	10 g
Sauge sclaréeöl	50 g
Linalool	25 g
Methyljonon	110 g
Santalylacetat	25 g
Resinoid Styrax	50 g
Jasmin Châssis	15 g
Rosenöl, echt	10 g
Rosenöl, künstl.	75 g
Cassie absol., nat.	5 g

Mousse de France

Eichenmoos absol.	125 g	Sauge sclaréeöl	40 g
Cumarin	75 g	Estragonöl	5 g
Resinoid Tonka	15 g	Rosenöl, echt	15 g
Bergamottöl	175 g	Rosenöl, künstl.	75 g
Sandelöl, ostind.	75 g	Jasmin, künstl.	25 g
Methyljonon	40 g	Jasmin absol., nat.	10 g
Resinoid Vanille	25 g	Isoeugenol	25 g
Vanillin	50 g	Eugenol	5 g
Ambrettemoschus	15 g	Neroliöl bigar.	15 g
Ketonmoschus	30 g	Mandarinenöl	20 g
Resinoid Vetiver	60 g	Santalylacetat	25 g
Resinoid Castoreum	5 g	Patchouliöl	15 g
Resinoid Labdanum	15 g	Rose absol., nat.	15 g
Amylsalicylat	10 g		

Mousse du Tyrol

Eichenmoos absol.	250 g	Santalylacetat	15 g
Cumarin	85 g	Heliotropin	10 g
Resinoid Tonka	15 g	Jasmin Châssis	15 g
Bergamottöl	110 g	Methyljonon	10 g
Patchouliöl	25 g	Ketonmoschus	15 g
Resinoid Vetiver	30 g	Cypressenöl	2 g
Resinoid Vanille	10 g	Ambra, künstl., konkret	15 g
Resinoid Styrax	40 g	Rose absol., nat.	10 g
Resinoid Oliban	25 g	Cassie absol., nat.	5 g
Methylhydrocinnamat	5 g		

Mousse de Styrie

Eichenmoos absol.	250 g	Vetiveröl Java	50 g
Cumarin	100 g	Linalool	50 g
Resinoid Tonka	25 g	Jasmin, künstl.	25 g
Bergamottöl	200 g	Rosenöl, künstl.	75 g
Patchouliöl	30 g	Rosenöl, echt	15 g
Santalylacetat	50 g	Sandelöl, ostind.	25 g
Heliotropin	25 g	Orangenöl, bitter	5 g
Resinoid Styrax	40 g	Mandarinenöl	5 g
Resinoid Castoreum	3 g	Methyljonon	25 g
Resinoid Vanille	10 g	Hydroxycitronellal	20 g
Vanillin	5 g	Resinoid Labdanum	30 g
Ambrettemoschus	25 g	Edeltannenöl	2 g
Cedernöl	110 g	Jasmin absol., nat.	12 g
Guajakholzöl	100 g	Rose absol., nat.	10 g
Isobutylacetat	15 g	Cassie absol., nat.	4 g

Erika, Bruyère.

Erica odorata, Erica cinerea und *Erica tetralix.*

Der Geruch des blühenden Haidekrautes hat im Fond eine gewisse Analogie mit heuartigen Gerüchen und Chypre, dann lassen sich krautige und blumige Noten verschiedener Art konstatieren, die zwischen Veilchen, Rose, Orangenblüte und Jasmin oscillieren, auch deutliche Orangentöne sind festzustellen, ebenso patchouliartige Töne, Vanille- und balsamische Gerüche (Labdanum usw.).

Primitive Erikabasen.

1.		2.	
Cumarin	5 g	Cumarin	6 g
Heliotropin	5 g	Resinoid Tonka	4 g
Vanillin	20 g	Heliotropin	6 g
Patchouliöl	5 g	Patchouliöl	5 g
Bergamottöl	35 g	Vanillin	20 g
Portugalöl	15 g	Bergamottöl	30 g
Rosenöl, echt	5 g	Portugalöl	10 g
Rosenöl, künstl.	25 g	Mandarinenöl	5 g
Jonon	5 g	Rosenöl, echt	5 g
Resinoid Eichenmoos	5 g	Rosenöl, künstl.	25 g
Resinoid Labdanum	5 g	Methyljonon	6 g
Resinoid Opoponax	5 g	Eichenmoos absol.	3 g
Sandelöl, ostind.	4 g	Ambra, künstl.	6 g
Neroli bigar.	5 g	Labdanumharzöl	4 g
Ketonmoschus	6 g	Sandelöl, ostind.	6 g
		Neroliöl, künstl.	10 g
		Ambrettemoschus	8 g
		Verbenaöl, franz.	4 g

Essences fines.

1.		2.	
Cumarin	12 g	Cumarin	60 g
Resinoid Tonka	4 g	Resinoid Tonka	15 g
Heliotropin	15 g	Bergamottöl	175 g
Vanillin	75 g	Portugalöl	80 g
Portugal	50 g	Vanillin	65 g
Bergamottöl	230 g	Heliotropin	30 g
Rosenöl, echt	25 g	Geraniumöl Grasse	75 g
Rosenöl, künstl.	125 g	Ketonmoschus	40 g
Ketonmoschus	50 g	Ambrettemoschus	20 g
Resinoid Eichenmoos	16 g	Irisöl, konkret	15 g
Resinoid Labdanum	40 g	Geraniumöl Réunion	35 g
Patchouliöl	20 g	Rosenöl, künstl.	200 g
Neroli bigar.	20 g	Rosenöl, echt	25 g
Sandelöl, ostind.	25 g	Methyleugenol	25 g
Vetiveröl Java	10 g	Neroli bigar.	25 g
Lavendelöl	6 g	Eichenmoos absol.	18 g
Geraniumöl Réunion	25 g	Patchouliöl	20 g
Rosmarinöl	4 g	Lavendelöl	10 g
Thymianöl	2 g	Jonon	30 g
Pfefferminzöl	0,5 g	Sandelöl, ostind.	10 g
Verbenaöl, franz.	5 g	Hydroxycitronellal	20 g
Citronenöl	10 g	Verbenaöl, franz.	12 g
Methyljonon	30 g	Mandarinenöl	5 g
Jasmin, künstl.	125 g	Resinoid Labdanum	30 g
Jasmin absol., nat.	15 g	Resinoid Styrax	15 g
Cassie absol., nat.	3 g	Resinoid Vetiver	20 g
Orangenblüte absol., nat.	5 g	Violette comp.	15 g
Mandarinenöl	3 g	Cassie absol., nat.	3 g
Amylsalicylat	12 g	Jasmin absol., nat.	15 g
Hydroxycitronellal	15 g	Orangenblüte absol., nat.	5 g
Lindenblüte comp.	15 g	Tuberose absol., nat.	3 g
Guajakholzöl	50 g		
Cedernöl	50 g		
Resinoid Styrax	35 g		

Erikakompositionen für Seife.

1. Cumarin	80 g	2. Cumarin	40 g
Vanillin	18 g	Vanillin	60 g
Heliotropin	50 g	Heliotropin	25 g
Portugalöl	80 g	Bergamottöl	160 g
Patchouliöl	50 g	Geraniumöl Réunion	180 g
Rosenöl, künstl.	50 g	Patchouliöl	32 g
Geraniumöl, afrik.	100 g	Xylolmoschus	15 g
Bergamottöl	110 g	Ambrettemoschus	15 g
Ambrettemoschus	25 g	Resinoid Eichenmoos	30 g
Xylolmoschus	15 g	Jonon	25 g
Jasmin, künstl.	60 g	Methyljonon	15 g
Neroli, künstl.	40 g	Rosenöl, künstl.	50 g
Lavendelöl	60 g	Sandelöl, ostind.	25 g
Petitgrainöl Paraguay	55 g	Portugalöl	140 g
Canangaöl	75 g	Neroliöl, künstl.	40 g
Lemongrasöl	20 g	Methylanthranilat	10 g
Citronenöl	20 g	Terpineol	180 g
Amylsalicylat	30 g	Canangaöl	60 g
Resinoid Eichenmoos	25 g	Amylsalicylat	60 g
Jonon	50 g	Resinoid Labdanum	20 g
Sandelöl, ostind.	35 g	Resinoid Styrax	30 g
Resinoid Tolu	20 g	Zibet, künstl.	8 g
Resinoid Opoponax	30 g	Ambra, künstl., flüssig	25 g
Resinoid Styrax	25 g	Hydroxycitronellal	65 g

3. Cumarin	85 g	Methyljonon	10 g
Vanillin	15 g	Citronenöl	12 g
Heliotropin	20 g	Lemongrasöl	15 g
Xylolmoschus	10 g	Thymianöl	5 g
Bergamottöl	125 g	Rosmarinöl	5 g
Portugalöl	75 g	Macisöl	15 g
Geraniumöl Réunion	125 g	Lavendelöl	40 g
Rosenöl, künstl.	50 g	Terpineol	150 g
Jasmin, künstl.	160 g	Resinoid Labdanum	25 g
Neroli, künstl.	40 g	Resinoid Styrax	30 g
Linaloeöl	100 g	Resinoid Sumatra	35 g
Vetiveröl	25 g	Perubalsam	25 g
Patchouliöl	20 g	Sandelöl, ostind.	25 g
Hydroxycitronellal	70 g	Resinoid Eichenmoos	15 g
Jonon	15 g		

Vetiver, Indische Blumen *(Fleurs des Indes)* und Mousseline.

In diesen Noten, die, abgesehen von Vetiver, als reine Phantasienoten mit konventioneller Bezeichnung aufzufassen sind, spielt das Vetiveröl eine wesentliche Rolle.

Vetiver-Bukett

Vetiveröl Java	250 g	Citronenöl	5 g
Sandelöl, ostind.	25 g	Ambra, künstl., konkret	15 g
Rosenöl, echt	5 g	Resinoid Tolu	25 g
Rosenöl, künstl.	75 g	Resinoid Labdanum	10 g
Ketonmoschus	15 g	Resinoid Opoponax	15 g
Patchouliöl	8 g	Resinoid Tonka	10 g
Ylang-Ylang Manila	10 g	Resinoid Vetiver	50 g
Cumarin	15 g	Jasmin, künstl.	20 g
Heliotropin	10 g	Jasmin absol., nat.	10 g

Vetiver-Ambre

Vetiveröl Java	150 g	Cumarin	50 g
Resinoid Vetiver	150 g	Heliotropin	40 g
Resinoid Patchouli	25 g	Resinoid Tonka	15 g
Resinoid Vanille	15 g	Resinoid Tolu	40 g
Resinoid Eichenmoos	15 g	Resinoid Styrax	50 g
Sandelöl, ostind.	25 g	Jasmin absol., nat.	15 g
Ketonmoschus	25 g	Vanillin	25 g
Ambrettemoschus	30 g	Ambra, küntsl., konkret	125 g
Santalylacetat	15 g		

Vetiverkompositionen für Seife.

1. Vetiveröl Réunion	250 g	2. Vetiveröl Réunion	200 g
Geranium, afrik.	175 g	Patchouliöl	50 g
Rosenöl, künstl.	55 g	Rosenöl, künstl.	75 g
Sandelöl, ostind.	40 g	Sandelöl, ostind.	35 g
Citronenöl	75 g	Canangaöl	125 g
Bergamottöl	75 g	Petitgrainöl Paraguay	75 g
Canangaöl	80 g	Cumarin	50 g
Nelkenöl	25 g	Geraniumöl, afrik.	80 g
Cedernöl	350 g	Cedernöl	100 g
Patchouliöl	50 g	Bergamottöl	80 g
Cumarin	75 g	Resinoid Labdanum	20 g
Resinoid Eichenmoos	15 g	Resinoid Styrax	30 g
Resinoid Labdanum	20 g	Xylolmoschus	12 g
Resinoid Tolu	40 g		
Xylolmoschus	12 g		
Ambrettemoschus	15 g		

Bouquet aux Fleurs des Indes

Vetiveröl Java	100 g	Neroli, künstl.	25 g
Sandelöl, ostind.	60 g	Ambra, künstl. konkret	20 g
Bergamottöl	175 g	Resinoid Tolu	15 g
Ylang-Ylangöl Manila	45 g	Resinoid Styrax	20 g
Patchouliöl	50 g	Resinoid Tonka	15 g
Cumarin	75 g	Geraniumöl, span.	125 g
Heliotropin	50 g	Iris, konkret	2 g
Orangenöl, bitter	40 g	Perubalsam	20 g
Portugalöl	15 g	Ketonmoschus	20 g
Verbenaöl, franz.	15 g	Ambrettemoschus	15 g
Nelkenöl	15 g	Jasmin absol., nat.	5 g
Rosenöl, echt	25 g	Orangenblüte absol., nat.	3 g
Rosenöl, künstl.	75 g	Rose absol., nat.	5 g
Methyljonon	25 g	Vanillin	15 g
Jasmin, künstl.	75 g		

Indische Blumenseifen

1. Vetiveröl Bourbon	400 g	Nelkenöl	125 g
Cumarin	100 g	Sandelöl, ostind.	160 g
Vanillin	25 g	Rosenöl, künstl.	125 g
Heliotropin	15 g	Orangenöl, bitter	75 g
Bergamottöl	1500 g	Portugalöl	100 g
Geraniumöl, afrik.	2000 g	Xylolmoschus	55 g
Cedernöl	1800 g	Ambrettemoschus	25 g
Perubalsam	100 g	Resinoid Tolu	125 g
Lemongrasöl	250 g	Resinoid Styrax	75 g
Patchouliöl	800 g	Resinoid Labdanum	25 g
Zimtöl Cassia	500 g		

2. Vetiveröl Réunion	100 g	Heliotropin	35 g
Zimtöl Cassia	60 g	Vanillin	5 g
Thymianöl	100 g	Sandelöl, ostind.	55 g
Rosmarinöl	100 g	Xylolmoschus	20 g
Nelkenöl	35 g	Resincid Sumatra	50 g
Perubalsam	125 g	Resinoid Styrax	30 g
Patchouliöl	75 g	Geraniumöl, afrik.	75 g
Cumarin	75 g		

Bouquet Mousseline

Vetiveröl Java	120 g	Amylsalicylat	15 g
Rosenöl, echt	15 g	Eichenmoos absol.	10 g
Rosenöl, künstl.	125 g	Patchouliöl	15 g
Sandelöl, ostind.	60 g	Resinoid Tolu	20 g
Jasmin, künstl.	75 g	Resinoid Styrax	25 g
Neroli bigar.	30 g	Perubalsam	10 g
Vanillin	8 g	Jasmin absol., nat.	12 g
Cumarin	15 g	Orangenblüte absol., nat.	8 g
Resinoid Tonka	20 g	Rose absol., nat.	12 g
Irisöl, konkret	2 g	Cassie absol., nat.	3 g
Ambrettemoschus	30 g	Jonquille absol., nat.	5 g
Ambra, künstl. konkret	20 g	Tuberose absol., nat.	3 g

Sandelholz, Bois de Santal, Sandal Wood.

Kombinierte Sandelgerüche sind entweder direkt als Parfum verwendbar oder aber bilden auf jeden Fall wertvolle Behelfe zur Komposition von Phantasiegerüchen der verschiedensten Art. Ganz besonders wertvoll sind gute Sandelkompositionen für die Parfumierung von Toiletteseifen.

Essences fines.

1. Sandelöl, ostind.	40 g	2. Sandelöl, ostind.	60 g
Ylang-Ylang Manila	20 g	Santalol	15 g
Jonon	5 g	Patchouliöl	12 g
Methyljonon	10 g	Cumarin	12 g
Irisöl, konkret	2 g	Resinoid Tonka	3 g
Vanillin	4 g	Resinoid Eichenmoos	30 g
Heliotropin	4 g	Petitgrainöl Grasse	25 g
Cumarin	6 g	Nelkenöl	3 g
Patchouliöl	2,5 g	Lavendelöl	25 g
Vetiveröl Java	4 g	Verbenaöl, franz.	15 g
Jasmin, künstl.	15 g	Citronenöl	5 g
Jasmin absol., nat.	5 g	Bergamottöl	25 g
Rose, künstl.	20 g	Rosenöl, echt	5 g
Rosenöl, echt	5 g	Rosenöl, künstl.	60 g
Bergamottöl	40 g	Jasmin, künstl.	25 g
Ambrettemoschus	15 g	Jasmin absol., nat.	10 g
Ketonmoschus	10 g	Neroli bigar.	15 g
Resinoid Tolu	20 g	Resinoid Tolu	20 g
Resinoid Labdanum	12 g	Resinoid Labdanum	5 g
		Ketonmoschus	12 g

3. Sandelöl, ostind. . . . . 25 g
Vetiveröl Réunion . . . . . . 8 g
Patchouliöl . . . . 5 g
Bergamottöl . . . . 15 g
Neroliöl bigar. . . . . 8 g
Petitgrain Grasse . . . . 30 g
Vanillin . . . . 5 g
Heliotropin . . . . 10 g
Cumarin . . . . 15 g
Rosenöl, echt . . . . 3 g
Rosenöl, künstl. . . . . 15 g
Geraniumöl, span. . . . . . . 10 g
Ketonmoschus . . . . 6 g
Resinoid Labdanum . . . . 8 g
Resinoid Tolu . . . . 15 g
Resinoid Opoponax . . . . 12 g
Jasmin absol., nat. . . . . . 6 g

4. Sandelöl, ostind. . . . . 25 g
Ylang-Ylangöl Manila . . . 12 g
Patchouliöl . . . . 4 g
Vetiveröl Réunion . . . . . . 5 g
Bergamottöl . . . . 10 g
Geraniumöl, span. . . . . . . 12 g
Vanillin . . . . 6 g
Heliotropin . . . . 12 g
Cumarin . . . . 22 g
Ambrettemoschus . . . . . . 15 g
Chypre comp. . . . . 15 g
Fougère comp. . . . . 10 g
Rosenöl, echt . . . . 6 g
Resinoid Tolu . . . . 20 g
Resinoid Labdanum . . . . 8 g
Jasmin absol., nat. . . . . . 5 g
Rose absol., nat. . . . . 4 g

Sandelkompositionen für Seifen.

1. Cedernöl . . . . 250 g
Sandelöl, ostind. . . . . . . 350 g
Petitgrainöl Paraguay . 60 g
Patchouliöl . . . . 30 g
Geraniumöl Réunion . . . 250 g
Methyljonon . . . . 40 g
Nelkenöl . . . . 70 g
Xylolmoschus . . . . 12 g
Ambrettemoschus . . . . . 18 g
Resinoid Sumatra . . . . 35 g
Resinoid Labdanum . . . . . 10 g
Chypre comp. S. . . . . 125 g
Rose künstl. . . . . 75 g
Jasmin, künstl. . . . . 75 g
Cumarin . . . . 60 g
Vetiveröl Réunion . . . . 25 g
Resinoid Eichenmoos . . . . 25 g

---

2. Sandelöl, ostind. . . . . . . 600 g
Bergamottöl . . . . 30 g
Heliotropin . . . . 50 g
Cumarin . . . . 50 g
Patchouliöl . . . . 25 g
Amylsalicylat . . . . 75 g
Xylolmoschus . . . . 15 g
Vetiveröl . . . . 75 g
Resinoid Tolu . . . . 40 g
Rosenöl, künstl. . . . . 75 g
Perubalsam . . . . 40 g
Cedernöl . . . . 150 g

3. Sandelöl . . . . 700 g
Patchouliöl . . . . 70 g
Geraniumöl, afrik. . . . . 250 g
Bergamottöl . . . . 250 g
Vetiveröl . . . . 75 g
Xylolmoschus . . . . 15 g
Ambrettemoschus . . . . . 25 g
Rosenöl, künstl. . . . . . . 125 g
Resinoid Eichenmoos . . 30 g
Verbenaöl, franz. . . . . . . 25 g
Cumarin . . . . 85 g
Vanillin . . . . 12 g
Chypre comp. S. . . . . . . 275 g
Fougère comp. S. . . . . . 125 g
Resinoid Tolu . . . . 50 g
Resinoid Sumatra . . . . . 100 g
Ambra S., flüssig . . . . . 50 g

4. Sandelöl, ostind. . . . . . . 500 g
Cedernöl . . . . 120 g
Vetiveröl . . . . 50 g
Geraniumöl, afrik. . . . . 120 g
Nelkenöl . . . . 40 g
Patchouliöl . . . . 20 g
Petitgrainöl Paraguay . 50 g
Bergamottöl . . . . 35 g
Heliotropin . . . . 25 g
Cumarin . . . . 55 g
Amylsalicylat . . . . 50 g
Jonon II . . . . 80 g
Xylolmoschus . . . . 15 g
Ambrettemoschus . . . . . 20 g
Perubalsam . . . . 60 g
Resinoid Sumatra . . . . . 60 g
Resinoid Labdanum . . . 15 g

5. Sandelöl, ostind.	450 g	6. Sandelöl, ostind.	550 g
Cedernöl	200 g	Geraniumöl, afrik.	120 g
Patchouliöl	60 g	Patchouliöl	55 g
Canangaöl	50 g	Petitgrainöl Paraguay	50 g
Geraniumöl, afrik.	125 g	Lavendelöl	50 g
Citronenöl	50 g	Vetiveröl	25 g
Verbenaöl, franz.	15 g	Nelkenöl	15 g
Cumarin	75 g	Cumarin	75 g
Vetiveröl	25 g	Vanillin	5 g
Nelkenöl	35 g	Citronenöl	10 g
Cassia-Zimtöl	25 g	Lemongrasöl	15 g
Jasmin, künstl.	25 g	Canangaöl	25 g
Rose, künstl.	75 g	Xylolmoschus	10 g
Methyljonon	15 g	Ambrettemoschus	20 g
Xylolmoschus	15 g	Resinoid Labdanum	20 g
Ambrettemoschus	20 g	Resinoid Tolu	40 g
Resinoid Tolu	40 g	Perubalsam	15 g
Resinoid Benzoe	50 g	Rosenöl, künstl.	125 g
Perubalsam	20 g	Chypre comp. S.	125 g

Spanisch Leder, Peau d'Espagne.

Die Herstellung des spanischen Leders wurde in Winter Handbuch der Gesamten Parfumerie und Kosmetik (Jul. Springer, Wien 1932) ausführlich beschrieben, worauf wir diesbezüglich verweisen.

Bei Kompositionen, die auch gleichzeitig den Geruch des Leders aufweisen sollen, erzielen wir solche Effekte durch rektifiziertes Birkenteeröl und massivere Dosen von Castoreum.

Sehr kräftige Zibet- und Moschusnoten sind hier ebenfalls erforderlich, auch kräftige balsamische Effekte.

Primitive Basen.

1. Bergamottöl	75 g	2. Bergamottöl	100 g
Zibet, künstl., flüssig	12 g	Zibet, künstl.	15 g
Birkenteeröl, rekt.	2 g	Birkenteeröl, rekt.	2,5 g
Resinoid Castoreum	2 g	Resinoid Castoreum	2,5 g
Rosenöl, echt	3 g	Rosenöl, echt	5 g
Rosenöl, künstl.	25 g	Rosenöl, künstl.	40 g
Vetiveröl Java	5 g	Vetiveröl Java	12 g
Sandelöl, ostind.	15 g	Sandelöl, ostind.	20 g
Neroliöl bigar.	40 g	Irisöl, konkret	2 g
Irisöl, konkr.	2 g	Ketonmoschus	10 g
Ketonmoschus	8 g	Ambrettemoschus	8 g
Ambrettemoschus	12 g	Patchouliöl	2 g
Vanillin	8 g	Citronenöl	5 g
Patchouliöl	1 g	Neroliöl bigar.	50 g
Citronenöl	5 g	Orangenöl, bitter	3 g
Resinoid Tolu	15 g	Cumarin	6 g
Perubalsam	5 g	Resinoid Styrax	20 g
Cumarin	4 g	Perubalsam	5 g
		Nelkenöl	2 g

Essence fine.

Sandelöl, ostind.	12 g	Cumarin	3 g
Vetiveröl Java	22 g	Resinoid Tonka	2 g
Bergamottöl	15 g	Lavendelöl	12 g
Citronenöl	6 g	Ketonmoschus	8 g
Neroliöl bigar.	8 g	Ambrettemoschus	12 g
Nelkenöl	2 g	Zibet, künstl.	12 g
Resinoid Girofles	2 g	Irisöl, konkret	2 g
Petitgrainöl, franz.	10 g	Resinoid Tolu	10 g
Rosenöl, echt	10 g	Resinoid Styrax	5 g
Ylang-Ylangöl	5 g	Jasmin absol., nat.	3 g
Birkenteeröl, rekt.	1 g	Orangenblüte absol., nat.	1,5 g
Patchouliöl	0,5 g	Cassie absol., nat.	0,5 g
Resinoid Castoreum	2 g	Rose absol., nat.	3 g

Peau d'Espagne-Kompositionen für Seife.

1.

Sandelöl, ostind.	220 g
Birkenteeröl, rekt.	20 g
Cumarin	85 g
Xylolmoschus	20 g
Ambrettemoschus	25 g
Zibet, künstl.	50 g
Amylsalicylat	100 g
Vetiveröl Réunion	60 g
Patchouliöl	25 g
Bergamottöl	250 g
Geraniumöl Réunion	220 g
Cedernöl	100 g
Nelkenöl	50 g
Canangaöl	100 g
Methylanthranilat	15 g
Resinoid Sumatra	50 g
Resinoid Styrax	30 g
Citronenöl	25 g
Neroliöl S., künstl.	50 g

2.

Sandelöl, ostind.	110 g
Vetiveröl Réunion	35 g
Birkenteeröl, rekt.	18 g
Zibet, künstl.	30 g
Bergamottöl	125 g
Cedernöl	100 g
Geraniumöl, afrik.	75 g
Amylsalicylat	100 g
Nelkenöl	25 g
Patchouliöl	15 g
Cumarin	75 g
Xylolmoschus	35 g
Ambrettemoschus	15 g
Geraniol	80 g
Linaloeöl	60 g
Terpineol	70 g
Citronenöl	12 g
Vanillin	8 g
Resinoid Castoreum	4 g
Neroli, künstl.	25 g

3.

Resinoid Castoreum	3,5 g	Canangaöl	60 g
Zibet, künstl.	35 g	Geraniumöl Réunion	110 g
Xylolmoschus	40 g	Neroliöl, künstl.	50 g
Ambrettemoschus	20 g	Cassia-Zimtöl	40 g
Cumarin	25 g	Ceylon-Zimtöl	25 g
Bergamottöl	120 g	Vetiveröl Réunion	55 g
Citronenöl	10 g	Nelkenöl	30 g
Portugalöl	25 g	Patchouliöl	18 g
Geraniol	50 g	Birkenteeröl, rekt.	10 g
Vanillin	15 g	Resinoid Styrax	30 g
Irisresinoid S.	25 g	Resinoid Tolu	20 g
Sandelöl, ostind.	110 g		

Juchten, Cuir de Russie.

Dieser Geruchstyp ähnelt in gewisser Beziehung dem *Peau d'Espagne*, nur kommen hier viel kräftigere Leder- (Juchten-) Effekte in Frage, aber keine massiveren Zibeteffekte, dafür kräftigere Castoreumnoten. Auch hier sind kräftige Moschusnoten und balsamische Effekte am Platze.

Basen primitiver Art.

1. Birkenteeröl, rekt.	20 g	2. Birkenteeröl, rekt.	22 g
Petitgrainöl	25 g	Bergamottöl	40 g
Bergamottöl	20 g	Cumarin	20 g
Cumarin	12 g	Resinoid Tonka	5 g
Resinoid Tonka	3 g	Ketonmoschus	6 g
Ketonmoschus	5 g	Ambrettemoschus	6 g
Ambrettemoschus	5 g	Rosenöl, künstl.	40 g
Rosenöl, künstl.	25 g	Rosenöl, echt	5 g
Rosenöl, echt	5 g	Jasmin Châssis	10 g
Resinoid Castoreum	2,5 g	Resinoid Castoreum	3 g
Neroli bigar.	10 g	Neroli bigar.	15 g
Jasmin, künstl.	15 g	Ylang-Ylang Manila	10 g
Ylang-Ylang Manila	10 g	Vetiveröl Java	10 g
Ambra, künstl., konkret	15 g	Patchouliöl	2 g
Sandelöl, ostind.	5 g	Sandelöl, ostind.	10 g
Patchouliöl	1 g	Geraniumöl, span.	25 g
Vetiveröl	5 g	Resinoid Tolu	30 g
Resinoid Styrax	20 g	Perubalsam	5 g
		Ambra, künstl., konkret	15 g

Diese Basen, obwohl primitiverer Art, sind nach einigen Retuschen mit echten Blütenölen usw. ohne weiteres auch für die feinere Parfumerie verwendbar. Für Extraits wurde wiederholt eine Tinktur aus Juchtenlederabfällen empfohlen.

Die Note *Cuir de Russie* ist sehr wertvoll bei vielen Phantasiekompositionen, zuweilen auch für Phantasie-*Eaux de Cologne* Genre *Russe* usw.

Patchouli-Buketts.

Als Hauptnote ist Patchouli in Verbraucherkreisen, abgesehen von solchen im Orient und gewissen anderen Ländern, in Form von Extraits weniger beliebt. Dagegen erfreuen sich Patchouliseifen oft recht großer Beliebtheit.

Bouquet Patchouly

Patchouliöl	20 g	Resinoid Labdanum	15 g
Vetiveröl Java	5 g	Resinoid Benzoe	10 g
Sandelöl, ostind.	5 g	Resinoid Tolu	10 g
Bergamottöl	10 g	Eichenmoos absol.	3 g
Rosenöl, echt	8 g	Jasmin absol., nat.	4 g
Rosenöl, künstl.	12 g	Rose absol., nat.	4 g
Irisöl, konkret	1 g	Tuberose absol., nat.	2 g
Ketonmoschus	8 g	Orangenblüte absol., nat.	2 g
Ambrettemoschus	12 g	Cassie absol., nat.	0,5 g

Patchoulikompositionen für Seife.

1. Patchouliöl	125 g	2. Patchouliöl	650 g
Geraniumöl Réunion	75 g	Sandelöl, ostind.	175 g
Lemongrasöl	75 g	Bergamottöl	400 g
Cassia-Zimtöl	50 g	Geraniumöl, afrik.	300 g
Cedernöl	50 g	Petitgrainöl Paraguay	100 g
Nelkenöl	20 g	Nelkenöl	85 g
Xylolmoschus	6 g	Vetiveröl	25 g
Sandelöl, ostind.	40 g	Xylolmoschus	20 g
Cumarin	40 g	Resinoid Styrax	50 g
Resinoid Tolu	15 g	Resinoid Tolu	25 g
Resinoid Styrax	20 g	Cumarin	120 g

3. Patchouliöl	225 g	4. Patchouliöl	500 g
Sandelöl, ostind.	100 g	Geraniumöl, afrik.	150 g
Vetiveröl	75 g	Vetiveröl	75 g
Geraniumöl Réunion	325 g	Nelkenöl	70 g
Nelkenöl	75 g	Lemongrasöl	120 g
Cumarin	110 g	Sandelöl, ostind.	75 g
Xylolmoschus	20 g	Bergamottöl	100 g
Jasmin, künstl.	75 g	Petitgrainöl Paraguay	50 g
Canangaöl	25 g	Cumarin	80 g
Resinoid Sumatra	75 g	Cassia-Zimtöl	30 g
Resinoid Tolu	25 g	Xylolmoschus	25 g
Resinoid Labdanum	25 g	Ambrettemoschus	15 g
		Resinoid Styrax	50 g
		Resinoid Tolu	25 g
		Resinoid Labdanum	15 g

Es sei hier daran erinnert, daß, auch in Seifen, nur gutes Patchouliöl angenehme Parfumierung ermöglicht, minderwertige Sorten (Dilemöl usw.) aber nur zu Enttäuschungen Anlaß geben.

Ylang-Ylang-Buketts.

(Siehe hier auch später bei Ylang-Ylangöl künstlich.)

Die Ylang-Ylang-Buketts hatten früher einmal ihre Vogue und waren sehr beliebt. Heute werden sie wohl kaum noch verlangt. Dagegen haben die Ylang-Ylangseifen auch heute noch ihre Liebhaber.

Wir beschränken uns im nachstehenden also darauf, zwei Vorschriften für Ylang-Ylangkompositionen für Seife zu geben.

Ylang-Ylangseife.

1. Ylang-Ylang Bourbon	50 g	2. Canangaöl	250 g
Canangaöl	300 g	Ylang-Ylang Bourbon	85 g
Geraniumöl, afrik.	200 g	Nelkenöl	45 g
Bergamottöl	120 g	Methyleugenol	15 g
Rosenöl, künstl.	75 g	Bergamottöl	100 g
Benzylacetat	75 g	Geraniumöl Réunion	110 g
Benzylalkohol	50 g	Methylanthranilat	60 g
Jasmin, künstl.	25 g	Petitgrainöl Paraguay	85 g
Neroli, künstl.	25 g	Cedernöl	100 g
Methylanthranilat	30 g	Xylolmoschus	20 g
Methyl-p-Cresol	12 g	Methyl-p-Cresol	18 g
Cumarin	15 g	Benzylacetat	25 g
Heliotropin	25 g	Jasmin, künstl.	80 g
Xylolmoschus	18 g	Neroli, künstl.	25 g
Resinoid Sumatra	60 g	Cumarin	15 g
Perubalsam	50 g	Amylsalicylat	20 g
Petitgrainöl	75 g	Resinoid Styrax	30 g
Amylsalicylat	15 g	Resinoid Tolu	30 g

Orientalische Buketts.

Dieser Begriff ist natürlich in keiner Weise enger zu umschreiben und sind solche Buketts Phantasiekompositionen mit besonders schwüler Note.

Nachstehend einige Beispiele, um diese Art von Kompositionen zu skizzieren. Besonders originelle Effekte erzielt man durch Mitverwendung von Santalylestern, wie Santalylacetat, Santalylphenylacetat usw. Auch kräftige Patchouli-, Vetiver- und Sandeleffekte sind hier obligatorisch, auch gut betonte Moschuseffekte usw.

Bouquet Oriental, Essence Fine.

Santalylacetat	45 g	Cumarin	45 g
Santalylphenylacetat	15 g	Vanillin	40 g
Resinoid Eichenmoos	20 g	Geraniumöl, span.	125 g
Sandelöl, ostind.	60 g	Rosenöl, künstl.	75 g
Patchouliöl	55 g	Bergamottöl	75 g
Vetiveröl	35 g	Iris, konkret	3 g
Isoeugenol	25 g	Methyljonon	15 g
Jasmin, künstl.	40 g	Ylang-Ylang Manila	75 g
Jasmin absol., nat.	15 g	Neroliöl bigar.	25 g
Rose absol., nat.	25 g	Methylanthranilat	8 g
Rosenöl, bulg.	65 g	Linalool	75 g
Ketonmoschus	40 g	Hydroxycitronellal	50 g
Ambrettemoschus	20 g	Resinoid Labdanum	25 g
Ambra, künstl., konkret	75 g	Resinoid Tolu	25 g

Bouquet Oriental Seife.

Santalylacetat	75 g	Geraniumöl, afrik.	175 g
Santalylphenylacetat	25 g	Bergamottöl	75 g
Nelkenöl	65 g	Methylanthranilat	25 g
Cassia-Zimtöl	8 g	Jasmin, künstl.	75 g
Lemongrasöl	40 g	Cedernöl	100 g
Cumarin	35 g	Ylang-Ylang Bourbon	25 g
Heliotropin	25 g	Xylolmoschus	25 g
Resinoid Eichenmoos	25 g	Ambrettemoschus	10 g
Patchouliöl	210 g	Resinoid Styrax	50 g
Sandelöl, ostind.	175 g	Resinoid Labdanum	25 g
Canangaöl	60 g	Resinoid Oliban	15 g
Rosenöl, künstl.	50 g		

Tabak-Buketts.

Solche sind in letzter Zeit sehr beliebt, als erster hat Caron, Paris, mit seinem *Tabac Blond* dieses neue Genre geschaffen.

Parfums dieser Art sollen das Aroma des gelben Zigarettentabaks wiedergeben, mit einem angenommenen Aroma der Tabakblüte haben diese Kompositionen aber nichts zu tun.

Bezüglich der hier zu verwendenden Riechstoffe ist folgendes zu bemerken:

Es liegt auf der Hand, daß in erster Linie hier analoge Aromastoffe herangezogen werden, wie sie zum Aromatisieren des gelben Zigarettentabaks verwendet werden, in erster Linie also Cumarin bzw. Tonkabohne, Rose, Balsame usw. Wichtig sind hier auch kräftige Jasminnoten (auch Jasminblütenöl wird häufig zur Aromatisierung feiner Tabake verwendet), ebenso Vanillenoten und besonders auch kräftige Honignoten (Phenylacetate, Phenylessigsäure usw.).

Als wichtige primitive Basis ist Dimethylhydrochinon zu nennen, dessen cumarinähnlicher Geruch auch gewisse Tabaknoten aufweist, in Frage kommen auch Methyleugenol mit tabakartigem Beigeruch,

Santalylphenylacetat, das ebenfalls honig- und tabakartig riecht, Birkenteeröl rektif., Castoreum, Sandelöl ostind., Ylang-Ylangöl, Sauge sclarée, Jonon, Methyljonon, Iris, Narcisse, dann kräftige balsamische Effekte (vor allem Labdanum, Tolu und künstliche Ambra, ebenso mittlere Moschuseffekte. Hin und wieder werden auch andere blumige Noten hier mitverwendet, z. B. Hydroxycitronellal, Heliotropin u. a. Auch Chypretöne (Eichenmoos, *Foin Coupé comp.* können hier bemerkenswerte Dienste leisten.

Es liegt auf der Hand, daß man hier auf oft recht verschiedenen Wegen zum Ziele kommen kann, weil der Begriff „Tabak" im Sinne der zahlreichen, oft ganz verschieden aromatisierten Zigarettentabake (englischer, türkischer, ägyptischer usw.) nicht sehr eng umschrieben sein kann, indes kommt allen derartigen Kompositionen eine gewisse Analogie dahingehend zu, daß sie sich, abgesehen von einem gewissen charakteristischen Tabakgrundgeruch, wenigstens in den Haupttönen Cumarin, Rose, Jasmin, Honig, balsamischen Noten usw. begegnen.

Basen primitiver Art.

1.		2.	
Dimethylhydrochinon	50 g	Dimethylhydrochinon	40 g
Sandelöl, ostind.	5 g	Methylphenylacetat	2 g
Methyleugenol	20 g	Santalylphenylacetat	3 g
Cumarin	20 g	Methyleugenol	15 g
Resinoid Tonka	20 g	Birkenteeröl, rekt.	0,5 g
Rosenöl, echt	15 g	Cumarin	30 g
Jasmin absol., nat.	20 g	Resinoid Tonka	20 g
Resinoid Labdanum	25 g	Rosenöl, echt	20 g
Jasmin, künstl.	25 g	Rosenöl, künstl.	50 g
Labdanumharzöl	8 g	Jasmin absol., nat.	25 g
Vanillin	10 g	Jasmin, künstl.	50 g
Ambrettemoschus	6 g	Resinoid Labdanum	40 g
Ylang-Ylangöl	15 g	Ambra, künstl., konkret	25 g
Eichenmoos absol.	2 g	Resinoid Tolu	30 g
Resinoid Tolu	20 g	α-Amylzimtaldehyd	3 g
Methylphenylacetat	1 g	Neroli bigar.	5 g
Santalylphenylacetat	1,5 g	Sandelöl ostind.	5 g
Phenylessigsäure	2 g	Eichenmoos absol.	2 g
Sauge sclaréeöl	5 g	Ambrettemoschus	8 g

Essences fines.

Tabac d'Orient

Dimethylhydrochinon	25 g	Labdanumharzöl	3 g
Resinoid Tonka	5 g	Resinoid Labdanum	12 g
Cumarin	15 g	Jasmin absol., nat.	12 g
Vanillin	5 g	Jasmin, künstl.	20 g
Eichenmoos absol.	3 g	Ambrettemoschus	15 g
Rosenöl, echt	12 g	Ketonmoschus	5 g
Rosenöl, künstl.	40 g	Resinoid Tolu	20 g
Sandelöl, ostind.	5 g	Resinoid Oliban	10 g
Resinoid Castoreum	1 g	Methyleugenol	10 g
Ambra, künstl., konkret	20 g	Birkenteeröl, rekt.	1,5 g
Bergamottöl	15 g	Methylphenylacetat	1,5 g
Vetiveröl Java	4 g	Phenylessigsäure	4 g
Patchouliöl	0,5 g	Hydroxycitronellal	5 g
Ylang-Ylangöl Manila	8 g	Neroliöl bigar.	10 g

Tabac Russe

Dimethylhydrochinon	15 g	Hydroxycitronellal	8 g
Bergamottöl	20 g	Sauge scl aréeöl	8 g
Cumarin	15 g	Neroliöl bigar.	2 g
Resinoid Tonka	5 g	Ambrettemoschus	5 g
Rosenöl, echt	7 g	Methyljonon	6 g
Vanillin	4 g	Methyleugenol	10 g
Sandelöl, ostind.	6 g	Resinoid Labdanum	15 g
Birkenteeröl, rekt.	1 g	Ambra, künstl., konkret	10 g
Irisöl, konkret	2,5 g	Resinoid Tolu	10 g
Jasmin absol., nat.	2 g	Eichenmoos absol.	2 g
Methylphenylacetat	1 g	Jonquille absol., nat.	2,5 g
Phenylessigsäure	1 g		

Tabak-Extraits.

Tabac Turc

Essence Tabac d'Orient	120 g	Tonkatinktur	175 g
Rosenöl, echt	5 g	Vanilletinktur	75 g
Rose, absol., nat.	4 g	Castoreumtinktur	40 g
Jasmin, absol., nat.	2,5 g	Moschustinktur	35 g
Eichenmoos, absol.	0,5 g	Ambratinktur	30 g
Ambra, künstl., konkret	4 g	Alkohol	1 l
Ketonmoschus	4 g		

Tabac Ambré

Essence Tabac Russe	125 g	Vanillin	2 g
Ambra, künstl., konkret	6 g	Cumarin	5 g
Rosenöl, echt	5 g	Ketonmoschus	3 g
Jasmin, absol., nat.	3 g	Ambrettemoschus	6 g
Rose, absol., nat.	4 g	Resinoid Tolu	6 g
Chypre comp.	20 g	Resinoid Oliban	4 g
Sandelöl, ostind.	3 g	Tonkatinktur	200 g
Resinoid Castoreum	0,5 g	Vanilletinktur	125 g
Moschuskörneröl	1,5 g	Moschustinktur	50 g
Patchouliöl	0,3 g	Ambratinktur	50 g
Nelkenöl	1,2 g	Alkohol	1,5 l
Neroliöl, bigar.	4 g		

Tabakbuketts für Toiletteseifen.

1.		2.	
Dimethylhydrochinon	100 g	Dimethylhydrochinon	85 g
Cumarin	100 g	Cumarin	75 g
Linaloeöl	60 g	Bergamottöl	250 g
Heliotropin	75 g	Cedernöl	100 g
Birkenteeröl, rekt.	12 g	Jasmin, künstl.	75 g
Jasmin, künstl.	100 g	Rose, künstl.	100 g
Rose, künstl.	100 g	Methylphenylacetat	25 g
Geraniumöl, afrik.	100 g	Methyljonon	75 g
Bergamottöl	175 g	Xylolmoschus	30 g
Xylolmoschus	25 g	Heliotropin	55 g
Methyljonon	75 g	Phenylessigsäure	35 g
Resinoid Labdanum	60 g	Lavendelöl	60 g
Resinoid Tolu	30 g	Birkenteeröl, rekt.	12 g
Vanillin	12 g	Resinoid Labdanum	40 g
Methylphenylacetat	25 g	Resinoid Styrax	35 g
Phenylessigsäure	35 g	Methyleugenol	15 g
Lavendelöl	50 g	Resinoid Eichenmoos	15 g
Patchouliöl	2 g	Sandelöl, ostind.	20 g
Resinoid Eichenmoos	10 g	Neroliöl, künstl.	25 g
Sandelöl, ostind.	15 g	Ambra, künstl., S. flüss.	35 g

Ambrabuketts.

Diese Kompositionen sind Phantasiebuketts mit mehr oder minder ausgesprochener balsamisch-würziger Note, mit kräftigen Vanilletönen, die man konventionell als Ambranote bezeichnet. Indes kann man, einmal durch Mitverwendung echter Ambratinktur in den Extraits, dann aber auch durch sorgfältige Bukettierung Effekte erhalten, die deutlich an echte Ambra gemahnen, namentlich auch wenn Castoreum mitverwendet wird. Jedenfalls spielt hier die balsamische Note nach Art der künstlichen Ambrasorten, bzw. Mitverwendung solcher Ambraimitationen (vgl. später dieses Kapitel) eine sehr bedeutende Rolle, bzw. massivere Dosen von Labdanum, künstlichen Moschussorten und Vanillin, die die nötigen balsamisch-ambraartigen Effekte ergeben.

Nachstehend einige Vorschriften für Ambrabuketts, die das Wesen dieser Kompositionen genügend erhellen dürften.

Essences fines.

1.

Resinoid Labdanum	50 g
Resinoid Castoreum	2 g
Resinoid Oliban	25 g
Resinoid Tolu	50 g
Vanillin	50 g
Ketonmoschus	20 g
Ambrettemoschus	10 g
Vetiveröl Java	75 g
Sandelöl, ostind.	65 g
Rosenöl, echt	15 g
Jasmin absol., nat.	12 g
Rose absol., nat.	8 g
Sauge scларéeöl	30 g
Methyljonon	100 g
Patchouliöl	3 g
Cumarin	12 g
Heliotropin	60 g
Rosenöl, künstl.	175 g
Jasmin, künstl.	50 g
Jonquille absol., nat.	4 g
Cypressenöl	0,5 g
Labdanumharzöl	5 g

2.

Resinoid Labdanum	85 g
Labdanumharzöl	10 g
Resinoid Tolu	75 g
Resinoid Tonka	15 g
Ambrettemoschus	35 g
Ketonmoschus	15 g
Vanillin	65 g
Rosenöl, echt	15 g
Vetiveröl Java	70 g
Sandelöl, ostind.	20 g
Heliotropin	75 g
Irisöl, konkret	5 g
Methyljonon	85 g
Sauge sclaréeöl	75 g
Rosenöl, künstl.	75 g
Jasmin absol., nat.	15 g
Bergamottöl	125 g
Cumarin	50 g
Eichenmoos absol.	5 g
Resinoid Oliban	30 g
Resinoid Styrax	20 g
Patchouliöl	12 g
Perubalsam	25 g
Jasmin, künstl.	50 g
Ylang-Ylangöl Manila	15 g
Resinoid Castoreum	3 g

3.

Jasmin, künstl.	30 g
Rosenöl, echt	5 g
Rosenöl, künstl.	30 g
Ambra, künstl., konkr.	35 g
Ambrettemoschus	10 g
Ketonmoschus	10 g
Vanillin	25 g
Irisöl, konkret	1 g
Rose absol., nat.	12 g
Jasmin absol., nat.	20 g
Jonquille absol., nat.	5 g
Eichenmoos absol.	5 g
Nelkenöl	2 g
Isobutylcinnamat	0,5 g
Labdanumharzöl	3 g
Bergamottöl	25 g
Patchouliöl	2 g
Sandelöl, ostind.	15 g
Vetiveröl Java	15 g
Resinoid Tolu	25 g
Resinoid Castoreum	1,5 g
Resinoid Labdanum	40 g
Cumarin	15 g

4. Chypre comp. .... 50 g
Rose absol., nat. .... 10 g
Jasmin absol., nat. ..... 10 g
Jonquille absol., nat. ... 5 g
Jasmin, künstl. .... 30 g
Rosenöl, echt .... 10 g
Rosenöl, künstl. .... 35 g
Ambra, künstl., konkret . 55 g
Ambrettemoschus ...... 15 g
Ketonmoschus .... 10 g
Vanillin .... 20 g
Vetiveröl Java .... 10 g
Patchouliöl .... 3 g
Sandelöl, ostind. .... 15 g
Cumarin .... 55 g
Irisöl, konkret .... 2 g
Ylang-Ylang Manila .... 3 g
Eichenmoos absol. ..... 5 g
Resinoid Tonka .... 10 g
Resinoid Castoreum .... 3 g
Resinoid Tolu.......... 25 g
Resinoid Labdanum .... 15 g
Resinoid Styrax........ 20 g
Weihrauchöl .... 8 g
Neroliöl bigar. .... 5 g

5. Resinoid Labdanum .. 30 g
Labdanumharzöl ..... 3 g
Resinoid Castoreum .. 1,5 g
Vetiveröl Java .... 3 g
Resinoid Iris Ia ..... 10 g
Sandelöl, ostind. ..... 5 g
Bergamottöl .... 10 g
Amylsalicylat .... 1,5 g
Patchouliöl .... 0,5 g
Jasmin, künstl. ...... 5 g
Nelkenöl .... 0,6 g
Vanillin .... 5 g
Cumarin .... 3 g
Ambrettemoschus..... 20 g
Ketonmoschus .... 8 g
Methyljonon .... 3 g
Pseudoaldehyd C. 16.. 0,4 g
Ambra, künstl., konkret 20 g
Jasmin absol., nat.... 5 g
Rose absol., nat. ..... 5 g
Tuberose absol., nat. . 2 g
Rosenöl, echt .... 5 g
Eichenmoos absol..... 2 g

6. Irisöl, konkret .... 5 g
Resinoid Iris Ia .... 40 g
Resinoid Castoreum .... 3 g
Resinoid Labdanum .... 75 g
Labdanumharzöl .... 6 g
Vetiveröl Java .... 12 g
Jasmin, künstl. .... 30 g
Amylsalicylat .... 6 g
Patchouliöl .... 2 g
Vanillin .... 15 g
Cumarin .... 10 g
Resinoid Tonka .... 5 g
Ambrettemoschus ...... 30 g
Methyljonon .... 20 g
Ylang-Ylangöl Manila... 8 g
Sandelöl, ostind. .... 20 g
Rose, künstl. .... 40 g
Rosenöl, echt .... 5 g
Jasmin absol., nat. ..... 10 g
Rose absol., nat. .... 10 g
Pseudoaldehyd C. 16.... 1 g
Opoponaxharzöl .... 25 g
Resinoid Eichenmoos ... 6 g

7. Resinoid Labdanum ... 150 g
Labdanumharzöl ...... 15 g
Resinoid Iris Ia ...... 125 g
Resinoid Castoreum ... 7 g
Resinoid Tonka .... 5 g
Resinoid Girofles...... 5 g
Ambrettemoschus ..... 70 g
Ketonmoschus .... 15 g
Sandelöl, ostind. ...... 45 g
Vetiveröl Java .... 25 g
Vanillin .... 40 g
Ylang-Ylang Manila ... 15 g
Cumarin .... 20 g
Amylsalicylat .... 12 g
Patchouliöl .... 4 g
Jasmin, künstl. .... 40 g
Jasmin absol., nat. .... 12 g
Rosenöl, echt .... 10 g
Rosenöl, künstl. ...... 30 g
Methyljonon .... 40 g
Irisöl, konkret .... 5 g
Pseudoaldehyd C. 16... 3 g
Opoponaxharzöl .... 75 g

Ambraextraits.

Ambre Royal		Ambre Romain	
Essence comp. Nr. 4	125 g	Essence comp. Nr. 2	135 g
Rosenöl, echt	5 g	Ambra, künstl., konkret	12 g
Vetiveröl Java	4 g	Vanillin	4 g
Patchouliöl	2 g	Vetiveröl Java	4 g
Chypre comp.	25 g	Ambrettemoschus	5 g
Jasmin, absol., nat.	6 g	Ketonmoschus	3 g
Rose, absol., nat.	4 g	Patchouliöl	2,5 g
Jonquille, absol., nat.	2 g	Eichenmoos, absol.	2 g
Ambra, künstl., konkret	8 g	Jasmin, absol., nat.	5 g
Moschuskörneröl	2 g	Rose, absol., nat.	4 g
Ambrettemoschus	4 g	Moschuskörneröl	2 g
Vanillin	4 g	Hydroxycitronellal	2,5 g
Sandelöl, ostind.	3 g	Resinoid Girofles	2,5 g
Nelkenöl	1,5 g	Resinoid Tolu	6 g
Vanilletinktur	125 g	Resinoid Oliban	4 g
Castoreumtinktur	55 g	Vanilletinktur	100 g
Moschustinktur	75 g	Castoreumtinktur	70 g
Ambratinktur	75 g	Moschustinktur	100 g
Alkohol	1,5 l	Ambratinktur	80 g
		Alkohol	2 l

Ambrabuketts für Seifen.

1.

Cedernöl	200 g	Cumarin	25 g
Geraniol	50 g	Jasmin S., künstl.	125 g
Geraniumöl, afrik.	100 g	Rose, künstl.	75 g
Resinoid Labdanum	125 g	Nelkenöl	15 g
Resinoid Tolu	50 g	Perubalsam	20 g
Resinoid Styrax	25 g	Patchouliöl	20 g
Resinoid Girofles	10 g	Amylsalicylat	25 g
Isobutylcinnamat	6 g	Bergamottöl	60 g
Vanillin	25 g	Heliotropin	40 g
Vetiveröl Réunion	25 g	Benzylacetat	35 g
Ambrettemoschus	60 g	Resinoid Eichenmoos	15 g
Xylolmoschus	20 g	Sandelöl, ostind.	25 g

2.

Sandelöl, ostind.	85 g	Jonon II	75 g
Vetiveröl Réunion	75 g	Vanillin	30 g
Patchouliöl	22 g	Bergamottöl	125 g
Resinoid Labdanum	100 g	Xylolmoschus	20 g
Resinoid Styrax	75 g	Isobutylcinnamat	5 g
Resinoid Oliban	75 g	Cumarin	40 g
Resinoid Girofles	15 g	Perubalsam	25 g
Ambrettemoschus	45 g	Resinoid Tolu	30 g
Geraniumöl Réunion	150 g	Jasmin, künstl.	75 g
Heliotropin	60 g		

Künstliche Nachbildungen ätherischer Öle (sogenannte „synthetische" ätherische Öle).

Die Herstellung solcher Kompositionen spielt in der modernen Parfumerie eine bedeutende Rolle und haben sich kunstvoll zusammengesetzte Ersatzprodukte vieler ätherischer Öle gut eingeführt und leisten in zahlreichen Fällen, ganz besonders aber bei der Seifenparfumierung, hervorragende Dienste.

Künstliche ätherische Öle sind also heute ein unentbehrliches Hilfsmittel des Parfumeurs geworden und müssen daher auch in diesem Zweig der Kompositionstechnik eingehendere Kenntnisse gefordert werden, weshalb wir nachstehend zahlreiche Vorschriften zur Herstellung künstlicher ätherischer Öle mit entsprechendem Kommentar bringen werden.

Wir haben es auch nicht unterlassen, bei jeder Sorte die chemische Zusammensetzung des echten ätherischen Öles mitanzuführen, bzw. hier zu wiederholen, obwohl, rein praktisch gesprochen, uns diese nur in relativ wenig Fällen mehr als ganz flüchtige Hinweise auf gewisse Möglichkeiten in der Komposition von Imitationen liefern kann und ganz erhebliche Abweichungen zwischen Zusammensetzung des echten Öles nach der Analyse und jener des Ersatzproduktes fast stets die Regel sind. Nichtsdestoweniger, wenn wir auch hier in vieler Beziehung auf unsere freie Initiative angewiesen sind und „Sprünge machen müssen", gibt die analytisch festgelegte Zusammensetzung des als Vorbild dienenden echten Öls sehr häufig schätzenswerte Fingerzeige, die entsprechende Beachtung verdienen.

Von einer wirklichen chemischen „Synthese" des ätherischen Öls kann in keinem Falle die Rede sein, weil auch kein einziges ätherisches Öl so restlos erforscht ist, daß wir im Sinne der chemischen Definition von einer „Synthese" zu sprechen berechtigt wären, weil ja jede Synthese restlose Erforschung des natürlichen Modells voraussetzt. Die sogenannten „synthetischen ätherischen Öle" (und selbstverständlich auch Blütenöle) sind Kunstprodukte, die viel zutreffender als „künstliche" ätherische Öle usw. zu bezeichnen sind. Die Arbeiten zur Herstellung künstlicher ätherischer Öle sind also in der Hauptsache rein empirisch-künstlerischer Art und ihr Erfolg im wesentlichen stets von parfumerietechnischer Schulung abhängig.

Als generell wichtig sei hier einleitend folgendes kurz bemerkt:

Analog der Komposition künstlicher Blütenöle spielen auch hier, wenn auch oft relativ geringe Zusätze echten Öles eine ganz hervorragende Rolle, um eine genügende Ähnlichkeit der Nachbildung mit dem natürlichen Modell zu erreichen, die praktisch auch nicht annähernd durch Gemische ohne solche Zusätze zu erhalten ist. Eine wirklich gute Nachbildung eines echten ätherischen Öles muß also stets einen gewissen Prozentsatz echten Öles enthalten und ist es oft erstaunlich, wie weit diese Ähnlichkeit schon durch recht geringe Zusätze echten Öls getrieben werden kann.

Im nachstehenden Kapitel sind nicht berücksichtigt das künstliche Neroliöl und das künstliche ätherische Rosenöl, die bereits früher ausführlich besprochen wurden (künstliches ätherisches Rosenöl siehe bei Rose S. 225, künstliches Neroliöl bei Orangenblüte S. 215).

Künstliches Geraniumöl.

Mittlere chemische Zusammensetzung des natürlichen Geraniumöls:

Geraniol (sehr schwankend!)	45—56%
Citronellol (bis 40%; sehr schwankend)	18—24%
Ester dieser Alkohole (Acetate, Tiglinate usw.) (besonders viel Ester im spanischen Öl, etwa 42%)	25—30%
Citral und Linalool	Spuren
Ferner wurden nachgewiesen wenig Terpene, Phenyläthylalkohol und Geranylformiat (9—13%)	

Diese Werte sind bei den einzelnen Geraniumölsorten ganz außerordentlich großen Schwankungen unterworfen. (Betreffs Zusammensetzung der einzelnen Geraniumölsorten vgl. S. 74.)

Zunächst einige Vorschriften für Nachbildungen der Haupt-Geraniumtypen:

Type Afrique

Geraniol	800 g
Citronellol	200 g
Diphenyloxyd	200 g
Geranylformiat	50 g
Geranylacetat	50 g
Geraniumöl, afrik.	300 g

Type Réunion (Bourbon)

Citronellol	500 g
Geraniol	500 g
Terpenylacetat	100 g
Geranylformiat	50 g
Geranylacetat	50 g
Diphenylmethan	200 g
Geraniumöl Réunion	300 g

Type Espagne

Citronellol	300 g
Geraniol	500 g
Geranylacetat	75 g
Geranylformiat	75 g
Diphenyloxyd	200 g
Geraniumöl, afrik.	150 g
Geraniumöl, span.	150 g
Jonon	50 g
Phenyläthylalkohol	50 g

Type Géranium rosée Grasse (franz. Geraniumöl)

Citronellol	300 g
Geraniol	500 g
Geraniumöl, franz.	150 g
Geranylacetat	50 g
Geranylformiat	60 g
Diphenyloxyd	150 g
Phenyläthylalkohol	100 g
Linalool	50 g
Jonon	55 g
Octylformiat	5 g
Geraniumöl, afrik.	100 g
Rosenöl, echt	1 g

Nachstehend noch eine Reihe anderer Vorschriften für künstliche Geraniumöle:

1.

Geraniumterpene	250 g
Citronellol	150 g
Geraniol	200 g
Rhodinol	200 g
Geranylacetat	75 g
Geranylformiat	15 g
Geranylbutyrat	5 g
Diphenyloxyd	15 g
Geraniumöl, afrik.	300 g

2.

Geraniumterpene	300 g
Geraniol	350 g
Citronellol	200 g
Geranylacetat	75 g
Geranylformiat	25 g
Palmarosaöl	250 g
Geraniumöl, afrik.	250 g

3. Geraniumterpene	660 g	4. Geraniumterpene	500 g
Diphenyloxyd	120 g	Diphenylmethan	125 g
Geraniol	250 g	Diphenyloxyd	35 g
Citronellol	150 g	Geraniol	250 g
Geranylacetat	25 g	Geranylacetat	25 g
Geraniumöl Réunion	200 g	Geraniumöl, afrik.	150 g
Palmarosaöl	100 g		

5. Geraniol	250 g	6. Geraniumterpene	300 g
Citronellol	250 g	Geraniol	300 g
Geraniumterpene	350 g	Citronellol	200 g
Diphenyloxyd	125 g	Geranylacetat	25 g
Geraniumöl Réunion	150 g	Rosenöl, künstl.	75 g
		Geraniumöl, afrik.	200 g
		Palmarosaöl	100 g

Ordinäre Kompositionen für Seife usw.

1. Diphenylmethan	400 g	2. Diphenyloxyd	400 g
Diphenyloxyd	200 g	Lemongrasöl	20 g
Geraniol	300 g	Geraniol	200 g
Citronellol	600 g	Citronellol	300 g
Geranylacetat	100 g	Geranylacetat	50 g
Geraniumterpene	300 g	Geraniumöl, afrik.	150 g
Geraniumöl Réunion	250 g		

3. Diphenyloxyd	600 g	4. Diphenyloxyd	300 g
Terpinylacetat	150 g	Diphenylmethan	200 g
Citronellol	500 g	Geraniumterpene	600 g
Geraniol	200 g	Geranylacetat	50 g
Geranylacetat	75 g	Geraniol	200 g
Geranylformiat	25 g	Citronellol	100 g
Geraniumöl, afrik.	150 g	Palmarosaöl	100 g
Palmarosaöl	100 g	Geraniumöl Réunion	100 g

Künstliches Irisöl.

Chemische Zusammensetzung des echten Irisöls:

Myristinsäure	85—90%
Iron	10—15%

Ferner Ölsäure, Methyl- u. Äthylmyristat, Methylnonylketon (?), und Spuren von Aldehyden C. 9 und C. 10.

Die in der Literatur veröffentlichten Angaben betreffs Herstellung künstlichen Irisöls sind sehr spärlich und wenig ausführlicher Natur. Wir hoffen also durch nachstehende Ausführungen und erstmalige Veröffentlichung ganz neuer Versuche in dieser Richtung eine Lücke in der Fachliteratur ausgefüllt und gut verwertbare Anregungen auch zur Herstellung guter künstlicher Irisöle gegeben zu haben.

Als wesentliche Basis solcher Kompositionen müssen wir, neben dem echten konkreten Irisöl, bzw. dem absoluten Irisöl (Iron) unsere Zuflucht zu Methyljonon bzw. Jonon nehmen, ebenso zu Estern der Myristinsäure und besonders auch zu Octylformiat, das eine sehr deutliche Irisnote besitzt.

Irisöl, konkret, künstlich

1. Methyljonon	35 g	2. Methyljonon	35 g
Octylformiat	3,5 g	Octylformiat	2,8 g
Veilchen comp.	5 g	Geranylformiat	0,1 g
Aldehyd C. 9	0,3 g	Äthylmyristat	0,2 g
Myristinsäure	70 g	Veilchen comp.	3 g
Irisöl, konkret, echt	3 g	Irisöl, konkret, nat.	2,5 g
		Myristinsäure	73 g
		Aldehyd C. 9	0,35 g

3. Irisöl, künstl., flüss.	35 g
Aldehyd C. 9	0,3 g
Veilchen comp.	5 g
Irisöl, konkret, nat.	7 g
Irisöl absol., 10fach	0,5 g
Myristinsäure	70 g

Die Myristinsäure wird in den flüssigen Bestandteilen warm gelöst.

Irisöl, künstlich, flüssig

1. Methyljonon	83 g	2. Aldehyd C. 9	0,6 g
Aldehyd C. 9	0,3 g	Laurinaldehyd	0,1 g
Octylformiat	7 g	Methyljonon	100 g
Irisöl, konkret, nat.	5 g	Octylformiat	20 g
Resinoid Iris Ia	15 g	Methylmyristat	12 g
Methylmyristat	3 g	Methylheptincarbonat	0,1 g
Äthylmyristat	1 g	Decylalkohol	1 g
		Äthylmyristat	1 g
		Irisöl, konkret, nat.	5 g
		Resinoid Iris	15 g

3. Methyljonon	15 g	4. Methyljonon	15 g
Aldehyd C. 9	0,15 g	Octylformiat	4 g
Octylformiat	5 g	Geranylformiat	1 g
Äthylmyristat	0,2 g	Aldehyd C. 9	0,1 g
Methylmyristat	0,5 g	Veilchen comp.	1 g
Äthylnonylat	0,2 g	Cumarin	0,02 g
Veilchen comp.	1,5 g	Irisöl, absol., 10fach	0,2 g
Irisöl, konkret, nat.	2 g	Irisöl, konkret, nat.	3 g
Irisresinoid	8 g	Resinoid Iris	7 g

Künstliches Bergamottöl.

Chemische Zusammensetzung des echten Bergamottöls:

Ester (Linalylacetat)	36—46%
Bergapten (Derivat des Oxycumarins)	5— 6%
Freie Alkohole (Linalool)	17—29%
Terpene	25—30%

Ferner Nerol, Terpineol und Hydrozimtalkohol.

Es folgen nun einige Vorschriften für künstliche Bergamottöle.

1.

Linalylacetat	100 g
Terpinylacetat	140 g
Citronenöl	80 g
Geranylacetat	5 g
Linalool	10 g
Geranylformiat	10 g
Bergamottöl Reggio	40 g

Chlorophyll q. s.

2.

Linalylacetat	250 g
Terpinylacetat	650 g
Citronenöl	550 g
Geranylacetat	80 g
Linalool	50 g
Geranylformiat	30 g
Bergamottöl Reggio	150 g

Chlorophyll q. s.

3.

Linalylacetat	400 g
Terpinylacetat	400 g
Citronenöl	400 g
Geranylacetat	75 g
Linalool	50 g
Geranylformiat	35 g
Bergamottöl Reggio	250 g

Chlorophyll q. s.

4.

Linalylacetat	600 g
Terpinylacetat	400 g
Citronenöl	600 g
Geranylacetat	80 g
Geranylformiat	25 g
Linalool	80 g
Bergamottöl Reggio	400 g

Chlorophyll q. s.

5.

Terpinylacetat	600 g
Linalylacetat	200 g
Citronenöl	450 g
Linalool	60 g
Geranylacetat	40 g
Bergamottöl Reggio	250 g

Chlorophyll q. s.

6.

Linalylacetat	450 g
Citronenöl	225 g
Linalool	60 g
Geranylacetat	40 g
Geranylformiat	20 g
Bergamottöl Reggio	250 g

Chlorophyll q. s.

7. Ordinär

Bergamotterpene	300 g
Citronenterpene	250 g
Citronenöl	150 g
Terpinylacetat	550 g
Linalylacetat	150 g
Linalool	100 g
Geranylacetat	50 g
Bergamottöl Reggio	150 g

Chlorophyll q. s.

Besonders billige Sorten für Seifen usw.

1.

Terpinylacetat	400 g
Bergamotterpene	200 g
Citronenterpene	500 g
Linalylacetat	150 g
Citronenöl	100 g
Linaloeöl	100 g
Geranylacetat	50 g
Bergamottöl Reggio	100 g

Chlorophyll q. s.

2.

Citronenterpene	500 g
Terpinylacetat	500 g
Citronenöl	200 g
Linalylacetat	200 g
Linalool	120 g
Geraniol	75 g
Geranylacetat	30 g
Citronellol	15 g
Bergamottöl Reggio	75 g

Chlorophyll q. s.

3.

Terpinylacetat	600 g
Citronenterpene	250 g
Citronenöl	100 g
Linalylacetat	50 g
Terpineol	150 g
Linalool	30 g
Geranylacetat	30 g
Bergamottöl Reggio	50 g

Chlorophyll q. s.

Künstliches Lavendelöl.

Chemische Zusammensetzung des echten ätherischen Lavendelöls:

Ester (Linalyl- und Geranylacetat) .... 36% Max. 45—55%, Min. 30%)
Freie Alkohole (Linalool, Geraniol, Nerol) 35—50%
Terpene 6%
Linalyl- und Geranylbutyrat .... Spuren
Bornylacetat .... Spuren
Cumarin meist nur Spuren, manchmal bis 0,8% (Maximum).

Es folgen nun einige Vorschriften.

1. Spiköl franz. (lavandé) . 250 g
Lavendelöl, franz...... 250 g
Geranylacetat......... 50 g
Terpinylacetat .... 300 g
Cumarin .... 2 g

2. Spiköl, franz.......... 300 g
Terpinylacetat .... 300 g
Terpinylbutyrat .... 25 g
Geranylacetat......... 75 g
Cumarin .... 2 g
Lavendelöl Montblanc.. 250 g

3. Spiköl, franz.......... 300 g
Lavendelöl, franz...... 200 g
Cumarin .... 2 g
Linalylacetat.......... 35 g
Geranylacetat......... 20 g
Linalylbutyrat .... 10 g
Linalylisobutyrat...... 10 g
Terpinylacetat .... 40 g

4. Spiköl, franz........ 400 g
Lavendelöl Montblanc 200 g
Linalylacetat........ 150 g
Geranylacetat....... 50 g
Geranylbutyrat ..... 10 g
Linalylbutyrat ...... 10 g
Terpinylacetat ...... 225 g
Cumarin .... 2,5 g

5. Lavendelöl Montblanc.. 400 g
Spiköl, franz.......... 400 g
Geranylacetat......... 50 g
Linalylacetat.......... 150 g
Terpinylacetat .... 100 g
Linalylbutyrat .... 25 g
Linalylisobutyrat...... 5 g
Terpinylpropionat ..... 50 g
Cumarin .... 3 g

6. Lavendelöl, franz...... 600 g
Spiköl, franz.......... 400 g
Linalylacetat.......... 100 g
Geranylacetat......... 50 g
Linalylbutyrat .... 35 g
Terpinylpropionat ..... 75 g
Terpinylacetat .... 125 g
Cumarin .... 4 g

7. Benzylidenaceton...... 5 g
Spiköl, franz.......... 475 g
Lavendelöl Montblanc.. 350 g
Cumarin .... 2 g
Linalylacetat.......... 150 g
Terpinylacetat .... 100 g
Geranylacetat......... 75 g
Terpinylpropionat ..... 75 g
Linalylbutyrat .... 25 g

8. Lavendelöl, franz.... 400 g
Spiköl, franz........ 400 g
Linalylacetat........ 75 g
Linalylbutyrat ...... 25 g
Terpinylacetat ...... 75 g
Terpinylpropionat ... 50 g
Terpinylbutyrat ..... 10 g
Cumarin .... 2,5 g

9. Lavendelöl, franz...... 300 g
Spiköl, franz.......... 400 g
Terpinylacetat .... 100 g
Linalylacetat.......... 120 g
Terpinylpropionat ..... 75 g
Linalylbutyrat .... 30 g
Geranylacetat......... 50 g
Cumarin .... 6 g
Resinoid Tolu......... 5 g

10. Lavendelöl Montblanc. 400 g
Spiköl, franz......... 300 g
Linalool .... 50 g
Linalylacetat......... 100 g
Geranylacetat........ 50 g
Terpinylacetat .... 100 g
Terpinylpropionat .... 75 g
Cumarin .... 5 g
Resinoid Benzoe ..... 5 g

11.

Lavendelöl Montbl.	450 g
Spiköl, franz.	300 g
Linalool	50 g
Terpinylpropionat	100 g
Linalylacetat	250 g
Terpinylacetat	100 g
Linalylbutyrat	25 g
Benzylidenaceton	2,5 g
Cumarin	5 g
Resinoid Tonka	0,5 g

12.

Lavendelöl, franz.	320 g
Spiköl, franz.	200 g
Cumarin	4 g
Resinoid Tonka	0,5 g
Linalylacetat	150 g
Terpinylacetat	100 g
Terpinylpropionat	80 g
Linalool	75 g
Geranylacetat	35 g
Linalylbutyrat	15 g

13.

Lavendelöl, franz.	150 g
Spiköl, franz.	250 g
Cumarin	7 g
Linalylacetat	125 g
Linalool	50 g
Geraniol	50 g
Terpinylacetat	100 g
Terpinylpropionat	50 g
Benzylidenaceton	5 g

14.

Lavendelöl, franz.	450 g
Spiköl, franz.	350 g
Linalylacetat	75 g
Terpinylacetat	275 g
Linalool	75 g
Cumarin	8 g
Benzylidenaceton	8 g
Terpinylpropionat	100 g

Künstliches süßes Orangenöl (Portugalöl).

Chemische Zusammensetzung des Portugalöls: Im echten Portugalöl wurden festgestellt:

Terpene (Limonen) (und mehr)	90%
Decylaldehyd (2,7% i. span. Öl)	1—1,5%

Citral und Methylanthranilat Spuren, auch Linalool, Citronellal, Terpineol und Nonylalkohol wurden gefunden.

Nachstehend einige Vorschriften für künstliches Portugalöl.

1.

Portugalterpene	800 g
Decylaldehyd	1,5 g
Portugalöl, terpenfrei	25 g
Portugalöl, nat.	75 g
Orangenöl, bitter	5 g
Neroliöl, künstl.	3 g

2.

Portugalterpene	850 g
Decylaldehyd	1,5 g
Methylanthranilat	8 g
Citronellal	7 g
Portugalöl, terpenfrei	15 g
Portugalöl	100 g
Orangenöl, bitter	5 g

3.

Portugalterpene	700 g
Citronenterpene	150 g
Portugalöl, terpenfrei	20 g
Portugalöl, nat.	100 g
Decylaldehyd	1,8 g
Neroliöl, künstl.	5 g
Orangenöl, bitter	3 g
Mandarinenöl	3 g

4.

Portugalterpene	800 g
Methylanthranilat	8 g
Decylaldehyd	2 g
Portugalöl, terpenfrei	25 g
Portugalöl, nat.	100 g
Orangenöl, bitter	5 g
Neroliöl, künstl.	5 g
Citral	5 g

Künstliches Mandarinenöl.

Chemische Zusammensetzung des echten Mandarinenöls:

Terpene	90—92%
Methyl-Methylanthranilat	1%

Es folgen einige Vorschriften zur Herstellung künstlichen Mandarinenöls.

1.

Citronenterpene	400 g
Portugalterpene	400 g
Decylaldehyd	2 g
Methyl-Methylanthranilat	50 g
Linalool	15 g
Citral	3 g
Mandarinenöl, nat.	150 g

2.

Petitgrainöl Mandarinier	75 g
Mandarinenöl, nat.	125 g
Portugalterpene	800 g
Decylaldehyd	2 g
Portugalöl, nat.	25 g
Methylanthranilat	5 g
Methyl-Methylanthranilat	20 g

3.

Portugalterpene	600 g
Citronenterpene	200 g
Decylaldehyd	2 g
Mandarinenöl, nat.	150 g
Portugalöl, nat.	20 g
Methyl-Methylanthranilat	40 g
Petitgrainöl Mandarinier	50 g

4.

Portugalterpene	750 g
Petitgrainöl Mandarinier	50 g
Decylaldehyd	2 g
Mandarinenöl, nat.	150 g
Orangenöl, bitter	5 g
Portugalöl	15 g
Methyl-Methylanthranilat	50 g

5.

Portugalterpene	600 g
Citronenterpene	250 g
Citral	10 g
Methyl-Methylanthranilat	50 g
Petitgrainöl Mandar.	60 g
Portugalöl t. s. f.	2 g
Mandarinenöl, nat.	200 g
Decylaldehyd	2,5 g

6.

Citronenterpene	900 g
Mandarinenöl, nat.	200 g
Decylaldehyd	1 g
Nonylaldehyd	1 g
Methyl-Methylanthranilat	50 g
Portugalöl t. s. f.	3 g

Künstliches bitteres Orangenöl.

Chemische Zusammensetzung des echten bitteren Orangenöls:

Terpene (Limonen)	90%
Decylaldehyd	0,8—1,5%
Spuren von Citral u. Citronellal.	

Nachstehend zwei Vorschriften für künstliche bittere Orangenöle.

1.

Portugalterpene	850 g
Decylaldehyd	2 g
Neroliöl, künstl.	12 g
Mandarinenöl	3 g
Orangenöl, bitter, nat.	150 g
Portugalöl, terpenfrei	5 g
Petitgrainöl, franz.	25 g

2.

Portugalterpene	600 g
Citronenterpene	250 g
Decylaldehyd	2 g
Neroliöl, künstl.	10 g
Citral	15 g
Citronellal	10 g
Petitgrainöl, Paraguay	20 g
Orangenöl, bitter, nat.	150 g

Künstliches Citronenöl.

Chemische Zusammensetzung des echten Citronenöls:

Citral	3,5—5%
Citronellal	7%
Terpene (Limonen)	90%

Fettaldehyde C. 8, C. 9, C. 10 und Laurinaldehyd Spuren. Spuren von Estern (Linalylacetat und Geranylacetat), ferner kleine Mengen von Citropten und Bisabolen.

Nachstehend zahlreiche Vorschriften zur Herstellung künstlicher Citronenöle.

1.

Citral	35 g
Citronenterpene	920 g
Citronenöl t. s. f.	1 g
Citronenöl, terpenfrei	25 g
Citronenöl, nat.	150 g
Decylaldehyd	0,3 g

2.

Citronenterpene	900 g
Citronenöl, terpenfrei	20 g
Citronenöl, nat.	150 g
Citral	30 g
Decylaldehyd	0,2 g

3.

Citronenterpene	900 g
Citronenöl, nat.	150 g
Citronenöl, terpenfrei	15 g
Citronenöl t. s. f.	1 g
Citral	35 g
Geranylacetat	2 g
Lemongrasöl	15 g
Citronellal	10 g
Decylaldehyd	0,2 g

4.

Citronenterpene	650 g
Citral	40 g
Citronellal	25 g
Citronenöl, terpenfrei	15 g
Citronenöl, nat.	250 g
Citronenöl t. s. f.	2 g
Decylaldehyd	0,2 g
Lemongrasöl	15 g

5.

Citral	45 g
Citronenterpene	800 g
Citronenöl, terpenfrei	15 g
Citronenöl, nat.	175 g
Citronenöl t. s. f.	2 g
Citronellal	35 g
Decylaldehyd	0,2 g
Lemongrasöl	15 g

6.

Citronenterpene	800 g
Citral	55 g
Citronenöl, nat.	300 g
Citronenöl terpenfrei	20 g
Citronenöl t. s. f.	2 g
Decylaldehyd	0,3 g
Citronellal	30 g
Terpinylacetat	100 g
Lemongrasöl	50 g

7.

Citronenterpene	950 g
Decylaldehyd	0,4 g
Citronenöl, terpenfrei	25 g
Citral	25 g
Geranylacetat	5 g
Linalylacetat	3 g
Citronenöl, nat.	200 g

8.

Citronenterpene	950 g
Citronenöl t. s. f.	3 g
Citronenöl, terpenfrei	20 g
Citronenöl, nat.	250 g
Citral	25 g
Citronellal	15 g
Linalylacetat	15 g
Geranylacetat	10 g
Decylaldehyd	0,3 g

Künstliches Verbenaöl.

Chemische Zusammensetzung des echten französischen Verbenaöls:

Citral	29 %
Ester	2,5%
Freie Alkohole (Citronellol)	13,8%
Terpene	20—25 %

Das spanische Verbenaöl enthält etwa 40—45% Terpene und gar keine oder nur ganz spurenhafte Mengen von Estern.

Nachstehend einige Vorschriften zur Herstellung künstlichen Verbenaöls.

1.

Lemongrasöl	600 g
Verbenaöl, franz.	100 g
Citronenöl	75 g
Citronellal	15 g
Citronellol	75 g
Neroliöl, künstl.	5 g
Citral	5 g

2.

Lemongrasöl	700 g
Verbenaöl, franz.	100 g
Citronenöl	50 g
Citronellal	15 g
Citronellol	40 g
Geraniol	60 g
Neroliöl, künstl.	5 g
Decylaldehyd	0,3 g
Citral	10 g

3. Extrafein

Verbenaöl, franz.	300 g
Lemongrasöl	700 g
Rosenöl, künstl.	50 g
Heliotropin	15 g
Mandarinenöl	10 g
Labdanumharzöl	1 g
Citronenöl	25 g
Bergamottöl Reggio	15 g
Citral	10 g
Citronellal	10 g

Künstliches Ylang-Ylangöl.

Chemische Zusammensetzung des echten Ylang-Ylangöls: Das Ylang-Ylangöl war der Gegenstand sehr eingehender chemischer Untersuchung und sind zahlreiche Bestandteile dieses wertvollen Öles bekannt. So wurden im Ylang-Ylangöl nachgewiesen: Benzylacetat, Geranylacetat, Linalylacetat, Methylanthranilat, Benzylbenzoat, Linalylbenzoat, Geranylbenzoat und Methylsalicylat als Ester, deren Gesamtgehalt bei feinen Ylang-Ylangsorten bis zu 55% steigen kann, meist ist er aber erheblich niedriger. (Canangaöle enthalten maximal 12% Ester, meist aber viel weniger, zwischen 3,5 und 8%.) Als wesentlicher Bestandteil des Aromas ist hier p-Cresolmethyläther (eventuell auch m-Cresolmethyläther) zu nennen, der in Mengen von etwa 3% im Ylang-Ylang vorkommt. Gute Ylang-Ylangöle sind sehr arm an Terpenen (Pinen) und Sesquiterpen (Cadinen), das Maximum für Cadinen im Ylang-Ylangöl ist 5%, während Canangaöl viel mehr Cadinen und auch Terpene (Pinen) enthält.

An anderen Bestandteilen wurden noch nachgewiesen: Linalool, Safrol (?), Isosafrol (?), Nerol, Farnesol, Benzylalkohol, Eugenol, Methyleugenol, Isoeugenol und Geraniol.

Nachstehend Vorschriften zur Herstellung künstlicher Ylang-Ylangöle.

Typ Manila

Benzylbenzoat	85 g
Methyl-p-Cresol	6 g
Linalool	100 g
Methyleugenol	5 g
Isoeugenol	20 g
Benzylacetat	120 g
Methylsalicylat	7 g
Methylanthranilat	16 g
Linalylacetat	20 g
Geraniol	250 g
Geranylacetat	15 g
Benzylalkohol	100 g
Jonon	60 g
Canangaöl Java (terpenfrei)	125 g
Ylang-Ylangöl Manila	200 g

Typ Réunion (Bourbon)

Linalylacetat	25 g
Benzylbenzoat	100 g
Methyl-p-Cresol	6 g
Linalool	120 g
Methyleugenol	10 g
Isoeugenol	5 g
Eugenol	5 g
Geraniol	220 g
Geranylacetat	20 g
Benzylacetat	125 g
Jonon	75 g
Methylanthranilat	12 g
Linalylacetat	50 g
Benzylalkohol	75 g
Methylsalicylat	5 g
Canangaöl, terpenfrei	150 g
Ylang-Ylangöl Bourbon	175 g

Diverse Vorschriften.

1.

Benzylalkohol	75 g
Linalool	200 g
Geraniol	100 g
Benzylacetat	150 g
Linalylacetat	40 g
Methylsalicylat	15 g
Methyl-p-Cresol	25 g
Methylanthranilat	8 g
Methyleugenol	30 g
Isoeugenol	15 g
Benzylbenzoat	60 g
Canangaöl Java	100 g
Ylang-Ylangöl Bourbon	150 g

2.

Methyl-p-Cresol	8 g
Methylanthranilat	5 g
Benzylacetat	175 g
Jasmin, künstl.	30 g
Isoeugenol	10 g
Eugenol	5 g
Methyleugenol	5 g
Benzylalkohol	100 g
Geraniol	75 g
Canangaöl, terpenfrei	225 g
Neroliöl, künstl.	25 g
Linalool	100 g
Methylsalicylat	15 g
Ylang-Ylang Réunion	150 g
Benzylbenzoat	80 g

3.

Benzylbenzoat	100 g
Benzylalkohol	100 g
Methylsalicylat	15 g
Methylanthranilat	12 g
Benzylacetat	150 g
Methyl-p-Cresol	12 g
Methyleugenol	8 g
Eugenol	4 g
Isoeugenol	6 g
Geraniol	100 g
Jasmin, künstl.	50 g
Canangaöl Java	200 g
Canangaöl t. s. f.	50 g
Ylang-Ylang Réunion	200 g

4.

Jasmin, künstl.	175 g
Canangaöl Java	200 g
Ylang-Ylang Réunion	200 g
Neroli, künstl.	30 g
Methyl-p-Cresol	15 g
Methylanthranilat	12 g
Linalool	225 g
Geraniol	75 g
Methyleugenol	10 g
Isoeugenol	15 g
Benzylalkohol	50 g
Benzylbenzoat	50 g

5.

Benzylacetat	110 g
Methylanthranilat	4 g
Benzylalkohol	115 g
Benzylbenzoat	50 g
Methyl-p-Cresol	5 g
Isoeugenol	15 g
Methyleugenol	15 g
Methyl-Isoeugenol	5 g
Canangaöl Java	200 g
Ylang-Ylangöl Réunion	150 g
Methylsalicylat	10 g

6. Methyl-p-Cresol	15 g	Methylanthranilat	8 g
Linalool	200 g	Phenyläthylalkohol	50 g
Geraniol	75 g	Jasmin, künstl.	60 g
Methylsalicylat	15 g	Neroli, künstl.	25 g
Linalylacetat	50 g	Benzylbenzoat	60 g
Benzylalkohol	80 g	Canangaöl Java	150 g
Benzylacetat	160 g	Canangaöl, terpenfrei	100 g
Methyleugenol	25 g	Ylang-Ylangöl Bourbon	150 g
Isoeugenol	15 g		

Künstliches Patchouliöl.

Die Zusammensetzung des echten Patchouliöls ist sehr wenig erforscht. Es enthält etwa 40 bis 45% Sesquiterpene, Patchoulicampher, Benzoesäure und Eugenol.

Es folgen einige Vorschriften für künstliche Patchouliöle.

1. Cedernöl	400 g	2. Sandelöl, westind.	300 g
Sandelöl, westind.	400 g	Cedernöl	200 g
Patchouliöl	300 g	Patchouliöl	400 g
Methyleugenol	5 g	Hydrozimtaldehyd	75 g
Resinoid Labdanum	5 g	Canangaöl	25 g
		Methyleugenol	5 g
		Eugenol	3 g
		Zimtaldehyd	2 g

3. Patchouliöl	300 g	Campheröl	15 g
Cedernöl	200 g	Geraniol	50 g
Sandelöl, westind.	100 g	Methyleugenol	5 g
Hydrozimtaldehyd	50 g		

Künstliches Zimtöl.

Chemische Zusammensetzung der Natur-Zimtöle:

Ceylon-Zimtöl

Zimtaldehyd	65—75%
Eugenol	6—10%

Enthält auch Cinnamylacetat u.a.

Chinesisches Zimtöl (Cassia-Zimtöl)

Zimtaldehyd	85—90%
Zimtsäure	1%

Enthält ferner: Cinnamylacetat und anderes. Kein Eugenol!

Künstliches Cassia-Zimtöl

1. Zimtaldehyd	725 g	2. Zimtaldehyd	700 g
Cinnamylacetat	75 g	Cassiaöl, nat.	150 g
Cassiaöl, nat.	225 g	Benzylalkohol	200 g
		Cinnamylacetat	50 g

Künstliches Ceylon-Zimtöl

Zimtaldehyd	700 g	Hydrozimtaldehyd	5 g
Cinnamylacetat	70 g	Methyleugenol	20 g
Eugenol	30 g	Ceylonzimtöl, nat.	200 g
Linalylacetat	50 g		

Künstliches Muskateller-Salbeiöl (Sauge slaréeöl).

Die chemische Zusammensetzung dieses wertvollen Öls ist gänzlich obskur. Die künstlichen Nachahmungen desselben sind zur Zeit noch viel weniger vollkommen als dies für viele andere ätherische Öle zutrifft.

Nachstehend einige Vorschriften.

1. Lavendelöl Barrème	50 g	Resinoid Labdanum	6 g
Octylformiat	6 g	Sauge sclaréeöl, nat.	100 g
Geranylformiat	2 g	Cumarin	0,5 g
Salbeiöl	250 g	Linalylpropionat	20 g
Sandelöl, ostind.	2 g		

2. Salbeiöl	300 g	Resinoid Labdanum	8 g
Lavendelöl Barrème	100 g	Labdanumharzöl	0,5 g
Cumarin	3 g	Geranylacetat	2 g
Octylformiat	8 g	Rose, künstl.	5 g
Geranylformiat	4 g	Sauge sclaréeöl, nat.	75 g
Irisöl, konkret	0,5 g	Linalylpropionat	50 g.
Sandelöl, ostind.	2,5 g		

Zur Nachbildung des Sauge sclaréeöls wird auch häufig Carottenöl verwendet und soll dieses Öl ganz besonders ähnliche Kompositionen zu erhalten gestatten. Cola erwähnt dieses Öl unter gleichzeitiger Anwendung von Ysopöl laut folgender Vorschrift:

Sauge sclarée, künstlich, nach Cola

Ysopöl	250 g	Önanthäther	10 g
Linalylacetat	300 g	Lavendelöl	30 g
Linalylpropionat	30 g	Dimethylhydrochinon	30 g
Resinoid Labdanum	40 g	Sauge sclaréeöl, nat.	90 g
Linalylformiat	20 g	Carottenöl	200 g

Diverse künstliche ätherische Öle.

Sandelöl, ostindisch

Santalol	500 g
Sandelöl, westind.	300 g
Gurjunöl	200 g

Melissenöl (Cola)

Citronenöl	400 g
Citronellöl Java	400 g
Citral	50 g
Geraniol	150 g

Bayöl

Eugenol	250 g
Methyleugenol	80 g
Citral	5 g
Nelkenöl	200 g
Gurjunöl	200 g

Fichtennadelöl

Bornylacetat	700 g
Citronenöl	20 g
Cumarin	15 g
Rosmarinöl	50 g
Eucalyptusöl Glob.	50 g
Edeltannenöl	200 g

Petitgrainöl

Portugalterpene	400 g
Methylanthranilat	15 g
Geraniol	150 g
Linalylacetat	250 g
Geranylacetat	50 g
Orangenöl, bitter	50 g
Petitgrainöl, Paraguay	200 g

Canangaöl

Benzylalkohol	200 g
Methylanthranilat	10 g
Methylsalicylat	20 g
Benzylacetat	150 g
Methyl-p-Cresol	10 g
Methyleugenol	10 g
Geraniol	100 g
Canangaöl Java	250 g

Fixateur-Basen.

Hier werden uns hauptsächlich balsamische Kompositionen usw. beschäftigen, die zum Fixieren und Abrunden der Parfums Verwendung finden sollen.

Unter diesen Basen sind vor allem künstliche Ambrasorten, künstlicher Zibet, künstliches Castoreum, sowie Moschuskompositionen zu nennen, ebenso Balsam-Phantasieprodukte verschiedener Art.

Künstliche Ambra.

Unter dieser mehr konventionellen Bezeichnung finden wir flüssige oder konkrete Produkte im Handel, die einen mehr oder minder ausgesprochenen balsamischen Charakter (Labdanumnote usw.) besitzen, auch mehr oder minder kräftige Vanillenoten aufweisen.

Durch Zusatz entsprechender Mengen Castoreumresinoid usw. erhält man indes Produkte, die der echten Ambra im Geruch ziemlich nahe kommen, jedenfalls sind die künstlichen Ambrasorten des Handels heute klassische Elemente der Kompositionstechnik geworden und leisten auch ganz hervorragende Dienste.

Diese balsamische Ambranote ist übrigens für die Mehrzahl der Konsumenten heute der Prototyp des Ambrageruches geworden und wäre es heutzutage einfach undenkbar, einen Ambraextrait, ein Ambra-*Eau de Cologne* usw. ohne Heranziehung der balsamischen Ambrasorten herzustellen, in vielen, ja den meisten Fällen, ist zu diesem Zwecke die Verwendung echter Ambratinktur in den Hintergrund getreten. Klassisch sind bei modernen Ambraextraits auch Castoreumeffekte, die, wie bereits erwähnt, in guten künstlichen Ambrasorten mitenthalten sind.

Wir dürfen diese Ambrasurrogate also weniger als wirkliche Ersatzmittel der echten grauen Ambra auffassen, als als konventionell als „Ambra“ bezeichnete und verwendete Balsamkompositionen, die in der modernen Parfumerie einen ganz bestimmten Begriff darstellen und eine sehr bedeutende Rolle spielen.

Die künstlichen Ambrasorten des Handels werden entweder in flüssiger Form oder als konkrete Masse harzig-klebriger Beschaffenheit oder in trockener Form als Bruchstücke einer festen Masse (Konglomerate) in den Handel gebracht.

Die festen, trockenen Ambrasorten enthalten entsprechend größere Mengen kristallinischer Produkte (Vanillin, künstlicher Moschus, Zimtsäure, Benzoesäure, Acetanilid usw.), manchmal wird auch Stearin zum Festmachen der Masse mit herangezogen.

Ambra, flüssig

Tolubalsam	700 g	Vetiveröl Java	100 g
Vanillin	1000 g	Weihrauchöl	50 g
Resinoid Patchouli	10 g	Perubalsam	20 g
Resinoid Labdanum	750 g	Sauge sclaréeöl	50 g
Ketonmoschus	500 g	Benzylbenzoat	2500 g
Ambrettemoschus	1200 g		

Ambre Céleste

Resinoid Oliban	100 g	Vetiveröl	15 g
Resinoid Labdanum	600 g	Cumarin	8 g
Resinoid Vanille	50 g	Ambrettemoschus	200 g
Perubalsam	200 g	Ketonmoschus	120 g
Resinoid Castoreum	10 g	Resinoid Tolu	150 g
Weihrauchöl	50 g	Labdanumharzöl	15 g
Patchouliöl	4 g	Jasmin, künstl.	10 g

Ambra, konkret I

Tolubalsam	70 g
Vanillin	175 g
Resinoid Vanille	15 g
Resinoid Labdanum	60 g
Resinoid Styrax	40 g
Resinoid Castoreum	2 g
Ambrettemoschus	60 g
Ketonmoschus	150 g
Weihrauchöl	10 g
Patchouliöl	1 g
Labdanumharzöl	3 g
Isobutylcinnamat	0,5 g

Ambra, konkret II

Ambrettemoschus	75 g
Ketonmoschus	135 g
Vanillin	150 g
Resinoid Vanille	20 g
Resinoid Labdanum	75 g
Resinoid Tolu	25 g
Tolubalsam	50 g
Patchouliöl	0,05 g
Vetiveröl Java	0,1 g
Xylolmoschus	15 g
Resinoid Castoreum	2 g
Pseudoaldehyd C. 16	0,05 g

Ambre du Pérou (konkret)

Patchouliöl	2 g
Resinoid Tolu	50 g
Tolubalsam	75 g
Resinoid Oliban	20 g
Resinoid Labdanum	40 g
Vanillin	160 g
Ambrettemoschus	150 g
Ketonmoschus	80 g
Perubalsam	50 g
Isobutylcinnamat	1 g
Vetiveröl	2 g
Xylolmoschus	75 g
Labdanumharzöl	5 g
Resinoid Castoreum	0,5 g

Muscambre

Resinoid Tolu	50 g
Resinoid Styrax	25 g
Resinoid Labdanum	30 g
Resinoid Benzoe	50 g
Tolubalsam	50 g
Ambrettemoschus	75 g
Xylolmoschus	50 g
Ketonmoschus	150 g
Zibet, künstl., flüss.	10 g
Amylphenylacetat	5 g
Benzylphenylacetat	2 g
Resinoid Castoreum	4 g
Vanillin	80 g
Patchouliöl	3 g

Die künstlichen Ambrasorten werden durch Zusammenschmelzen, bzw. warmes Lösen der Bestandteile im Wasserbad hergestellt.

Die flüssigen Produkte dieser Art werden nach dem Erkalten als dunkelgefärbte, klare ölige Lösung erhalten, die konkreten Ambrasorten entweder als harzige klebrige Massen oder als eine trockene nicht klebrige Masse, die nach dem völligen Erkalten in Stücke geschnitten wird.

Um solche trockenen Stücke zu erhalten, muß die Mischung genügende Mengen fester Bestandteile wie Kristallmoschussorten, Vanillin u. dgl. enthalten, ferner ist es wichtig darauf zu achten, daß die Schmelze nur l a n g s a m erkaltet und daß ferner beim Schmelzen jedes Überhitzen sorgfältig vermieden wird.

Eine sehr interessante Basis von originell-balsamischem Geruch ist auch folgende:

Oliban des Indes

Siam-Benzoe	250 g	Ambrettemoschus	100 g
Sumatra-Benzoe, gerein.	250 g	Sandelöl, ostind.	25 g
Vanillin	60 g	Citronenöl	5 g
Sauge sclaréeöl	48 g	Resinoid Castoreum	5 g
Perubalsam	160 g	Resinoid Eichenmoos	12 g
Patchouliöl	6 g	Resinoid Tonka	15 g
Jasmin, künstl.	15 g	Weihrauchöl	60 g
Cumarin	74 g	Labdanumharzöl	25 g
Pseudoaldehyd C. 16	2,5 g	Resinoid Tolu	100 g
Resinoid Oliban	100 g	Dimethylhydrochinon	5 g
Resinoid Labdanum	300 g	Santalylphenylacetat	5 g
Vetiveröl Java	20 g	Isobutylcinnamat	5 g
Ketonmoschus	150 g	Linalylcinnamat	5 g

Moschus-, Castoreum- und Zibet-Surrogate.

Die Herstellung erfolgt sinngemäß ebenfalls durch warmes Lösen aller Bestandteile.

Castoreum, künstlich

Birkenteeröl, rekt.	75 g
Resinoid Castoreum	100 g
Tolubalsam	300 g
Vanillin	150 g
Xylolmoschus	150 g
Perubalsam	75 g
p-Cresol	2 g
Ambra, künstl., konkret	35 g
Zibet, künstl., flüss.	5 g
Resinoid Labdanum	200 g
Cumarin	5 g

Muscarol

Ambrettemoschus	120 g
Ketonmoschus	150 g
Xylolmoschus	150 g
Zibet, künstl., flüss.	30 g
Tolubalsam	60 g
Resinoid Styrax	25 g
Resinoid Sumatra	75 g
Amylphenylacetat	5 g
Vanillin	15 g
Resinoid Castoreum	3 g
Patchouliöl	1 g
Vetiveröl	2 g

Castorambrol

Tolubalsam	250 g
Siambenzoe	100 g
Sumatrabenzoe, gereinigt	150 g
Resinoid Oliban	100 g
Resinoid Opoponax	150 g
Resinoid Labdanum	500 g
Vanillin	280 g
Perubalsam	120 g
Patchouliöl	2 g
Jasmin, künstl.	10 g
Cumarin	6 g
Pseudoaldehyd C. 16	3 g
Ambrettemoschus	120 g
Ketonmoschus	100 g
Xylolmoschus	80 g
Vetiveröl Java	15 g
Sandelöl, ostind.	5 g
Labdanumharzöl	35 g
Resinoid Castoreum	75 g
Birkenteeröl, rekt.	20 g

Moschus, flüssig

Ketonmoschus	200 g
Ambrettemoschus	150 g
Zibet, künstl., flüss.	15 g
m-Cresylphenylacetat	6 g
Amylphenylacetat	4 g
Benzylbenzoat	2500 g

Zibet, künstlich (Flüssig)

Xylolmoschus	70 g	Scatol	3 g
Ketonmoschus	30 g	Resinoid Opoponax	30 g
Indol	10 g	Vetiveröl	10 g
Phenylessigsäure	25 g	Benzylbenzoat	500 g
Perubalsam	40 g		

Civette en Poudre

Phenylessigsäure	300 g	Scatol	15 g
Xylolmoschus	250 g	Perubalsam	20 g
Ketonmoschus	100 g	Vetiveröl	10 g
Indol	50 g	Resinoid Opoponax	15 g

Civette liquide (Cola)

Tetrahydro-p-Methylchinolin	400 g
Scatol	100 g
Ketonmoschus	200 g
Phenylessigsäure	300 g

Civette Concrète (Cola)

Stearin	100 g
Butter	150 g
Tetrahydro-p-Methylchinolin	300 g
Scatol	100 g
Phenylessigsäure	350 g

Diverse Phantasie-Basen, Phantasie-Aldehyde usw.

Originelle Basen dieser Art sind heutzutage außerordentlich wertvolle Behelfe des geschickten Parfumeurs und als solche lukrative Handelsartikel der einschlägigen Firmen, die Riechstoffe liefern.

In der Tat gestatten solche Kompositionen viel Arbeit und Mühe zu vermeiden und besonders originelle Effekte zu erzielen, in vielen Fällen aber ermöglichen sie es fast allein, die gewünschte Originalität eines eigenartig berückenden Cachets zu erhalten.

Wir werden nachstehend einige Vorschriften für solche Kompositionen bringen, müssen uns jedoch darauf beschränken, gewisse Möglichkeiten zu skizzieren, ohne nur im entferntesten den Anspruch darauf erheben zu wollen, hier etwa erschöpfende Angaben zu machen, muß es doch der eigenen Phantasie des Parfumeurs überlassen bleiben, Basen dieser Art zu schaffen, die seinen Zwecken entsprechen, bzw. den Wünschen der Parfumeure, die solche regelmäßig von den Riechstoff-Fabriken beziehen, weitmöglichst entgegenkommen. Immerhin enthalten nachstehende Vorschriften sicher wertvolle Richtlinien für die Komposition solcher Phantasie-Produkte.

Wichtig erschien uns hier auch der allgemeine Hinweis auf die prinzipielle Bedeutung solcher Basen, wie überhaupt origineller Phantasie kompositionen komplexer Art, für die praktische Parfumerie, dies um so mehr, als deren notorische und oft unschätzbare Nützlichkeit von weniger erfahrenen Parfumeuren oft noch bedeutend unterschätzt wird.

Bukettierte Methyljonone.

Solche findet man als wertvolle Basen unter Phantasienamen im Handel. Nachstehend einige Vorschriften dieser Art.

Irione

Methyljonon	100 g	Methylnonylacetaldehyd	0,05 g
Irisöl, konkret	2 g	Hydroxycitronellal	0,2 g
Methylnonylketon	0,5 g	Ylang-Ylangöl	1 g
Laurinaldehyd	0,03 g	Cassie absol., nat.	0,5 g

Irola

Methyljonon	150 g
Jonon	50 g
Irisöl, absol., 10fach	0,3 g
Heliotropin	0,5 g
Methylnonylacetaldehyd	0,05 g
Irisöl, künstl., flüss.	0,2 g
Methylheptincarbonat	0,1 g
Ylang-Ylangöl	0,3 g

Iranol

Methyljonon	100 g
Jonon	25 g
Hydroxycitronellal	0,3 g
Neroli bigar.	0,1 g
Laurinaldehyd	0,02 g
Methylnonylacetaldehyd	0,03 g
Methylnonylketon	0,3 g
Irisöl, konkret	3 g

Irix

Methyljonon	150 g
Hydroxycitronellal	0,3 g
Irisöl absol., 10fach	0,2 g
Octylformiat	0,1 g
Cassie absol., nat.	0,2 g
Laurinaldehyd	0,03 g
Methylnonylketon	0,2 g
Mandarinenöl	0,2 g
Rosenöl, bulg.	0,2 g

Joniris

Methyljonon	150 g
Irisöl absol., 10fach	0,3 g
Irisöl, konkret	2 g
Hydroxycitronellal	0,5 g
Ylang-Ylangöl	0,3 g
Maiglöckchen comp.	0,3 g
Heliotropin	0,2 g
Portugalöl	0,5 g
Laurinaldehyd	0,03 g
Methylnonylacetaldehyd	0,03 g
Cassie absol., nat.	0,2 g
Jasmin absol., nat.	0,2 g

Iradiol

Methyljonon	150 g
Irisöl, konkret	4 g
Jonon	25 g
Ylang-Ylangöl	2 g
Hydroxycitronellal	0,5 g
Heliotropin	1 g
Mandarinenöl	0,5 g
Laurinaldehyd	0,02 g
Methylnonylacetaldehyd	0,03 g
Methyloctincarbonat	0,2 g
Cassie absol., nat.	0,1 g
Jasmin absol., nat.	0,1 g
Violette feuilles absol.	0,05 g

Bukettiertes Hydroxycitronellal.

Auch dieses ist unter verschiedenen Phantasienamen im Handel anzutreffen. Nachstehend einige Vorschriften dieser Art.

Cyclobasia

Hydroxycitronellal	500 g
Heliotropin	2 g
Methyljonon	2 g
Cyclamen comp.	10 g
Ylang-Ylangöl	2 g

Cyclora

Hydroxycitronellal	600 g
Irisöl, konkret	0,5 g
Methyljonon	2 g
Muguet comp.	15 g
Cyclamen comp.	10 g
Ylang-Ylangöl	2 g

Cyclovera

Hydroxycitronellal	1000 g
Iris absol 10fach	0,5 g
Jasmin absol., nat.	2,5 g
Rosenöl echt	1,5 g
Methyljonon	2,5 g
Ylang-Ylang Manila	2 g
Heliotropin	3 g
Muguet comp.	15 g

Cyclamina

Hydroxyxitronellal	600 g
Jasmin absol., nat.	3 g
Cyclamen comp.	15 g
Ylang-Ylang Manila	2 g
Methyljonon	2 g
Irisöl konkr. nat.	1 g
Cyclamen comp.	10 g
Muguet comp.	10 g
Heliotropin	3 g

Phantasie-Aldehyde und Diverse.

Moosaldehyde.

Evernione

Äthylsalicylat	500 g	Edeltannenöl	50 g
Methylsalicylat	50 g	Linalool	400 g
Santalylacetat	600 g	Amylsalicylat	100 g
Vetiveröl Java	500 g	Resinoid Myrrhe	100 g
Cypressenöl	50 g	Perubalsam	60 g
Patchouliöl	25 g	Resinoid Oliban	100 g
Laurinaldehyd	35 g	Ketonmoschus	50 g
Pseudoaldehyd C. 16	5 g	Resinoid Eichenmoos	400 g
Methylnonylacetaldehyd	25 g	Resinoid Labdanum	75 g

Chlorophyll q. s.

Aldéhyde Evernique

Methylnonylacetaldehyd	20 g	Hydroxycitronellal	50 g
Laurinaldehyd	80 g	Resinoid Eichenmoos	100 g
Vetiveröl Réunion	500 g	Evernione	500 g
Linalool	150 g	Resinoid Styrax	150 g
Muguet comp.	200 g	Benzylbenzoat	400 g

Das Eichenmoosresinoid in den flüssigen Bestandteilen heiß lösen und filtrieren.

Erdbeeraldehyd

Irisöl, konkret	1,5 g
Pseudoaldehyd C. 16	300 g
Vanillin	15 g
Nelkenöl	5 g
Hydroxycitronellal	100 g
Phenyläthylacetat	100 g
Butteräther	15 g
Essigäther	15 g

Fraiseline (Cola)

Pseudoaldehyd C. 16	200 g
Butteräther	100 g
Amylbutyrat	100 g
Amylacetat	50 g
Vanillin	50 g
Methylcinnamat	25 g
Ambrettemoschus	25 g
Jonon	450 g

Pfirsichaldehyd

Butteräther	50 g
Essigäther	30 g
Pseudoaldehyd C. 14	250 g
Hydroxycitronellal	400 g
Vanillin	35 g
Heliotropin	5 g
Octylformiat	15 g
Phenyläthylacetat	120 g
Irisöl, konkret	2 g

Aldéhyde Pêche (Cola)

Pseudoaldehyd C. 14	300 g
Vanillin	50 g
Benzaldehyd	10 g
Butylaldehyd	10 g
Citral	5 g
Hydroxycitronellal	625 g

Jasminaldehyd

α-Amylzimtaldehyd	500 g	Benzylbutyrat	15 g
Pseudoaldehyd C. 16	2 g	Benzylpropionat	35 g
Pseudoaldehyd C. 14	0,2 g	Linalool	50 g
Hydroxycitronellal	150 g	Neroliöl, künstl.	100 g
Methylanthranilat	25 g	Ylang-Ylangöl Réunion	50 g
Zimtalkohol	50 g	Decylaldehyd	0,5 g
Linalylacetat	20 g	Orangenöl, bitter	20 g
Benzylacetat	225 g		

Aldéhyde Jasminique (Cola)

α-Amylzimtaldehyd	400 g
Octylaldehyd	10 g
Pseudoaldehyd C. 14	5 g
Hydroxycitronellal	485 g
Heliotropin	100 g

Cyclamenaldehyd

Hydroxycitronellal	500 g
Decylaldehyd	5 g
Cyclamen comp.	500 g
Methyljonon	100 g
α-Amylzimtaldehyd	100 g
Octylaldehyd	3 g
Nonylaldehyd	2 g
Methylnonylacetaldehyd	2 g

Rosenaldehyd

Geraniol	450 g
Citronellol	400 g
Geraniumöl, afrik.	150 g
Linalool	80 g
Phenyläthylalkohol	100 g
Aldehyd C. 10	10 g
Aldehyd C. 8	20 g
Aldehyd C. 9	10 g
Rosenöl, echt	2 g
Hydroxycitronellal	50 g

Orangenaldehyd

Portugalöl	400 g
Orangenöl, bitter	100 g
Neroliöl, künstl.	25 g
Decylaldehyd	25 g
Essigäther	15 g
Butteräther	5 g
Pseudoaldehyd C. 16	2 g
Hydroxycitronellal	50 g
Portugalöl t. s. f.	5 g

Maiglöckchenaldehyd

Hydroxycitronellal	1400 g
Muguet comp.	1000 g
Linalool	1000 g
Ylang-Ylangöl	250 g
Methyljonon	150 g
Pseudoaldehyd C. 14	2 g
Aldehyd C. 10	15 g
Aldehyd C. 8	15 g
α-Amylzimtaldehyd	50 g
Jasmin, künstl.	100 g

Citronenaldehyd

Citral	150 g
Citronellal	150 g
Citronenöl	500 g
Lemongrasöl	50 g
Decylaldehyd	25 g
Hydroxycitronellal	50 g
Essigäther	10 g
Butteräther	5 g
Citronenöl t. s. f.	5 g

Irisaldehyd

Laurinaldehyd	0,5 g
Nonylaldehyd	50 g
Methyljonon	350 g
Octylformiat	40 g
Irisöl, konkret	2 g
Methylmyristat	20 g
Decylalkohol	5 g

Baumaldéhyde (Balsamaldehyd)

Pseudoaldehyd C. 16	350 g
Resinoid Labdanum	100 g
Labdanumharzöl	15 g
Resinoid Tolu	150 g
Resinoid Vanille	20 g
Vanillin	150 g
Resinoid Styrax	100 g
Resinoid Tonka	15 g
Ambrettemoschus	80 g
Ketonmoschus	100 g
Patchouliöl	2 g
Cypressenöl	3 g
Vetiveröl	50 g
Sauge sclaréeöl	75 g
Resinoid Eichenmoos	50 g
Bergamottöl	100 g
Gurjunbalsamöl	300 g
Hydroxycitronellal	100 g
Benzylbenzoat	150 g
Resinoid Oliban	100 g
Weihrauchöl	25 g
Citronenöl	5 g
Isobutylcinnamat	10 g
Linalylcinnamat	5 g
Santalylacetat	25 g

Honigaroma (Cola)

p-Methylchinolin	100 g	Linalool	25 g
Phenylessigsäure	150 g	Hydroxycitronellal	75 g
Methylphenylacetat	25 g	Phenylacetaldehyd	5 g
Phenyläthylphenylacetat	50 g	Zimtalkohol	70 g
Heliotropin	100 g	Phenyläthylalkohol	400 g

Wachsaroma (Cola)

Phenylessigsäure	250 g
Phenyläthylalkohol	300 g
Phenyläthylphenylacetat	50 g
Methylphenylacetat	125 g
Terpineol	125 g
p-Methylchinolin	25 g
Amylsalicylat	125 g
Benzylalkohol	100 g

Formularium der Phantasiebuketts.

Wir geben nachstehend sowohl Vorschriften für Phantasieextraits wie für alkoholfreie Parfumöle mit Phantasiecharakter, wobei es sich natürlich von selbst versteht, daß, analog der für einen alkoholischen Extrait angeführten Mischungsvorschrift, durch Weglassen der Tinkturen und des Alkohols, entsprechende alkoholfreie Grundlagen komponiert werden können.

In diesem Falle werden natürlich zwecks Erlangung möglichst ähnlicher Effekte meist bestimmte Retuschen nötig, indem z. B. bei Weglassung von Tonkatinktur der Cumaringehalt des Parfumöls entsprechend zu vermehren ist, bzw. ein Zusatz von Tonkaresinoid in Frage kommt, bei Weglassen von Vanilletinktur der Vanillingehalt usw. Ferner muß in vielen Fällen zur dauernden Lösung der festen Riechstoffe ein Lösungsmittel wie Benzylbenzoat, Phthalester usw. zugesetzt werden.

Phantasieextraits.

Bukett Nr. 1

Chypre comp.	35 g	Ketonmoschus	3 g
Jasmin absol., nat.	5 g	Irisöl, konkret	2 g
Tuberose absol., nat.	2 g	Methyljonon	5 g
Orangenblüte absol., nat.	3 g	Amylsalicylat	3 g
Neroliöl bigar.	6 g	Hydroxycitronellal	3 g
Rosenöl, echt	5 g	Resinoid Tolu	8 g
Ylang-Ylangöl	10 g	Resinoid Eichenmoos	4 g
Cumarin	6 g	Tonkatinktur	75 g
Heliotropin	5 g	Vanilletinktur	60 g
Vanillin	2 g	Moschustinktur	35 g
Patchouliöl	1,5 g	Ambratinktur	25 g
Bergamottöl	6 g	Methylnonylacetaldehyd 10%	0,5 g
Sandelöl, ostind.	4 g	Alkohol	1,5 l
Ambra, künstl., konkret	8 g		
Ambrettemoschus	5 g		

Bukett Nr. 2

Rosenöl, künstl.	6 g	Resinoid Vanille	2,5 g
Sauge sclaréeöl	5 g	Ambra, künstl., konkret	6 g
Foin coupé comp.	22 g	Jasmin absol., nat.	5 g
Aldehyd C. 10	0,1 g	Tuberose absol., nat.	2 g
Pseudoaldehyd C. 14	0,05 g	Cassie absol., nat.	0,5 g
Ambrettemoschus	5 g	Methyljonon	2,5 g
Ketonmoschus	3 g	Estragonöl	0,3 g
Cumarin	3 g	Ingweröl	0,2 g
Sandelöl, ostind.	2 g	Sauge sclaréeöl	2 g
Patchouliöl	1 g	Amylsalicylat	3 g
Vetiveröl Java	1,5 g	Resinoid Labdanum	3 g
Bergamottöl	6 g	Resinoid Tolu	6 g
Fougère comp.	25 g	Moschustinktur	40 g
Jasmin, künstl.	5 g	Vanilletinktur	75 g
Rosenöl, echt	5 g	Alkohol	1,5 l
Eichenmoos absol.	2,5 g		

Bouquet Ambré

Rosenöl, echt	5 g	Vanillin	3 g
Rose absol., nat.	5 g	Resinoid Labdanum	5 g
Jasmin absol., nat.	4 g	Labdanumharzöl	2,5 g
Jonquille absol., nat.	2 g	Ketonmoschus	4 g
Rosenöl, künstl.	10 g	Ambrettemoschus	6 g
Ambra, künstl., konkret	15 g	Moschuskörneröl	0,5 g
Aldehyd C. 8	0,05 g	Resinoid Tolu	8 g
Aldehyd C. 9	0,05 g	Vanilletinktur	100 g
Pseudoaldehyd C. 16	0,1 g	Moschustinktur	40 g
Methylnonylacetaldehyd 10%	0,3 g	Ambratinktur	60 g
Vetiveröl Java	5 g	Isoeugenol	2 g
Cumarin	6 g	Resinoid Girofles	1,5 g
Patchouliöl	1,5 g	Castoreumtinktur	25 g
Sandelöl, ostind.	1,5 g	Alkohol	1,5 l

Bukett Nr. 3

Bergamottöl	60 g	Cassie absol., nat.	0,5 g
Patchouliöl	15 g	Jonquille absol., nat.	1 g
Sandelöl, ostind.	15 g	Irisöl absol., 10fach	0,2 g
Vetiveröl	10 g	Resinoid Tolu	12 g
Cumarin	30 g	Resinoid Vanille	3 g
Vanillin	5 g	Resinoid Oliban	5 g
Rosenöl, echt	6 g	Sauge sclaréeöl	2 g
Eichenmoos absol.	5 g	Estragonöl	0,5 g
Ambrettemoschus	6 g	Methyljonon	5 g
Ketonmoschus	4 g	Neroliöl bigar.	10 g
Oeillet comp.	3 g	Castoreumtinktur	25 g
Chypre comp.	10 g	Vanilletinktur	75 g
Hydroxycitronellal	5 g	Moschustinktur	50 g
Jasmin, künstl.	10 g	Ambratinktur	25 g
Amylsalicylat	3 g	Tonkatinktur	75 g
Jasmin absol., nat.	5 g	Alkohol	2 l
Tuberose absol., nat.	1,5 g		

Bukett Nr. 4

Trèfle comp.	12 g	Ambrettemoschus	6 g
Cypressenöl	2,5 g	Ketonmoschus	4 g
Estragonöl	0,5 g	Irisöl, konkret	0,5 g
Sauge sclaréeöl	2 g	Muguet comp.	2,5 g
Foin coupé comp.	8 g	Methyljonon	4 g
Vanillin	1 g	Ambra, künstl., konkret	6 g
Heliotropin	2 g	Jasmin absol., nat.	8 g
Cumarin	2 g	Rose absol., nat.	4 g
Resinoid Tonka	1 g	Orangenblüte absol., nat.	2 g
Resinoid Vanille	1,5 g	Bergamottöl	10 g
Resinoid Tolu	4 g	Citronenöl	1 g
Resinoid Girofles	0,5 g	Mandarinenöl	3 g
Resinoid Castoreum	0,2 g	Portugalöl	2 g
Jasmin, künstl.	6 g	Vanilletinktur	60 g
Rosenöl, künstl.	10 g	Moschustinktur	30 g
Rosenöl, echt	4 g	Tonkatinktur	50 g
Ylang-Ylangöl Manila	2 g	Zibettinktur	15 g
Patchouliöl	1,5 g	Alkohol	1 l
Sandelöl, ostind.	3 g		

Alkoholfreie Parfumöle.

1.

Methyljonon	50 g	Rose absol., nat.	3 g
Heliotropin	15 g	Anisaldehyd	2 g
Rosenöl, echt	5 g	Resinoid Tolu	10 g
Irisöl, konkret	1,5 g	Vanillin	3 g
Ambrettemoschus	3 g	Sandelöl, ostind.	3 g
Ketonmoschus	4 g	Patchouliöl	1,5 g
Bergamottöl	5 g	Methylnonylacetaldehyd	0,1 g
Jasmin, künstl.	12 g	Hydroxycitronellal	5 g
Jasmin absol., nat.	5 g	Ambra, künstl.	5 g
Cassie absol., nat.	4 g		

2.		3.	
Sandelöl, ostind.	4 g	Methyljonon	25 g
Eugenol	4 g	Sandelöl, ostind.	4 g
Resinoid Girofles	2 g	Resinoid Girofles	2 g
Isoeugenol	12 g	Eugenol	4 g
Amylsalicylat	2 g	Isoeugenol	14 g
Rosenöl, echt	3 g	Rosenöl, echt	4 g
Neroliöl bigar.	1,5 g	Estragonöl	1,5 g
Rosenöl, künstl.	15 g	Vetiveröl Java	3 g
Vetiveröl Java	3 g	Ambrettemoschus	3 g
Cumarin	4 g	Ketonmoschus	3 g
Heliotropin	6 g	Jasmin, künstl.	12 g
Ambrettemoschus	3 g	Jasmin absol., nat.	5 g
Ketonmoschus	2 g	Neroli bigar.	2 g
Bergamottöl	12 g	Orangenblüte absol., nat.	2 g
Methyljonon	24 g	Ylang-Ylangöl Manila	6 g
Resinoid Castoreum	0,3 g	Bergamottöl	15 g
Resinoid Tolu	5 g	Resinoid Tolu	5 g
Resinoid Oliban	2 g	Resinoid Styrax	3 g
Orangenblüte abs., nat.	1,5 g	Resinoid Castoreum	0,3 g
Jasmin absol., nat.	3 g	Resinoid Opoponax	2 g
Rose absol., nat.	2 g	Cumarin	4 g
Vanillin	3 g	Heliotropin	6 g
Anisaldehyd	0,4 g	Vanillin	2 g
Estragonöl	0,5 g		
Ambra, künstl. konkr.	5 g		

4. Isoeugenol . . . . 20 g
Eugenol . . . . 5 g
Resinoid Girofles . . . . . 1 g
Bergamottöl . . . . 15 g
Cumarin . . . . 5 g
Vetiveröl . . . . 6 g
Sandelöl, ostind. . . . . . 6 g
Vanillin . . . . 6 g
Resinoid Castoreum . . 0,4 g
Resinoid Tolu . . . . 4 g
Resinoid Opoponax . . 2 g
Resinoid Benzoe . . . . . 8 g
Methyljonon . . . . 30 g
Jonon . . . . 5 g
Neroli bigar. . . . . 3 g
Heliotropin . . . . 8 g
Jasmin, künstl. . . . . . . 5 g
Jasmin absol., nat. . . . 3 g
Orangenblüte absol., nat. . . . . 2 g
Cassie absol., nat. . . . . 1 g
Estragonöl . . . . 1 g
Ambrettemoschus . . . . 4 g
Ketonmoschus . . . . 2 g

5. Methyljonon . . . . 6 g
Bergamottöl . . . . 24 g
Vetiveröl . . . . 5 g
Isoeugenol . . . . 1 g
Rosenöl, künstl. . . . . 12 g
Heliotropin . . . . 16 g
Rosenöl, echt . . . . 2 g
Lavendelöl . . . . 4 g
Rose absol., nat. . . . . 2 g
Jasmin, künstl. . . . . 5 g
Jasmin absol., nat. . . . . . 2 g
Cumarin . . . . 6 g
Vanillin . . . . 4 g
Ambrettemoschus . . . . . . 3 g
Ketonmoschus . . . . 3 g
Neroliöl bigar. . . . . 3 g
Resinoid Tolu . . . . 5 g
Resinoid Labdanum . . . . 2 g
Mandarinenöl . . . . 1 g
Orangenöl, bitter . . . . 2 g

6. Jasmin, künstl. . . . . . . 5 g
Jasmin absol., nat. . . . 2 g
Neroliöl bigar. . . . . 2 g
Bergamottöl . . . . 25 g
Cumarin . . . . 5 g
Heliotropin . . . . 8 g
Vetiveröl . . . . 5 g
Sandelöl, ostind. . . . . . 2,5 g
Patchouliöl . . . . 1,5 g
Petitgrainöl Grasse . . . 6 g
Ambrettemoschus . . . . 4 g
Ketonmoschus . . . . 2 g
Methyljonon . . . . 15 g
Amylsalicylat . . . . 2,5 g
Rosenöl, künstl. . . . . . 4 g
Rosenöl, echt . . . . 2 g
Resinoid Tolu . . . . 5 g
Resinoid Styrax . . . . . . 3 g

7. Methyljonon . . . . 15 g
Heliotropin . . . . 9 g
Jasmin, künstl. . . . . . . 8 g
α-Amylzimtaldehyd . . . 2,5 g
Hydroxycitronellal . . . . 12 g
Neroli bigar. . . . . 2 g
Jasmin absol., nat. . . . 5 g
Orangenblüte absol., nat. . . . . 2 g
Bergamottöl . . . . 18 g
Vanillin . . . . 2 g
Ylang-Ylangöl . . . . 10 g
Linalool . . . . 6 g
Resinoid Tolu . . . . 6 g
Resinoid Labdanum . . 4 g
Sandelöl, ostind. . . . . . 2 g
Zimtalkohol . . . . 7 g
Patchouliöl . . . . 1,5 g
Cumarin . . . . 3 g
Ambrettemoschus . . . . 3 g
Ketonmoschus . . . . 2 g
Ambra, künstl. konkr. 4 g

8. Isoeugenol . . . . 3 g
Eugenol . . . . 1,5 g
Resinoid Girofles . . . . . 0,5 g
Hydroxycitronellal . . . . 10 g
Methyljonon . . . . 20 g
Vanillin . . . . 2 g
Heliotropin . . . . 5 g
Bergamottöl . . . . 20 g
Rosenöl, künstl. . . . . . 15 g
Rosenöl, echt . . . . 2 g
Cumarin . . . . 3 g
Vetiveröl Java . . . . 6 g
Zimtalkohol . . . . 10 g
α-Amylzimtaldehyd . . . 2 g
Methylanthranilat . . . . 3 g
Irisöl, konkret . . . . 1 g
Neroli bigar. . . . . 2 g
Orangenblüte absol., nat. 2 g
Cassie absol., nat. . . . . . . 0,5 g
Jasmin absol., nat. . . . . . 3 g
Rose absol., nat. . . . . 2 g
Sandelöl, ostind. . . . . 3 g
Patchouliöl . . . . 1,5 g
Resinoid Tolu . . . . 5 g
Ketonmoschus . . . . 3 g
Ambrettemoschus . . . . . . 3 g
Ambra, künstl. flüss. . . . 6 g
Estragonöl . . . . 1,5 g
Ingweröl . . . . 0,5 g

9.

Methyljonon	12 g
Heliotropin	10 g
Cumarin	8 g
Rosenöl, echt	2 g
Bergamottöl	25 g
Lavendelöl	5 g
Neroliöl bigar.	2 g
Jasmin, künstl.	3 g
Jasmin absol., nat.	2 g
Ketonmoschus	3 g
Ambrettemoschus	2 g
Irisöl, konkret	1,5 g
Sandelöl, ostind.	12 g
Patchouliöl	2 g
Vetiveröl	6 g
Vanillin	3 g
Resinoid Tolu	6 g
Linalool	6 g
Zimtalkohol	10 g
Ambra, künstl. konkr.	5 g
Methylnonylacetaldehyd	0,3 g
Laurinaldehyd	0,02 g

10.

Rosenöl, künstl.	35 g
Methyljonon	12 g
Vanillin	4 g
Heliotropin	5 g
Cumarin	2 g
Hydroxycitronellal	10 g
Bergamottöl	20 g
Jasmin, künstl.	4 g
Jasmin absol., nat.	2 g
Rosenöl, echt	2 g
Resinoid Labdanum	4 g
Irisöl, konkret	1 g
Decylaldehyd	0,2 g
Methylnonylacetaldehyd	0,2 g
Rose absol., nat.	2 g
Ambrettemoschus	3 g
Ketonmoschus	2 g
Linalool	3 g
Resinoid Tolu	6 g
Sandelöl, ostind.	2 g
Patchouliöl	0,5 g
Resinoid Styrax	4 g

11.

Aldehyd C. 9	0,05 g
Aldehyd C. 10	0,05 g
Aldehyd C. 11	0,05 g
Methylnonylacetaldehyd	0,2 g
Laurinaldehyd	0,02 g
Rosenöl, echt	2 g
Vanillin	2,5 g
Bergamottöl	25 g
Irisöl, konkret	1,5 g
Portugalöl	8 g
Orangenöl, bitter	2 g
Methyljonon	20 g
Neroli bigar.	2 g
Rosenöl, künstl.	15 g
Jasmin absol., nat.	5 g
Jasmin, künstl.	12 g
Heliotropin	8 g
Ylang-Ylangöl	10 g
Ambrettemoschus	4 g
Ketonmoschus	2 g
Resinoid Tolu	6 g
Resinoid Labdanum	4 g
Ambra, künstl. konkr.	5 g

12.

Sandelöl, ostind.	10 g
Patchouliöl	2 g
Methyljonon	15 g
Rosenöl, echt	2 g
Sauge sclaréeöl	2 g
Cumarin	6 g
Rosenöl, künstl.	8 g
Ambrettemoschus	4 g
Ketonmoschus	3 g
Bergamottöl	15 g
Isoeugenol	2 g
Heliotropin	7 g
Vanillin	4 g
Vetiveröl	9 g
Rose absol., nat.	3 g
Jasmin absol., nat.	3 g
Resinoid Tolu	8 g
Resinoid Oliban	4 g
Resinoid Labdanum	3 g
Resinoid Styrax	3 g
Labdanumharzöl	1,5 g
Weihrauchöl	2,5 g
Methylnonylacetaldehyd	0,2 g

13.

Jasmin, künstl.	15 g	Ketonmoschus	3 g
Jasmin absol., nat.	3 g	Ambrettemoschus	2 g
Isoeugenol	10 g	Rosenöl, echt	3 g
Eugenol	6 g	Rosenöl, künstl.	15 g
Resinoid Girofles	1,5 g	Portugalöl	5 g
Bergamottöl	20 g	Orangenöl, bitter	3 g
Neroli bigar.	2 g	Lavendelöl	5 g
Orangenblüte absol., nat.	2 g	Petitgrainöl Grasse	10 g
Sandelöl, ostind.	16 g	Methylanthranilat	2 g
Patchouliöl	2,5 g	Hydroxycitronellal	8 g
Cumarin	4 g	Resinoid Tolu	8 g
Vetiveröl	2 g	Resinoid Styrax	4 g
Heliotropin	8 g	Resinoid Labdanum	4 g
Vanillin	2 g	Ambra, künstl. konkr.	6 g
Estragonöl	2 g	Resinoid Castoreum	0,2 g

14.

Ylang-Ylang Manila	5 g	Heliotropin	10 g
Bergamottöl	25 g	Isoeugenol	2 g
Lavendelöl	5 g	Eugenol	0,5 g
Cumarin	4 g	Resinoid Girofles	0,5 g
Rosenöl, künstl.	12 g	Laurinaldehyd	0,1 g
Rosenöl, echt	2 g	Methylnonylacetaldehy	0,2 g
Jasmin, künstl.	8 g	Resinoid Tolu	8 g
Jasmin absol., nat.	3 g	Resinoid Castoreum	0,3 g
Methyljonon	8 g	Resinoid Labdanum	3 g
Ambrettemoschus	4 g	Resinoid Oliban	5 g
Ketonmoschus	3 g	Resinoid Opoponax	13 g
Amylsalicylat	20 g		

Zum Schlusse sollen noch einige Vorschriften aufgeführt werden, die die Verwendung von Carvon, Dihydrocarveol und Vetiverol demonstrieren und die dem kürzlich erschienenen Buche „Le Livre du Parfumeur" von Félix Cola entnommen sind.

Fantaisie G. L. (Cola)		Fantaisie G. L. (Cola)	
Jasmin absol., nat.	20 g	Bergamottöl	280 g
Cardamomenöl Ceylon	5 g	Lavendelöl	70 g
Patchouliöl	20 g	Sandelöl, ostind.	290 g
Bergamottöl	500 g	Heliotropin	90 g
Linaloeöl	95 g	Vetiveröl	40 g
Ylang-Ylang Manila	70 g	Carvon	20 g
Eichenmoos absol.	25 g	Rhodinol	40 g
Vetiveröl	50 g	Geraniumöl Bourbon	10 g
Sauge sclaréeöl	15 g	Rosenöl, echt	10 g
Macisöl	15 g	Cumarin	80 g
Carvon	10 g	Vanillin	10 g
Jonon	50 g	Linaloeöl	30 g
Vanillin	20 g	Resinoid Opoponax	20 g
Cumarin	50 g	Jasmin absol., nat.	10 g
Linalylacetat	55 g		

Bouquet Moderne (Cola)

Jasmin absol., nat.	30 g
Rose absol., nat.	20 g
Rosenöl, bulg.	10 g
Hydroxycitronellal	160 g
Heliotropin	70 g
Ylang-Ylang Manila	70 g
Methyljonon	110 g
Irisöl, konkret	10 g
Dihydrocarveol	200 g
Citronellol	70 g
Rhodinol	80 g
Phenyläthylalkohol	70 g
Phenylacetaldehyd	1 g
Ketonmoschus	40 g
Ambrettemoschus	10 g
Linalool	30 g
Decylaldehyd 10%	10 g
Methylnonylacetaldehyd 10%	10 g

Sachverzeichnis.

Manzsche Buchdruckerei, Wien IX.

Haarfarben und Haarfärbung. Praktische Methodik der Herstellung und Anwendung der Haarfärbemittel. Von Dr. **Fred Winter,** Wien. Mit 11 Textabbildungen. VI, 133 Seiten. 1930. RM 5,70

In den letzten Dezennien bildet sich allmählich eine wissenschaftliche Kosmetik heran. Es ist dies um so mehr zu begrüßen, als manche kosmetischen Maßnahmen und Mittel alles andere als zweckmäßig sind, nicht selten sogar geradezu gesundheitsschädlich. Unter diesem Gesichtspunkt der wissenschaftlichen Kosmetik ist auch das neue kleine Buch des als Spezialisten bestbekannten Verfassers eine sehr willkommene Erscheinung. Es behandelt in klarer und übersichtlicher Darstellung das lebende menschliche Haar als Färbeobjekt, die Herstellung der Haarfärbemittel und endlich die Anwendungstechnik der Haarfarben. Wenn man weiß, wieviel gerade auf dem Gebiete des Haarfärbens von berufener und unberufener Seite gesündigt wurde und noch wird, darf man dem Verfasser durchaus beistimmen, wenn er sagt: „Ganz besonders zu begrüßen wäre es, wenn seriöse wissenschaftliche Mitarbeit auf diesem ungemein interessanten Gebiet, auf dem noch ungezählte Probleme zu lösen sind... in intensiverem Maße einsetzen würde, als dies bisher geschehen ist, weil hierdurch nicht nur der Ausübung dieser uralten Kunst, sondern auch der Allgemeinheit recht ersprießliche Dienste geleistet werden könnten." *„Zeitschrift für angewandte Chemie"*

Kosmetische Winke. Von Professor Dr. **Otto Kren,** Wien. (Bücher der ärztlichen Praxis, Band 21.) Mit 14 Textabbildungen. V, 133 Seiten. 1930. RM 4,80

Handbuch der Seifenfabrikation. Von Professor Dr. **Walther Schrauth,** Berlin. Sechste, verbesserte Auflage. Mit 183 Abbildungen. IX, 771 Seiten. 1927.

Gebunden RM 39,— abzüglich 10% Notnachlaß

Der Verfasser berücksichtigt in der vorliegenden sechsten Auflage des bekannten Werkes in gewohnter Weise die neuesten wissenschaftlichen und praktischen Erfahrungen auf dem Gebiete der Seifen- und Feinseifenindustrie. Hierbei wird, unter übersichtlicher Anordnung des umfangreichen zu bewältigenden Stoffes auch der Hinweis auf ältere, nicht mehr durchgeführte Verfahren und der Vergleich derselben mit den heute üblichen nicht übersehen. Es wurde dadurch ein wohl abgerundetes Ganzes geschaffen, aus dem sich nicht nur der praktische Seifentechniker manche Anregung und bei den so häufig vorkommenden schwierigen Fällen Rat holen kann, auch der der Seifenindustrie ferne stehende Techniker ist beim Studium des Buches imstande, sich ein klares Bild über die Entwicklung und die Vorgänge in der Seifenindustrie zu machen; beides wird durch reichliche Quellenangaben und Hinweise auf die Patentliteratur wesentlich erleichtert. Das vorliegende Werk ist ein Buch, das man mit Vergnügen immer wieder zur Hand nimmt. *„Österreichische Chemiker-Zeitung"*

GPSR Compliance

The European Union's (EU) General Product Safety Regulation (GPSR) is a set of rules that requires consumer products to be safe and our obligations to ensure this.

If you have any concerns about our products, you can contact us on ProductSafety@springernature.com

In case Publisher is established outside the EU, the EU authorized representative is:

Springer Nature Customer Service Center GmbH
Europaplatz 3
69115 Heidelberg, Germany

Batch number: 10577896

Printed by Printforce, the Netherlands